《国家环境保护标准实用工作手册》丛书

中国环境保护标准全书

（2010—2011年）

（上册）

环境保护部科技标准司　编

中国环境科学出版社·北京

图书在版编目（CIP）数据

中国环境保护标准全书. 2010—2011 年. 上册 / 环境保护部科技标准司编. —北京：中国环境科学出版社，2011.11

（国家环境保护标准实用工作手册丛书）

ISBN 978-7-5111-0764-0

Ⅰ. ①中… Ⅱ. ①环… Ⅲ. ①环境保护—环境标准—汇编—中国—2010～2011 Ⅳ. ①X-65

中国版本图书馆 CIP 数据核字（2011）第 224916 号

责任编辑 张维平
封面设计 玄石至上

出版发行 中国环境科学出版社
（100062 北京东城区广渠门内大街 16 号）
网 址：http://www.cesp.com.cn
联系电话：010-67112765（总编室）
发行热线：010-67125803，010-67113405（传真）

印 刷 北京市联华印刷厂
经 销 各地新华书店
版 次 2011 年 11 月第 1 版
印 次 2011 年 11 月第 1 次印刷
开 本 880×1230 1/16
印 张 40.75
字 数 1200 千字
定 价 158.00 元

《中国环境保护标准全书》编委会

序　言

环境保护标准是国家法律法规体系的重要组成部分，是依法制定和实施的规范性文件，在国家经济社会发展和环境保护工作中具有重要的作用。我国环境保护标准自 1973 年创立以来，经过近四十年的发展和完善，已形成了包括国家级和地方级标准的环境保护标准体系。按照有关法律规定，我国的国家环境保护标准体系以环境质量标准、污染物排放标准和环境监测规范为核心，并包括环境基础类标准和管理规范类标准。“十一五”期间，适应各方面环保工作的需要，环境保护标准实现了跨越式发展，环境保护部共发布了 502 项标准。目前，各类现行国家环境保护标准已达 1 340 项。

我国经济社会发展正处于重要的战略机遇期，“十二五”是全面建设小康社会的关键时期，也是深化改革开放、加快转变经济发展方式的攻坚时期，环境保护工作肩负着重要的历史使命。不断深化对环保标准的认识，进一步加强环保标准工作，加快完善环保标准体系，是探索中国环保新道路的重要实践内容。“十二五”经济社会发展目标和环境保护工作要求，为做好环境保护标准工作指明了方向，标准工作将以解决影响可持续发展和损害群众健康、危害公共利益的突出环境问题为重点，在总结前期工作经验的基础上，继续深入探索标准工作的客观规律和发展道路，进一步强化标准作为“依据、规范、方法”的三大作用。

中国环境科学出版社是环境保护部指定的国家环境保护标准出版单位。为使各级环保部门和有关组织、机构全面了解国家环境保护标准体系和标准的内容，在相关工作中正确、有效地实施环境保护标准，环境保护部和原国家环境保护总局科技标准司与中国环境科学出版社联合开展了标准汇编出版工作。2001 年汇编出版了《最新中国环境保护标准汇编》（1979—2000 年），收录了 1979 年至 2000

年底我国现行有效的全部国家环境保护标准（实物标准除外）；2003 年汇编出版了《中国环境保护标准汇编》（2001—2002 年），收录了 2001—2002 年两个年度发布的全部国家环境保护标准；2004 年汇编出版了《中国环境保护标准汇编》（2003—2004 年），收录了 2003 年 1 月至 2004 年 6 月发布的全部国家环境保护标准；2006 年汇编出版了《中国环境保护标准汇编（上、下册）》（2004—2006 年），收录了 2004 年 7 月至 2006 年 6 月发布的全部国家环境保护标准。从 2007 年开始，书名改为《国家环境保护标准实用工作手册：中国环境保护标准全书》，收入上年度 7 月至本年度 6 月发布的全部国家环境保护标准，相继出版了《中国环境保护标准全书》（上、下册）（2006—2007 年）；《中国环境保护标准全书》（上、下册）（2007—2008 年）；《中国环境保护标准全书》（2008—2009 年）；《中国环境保护标准全书》（2009—2010 年）。以上标准汇编是目前国内时效性最强、内容最全面、最具权威性的国家环境保护标准汇编。

本书收录了 2010 年 7 月至 2011 年 6 月底发布的（包括新修订的）所有的国家环境保护标准，以及环境保护部的标准行政解释文件和相关规范性文件。书后附录了历年发布的国家环境保护标准目录。本书是环境保护执法和监督管理工作的重要工具书，也是从事环境保护标准制修订、科学研究、技术和产品开发工作人员的参考文献。本书在编辑过程中，对个别标准内容的纰漏作了更正。

环境保护部科技标准司

2011 年 9 月

目 录

上 册

GB 25461—2010 淀粉工业水污染物排放标准 3
（2010-09-27 发布 2010-10-01 实施）
GB 25462—2010 酵母工业水污染物排放标准 11
（2010-09-27 发布 2010-10-01 实施）
GB 25463—2010 油墨工业水污染物排放标准 17
（2010-09-27 发布 2010-10-01 实施）
GB 25464—2010 陶瓷工业污染物排放标准 27
（2010-09-27 发布 2010-10-01 实施）
GB 25465—2010 铝工业污染物排放标准 39
（2010-09-27 发布 2010-10-01 实施）
GB 25466—2010 铅、锌工业污染物排放标准 49
（2010-09-27 发布 2010-10-01 实施）
GB 25467—2010 铜、镍、钴工业污染物排放标准 59
（2010-09-27 发布 2010-10-01 实施）
GB 25468—2010 镁、钛工业污染物排放标准 71
（2010-09-27 发布 2010-10-01 实施）
GB 26132—2010 硫酸工业污染物排放标准 83
（2010-12-30 发布 2011-03-01 实施）
GB 26131—2010 硝酸工业污染物排放标准 93
（2010-12-30 发布 2011-03-01 实施）
GB 26133—2010 非道路移动机械用小型点燃式发动机排气污染物排放限值与测量方法（中国第一、二阶段） 103
（2010-12-30 发布 2011-03-01 实施）
GB 26451—2011 稀土工业污染物排放标准 167
（2011-01-24 发布 2011-10-01 实施）
GB 6249—2011 核动力厂环境辐射防护规定 181
代替 GB 6249—86
（2011-02-18 发布 2011-09-01 实施）
GB 14569.1—2011 低、中水平放射性废物固化体性能要求 水泥固化体 189
代替 GB 14569.1—93
（2011-02-18 发布 2011-09-01 实施）
GB 14587—2011 核电厂放射性液态流出物排放技术要求 195
代替 GB 14587—93
（2011-02-18 发布 2011-09-01 实施）

GB 26452—2011　钒工业污染物排放标准……203
（2011-04-02 发布　2011-10-01 实施）
GB 26453—2011　平板玻璃工业大气污染物排放标准……215
（2011-04-02 发布　2011-10-01 实施）
GB 15580—2011　磷肥工业水污染物排放标准……223
代替 GB 15580—95
（2011-04-02 发布　2011-10-01 实施）
GB 14470.3—2011　弹药装药行业水污染物排放标准……231
代替 GB 14470.3—2002
（2011-04-29 发布　2012-01-01 实施）
GB 14621—2011　摩托车和轻便摩托车排气污染物排放限值及测量方法（双怠速法）……241
代替 GB 14621—2002
（2011-05-12 发布　2011-10-01 实施）
GWKB 1.1—2011　车用汽油有害物质控制标准（第四、五阶段）……251
代替 GWKB 1—1999
（2011-02-14 发布　2011-05-01 实施）
GWKB 1.2—2011　车用柴油有害物质控制标准（第四、五阶段）……259
（2011-02-14 发布　2011-05-01 实施）

HJ 556—2010　农药使用环境安全技术导则……265
（2010-07-09 发布　2011-01-01 实施）
HJ 574—2010　农村生活污染控制技术规范……271
（2010-07-09 发布　2011-01-01 实施）
HJ 575—2010　酿造工业废水治理工程技术规范……283
（2010-10-12 发布　2011-01-01 实施）
HJ 576—2010　厌氧-缺氧-好氧活性污泥法　污水处理工程技术规范……307
（2010-10-12 发布　2011-01-01 实施）
HJ 577—2010　序批式活性污泥法污水处理工程技术规范……331
（2010-10-12 发布　2011-01-01 实施）
HJ 578—2010　氧化沟活性污泥法污水处理工程技术规范……359
（2010-10-12 发布　2011-01-01 实施）
HJ 579—2010　膜分离法污水处理工程技术规范……387
（2010-10-12 发布　2011-01-01 实施）
HJ 580—2010　含油污水处理工程技术规范……403
（2010-10-12 发布　2011-01-01 实施）
HJ 582—2010　环境影响评价技术导则　农药建设项目……415
（2010-09-06 发布　2011-01-01 实施）
HJ 606—2011　工业污染源现场检查技术规范……443
（2011-02-12 发布　2011-06-01 实施）
HJ 607—2011　废矿物油回收利用污染控制技术规范……455
（2011-02-16 发布　2011-07-01 实施）
HJ 608—2011　污染源编码规则（试行）……465
（2011-03-07 发布　2012-06-01 实施）

HJ 609—2011　六价铬水质自动在线监测仪技术要求 471
（2011-02-11 发布　2011-06-01 实施）
HJ 610—2011　环境影响评价技术导则　地下水环境 481
（2011-02-11 发布　2011-06-01 实施）
HJ 611—2011　环境影响评价技术导则　制药建设项目 523
（2011-02-11 发布　2011-06-01 实施）
HJ 612—2011　建设项目竣工环境保护验收技术规范　石油天然气开采 547
（2011-02-11 发布　2011-06-01 实施）
HJ 616—2011　建设项目环境影响技术评估导则 565
（2011-04-08 发布　2011-09-01 实施）
HJ 617—2011　企业环境报告书编制导则 601
（2011-06-24 发布　2011-10-01 实施）
HJ 19—2011　环境影响评价技术导则　生态影响 621
代替 HJ/T 19—1997
（2011-04-08 发布　2011-09-01 实施）

下　册

HJ 583—2010　环境空气　苯系物的测定　固体吸附/热脱附-气相色谱法 639
代替 GB/T 14677—93
（2010-09-20 发布　2010-12-01 实施）
HJ 584—2010　环境空气　苯系物的测定　活性炭吸附/二硫化碳解吸-气相色谱法 651
代替 GB/T 14670—93
（2010-09-20 发布　2010-12-01 实施）
HJ 585—2010　水质　游离氯和总氯的测定　*N,N*-二乙基-1,4-苯二胺滴定法 663
代替 GB 11897—89
（2010-09-20 发布　2010-12-01 实施）
HJ 586—2010　水质　游离氯和总氯的测定　*N,N*-二乙基-1,4-苯二胺分光光度法 673
代替 GB 11898—89
（2010-09-20 发布　2010-12-01 实施）
HJ 587—2010　水质　阿特拉津的测定　高效液相色谱法 687
（2010-09-20 发布　2010-12-01 实施）
HJ 588—2010　农业固体废物污染控制技术导则 693
（2010-10-18 发布　2011-01-01 实施）
HJ 589—2010　突发环境事件应急监测技术规范 703
（2010-10-19 发布　2011-01-01 实施）
HJ 590—2010　环境空气　臭氧的测定　紫外光度法 719
代替 GB/T 15438—1995
（2010-10-21 发布　2011-01-01 实施）
HJ 591—2010　水质　五氯酚的测定　气相色谱法 733
代替 GB 8972—88
（2010-10-21 发布　2011-01-01 实施）

HJ 592—2010　水质　硝基苯类化合物的测定　气相色谱法 741
代替 GB 4919—85
（2010-10-21 发布　2011-01-01 实施）
HJ 593—2010　水质　单质磷的测定　磷钼蓝分光光度法（暂行） 751
（2010-10-21 发布　2011-01-01 实施）
HJ 594—2010　水质　显影剂及其氧化物总量的测定　碘-淀粉分光光度法（暂行） 757
（2010-10-21 发布　2011-01-01 实施）
HJ 595—2010　水质　彩色显影剂总量的测定　169 成色剂分光光度法（暂行） 765
（2010-10-21 发布　2011-01-01 实施）
HJ 596.1—2010　水质　词汇　第一部分 773
HJ 596.1～7—2010 代替 GB 6816—86 和 GB 11915—89
（2010-11-05 发布　2011-03-01 实施）
HJ 596.2—2010　水质　词汇　第二部分 781
HJ 596.1～7—2010 代替 GB 6816—86 和 GB 11915—89
（2010-11-05 发布　2011-03-01 实施）
HJ 596.3—2010　水质　词汇　第三部分 793
HJ 596.1～7—2010 代替 GB 6816—86 和 GB 11915—89
（2010-11-05 发布　2011-03-01 实施）
HJ 596.4—2010　水质　词汇　第四部分 803
HJ 596.1～7—2010 代替 GB 6816—86 和 GB 11915—89
（2010-11-05 发布　2011-03-01 实施）
HJ 596.5—2010　水质　词汇　第五部分 807
HJ 596.1～7—2010 代替 GB 6816—86 和 GB 11915—89
（2010-11-05 发布　2011-03-01 实施）
HJ 596.6—2010　水质　词汇　第六部分 813
HJ 596.1～7—2010 代替 GB 6816—86 和 GB 11915—89
（2010-11-05 发布　2011-03-01 实施）
HJ 596.7—2010　水质　词汇　第七部分 821
HJ 596.1～7—2010 代替 GB 6816—86 和 GB 11915—89
（2010-11-05 发布　2011-03-01 实施）

HJ 597—2011　水质　总汞的测定　冷原子吸收分光光度法 829
代替 GB 7468—87
（2011-02-10 发布　2011-06-01 实施）
HJ 598—2011　水质　梯恩梯的测定　亚硫酸钠分光光度法 839
代替 GB/T 13905—92
（2011-02-10 发布　2011-06-01 实施）
HJ 599—2011　水质　梯恩梯的测定　*N*-氯代十六烷基吡啶-亚硫酸钠分光光度法 845
代替 GB/T 13903—92
（2011-02-10 发布　2011-06-01 实施）
HJ 600—2011　水质　梯恩梯、黑索今、地恩梯的测定　气相色谱法 851
代替 GB/T 13904—92
（2011-02-10 发布　2011-06-01 实施）

HJ 601—2011　水质　甲醛的测定　乙酰丙酮分光光度法……861
代替 GB 13197—91
（2011-02-10 发布　2011-06-01 实施）
HJ 602—2011　水质　钡的测定　石墨炉原子吸收分光光度法……869
（2011-02-10 发布　2011-06-01 实施）
HJ 603—2011　水质　钡的测定　火焰原子吸收分光光度法……879
代替 GB/T 15506—1995
（2011-02-10 发布　2011-06-01 实施）
HJ 604—2011　环境空气　总烃的测定　气相色谱法……889
代替 GB/T 15263—94
（2011-02-10 发布　2011-06-01 实施）
HJ 605—2011　土壤和沉积物　挥发性有机物的测定　吹扫捕集/气相色谱-质谱法……897
（2011-02-10 发布　2011-06-01 实施）
HJ 613—2011　土壤　干物质和水分的测定　重量法……917
（2011-04-15 发布　2011-10-01 实施）
HJ 614—2011　土壤　毒鼠强的测定　气相色谱法……925
（2011-04-15 发布　2011-10-01 实施）
HJ 615—2011　土壤　有机碳的测定　重铬酸钾氧化-分光光度法……933
（2011-04-15 发布　2011-10-01 实施）

HJ 2000—2010　大气污染治理工程技术导则……941
（2010-12-17 发布　2011-03-01 实施）
HJ 2001—2010　火电厂烟气脱硫工程技术规范　氨法……969
（2010-12-17 发布　2011-03-01 实施）
HJ 2002—2010　电镀废水治理工程技术规范……989
（2010-12-17 发布　2011-03-01 实施）
HJ 2003—2010　制革及毛皮加工废水治理工程技术规范……1017
（2010-12-17 发布　2011-03-01 实施）
HJ 2004—2010　屠宰与肉类加工废水治理工程技术规范……1041
（2010-12-17 发布　2011-03-01 实施）
HJ 2005—2010　人工湿地污水处理工程技术规范……1057
（2010-12-17 发布　2011-03-01 实施）
HJ 2006—2010　污水混凝与絮凝处理工程技术规范……1071
（2010-12-17 发布　2011-03-01 实施）
HJ 2007—2010　污水气浮处理工程技术规范……1089
（2010-12-17 发布　2011-03-01 实施）
HJ 2008—2010　污水过滤处理工程技术规范……1109
（2010-12-17 发布　2011-03-01 实施）
HJ 2503—2011　环境标志产品技术要求　印刷　第一部分：平版印刷……1133
（2011-03-02 发布　2011-03-02 实施）
HJ 2504—2011　环境标志产品技术要求　照相机……1141
（2011-03-02 发布　2011-04-01 实施）

HJ 2505—2011　环境标志产品技术要求　移动硬盘 1147
（2011-03-02 发布　2011-04-01 实施）
HJ 2506—2011　环境标志产品技术要求　彩色电视广播接收机 1151
代替 HJ 306—2006
（2011-03-02 发布　2011-04-01 实施）
HJ 2507—2011　环境标志产品技术要求　网络服务器 1161
（2011-03-02 发布　2011-04-01 实施）
HJ 2508—2011　环境标志产品技术要求　电话 1173
（2011-03-02 发布　2011-04-01 实施）

关于《生活垃圾填埋场污染控制标准》有关问题的复函
环函[2010]358 号 1192
关于执行《饮食业环境保护技术规范》有关事项的复函
环函[2010]336 号 1192
关于热电企业执行国家排放标准问题的复函
环函[2010]303 号 1193
关于修订《危险废物贮存污染控制标准》有关意见的复函
环函[2010]264 号 1193
关于执行《工业炉窑大气污染物排放标准》有关问题的复函
环函[2010]63 号 1194
关于在环境监测工作中实施国家环境保护标准问题的复函
环函[2010]90 号 1194
关于生活垃圾填埋气体发电机组烟气排放执行标准问题的复函
环函[2010]123 号 1195
关于污（废）水处理设施产生污泥危险特性鉴别有关意见的函
环函[2010]129 号 1195
关于废铅酸蓄电池回收利用行业适用国家环境保护标准意见的复函
环函[2010]143 号 1196
关于执行地表水环境质量标准有关意见的复函
环函[2010]243 号 1197
关于农村地区生活污水排放执行国家污染物排放标准等问题的复函
环办函[2010]844 号 1197
关于珠江三角洲地区提前实施第四阶段国家机动车大气污染物排放标准的复函
环函[2010]145 号 1198
关于在南京市提前实施第四阶段国家机动车大气污染物排放标准的复函
环函[2010]385 号 1199
关于排污企业执行防护距离问题的复函
环函[2011]44 号 1199
关于生活垃圾填埋场渗滤液排放执行标准问题的复函
环函[2011]67 号 1200
关于执行《医疗废物集中处置技术规范（试行）》有关事项的复函
环函[2011]72 号 1200

关于地表水化学需氧量测定方法问题的复函
环函[2011]75 号 1201
关于居民楼内生活服务设备产生噪声适用环境保护标准问题的复函
环函[2011]88 号 1201
关于实施《铬渣污染治理环境保护技术规范》有关问题的复函
环函[2011]149 号 1202
关于印发《国家环境保护标准制修订项目计划管理办法》的通知
环办[2010]86 号 1202
关于未纳入污染物排放标准的污染物排放控制与监管问题的通知
环发[2011]85 号 1211

历年发布的国家环境保护标准目录（截至 2011 年 3 月 7 日） 1213

中华人民共和国环境保护部
公　告

2010年　第71号

为贯彻《中华人民共和国环境保护法》、《中华人民共和国水污染防治法》和《中华人民共和国大气污染防治法》，防治污染，保护和改善生态环境，保障人体健康，现批准《淀粉工业水污染物排放标准》等8项标准为国家污染物排放标准，并由我部与国家质量监督检验检疫总局联合发布。

标准名称、编号如下：

一、淀粉工业水污染物排放标准（GB 25461—2010）

二、酵母工业水污染物排放标准（GB 25462—2010）

三、油墨工业水污染物排放标准（GB 25463—2010）

四、陶瓷工业污染物排放标准（GB 25464—2010）

五、铝工业污染物排放标准（GB 25465—2010）

六、铅、锌工业污染物排放标准（GB 25466—2010）

七、铜、镍、钴工业污染物排放标准（GB 25467—2010）

八、镁、钛工业污染物排放标准（GB 25468—2010）

按有关法律规定，以上标准具有强制执行的效力。

以上标准自2010年10月1日起实施。

以上标准由中国环境科学出版社出版，标准内容可在环境保护部网站（bz.mep.gov.cn）查询。

特此公告。

（此公告业经国家质量监督检验检疫总局纪正昆会签）

2010年9月27日

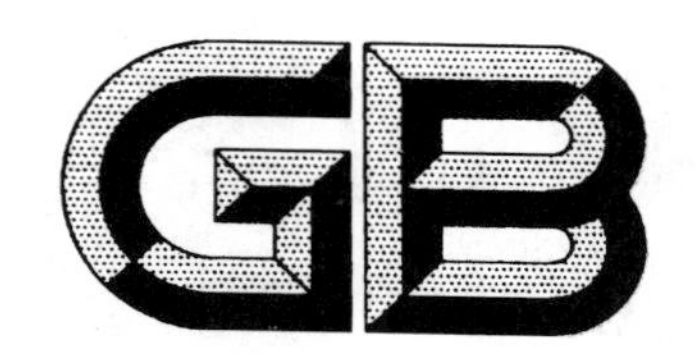

中华人民共和国国家标准

GB 25461—2010

淀粉工业水污染物排放标准

Discharge standard of water pollutants for starch industry

2010-09-27 发布　　　　2010-10-01 实施

环　境　保　护　部
国家质量监督检验检疫总局　发布

前　言

为贯彻《中华人民共和国环境保护法》、《中华人民共和国水污染防治法》、《中华人民共和国海洋环境保护法》、《国务院关于落实科学发展观　加强环境保护的决定》等法律、法规和《国务院关于编制全国主体功能区规划的意见》，保护环境，防治污染，促进淀粉工业生产工艺和污染治理技术的进步，制定本标准。

本标准规定了淀粉工业企业水污染物排放限值、监测和监控要求。为促进区域经济与环境协调发展，推动经济结构的调整和经济增长方式的转变，引导工业生产工艺和污染治理技术的发展方向，本标准规定了水污染物特别排放限值。

本标准中的污染物排放浓度均为质量浓度。

淀粉工业企业排放大气污染物（含恶臭污染物）、环境噪声适用相应的国家污染物排放标准，产生固体废物的鉴别、处理和处置适用国家固体废物污染控制标准。

本标准为首次发布。

自本标准实施之日起，淀粉工业企业的水污染物排放控制按本标准的规定执行，不再执行《污水综合排放标准》（GB 8978—1996）中的相关规定。

地方省级人民政府对本标准未作规定的污染物项目，可以制定地方污染物排放标准；对本标准已作规定的污染物项目，可以制定严于本标准的地方污染物排放标准。

本标准由环境保护部科技标准司组织制订。

本标准主要起草单位：中国环境科学研究院、环境保护部环境标准研究所、中国淀粉工业协会。

本标准环境保护部 2010 年 9 月 10 日批准。

本标准自 2010 年 10 月 1 日起实施。

本标准由环境保护部解释。

淀粉工业水污染物排放标准

1 适用范围

本标准规定了淀粉企业或生产设施水污染物排放限值、监测和监控要求，以及标准的实施与监督等相关规定。

本标准适用于现有淀粉企业或生产设施的水污染物排放管理。

本标准适用于对淀粉工业建设项目的环境影响评价、环境保护设施设计、竣工环境保护验收及其投产后的水污染物排放管理。

本标准适用于法律允许的污染物排放行为。新设立污染源的选址和特殊保护区域内现有污染源的管理，按照《中华人民共和国大气污染防治法》、《中华人民共和国水污染防治法》、《中华人民共和国海洋环境保护法》、《中华人民共和国固体废物污染环境防治法》、《中华人民共和国环境影响评价法》等法律、法规、规章的相关规定执行。

本标准规定的水污染物排放控制要求适用于企业直接或间接向其法定边界外排放水污染物的行为。

2 规范性引用文件

本标准内容引用了下列文件或其中的条款。

GB/T 6920—1986　水质　pH 值的测定　玻璃电极法

GB/T 11893—1989　水质　总磷的测定　钼酸铵分光光度法

GB/T 11894—1989　水质　总氮的测定　碱性过硫酸钾消解紫外分光光度法

GB/T 11901—1989　水质　悬浮物的测定　重量法

GB/T 11914—1989　水质　化学需氧量的测定　重铬酸盐法

HJ/T 195—2005　水质　氨氮的测定　气相分子吸收光谱法

HJ/T 199—2005　水质　总氮的测定　气相分子吸收光谱法

HJ/T 399—2007　水质　化学需氧量的测定　快速消解分光光度法

HJ 484—2009　水质　氰化物的测定　容量法和分光光度法

HJ 505—2009　水质　五日生化需氧量（BOD_5）的测定　稀释与接种法

HJ 535—2009　水质　氨氮的测定　纳氏试剂分光光度法

HJ 536—2009　水质　氨氮的测定　水杨酸分光光度法

HJ 537—2009　水质　氨氮的测定　蒸馏-中和滴定法

《污染源自动监控管理办法》（国家环境保护总局令　第 28 号）

《环境监测管理办法》（国家环境保护总局令　第 39 号）

3 术语和定义

下列术语和定义适用于本标准。

3.1

淀粉工业 starch industry

从玉米、小麦、薯类等含淀粉的原料中提取淀粉以及以淀粉为原料生产变性淀粉、淀粉糖和淀粉制品的工业。

3.2

变性淀粉 modified starch

原淀粉经过某种方法处理后，不同程度地改变其原来的物理或化学性质的产物。

3.3

淀粉糖 starch sugar

利用淀粉为原料生产的糖类统称淀粉糖，是淀粉在催化剂（酶或酸）和水的作用下，淀粉分子不同程度解聚的产物。

3.4

淀粉制品 starch product

利用淀粉生产的粉丝、粉条、粉皮、凉粉、凉皮等称为淀粉制品。

3.5

现有企业 existing facility

本标准实施之日前已建成投产或环境影响评价文件已通过审批的淀粉企业或生产设施。

3.6

新建企业 new facility

本标准实施之日起环境影响评价文件通过审批的新建、改建和扩建淀粉工业建设项目。

3.7

排水量 effluent volume

指生产设施或企业向企业法定边界以外排放的废水的量，包括与生产有直接或间接关系的各种外排废水（如厂区生活污水、冷却废水、厂区锅炉和电站排水等）。

3.8

单位产品基准排水量 benchmark effluent volume per unit product

指用于核定水污染物排放浓度而规定的生产单位淀粉产品或以单位淀粉生产变性淀粉、淀粉糖、淀粉制品的废水排放量上限值。

3.9

公共污水处理系统 public wastewater treatment system

指通过纳污管道等方式收集废水，为两家以上排污单位提供废水处理服务并且排水能够达到相关排放标准要求的企业或机构，包括各种规模和类型的城镇污水处理厂、区域（包括各类工业园区、开发区、工业聚集地等）废水处理厂等，其废水处理程度应达到二级或二级以上。

3.10

直接排放 direct discharge

指排污单位直接向环境排放水污染物的行为。

3.11

间接排放 indirect discharge

指排污单位向公共污水处理系统排放水污染物的行为。

4 水污染物排放控制要求

4.1 自 2011 年 1 月 1 日起至 2012 年 12 月 31 日止，现有企业执行表 1 规定的水污染物排放限值。

表 1　现有企业水污染物排放浓度限值及单位产品基准排水量

单位：mg/L（pH 值除外）

序号	污染物项目	限值		污染物排放监控位置
		直接排放	间接排放	
1	pH 值	6～9	6～9	企业废水总排放口
2	悬浮物	50	70	
3	五日生化需氧量（BOD_5）	45	70	
4	化学需氧量（COD_{Cr}）	150	300	
5	氨氮	25	35	
6	总氮	40	55	
7	总磷	3	5	
8	总氰化物（以木薯为原料）	0.5	0.5	
单位产品（淀粉）基准排水量/（m^3/t）	以玉米、小麦为原料	5		排水量计量位置与污染物排放监控位置一致
	以薯类为原料	12		

4.2　自 2013 年 1 月 1 日起，现有企业执行表 2 规定的水污染物排放限值。

4.3　自 2010 年 10 月 1 日起，新建企业执行表 2 规定的水污染物排放限值。

表 2　新建企业水污染物排放浓度限值及单位产品基准排水量

单位：mg/L（pH 值除外）

序号	污染物项目	限值		污染物排放监控位置
		直接排放	间接排放	
1	pH 值	6～9	6～9	企业废水总排放口
2	悬浮物	30	70	
3	五日生化需氧量（BOD_5）	20	70	
4	化学需氧量（COD_{Cr}）	100	300	
5	氨氮	15	35	
6	总氮	30	55	
7	总磷	1	5	
8	总氰化物（以木薯为原料）	0.5	0.5	
单位产品（淀粉）基准排水量/（m^3/t）	以玉米、小麦为原料	3		排水量计量位置与污染物排放监控位置一致
	以薯类为原料	8		

4.4　根据环境保护工作的要求，在国土开发密度较高、环境承载能力开始减弱，或水环境容量较小、生态环境脆弱，容易发生严重水环境污染问题而需要采取特别保护措施的地区，应严格控制企业的污染排放行为，在上述地区的企业执行表 3 规定的水污染物特别排放限值。

表 3　水污染物特别排放限值

单位：mg/L（pH 值除外）

序号	污染物项目	限值		污染物排放监控位置
		直接排放	间接排放	
1	pH 值	6～9	6～9	企业废水总排放口
2	悬浮物	10	30	
3	五日生化需氧量（BOD_5）	10	20	
4	化学需氧量（COD_{Cr}）	50	100	
5	氨氮	5	15	
6	总氮	10	30	
7	总磷	0.5	1.0	
8	总氰化物（以木薯为原料）	0.1	0.1	
单位产品（淀粉）基准排水量/（m^3/t）	以玉米、小麦为原料	1		排水量计量位置与污染物排放监控位置一致
	以薯类为原料	4		

执行水污染物特别排放限值的地域范围、时间，由国务院环境保护行政主管部门或省级人民政府规定。

4.5 水污染物排放浓度限值适用于单位产品实际排水量不高于单位产品基准排水量的情况。若单位产品实际排水量超过单位产品基准排水量，须按式（1）将实测水污染物浓度换算为水污染物基准水量排放浓度，并以水污染物基准水量排放浓度作为判定排放是否达标的依据。产品产量和排水量统计周期为一个工作日。

在企业的生产设施同时生产两种以上产品、可适用不同排放控制要求或不同行业国家污染物排放标准，且生产设施产生的污水混合处理排放的情况下，应执行排放标准中规定的最严格的浓度限值，并按式（1）换算水污染物基准水量排放浓度。

$$\rho_{基} = \frac{Q_{总}}{\sum Y_i \cdot Q_{i基}} \cdot \rho_{实} \tag{1}$$

式中：$\rho_{基}$——水污染物基准水量排放浓度，mg/L；

$Q_{总}$——排水总量，m^3；

Y_i——第 i 种产品产量，t；

$Q_{i基}$——第 i 种产品的单位产品基准排水量，m^3/t；

$\rho_{实}$——实测水污染物排放浓度，mg/L。

若 $Q_{总}$ 与 $\sum Y_i \cdot Q_{i基}$ 的比值小于 1，则以水污染物实测浓度作为判定排放是否达标的依据。

5 水污染物监测要求

5.1 对企业排放废水的采样应根据监测污染物的种类，在规定的污染物排放监控位置进行，有废水处理设施的，应在该设施后监控。在污染物排放监控位置应设置永久性排污口标志。

5.2 新建企业和现有企业安装污染物排放自动监控设备的要求，按有关法律和《污染源自动监控管理办法》的规定执行。

5.3 对企业水污染物排放情况进行监测的频次、采样时间等要求，按国家有关污染源监测技术规范的规定执行。

5.4 企业产品产量的核定，以法定报表为依据。

5.5 对企业排放水污染物浓度的测定采用表 4 所列的方法标准。

表 4 水污染物浓度测定方法标准

序号	污染物项目	方法标准名称	方法标准编号
1	pH 值	水质 pH 值的测定 玻璃电极法	GB/T 6920—1986
2	悬浮物	水质 悬浮物的测定 重量法	GB/T 11901—1989
3	五日生化需氧量	水质 五日生化需氧量（BOD_5）的测定 稀释与接种法	HJ 505—2009
4	化学需氧量	水质 化学需氧量的测定 重铬酸盐法	GB/T 11914—1989
		水质 化学需氧量的测定 快速消解分光光度法	HJ/T 399—2007
5	氨氮	水质 氨氮的测定 纳氏试剂分光光度法	HJ 535—2009
		水质 氨氮的测定 水杨酸分光光度法	HJ 536—2009
		水质 氨氮的测定 蒸馏-中和滴定法	HJ 537—2009
		水质 氨氮的测定 气相分子吸收光谱法	HJ/T 195—2005
6	总氮	水质 总氮的测定 碱性过硫酸钾消解紫外分光光度法	GB/T 11894—1989
		水质 总氮的测定 气相分子吸收光谱法	HJ/T 199—2005
7	总磷	水质 总磷的测定 钼酸铵分光光度法	GB/T 11893—1989
8	总氰化物	水质 氰化物的测定 容量法和分光光度法	HJ 484—2009

5.6 企业须按照有关法律和《环境监测管理办法》的规定，对排污状况进行监测，并保存原始监测记录。

6 实施与监督

6.1 本标准由县级以上人民政府环境保护行政主管部门负责监督实施。
6.2 在任何情况下，淀粉生产企业均应遵守本标准规定的水污染物排放控制要求，采取必要措施保证污染防治设施正常运行。各级环保部门在对企业进行监督性检查时，可以现场即时采样或监测的结果，作为判定排污行为是否符合排放标准以及实施相关环境保护管理措施的依据。在发现企业耗水或排水量有异常变化的情况下，应核定企业的实际产品产量和排水量，按本标准规定，换算水污染物基准水量排放浓度。

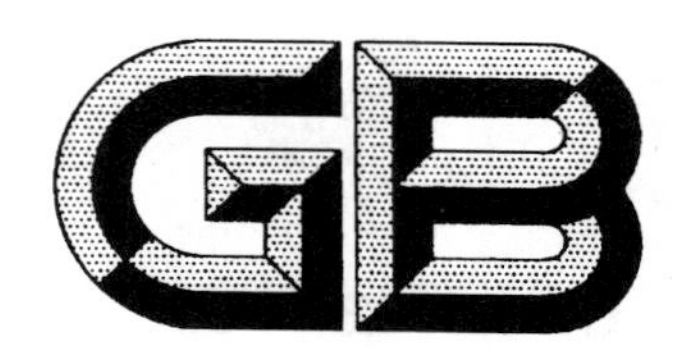

中华人民共和国国家标准

GB 25462—2010

酵母工业水污染物排放标准

Discharge standard of water pollutants for yeast industry

2010-09-27 发布　　　　2010-10-01 实施

环境保护部
国家质量监督检验检疫总局　发布

前 言

为贯彻《中华人民共和国环境保护法》、《中华人民共和国水污染防治法》、《中华人民共和国海洋环境保护法》、《国务院关于落实科学发展观 加强环境保护的决定》等法律、法规和《国务院关于编制全国主体功能区规划的意见》，保护环境，防治污染，促进酵母工业生产工艺和污染治理技术的进步，制定本标准。

本标准规定了酵母工业企业水污染物排放限值、监测和监控要求。为促进区域经济与环境协调发展，推动经济结构的调整和经济增长方式的转变，引导工业生产工艺和污染治理技术的发展方向，本标准规定了水污染物特别排放限值。

本标准中的污染物排放浓度均为质量浓度。

酵母工业企业排放大气污染物（含恶臭污染物）、环境噪声适用相应的国家污染物排放标准，产生固体废物的鉴别、处理和处置适用国家固体废物污染控制标准。

本标准为首次发布。

自本标准实施之日起，酵母工业企业的水污染物排放控制按本标准的规定执行，不再执行《污水综合排放标准》（GB 8978—1996）中的相关规定。

地方省级人民政府对本标准未作规定的污染物项目，可以制定地方污染物排放标准；对本标准已作规定的污染物项目，可以制定严于本标准的地方污染物排放标准。

本标准由环境保护部科技标准司组织制订。

本标准主要起草单位：中国地质大学（武汉）、环境保护部环境标准研究所、湖北省环境保护厅、宜昌市环境保护局。

本标准环境保护部 2010 年 9 月 10 日批准。

本标准自 2010 年 10 月 1 日起实施。

本标准由环境保护部解释。

酵母工业水污染物排放标准

1 适用范围

本标准规定了酵母企业或生产设施水污染物排放限值、监测和监控要求，以及标准的实施与监督等相关规定。

本标准适用于现有酵母企业或生产设施的水污染物排放管理。

本标准适用于对酵母工业建设项目的环境影响评价、环境保护设施设计、竣工环境保护验收及其投产后的水污染物排放管理。

本标准适用于法律允许的污染物排放行为。新设立污染源的选址和特殊保护区域内现有污染源的管理，按照《中华人民共和国大气污染防治法》、《中华人民共和国水污染防治法》、《中华人民共和国海洋环境保护法》、《中华人民共和国固体废物污染环境防治法》、《中华人民共和国环境影响评价法》等法律、法规、规章的相关规定执行。

本标准规定的水污染物排放控制要求适用于企业直接或间接向其法定边界外排放水污染物的行为。

2 规范性引用文件

本标准内容引用了下列文件或其中的条款。

GB/T 6920—1986　水质　pH 值的测定　玻璃电极法

GB/T 11893—1989　水质　总磷的测定　钼酸铵分光光度法

GB/T 11894—1989　水质　总氮的测定　碱性过硫酸钾消解紫外分光光度法

GB/T 11901—1989　水质　悬浮物的测定　重量法

GB/T 11903—1989　水质　色度的测定

GB/T 11914—1989　水质　化学需氧量的测定　重铬酸盐法

HJ/T 195—2005　水质　氨氮的测定　气相分子吸收光谱法

HJ/T 199—2005　水质　总氮的测定　气相分子吸收光谱法

HJ/T 399—2007　水质　化学需氧量的测定　快速消解分光光度法

HJ 505—2009　水质　五日生化需氧量（BOD_5）的测定　稀释与接种法

HJ 535—2009　水质　氨氮的测定　纳氏试剂分光光度法

HJ 536—2009　水质　氨氮的测定　水杨酸分光光度法

HJ 537—2009　水质　氨氮的测定　蒸馏-中和滴定法

《污染源自动监控管理办法》（国家环境保护总局令　第 28 号）

《环境监测管理办法》（国家环境保护总局令　第 39 号）

3 术语和定义

下列术语和定义适用于本标准。

3.1

酵母工业 yeast industry

以甘蔗糖蜜、甜菜糖蜜等为原料，通过发酵工艺生产各类干酵母、鲜酵母产品的工业。

3.2

现有企业 existing facility

本标准实施之日前已建成投产或环境影响评价文件已通过审批的酵母企业或生产设施。

3.3

新建企业 new facility

本标准实施之日起环境影响评价文件通过审批的新建、改建和扩建酵母工业建设项目。

3.4

排水量 effluent volume

指生产设施或企业向企业法定边界以外排放的废水的量，包括与生产有直接或间接关系的各种外排废水（如厂区生活污水、冷却废水、厂区锅炉和电站排水等）。

3.5

单位产品基准排水量 benchmark effluent volume per unit product

指用于核定水污染物排放浓度而规定的生产单位酵母产品（以纯干酵母重量计）的废水排放量上限值。

3.6

公共污水处理系统 public wastewater treatment system

指通过纳污管道等方式收集废水，为两家以上排污单位提供废水处理服务并且排水能够达到相关排放标准要求的企业或机构，包括各种规模和类型的城镇污水处理厂、区域（包括各类工业园区、开发区、工业聚集地等）废水处理厂等，其废水处理程度应达到二级或二级以上。

3.7

直接排放 direct discharge

指排污单位直接向环境排放水污染物的行为。

3.8

间接排放 indirect discharge

指排污单位向公共污水处理系统排放水污染物的行为。

4 水污染物排放控制要求

4.1 自2011年1月1日起至2012年12月31日止，现有企业执行表1规定的水污染物排放限值。

表1 现有企业水污染物排放浓度限值及单位产品基准排水量

单位：mg/L（pH值、色度除外）

序号	污染物项目	限值		污染物排放监控位置
		直接排放	间接排放	
1	pH值	6～9	6～9	企业废水总排放口
2	色度（稀释倍数）	50	80	
3	悬浮物	70	100	
4	五日生化需氧量（BOD_5）	40	80	
5	化学需氧量（COD_{Cr}）	300	400	
6	氨氮	15	25	
7	总氮	25	40	
8	总磷	1.0	2.0	
单位产品基准排水量/（m^3/t）		100		排水量计量位置与污染物排放监控位置一致

4.2 自2013年1月1日起，现有企业执行表2规定的水污染物排放限值。

4.3 自2010年10月1日起，新建企业执行表2规定的水污染物排放限值。

表2 新建企业水污染物排放浓度限值及单位产品基准排水量

单位：mg/L（pH值、色度除外）

序号	污染物项目	限值		污染物排放监控位置
		直接排放	间接排放	
1	pH值	6～9	6～9	企业废水总排放口
2	色度（稀释倍数）	30	80	
3	悬浮物	50	100	
4	五日生化需氧量（BOD_5）	30	80	
5	化学需氧量（COD_{Cr}）	150	400	
6	氨氮	10	25	
7	总氮	20	40	
8	总磷	0.8	2.0	
单位产品基准排水量/（m^3/t）		80		排水量计量位置与污染物排放监控位置一致

4.4 根据环境保护工作的要求，在国土开发密度较高、环境承载能力开始减弱，或水环境容量较小、生态环境脆弱，容易发生严重水环境污染问题而需要采取特别保护措施的地区，应严格控制企业的污染排放行为，在上述地区的企业执行表3规定的水污染物特别排放限值。

表3 水污染物特别排放限值

单位：mg/L（pH值、色度除外）

序号	污染物项目	限值		污染物排放监控位置
		直接排放	间接排放	
1	pH值	6～9	6～9	企业废水总排放口
2	色度（稀释倍数）	20	30	
3	悬浮物	20	50	
4	五日生化需氧量（BOD_5）	20	30	
5	化学需氧量（COD_{Cr}）	60	150	
6	氨氮	8	10	
7	总氮	10	20	
8	总磷	0.5	0.8	
单位产品基准排水量/（m^3/t）		70		排水量计量位置与污染物排放监控位置一致

执行水污染物特别排放限值的地域范围、时间，由国务院环境保护行政主管部门或省级人民政府规定。

4.5 水污染物排放浓度限值适用于单位产品实际排水量不高于单位产品基准排水量的情况。若单位产品实际排水量超过单位产品基准排水量，须按式（1）将实测水污染物浓度换算为水污染物基准水量排放浓度，并以水污染物基准水量排放浓度作为判定排放是否达标的依据。产品产量和排水量统计周期为一个工作日。

在企业的生产设施同时生产两种以上产品、可适用不同排放控制要求或不同行业国家污染物排放标准，且生产设施产生的污水混合处理排放的情况下，应执行排放标准中规定的最严格的浓度限值，并按式（1）换算水污染物基准水量排放浓度。

$$\rho_{基} = \frac{Q_{总}}{\sum Y_i \cdot Q_{i基}} \cdot \rho_{实} \quad (1)$$

式中：$\rho_{基}$——水污染物基准水量排放浓度，mg/L；

$Q_{总}$——排水总量，m^3；

Y_i——第 i 种产品产量，t；

$Q_{i基}$——第 i 种产品的单位产品基准排水量，m³/t；

$\rho_{实}$——实测水污染物排放浓度，mg/L。

若 $Q_{总}$ 与 $\sum Y_i \cdot Q_{i基}$ 的比值小于 1，则以水污染物实测浓度作为判定排放是否达标的依据。

5 水污染物监测要求

5.1 对企业排放废水的采样应根据监测污染物的种类，在规定的污染物排放监控位置进行，有废水处理设施的，应在该设施后监控。在污染物排放监控位置应设置永久性排污口标志。

5.2 新建企业和现有企业安装污染物排放自动监控设备的要求，按有关法律和《污染源自动监控管理办法》的规定执行。

5.3 对企业水污染物排放情况进行监测的频次、采样时间等要求，按国家有关污染源监测技术规范的规定执行。

5.4 企业产品产量的核定，以法定报表为依据。

5.5 对企业排放水污染物浓度的测定采用表 4 所列的方法标准。

表 4 水污染物浓度测定方法标准

序号	污染物项目	方法标准名称	方法标准编号
1	pH 值	水质 pH 值的测定 玻璃电极法	GB/T 6920—1986
2	色度	水质 色度的测定	GB/T 11903—1989
3	悬浮物	水质 悬浮物的测定 重量法	GB/T 11901—1989
4	五日生化需氧量	水质 五日生化需氧量（BOD_5）的测定 稀释与接种法	HJ 505—2009
5	化学需氧量	水质 化学需氧量的测定 重铬酸盐法	GB/T 11914—1989
		水质 化学需氧量的测定 快速消解分光光度法	HJ/T 399—2007
6	氨氮	水质 氨氮的测定 纳氏试剂分光光度法	HJ 535—2009
		水质 氨氮的测定 水杨酸分光光度法	HJ 536—2009
		水质 氨氮的测定 蒸馏-中和滴定法	HJ 537—2009
		水质 氨氮的测定 气相分子吸收光谱法	HJ/T 195—2005
7	总氮	水质 总氮的测定 碱性过硫酸钾消解紫外分光光度法	GB/T 11894—1989
		水质 总氮的测定 气相分子吸收光谱法	HJ/T 199—2005
8	总磷	水质 总磷的测定 钼酸铵分光光度法	GB/T 11893—1989

5.6 企业须按照有关法律和《环境监测管理办法》的规定，对排污状况进行监测，并保存原始监测记录。

6 实施与监督

6.1 本标准由县级以上人民政府环境保护行政主管部门负责监督实施。

6.2 在任何情况下，生产企业均应遵守本标准规定的水污染物排放控制要求，采取必要措施保证污染防治设施正常运行。各级环保部门在对企业进行监督性检查时，可以现场即时采样或监测的结果，作为判定排污行为是否符合排放标准以及实施相关环境保护管理措施的依据。在发现企业耗水或排水量有异常变化的情况下，应核定企业的实际产品产量和排水量，按本标准规定，换算水污染物基准水量排放浓度。

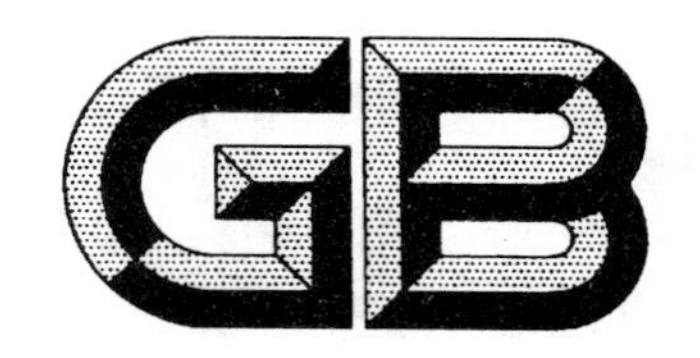

中华人民共和国国家标准

GB 25463—2010

油墨工业水污染物排放标准

Discharge standard of water pollutants for printing ink industry

2010-09-27 发布　　2010-10-01 实施

环境保护部
国家质量监督检验检疫总局　发布

前　言

为贯彻《中华人民共和国环境保护法》、《中华人民共和国水污染防治法》、《中华人民共和国海洋环境保护法》、《国务院关于落实科学发展观　加强环境保护的决定》等法律、法规和《国务院关于编制全国主体功能区规划的意见》，保护环境，防治污染，促进油墨工业生产工艺和污染治理技术的进步，制定本标准。

本标准规定了油墨工业企业水污染物排放限值、监测和监控要求，适用于油墨工业企业水污染防治和管理。为促进区域经济与环境协调发展，推动经济结构的调整和经济增长方式的转变，引导油墨工业生产工艺和污染治理技术的发展方向，本标准规定了水污染物特别排放限值。

本标准中的污染物排放浓度均为质量浓度。

油墨工业企业排放大气污染物（含恶臭污染物）、环境噪声适用相应的国家污染物排放标准，产生固体废物的鉴别、处理和处置适用国家固体废物污染控制标准。

本标准为首次发布。

自本标准实施之日起，油墨工业企业的水污染物排放控制按本标准的规定执行，不再执行《污水综合排放标准》（GB 8978—1996）中的相关规定。

地方省级人民政府对本标准未作规定的污染物项目，可以制定地方污染物排放标准；对本标准已作规定的污染物项目，可以制定严于本标准的地方污染物排放标准。

本标准由环境保护部科技标准司组织制订。

本标准主要起草单位：华东理工大学、环境保护部环境标准研究所、中国日用化工协会。

本标准环境保护部 2010 年 9 月 10 日批准。

本标准自 2010 年 10 月 1 日起实施。

本标准由环境保护部解释。

油墨工业水污染物排放标准

1 适用范围

本标准规定了油墨工业企业水污染物排放限值、监测和监控要求，以及标准的实施与监督等相关规定。

本标准适用于油墨工业企业的水污染物排放管理，以及油墨工业企业建设项目的环境影响评价、环境保护设施设计、竣工环境保护验收及其投产后的水污染物排放管理。

本标准适用于法律允许的污染物排放行为。新设立污染源的选址和特殊保护区域内现有污染源的管理，按照《中华人民共和国大气污染防治法》、《中华人民共和国水污染防治法》、《中华人民共和国海洋环境保护法》、《中华人民共和国固体废物污染环境防治法》、《中华人民共和国环境影响评价法》等法律、法规、规章的相关规定执行。

本标准规定的水污染物排放控制要求适用于企业直接或间接向其法定边界外排放水污染物的行为。

2 规范性引用文件

本标准内容引用了下列文件或其中的条款。

GB/T 6920—1986 水质 pH值的测定 玻璃电极法

GB/T 7466—1987 水质 总铬的测定 高锰酸钾氧化-二苯碳酰二肼分光光度法

GB/T 7467—1987 水质 六价铬的测定 二苯碳酰二肼分光光度法

GB/T 7468—1987 水质 总汞的测定 冷原子吸收分光光度法

GB/T 7469—1987 水质 总汞的测定 高锰酸钾-过硫酸钾消解法 双硫腙分光光度法

GB/T 7470—1987 水质 铅的测定 双硫腙分光光度法

GB/T 7471—1987 水质 镉的测定 双硫腙分光光度法

GB/T 7475—1987 水质 铜、锌、铅、镉的测定 原子吸收分光光度法

GB/T 11889—1989 水质 苯胺类化合物的测定 *N*-(1-萘基)乙二胺偶氮分光光度法

GB/T 11890—1989 水质 苯系物的测定 气相色谱法

GB/T 11893—1989 水质 总磷的测定 钼酸铵分光光度法

GB/T 11894—1989 水质 总氮的测定 碱性过硫酸钾消解紫外分光光度法

GB/T 11901—1989 水质 悬浮物的测定 重量法

GB/T 11903—1989 水质 色度的测定 稀释倍数法

GB/T 11914—1989 水质 化学需氧量的测定 重铬酸盐法

GB/T 14204—1993 水质 烷基汞的测定 气相色谱法

GB/T 16488—1996 水质 石油类和动植物油的测定 红外光度法

HJ/T 195—2005 水质 氨氮的测定 气相分子吸收光谱法

HJ/T 199—2005 水质 总氮的测定 气相分子吸收光谱法

HJ/T 341—2007 水质 汞的测定 冷原子荧光法

HJ/T 399—2007 水质 化学需氧量的测定 快速消解分光光度法

HJ 501—2009 水质 总有机碳的测定 燃烧氧化-非分散红外吸收法
HJ 503—2009 水质 挥发酚的测定 4-氨基安替比林分光光度法
HJ 505—2009 水质 五日生化需氧量（BOD_5）的测定 稀释与接种法
HJ 535—2009 水质 氨氮的测定 纳氏试剂分光光度法
HJ 536—2009 水质 氨氮的测定 水杨酸分光光度法
HJ 537—2009 水质 氨氮的测定 蒸馏-中和滴定法
《污染源自动监控管理办法》（国家环境保护总局令 第28号）
《环境监测管理办法》（国家环境保护总局令 第39号）

3 术语和定义

下列术语和定义适用于本标准。

3.1

油墨工业 ink industry

指以颜料、填充料、连接料和辅助剂为原料制备印刷用油墨的工业，包括自制颜料、树脂的油墨生产。

3.2

综合油墨生产企业 comprehensive ink manufacturers

指含有颜料生产且颜料年产量在 1 000 t 及以上的油墨工业企业。

3.3

其他油墨生产企业 other ink manufacturers

指不含颜料生产的油墨工业企业或含颜料生产且颜料年产量在 1 000 t 以下的油墨工业企业。

3.4

平版油墨 planographic printing ink

指适用于各种平版印刷方式的油墨总称。

3.5

干法平版油墨 planographic printing ink by dry method

指采用颜料干粉与连接料等材料混合、研磨而成的平版油墨。

3.6

湿法平版油墨 planographic printing ink by wet method

指采用含水的颜料滤饼与连接料等材料混合、研磨而成的平版油墨。

3.7

凹版油墨 gravure ink

指用于凹版印刷的油墨的总称。

3.8

柔版油墨 flexographic printing ink

指用于柔版印刷的油墨的总称。

3.9

基墨 primary ink

指将含水的颜料滤饼与油墨连接料混合均匀，并除去其中剩余水分而制成的油墨基料。

3.10

现有企业 existing facility

指本标准实施之日前已建成投产或环境影响评价文件已通过审批的油墨工业企业或生产设施。

3.11

新建企业 new facility

指本标准实施之日起环境影响评价文件通过审批的新建、改建和扩建油墨工业设施建设项目。

3.12

排水量 effluent volume

指生产设施或企业向企业法定边界以外排放的废水的量，包括与生产有直接或间接关系的各种外排废水（如厂区生活污水、冷却废水、厂区锅炉和电站排水等）。

3.13

单位产品基准排水量 benchmark effluent volume per unit product

指用于核定水污染物排放浓度而规定的生产单位产品的废水排放量上限值。

3.14

公共污水处理系统 public wastewater treatment system

指通过纳污管道等方式收集废水，为两家以上排污单位提供废水处理服务并且排水能够达到相关排放标准要求的企业或机构，包括各种规模和类型的城镇污水处理厂、区域（包括各类工业园区、开发区、工业聚集地等）废水处理厂等，其废水处理程度应达到二级或二级以上。

3.15

直接排放 direct discharge

指排污单位直接向环境水体排放污染物的行为。

3.16

间接排放 indirect discharge

指排污单位向公共污水处理系统排放污染物的行为。

4 水污染物排放控制要求

4.1 自 2011 年 1 月 1 日起至 2011 年 12 月 31 日止，现有企业执行表 1 规定的水污染物排放限值。

表 1 现有企业水污染物排放浓度限值

单位：mg/L（pH 值、色度除外）

序号	污染物项目	限值			污染物排放监控位置
		直接排放		间接排放	
		综合油墨生产企业	其他油墨生产企业		
1	pH 值	6～9	6～9	6～9	企业废水总排放口
2	色度（稀释倍数）	80	80	80	
3	悬浮物	70	70	100	
4	五日生化需氧量（BOD_5）	30	30	50	
5	化学需氧量（COD）	150	100	300	
6	石油类	10	10	10	
7	动植物油	15	15	15	
8	挥发酚	0.5	0.5	0.5	
9	氨氮	15	15	25	
10	总氮	50	30	50	
11	总磷	1.0	1.0	2.0	
12	苯胺类	2.0	—	2.0[1)]	
13	总铜	0.5	—	0.5[1)]	
14	苯	0.1	0.1	0.1	

续表

序号	污染物项目	限值			污染物排放监控位置
		直接排放		间接排放	
		综合油墨生产企业	其他油墨生产企业		
15	甲苯	0.2	0.2	0.2	企业废水总排放口
16	乙苯	0.6	0.6	0.6	
17	二甲苯	0.6	0.6	0.6	
18	总有机碳（TOC）	30	30	60	
19	总汞	0.002			车间或生产设施废水排放口
20	烷基汞	不得检出			
21	总镉	0.1			
22	总铬	0.5			
23	六价铬	0.2			
24	总铅	0.1			
注：1）仅适用于综合油墨生产企业。					

4.2 自2012年1月1日起，现有企业执行表2规定的水污染物排放限值。

4.3 自2010年10月1日起，新建企业执行表2规定的水污染物排放限值。

表2 新建企业水污染物排放浓度限值

单位：mg/L（pH值、色度除外）

序号	污染物项目	限值			污染物排放监控位置
		直接排放		间接排放	
		综合油墨生产企业	其他油墨生产企业		
1	pH值	6～9	6～9	6～9	企业废水总排放口
2	色度（稀释倍数）	70	50	80	
3	悬浮物	40	40	100	
4	五日生化需氧量（BOD_5）	25	20	50	
5	化学需氧量（COD）	120	80	300	
6	石油类	8	8	8	
7	动植物油	10	10	10	
8	挥发酚	0.5	0.5	0.5	
9	氨氮	15	10	25	
10	总氮	30	20	50	
11	总磷	0.5	0.5	2.0	
12	苯胺类	1.0	—	1.0[1)]	
13	总铜	0.5	—	0.5[1)]	
14	苯	0.05	0.05	0.05	
15	甲苯	0.2	0.2	0.2	
16	乙苯	0.4	0.4	0.4	
17	二甲苯	0.4	0.4	0.4	
18	总有机碳（TOC）	30	20	60	
19	总汞	0.002			车间或生产设施废水排放口
20	烷基汞	不得检出			
21	总镉	0.1			
22	总铬	0.5			
23	六价铬	0.2			
24	总铅	0.1			
注：1）仅适用于综合油墨生产企业。					

4.4 根据环境保护工作的要求，在国土开发密度较高、环境承载能力开始减弱，或水环境容量较小、生态环境脆弱，容易发生严重水环境污染问题而需要采取特别保护措施的地区，应严格控制企业的污染排放行为，在上述地区的企业执行表3规定的水污染物特别排放限值。

表3 水污染物特别排放限值

单位：mg/L（pH值、色度除外）

序号	污染物项目	限值			污染物排放监控位置
		直接排放		间接排放	
		综合油墨生产企业	其他油墨生产企业		
1	pH值	6～9	6～9	6～9	企业废水总排放口
2	色度（稀释倍数）	30	30	70	
3	悬浮物	20	20	40	
4	五日生化需氧量（BOD_5）	10	10	25	
5	化学需氧量（COD）	50	50	120	
6	石油类	1.0	1.0	1.0	
7	动植物油	1.0	1.0	1.0	
8	挥发酚	0.2	0.2	0.2	
9	氨氮	5	5	15	
10	总氮	15	15	30	
11	总磷	0.5	0.5	0.5	
12	苯胺类	0.5	—	0.5[1)]	
13	总铜	0.2	—	0.2[1)]	
14	苯	0.05	0.05	0.05	
15	甲苯	0.1	0.1	0.1	
16	乙苯	0.4	0.4	0.4	
17	二甲苯	0.4	0.4	0.4	
18	总有机碳（TOC）	15	15	30	
19	总汞	0.001			车间或生产设施废水排放口
20	烷基汞	不得检出			
21	总镉	0.01			
22	总铬	0.1			
23	六价铬	0.05			
24	总铅	0.1			
注：1）仅适用于综合油墨生产企业。					

执行水污染物特别排放限值的地域范围、时间，由国务院环境保护行政主管部门或省级人民政府规定。

4.5 基准水量排放浓度换算

4.5.1 生产不同类别油墨产品，其单位产品基准排水量见表4。

表4 油墨生产企业单位产品基准排水量

单位：m^3/t

产品类型			单位产品基准排水量	排水量计量位置
湿法平版油墨、基墨			4.0	排水量计量位置与污染物排放监控位置相同
凹版油墨、柔版油墨、干法平版油墨以及其他类油墨			1.6	
颜料	偶氮类颜料（颜料红、颜料黄）		100	
	酞菁类颜料（颜料蓝）	盐析工艺	120	
		非盐析工艺	40	
	其他颜料		120	
树脂类			1.6	

4.5.2　水污染物排放浓度限值适用于单位产品实际排水量不高于单位产品基准排水量的情况。若单位产品实际排水量超过单位产品基准排水量，须按式（1）将实测水污染物浓度换算为水污染物基准水量排放浓度，并以水污染物基准水量排放浓度作为判定排放是否达标的依据。产品产量和排水量统计周期为一个工作日。

在企业的生产设施同时生产两种以上产品、可适用不同排放控制要求或不同行业国家污染物排放标准，且生产设施产生的污水混合处理排放的情况下，应执行排放标准中规定的最严格的浓度限值，并按式（1）换算水污染物基准水量排放浓度。

$$\rho_{基}=\frac{Q_{总}}{\sum Y_i\cdot Q_{i基}}\cdot\rho_{实}\qquad(1)$$

式中：$\rho_{基}$——水污染物基准水量排放浓度，mg/L；

$Q_{总}$——排水总量，m^3；

Y_i——第 i 种产品产量，t；

$Q_{i基}$——第 i 种产品的单位产品基准排水量，m^3/t；

$\rho_{实}$——实测水污染物浓度，mg/L。

若 $Q_{总}$ 与 $\sum Y_i\cdot Q_{i基}$ 的比值小于 1，则以水污染物实测浓度作为判定排放是否达标的依据。

5　水污染物监测要求

5.1　对企业排放废水的采样应根据监测污染物的种类，在规定的污染物排放监控位置进行，有废水处理设施的，应在该设施后监控。在污染物排放监控位置应设置永久性排污口标志。

5.2　新建企业和现有企业安装污染物排放自动监控设备的要求，按有关法律和《污染源自动监控管理办法》的规定执行。

5.3　对企业水污染物排放情况进行监测的频次、采样时间等要求，按国家有关污染源监测技术规范的规定执行。

5.4　企业产品产量的核定，以法定报表为依据。

5.5　企业须按照有关法律和《环境监测管理办法》的规定，对排污状况进行监测，并保存原始监测记录。

5.6　对企业排放水污染物浓度的测定采用表 5 所列的方法标准。

表 5　水污染物浓度测定方法标准

序号	污染物项目	方法标准名称	方法标准编号
1	pH 值	水质　pH 值的测定　玻璃电极法	GB/T 6920—1986
2	色度	水质　色度的测定　稀释倍数法	GB/T 11903—1989
3	悬浮物	水质　悬浮物的测定　重量法	GB/T 11901—1989
4	五日生化需氧量	水质　五日生化需氧量（BOD_5）的测定　稀释与接种法	HJ 505—2009
5	化学需氧量	水质　化学需氧量的测定　重铬酸盐法	GB/T 11914—1989
		水质　化学需氧量的测定　快速消解分光光度法	HJ/T 399—2007
6	石油类	水质　石油类和动植物油的测定　红外光度法	GB/T 16488—1996
7	动植物油	水质　石油类和动植物油的测定　红外光度法	GB/T 16488—1996
8	挥发酚	水质　挥发酚的测定　4-氨基安替比林分光光度法	HJ 503—2009

续表

序号	污染物项目	方法标准名称	方法标准编号
9	氨氮	水质　氨氮的测定　纳氏试剂分光光度法	HJ 535—2009
		水质　氨氮的测定　水杨酸分光光度法	HJ 536—2009
		水质　氨氮的测定　蒸馏-中和滴定法	HJ 537—2009
		水质　氨氮的测定　气相分子吸收光谱法	HJ/T 195—2005
10	总氮	水质　总氮的测定　碱性过硫酸钾消解紫外分光光度法	GB/T 11894—1989
		水质　总氮的测定　气相分子吸收光谱法	HJ/T 199—2005
11	总磷	水质　总磷的测定　钼酸铵分光光度法	GB/T 11893—1989
12	苯胺类	水质　苯胺类化合物的测定　*N*-(1-萘基)乙二胺偶氮分光光度法	GB/T 11889—1989
13	总铜	水质　铜、锌、铅、镉的测定　原子吸收分光光度法	GB/T 7475—1987
14	苯	水质　苯系物的测定　气相色谱法	GB/T 11890—1989
15	甲苯	水质　苯系物的测定　气相色谱法	GB/T 11890—1989
16	乙苯	水质　苯系物的测定　气相色谱法	GB/T 11890—1989
17	二甲苯	水质　苯系物的测定　气相色谱法	GB/T 11890—1989
18	总有机碳	水质　总有机碳的测定　燃烧氧化-非分散红外吸收法	HJ 501—2009
19	总汞	水质　总汞的测定　冷原子吸收分光光度法	GB/T 7468—1987
		水质　总汞的测定　高锰酸钾-过硫酸钾消解法　双硫腙分光光度法	GB/T 7469—1987
		水质　汞的测定　冷原子荧光法	HJ/T 341—2007
20	烷基汞	水质　烷基汞的测定　气相色谱法	GB/T 14204—1993
21	总镉	水质　铜、锌、铅、镉的测定　原子吸收分光光度法	GB/T 7475—1987
		水质　镉的测定　双硫腙分光光度法	GB/T 7471—1987
22	总铬	水质　总铬的测定　高锰酸钾氧化-二苯碳酰二肼分光光度法	GB/T 7466—1987
23	六价铬	水质　六价铬的测定　二苯碳酰二肼分光光度法	GB/T 7467—1987
24	总铅	水质　铜、锌、铅、镉的测定　原子吸收分光光度法	GB/T 7475—1987
		水质　铅的测定　双硫腙分光光度法	GB/T 7470—1987

6　实施与监督

6.1　本标准由县级以上人民政府环境保护行政主管部门负责监督实施。

6.2　在任何情况下，企业均应遵守本标准规定的水污染物排放控制要求，采取必要措施保证污染防治设施正常运行。各级环保部门在对企业进行监督性检查时，可以现场即时采样或监测的结果，作为判定排污行为是否符合排放标准以及实施相关环境保护管理措施的依据。在发现企业耗水或排水量有异常变化的情况下，应核定企业的实际产品产量和排水量，按本标准规定，换算水污染物基准水量排放浓度。

中华人民共和国国家标准

GB 25464—2010

陶瓷工业污染物排放标准

Emission standard of pollutants for ceramics industry

2010-09-27 发布　　2010-10-01 实施

环境保护部
国家质量监督检验检疫总局　发布

前　言

为贯彻《中华人民共和国环境保护法》、《中华人民共和国水污染防治法》、《中华人民共和国大气污染防治法》、《中华人民共和国海洋环境保护法》，《国务院关于落实科学发展观　加强环境保护的决定》等法律、法规和《国务院关于编制全国主体功能区规划的意见》，保护环境，防治污染，促进陶瓷工业生产工艺和污染治理技术的进步，制定本标准。

本标准以陶瓷工业的生产工艺及污染治理技术特点，规定了陶瓷工业企业的水和大气污染物排放限值、监测和监控要求。为促进地区经济与环境协调发展，推动经济结构的调整和经济增长方式的转变，引导陶瓷工业生产工艺和污染治理技术的发展方向，本标准规定了水污染物特别排放限值。

本标准中的污染物排放浓度均为质量浓度。

陶瓷工业企业排放恶臭污染物、环境噪声以及锅炉、火电厂排放大气污染物适用相应的国家污染物排放标准，产生固体废物的鉴别、处理和处置适用国家固体废物污染控制标准。

本标准为首次发布。

自本标准实施之日起，陶瓷工业的水和大气污染物排放控制按本标准的规定执行，不再执行《大气污染物综合排放标准》（GB 16297—1996）、《污水综合排放标准》（GB 8978—1996）和《工业炉窑大气污染物排放标准》（GB 9078—1996）中的相关规定。

地方省级人民政府对本标准未作规定的污染物项目，可以制定地方污染物排放标准；对本标准已作规定的污染物项目，可以制定严于本标准的地方污染物排放标准。

本标准由环境保护部科技标准司组织制订。

本标准主要起草单位：湖南省环境保护科学研究院、环境保护部环境标准研究所、长沙环境保护职业技术学院、湖南省衡阳市环境监测站、湖南省出入境检验检疫局陶瓷检测中心。

本标准由环境保护部 2010 年 9 月 10 日批准。

本标准自 2010 年 10 月 1 日起实施。

本标准由环境保护部解释。

陶瓷工业污染物排放标准

1 适用范围

本标准规定了陶瓷工业企业水污染物和大气污染物排放限值、监测和监控要求，以及标准的实施与监督等相关规定。

本标准适用于陶瓷工业企业的水污染物和大气污染物排放管理，以及陶瓷工业企业建设项目的环境影响评价、环境保护设施设计、竣工环境保护验收及其投产后的水污染物和大气污染物排放管理。

本标准不适用于陶瓷原辅材料的开采及初加工过程的水污染物和大气污染物排放管理。

本标准适用于法律允许的污染物排放行为；新设立污染源的选址和特殊保护区域内现有污染源的管理，按照《中华人民共和国大气污染防治法》、《中华人民共和国水污染防治法》、《中华人民共和国海洋环境保护法》、《中华人民共和国固体废物污染环境防治法》、《中华人民共和国环境影响评价法》等法律、法规、规章的相关规定执行。

本标准规定的水污染物排放控制要求适用于企业直接或间接向其法定边界外排放水污染物的行为。

2 规范性引用文件

本标准内容引用了下列文件或其中的条款。

GB/T 6920—1986 水质 pH 值的测定 玻璃电极法
GB/T 7466—1987 水质 总铬的测定 高锰酸钾氧化-二苯碳酰二肼分光光度法
GB/T 7470—1987 水质 铅的测定 双硫腙分光光度法
GB/T 7475—1987 水质 铜、锌、铅、镉的测定 原子吸收分光光度法
GB/T 7484—1987 水质 氟化物的测定 离子选择电极法
GB/T 11893—1989 水质 总磷的测定 钼酸铵分光光度法
GB/T 11894—1989 水质 总氮的测定 碱性过硫酸钾消解紫外分光光度法
GB/T 11901—1989 水质 悬浮物的测定 重量法
GB/T 11912—1989 水质 镍的测定 火焰原子吸收分光光度法
GB/T 11914—1989 水质 化学需氧量的测定 重铬酸盐法
GB/T 13896—1992 水质 铅的测定 示波极谱法
GB/T 14671—93 水质 钡的测定 电位滴定法
GB/T 15432—1995 环境空气 总悬浮颗粒物的测定 重量法
GB/T 15959—1995 水质 可吸附有机卤素（AOX）的测定 微库仑法
GB/T 16157—1996 固定污染源排气中颗粒物测定与气态污染物采样方法
GB/T 16488—1996 水质 石油类和动植物油的测定 红外光度法
GB/T 16489—1996 水质 硫化物的测定 亚甲蓝分光光度法
HJ/T 27—1999 固定污染源排气中氯化氢的测定 硫氰酸汞分光光度法
HJ/T 42—1999 固定污染源排气中氮氧化物的测定 紫外分光光度法

HJ/T 43—1999 固定污染源排气中氮氧化物的测定 盐酸萘乙二胺分光光度法
HJ/T 55—2000 大气污染物无组织排放监测技术导则
HJ/T 56—2000 固定污染源排气中二氧化硫的测定 碘量法
HJ/T 57—2000 固定污染源排气中二氧化硫的测定 定电位电解法
HJ/T 58—2000 水质 铍的测定 铬菁 R 分光光度法
HJ/T 59—2000 水质 铍的测定 石墨炉原子吸收分光光度法
HJ/T 60—2000 水质 硫化物的测定 碘量法
HJ/T 63.1—2001 大气固定污染源 镍的测定 火焰原子吸收分光光度法
HJ/T 63.2—2001 大气固定污染源 镍的测定 石墨炉原子吸收分光光度法
HJ/T 63.3—2001 大气固定污染源 镍的测定 丁二酮肟-正丁醇萃取分光光度法
HJ/T 64.1—2001 大气固定污染源 镉的测定 火焰原子吸收分光光度法
HJ/T 64.2—2001 大气固定污染源 镉的测定 石墨炉原子吸收分光光度法
HJ/T 64.3—2001 大气固定污染源 镉的测定 对-偶氮苯重氮氨基偶氮苯磺酸吸收分光光度法
HJ/T 67—2001 大气固定污染源 氟化物的测定 离子选择电极法
HJ/T 76—2007 固定污染源排放烟气连续监测系统技术要求及检测方法
HJ/T 83—2001 水质 可吸附有机卤素（AOX）的测定 离子色谱法
HJ/T 195—2005 水质 氨氮的测定 气相分子吸收光谱法
HJ/T 199—2005 水质 总氮的测定 气相分子吸收光谱法
HJ/T 355—2007 水污染源在线监测系统运行与考核技术规范
HJ/T 397—2007 固定源废气监测技术规范
HJ/T 398—2007 固定污染源排放烟气黑度的测定 林格曼烟气黑度图法
HJ/T 399—2007 水质 化学需氧量的测定 快速消解分光光度法
HJ 485—2009 水质 铜的测定 二乙基二硫代氨基甲酸钠分光光度法
HJ 487—2009 水质 氟化物的测定 茜素磺酸锆目视比色法
HJ 488—2009 水质 氟化物的测定 氟试剂分光光度法
HJ 505—2009 水质 五日生化需氧量（BOD_5）的测定 稀释与接种法
HJ 535—2009 水质 氨氮的测定 纳氏试剂分光光度法
HJ 536—2009 水质 氨氮的测定 水杨酸分光光度法
HJ 537—2009 水质 氨氮的测定 蒸馏-中和滴定法
HJ 538—2009 固定污染源废气 铅的测定 火焰原子吸收分光光度法（暂行）
HJ 550—2009 水质 总钴的测定 5-氯-2-（吡啶偶氮）-1,3-二氨基苯分光光度法（暂行）
《污染源自动监控管理办法》（国家环境保护总局令 第 28 号）
《环境监测管理办法》（国家环境保护总局令 第 39 号）

3 术语和定义

下列术语与定义适用于本标准。

3.1

陶瓷工业 ceramics industry

指用黏土类及其他矿物原料经过粉碎加工、成型、煅烧等过程而制成各种陶瓷制品的工业，主要包括日用瓷及陈设艺术瓷、建筑陶瓷、卫生陶瓷和特种陶瓷等的生产。

3.2

日用及陈设艺术瓷 daily-use and artistic porcelain

指供日常生活使用或具艺术欣赏和珍藏价值的各类陶瓷制品，主要品种有餐具、茶具、咖啡具、酒具、文具、容具、耐热烹饪具等日用制品及绘画、雕塑、雕刻等集工艺美术技能与陶瓷制造技术于一体的艺术陈设制品等。

3.3

建筑陶瓷 building ceramics

指用于建筑物饰面或作为建筑物构件的陶瓷制品，主要指陶瓷墙地砖，不包括建筑琉璃制品、黏土砖和烧结瓦等。

3.4

卫生陶瓷 sanitary ceramics

指用于卫生设施的陶瓷制品，主要包括卫生间用具、厨房用具和小件卫生陶瓷等。

3.5

特种陶瓷（精细陶瓷） special ceramics

指通过在陶瓷坯料中加入特别配方的无机材料，经过高温烧结成型，从而获得稳定可靠的特殊性质和功能，如高强度、高硬度、耐腐蚀、导电、绝缘以及在磁、电、光、声、生物工程各方面的应用，而成为一种新型特种陶瓷。主要有氧化物瓷、氮化物瓷、压电陶瓷、磁性瓷和金属陶瓷等。

3.6

标准状态 standard condition

指温度 273.15 K，压力为 101 325 Pa 时的状态。本标准规定的大气污染物排放浓度限值均以标准状态下的干气体为基准。

3.7

排气筒高度 stack height

指自排气筒（或其主体建筑构造）所在的地平面至排气筒出口计的高度。

3.8

现有企业 existing facility

指本标准实施之日前，已建成投产或环境影响评价文件已通过审批的陶瓷工业企业或生产设施。

3.9

新建企业 new facility

指本标准实施之日起环境影响评价文件通过审批的新建、改建和扩建陶瓷工业设施建设项目。

3.10

排水量 effluent volume

指生产设施或企业向企业法定边界以外排放的废水的量，包括与生产有直接或间接关系的各种外排废水（如厂区生活污水、冷却废水、厂区锅炉和电站排水等）。

3.11

单位产品基准排水量 benchmark effluent volume per unit product

指用于核定水污染物排放浓度而规定的生产单位陶瓷产品的废水排放量上限值。

3.12

过量空气系数 excess air coefficien

指工业炉窑运行时实际空气量与理论空气需要量的比值。

3.13

企业边界 enterprise boundary

指陶瓷工业企业的法定边界。若无法定边界，则指实际边界。

3.14

公共污水处理系统 public wastewater treatment system

指通过纳污管道等方式收集废水，为两家以上排污单位提供废水处理服务并且排水能够达到相关排放标准要求的企业或机构，包括各种规模和类型的城镇污水处理厂、区域（包括各类工业园区、开发区、工业聚集地等）废水处理厂等，其废水处理程度应达到二级或二级以上。

3.15

直接排放 direct discharge

指排污单位直接向环境水体排放污染物的行为。

3.16

间接排放 indirect discharge

指排污单位向公共污水处理系统排放污染物的行为。

4 污染物排放控制要求

4.1 水污染物排放控制要求

4.1.1 自2011年1月1日起至2011年12月31日止，现有企业执行表1规定的水污染物排放限值。

表1 现有企业水污染物排放浓度限值及单位产品基准排水量

单位：mg/L（pH值除外）

<table>
<tr><th rowspan="2">序号</th><th rowspan="2" colspan="2">污染物项目</th><th colspan="2">限 值</th><th rowspan="2">污染物排放监控位置</th></tr>
<tr><th>直接排放</th><th>间接排放</th></tr>
<tr><td>1</td><td colspan="2">pH值</td><td>6～9</td><td>6～9</td><td rowspan="13">企业废水总排放口</td></tr>
<tr><td>2</td><td colspan="2">悬浮物（SS）</td><td>60</td><td>120</td></tr>
<tr><td>3</td><td colspan="2">化学需氧量（COD_{Cr}）</td><td>60</td><td>110</td></tr>
<tr><td>4</td><td colspan="2">五日生化需氧量（BOD_5）</td><td>20</td><td>40</td></tr>
<tr><td>5</td><td colspan="2">氨氮</td><td>5.0</td><td>10</td></tr>
<tr><td>6</td><td colspan="2">总磷</td><td>1.5</td><td>3.0</td></tr>
<tr><td>7</td><td colspan="2">总氮</td><td>20</td><td>40</td></tr>
<tr><td>8</td><td colspan="2">石油类</td><td>5.0</td><td>10</td></tr>
<tr><td>9</td><td colspan="2">硫化物</td><td>1.0</td><td>2.0</td></tr>
<tr><td>10</td><td colspan="2">氟化物</td><td>10</td><td>20</td></tr>
<tr><td>11</td><td colspan="2">总铜</td><td>0.5</td><td>1.0</td></tr>
<tr><td>12</td><td colspan="2">总锌</td><td>2.0</td><td>4.0</td></tr>
<tr><td>13</td><td colspan="2">总钡</td><td>0.7</td><td>0.7</td></tr>
<tr><td>14</td><td colspan="2">总镉</td><td colspan="2">0.1</td><td rowspan="7">车间或生产设施废水排放口</td></tr>
<tr><td>15</td><td colspan="2">总铬</td><td colspan="2">1.0</td></tr>
<tr><td>16</td><td colspan="2">总铅</td><td colspan="2">1.0</td></tr>
<tr><td>17</td><td colspan="2">总镍</td><td colspan="2">0.5</td></tr>
<tr><td>18</td><td colspan="2">总钴</td><td colspan="2">1.0</td></tr>
<tr><td>19</td><td colspan="2">总铍</td><td colspan="2">0.005</td></tr>
<tr><td>20</td><td colspan="2">可吸附有机卤化物（AOX）</td><td colspan="2">1.0</td></tr>
<tr><td rowspan="6">单位产品（瓷）基准排水量</td><td rowspan="2">日用及陈设艺术瓷</td><td>普通瓷/（m^3/t）</td><td colspan="2">7.0</td><td rowspan="6">排水量计量位置与污染物排放监控位置一致</td></tr>
<tr><td>骨质瓷/（m^3/t）</td><td colspan="2">30</td></tr>
<tr><td rowspan="2">建筑陶瓷</td><td>抛光/（m^3/t）</td><td colspan="2">1.0</td></tr>
<tr><td>非抛光/（m^3/t）</td><td colspan="2">0.3</td></tr>
<tr><td colspan="2">卫生陶瓷/（m^3/t）</td><td colspan="2">6.0</td></tr>
<tr><td colspan="2">特种陶瓷/（m^3/t）</td><td colspan="2">2.0</td></tr>
</table>

4.1.2　自 2012 年 1 月 1 日起，现有企业执行表 2 规定的水污染物排放限值。

4.1.3　自 2010 年 10 月 1 日起，新建企业执行表 2 规定的水污染物排放限值。

表 2　新建企业水污染物排放浓度限值及单位产品基准排水量

单位：mg/L（pH 值除外）

<table>
<tr><td rowspan="2">序号</td><td rowspan="2" colspan="2">污染物项目</td><td colspan="2">限　值</td><td rowspan="2">污染物排放监控位置</td></tr>
<tr><td>直接排放</td><td>间接排放</td></tr>
<tr><td>1</td><td colspan="2">pH 值</td><td>6～9</td><td>6～9</td><td rowspan="13">企业废水总排放口</td></tr>
<tr><td>2</td><td colspan="2">悬浮物（SS）</td><td>50</td><td>120</td></tr>
<tr><td>3</td><td colspan="2">化学需氧量（COD_{Cr}）</td><td>50</td><td>110</td></tr>
<tr><td>4</td><td colspan="2">五日生化需氧量（BOD_5）</td><td>10</td><td>40</td></tr>
<tr><td>5</td><td colspan="2">氨氮</td><td>3.0</td><td>10</td></tr>
<tr><td>6</td><td colspan="2">总磷</td><td>1.0</td><td>3.0</td></tr>
<tr><td>7</td><td colspan="2">总氮</td><td>15</td><td>40</td></tr>
<tr><td>8</td><td colspan="2">石油类</td><td>3.0</td><td>10</td></tr>
<tr><td>9</td><td colspan="2">硫化物</td><td>1.0</td><td>2.0</td></tr>
<tr><td>10</td><td colspan="2">氟化物</td><td>8.0</td><td>20</td></tr>
<tr><td>11</td><td colspan="2">总铜</td><td>0.1</td><td>1.0</td></tr>
<tr><td>12</td><td colspan="2">总锌</td><td>1.0</td><td>4.0</td></tr>
<tr><td>13</td><td colspan="2">总钡</td><td>0.7</td><td>0.7</td></tr>
<tr><td>14</td><td colspan="2">总镉</td><td colspan="2">0.07</td><td rowspan="7">车间或生产设施废水排放口</td></tr>
<tr><td>15</td><td colspan="2">总铬</td><td colspan="2">0.1</td></tr>
<tr><td>16</td><td colspan="2">总铅</td><td colspan="2">0.3</td></tr>
<tr><td>17</td><td colspan="2">总镍</td><td colspan="2">0.1</td></tr>
<tr><td>18</td><td colspan="2">总钴</td><td colspan="2">0.1</td></tr>
<tr><td>19</td><td colspan="2">总铍</td><td colspan="2">0.005</td></tr>
<tr><td>20</td><td colspan="2">可吸附有机卤化物（AOX）</td><td colspan="2">0.1</td></tr>
<tr><td rowspan="6">单位产品（瓷）基准排水量</td><td rowspan="2">日用及陈设艺术瓷</td><td>普通瓷/（m^3/t）</td><td colspan="2">2.0</td><td rowspan="6">排水量计量位置与污染物排放监控位置一致</td></tr>
<tr><td>骨质瓷/（m^3/t）</td><td colspan="2">18</td></tr>
<tr><td rowspan="2">建筑陶瓷</td><td>抛光/（m^3/t）</td><td colspan="2">0.3</td></tr>
<tr><td>非抛光/（m^3/t）</td><td colspan="2">0.1</td></tr>
<tr><td colspan="2">卫生陶瓷/（m^3/t）</td><td colspan="2">4.0</td></tr>
<tr><td colspan="2">特种陶瓷/（m^3/t）</td><td colspan="2">1.0</td></tr>
</table>

4.1.4　根据环境保护工作的要求，在国土开发密度已经较高、环境承载能力开始减弱，或环境容量较小、生态环境脆弱，容易发生严重环境污染问题而需要采取特别保护措施的地区，应严格控制企业的污染物排放行为，在上述地区的企业执行表 3 规定的水污染物特别排放限值。

表 3　水污染物特别排放限值

单位：mg/L（pH 值除外）

<table>
<tr><td rowspan="2">序号</td><td rowspan="2">污染物项目</td><td colspan="2">限　值</td><td rowspan="2">污染物排放监控位置</td></tr>
<tr><td>直接排放</td><td>间接排放</td></tr>
<tr><td>1</td><td>pH 值</td><td>6～9</td><td>6～9</td><td rowspan="6">企业废水总排放口</td></tr>
<tr><td>2</td><td>悬浮物（SS）</td><td>30</td><td>50</td></tr>
<tr><td>3</td><td>化学需氧量（COD_{Cr}）</td><td>40</td><td>50</td></tr>
<tr><td>4</td><td>五日生化需氧量（BOD_5）</td><td>10</td><td>10</td></tr>
<tr><td>5</td><td>氨氮</td><td>1.0</td><td>3.0</td></tr>
<tr><td>6</td><td>总磷</td><td>0.5</td><td>1.0</td></tr>
</table>

续表

<table>
<tr><th rowspan="2">序号</th><th rowspan="2" colspan="2">污染物项目</th><th colspan="2">限 值</th><th rowspan="2">污染物排放监控位置</th></tr>
<tr><th>直接排放</th><th>间接排放</th></tr>
<tr><td>7</td><td colspan="2">总氮</td><td>5.0</td><td>15</td><td rowspan="7">企业废水总排放口</td></tr>
<tr><td>8</td><td colspan="2">石油类</td><td>1.0</td><td>3.0</td></tr>
<tr><td>9</td><td colspan="2">硫化物</td><td>0.5</td><td>1.0</td></tr>
<tr><td>10</td><td colspan="2">氟化物</td><td>5.0</td><td>8.0</td></tr>
<tr><td>11</td><td colspan="2">总铜</td><td>0.05</td><td>0.1</td></tr>
<tr><td>12</td><td colspan="2">总锌</td><td>0.5</td><td>1.0</td></tr>
<tr><td>13</td><td colspan="2">总钡</td><td>0.7</td><td>0.7</td></tr>
<tr><td>14</td><td colspan="2">总镉</td><td colspan="2">0.05</td><td rowspan="7">车间或生产设施废水排放口</td></tr>
<tr><td>15</td><td colspan="2">总铬</td><td colspan="2">0.05</td></tr>
<tr><td>16</td><td colspan="2">总铅</td><td colspan="2">0.1</td></tr>
<tr><td>17</td><td colspan="2">总镍</td><td colspan="2">0.05</td></tr>
<tr><td>18</td><td colspan="2">总钴</td><td colspan="2">0.05</td></tr>
<tr><td>19</td><td colspan="2">总铍</td><td colspan="2">0.005</td></tr>
<tr><td>20</td><td colspan="2">可吸附有机卤化物（AOX）</td><td colspan="2">0.05</td></tr>
<tr><td rowspan="6">单位产品（瓷）基准排水量</td><td rowspan="2">日用及陈设艺术瓷</td><td>普通瓷/（m³/t）</td><td colspan="2">0</td><td rowspan="6">排水量计量位置与污染物排放监控位置一致</td></tr>
<tr><td>骨质瓷/（m³/t）</td><td colspan="2">6.0</td></tr>
<tr><td rowspan="2">建筑陶瓷</td><td>抛光/（m³/t）</td><td colspan="2">0</td></tr>
<tr><td>非抛光/（m³/t）</td><td colspan="2">0</td></tr>
<tr><td colspan="2">卫生陶瓷/（m³/t）</td><td colspan="2">1.5</td></tr>
<tr><td colspan="2">特种陶瓷/（m³/t）</td><td colspan="2">0</td></tr>
</table>

执行水污染物特别排放限值的地域范围、时间，由国务院环境保护行政主管部门或省级人民政府规定。

4.1.5　水污染物排放浓度限值适用于单位产品实际排水量不高于单位产品基准排水量的情况。若单位产品实际排水量超过单位产品基准排水量，须按式（1）将实测水污染物浓度换算为水污染物基准水量排放浓度，并以水污染物基准水量排放浓度作为判定排放是否达标的依据。产品产量和排水量统计周期为一个工作日。

在企业的生产设施同时生产两种以上产品、可适用不同排放控制要求或不同行业国家污染物排放标准，且生产设施产生的污水混合处理排放的情况下，应执行排放标准中规定的最严格的浓度限值，并按式（1）换算水污染物基准水量排放浓度。

$$\rho_{基} = \frac{Q_{总}}{\sum Y_i \cdot Q_{i基}} \cdot \rho_{实} \qquad (1)$$

式中：$\rho_{基}$——水污染物基准水量排放浓度，mg/L；

$Q_{总}$——排水总量，m^3；

Y_i——第 i 种产品的产量，t；

$Q_{i基}$——第 i 种产品的单位瓷产品基准排水量，m^3/t；

$\rho_{实}$——实测水污染物浓度，mg/L。

若 $Q_{总}$ 与 $\sum Y_i \cdot Q_{i基}$ 的比值小于 1，则以水污染物实测浓度作为判定排放是否达标的依据。

4.2 大气污染物排放控制要求

4.2.1 自2011年1月1日起至2011年12月31日止，现有企业执行表4规定的大气污染物排放限值。

表4 现有企业大气污染物排放浓度限值

单位：mg/m^3

生产工序	原料制备、干燥		烧成、烤花		监控位置
生产设备	喷雾干燥塔		辊道窑、隧道窑、梭式窑		车间或生产设施排气筒
燃料类型	水煤浆	油、气	水煤浆	油、气	
颗粒物	100	50	100	50	
二氧化硫	500	300	500	300	
氮氧化物（以NO_2计）	240	240	650	400	
烟气黑度（林格曼黑度，级）	1				
铅及其化合物	—		0.5		
镉及其化合物	—		0.5		
镍及其化合物	—		0.5		
氟化物	—		5.0		
氯化物（以HCl计）	—		50		

4.2.2 自2012年1月1日起，现有企业执行表5规定的大气污染物排放限值。
4.2.3 自2010年10月1日起，新建企业执行表5规定的大气污染物排放限值。

表5 新建企业大气污染物排放浓度限值

单位：mg/m^3

生产工序	原料制备、干燥		烧成、烤花		监控位置
生产设备	喷雾干燥塔		辊道窑、隧道窑、梭式窑		车间或生产设施排气筒
燃料类型	水煤浆	油、气	水煤浆	油、气	
颗粒物	50	30	50	30	
二氧化硫	300	100	300	100	
氮氧化物（以NO_2计）	240	240	450	300	
烟气黑度（林格曼黑度，级）	1				
铅及其化合物	—		0.1		
镉及其化合物	—		0.1		
镍及其化合物	—		0.2		
氟化物	—		3.0		
氯化物（以HCl计）	—		25		

4.2.4 企业边界大气污染物任何1 h平均浓度执行表6规定的限值。

表6 现有企业和新建企业厂界无组织排放限值

单位：mg/m^3

序号	污染物项目	最高浓度限值
1	颗粒物	1.0

4.2.5 在现有企业生产、建设项目竣工环保验收后的生产过程中，负责监管的环境保护主管部门应对周围居住、教学、医疗等用途的敏感区域环境质量进行监测。建设项目的具体监控范围为环境影响评价确定的周围敏感区域；未进行过环境影响评价的现有企业，监控范围由负责监管的环境保护主管部门，根据企业排污的特点和规律及当地的自然、气象条件等因素，参照相关环境影响评价技术导则确

定。地方政府应对本辖区环境质量负责，采取措施确保环境状况符合环境质量标准要求。

4.2.6 产生大气污染物的生产工艺和装置必须设立局部或整体气体收集系统和集中净化处理装置。所有排气筒高度应不低于 15 m（排放氯化氢的排气筒高度不得低于 25 m）。排气筒周围半径 200 m 范围内有建筑物时，排气筒高度还应高出最高建筑物 3 m 以上。

4.2.7 喷雾干燥塔、炉窑基准过量空气系数为 1.7，实测的喷雾干燥塔、炉窑的污染物排放浓度，应换算为基准过量空气系数排放浓度，并作为判定排放是否达标的依据。

5 污染物监测要求

5.1 污染物监测的一般要求

5.1.1 对企业废水和废气采样应根据监测污染物的种类，在规定的污染物排放监控位置进行。在污染物排放监控位置须设置永久性排污口标志。

5.1.2 新建企业和现有企业安装污染物排放自动监控设备的要求，按有关法律和《污染源自动监控管理办法》的规定执行。

5.1.3 对企业污染物排放情况进行监测的频次、采样时间等要求，按国家有关污染源监测技术规范的规定执行。

5.1.4 企业产品产量的核定，以法定报表为依据。

5.1.5 企业须按照有关法律和《环境监测管理办法》的规定，对排污状况进行监测，并保存原始监测记录。

5.2 水污染物监测要求

对企业排放水污染物浓度的测定采用表 7 所列的方法标准。

表 7 水污染物浓度测定方法标准

序号	污染物项目	方法标准名称	标准编号
1	pH 值	水质 pH 值的测定 玻璃电极法	GB/T 6920—1986
2	悬浮物（SS）	水质 悬浮物的测定 重量法	GB 11901—1989
3	化学需氧量（COD_{Cr}）	水质 化学需氧量的测定 重铬酸盐法	GB/T 11914—1989
		水质 化学需氧量的测定 快速消解分光光度法	HJ/T 399—2007
4	五日生化需氧量（BOD_5）	水质 五日生化需氧量（BOD_5）的测定 稀释与接种法	HJ 505—2009
5	氨氮	水质 氨氮的测定 气相分子吸收光谱法	HJ/T 195—2005
		水质 氨氮的测定 纳氏试剂分光光度法	HJ 535—2009
		水质 氨氮的测定 水杨酸分光光度法	HJ 536—2009
		水质 氨氮的测定 蒸馏-中和滴定法	HJ 537—2009
6	总磷	水质 总磷的测定 钼酸铵分光光度法	GB 11893—1989
7	总氮	水质 总氮的测定 气相分子吸收光谱法	HJ/T 199—2005
		水质 总氮的测定 碱性过硫酸钾消解紫外分光光度法	GB/T 11894—1989
8	石油类	水质 石油类和动植物油的测定 红外光度法	GB/T 16488—1996
9	硫化物	水质 硫化物的测定 亚甲蓝分光光度法	GB/T 16489—1996
		水质 硫化物的测定 碘量法	HJ/T 60—2000
10	氟化物	水质 氟化物的测定 离子选择电极法	GB/T 7484—1987
		水质 氟化物的测定 茜素磺酸锆目视比色法	HJ 487—2009
		水质 氟化物的测定 氟试剂分光光度法	HJ 488—2009
11	总铜	水质 铜、锌、铅、镉的测定 原子吸收分光光度法	GB/T 7475—1987
		水质 铜的测定 二乙基二硫代氨基甲酸钠分光光光度法	HJ 485—2009

续表

序号	污染物项目	方法标准名称	标准编号
12	总锌	水质　铜、锌、铅、镉的测定　原子吸收分光光度法	GB/T 7475—1987
13	总钡	水质　钡的测定　电位滴定法	GB/T 14671—93
14	总镉	水质　铜、锌、铅、镉的测定　原子吸收分光光度法	GB/T 7475—1987
15	总铬	水质　总铬的测定　高锰酸钾氧化-二苯碳酰二肼分光光度法	GB/T 7466—1987
16	总铅	水质　铜、锌、铅、镉的测定　原子吸收分光光度法	GB/T 7475—1987
		水质　铅的测定　双硫腙分光光度法	GB/T 7470—1987
		水质　铅的测定　示波极谱法	GB/T 13896—1992
17	总镍	水质　镍的测定　火焰原子吸收分光光度法	GB/T 11912—1989
18	总钴	水质　总钴的测定　5-氯-2-（吡啶偶氮）-1,3-二氨基苯分光光度法（暂行）	HJ 550—2009
19	总铍	水质　铍的测定　铬菁 R 分光光度法	HJ/T 58—2000
		水质　铍的测定　石墨炉原子吸收分光光度法	HJ/T 59—2000
20	可吸附有机卤化物（AOX）	水质　可吸附有机卤素（AOX）的测定　离子色谱法	HJ/T 83—2001
		水质　可吸附有机卤素（AOX）的测定　微库仑法	GB/T 15959—1995

5.3 大气污染物监测要求

5.3.1　采样点的设置与采样方法按 GB/T 16157—1996 执行。

5.3.2　在有敏感建筑物方位、必要的情况下进行无组织排放监控，具体要求按 HJ/T 55—2000 进行监测。

5.3.3　对企业排放大气污染物浓度的测定采用表 8 所列的方法标准。

表 8　大气污染物浓度测定方法标准

序号	污染物项目	方法标准名称	标准编号
1	颗粒物	固定污染源排气中颗粒物测定与气态污染物采样方法	GB/T 16157—1996
		环境空气　总悬浮颗粒物的测定　重量法	GB/T 15432—1995
2	二氧化硫	固定污染源排气中二氧化硫的测定　碘量法	HJ/T 56—2000
		固定污染源排气中二氧化硫的测定　定电位电解法	HJ/T 57—2000
		固定污染源排放烟气连续监测系统技术要求及检测方法	HJ/T 76—2007
3	氮氧化物	固定污染源排气中氮氧化物的测定　紫外分光光度法	HJ/T 42—1999
		固定污染源排气中氮氧化物的测定　盐酸萘乙二胺分光光度法	HJ/T 43—1999
		固定污染源排放烟气连续监测系统技术要求及检测方法	HJ/T 76—2007
4	烟气黑度	固定污染源排放烟气黑度的测定　林格曼烟气黑度图法	HJ/T 398—2007
5	铅及其化合物	固定污染源废气　铅的测定　火焰原子吸收分光光度法（暂行）	HJ 538—2009
6	镉及其化合物	大气固定污染源　镉的测定　火焰原子吸收分光光度法	HJ/T 64.1—2001
		大气固定污染源　镉的测定　石墨炉原子吸收分光光度法	HJ/T 64.2—2001
		大气固定污染源　镉的测定　对-偶氮苯重氮氨基偶氮苯磺酸分光光度法	HJ/T 64.3—2001
7	镍及其化合物	大气固定污染源　镍的测定　丁二酮肟-正丁醇萃取分光光度法	HJ/T 63.3—2001
		大气固定污染源　镍的测定　石墨炉原子吸收分光光度法	HJ/T 63.2—2001
		大气固定污染源　镍的测定　火焰原子吸收分光光度法	HJ/T 63.1—2001
8	氟化物	大气固定污染源　氟化物的测定　离子选择电极法	HJ/T 67—2001
9	氯化物（以 HCl 计）	固定污染源排气中氯化氢的测定　硫氰酸汞分光光度法	HJ/T 27—1999

6 实施与监督

6.1 本标准由县级以上人民政府环境保护行政主管部门负责监督实施。

6.2 在任何情况下，企业均应遵守本标准规定的水污染物排放控制要求，采取必要措施保证污染防治设施正常运行。各级环保部门在对企业进行监督性检查时，可以现场即时采样或监测的结果，作为判定排污行为是否符合排放标准以及实施相关环境保护管理措施的依据。在发现企业耗水或排水量有异常变化的情况下，应核定企业的实际产品产量和排水量，按本标准的规定，换算水污染物基准水量排放浓度。

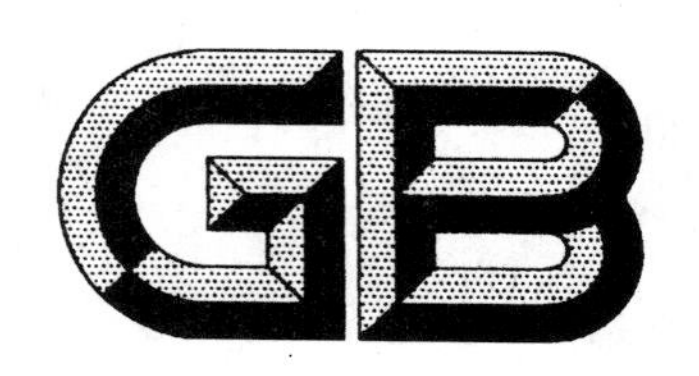

中华人民共和国国家标准

GB 25465—2010

铝工业污染物排放标准

Emission standard of pollutants for aluminum industry

2010-09-27 发布　　　　2010-10-01 实施

环　境　保　护　部
国家质量监督检验检疫总局　发布

前 言

为贯彻《中华人民共和国环境保护法》、《中华人民共和国水污染防治法》、《中华人民共和国大气污染防治法》、《中华人民共和国海洋环境保护法》、《国务院关于落实科学发展观 加强环境保护的决定》等法律、法规和《国务院关于编制全国主体功能区规划的意见》，保护环境，防治污染，促进铝工业生产工艺和污染治理技术的进步，制定本标准。

本标准规定了铝工业企业生产过程中水污染物和大气污染物排放限值、监测和监控要求。适用于铝工业企业水污染和大气污染防治和管理。为促进区域经济与环境协调发展，推动经济结构的调整和经济增长方式的转变，引导铝工业生产工艺和污染治理技术的发展方向，本标准规定了水污染物特别排放限值。

本标准中的污染物排放浓度均为质量浓度。

铝工业企业排放恶臭污染物、环境噪声适用相应的国家污染物排放标准，产生固体废物的鉴别、处理和处置适用国家固体废物污染控制标准。

本标准为首次发布。

自本标准实施之日起，铝工业企业水和大气污染物排放执行本标准，不再执行《污水综合排放标准》（GB 8978—1996）、《大气污染物综合排放标准》（GB 16297—1996）和《工业炉窑大气污染物排放标准》（GB 9078—1996）中的相关规定。

地方省级人民政府对本标准未作规定的污染物项目，可以制定地方污染物排放标准；对本标准已作规定的污染物项目，可以制定严于本标准的地方污染物排放标准。

本标准由环境保护部科技标准司组织制订。

本标准主要起草单位：沈阳铝镁设计研究院、环境保护部环境标准研究所、中国瑞林工程技术有限公司（原南昌有色冶金设计研究院）。

本标准环境保护部 2010 年 9 月 10 日批准。

本标准自 2010 年 10 月 1 日起实施。

本标准由环境保护部解释。

铝工业污染物排放标准

1 适用范围

本标准规定了铝工业企业水污染物和大气污染物排放限值、监测和监控要求，以及标准的实施与监督等相关规定。

本标准适用于铝工业企业的水污染物和大气污染物排放管理，以及铝工业企业建设项目的环境影响评价、环境保护设施设计、竣工环境保护验收及其投产后的水污染物和大气污染物排放管理。

本标准不适用于再生铝和铝材压延加工企业（或生产系统）；也不适用于附属于铝工业企业的非特征生产工艺和装置。

本标准适用于法律允许的污染物排放行为；新设立污染源的选址和特殊保护区域内现有污染源的管理，按照《中华人民共和国大气污染防治法》、《中华人民共和国水污染防治法》、《中华人民共和国海洋环境保护法》、《中华人民共和国固体废物污染环境防治法》、《中华人民共和国环境影响评价法》等法律、法规、规章的相关规定执行。

本标准规定的水污染物排放控制要求适用于企业直接或间接向其法定边界外排放水污染物的行为。

2 规范性引用文件

本标准内容引用了下列文件或其中的条款。

GB/T 6920—1986 水质 pH 值的测定 玻璃电极法

GB/T 7484—1987 水质 氟化物的测定 离子选择电极法

GB/T 11893—1989 水质 总磷的测定 钼酸铵分光光度法

GB/T 11894—1989 水质 总氮的测定 碱性过硫酸钾消解紫外分光光度法

GB/T 11901—1989 水质 悬浮物的测定 重量法

GB/T 11914—1989 水质 化学需氧量的测定 重铬酸盐法

GB/T 15432—1995 环境空气 总悬浮颗粒物的测定 重量法

GB/T 15439—1995 环境空气 苯并[a]芘测定 高效液相色谱法

GB/T 16157—1996 固定污染源排气中颗粒物测定与气态污染物采样方法

GB/T 16488—1996 水质 石油类和动植物油的测定 红外光度法

GB/T 16489—1996 水质 硫化物的测定 亚甲基蓝分光光度法

GB/T 17133—1997 水质 硫化物的测定 直接显色分光光度法

HJ/T 45—1999 固定污染源排气中沥青烟的测定 重量法

HJ/T 55—2000 大气污染物无组织排放监测技术导则

HJ/T 56—2000 固定污染源排气中二氧化硫的测定 碘量法

HJ/T 57—2000 固定污染源排气中二氧化硫的测定 定电位电解法

HJ/T 60—2000 水质 硫化物的测定 碘量法

HJ/T 67—2001 固定污染源排气 氟化物的测定 离子选择电极法

HJ/T 195—2005 水质 氨氮的测定 气相分子吸收光谱法

HJ/T 199—2005　水质　总氮的测定　气相分子吸收光谱法
HJ/T 399—2007　水质　化学需氧量的测定　快速消解分光光度法
HJ 480—2009　环境空气　氟化物的测定　滤膜采样氟离子选择电极法
HJ 481—2009　环境空气　氟化物的测定　石灰滤纸采样氟离子选择电极法
HJ 482—2009　环境空气　二氧化硫的测定　甲醛吸收-副玫瑰苯胺分光光度法
HJ 483—2009　环境空气　二氧化硫的测定　四氯汞盐吸收-副玫瑰苯胺分光光度法
HJ 484—2009　水质　氰化物的测定　容量法和分光光度法
HJ 487—2009　水质　氟化物的测定　茜素磺酸锆目视比色法
HJ 488—2009　水质　氟化物的测定　氟试剂分光光度法
HJ 502—2009　水质　挥发酚的测定　溴化容量法
HJ 503—2009　水质　挥发酚的测定　4-氨基安替比林分光光度法
HJ 535—2009　水质　氨氮的测定　纳氏试剂分光光度法
HJ 536—2009　水质　氨氮的测定　水杨酸分光光度法
HJ 537—2009　水质　氨氮的测定　蒸馏-中和滴定法
《污染源自动监控管理办法》（国家环境保护总局令　第 28 号）
《环境监测管理办法》（国家环境保护总局令　第 39 号）

3　术语和定义

下列术语和定义适用于本标准。

3.1

铝工业企业　aluminum industry

指铝土矿山、氧化铝厂、电解铝厂和铝用炭素生产企业或生产设施。

3.2

现有企业　existing facility

指本标准实施之日前已建成投产或环境影响评价文件已通过审批的铝生产企业或生产设施。

3.3

新建企业　new facility

指本标准实施之日起环境影响评价文件通过审批的新建、改建和扩建的铝生产设施建设项目。

3.4

排水量　effluent volume

指生产设施或企业向企业法定边界以外排放的废水的量，包括与生产有直接或间接关系的各种外排废水（如厂区生活污水、冷却废水、厂区锅炉和电站排水等）。

3.5

单位产品基准排水量　benchmark effluent volume per unit product

指用于核定水污染物排放浓度而规定的生产单位铝产品的废水排放量上限值。

3.6

排气筒高度　stack height

指自排气筒（或其主体建筑构造）所在的地平面至排气筒出口计的高度。

3.7

标准状态　standard condition

指温度为 273.15 K、压力为 101 325 Pa 时的状态。本标准规定的大气污染物排放浓度限值均以标准状态下的干气体为基准。

3.8

企业边界 enterprise boundary

指铝工业企业的法定边界。若无法定边界，则指实际边界。

3.9

公共污水处理系统 public wastewater treatment system

指通过纳污管道等方式收集废水，为两家以上排污单位提供废水处理服务并且排水能够达到相关排放标准要求的企业或机构，包括各种规模和类型的城镇污水处理厂、区域（包括各类工业园区、开发区、工业聚集地等）废水处理厂等，其废水处理程度应达到二级或二级以上。

3.10

直接排放 direct discharge

指排污单位直接向环境排放水污染物的行为。

3.11

间接排放 indirect discharge

指排污单位向公共污水处理系统排放水污染物的行为。

4 污染物排放控制要求

4.1 水污染物排放控制要求

4.1.1 自 2011 年 1 月 1 日起至 2011 年 12 月 31 日止，现有企业执行表 1 规定的水污染物排放限值。

表 1 现有企业水污染物排放浓度限值及单位产品基准排水量

单位：mg/L（pH 值除外）

序号	污染物项目	限值		污染物排放监控位置
		直接排放	间接排放	
1	pH 值	6～9	6～9	企业废水总排放口
2	悬浮物	70	70	
3	化学需氧量（COD_{Cr}）	100	200	
4	氟化物（以 F 计）	8	8	
5	氨氮	15	25	
6	总氮	20	30	
7	总磷	1.5	2.0	
8	石油类	8	8	
9	总氰化物 [1)]	0.5	0.5	
10	硫化物 [1)]	1.0	1.0	
11	挥发酚 [1)]	0.5	0.5	
单位产品基准排水量	选（洗）矿（合格矿）/（m^3/t）	0.2		排水量计量位置与污染物排放监控位置一致
	氧化铝厂/（m^3/t）	1.0		
	电解铝厂/（m^3/t）	2.5		
	铝用炭素厂（炭块）/（m^3/t）	3.0		
注：1）设有煤气生产系统企业增加的控制项目。				

4.1.2 自 2012 年 1 月 1 日起，现有企业执行表 2 规定的水污染物排放限值。

4.1.3 自 2010 年 10 月 1 日起，新建企业执行表 2 规定的水污染物排放限值。

表 2 新建企业水污染物排放浓度限值及单位产品基准排水量

单位：mg/L（pH 值除外）

序号	污染物项目	限值		污染物排放监控位置
		直接排放	间接排放	
1	pH 值	6～9	6～9	企业废水总排放口
2	悬浮物	30	70	
3	化学需氧量（COD_{Cr}）	60	200	
4	氟化物（以 F 计）	5.0	5.0	
5	氨氮	8.0	25	
6	总氮	15	30	
7	总磷	1.0	2.0	
8	石油类	3.0	3.0	
9	总氰化物 1)	0.5	0.5	
10	硫化物 1)	1.0	1.0	
11	挥发酚 1)	0.5	0.5	
单位产品基准排水量	选（洗）矿（合格矿）/（m^3/t）	0.2		排水量计量位置与污染物排放监控位置一致
	氧化铝厂/（m^3/t）	0.5		
	电解铝厂/（m^3/t）	1.5		
	铝用炭素厂（炭块）/（m^3/t）	2.0		
注：1）设有煤气生产系统企业增加的控制项目。				

4.1.4 根据环境保护工作的要求，在国土开发密度已经较高、环境承载能力开始减弱，或环境容量较小、生态环境脆弱，容易发生严重环境污染问题而需要采取特别保护措施的地区，应严格控制企业的污染物排放行为，在上述地区的企业执行表 3 规定的水污染物特别排放限值。

表 3 水污染物特别排放限值

单位：mg/L（pH 值除外）

序号	污染物项目	限值		污染物排放监控位置
		直接排放	间接排放	
1	pH 值	6.5～8.5	6～9	企业废水总排放口
2	悬浮物	10	30	
3	化学需氧量（COD_{Cr}）	50	60	
4	氟化物（以 F 计）	2.0	2.0	
5	氨氮	5.0	8.0	
6	总氮	10	15	
7	总磷	0.5	1.0	
8	石油类	1.0	1.0	
9	总氰化物 1)	0.2	0.2	
10	硫化物 1)	0.5	0.5	
11	挥发酚 1)	0.3	0.3	
单位产品基准排水量	选（洗）矿（合格矿）/（m^3/t）	0.1		排水量计量位置与污染物排放监控位置一致
	氧化铝厂/（m^3/t）	0.2		
	电解铝厂/（m^3/t）	1.0		
	铝用炭素厂（炭块）/（m^3/t）	1.2		
注：1）设有煤气生产系统企业增加的控制项目。				

执行水污染物特别排放限值的地域范围、时间，由国务院环境保护行政主管部门或省级人民政府

规定。

4.1.5 水污染物排放浓度限值适用于单位产品实际排水量不高于单位产品基准排水量的情况。若单位产品实际排水量超过单位产品基准排水量，须按式（1）将实测水污染物浓度换算为水污染物基准排水量排放浓度，并以水污染物基准排水量排放浓度作为判定排放是否达标的依据。产品产量和排水量统计周期为一个工作日。

在企业的生产设施同时生产两种以上产品、可适用不同排放控制要求或不同行业国家污染物排放标准，且生产设施产生的污水混合处理排放的情况下，应执行排放标准中规定的最严格的浓度限值，并按式（1）换算水污染物基准排水量排放浓度。

$$\rho_{基}=\frac{Q_{总}}{\sum Y_i \cdot Q_{i基}} \cdot \rho_{实} \tag{1}$$

式中：$\rho_{基}$——水污染物基准排水量排放浓度，mg/L；

$Q_{总}$——排水总量，m^3；

Y_i——第 i 种产品产量，t；

$Q_{i基}$——第 i 种产品的单位产品基准排水量，m^3/t；

$\rho_{实}$——实测水污染物排放浓度，mg/L。

若 $Q_{总}$ 与 $\sum Y_i \cdot Q_{i基}$ 的比值小于 1，则以水污染物实测浓度作为判定排放是否达标的依据。

4.2 大气污染物排放控制要求

4.2.1 自 2011 年 1 月 1 日起至 2011 年 12 月 31 日止，现有企业执行表 4 规定的大气污染物排放限值。

表 4 现有企业大气污染物排放浓度限值

单位：mg/m^3

生产系统及设备		限值				污染物排放监控位置
		颗粒物	二氧化硫	氟化物（以 F 计）	沥青烟	
矿山	破碎、筛分、转运	120	—	—	—	车间或生产设施排气筒
氧化铝厂	熟料烧成窑	200	850	—	—	
	氢氧化铝焙烧炉、石灰炉（窑）	100	850	—	—	
	原料加工、运输	120	—	—	—	
	氧化铝贮运	100	—	—	—	
	其他	120	850	—	—	
电解铝厂	电解槽烟气净化	30	200	4.0	—	
	氧化铝、氟化盐贮运	50	—	—	—	
	电解质破碎	100	—	—	—	
	其他	100	850	—	—	
铝用炭素厂	阳极焙烧炉	100	850	6.0	40	
	阴极焙烧炉	—	850	—	50	
	石油焦煅烧炉（窑）	200	850	—	—	
	沥青熔化	—	—	—	40	
	生阳极制造	120	—	—	40[1)]	
	阳极组装及残极破碎	120	—	—	—	
	其他	120	850	—	—	

注：1）混捏成型系统加测项目。

4.2.2 自2012年1月1日起，现有企业执行表5规定的大气污染物排放浓度限值。

4.2.3 自2010年10月1日起，新建企业执行表5规定的大气污染物排放浓度限值。

表5 新建企业大气污染物排放浓度限值

单位：mg/m³

生产系统及设备		限值				污染物排放监控位置
		颗粒物	二氧化硫	氟化物（以F计）	沥青烟	
矿山	破碎、筛分、转运	50	—	—	—	车间或生产设施排气筒
氧化铝厂	熟料烧成窑	100	400	—	—	
	氢氧化铝焙烧炉、石灰炉（窑）	50	400	—	—	
	原料加工、运输	50	—	—	—	
	氧化铝贮运	30	—	—	—	
	其他	50	400	—	—	
电解铝厂	电解槽烟气净化	20	200	3.0	—	
	氧化铝、氟化盐贮运	30	—	—	—	
	电解质破碎	30	—	—	—	
	其他	50	400	—	—	
铝用炭素厂	阳极焙烧炉	30	400	3.0	20	
	阴极焙烧炉	—	400	—	30	
	石油焦煅烧炉（窑）	100	400	—	—	
	沥青熔化	—	—	—	30	
	生阳极制造	50	—	—	20[1)]	
	阳极组装及残极破碎	50	—	—	—	
	其他	50	400	—	—	

注：1）混捏成型系统加测项目。

4.2.4 企业边界大气污染物任何1 h平均浓度执行表6规定的限值。

表6 现有和新建企业边界大气污染物浓度限值

单位：mg/m³

序号	污染物项目	限值
1	二氧化硫	0.5
2	颗粒物	1.0
3	氟化物	0.02
4	苯并[*a*]芘	0.000 01

4.2.5 在现有企业生产、建设项目竣工环保验收后的生产过程中，负责监管的环境保护主管部门应对周围居住、教学、医疗等用途的敏感区域环境质量进行监测。建设项目的具体监控范围为环境影响评价确定的周围敏感区域；未进行过环境影响评价的现有企业，监控范围由负责监管的环境保护主管部门，根据企业排污的特点和规律及当地的自然、气象条件等因素，参照相关环境影响评价技术导则确定。地方政府应对本辖区环境质量负责，采取措施确保环境状况符合环境质量标准要求。

4.2.6 所有排气筒高度应不低于15 m。排气筒周围半径200 m范围内有建筑物时，排气筒高度还应高出最高建筑物3 m以上。

4.2.7 在国家未规定生产设施单位产品基准排气量之前，以实测浓度作为判定大气污染物排放是否达标的依据。

5 污染物监测要求

5.1 污染物监测的一般要求

5.1.1 对企业排放废水和废气的采样，应根据监测污染物的种类，在规定的污染物排放监控位置进行，有废水和废气处理设施的，应在处理设施后监控。在污染物排放监控位置须设置永久性排污口标志。

5.1.2 新建企业和现有企业安装污染物排放自动监控设备的要求，按有关法律和《污染源自动监控管理办法》的规定执行。

5.1.3 对企业污染物排放情况进行监测的频次、采样时间等要求，按国家有关污染源监测技术规范的规定执行。

5.1.4 企业产品产量的核定，以法定报表为依据。

5.1.5 企业须按照有关法律和《环境监测管理办法》的规定，对排污状况进行监测，并保存原始监测记录。

5.2 水污染物监测要求

对企业排放水污染物浓度的测定采用表7所列的方法标准。

表7 水污染物浓度测定方法标准

序号	污染物项目	方法标准名称	方法标准编号
1	pH值	水质 pH值的测定 玻璃电极法	GB/T 6920—1986
2	悬浮物	水质 悬浮物的测定 重量法	GB/T 11901—1989
3	化学需氧量	水质 化学需氧量的测定 重铬酸盐法	GB/T 11914—1989
		水质 化学需氧量的测定 快速消解分光光度法	HJ/T 399—2007
4	氟化物	水质 氟化物的测定 离子选择电极法	GB/T 7484—1987
		水质 氟化物的测定 茜素磺酸锆目视比色法	HJ 487—2009
		水质 氟化物的测定 氟试剂分光光度法	HJ 488—2009
5	氨氮	水质 氨氮的测定 纳氏试剂分光光度法	HJ 535—2009
		水质 氨氮的测定 水杨酸分光光度法	HJ 536—2009
		水质 氨氮的测定 蒸馏-中和滴定法	HJ 537—2009
		水质 氨氮的测定 气相分子吸收光谱法	HJ/T 195—2005
6	总氮	水质 总氮的测定 碱性过硫酸钾消解紫外分光光度法	GB/T 11894—1989
		水质 总氮的测定 气相分子吸收光谱法	HJ/T 199—2005
7	总磷	水质 总磷的测定 钼酸铵分光光度法	GB/T 11893—1989
8	石油类	水质 石油类和动植物油的测定 红外光度法	GB/T 16488—1996
9	总氰化物	水质 氰化物的测定 容量法和分光光度法	HJ 484—2009
10	硫化物	水质 硫化物的测定 亚甲基蓝分光光度法	GB/T 16489—1996
		水质 硫化物的测定 直接显色分光光度法	GB/T 17133—1997
		水质 硫化物的测定 碘量法	HJ/T 60—2000
11	挥发酚	水质 挥发酚的测定 4-氨基安替比林分光光度法	HJ 503—2009
		水质 挥发酚的测定 溴化容量法	HJ 502—2009

5.3 大气污染物监测要求

5.3.1 采样点的设置与采样方法按GB/T 16157—1996执行。

5.3.2 在有敏感建筑物方位、必要的情况下进行监控，具体要求按HJ/T 55—2000进行监测。

5.3.3 对企业排放大气污染物浓度的测定采用表8所列的方法标准。

表8 大气污染物浓度测定方法标准

序号	污染物项目	方法标准名称	方法标准编号
1	颗粒物	固定污染源排气中颗粒物测定与气态污染物采样方法	GB/T 16157—1996
		环境空气 总悬浮颗粒物的测定 重量法	GB/T 15432—1995
2	沥青烟	固定污染源排气中沥青烟的测定 重量法	HJ/T 45—1999
3	二氧化硫	固定污染源排气中二氧化硫的测定 碘量法	HJ/T 56—2000
		固定污染源排气中二氧化硫的测定 定电位电解法	HJ/T 57—2000
		环境空气 二氧化硫的测定 甲醛吸收-副玫瑰苯胺分光光度法	HJ 482—2009
		环境空气 二氧化硫的测定 四氯汞盐吸收-副玫瑰苯胺分光光度法	HJ 483—2009
4	氟化物	固定污染源排气 氟化物的测定 离子选择电极法	HJ/T 67—2001
		环境空气 氟化物的测定 滤膜采样氟离子选择电极法	HJ 480—2009
		环境空气 氟化物的测定 石灰滤纸采样氟离子选择电极法	HJ 481—2009
5	苯并[a]芘	环境空气 苯并[a]芘的测定 高效液相色谱法	GB/T 15439—1995

6 实施与监督

6.1 本标准由县级以上人民政府环境保护行政主管部门负责监督实施。

6.2 在任何情况下，企业均应遵守本标准规定的水污染物排放控制要求，采取必要措施保证污染防治设施正常运行。各级环保部门在对设施进行监督性检查时，可以现场即时采样或监测的结果，作为判定排污行为是否符合排放标准以及实施相关环境保护管理措施的依据。在发现企业耗水或排水量有异常变化的情况下，应核定企业的实际产品产量和排水量，按本标准的规定，换算水污染物基准水量排放浓度。

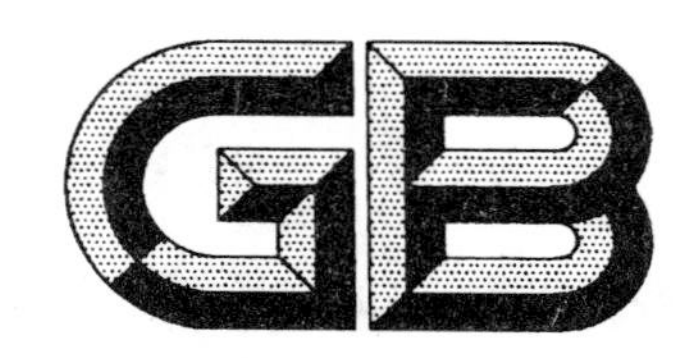

中华人民共和国国家标准

GB 25466—2010

铅、锌工业污染物排放标准

Emission standard of pollutants for lead and zinc industry

2010-09-27 发布　　　　2010-10-01 实施

环境保护部
国家质量监督检验检疫总局　发布

前　言

为贯彻《中华人民共和国环境保护法》、《中华人民共和国水污染防治法》、《中华人民共和国大气污染防治法》、《中华人民共和国海洋环境保护法》、《国务院关于落实科学发展观　加强环境保护的决定》等法律、法规和《国务院关于编制全国主体功能区规划的意见》，保护环境，防治污染，促进铅、锌工业生产工艺和污染治理技术的进步，制定本标准。

本标准规定了铅、锌工业企业生产过程中水污染物和大气污染物排放限值、监测和监控要求，适用于铅、锌工业企业水污染和大气污染防治和管理。为促进区域经济与环境协调发展，推动经济结构的调整和经济增长方式的转变，引导铅、锌工业生产工艺和污染治理技术的发展方向，本标准规定了水污染物特别排放限值。

本标准中的污染物排放浓度均为质量浓度。

铅、锌工业企业排放恶臭污染物、环境噪声适用相应的国家污染物排放标准，产生固体废物的鉴别、处理和处置适用国家固体废物污染控制标准。

本标准为首次发布。

自本标准实施之日起，铅、锌工业企业水和大气污染物排放执行本标准，不再执行《污水综合排放标准》（GB 8978—1996）、《大气污染物综合排放标准》（GB 16297—1996）和《工业炉窑大气污染物排放标准》（GB 9078—1996）中的相关规定。

地方省级人民政府对本标准未作规定的污染物项目，可以制定地方污染物排放标准；对本标准已作规定的污染物项目，可以制定严于本标准的地方污染物排放标准。

本标准由环境保护部科技标准司组织制订。

本标准主要起草单位：长沙有色冶金设计研究院、环境保护部环境标准研究所、中国瑞林工程技术有限公司（原南昌有色冶金设计研究院）。

本标准环境保护部 2010 年 9 月 10 日批准。

本标准自 2010 年 10 月 1 日起实施。

本标准由环境保护部解释。

铅、锌工业污染物排放标准

1 适用范围

本标准规定了铅、锌工业企业水污染物和大气污染物排放限值、监测和监控要求，以及标准的实施与监督等相关规定。

本标准适用于铅、锌工业企业的水污染物和大气污染物排放管理，以及铅、锌工业企业建设项目的环境影响评价、环境保护设施设计、竣工环境保护验收及其投产后的水污染物和大气污染物排放管理。

本标准不适用于再生铅、锌及铅、锌材压延加工等工业，也不适用于附属于铅、锌工业企业的非特征生产工艺和装置。

本标准适用于法律允许的污染物排放行为；新设立存在的污染源的选址和特殊保护区域内现有污染源的管理，除执行本标准外，还应符合《中华人民共和国大气污染防治法》、《中华人民共和国水污染防治法》、《中华人民共和国海洋环境保护法》、《中华人民共和国固体废物污染环境防治法》、《中华人民共和国环境影响评价法》等法律、法规、规章的相关规定。

本标准规定的水污染物排放控制要求适用于企业直接或间接向其法定边界外排放水污染物的行为。

2 规范性引用文件

本标准内容引用了下列文件或其中的条款。

GB/T 6920—1986 水质 pH 值的测定 玻璃电极法
GB/T 7466—1987 水质 总铬的测定
GB/T 7468—1987 水质 汞的测定 冷原子吸收分光光度法
GB/T 7475—1987 水质 铜、锌、铅、镉的测定 原子吸收分光光度法
GB/T 7484—1987 水质 氟化物的测定 离子选择电极法
GB/T 7485—1987 水质 总砷的测定 二乙基二硫代氨基甲酸银分光光度法
GB/T 11893—1989 水质 总磷的测定 钼酸铵分光光度法
GB/T 11894—1989 水质 总氮的测定 碱性过硫酸钾消解紫外分光光度法
GB/T 11901—1989 水质 悬浮物的测定 重量法
GB/T 11912—1989 水质 镍的测定 火焰原子吸收分光光度法
GB/T 11914—1989 水质 化学需氧量的测定 重铬酸盐法
GB/T 15432—1995 环境空气 总悬浮颗粒物的测定 重量法
GB/T 16157—1996 固定污染源排气中颗粒物的测定与气态污染物采样方法
GB/T 16489—1996 水质 硫化物的测定 亚甲基蓝分光光度法
HJ/T 55—2000 大气污染物无组织排放监测技术导则
HJ/T 56—2000 固定污染源排气中二氧化硫的测定 碘量法
HJ/T 57—2000 固定污染源排气中二氧化硫的测定 定电位电解法
HJ/T 195—2005 水质 氨氮的测定 气相分子吸收光谱法
HJ/T 199—2005 水质 总氮的测定 气相分子吸收光谱法

HJ/T 399—2007 水质 化学需氧量的测定 快速消解分光光度法
HJ 482—2009 环境空气 二氧化硫的测定 甲醛吸收-副玫瑰苯胺分光光度法
HJ 483—2009 环境空气 二氧化硫的测定 四氯汞盐吸收-副玫瑰苯胺分光光度法
HJ 487—2009 水质 氟化物的测定 茜素磺酸锆目视比色法
HJ 488—2009 水质 氟化物的测定 氟试剂分光光度法
HJ 535—2009 水质 氨氮的测定 纳氏试剂分光光度法
HJ 536—2009 水质 氨氮的测定 水杨酸分光光度法
HJ 537—2009 水质 氨氮的测定 蒸馏-中和滴定法
HJ 538—2009 固定污染源废气 铅的测定 火焰原子吸收分光光度法（暂行）
HJ 539—2009 环境空气 铅的测定 石墨炉原子吸收分光光度法（暂行）
HJ 542—2009 环境空气 汞的测定 巯基棉富集-冷原子荧光分光光度法（暂行）
HJ 543—2009 固定污染源废气 汞的测定 冷原子吸收分光光度法（暂行）
HJ 544—2009 固定污染源废气 硫酸雾的测定 离子色谱法（暂行）
《污染源自动监控管理办法》（国家环境保护总局令 第 28 号）
《环境监测管理办法》（国家环境保护总局令 第 39 号）

3 术语和定义

下列术语和定义适用于本标准。

3.1

铅、锌工业 lead and zinc industry

指生产铅、锌金属矿产品和生产铅、锌金属产品（不包括生产再生铅、再生锌及铅、锌材压延加工产品）的工业。

3.2

特征生产工艺和装置 typical processing and facility

指为生产原铅、原锌金属而进行的采矿、选矿、冶炼的生产工艺及与这些工艺相关的装置。

3.3

现有企业 existing facility

指在本标准实施之日前已建成投产或环境影响评价文件通过审批的铅、锌工业企业或生产设施。

3.4

新建企业 new facility

指本标准实施之日起环境影响评价文件通过审批的新建、改建和扩建的铅、锌生产设施建设项目。

3.5

排水量 effluent volume

指生产设施或企业向企业法定边界以外排放的废水的量，包括与生产有直接或间接关系的各种外排废水（如厂区生活污水、冷却废水、厂区锅炉和电站排水等）。

3.6

单位产品基准排水量 benchmark effluent volume per unit product

指用于核定水污染物排放浓度而规定的生产单位铅、锌产品的废水排放量上限值。

3.7

排气筒高度 stack height

指自排气筒（或其主体建筑构造）所在的地平面至排气筒出口计的高度。

3.8

标准状态 standard condition

指温度为 273.15 K、压力为 101 325 Pa 时的状态。本标准规定的大气污染物排放浓度限值均以标准状态下的干气体为基准。

3.9

过量空气系数 excess air coefficien

指工业炉窑运行时实际空气量与理论空气需要量的比值。

3.10

企业边界 enterprise boundary

指铅、锌工业企业的法定边界。若无法定边界，则指实际边界。

3.11

公共污水处理系统 public wastewater treatment system

指通过纳污管道等方式收集废水，为两家以上排污单位提供废水处理服务并且排水能够达到相关排放标准要求的企业或机构，包括各种规模和类型的城镇污水处理厂、区域（包括各类工业园区、开发区、工业聚集地等）废水处理厂等，其废水处理程度应达到二级或二级以上。

3.12

直接排放 direct discharge

指排污单位直接向环境排放水污染物的行为。

3.13

间接排放 indirect discharge

指排污单位向公共污水处理系统排放水污染物的行为。

4 污染物排放控制要求

4.1 水污染物排放控制要求

4.1.1 自 2011 年 1 月 1 日起至 2011 年 12 月 31 日止，现有企业执行表 1 规定的水污染物排放限值。

表 1 现有企业水污染物排放浓度限值及单位产品基准排水量

单位：mg/L（pH 值除外）

序号	污染物项目	限值		污染物排放监控位置
		直接排放	间接排放	
1	pH 值	6～9	6～9	企业废水总排放口
2	化学需氧量（COD_{Cr}）	100	200	
3	悬浮物（SS）	70	70	
4	氨氮（以 N 计）	15	25	
5	总磷（以 P 计）	1.5	2.0	
6	总氮（以 N 计）	20	30	
7	总锌	2.0	2.0	
8	总铜	0.5	0.5	
9	硫化物	1.0	1.0	
10	氟化物	10	10	

续表

序号	污染物项目	限值		污染物排放监控位置
		直接排放	间接排放	
11	总铅	1.0		车间或生产设施废水排放口
12	总镉	0.1		
13	总汞	0.05		
14	总砷	0.5		
15	总镍	1.0		
16	总铬	1.5		
单位产品基准排水量	选矿（原矿）/（m^3/t）	3.5		排水量计量位置与污染物排放监控位置一致
	冶炼/（m^3/t）	15		

4.1.2 自2012年1月1日起，现有企业执行表2规定的水污染物排放限值。

4.1.3 自2010年10月1日起，新建企业执行表2规定的水污染物排放限值。

表2 新建企业水污染物排放浓度限值及单位产品基准排水量

单位：mg/L（pH值除外）

序号	污染物项目	限值		污染物排放监控位置
		直接排放	间接排放	
1	pH值	6～9	6～9	企业废水总排放口
2	化学需氧量（COD_{Cr}）	60	200	
3	悬浮物（SS）	50	70	
4	氨氮（以N计）	8	25	
5	总磷（以P计）	1.0	2.0	
6	总氮（以N计）	15	30	
7	总锌	1.5	1.5	
8	总铜	0.5	0.5	
9	硫化物	1.0	1.0	
10	氟化物	8	8	
11	总铅	0.5		车间或生产设施废水排放口
12	总镉	0.05		
13	总汞	0.03		
14	总砷	0.3		
15	总镍	0.5		
16	总铬	1.5		
单位产品基准排水量	选矿（原矿）/（m^3/t）	2.5		排水量计量位置与污染物排放监控位置一致
	冶炼/（m^3/t）	8		

4.1.4 根据环境保护工作的要求，在国土开发密度已经较高、环境承载能力开始减弱，或环境容量较小、生态环境脆弱，容易发生严重环境污染等问题而需要采取特别保护措施的地区，应严格控制企业的污染物排放行为，在上述地区的企业执行表3规定的水污染物特别排放限值。

表3 水污染物特别排放限值

单位：mg/L（pH值除外）

序号	污染物项目	限值		污染物排放监控位置
		直接排放	间接排放	
1	pH值	6～9	6～9	企业废水总排放口
2	化学需氧量（COD_{Cr}）	50	60	
3	悬浮物（SS）	10	50	
4	氨氮（以N计）	5	8	
5	总磷（以P计）	0.5	1.0	
6	总氮（以N计）	10	15	
7	总锌	1.0	1.0	
8	总铜	0.2	0.2	
9	硫化物	1.0	1.0	
10	氟化物	5	5	
11	总铅	0.2		车间或生产设施废水排放口
12	总镉	0.02		
13	总汞	0.01		
14	总砷	0.1		
15	总镍	0.5		
16	总铬	1.5		
单位产品基准排水量	选矿（原矿）/（m^3/t）	1.5		排水量计量位置与污染物排放监控位置一致
	冶炼/（m^3/t）	4		

执行水污染物特别排放限值的地域范围、时间，由国务院环境保护行政主管部门或省级人民政府规定。

4.1.5 水污染物排放浓度限值适用于单位产品实际排水量不高于单位产品基准排水量的情况。若单位产品实际排水量超过单位产品基准排水量，须按式（1）将实测水污染物浓度换算为水污染物基准排水量排放浓度，并以水污染物基准排水量排放浓度作为判定排放是否达标的依据。产品产量和排水量统计周期为一个工作日。

在企业的生产设施同时生产两种以上产品、可适用不同排放控制要求或不同行业国家污染物排放标准，且生产设施产生的污水混合处理排放的情况下，应执行排放标准中规定的最严格的浓度限值，并按式（1）换算水污染物基准水量排放浓度。

$$\rho_{基}=\frac{Q_{总}}{\sum Y_i \cdot Q_{i基}} \cdot \rho_{实} \qquad (1)$$

式中：$\rho_{基}$——水污染物基准水量排放浓度，mg/L；

$Q_{总}$——排水总量，m^3；

Y_i——第 i 种产品产量，t；

$Q_{i基}$——第 i 种产品的单位产品基准排水量，m^3/t；

$\rho_{实}$——实测水污染物浓度，mg/L。

若 $Q_{总}$ 与 $\sum Y_i \cdot Q_{i基}$ 的比值小于1，则以水污染物实测浓度作为判定排放是否达标的依据。

4.2 大气污染物排放控制要求

4.2.1 自2011年1月1日起至2011年12月31日止，现有企业执行表4规定的大气污染物排放限值。

表4 现有企业大气污染物排放浓度限值

单位：mg/m³

序号	污染物	适用范围	排放浓度限值	污染物排放监控位置
1	颗粒物	干燥	200	车间或生产设施排气筒
		其他	100	
2	二氧化硫	所有	960	
3	硫酸雾	制酸	35	
4	铅及其化合物	熔炼	10	
5	汞及其化合物	烧结、熔炼	1.0	

4.2.2 自2012年1月1日起，现有企业执行表5规定的大气污染物排放限值。

4.2.3 自2010年10月1日起，新建企业执行表5规定的大气污染物排放限值。

表5 新建企业大气污染物排放浓度限值

单位：mg/m³

序号	污染物	适用范围	排放浓度限值	污染物排放监控位置
1	颗粒物	所有	80	车间或生产设施排气筒
2	二氧化硫	所有	400	
3	硫酸雾	制酸	20	
4	铅及其化合物	熔炼	8	
5	汞及其化合物	烧结、熔炼	0.05	

4.2.4 企业边界大气污染物任何1 h平均浓度执行表6规定的限值。

表6 现有和新建企业边界大气污染物浓度限值

单位：mg/m³

序号	污染物项目	最高浓度限值
1	二氧化硫	0.5
2	颗粒物	1.0
3	硫酸雾	0.3
4	铅及其化合物	0.006
5	汞及其化合物	0.000 3

4.2.5 在现有企业生产、建设项目竣工环保验收后的生产过程中，负责监管的环境保护主管部门应对周围居住、教学、医疗等用途的敏感区域环境质量进行监测。建设项目的具体监控范围为环境影响评价确定的周围敏感区域；未进行过环境影响评价的现有企业，监控范围由负责监管的环境保护主管部门，根据企业排污的特点和规律及当地的自然、气象条件等因素，参照相关环境影响评价技术导则确定。地方政府应对本辖区环境质量负责，采取措施确保环境状况符合环境质量标准要求。

4.2.6 产生大气污染物的生产工艺和装置必须设立局部或整体气体收集系统和集中净化处理装置。所有排气筒高度应不低于15 m。排气筒周围半径200 m范围内有建筑物时，排气筒高度还应高出最高建筑物3 m以上。

4.2.7 铅、锌冶炼炉窑规定过量空气系数为1.7。实测的铅、锌冶炼炉窑的污染物排放浓度，应换算为基准过量空气系数排放浓度。生产设施应采取合理的通风措施，不得故意稀释排放。在国家未规定其他生产设施单位产品基准排气量之前，暂以实测浓度作为判定是否达标的依据。

5 污染物监测要求

5.1 污染物监测的一般要求

5.1.1 对企业排放废水和废气的采样，应根据监测污染物的种类，在规定的污染物排放监控位置进行，有废水和废气处理设施的，应在处理设施后监控。在污染物排放监控位置须设置永久性排污口标志。

5.1.2 新建企业和现有企业安装污染物排放自动监控设备的要求，按有关法律和《污染源自动监控管理办法》的规定执行。

5.1.3 对企业污染物排放情况进行监测的频次、采样时间等要求，按国家有关污染源监测技术规范的规定执行。

5.1.4 企业产品产量的核定，以法定报表为依据。

5.1.5 企业须按照有关法律和《环境监测管理办法》的规定，对排污状况进行监测，并保存原始监测记录。

5.2 水污染物监测要求

对企业排放水污染物浓度的测定采用表7所列的方法标准。

表7 水污染物浓度测定方法标准

序号	污染物项目	方法标准名称	标准编号
1	pH值	水质 pH值的测定 玻璃电极法	GB/T 6920—1986
2	化学需氧量	水质 化学需氧量的测定 重铬酸盐法	GB/T 11914—1989
		水质 化学需氧量的测定 快速消解分光光度法	HJ/T 399—2007
3	悬浮物	水质 悬浮物的测定 重量法	GB/T 11901—1989
4	氨氮	水质 氨氮的测定 气相分子吸收光谱法	HJ/T 195—2005
		水质 氨氮的测定 纳氏试剂分光光度法	HJ 535—2009
		水质 氨氮的测定 水杨酸分光光度法	HJ 536—2009
		水质 氨氮的测定 蒸馏-中和滴定法	HJ 537—2009
5	总磷	水质 总磷的测定 钼酸铵分光光度法	GB/T 11893—1989
6	总氮	水质 总氮的测定 气相分子吸收光谱法	HJ/T 199—2005
		水质 总氮的测定 碱性过硫酸钾消解紫外分光光度法	GB/T 11894—1989
7	总锌	水质 铜、锌、铅、镉的测定 原子吸收分光光度法	GB/T 7475—1987
8	总铜	水质 铜、锌、铅、镉的测定 原子吸收分光光度法	GB/T 7475—1987
9	硫化物	水质 硫化物的测定 亚甲基蓝分光光度法	GB/T 16489—1996
		水质 硫化物的测定 碘量法	HJ/T 60—2000
10	氟化物	水质 氟化物的测定 离子选择电极法	GB/T 7484—1987
		水质 氟化物的测定 茜素磺酸锆目视比色法	HJ 487—2009
		水质 氟化物的测定 氟试剂分光光度法	HJ 488—2009
11	总铅	水质 铜、锌、铅、镉的测定 原子吸收分光光度法	GB/T 7475—1987
12	总镉	水质 铜、锌、铅、镉的测定 原子吸收分光光度法	GB/T 7475—1987
13	总汞	水质 汞的测定 冷原子吸收分光光度法	GB/T 7468—1987
14	总砷	水质 总砷的测定 二乙基二硫代氨基甲酸银分光光度法	GB/T 7485—1987
15	总镍	水质 镍的测定 火焰原子吸收分光光度法	GB/T 11912—1989
16	总铬	水质 总铬的测定	GB/T 7466—1987

5.3 大气污染物监测要求

5.3.1 采样点的设置与采样方法按 GB/T 16157—1996 执行。

5.3.2 在有敏感建筑物方位、必要的情况下进行无组织排放监控，具体要求按 HJ/T 55—2000 进行监测。

5.3.3 对企业排放大气污染物浓度的测定采用表 8 所列的方法标准。

表 8 大气污染物浓度测定方法标准

序号	污染物项目	方法标准名称	标准编号
1	颗粒物	固定污染源排气中颗粒物的测定与气态污染物采样方法	GB/T 16157—1996
		环境空气　总悬浮颗粒物的测定　重量法	GB/T 15432—1995
2	二氧化硫	固定污染源排气中二氧化硫的测定　碘量法	HJ/T 56—2000
		固定污染源排气中二氧化硫的测定　定电位电解法	HJ/T 57—2000
		环境空气　二氧化硫的测定　甲醛吸收-副玫瑰苯胺分光光度法	HJ 482—2009
		环境空气　二氧化硫的测定　四氯汞盐吸收-副玫瑰苯胺分光光度法	HJ 483—2009
3	硫酸雾	固定污染源废气　硫酸雾的测定　离子色谱法（暂行）	HJ 544—2009
		硫酸浓缩尾气　硫酸雾的测定　铬酸钡比色法	GB/T 4920—1985
4	铅及其化合物	固定污染源废气　铅的测定　火焰原子吸收分光光度法（暂行）	HJ 538—2009
		环境空气　铅的测定　石墨炉原子吸收分光光度法（暂行）	HJ 539—2009
5	汞及其化合物	环境空气　汞的测定　巯基棉富集-冷原子荧光分光光度法（暂行）	HJ 542—2009
		固定污染源废气　汞的测定　冷原子吸收分光光度法（暂行）	HJ 543—2009

6 实施与监督

6.1 本标准由县级以上人民政府环境保护行政主管部门负责监督实施。

6.2 在任何情况下，企业均应遵守本标准规定的水污染物排放控制要求，采取必要措施保证污染防治设施正常运行。各级环保部门在对设施进行监督性检查时，可以现场即时采样或监测的结果，作为判定排污行为是否符合排放标准以及实施相关环境保护管理措施的依据。在发现企业耗水或排水量有异常变化的情况下，应核定企业的实际产品产量和排水量，按本标准的规定，换算水污染物基准水量排放浓度。

中华人民共和国国家标准

GB 25467—2010

铜、镍、钴工业污染物排放标准

Emission standard of pollutants for copper，nickel，cobalt industry

2010-09-27 发布　　　　2010-10-01 实施

环境保护部
国家质量监督检验检疫总局　发布

前　言

为贯彻《中华人民共和国环境保护法》、《中华人民共和国水污染防治法》、《中华人民共和国大气污染防治法》、《中华人民共和国海洋环境保护法》、《国务院关于落实科学发展观　加强环境保护的决定》等法律、法规和《国务院关于编制全国主体功能区规划的意见》，保护环境，防治污染，促进铜、镍、钴工业生产工艺和污染治理技术的进步，制定本标准。

本标准规定了铜、镍、钴工业企业生产过程中水污染物和大气污染物排放限值、监测和监控要求，适用于铜、镍、钴工业企业水污染和大气污染防治和管理。为促进区域经济与环境协调发展，推动经济结构的调整和经济增长方式的转变，引导铜、镍、钴工业生产工艺和污染治理技术的发展方向，本标准规定了水污染物特别排放限值。

本标准中的污染物排放浓度均为质量浓度。

铜、镍、钴工业企业排放恶臭污染物、环境噪声适用相应的国家污染物排放标准，产生固体废物的鉴别、处理和处置适用国家固体废物污染控制标准。

本标准为首次发布。

自本标准实施之日起，铜、镍、钴工业企业水和大气污染物排放执行本标准，不再执行《污水综合排放标准》（GB 8978—1996）、《大气污染物综合排放标准》（GB 16297—1996）和《工业炉窑大气污染物排放标准》（GB 9078—1996）中的相关规定。

地方省级人民政府对本标准未作规定的污染物项目，可以制定地方污染物排放标准；对本标准已作规定的污染物项目，可以制定严于本标准的地方污染物排放标准。

本标准由环境保护部科技标准司组织制订。

本标准主要起草单位：中国瑞林工程技术有限公司（原南昌有色冶金设计研究院）、环境保护部环境标准研究所。

本标准由环境保护部 2010 年 9 月 10 日批准。

本标准自 2010 年 10 月 1 日起实施。

本标准由环境保护部解释。

铜、镍、钴工业污染物排放标准

1 适用范围

本标准规定了铜、镍、钴工业企业水污染物和大气污染物排放限值、监测和监控要求，以及标准的实施与监督等相关规定。

本标准适用于铜、镍、钴工业企业的水污染物和大气污染物排放管理，以及铜、镍、钴工业企业建设项目的环境影响评价、环境保护设施设计、竣工环境保护验收及其投产后的水污染物和大气污染物排放管理。

本标准不适用于铜、镍、钴再生及压延加工等工业；也不适用于附属于铜、镍、钴工业的非特征生产工艺和装置。

本标准适用于法律允许的污染物排放行为；新设立污染源的选址和特殊保护区域内现有污染源的管理，按照《中华人民共和国大气污染防治法》、《中华人民共和国水污染防治法》、《中华人民共和国海洋环境保护法》、《中华人民共和国固体废物污染环境防治法》、《中华人民共和国放射性污染防治法》、《中华人民共和国环境影响评价法》等法律、法规、规章的相关规定执行。

本标准规定的水污染物排放控制要求适用于企业直接或间接向其法定边界外排放水污染物的行为。

2 规范性引用文件

本标准内容引用了下列文件或其中的条款。

GB/T 6920—1986 水质 pH 值的测定 玻璃电极法

GB/T 7468—1987 水质 总汞的测定 冷原子吸收分光光度法

GB/T 7475—1987 水质 铜、锌、铅、镉的测定 原子吸收分光光度法

GB/T 7484—1987 水质 氟化物的测定 离子选择电极法

GB/T 7485—1987 水质 总砷的测定 二乙基二硫代氨基甲酸银分光光度法

GB/T 11893—1989 水质 总磷的测定 钼酸铵分光光度法

GB/T 11894—1989 水质 总氮的测定 碱性过硫酸钾消解紫外分光光度法

GB/T 11901—1989 水质 悬浮物的测定 重量法

GB/T 11912—1989 水质 镍的测定 火焰原子吸收分光光度法

GB/T 11914—1989 水质 化学需氧量的测定 重铬酸盐法

GB/T 15432—1995 环境空气 总悬浮颗粒物的测定 重量法

GB/T 16157—1996 固定污染源排气中颗粒物测定与气态污染物采样方法

GB/T 16488—1996 水质 石油类和动植物油的测定 红外光度法

GB/T 16489—1996 水质 硫化物的测定 亚甲基蓝分光光度法

HJ/T 27—1999 固定污染源排气中氯化氢的测定 硫氰酸汞分光光度法

HJ/T 30—1999 固定污染源排气中氯气的测定 甲基橙分光光度法

HJ/T 55—2000 大气污染物无组织排放监测技术导则

HJ/T 56—2000 固定污染源排气中二氧化硫的测定 碘量法

HJ/T 57—2000　固定污染源排气中二氧化硫的测定　定电位电解法
HJ/T 60—2000　水质　硫化物的测定　碘量法
HJ/T 63.1—2001　大气固定污染源　镍的测定　火焰原子吸收分光光度法
HJ/T 63.2—2001　大气固定污染源　镍的测定　石墨炉原子吸收分光光度法
HJ/T 67—2001　大气固定污染源　氟化物的测定　离子选择电极法
HJ/T 195—2005　水质　氨氮的测定　气相分子吸收光谱法
HJ/T 199—2005　水质　总氮的测定　气相分子吸收光谱法
HJ/T 399—2007　水质　化学需氧量的测定　快速消解分光光度法
HJ 480—2009　环境空气　氟化物的测定　滤膜采样氟离子选择电极法
HJ 481—2009　环境空气　氟化物的测定　石灰滤纸采样氟离子选择电极法
HJ 482—2009　环境空气　二氧化硫的测定　甲醛吸收-副玫瑰苯胺分光光度法
HJ 483—2009　环境空气　二氧化硫的测定　四氯汞盐吸收-副玫瑰苯胺分光光度法
HJ 487—2009　水质　氟化物的测定　茜素磺酸锆目视比色法
HJ 488—2009　水质　氟化物的测定　氟试剂分光光度法
HJ 535—2009　水质　氨氮的测定　纳氏试剂分光光度法
HJ 536—2009　水质　氨氮的测定　水杨酸分光光度法
HJ 537—2009　水质　氨氮的测定　蒸馏-中和滴定法
HJ 538—2009　固定污染源废气　铅的测定　火焰原子吸收分光光度法（暂行）
HJ 539—2009　环境空气　铅的测定　石墨炉原子吸收分光光度法（暂行）
HJ 540—2009　空气和废气　砷的测定　二乙基二硫代氨基甲酸银分光光度法（暂行）
HJ 542—2009　环境空气　汞的测定　巯基棉富集-冷原子荧光分光光度法（暂行）
HJ 543—2009　固定污染源废气　汞的测定　冷原子吸收分光光度法（暂行）
HJ 544—2009　固定污染源废气　硫酸雾的测定　离子色谱法（暂行）
HJ 547—2009　固定污染源废气　氯气的测定　碘量法（暂行）
HJ 548—2009　固定污染源废气　氯化氢的测定　硝酸银容量法（暂行）
HJ 549—2009　空气和废气　氯化氢的测定　离子色谱法（暂行）
HJ 550—2009　水质　总钴的测定　5-氯-2-（吡啶偶氮）-1,3-二氨基苯分光光度法（暂行）
《污染源自动监控管理办法》（国家环境保护总局令　第 28 号）
《环境监测管理办法》（国家环境保护总局令　第 39 号）

3　术语和定义

下列术语和定义适用于本标准。

3.1

铜、镍、钴工业　copper，nickel and cobalt industry

指生产铜、镍、钴金属的采矿、选矿、冶炼工业企业，不包括以废旧铜、镍、钴物料为原料的再生冶炼工业。

3.2

特征生产工艺和装置　typical processing and facility

指铜、镍、钴金属的采矿、选矿、冶炼的生产工艺及与这些工艺相关的装置。

3.3

现有企业　existing facility

指在本标准实施之日前已建成投产或环境影响评价文件已通过审批的铜、镍、钴工业企业或生产设施。

3.4

新建企业 new facility

指本标准实施之日起环境影响评价文件通过审批的新建、改建和扩建的铜、镍、钴生产设施建设项目。

3.5

排水量 effluent volume

指生产设施或企业向企业法定边界以外排放的废水的量，包括与生产有直接或间接关系的各种外排废水（如厂区生活污水、冷却废水、厂区锅炉和电站排水等）。

3.6

单位产品基准排水量 benchmark effluent volume per unit product

指用于核定水污染物排放浓度而规定的生产单位铜、镍、钴产品的废水排放量上限值。

3.7

排气筒高度 stack height

指自排气筒（或其主体建筑构造）所在的地平面至排气筒出口计的高度。

3.8

标准状态 standard condition

指温度为 273.15 K、压力为 101 325 Pa 时的状态。本标准规定的大气污染物排放浓度限值均以标准状态下的干气体为基准。

3.9

过量空气系数 excess air coefficient

指工业炉窑运行时实际空气量与理论空气需要量的比值。

3.10

排气量 exhaust volume

指铜、镍、钴工业生产工艺和装置排入环境空气的废气量，包括与生产工艺和装置有直接或间接关系的各种外排废气（如环境集烟等）。

3.11

单位产品基准排气量 benchmark exhaust volume per unit product

指用于核定大气污染物排放浓度而规定的生产单位铜、镍、钴产品的排气量上限值。

3.12

企业边界 enterprise boundary

指铜、镍、钴工业企业的法定边界。若无法定边界，则指实际边界。

3.13

公共污水处理系统 public wastewater treatment system

指通过纳污管道等方式收集废水，为两家以上排污单位提供废水处理服务并且排水能够达到相关排放标准要求的企业或机构，包括各种规模和类型的城镇污水处理厂、区域（包括各类工业园区、开发区、工业聚集地等）废水处理厂等，其废水处理程度应达到二级或二级以上。

3.14

直接排放 direct discharge

指排污单位直接向环境排放水污染物的行为。

3.15

间接排放 indirect discharge

指排污单位向公共污水处理系统排放水污染物的行为。

4 污染物排放控制要求

4.1 水污染物排放控制要求

4.1.1 自2011年1月1日起至2011年12月31日止，现有企业执行表1规定的水污染物排放限值。

表1 现有企业水污染物排放浓度限值及单位产品基准排水量

单位：mg/L（pH值除外）

序号	污染物项目	限值		污染物排放监控位置
		直接排放	间接排放	
1	pH值	6～9	6～9	企业废水总排放口
2	悬浮物	100（采选）	200（采选）	
		70（其他）	140（其他）	
3	化学需氧量（COD_{Cr}）	120（湿法冶炼）	300（湿法冶炼）	
		100（其他）	200（其他）	
4	氟化物（以F计）	8	15	
5	总氮	20	40	
6	总磷	1.5	2.0	
7	氨氮	15	20	
8	总锌	2.0	4.0	
9	石油类	8	15	
10	总铜	1.0（矿山及湿法冶炼）	2.0（矿山及湿法冶炼）	
		0.5（其他）	1.0（其他）	
11	硫化物	1.0	1.0	
12	总铅	1.0		车间或生产设施废水排放口
13	总镉	0.1		
14	总镍	1.0		
15	总砷	0.5		
16	总汞	0.05		
17	总钴	1.0		
单位产品基准排水量	选矿（原矿）/（m^3/t）	1.65		排水量计量位置与污染物排放监控位置一致
	铜冶炼/（m^3/t）	25		
	镍冶炼/（m^3/t）	35		
	钴冶炼/（m^3/t）	70		

4.1.2 自2012年1月1日起，现有企业执行表2规定的水污染物排放限值。

4.1.3 自2010年10月1日起，新建企业执行表2规定的水污染物排放限值。

表2 新建企业水污染物排放浓度限值及单位产品基准排水量

单位：mg/L（pH值除外）

序号	污染物项目	限值		污染物排放监控位置
		直接排放	间接排放	
1	pH值	6～9	6～9	企业废水总排放口
2	悬浮物	80（采选）	200（采选）	
		30（其他）	140（其他）	

续表

序号	污染物项目	限 值		污染物排放监控位置
		直接排放	间接排放	
3	化学需氧量（COD_{Cr}）	100（湿法冶炼）	300（湿法冶炼）	企业废水总排放口
		60（其他）	200（其他）	
4	氟化物（以F计）	5	15	
5	总氮	15	40	
6	总磷	1.0	2.0	
7	氨氮	8	20	
8	总锌	1.5	4.0	
9	石油类	3.0	15	
10	总铜	0.5	1.0	
11	硫化物	1.0	1.0	
12	总铅	0.5		车间或生产设施废水排放口
13	总镉	0.1		
14	总镍	0.5		
15	总砷	0.5		
16	总汞	0.05		
17	总钴	1.0		
单位产品基准排水量	选矿（原矿）/（m^3/t）	1.0		排水量计量位置与污染物排放监控位置一致
	铜冶炼/（m^3/t）	10		
	镍冶炼/（m^3/t）	15		
	钴冶炼/（m^3/t）	30		

4.1.4 根据环境保护工作的要求，在国土开发密度已经较高、环境承载能力开始减弱，或环境容量较小、生态环境脆弱，容易发生严重环境污染等问题而需要采取特别保护措施的地区，应严格控制企业的污染物排放行为，在上述地区的企业执行表3规定的水污染物特别排放限值。

执行水污染物特别排放限值的地域范围、时间，由国务院环境保护行政主管部门或省级人民政府规定。

表3 水污染物特别排放限值

单位：mg/L（pH值除外）

序号	污染物项目	限 值		污染物排放监控位置
		直接排放	间接排放	
1	pH值	6～9	6～9	企业废水总排放口
2	悬浮物	30（采选）	80（采选）	
		10（其他）	30（其他）	
3	化学需氧量（COD_{Cr}）	50	60	
4	氟化物（以F计）	2	5	
5	总氮	10	15	
6	总磷	0.5	1.0	
7	氨氮	5	8	
8	总锌	1.0	1.5	
9	石油类	1.0	3.0	
10	总铜	0.2	0.5	
11	硫化物	0.5	1.0	

续表

<table>
<tr><th rowspan="2">序号</th><th rowspan="2">污染物项目</th><th colspan="2">限　值</th><th rowspan="2">污染物排放监控位置</th></tr>
<tr><th>直接排放</th><th>间接排放</th></tr>
<tr><td>12</td><td>总铅</td><td colspan="2">0.2</td><td rowspan="6">车间或生产设施废水排放口</td></tr>
<tr><td>13</td><td>总镉</td><td colspan="2">0.02</td></tr>
<tr><td>14</td><td>总镍</td><td colspan="2">0.5</td></tr>
<tr><td>15</td><td>总砷</td><td colspan="2">0.1</td></tr>
<tr><td>16</td><td>总汞</td><td colspan="2">0.01</td></tr>
<tr><td>17</td><td>总钴</td><td colspan="2">1.0</td></tr>
<tr><td rowspan="4">单位产品基准排水量</td><td>选矿（原矿）/（m^3/t）</td><td colspan="2">0.8</td><td rowspan="4">排水量计量位置与污染物排放监控位置相同</td></tr>
<tr><td>铜冶炼/（m^3/t）</td><td colspan="2">8</td></tr>
<tr><td>镍冶炼/（m^3/t）</td><td colspan="2">12</td></tr>
<tr><td>钴冶炼/（m^3/t）</td><td colspan="2">16</td></tr>
</table>

4.1.5　水污染物排放浓度限值适用于单位产品实际排水量不高于单位产品基准排水量的情况。若单位产品实际排水量超过单位产品基准排水量，须按式（1）将实测水污染物浓度换算为水污染物基准排水量排放浓度，并以水污染物基准排水量排放浓度作为判定排放是否达标的依据。产品产量和排水量统计周期为一个工作日。

在企业的生产设施同时生产两种以上产品、可适用不同排放控制要求或不同行业国家污染物排放标准，且生产设施产生的污水混合处理排放的情况下，应执行排放标准中规定的最严格的浓度限值，并按式（1）换算水污染物基准排水量排放浓度。

$$\rho_{基}=\frac{Q_{总}}{\sum Y_i \cdot Q_{i基}} \cdot \rho_{实} \qquad (1)$$

式中：$\rho_{基}$——水污染物基准排水量排放浓度，mg/L；

$Q_{总}$——排水总量，m^3；

Y_i——第 i 种产品产量，t；

$Q_{i基}$——第 i 种产品的单位产品基准排水量，m^3/t；

$\rho_{实}$——实测水污染物浓度，mg/L。

若 $Q_{总}$ 与 $\sum Y_i \cdot Q_{i基}$ 的比值小于 1，则以水污染物实测浓度作为判定排放是否达标的依据。

4.2　大气污染物排放控制要求

4.2.1　自 2011 年 1 月 1 日起至 2011 年 12 月 31 日止，现有企业执行表 4 规定的大气污染物排放限值。

表 4　现有企业大气污染物排放浓度限值

单位：mg/m^3

<table>
<tr><th rowspan="2">序号</th><th rowspan="2">生产类别</th><th rowspan="2">工艺或工序</th><th colspan="10">限　值</th><th rowspan="2">污染物排放监控位置</th></tr>
<tr><th>二氧化硫</th><th>颗粒物</th><th>砷及其化合物</th><th>硫酸雾</th><th>氯气</th><th>氯化氢</th><th>镍及其化合物</th><th>铅及其化合物</th><th>氟化物</th><th>汞及其化合物</th></tr>
<tr><td rowspan="2">1</td><td rowspan="2">采选</td><td>破碎、筛分</td><td>—</td><td>150</td><td rowspan="2">—</td><td>—</td><td>—</td><td>—</td><td rowspan="2">—</td><td rowspan="2">—</td><td rowspan="2">—</td><td rowspan="2">—</td><td rowspan="5">车间或生产设施排气筒</td></tr>
<tr><td>其他</td><td>800</td><td>100</td><td>45</td><td>70</td><td>120</td></tr>
<tr><td rowspan="3">2</td><td rowspan="3">铜冶炼</td><td>物料干燥</td><td>800</td><td rowspan="3">100</td><td rowspan="3">0.5</td><td rowspan="3">45</td><td rowspan="3">—</td><td rowspan="3">—</td><td rowspan="3">—</td><td rowspan="3">0.7</td><td rowspan="3">9.0</td><td rowspan="3">0.012</td></tr>
<tr><td>环境集烟</td><td>960</td></tr>
<tr><td>其他</td><td>900</td></tr>
</table>

续表

序号	生产类别	工艺或工序	限值										污染物排放监控位置
			二氧化硫	颗粒物	砷及其化合物	硫酸雾	氯气	氯化氢	镍及其化合物	铅及其化合物	氟化物	汞及其化合物	
3	镍、钴冶炼	全部	960	100	0.5	45	70	120	4.3	0.7	9.0	0.012	车间或生产设施排气筒
4	烟气制酸	一转一吸	960	50	0.5	45	—	—	—	0.7	9.0	0.012	
		两转两吸	860										
单位产品基准排气量			铜冶炼/（m³/t）		24 000								
			镍冶炼/（m³/t）		40 000								

4.2.2 自2012年1月1日起，现有企业执行表5规定的大气污染物排放限值。

4.2.3 自2010年10月1日起，新建企业执行表5规定的大气污染物排放限值。

表5 新建企业大气污染物排放浓度限值

单位：mg/m³

序号	生产类别	工艺或工序	限值										污染物排放监控位置
			二氧化硫	颗粒物	砷及其化合物	硫酸雾	氯气	氯化氢	镍及其化合物	铅及其化合物	氟化物	汞及其化合物	
1	采选	破碎、筛分	—	100	—	—	—	—	—	—	—	—	车间或生产设施排气筒
		其他	400	80		40	60	80					
2	铜冶炼	全部	400	80	0.4	40	—	—	—	0.7	3.0	0.012	
3	镍、钴冶炼	全部	400	80	0.4	40	60	80	4.3	0.7	3.0	0.012	
4	烟气制酸	全部	400	50	0.4	40	—	—	—	0.7	3.0	0.012	
单位产品基准排气量			铜冶炼/（m³/t）		21 000								
			镍冶炼/（m³/t）		36 000								

4.2.4 企业边界大气污染物任何1 h平均浓度执行表6规定的限值。

表6 现有和新建企业边界大气污染物浓度限值

单位：mg/m³

序号	污染物	限值
1	二氧化硫	0.5
2	颗粒物	1.0
3	硫酸雾	0.3
4	氯气	0.02
5	氯化氢	0.15
6	砷及其化合物	0.01
7	镍及其化合物[1)]	0.04
8	铅及其化合物	0.006
9	氟化物	0.02
10	汞及其化合物	0.001 2
注：1）镍、钴冶炼企业监控。		

4.2.5 在现有企业生产、建设项目竣工环保验收后的生产过程中，负责监管的环境保护主管部门应对周围居住、教学、医疗等用途的敏感区域环境质量进行监测。建设项目的具体监控范围为环境影响评价确定的周围敏感区域；未进行过环境影响评价的现有企业，监控范围由负责监管的环境保护主管部门，根据企业排污的特点和规律及当地的自然、气象条件等因素，参照相关环境影响评价技术导则确定。地方政府应对本辖区环境质量负责，采取措施确保环境状况符合环境质量标准要求。

4.2.6 产生大气污染物的生产工艺和装置必须设立局部或整体气体收集系统和集中净化处理装置，净化后的气体由排气筒排放，所有排气筒高度应不低于 15 m（排放氯气的排气筒高度不得低于 25 m）。排气筒周围半径 200 m 范围内有建筑物时，排气筒高度还应高出最高建筑物 3 m 以上。

4.2.7 炉窑基准过量空气系数为 1.7，实测炉窑的大气污染物排放浓度，应换算为基准过量空气系数排放浓度。生产设施应采取合理的通风措施，不得故意稀释排放，若单位产品实际排气量超过单位产品基准排气量，须将实测大气污染物浓度换算为大气污染物基准排气量排放浓度，并以大气污染物基准排气量排放浓度作为判定排放是否达标的依据。大气污染物基准排气量排放浓度的换算，可参照采用水污染物基准排水量排放浓度的计算公式。在国家未规定其他生产设施单位产品基准排气量之前，暂以实测浓度作为判定是否达标的依据。

5 污染物监测要求

5.1 污染物监测的一般要求

5.1.1 对企业排放废水和废气的采样，应根据监测污染物的种类，在规定的污染物排放监控位置进行，有废水和废气处理设施的，应在处理设施后监控。在污染物排放监控位置须设置永久性排污口标志。

5.1.2 新建企业和现有企业安装污染物排放自动监控设备的要求，按有关法律和《污染源自动监控管理办法》的规定执行。

5.1.3 对企业污染物排放情况进行监测的频次、采样时间等要求，按国家有关污染源监测技术规范的规定执行。

5.1.4 企业产品产量的核定，以法定报表为依据。

5.1.5 企业须按照有关法律和《环境监测管理办法》的规定，对排污状况进行监测，并保存原始监测记录。

5.2 水污染物监测要求

对企业排放水污染物浓度的测定采用表 7 所列的方法标准。

表 7 水污染物浓度测定方法标准

序号	污染物项目	方法标准名称	标准编号
1	pH 值	水质 pH 值的测定 玻璃电极法	GB/T 6920—1986
2	悬浮物	水质 悬浮物的测定 重量法	GB/T 11901—1989
3	化学需氧量	水质 化学需氧量的测定 重铬酸盐法	GB/T 11914—1989
		水质 化学需氧量的测定 快速消解分光光度法	HJ/T 399—2007
4	氟化物	水质 氟化物的测定 离子选择电极法	GB/T 7484—1987
		水质 氟化物的测定 茜素磺酸锆目视比色法	HJ 487—2009
		水质 氟化物的测定 氟试剂分光光度法	HJ 488—2009
5	总氮	水质 总氮的测定 气相分子吸收光谱法	HJ/T 199—2005
		水质 总氮的测定 碱性过硫酸钾消解紫外分光光度法	GB/T 11894—1989
6	总磷	水质 总磷的测定 钼酸铵分光光度法	GB/T 11893—1989

续表

序号	污染物项目	方法标准名称	标准编号
7	氨氮	水质　氨氮的测定　气相分子吸收光谱法	HJ/T 195—2005
		水质　氨氮的测定　纳氏试剂分光光度法	HJ 535—2009
		水质　氨氮的测定　水杨酸分光光度法	HJ 536—2009
		水质　氨氮的测定　蒸馏-中和滴定法	HJ 537—2009
8	总锌	水质　铜、锌、铅、镉的测定　原子吸收分光光度法	GB/T 7475—1987
9	石油类	水质　石油类和动植物油的测定　红外光度法	GB/T 16488—1996
10	总铜	水质　铜、锌、铅、镉的测定　原子吸收分光光度法	GB/T 7475—1987
11	硫化物	水质　硫化物的测定　碘量法	HJ/T 60—2000
		水质　硫化物的测定　亚甲基蓝分光光度法	GB/T 16489—1996
12	总铅	水质　铜、锌、铅、镉的测定　原子吸收分光光度法	GB/T 7475—1987
13	总镉	水质　铜、锌、铅、镉的测定　原子吸收分光光度法	GB/T 7475—1987
14	总镍	水质　镍的测定　火焰原子吸收分光光度法	GB/T 11912—1989
15	总砷	水质　总砷的测定　二乙基二硫代氨基甲酸银分光光度法	GB/T 7485—1987
16	总汞	水质　总汞的测定　冷原子吸收分光光度法	GB/T 7468—1987
17	总钴	水质　总钴的测定　5-氯-2-（吡啶偶氮）-1,3-二氨基苯分光光度法（暂行）	HJ 550—2009

5.3　大气污染物监测要求

5.3.1　采样点的设置与采样方法按 GB/T 16157—1996 执行。

5.3.2　在有敏感建筑物方位、必要的情况下进行监控，具体要求按 HJ/T 55—2000 进行监测。

5.3.3　对企业排放大气污染物浓度的测定采用表 8 所列的方法标准。

表 8　大气污染物浓度测定方法标准

序号	污染物项目	方法标准名称	标准编号
1	颗粒物	固定污染源排气中颗粒物测定与气态污染物采样方法	GB/T 16157—1996
		环境空气　总悬浮颗粒物的测定　重量法	GB/T 15432—1995
2	二氧化硫	固定污染源排气中二氧化硫的测定　碘量法	HJ/T 56—2000
		固定污染源排气中二氧化硫的测定　定电位电解法	HJ/T 57—2000
		环境空气　二氧化硫的测定　甲醛吸收-副玫瑰苯胺分光光度法	HJ 482—2009
		环境空气　二氧化硫的测定　四氯汞盐吸收-副玫瑰苯胺分光光度法	HJ 483—2009
3	硫酸雾	固定污染源废气　硫酸雾的测定　离子色谱法（暂行）	HJ 544—2009
4	氯气	固定污染源排气中氯气的测定　甲基橙分光光度法	HJ/T 30—1999
		固定污染源废气　氯气的测定　碘量法（暂行）	HJ 547—2009
5	氯化氢	固定污染源排气中氯化氢的测定　硫氰酸汞分光光度法	HJ/T 27—1999
		固定污染源废气　氯化氢的测定　硝酸银容量法（暂行）	HJ 548—2009
		空气和废气　氯化氢的测定　离子色谱法（暂行）	HJ 549—2009
6	镍及其化合物	大气固定污染源　镍的测定火焰原子吸收分光光度法	HJ/T 63.1—2001
		大气固定污染源　镍的测定石墨炉原子吸收分光光度法	HJ/T 63.2—2001
7	砷及其化合物	空气和废气　砷的测定　二乙基二硫代氨基甲酸银分光光度法（暂行）	HJ 540—2009
8	氟化物	大气固定污染源　氟化物的测定　离子选择电极法	HJ/T 67—2001
		环境空气　氟化物的测定　滤膜采样氟离子选择电极法	HJ 480—2009
		环境空气　氟化物的测定　石灰滤纸采样氟离子选择电极法	HJ 481—2009
9	汞及其化合物	环境空气　汞的测定　巯基棉富集-冷原子荧光分光光度法（暂行）	HJ 542—2009
		固定污染源废气　汞的测定　冷原子吸收分光光度法（暂行）	HJ 543—2009
10	铅及其化合物	固定污染源废气　铅的测定　火焰原子吸收分光光度法（暂行）	HJ 538—2009
		环境空气　铅的测定　石墨炉原子吸收分光光度法（暂行）	HJ 539—2009

6 实施与监督

6.1 本标准由县级以上人民政府环境保护行政主管部门负责监督实施。

6.2 在任何情况下，企业均应遵守本标准规定的水污染物排放控制要求，采取必要措施保证污染防治设施正常运行。各级环保部门在对设施进行监督性检查时，可以现场即时采样或监测的结果，作为判定排污行为是否符合排放标准以及实施相关环境保护管理措施的依据。在发现企业耗水或排水量、排气量有异常变化的情况下，应核定企业的实际产品产量、排水量和排气量，按本标准的规定，换算水污染物基准排水量排放浓度和大气污染物基准排气量排放浓度。

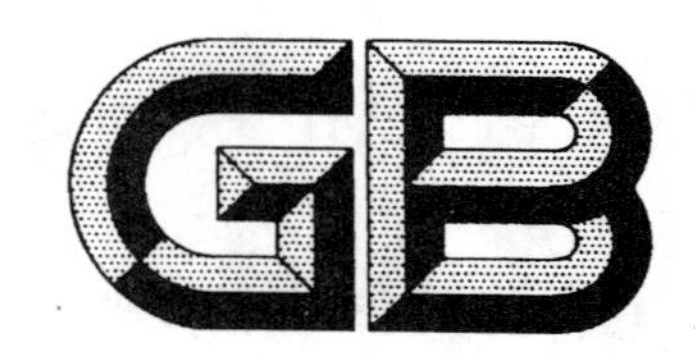

中华人民共和国国家标准

GB 25468—2010

镁、钛工业污染物排放标准

Emission standard of pollutants for magnesium and titanium industry

2010-09-27 发布

2010-10-01 实施

环境保护部
国家质量监督检验检疫总局 发布

前　言

为贯彻《中华人民共和国环境保护法》、《中华人民共和国水污染防治法》、《中华人民共和国大气污染防治法》、《中华人民共和国海洋环境保护法》、《国务院关于落实科学发展观　加强环境保护的决定》等法律、法规和《国务院关于编制全国主体功能区规划的意见》，保护环境，防治污染，促进镁、钛工业生产工艺和污染治理技术的进步，制定本标准。

本标准规定了镁、钛工业企业生产过程中水污染物和大气污染物排放限值、监测和监控要求，适用于镁、钛工业企业水污染和大气污染防治和管理。为促进区域经济与环境协调发展，推动经济结构的调整和经济增长方式的转变，引导镁、钛工业生产工艺和污染治理技术的发展方向，本标准规定了水污染物特别排放限值。

本标准中的污染物排放浓度均为质量浓度。

镁、钛工业企业排放恶臭污染物、环境噪声适用相应的国家污染物排放标准，产生固体废物的鉴别、处理和处置适用国家固体废物污染控制标准。

本标准为首次发布。

自本标准实施之日起，镁、钛工业企业水和大气污染物排放执行本标准，不再执行《污水综合排放标准》（GB 8978—1996）、《大气污染物综合排放标准》（GB 16297—1996）和《工业炉窑大气污染物排放标准》（GB 9078—1996）中的相关规定。

地方省级人民政府对本标准未作规定的污染物项目，可以制定地方污染物排放标准；对本标准已作规定的污染物项目，可以制定严于本标准的地方污染物排放标准。

本标准由环境保护部科技标准司组织制订。

本标准主要起草单位：贵阳铝镁设计研究院、环境保护部环境标准研究所、中国瑞林工程技术有限公司（原南昌有色冶金设计研究院）。

本标准环境保护部 2010 年 9 月 10 日批准。

本标准自 2010 年 10 月 1 日起实施。

本标准由环境保护部解释。

镁、钛工业污染物排放标准

1 适用范围

本标准规定了镁、钛工业企业水污染物和大气污染物排放限值、监测和监控要求，以及标准的实施与监督等相关规定。

本标准适用于镁、钛工业企业的水污染物和大气污染物排放管理，以及镁、钛工业企业建设项目的环境影响评价、环境保护设施设计、竣工环境保护验收及其投产后的水污染物和大气污染物排放管理。

本标准不适用于镁、钛再生及压延加工等工业，也不适用于附属于镁、钛企业的非特征生产工艺和装置。

本标准适用于法律允许的污染物排放行为；新设立污染源的选址和特殊保护区域内现有污染源的管理，按照《中华人民共和国大气污染防治法》、《中华人民共和国水污染防治法》、《中华人民共和国海洋环境保护法》、《中华人民共和国固体废物污染环境防治法》、《中华人民共和国环境影响评价法》等法律、法规、规章的相关规定执行。

本标准规定的水污染物排放控制要求适用于企业直接或间接向其法定边界外排放水污染物的行为。

2 规范性引用文件

本标准内容引用了下列文件或其中的条款。

GB/T 6920—1986 水质 pH 值的测定 玻璃电极法

GB/T 7466—1987 水质 总铬的测定

GB/T 7467—1987 水质 六价铬的测定 二苯碳酰二肼分光光度法

GB/T 7475—1987 水质 铜、锌、铅、镉的测定 原子吸收分光光度法

GB/T 11893—1989 水质 总磷的测定 钼酸铵分光光度法

GB/T 11894—1989 水质 总氮的测定 碱性过硫酸钾消解紫外分光光度法

GB/T 11901—1989 水质 悬浮物的测定 重量法

GB/T 11914—1989 水质 化学需氧量的测定 重铬酸盐法

GB/T 15432—1995 环境空气 总悬浮颗粒物的测定 重量法

GB/T 16157—1996 固定污染源排气中颗粒物测定与气态污染物采样方法

GB/T 16488—1996 水质 石油类和动植物油的测定 红外光度法

HJ/T 27—1999 固定污染源排气中氯化氢的测定 硫氰酸汞分光光度法

HJ/T 30—1999 固定污染源排气中氯气的测定 甲基橙分光光度法

HJ/T 55—2000 大气污染物无组织排放监测技术导则

HJ/T 56—2000 固定污染源排气中二氧化硫的测定 碘量法

HJ/T 57—2000 固定污染源排气中二氧化硫的测定 定电位电解法

HJ/T 195—2005 水质 氨氮的测定 气相分子吸收光谱法

HJ/T 199—2005 水质 总氮的测定 气相分子吸收光谱法

HJ/T 399—2007 水质 化学需氧量的测定 快速消解分光光度法

HJ 482—2009　环境空气　二氧化硫的测定　甲醛吸收-副玫瑰苯胺分光光度
HJ 483—2009　环境空气　二氧化硫的测定　四氯汞盐吸收-副玫瑰苯胺分光光度法
HJ 535—2009　水质　氨氮的测定　纳氏试剂分光光度法
HJ 536—2009　水质　氨氮的测定　水杨酸分光光度法
HJ 537—2009　水质　氨氮的测定　蒸馏-中和滴定法
HJ 547—2009　固定污染源废气　氯气的测定　碘量法（暂行）
HJ 548—2009　固定污染源废气　氯化氢的测定　硝酸银容量法（暂行）
HJ 549—2009　空气和废气　氯化氢的测定　离子色谱法（暂行）
《污染源自动监控管理办法》（国家环境保护总局令　第 28 号）
《环境监测管理办法》（国家环境保护总局令　第 39 号）

3　术语和定义

下列术语和定义适用于本标准。

3.1

镁、钛工业企业　magnesium and titanium industry

镁工业企业是指以白云石为原料生产金属镁的硅热法镁冶炼企业及其白云石矿山；钛工业企业是指以钛精矿或高钛渣或四氯化钛为原料生产海绵钛的企业及其矿山，包括以高钛渣、四氯化钛、海绵钛等为最终产品的生产企业。

3.2

特征生产工艺和装置　typical processing and facility

指镁、钛金属的采矿、选矿、冶炼的生产工艺及与这些工艺相关的装置。

3.3

现有企业　existing facility

指在本标准实施之日前已建成投产或环境影响评价文件通过审批的镁、钛工业企业或生产设施。

3.4

新建企业　new facility

指本标准实施之日起环境影响评价文件通过审批的新建、改建和扩建的镁、钛生产设施建设项目。

3.5

排水量　effluent volume

指生产设施或企业向企业法定边界以外排放的废水的量，包括与生产有直接或间接关系的各种外排废水（如厂区生活污水、冷却废水、厂区锅炉和电站排水等）。

3.6

单位产品基准排水量　benchmark effluent volume per unit product

指用于核定水污染物排放浓度而规定的生产单位镁、钛产品的废水排放量上限值。

3.7

排气筒高度　stack height

指自排气筒（或其主体建筑构造）所在的地平面至排气筒出口计的高度。

3.8

标准状态　standard condition

指温度为 273.15 K、压力为 101 325 Pa 时的状态。本标准规定的大气污染物排放浓度限值均以标准状态下的干气体为基准。

3.9

过量空气系数 excess air coefficient

指工业炉窑运行时实际空气量与理论空气需要量的比值。

3.10

企业边界 enterprise boundary

指镁、钛工业企业的法定边界。若无法定边界，则指实际边界。

3.11

公共污水处理系统 public wastewater treatment system

指通过纳污管道等方式收集废水，为两家以上排污单位提供废水处理服务并且排水能够达到相关排放标准要求的企业或机构，包括各种规模和类型的城镇污水处理厂、区域（包括各类工业园区、开发区、工业聚集地等）废水处理厂等，其废水处理程度应达到二级或二级以上。

3.12

直接排放 direct discharge

指排污单位直接向环境排放水污染物的行为。

3.13

间接排放 indirect discharge

指排污单位向公共污水处理系统排放水污染物的行为。

4 污染物排放控制要求

4.1 水污染物排放控制要求

4.1.1 自2011年1月1日起至2011年12月31日止，现有企业执行表1规定的水污染物排放限值。

表1 现有企业水污染物排放浓度限值及单位产品基准排水量

单位：mg/L（pH值除外）

序号	污染物项目	限值		污染物排放监控位置
		直接排放	间接排放	
1	pH值	6～9	6～9	企业废水总排放口
2	悬浮物	70	70	
3	化学需氧量（COD_{Cr}）	100	180	
4	石油类	8	15	
5	总氮	20	40	
6	总磷	1.5	3.0	
7	氨氮	15	25	
8	总铜	0.5	1.0	
9	总铬	1.5		车间或生产设施废水排放口
10	六价铬	0.5		
单位产品基准排水量	镁冶炼企业/（m^3/t）	1.5		排水量计量位置与污染物排放监控位置一致
	以钛精矿为原料生产海绵钛/（m^3/t）	80		
	以精$TiCl_4$为原料生产海绵钛/（m^3/t）	10		
	以高钛渣为原料生产四氯化钛/（m^3/t）	17		
	以钛精矿为原料生产高钛渣/（m^3/t）	0.5		

4.1.2 自2012年1月1日起，现有企业执行表2规定的水污染物排放限值。

4.1.3 自2010年10月1日起，新建企业执行表2规定的水污染物排放限值。

表2 新建企业水污染物排放浓度限值及单位产品基准排水量

单位：mg/L（pH值除外）

序号	污染物项目	限值		污染物排放监控位置
		直接排放	间接排放	
1	pH值	6～9	6～9	企业废水总排放口
2	悬浮物	30	70	
3	化学需氧量（COD_{Cr}）	60	180	
4	石油类	3	15	
5	总氮	15	40	
6	总磷	1.0	3.0	
7	氨氮	8	25	
8	总铜	0.5	1.0	
9	总铬	1.5		车间或生产设施废水排放口
10	六价铬	0.5		
单位产品基准排水量	镁冶炼企业/（m^3/t）	1.0		排水量计量位置与污染物排放监控位置一致
	以钛精矿为原料生产海绵钛/（m^3/t）	55		
	以精$TiCl_4$为原料生产海绵钛/（m^3/t）	8		
	以高钛渣为原料生产四氯化钛/（m^3/t）	12		
	以钛精矿为原料生产高钛渣/（m^3/t）	0.2		

4.1.4 根据环境保护工作的要求，在国土开发密度已经较高、环境承载能力开始减弱，或环境容量较小、生态环境脆弱，容易发生严重环境污染等问题而需要采取特别保护措施的地区，应严格控制企业的污染物排放行为，在上述地区的企业执行表3规定的水污染物特别排放限值。

表3 水污染物特别排放限值

单位：mg/L（pH值除外）

序号	污染物项目	限值		污染物排放监控位置
		直接排放	间接排放	
1	pH值	6.5～8.5	6～9	企业废水总排放口
2	悬浮物	10	30	
3	化学需氧量（COD_{Cr}）	50	60	
4	石油类	1.0	3.0	
5	总氮	15	15	
6	总磷	0.5	1.0	
7	氨氮	5.0	8.0	
8	总铜	0.2	0.5	
9	总铬	1.0		车间或生产设施废水排放口
10	六价铬	0.2		
单位产品基准排水量	镁冶炼企业/（m^3/t）	0.5		排水量计量位置与污染物排放监控位置一致
	以钛精矿为原料生产海绵钛/（m^3/t）	35		
	以精$TiCl_4$为原料生产海绵钛/（m^3/t）	6		
	以高钛渣为原料生产四氯化钛/（m^3/t）	8		
	以钛精矿为原料生产高钛渣/（m^3/t）	0.1		

执行水污染物特别排放限值的地域范围、时间，由国务院环境保护行政主管部门或省级人民政府规定。

4.1.5　水污染物排放浓度限值适用于单位产品实际排水量不高于单位产品基准排水量的情况。若单位产品实际排水量超过单位产品基准排水量，须按式（1）将实测水污染物浓度换算为水污染物基准排水量排放浓度，并以水污染物基准排水量排放浓度作为判定排放是否达标的依据。产品产量和排水量统计周期为一个工作日。

在企业的生产设施同时生产两种以上产品、可适用不同排放控制要求或不同行业国家污染物排放标准，且生产设施产生的污水混合处理排放的情况下，应执行排放标准中规定的最严格的浓度限值，并按式（1）换算水污染物基准水量排放浓度。

$$\rho_{基}=\frac{Q_{总}}{\sum Y_i \cdot Q_{i基}} \cdot \rho_{实} \tag{1}$$

式中：$\rho_{基}$——水污染物基准水量排放浓度，mg/L；

$Q_{总}$——排水总量，m^3；

Y_i——第 i 种产品产量，t；

$Q_{i基}$——第 i 种产品的单位产品基准排水量，m^3/t；

$\rho_{实}$——实测水污染物排放浓度，mg/L。

若 $Q_{总}$ 与 $\sum Y_i \cdot Q_{i基}$ 的比值小于 1，则以水污染物实测浓度作为判定排放是否达标的依据。

4.2　大气污染物排放控制要求

4.2.1　自 2011 年 1 月 1 日起至 2011 年 12 月 31 日止，现有企业执行表 4 规定的大气污染物排放限值。

表 4　现有企业大气污染物排放浓度限值

单位：mg/m^3

生产系统及设备		限　值				污染物排放监控位置
		颗粒物	二氧化硫	氯气	氯化氢	
矿山	破碎、筛分、转运等	100	—	—	—	车间或生产设施排气筒
镁冶炼	原料制备	100	—	—	—	
	煅烧炉	200	800	—	—	
	还原炉	100	800	—	—	
	精炼	100	800	—	—	
	其他	100	800	—	—	
钛冶炼	原料制备	100	—	—	—	
	高钛渣电炉	120	300	—	—	
	氯化系统	—	—	70	120	
	精制系统	—	—	70	120	
	镁电解槽	—	—	70	120	
	镁精炼	100	800	—	—	
	其他	100	800	70	120	

4.2.2　自 2012 年 1 月 1 日起，现有企业执行表 5 规定的大气污染物排放限值。

4.2.3　自 2010 年 10 月 1 日起，新建企业执行表 5 规定的大气污染物排放限值。

表 5　新建企业大气污染物排放浓度限值

单位：mg/m^3

生产系统及设备		限值				污染物排放监控位置
		颗粒物	二氧化硫	氯气	氯化氢	
矿山	破碎、筛分、转运等	50	—	—	—	车间或生产设施排气筒
镁冶炼	原料制备	50	—	—	—	
	煅烧炉	150	400	—	—	
	还原炉	50	400	—	—	
	精炼	50	400	—	—	
	其他	50	400	—	—	
钛冶炼	原料制备	50	—	—	—	
	高钛渣电炉	70	400	—	—	
	氯化系统	—	—	60	80	
	精制系统	—	—	60	80	
	镁电解槽	—	—	60	80	
	镁精炼	50	400	—	—	
	其他	50	400	60	80	

4.2.4　企业边界大气污染物任何 1 h 平均浓度执行表 6 规定的限值。

表 6　现有和新建企业边界大气污染物浓度限值

单位：mg/m^3

序号	污染物	限值
1	二氧化硫	0.5
2	颗粒物	1.0
3	氯气	0.02
4	氯化氢	0.15

4.2.5　在现有企业生产、建设项目竣工环保验收后的生产过程中，负责监管的环境保护主管部门应对周围居住、教学、医疗等用途的敏感区域环境质量进行监测。建设项目的具体监控范围为环境影响评价确定的周围敏感区域；未进行过环境影响评价的现有企业，监控范围由负责监管的环境保护主管部门，根据企业排污的特点和规律及当地的自然、气象条件等因素，参照相关环境影响评价技术导则确定。地方政府应对本辖区环境质量负责，采取措施确保环境状况符合环境质量标准要求。

4.2.6　产生大气污染物的生产工艺和装置必须设立局部或整体气体收集系统和集中净化处理装置，并通过符合要求的排气筒排放。所有排气筒高度应不低于 15 m（排放氯气的排气筒高度不得低于 25 m）。排气筒周围半径 200 m 范围内有建筑物时，排气筒高度还应高出最高建筑物 3 m 以上。

4.2.7　炉窑基准过量空气系数为 1.7，实测炉窑的大气污染物排放浓度，应换算为基准过量空气系数排放浓度。生产设施应采取合理的通风措施，不得故意稀释排放。在国家未规定其他生产设施单位产品基准排气量之前，暂以实测浓度作为判定是否达标的依据。

5　污染物监测要求

5.1　污染物监测的一般要求

5.1.1　对企业排放废水和废气的采样，应根据监测污染物的种类，在规定的污染物排放监控位置进行，有废水和废气处理设施的，应在处理设施后监控。在污染物排放监控位置须设置永久性排污口标志。

5.1.2　新建企业和现有企业安装污染物排放自动监控设备的要求，按有关法律和《污染源自动监控管理办法》的规定执行。

5.1.3 对企业污染物排放情况进行监测的频次、采样时间等要求，按国家有关污染源监测技术规范的规定执行。

5.1.4 企业产品产量的核定，以法定报表为依据。

5.1.5 企业须按照有关法律和《环境监测管理办法》的规定，对排污状况进行监测，并保存原始监测记录。

5.2 水污染物监测要求

对企业排放水污染物浓度的测定采用表7所列的方法标准。

表7 水污染物浓度测定方法标准

序号	污染物项目	方法标准名称	方法标准编号
1	pH值	水质 pH值的测定 玻璃电极法	GB/T 6920—1986
2	悬浮物	水质 悬浮物的测定 重量法	GB/T 11901—1989
3	化学需氧量	水质 化学需氧量的测定 重铬酸盐法	GB/T 11914—1989
		水质 化学需氧量的测定 快速消解分光光度法	HJ/T 399—2007
4	石油类	水质 石油类和动植物油的测定 红外光度法	GB/T 16488—1996
5	总氮	水质 总氮的测定 碱性过硫酸钾消解紫外分光光度法	GB/T 11894—1989
		水质 总氮的测定 气相分子吸收光谱法	HJ/T 199—2005
6	总磷	水质 总磷的测定 钼酸铵分光光度法	GB/T 11893—1989
7	氨氮	水质 氨氮的测定 纳氏试剂分光光度法	HJ 535—2009
		水质 氨氮的测定 水杨酸分光光度法	HJ 536—2009
		水质 氨氮的测定 蒸馏-中和滴定法	HJ 537—2009
		水质 氨氮的测定 气相分子吸收光谱法	HJ/T 195—2005
8	总铜	水质 铜、锌、铅、镉的测定 原子吸收分光光度法	GB/T 7475—1987
9	总铬	水质 总铬的测定	GB/T 7466—1987
10	六价铬	水质 六价铬的测定 二苯碳酰二肼分光光度法	GB/T 7467—1987

5.3 大气污染物监测要求

5.3.1 采样点的设置与采样方法按GB/T 16157—1996执行。

5.3.2 在有敏感建筑物方位、必要的情况下进行监控，具体要求按HJ/T 55—2000进行监测。

5.3.3 对企业排放大气污染物浓度的测定采用表8所列的方法标准。

表8 大气污染物浓度测定方法标准

序号	污染物项目	方法标准名称	方法标准编号
1	二氧化硫	固定污染源排气中二氧化硫的测定 碘量法	HJ/T 56—2000
		固定污染源排气中二氧化硫的测定 定电位电解法	HJ/T 57—2000
		环境空气 二氧化硫的测定 甲醛吸收-副玫瑰苯胺分光光度法	HJ 482—2009
		环境空气 二氧化硫的测定 四氯汞盐吸收-副玫瑰苯胺分光光度法	HJ 483—2009
2	颗粒物	固定污染源排气中颗粒物测定与气态污染物采样方法	GB/T 16157—1996
		环境空气 总悬浮颗粒物的测定 重量法	GB/T 15432—1995
3	氯气	固定污染源排气中氯气的测定 甲基橙分光光度法	HJ/T 30—1999
		固定污染源废气 氯气的测定 碘量法（暂行）	HJ 547—2009
4	氯化氢	固定污染源排气中氯化氢的测定 硫氰酸汞分光光度法	HJ/T 27—1999
		固定污染源废气 氯化氢的测定 硝酸银容量法（暂行）	HJ 548—2009
		空气和废气 氯化氢的测定 离子色谱法（暂行）	HJ 549—2009

6 实施与监督

6.1 本标准由县级以上人民政府环境保护行政主管部门负责监督实施。

6.2 在任何情况下，企业均应遵守本标准规定的水污染物排放控制要求，采取必要措施保证污染防治设施正常运行。各级环保部门在对设施进行监督性检查时，可以现场即时采样或监测的结果，作为判定排污行为是否符合排放标准以及实施相关环境保护管理措施的依据。在发现企业耗水或排水量有异常变化的情况下，应核定企业的实际产品产量、排水量，按本标准的规定，换算水污染物基准排水量排放浓度。

中华人民共和国环境保护部
公　告

2010 年　第 104 号

为贯彻《中华人民共和国环境保护法》、《中华人民共和国水污染防治法》和《中华人民共和国大气污染防治法》，防治污染，保护和改善生态环境，保障人体健康，现批准《硫酸工业污染物排放标准》等 3 项标准为国家污染物排放标准，并由环境保护部与国家质量监督检验检疫总局联合发布。标准名称、编号如下：

一、硫酸工业污染物排放标准（GB 26132—2010）

二、硝酸工业污染物排放标准（GB 26131—2010）

三、非道路移动机械用小型点燃式发动机排气污染物排放限值与测量方法（中国第一、二阶段）（GB 26133—2010）

按有关法律规定，以上标准具有强制执行的效力。

以上标准自 2011 年 3 月 1 日起实施。

以上标准由中国环境科学出版社出版，标准内容可在环境保护部网站（bz.mep.gov.cn）查询。

特此公告。

（此公告业经国家质量监督检验检疫总局纪正昆会签）

2010 年 12 月 20 日

中华人民共和国国家标准

GB 26132—2010

硫酸工业污染物排放标准

Emission standard of pollutants for sulfuric acid industry

2010-12-30 发布　　2011-03-01 实施

环境保护部
国家质量监督检验检疫总局　发布

前　言

为贯彻《中华人民共和国环境保护法》、《中华人民共和国水污染防治法》、《中华人民共和国大气污染防治法》、《中华人民共和国海洋环境保护法》、《国务院关于落实科学发展观　加强环境保护的决定》等法律、法规和《国务院关于编制全国主体功能区规划的意见》，保护环境，防治污染，促进硫酸工业生产工艺和污染治理技术的进步，制定本标准。

本标准规定了硫酸工业企业水和大气污染物排放限值、监测和监控要求。为促进区域经济与环境协调发展，推动经济结构的调整和经济增长方式的转变，引导工业生产工艺和污染治理技术的发展方向，本标准规定了水和大气污染物特别排放限值。

本标准中的污染物排放浓度均为质量浓度。

硫酸工业企业排放恶臭污染物、环境噪声适用相应的国家污染物排放标准，产生固体废物的鉴别、处理和处置适用国家固体废物污染控制标准。

本标准为首次发布。

自本标准实施之日起，硫酸工业企业水和大气污染物排放控制按本标准的规定执行，不再执行《污水综合排放标准》（GB 8978—1996）和《大气污染物综合排放标准》（GB 16297—1996）中的相关规定。

地方省级人民政府对本标准未作规定的污染物项目，可以制定地方污染物排放标准；对本标准已作规定的污染物项目，可以制定严于本标准的地方污染物排放标准。

本标准由环境保护部科技标准司组织制订。

本标准主要起草单位：青岛科技大学、环境保护部环境标准研究所、中国硫酸工业协会、南化集团研究院。

本标准环境保护部 2010 年 9 月 10 日批准。

本标准自 2011 年 3 月 1 日起实施。

本标准由环境保护部解释。

硫酸工业污染物排放标准

1 适用范围

本标准规定了硫酸工业企业或生产设施水和大气污染物的排放限值、监测和监控要求，以及标准的实施与监督等相关规定。

本标准适用于现有硫酸工业企业水和大气污染物排放管理。

本标准适用于对硫酸工业企业建设项目的环境影响评价、环境保护设施设计、竣工环境保护验收及其投产后的水、大气污染物排放管理。

本标准不适用于冶炼尾气制酸和硫化氢制酸工业企业的水和大气污染物排放管理。

本标准适用于法律允许的污染物排放行为。新设立污染源的选址和特殊保护区域内现有污染源的管理，按照《中华人民共和国水污染防治法》、《中华人民共和国大气污染防治法》、《中华人民共和国海洋环境保护法》、《中华人民共和国固体废物污染环境防治法》、《中华人民共和国放射性污染防治法》、《中华人民共和国环境影响评价法》等法律、法规、规章的相关规定执行。

本标准规定的水污染物排放控制要求适用于企业直接或间接向其法定边界外排放水污染物的行为。

2 规范性引用文件

本标准内容引用了下列文件或其中的条款。凡是不注明日期的引用文件，其有效版本适用于本标准。

GB/T 6920—1986 水质 pH 值的测定 玻璃电极法

GB/T 7470—1987 水质 铅的测定 双硫腙分光光度法

GB/T 7475—1987 水质 铜、锌、铅、镉的测定 原子吸收分光光度法

GB/T 7484—1987 水质 氟化物的测定 离子选择电极法

GB/T 7485—1987 水质 总砷的测定 二乙基二硫代氨基甲酸银分光光度法

GB/T 11893—1989 水质 总磷的测定 钼酸铵分光光度法

GB/T 11894—1989 水质 总氮的测定 碱性过硫酸钾消解紫外分光光度法

GB/T 11901—1989 水质 悬浮物的测定 重量法

GB/T 11914—1989 水质 化学需氧量的测定 重铬酸盐法

GB/T 15432—1995 环境空气 总悬浮颗粒物的测定 重量法

GB/T 16157 固定污染源排气中颗粒物测定与气态污染物采样方法

GB/T 16488—1996 水质 石油类和动植物油的测定 红外光度法

GB/T 16489—1996 水质 硫化物的测定 亚甲基蓝分光光度法

HJ/T 55 大气污染物无组织排放监测技术导则

HJ/T 56—2000 固定污染源排气中二氧化硫的测定 碘量法

HJ/T 57—2000 固定污染源排气中二氧化硫的测定 定电位电解法

HJ/T 60—2000 水质 硫化物的测定 碘量法

HJ/T 76 固定污染源排放烟气连续监测系统技术要求及检测方法

HJ/T 84—2001 水质 无机阴离子的测定 离子色谱法

HJ/T 91　地表水和污水监测技术规范
HJ/T 195—2005　水质　氨氮的测定　气相分子吸收光谱法
HJ/T 199—2005　水质　总氮的测定　气相分子吸收光谱法
HJ/T 373　固定污染源监测质量保证与质量控制技术规范（试行）
HJ/T 397　固定源废气监测技术规范
HJ/T 399—2007　水质　化学需氧量的测定　快速消解分光光度法
HJ 482—2009　环境空气　二氧化硫的测定　甲醛吸收-副玫瑰苯胺分光光度法
HJ 487—2009　水质　氟化物的测定　茜素磺酸锆目视比色法
HJ 488—2009　水质　氟化物的测定　氟试剂分光光度法
HJ 535—2009　水质　氨氮的测定　纳氏试剂分光光度法
HJ 536—2009　水质　氨氮的测定　水杨酸分光光度法
HJ 537—2009　水质　氨氮的测定　蒸馏-中和滴定法
HJ 544—2009　固定污染源废气　硫酸雾的测定　离子色谱法（暂行）
《污染源自动监控管理办法》（国家环境保护总局令　第28号）
《环境监测管理办法》（国家环境保护总局令　第39号）

3　术语和定义

下列术语和定义适用于本标准。

3.1

硫酸工业　sulfuric acid industry

指以硫磺、硫铁矿和石膏为原料制取二氧化硫炉气，经二氧化硫转化和三氧化硫吸收制得硫酸产品的工业企业或生产设施。

3.2

现有企业　existing facility

指本标准实施之日前，已建成投产或环境影响评价文件已通过审批的硫酸工业企业或生产设施。

3.3

新建企业　new facility

指本标准实施之日起，环境影响评价文件通过审批的新建、改建和扩建硫酸工业建设项目。

3.4

公共污水处理系统　public wastewater treatment system

指通过纳污管道等方式收集废水，为两家以上排污单位提供废水处理服务并且排水能够达到相关排放标准要求的企业或机构，包括各种规模和类型的城镇污水处理厂、区域（包括各类工业园区、开发区、工业聚集地等）废水处理厂等，其废水处理程度应达到二级或二级以上。

3.5

直接排放　direct discharge

指排污单位直接向环境排放水污染物的行为。

3.6

间接排放　indirect discharge

指排污单位向公共污水处理系统排放水污染物的行为。

3.7

排水量　effluent volume

指生产设施或企业向企业法定边界以外排放的废水的量，包括与生产有直接或间接关系的各种外排废水（如厂区生活污水、冷却废水、厂区锅炉和电站排水等）。

3.8

单位产品基准排水量 benchmark effluent volume per unit product

指用于核定水污染物排放浓度而规定的生产单位硫酸（100%）产品的排水量上限值。

3.9

硫酸工业尾气 sulfuric acid plant tail gas

指吸收塔顶部或经进一步脱硫后由排气筒连续排放的尾气，主要含有二氧化硫和硫酸雾。

3.10

标准状态 standard condition

指温度为 273.15 K，压力为 101 325 Pa 时的状态，简称“标态”。本标准规定的大气污染物排放浓度限值和基准排气量均以标准状态下的干气体为基准。

3.11

排气量 exhaust volume

指生产设施或企业通过排气筒向环境排放的工艺废气的量（干标状态）。

3.12

单位产品基准排气量 benchmark exhaust volume per unit product

指用于核定废气污染物排放浓度而规定的生产单位硫酸（100%）产品的排气量上限值。

3.13

企业边界 enterprise boundary

指硫酸工业企业的法定边界。若无法定边界，则指企业的实际边界。

4 污染物排放控制要求

4.1 水污染物排放控制要求

4.1.1 自 2011 年 10 月 1 日起至 2013 年 9 月 30 日止，现有企业执行表 1 规定的水污染物排放限值。

表 1 现有企业水污染物排放限值

单位：mg/L（pH 值除外）

<table>
<tr><th rowspan="2">序号</th><th rowspan="2" colspan="2">污染物项目</th><th rowspan="2">生产工艺</th><th colspan="2">排放限值</th><th rowspan="2">污染物排放监控位置</th></tr>
<tr><th>直接排放</th><th>间接排放</th></tr>
<tr><td>1</td><td colspan="2">pH 值</td><td rowspan="8">硫磺制酸、硫铁矿制酸及石膏制酸</td><td>6～9</td><td>6～9</td><td rowspan="10">企业废水总排放口</td></tr>
<tr><td>2</td><td colspan="2">化学需氧量（COD_{Cr}）</td><td>60</td><td>100</td></tr>
<tr><td>3</td><td colspan="2">悬浮物</td><td>70</td><td>100</td></tr>
<tr><td>4</td><td colspan="2">石油类</td><td>5</td><td>8</td></tr>
<tr><td>5</td><td colspan="2">氨氮</td><td>10</td><td>20</td></tr>
<tr><td>6</td><td colspan="2">总氮</td><td>20</td><td>40</td></tr>
<tr><td rowspan="2">7</td><td rowspan="2">总磷</td><td>磷石膏</td><td>20</td><td>30</td></tr>
<tr><td>其他</td><td>1</td><td>2</td></tr>
<tr><td>8</td><td colspan="2">硫化物</td><td rowspan="4">硫铁矿制酸及石膏制酸</td><td>1</td><td>1</td></tr>
<tr><td>9</td><td colspan="2">氟化物</td><td>10</td><td>15</td></tr>
<tr><td>10</td><td colspan="2">总砷</td><td colspan="2">0.5</td><td rowspan="2">车间或生产装置排放口</td></tr>
<tr><td>11</td><td colspan="2">总铅</td><td colspan="2">1</td></tr>
<tr><td rowspan="2" colspan="3">单位产品基准排水量/（m^3/t）</td><td>硫磺制酸</td><td colspan="2">0.3</td><td rowspan="2">排水量计量位置与污染物排放监控位置相同</td></tr>
<tr><td>硫铁矿制酸及石膏制酸</td><td colspan="2">1.5</td></tr>
</table>

4.1.2　自2013年10月1日起，现有企业执行表2规定的水污染物排放限值。

4.1.3　自2011年3月1日起，新建企业执行表2规定的水污染物排放限值。

表2　新建企业水污染物排放限值

单位：mg/L（pH值除外）

序号	污染物项目	生产工艺	排放限值		污染物排放监控位置
			直接排放	间接排放	
1	pH 值	硫磺制酸、硫铁矿制酸及石膏制酸	6～9	6～9	企业废水总排放口
2	化学需氧量（COD_{Cr}）		60	100	
3	悬浮物		50	100	
4	石油类		3	8	
5	氨氮		8	20	
6	总氮		15	40	
7	总磷　磷石膏		10	30	
	总磷　其他		0.5	2	
8	硫化物	硫铁矿制酸及石膏制酸	1	1	
9	氟化物		10	15	
10	总砷		0.3		车间或生产装置排放口
11	总铅		0.5		
单位产品基准排水量/（m^3/t）		硫磺制酸	0.2		排水量计量位置与污染物排放监控位置相同
		硫铁矿制酸及石膏制酸	1		

4.1.4　根据环境保护工作的要求，在国土开发密度已经较高、环境承载能力开始减弱，或水环境容量较小、生态环境脆弱，容易发生严重水环境污染问题而需要采取特别保护措施的地区，应严格控制企业的污染排放行为，在上述地区的企业执行表3规定的水污染物特别排放限值。

执行水污染物特别排放限值的地域范围、时间，由国务院环境保护行政主管部门或省级人民政府规定。

表3　水污染物特别排放限值

单位：mg/L（pH值除外）

序号	污染物项目	生产工艺	排放限值		污染物排放监控位置
			直接排放	间接排放	
1	pH 值	硫磺制酸、硫铁矿制酸及石膏制酸	6～9	6～9	企业废水总排放口
2	化学需氧量（COD_{Cr}）		50	60	
3	悬浮物		15	50	
4	石油类		3	3	
5	氨氮		5	8	
6	总氮		10	15	
7	总磷		0.5	0.5	
8	硫化物	硫铁矿制酸及石膏制酸	0.5	1	
9	氟化物		10	10	
10	总砷		0.1		车间或生产装置排放口
11	总铅		0.1		
单位产品基准排水量/（m^3/t）		硫磺制酸	0.2		排水量计量位置与污染物排放监控位置相同
		硫铁矿制酸及石膏制酸	1		

4.1.5 水污染物排放浓度限值适用于单位产品实际排水量不高于单位产品基准排水量的情况。若单位产品实际排水量超过单位产品基准排水量，须按式（1）将实测水污染物浓度换算为水污染物基准水量排放浓度，并以水污染物基准水量排放浓度作为判定排放是否达标的依据。产品产量和排水量统计周期为一个工作日。

在企业的生产设施同时生产两种以上产品、可适用不同排放控制要求或不同行业国家污染物排放标准，且生产设施产生的污水混合处理排放的情况下，应执行排放标准中规定的最严格的浓度限值，并按式（1）换算水污染物基准水量排放浓度。

$$\rho_{基}=\frac{Q_{总}}{\sum Y_i \cdot Q_{i基}} \cdot \rho_{实} \tag{1}$$

式中：$\rho_{基}$——水污染物基准水量排放浓度，mg/L；

$Q_{总}$——实测排水总量，m^3；

Y_i——某种产品产量，t；

$Q_{i基}$——某种产品的单位产品基准排水量，m^3/t；

$\rho_{实}$——实测水污染物浓度，mg/L。

若$Q_{总}$与$\sum Y_i \cdot Q_{i基}$的比值小于1，则以水污染物实测浓度作为判定排放是否达标的依据。

4.2 大气污染物排放控制要求

4.2.1 自2011年10月1日起至2013年9月30日止，现有企业执行表4规定的大气污染物排放限值。

表4 现有企业大气污染物排放浓度限值

单位：mg/m^3

序号	污染物项目	排放限值	污染物排放监控位置
1	二氧化硫	860	硫酸工业尾气排放口
2	硫酸雾	45	
3	颗粒物	50	破碎、干燥及排渣等工序排放口

4.2.2 自2013年10月1日起，现有企业执行表5规定的大气污染物排放限值。

4.2.3 自2011年3月1日起，新建企业执行表5规定的大气污染物排放限值。

表5 新建企业大气污染物排放浓度限值

单位：mg/m^3

序号	污染物项目	排放限值	污染物排放监控位置
1	二氧化硫	400	硫酸工业尾气排放口
2	硫酸雾	30	
3	颗粒物	50	破碎、干燥及排渣等工序排放口

4.2.4 根据环境保护工作的要求，在国土开发密度已经较高、环境承载能力开始减弱，或大气环境容量较小、生态环境脆弱，容易发生严重大气环境污染问题而需要采取特别保护措施的地区，应严格控制企业的污染排放行为，在上述地区的企业执行表6规定的大气污染物特别排放限值。

执行大气污染物特别排放限值的地域范围、时间，由国务院环境保护行政主管部门或省级人民政府规定。

表 6　大气污染物特别排放限值

单位：mg/m^3

序号	污染物项目	排放限值	污染物排放监控位置
1	二氧化硫	200	硫酸工业尾气排放口
2	硫酸雾	5	
3	颗粒物	30	破碎、干燥及排渣等工序排放口

4.2.5　现有企业和新建企业单位产品基准排气量执行表 7 规定的限值。

表 7　单位产品基准排气量

单位：m^3/t

序号	生产工艺	单位产品基准排气量	污染物排放监控位置
1	硫磺制酸	2 300	硫酸工业尾气排放口（排气量计量位置与污染物排放监控位置相同）
2	硫铁矿制酸	2 800	
3	石膏制酸	4 300	

4.2.6　企业边界大气污染物任何 1 h 平均浓度执行表 8 规定的限值。

表 8　企业边界大气污染物无组织排放限值

单位：mg/m^3

序号	污染物项目	最高浓度限值	监控点
1	二氧化硫	0.5	企业边界
2	硫酸雾	0.3	
3	颗粒物	0.9	

4.2.7　在现有企业生产、建设项目竣工环保验收后的生产过程中，负责监管的环境保护主管部门应对周围居住、教学、医疗等用途的敏感区域环境质量进行监测。建设项目的具体监控范围为环境影响评价确定的周围敏感区域；未进行过环境影响评价的现有企业，监控范围由负责监管的环境保护主管部门，根据企业排污的特点和规律及当地的自然、气象条件等因素，参照相关环境影响评价技术导则确定。地方政府应对本辖区环境质量负责，采取措施确保环境状况符合环境质量标准要求。

4.2.8　产生大气污染物的生产工艺和装置必须设立局部或整体气体收集系统和集中净化处理装置。所有排气筒高度应不低于 15 m。排气筒周围半径 200 m 范围内有建筑物时，排气筒高度还应高出最高建筑物 3 m 以上。

4.2.9　大气污染物排放浓度限值适用于单位产品实际排气量不高于单位产品基准排气量的情况。若单位产品实际排气量超过单位产品基准排气量，须将实测大气污染物浓度换算为大气污染物基准气量排放浓度，并以大气污染物基准气量排放浓度作为判定排放是否达标的依据。大气污染物基准气量排放浓度的换算，可参照采用水污染物基准水量排放浓度的计算公式。

产品产量和排气量统计周期为一个工作日。

5　污染物监测要求

5.1　污染物监测的一般要求

5.1.1　对企业排放的废水和废气的采样，应根据监测污染物的种类，在规定的污染物排放监控位置进行。有废水、废气处理设施的，应在该设施后监控。在污染物排放监控位置须设置永久性排污口标志。

5.1.2 新建企业和现有企业安装污染物排放自动监控设备的要求，按有关法律和《污染源自动监控管理办法》的规定执行。

5.1.3 对企业污染物排放情况进行监测的频次、采样时间、质量保证与质量控制等要求，按国家有关污染源监测技术规范的规定执行。

5.1.4 企业产品产量的核定，以法定报表为依据。

5.1.5 企业必须按照有关法律和《环境监测管理办法》的规定，对排污状况进行监测，并保存原始监测记录。

5.2 水污染物监测要求

5.2.1 采样点的设置与采样方法按 HJ/T 91 的规定执行。

5.2.2 对企业排放水污染物浓度的测定采用表 9 所列的方法标准。

表 9 水污染物浓度测定方法标准

序号	污染物项目	方法标准名称	方法标准编号
1	pH 值	水质 pH 值的测定 玻璃电极法	GB/T 6920—1986
2	化学需氧量（COD_{Cr}）	水质 化学需氧量的测定 重铬酸盐法	GB/T 11914—1989
		水质 化学需氧量的测定 快速消解分光光度法	HJ/T 399—2007
3	悬浮物	水质 悬浮物的测定 重量法	GB/T 11901—1989
4	石油类	水质 石油类和动植物油的测定 红外光度法	GB/T 16488—1996
5	氨氮	水质 氨氮的测定 气相分子吸收光谱法	HJ/T 195—2005
		水质 氨氮的测定 纳氏试剂分光光度法	HJ 535—2009
		水质 氨氮的测定 水杨酸分光光度法	HJ 536—2009
		水质 氨氮的测定 蒸馏-中和滴定法	HJ 537—2009
6	总氮	水质 总氮的测定 碱性过硫酸钾消解紫外分光光度法	GB/T 11894—1989
		水质 总氮的测定 气相分子吸收光谱法	HJ/T 199—2005
7	总磷	水质 总磷的测定 钼酸铵分光光度法	GB/T 11893—1989
8	硫化物	水质 硫化物的测定 亚甲基蓝分光光度法	GB/T 16489—1996
		水质 硫化物的测定 碘量法	HJ/T 60—2000
9	氟化物	水质 氟化物的测定 离子选择电极法	GB/T 7484—1987
		水质 无机阴离子的测定 离子色谱法	HJ/T 84—2001
		水质 氟化物的测定 茜素磺酸锆目视比色法	HJ 487—2009
		水质 氟化物的测定 氟试剂分光光度法	HJ 488—2009
10	总砷	水质 总砷的测定 二乙基二硫代氨基甲酸银分光光度法	GB/T 7485—1987
11	总铅	水质 铅的测定 双硫腙分光光度法	GB/T 7470—1987
		水质 铜、锌、铅、镉的测定 原子吸收分光光度法	GB/T 7475—1987

5.3 大气污染物监测要求

5.3.1 采样点的设置与采样方法按 GB/T 16157 和 HJ/T 76、HJ/T 397、HJ/T 55 的规定执行。

5.3.2 对企业排放大气污染物浓度的测定采用表 10 所列的方法标准。

表 10 大气污染物浓度测定方法标准

序号	污染物项目	方法标准名称	方法标准编号
1	二氧化硫	环境空气 二氧化硫的测定 甲醛吸收-副玫瑰苯胺分光光度法	HJ 482—2009
		固定污染源排气中二氧化硫的测定 碘量法	HJ/T 56—2000
		固定污染源排气中二氧化硫的测定 定电位电解法	HJ/T 57—2000
2	硫酸雾	固定污染源废气 硫酸雾的测定 离子色谱法（暂行）	HJ 544—2009
3	颗粒物	环境空气 总悬浮颗粒物的测定 重量法	GB/T 15432—1995
		固定污染源排气中颗粒物测定与气态污染物采样方法	GB/T 16157—1996

注：企业边界硫酸雾的测定方法采用 HJ 544—2009。

6 实施与监督

6.1 本标准由县级以上人民政府环境保护行政主管部门负责监督实施。

6.2 在任何情况下，企业均应遵守本标准的污染物排放控制要求，采取必要措施保证污染防治设施正常运行。各级环保部门在对企业进行监督性检查时，可以现场即时采样或监测的结果，作为判定排污行为是否符合排放标准以及实施相关环境保护管理措施的依据。在发现设施耗水或排水量、排气量有异常变化的情况下，应核定设施的实际产品产量、排水量和排气量，按本标准的规定，换算水污染物基准水量排放浓度和大气污染物基准气量排放浓度。

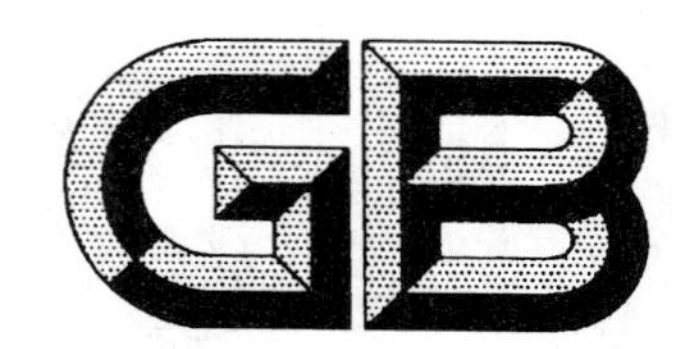

中华人民共和国国家标准

GB 26131—2010

硝酸工业污染物排放标准

Emission standard of pollutants for nitric acid industry

2010-12-30 发布　　2011-03-01 实施

环境保护部
国家质量监督检验检疫总局　发布

前　言

为贯彻《中华人民共和国环境保护法》、《中华人民共和国水污染防治法》、《中华人民共和国大气污染防治法》、《中华人民共和国海洋环境保护法》、《国务院关于落实科学发展观　加强环境保护的决定》等法律、法规和《国务院关于编制全国主体功能区规划的意见》，保护环境，防治污染，促进硝酸工业生产工艺和污染治理技术的进步，制定本标准。

本标准规定了硝酸工业企业水和大气污染物排放限值、监测和监控要求。为促进区域经济与环境协调发展，推动经济结构的调整和经济增长方式的转变，引导工业生产工艺和污染治理技术的发展方向，本标准规定了水和大气污染物特别排放限值。

本标准中的污染物排放浓度均为质量浓度。

硝酸工业企业排放恶臭污染物、环境噪声适用相应的国家污染物排放标准，产生固体废物的鉴别、处理和处置适用国家固体废物污染控制标准。

本标准为首次发布。

自本标准实施之日起，硝酸工业企业水和大气污染物排放控制按本标准的规定执行，不再执行《污水综合排放标准》（GB 8978—1996）和《大气污染物综合排放标准》（GB 16297—1996）中的相关规定。

地方省级人民政府对本标准未作规定的污染物项目，可以制定地方污染物排放标准；对本标准已作规定的污染物项目，可以制定严于本标准的地方污染物排放标准。

本标准由环境保护部科技标准司组织制订。

本标准主要起草单位：青岛科技大学、环境保护部环境标准研究所、山东省化工规划设计院、天脊煤化工集团股份有限公司。

本标准环境保护部 2010 年 9 月 10 日批准。

本标准自 2011 年 3 月 1 日起实施。

本标准由环境保护部解释。

硝酸工业污染物排放标准

1 适用范围

本标准规定了硝酸工业企业或生产设施水和大气污染物的排放限值、监测和监控要求，以及标准的实施与监督等相关规定。

本标准适用于现有硝酸工业企业水和大气污染物排放管理。

本标准适用于对硝酸工业企业建设项目的环境影响评价、环境保护设施设计、竣工环境保护验收及其投产后的水、大气污染物排放管理。

本标准适用于以氨和空气（或纯氧）为原料采用氨氧化法生产硝酸和硝酸盐的企业。本标准不适用于以硝酸为原料生产硝酸盐和其他产品的生产企业。

本标准适用于法律允许的污染物排放行为。新设立污染源的选址和特殊保护区域内现有污染源的管理，按照《中华人民共和国水污染防治法》、《中华人民共和国大气污染防治法》、《中华人民共和国海洋环境保护法》、《中华人民共和国固体废物污染环境防治法》、《中华人民共和国放射性污染防治法》、《中华人民共和国环境影响评价法》等法律、法规、规章的相关规定执行。

本标准规定的水污染物排放控制要求适用于企业直接或间接向其法定边界外排放水污染物的行为。

2 规范性引用文件

本标准内容引用了下列文件或其中的条款。凡是不注明日期的引用文件，其有效版本适用于本标准。

GB/T 6920—1986 水质 pH 值的测定 玻璃电极法

GB/T 11893—1989 水质 总磷的测定 钼酸铵分光光度法

GB/T 11894—1989 水质 总氮的测定 碱性过硫酸钾消解紫外分光光度法

GB/T 11901—1989 水质 悬浮物的测定 重量法

GB/T 11914—1989 水质 化学需氧量的测定 重铬酸盐法

GB/T 16488—1996 水质 石油类和动植物油的测定 红外光度法

GB/T 16157 固定污染源排气中颗粒物测定与气态污染物采样方法

HJ/T 42—1999 固定污染源排气中氮氧化物的测定 紫外分光光度法

HJ/T 55 大气污染物无组织排放监测技术导则

HJ/T 76 固定污染源排放烟气连续监测系统技术要求及检测方法

HJ/T 91 地表水和污水监测技术规范

HJ/T 195—2005 水质 氨氮的测定 气相分子吸收光谱法

HJ/T 199—2005 水质 总氮的测定 气相分子吸收光谱法

HJ/T 397 固定源废气监测技术规范

HJ/T 399—2007 水质 化学需氧量的测定 快速消解分光光度法

HJ 479—2009 环境空气 氮氧化物（一氧化氮和二氧化氮）的测定 盐酸萘乙二胺分光光度法

HJ 535—2009 水质 氨氮的测定 纳氏试剂分光光度法

HJ 536—2009 水质 氨氮的测定 水杨酸分光光度法

HJ 537—2009 水质 氨氮的测定 蒸馏-中和滴定法
《污染源自动监控管理办法》(国家环境保护总局令 第28号)
《环境监测管理办法》(国家环境保护总局令 第39号)

3 术语和定义

下列术语和定义适用于本标准。

3.1

硝酸工业 nitric acid industry

指由氨和空气(或纯氧)在催化剂作用下制备成氧化氮气体,经水吸收制成硝酸或经碱液吸收生成硝酸盐产品的工业企业或生产设施。硝酸包括稀硝酸和浓硝酸,硝酸盐指硝酸钠、亚硝酸钠以及其他以氨和空气(或纯氧)为原料采用氨氧化法生产的硝酸盐。

3.2

现有企业 existing facility

指本标准实施之日前,已建成投产或环境影响评价文件已通过审批的硝酸工业企业或生产设施。

3.3

新建企业 new facility

指本标准实施之日起,环境影响评价文件通过审批的新建、改建和扩建硝酸工业建设项目。

3.4

公共污水处理系统 public wastewater treatment system

指通过纳污管道等方式收集废水,为两家以上排污单位提供废水处理服务并且排水能够达到相关排放标准要求的企业或机构,包括各种规模和类型的城镇污水处理厂、区域(包括各类工业园区、开发区、工业聚集地等)废水处理厂等,其废水处理程度应达到二级或二级以上。

3.5

直接排放 direct discharge

指排污单位直接向环境排放水污染物的行为。

3.6

间接排放 indirect discharge

指排污单位向公共污水处理系统排放水污染物的行为。

3.7

排水量 effluent volume

指生产设施或企业向企业法定边界以外排放的废水的量,包括与生产有直接或间接关系的各种外排废水(含厂区生活污水、冷却废水、厂区锅炉和电站排污水等)。

3.8

单位产品基准排水量 benchmark effluent volume per unit product

指用于核定水污染物排放浓度而规定的生产单位硝酸(100%)或硝酸盐产品的排水量上限值。

3.9

硝酸工业尾气 nitric acid plant tail gas

指吸收塔顶部或经进一步脱硝后由排气筒连续排放的尾气,其主要污染物是氮氧化物(NO_x),此处氮氧化物指一氧化氮(NO)和二氧化氮(NO_2),本标准以NO_2计。

3.10

标准状态 standard condition

指温度为273.15 K,压力为101 325 Pa时的状态,简称“标态”。本标准规定的大气污染物排放浓度限值均以标准状态下的干气体为基准。

3.11

排气量　exhaust volume

指生产设施或企业通过排气筒向环境排放的工艺废气的量。

3.12

单位产品基准排气量　benchmark exhaust volume per unit product

指用于核定废气污染物排放浓度而规定的生产单位硝酸（100%）或硝酸盐产品的排气量上限值。

3.13

企业边界　enterprise boundary

指硝酸工业企业的法定边界。若无法定边界，则指企业的实际边界。

4　污染物排放控制要求

4.1 水污染物排放控制要求

4.1.1　自 2011 年 10 月 1 日起至 2013 年 3 月 31 日止，现有企业执行表 1 规定的水污染物排放限值。

表 1　现有企业水污染物排放限值

单位：mg/L（pH 值除外）

序号	污染物项目	排放限值		污染物排放监控位置
		直接排放	间接排放	
1	pH 值	6～9	6～9	企业废水总排放口
2	化学需氧量（COD_{Cr}）	80	150	
3	悬浮物	60	100	
4	石油类	5	8	
5	氨氮	15	25	
6	总氮	50	70	
7	总磷	0.5	1.0	
单位产品基准排水量/（m^3/t）		2.0		排水量计量位置与污染物排放监控位置相同

4.1.2　自 2013 年 4 月 1 日起，现有企业执行表 2 规定的水污染物排放限值。

4.1.3　自 2011 年 3 月 1 日起，新建企业执行表 2 规定的水污染物排放限值。

表 2　新建企业水污染物排放限值

单位：mg/L（pH 值除外）

序号	污染物项目	排放限值		污染物排放监控位置
		直接排放	间接排放	
1	pH 值	6～9	6～9	企业废水总排放口
2	化学需氧量（COD_{Cr}）	60	150	
3	悬浮物	50	100	
4	石油类	3	8	
5	氨氮	10	25	
6	总氮	30	70	
7	总磷	0.5	1.0	
单位产品基准排水量/（m^3/t）		1.5		排水量计量位置与污染物排放监控位置相同

4.1.4 根据环境保护工作的要求，在国土开发密度已经较高、环境承载能力开始减弱，或水环境容量较小、生态环境脆弱，容易发生严重水环境污染问题而需要采取特别保护措施的地区，应严格控制企业的污染排放行为，在上述地区的企业执行表3规定的水污染物特别排放限值。

执行水污染物特别排放限值的地域范围、时间，由国务院环境保护行政主管部门或省级人民政府规定。

表3 水污染物特别排放限值

单位：mg/L（pH值除外）

序号	污染物项目	排放限值		污染物排放监控位置
		直接排放	间接排放	
1	pH值	6～9	6～9	企业废水总排放口
2	化学需氧量（COD_{Cr}）	50	60	
3	悬浮物	20	50	
4	石油类	3	3	
5	氨氮	8	10	
6	总氮	20	30	
7	总磷	0.5	0.5	
单位产品基准排水量/（m^3/t）		1.0		排水量计量位置与污染物排放监控位置相同

4.1.5 水污染物排放浓度限值适用于单位产品实际排水量不高于单位产品基准排水量的情况。若单位产品实际排水量超过单位产品基准排水量，须按式（1）将实测水污染物浓度换算为水污染物基准水量排放浓度，并以水污染物基准水量排放浓度作为判定排放是否达标的依据。产品产量和排水量统计周期为一个工作日。

在企业的生产设施同时生产两种以上产品、可适用不同排放控制要求或不同行业国家污染物排放标准，且生产设施产生的污水混合处理排放的情况下，应执行排放标准中规定的最严格的浓度限值，并按式（1）换算水污染物基准水量排放浓度。

$$\rho_{基}=\frac{Q_{总}}{\sum Y_i \cdot Q_{i基}}\cdot\rho_{实} \tag{1}$$

式中：$\rho_{基}$——水污染物基准水量排放浓度，mg/L；

$Q_{总}$——实测排水总量，m^3；

Y_i——某种产品产量，t；

$Q_{i基}$——某种产品的单位产品基准排水量，m^3/t；

$\rho_{实}$——实测水污染物浓度，mg/L。

若$Q_{总}$与$\sum Y_i \cdot Q_{i基}$的比值小于1，则以水污染物实测浓度作为判定排放是否达标的依据。

4.2 大气污染物排放控制要求

4.2.1 自2011年10月1日起至2013年3月31日止，现有企业执行表4规定的大气污染物排放限值。

表4 现有企业大气污染物排放浓度限值

单位：mg/m^3

项目	排放限值	污染物排放监控位置
氮氧化物	500	车间或生产设施排气筒
单位产品基准排气量/（m^3/t）	3 400	硝酸工业尾气排放口 （排气量计量位置与污染物排放监控位置相同）

4.2.2 自2013年4月1日起，现有企业执行表5规定的大气污染物排放限值。

4.2.3 自2011年3月1日起，新建企业执行表5规定的大气污染物排放限值。

表5 新建企业大气污染物排放浓度限值

单位：mg/m³

项目	排放限值	污染物排放监控位置
氮氧化物	300	车间或生产设施排气筒
单位产品基准排气量/（m³/t）	3 400	硝酸工业尾气排放口 （排气量计量位置与污染物排放监控位置相同）

4.2.4 根据环境保护工作的要求，在国土开发密度已经较高、环境承载能力开始减弱，或大气环境容量较小、生态环境脆弱，容易发生严重大气环境污染问题而需要采取特别保护措施的地区，应严格控制企业的污染排放行为，在上述地区的企业执行表6规定的大气污染物特别排放限值。

执行大气污染物特别排放限值的地域范围、时间，由国务院环境保护行政主管部门或省级人民政府规定。

表6 大气污染物特别排放限值

单位：mg/m³

项目	排放限值	污染物排放监控位置
氮氧化物	200	车间或生产设施排气筒
单位产品基准排气量/（m³/t）	3 400	硝酸工业尾气排放口 （排气量计量位置与污染物排放监控位置相同）

4.2.5 企业边界大气污染物任何1 h平均浓度执行表7规定的限值。

表7 企业边界大气污染物无组织排放限值

单位：mg/m³

污染物项目	浓度限值	监控位置
氮氧化物	0.24	企业边界

4.2.6 在现有企业生产、建设项目竣工环保验收后的生产过程中，负责监管的环境保护主管部门应对周围居住、教学、医疗等用途的敏感区域环境质量进行监测。建设项目的具体监控范围为环境影响评价确定的周围敏感区域；未进行过环境影响评价的现有企业，监控范围由负责监管的环境保护主管部门，根据企业排污的特点和规律及当地的自然、气象条件等因素，参照相关环境影响评价技术导则确定。地方政府应对本辖区环境质量负责，采取措施确保环境状况符合环境质量标准要求。

4.2.7 产生大气污染物的生产工艺和装置必须设立局部或整体气体收集系统和集中净化处理装置。所有排气筒高度应不低于15 m。排气筒周围半径200 m范围内有建筑物时，排气筒高度还应高出最高建筑物3 m以上。

4.2.8 大气污染物排放浓度限值适用于单位产品实际排气量不高于单位产品基准排气量的情况。若单位产品实际排气量超过单位产品基准排气量，须将实测大气污染物浓度换算为大气污染物基准气量排放浓度，并以大气污染物基准气量排放浓度作为判定排放是否达标的依据。大气污染物基准气量排放浓度的换算，可参照采用水污染物基准水量排放浓度的计算公式。排气量统计周期为一个工作日。

5 污染物监测要求

5.1 污染物监测的一般要求

5.1.1 对企业排放废水和废气的采样，应根据监测污染物的种类，在规定的污染物排放监控位置进行。有废水、废气处理设施的，应在该设施后监控。在污染物排放监控位置应设置永久性排污口标志。

5.1.2 新建企业和现有企业安装污染物排放自动监控设备的要求，按有关法律和《污染源自动监控管理办法》的规定执行。

5.1.3 对企业污染物排放情况进行监测的频次、采样时间等要求，按国家有关污染源监测技术规范的规定执行。

5.1.4 企业产品产量的核定，以法定报表为依据。

5.1.5 企业必须按照有关法律和《环境监测管理办法》的规定，对排污状况进行监测，并保存原始监测记录。

5.2 水污染物监测要求

5.2.1 采样点的设置与采样方法按 HJ/T 91 的规定执行。

5.2.2 对企业排放水污染物浓度的测定采用表 8 所列的方法标准。

表 8　水污染物浓度测定方法标准

序号	污染物项目	方法标准名称	方法标准编号
1	pH 值	水质　pH 值的测定　玻璃电极法	GB/T 6920—1986
2	化学需氧量	水质　化学需氧量的测定　重铬酸盐法	GB/T 11914—1989
		水质　化学需氧量的测定　快速消解分光光度法	HJ/T 399—2007
3	悬浮物	水质　悬浮物的测定　重量法	GB/T 11901—1989
4	石油类	水质　石油类和动植物油的测定　红外光度法	GB/T 16488—1996
5	氨氮	水质　氨氮的测定　气相分子吸收光谱法	HJ/T 195—2005
		水质　氨氮的测定　纳氏试剂分光光度法	HJ 535—2009
		水质　氨氮的测定　水杨酸分光光度法	HJ 536—2009
		水质　氨氮的测定　蒸馏-中和滴定法	HJ 537—2009
6	总氮	水质　总氮的测定　碱性过硫酸钾消解紫外分光光度法	GB/T 11894—1989
		水质　总氮的测定　气相分子吸收光谱法	HJ/T 199—2005
7	总磷	水质　总磷的测定　钼酸铵分光光度法	GB/T 11893—1989

5.3 大气污染物监测要求

5.3.1 采样点的设置与采样方法按 GB/T 16157 和 HJ/T 76、HJ/T 397、HJ/T 55 的规定执行。

5.3.2 对企业排放大气污染物浓度的测定采用表 9 所列的方法标准。

表 9　大气污染物浓度测定方法标准

污染物项目	方法标准名称	方法标准编号
氮氧化物	环境空气　氮氧化物（一氧化氮和二氧化氮）的测定　盐酸萘乙二胺分光光度法	HJ 479—2009
	固定污染源排气中氮氧化物的测定　紫外分光光度法	HJ/T 42—1999

6 实施与监督

6.1 本标准由县级以上人民政府环境保护行政主管部门负责监督实施。

6.2 在任何情况下，企业均应遵守本标准的污染物排放控制要求，采取必要措施保证污染防治设施正常运行。各级环保部门在对企业进行监督性检查时，可以现场即时采样或监测的结果，作为判定排污行为是否符合排放标准以及实施相关环境保护管理措施的依据。在发现设施耗水或排水量、排气量有异常变化的情况下，应核定企业的实际产品产量、排水量和排气量，按本标准的规定，换算水污染物基准水量排放浓度和大气污染物基准气量排放浓度。

中华人民共和国国家标准

GB 26133—2010

非道路移动机械用小型点燃式发动机排气污染物排放限值与测量方法（中国第一、二阶段）

Limits and measurement methods for exhaust pollutants from small spark ignition engines of non-road mobile machinery

（Ⅰ,Ⅱ）

2010-12-30 发布

2011-03-01 实施

环境保护部
国家质量监督检验检疫总局 发布

前　言

根据《中华人民共和国环境保护法》和《中华人民共和国大气污染防治法》，防治非道路移动机械用小型点燃式发动机排气对环境的污染，制定本标准。

本标准规定了非道路移动机械用小型点燃式发动机第一阶段和第二阶段的型式核准和生产一致性检查的排气污染物排放限值和测量方法。

本标准的技术内容主要采用 GB/T 8190.4（idt ISO 8178）《往复式内燃机　排放测量　第 4 部分：不同用途发动机的试验循环》的运转工况，修改采用欧盟（EU）指令 97/68/EC 及其修正案 2002/88/EC《关于协调各成员国采取措施防治非道路移动机械用内燃机气体污染物和颗粒物排放的法律》以及美国法规 40 CFR Part 90《非道路点燃式发动机排放控制》的相关技术内容。

本标准与上述标准相比，主要差别如下：

——发动机标签的有关内容；

——基准燃料的种类和技术要求；

——实施时间和管理要求；

——增加了生产一致性保证要求。

本标准的附录 A、附录 B、附录 C、附录 D、附录 E 和附录 F 为规范性附录。

本标准为首次发布。

本标准由环境保护部科技标准司组织制订。

本标准起草单位：天津内燃机研究所、中国环境科学研究院。

本标准环境保护部 2010 年 9 月 10 日批准。

本标准自 2011 年 3 月 1 日起实施。

本标准由环境保护部解释。

非道路移动机械用小型点燃式发动机排气污染物排放限值与测量方法（中国第一、二阶段）

1 适用范围

本标准规定了非道路移动机械用小型点燃式发动机（以下简称“发动机”）排气污染物排放限值和测量方法。

本标准适用于（但不限于）下列非道路移动机械用净功率不大于 19 kW 发动机的型式核准和生产一致性检查。

——草坪机；

——油锯；

——发电机；

——水泵；

——割灌机。

净功率大于 19 kW 但工作容积不大于 1 L 的发动机可参照本标准执行。

本标准不适用于下列用途的发动机。

——用于驱动船舶行驶的发动机；

——用于地下采矿或地下采矿设备的发动机；

——应急救援设备用发动机；

——娱乐用车辆，例如：雪橇，越野摩托车和全地形车辆；

——为出口而制造的发动机。

2 规范性引用文件

本标准内容引用了下列文件或其中的条款。凡是不注日期的引用文件，其有效版本适用于本标准。

GB 17930　车用汽油

GB 18047　车用压缩天然气

GB 18352.3—2005　轻型汽车污染物排放限值及测量方法（中国Ⅲ、Ⅳ阶段）

GB 19159　汽车用液化石油气

GB/T 6072.1　往复式内燃机　性能　第 1 部分：标准基准状况，功率、燃油消耗和机油消耗的标定和实验方法

GB/T 8190.4　往复式内燃机　排放测量　第 4 部分：不同用途发动机的试验循环

3 术语和定义

下列术语和定义适用于本标准。

3.1

非道路移动机械　non-road mobile machinery

装配有发动机的移动机械、可运输的工业设备以及不以道路客运或货运为目的的车辆。

3.2

发动机机型 engine type

本标准附件 AA 所列发动机基本特征没有区别的同一类发动机。

3.3

发动机系族 engine family

制造企业通过其设计以期具有相似排放特性的一类发动机，在该系族中，所有发动机均须符合所适用的排放限值。发动机系族及系族内发动机机型的基本特点见附件 AB 和 AC。

3.4

源机 parent engine

按照 9.1 和附件 AA 的规定选出的代表发动机系族排放水平的发动机机型，如果系族中只涵盖一个发动机机型，则该发动机机型即为源机。

3.5

手持式发动机 hand-held engine

应至少满足下列要求之一的发动机，用“SH”表示：

a）在使用过程中应由操作者携带；

b）在使用过程中应具有多个位置，如上下或倾斜；

c）执行本标准 5.3.1 第一阶段排放限值期间该设备连同发动机的质量不大于 20 kg，执行本标准 5.3.2 第二阶段排放限值期间质量不大于 21 kg，且至少具有下列特征之一：

1）操作者在使用过程中应支撑或携带该设备；

2）操作者应在使用过程中支撑或用姿态控制该设备；

3）用于发电机或泵的发动机。

3.6

非手持式发动机 non-hand-held engine

不满足手持式发动机定义的发动机，用“FSH”表示。

3.7

净功率 net power

按照本标准表 EB.1 要求安装发动机装置与附件（风冷发动机直接安装在曲轴上的冷却风扇可保留），从曲轴末端或其等效部件上测得的功率，发动机运转条件和燃油按照本标准规定执行。

3.8

额定转速 rated speed

a）制造企业为手持式发动机规定的满负荷运转条件下最常用的发动机转速；

b）制造企业为非手持式发动机设定的满负荷运转条件下由调速器决定的最大允许转速。

3.9

中间转速 intermediate speed

如果发动机按 G1 循环测试，中间转速为额定转速的 85%。

3.10

负荷百分比 percent load

发动机在某转速下扭矩占该转速可得到的最大扭矩的百分数。

3.11

最大扭矩转速 maximum torque speed

制造企业规定的最大扭矩对应的发动机转速。

3.12

发动机生产日期 engine production date

发动机通过最终检查离开生产线的日期，这个阶段发动机已经准备好交货或入库存放。

3.13 符号、单位和缩略语

3.13.1 试验参数符号

所有的体积和体积流量都应折算到 273 K（0℃）和 101.325 kPa 的基准状态。

符号	单位	定义
A_T	m^2	排气管的横截面积
Aver		加权平均值：
	m^3/h	一体积流量
	kg/h	一质量流量
C1	—	碳氢化合物，以甲烷当量表示
conc	10^{-6}（或%，体积分数）	用下标表示的某组分的浓度
$conc_c$	10^{-6}（或%，体积分数）	背景校正的某组分浓度（用下标表示）
$conc_d$	10^{-6}（或%，体积分数）	稀释空气的某组分浓度（用下标表示）
DF	—	稀释系数
f_a	—	实验室大气因子
F_{FH}	—	燃油特性系数，用来根据氢碳比从干基浓度转化为湿基浓度
G_{AIRW}	kg/h	湿基进气质量流量
G_{AIRD}	kg/h	干基进气质量流量
G_{DILW}	kg/h	湿基稀释空气质量流量
G_{EDFW}	kg/h	湿基当量稀释排气质量流量
G_{EXHW}	kg/h	湿基排气质量流量
G_{FUEL}	kg/h	燃油质量流量
G_{TOTW}	kg/h	湿基稀释排气质量流量
H_{REF}	g/kg	绝对湿度参考值 10.71 g/kg 用来计算 NO_x 的湿度校正系数
H_a	g/kg	进气绝对湿度
H_d	g/kg	稀释空气绝对湿度
K_H	—	NO_x 湿度校正系数
$K_{w,a}$	—	进气干-湿基校正系数
$K_{w,d}$	—	稀释空气干-湿基校正系数
$K_{w,e}$	—	稀释排气干-湿基校正系数
$K_{w,r}$	—	原排气干-湿基校正系数
L	%	试验转速下，扭矩相对最大扭矩的百分数
p_a	kPa	发动机进气的饱和蒸汽压 （GB/T 6072.1 p_{sy}=PSY 测试环境）
p_B	kPa	总大气压（GB/T 6072.1： p_x=PX 现场环境总压力；p_y=PY 试验环境总压力）
p_d	kPa	稀释空气的饱和水蒸汽压
p_s	kPa	干空气压
P_M	kW	试验转速下测量的最大功率（安装附件 EB 的设备和辅件）

符号	单位	定义
$P_{(a)}$	kW	试验时应安装的发动机辅件所吸收的功率
$P_{(b)}$	kW	试验时应拆除的发动机辅件所吸收的功率
$P_{(n)}$	kW	未校正的净功率
$P_{(m)}$	kW	试验台上测得的功率
Q	—	稀释比
R_a	%	进气相对湿度
R_d	%	稀释空气相对湿度
R_f	—	FID 响应系数
S	kW	测功机设定值
T_a	K	进气热力学温度
T_D	K	热力学露点温度
T_{ref}	K	参考温度（燃烧空气：298 K）
V_{AIRD}	m^3/h	干基进气体积流量
V_{AIRW}	m^3/h	湿基进气体积流量
V_{DILW}	m^3/h	湿基稀释空气体积流量
V_{EDFW}	m^3/h	湿基当量稀释排气体积流量
V_{EXHD}	m^3/h	干基排气体积流量
V_{EXHW}	m^3/h	湿基排气体积流量
V_{TOTW}	m^3/h	湿基稀释排气体积流量
WF	—	加权系数
WF_E	—	有效加权系数
[wet]	—	湿基
[dry]	—	干基

3.13.2 化学组分符号

CO	一氧化碳
CO_2	二氧化碳
HC	碳氢化合物
NMHC	非甲烷碳氢
NO_x	氮氧化物
NO	一氧化氮
NO_2	二氧化氮
O_2	氧气
C_2H_6	乙烷
CH_4	甲烷
C_3H_8	丙烷
H_2O	水
PTFE	聚四氟乙烯

3.13.3 缩写

FID	氢火焰离子化检测仪
HFID	加热型氢火焰离子化检测仪
NDIR	不分光红外线分析仪
CLD	化学发光检测仪

HCLD　　加热型化学发光检测仪
PDP　　容积式泵
CFV　　临界流量文氏管

4 型式核准的申请与批准

4.1 型式核准的申请

4.1.1 发动机型式核准的申请由制造企业或制造企业授权的代理人向型式核准机构提出。应按本标准附录 A 的要求提交型式核准有关技术资料。

4.1.2 应按本标准附录 F 的要求提交生产一致性保证计划。

4.1.3 应按型式核准机构要求向指定的检验机构提交一台发动机完成本标准规定的检验内容，该发动机应符合 9.1 和附录 A 所描述的机型（或源机）特性。

4.1.4 如果型式核准机构认为，申请者申报的源机不能完全代表附件 AB 中定义的发动机系族，制造企业应提供另一台源机，按照本标准 4.1.3 的要求重新提交型式核准申请。

4.2 型式核准的批准

4.2.1 型式核准机构对满足本标准要求的发动机机型或发动机系族应予以型式核准批准，并颁发附录 E 规定的型式核准证书。

4.2.2 对源机的型式核准可以扩展到发动机系族中所有机型。

5 技术要求

5.1 一般要求

5.1.1 影响发动机排放的零部件设计、制造与装配，应确保发动机在正常使用中，无论零部件受到何种振动，排放仍应符合本标准的规定。

5.1.2 制造企业应采取有效技术措施确保发动机在正常使用条件下，在表 4 或表 5 规定的发动机使用寿命期内，排放均应满足本标准要求。

5.2 发动机分类

发动机类别代号及对应工作容积见表 1。

表 1 发动机类别

发动机类别代号	工作容积 V/cm^3
SH1	$V<20$
SH2	$20\leqslant V<50$
SH3	$V\geqslant 50$
FSH1	$V<66$
FSH2	$66\leqslant V<100$
FSH3	$100\leqslant V<225$
FSH4	$V\geqslant 225$

5.3 排气污染物限值

5.3.1 第一阶段

发动机排气污染物中一氧化碳、碳氢化合物和氮氧化物的比排放量不得超过表2中的限值。

表2 发动机排气污染物排放限值（第一阶段） 单位：g/（kW·h）

发动机类别代号	污染物排放限值			
	一氧化碳（CO）	碳氢化合物（HC）	氮氧化物（NO_x）	碳氢化合物+氮氧化物（HC+NO_x）
SH1	805	295	5.36	—
SH2	805	241	5.36	—
SH3	603	161	5.36	—
FSH1	519	—	—	50
FSH2	519	—	—	40
FSH3	519	—	—	16.1
FSH4	519	—	—	13.4

5.3.2 第二阶段

5.3.2.1 自第二阶段开始，发动机排气污染物中一氧化碳、碳氢化合物和氮氧化物的比排放量不得超过表3中的限值，同时发动机应满足表4，表5和附件BD规定的排放控制耐久性要求。制造企业应声明每个发动机系族适用的耐久期类别。所选类别应尽可能接近发动机拟安装机械的寿命。

表3 发动机排气污染物排放限值（第二阶段） 单位：g/（kW·h）

发动机类别代号	污染物排放限值		
	一氧化碳（CO）	碳氢化合物+氮氧化物（HC+NO_x）	氮氧化物（NO_x）
SH1	805	50	10
SH2	805	50	
SH3	603	72	
FSH1	610	50	
FSH2	610	40	
FSH3	610	16.1	
FSH4	610	12.1	

5.3.2.2 对于手持式发动机，制造企业应从表4选择排放控制耐久期的类别。

表4 手持式发动机排放控制耐久期的类别 单位：h

发动机类别代号	排放控制耐久期类别		
	1	2	3
SH1	50	125	300
SH2	50	125	300
SH3	50	125	300

5.3.2.3 对于非手持式发动机，制造企业应从表5选择排放控制耐久期的类别。

表 5　非手持式发动机的排放控制耐久期的类别

单位：h

发动机类别代号	排放控制耐久期类别		
	1	2	3
FSH1	50	125	300
FSH2	125	250	500
FSH3	125	250	500
FSH4	250	500	1 000

5.3.3　用于扫雪机的二冲程发动机，无论是否为手持式，只需满足相应工作容积的 SH1、SH2 或 SH3 类发动机限值要求。

5.3.4　对于以天然气为燃料的发动机，可选择使用 NMHC 替代 HC。

5.4　排气污染物测量

5.4.1　按本标准附件 BA 的规定进行发动机排气污染物测量，试验循环按 B.3.5 及表 B.1 的规定执行。

5.4.2　发动机排气污染物应使用本标准附录 D 描述的系统测量。

5.5　发动机安装在非道路移动机械上的要求

5.5.1　安装于非道路移动机械设备上的发动机应符合型式核准所限定的使用范围。

5.5.2　发动机还应满足型式核准所关注的下列特征：

a）发动机进气压降应不大于附件 AA 和 AC 对已经型式核准的发动机规定的最大压降。

b）发动机排气背压应不大于附件 AA 和 AC 对已经型式核准的发动机规定的最大背压。

6　生产一致性检查

6.1　一般要求

6.1.1　对已通过型式核准并批量生产的发动机机型或系族，制造企业应采取措施确保发动机与相应的型式核准申报材料一致。

6.1.2　生产一致性检查以该发动机机型或系族排放型式核准的申报材料的内容为基础。

6.1.3　型式核准机构根据监督管理的需要，按 6.2 的要求抽取样机。

6.1.4　如果某一发动机机型或系族不能满足本标准的要求，则制造企业应积极采取措施整顿，确保生产一致性保证体系有效性。在该发动机机型或系族的生产一致性保证体系未得到恢复之前，型式核准机构可以暂时撤销该发动机机型或系族的型式核准证书。

6.1.5　生产一致性检查过程中排放测试使用符合 GB 17930、GB 18047 或 GB 19159 规定的市售燃料，也可在制造企业要求下使用符合附录 C 的基准燃料。

6.1.6　应按附录 F 采取措施保证生产一致性。

6.2　生产一致性检查方法

6.2.1　从批量生产的发动机中随机抽取一台样机。制造企业不得对抽样后用于检验的发动机进行任何调整，但可以按照制造企业的技术规范进行磨合。被测发动机的污染物排放应满足本标准要求。

6.2.2　如果从成批产品中抽取的一台发动机不能达到本标准要求，制造企业可以要求从批量产品中抽取若干台发动机进行生产一致性检查。制造企业应确定抽检样机的数量 n（包括原来抽检的那台）。除原来抽检的那台发动机以外，其余的发动机也应进行试验。然后，根据抽检的 n 台样机测得的每一种污染物的排放值求出算术平均值（$\overline{x}$）。如能满足下列条件，则该批产品的生产一致性可以判定为合格，否则为不合格。

$$\overline{x}+k\cdot S\leqslant L_i$$

式中：S——标准差，$S=\sqrt{\dfrac{\sum_{i=1}^{n}(x_i-\overline{x})^2}{n-1}}$；

n——发动机数；

L_i——表2、表3中规定的污染物排放限值；

k——根据抽检样机数 n 确定的统计因数，其数值见表6；

x_i——n 台样机中第 i 台的试验结果；

$\overline{x}$——n 台样机测试结果的算术平均值。

表6　统计因子

n	2	3	4	5	6	7	8	9	10
k	0.973	0.613	0.489	0.421	0.376	0.342	0.317	0.296	0.279
n	11	12	13	14	15	16	17	18	19
k	0.265	0.253	0.242	0.233	0.224	0.216	0.210	0.203	0.198

如果 $n\geqslant 20$，则 $k=\dfrac{0.860}{\sqrt{n}}$

7　发动机标签

7.1　发动机制造企业在生产时应给每台发动机固定一个标签，标签应符合下列要求：

a）如果不毁坏标签或损伤发动机外观则无法将标签取下；

b）在整个发动机使用寿命期间保持清楚易读；

c）固定在发动机正常运转所需零件上，该零件应是整个发动机使用寿命期内一般不需要更换的；

d）发动机安装到移动机械上，标签的位置应明显可见。

7.2　如果发动机安装到移动机械上以后，因机械遮盖而使发动机标签变得不明显易见，则发动机制造企业应向移动机械制造企业提供一个附加的标签。附加的标签应符合下列要求：

a）如果不毁坏标签或损伤移动机械外观则无法将标签取下；

b）应固定在移动机械正常运转所必需的机械零件上，该零件应是整个移动机械使用寿命期内一般不需要更换的。

7.3　标签应包含下列信息：

a）型式核准号；

b）发动机生产日期：　　年　　月　　日（“日”可选。如在发动机其他部位已经标注生产日期，则标签中可不必重复标注）；

c）发动机制造企业的全称；

d）经过第二阶段排放型式核准的发动机，应注明发动机的排放控制耐久期（h）；

e）制造企业认为重要的其他信息。

7.4　发动机完成最终检查离开生产线之前应带有标签。

7.5　发动机标签的位置应在附录A中申报，经型式核准机构核准并在附录E型式核准证书中说明。

8 确定发动机系族的参数

8.1 发动机系族应根据系族内发动机共有的基本设计参数确定。在某些条件下有些设计参数可能会相互影响，这些影响也应被考虑进去以确保只有具有相似排放特性的发动机才包含在一个发动机系族内。

8.2 同一系族的发动机应具有下列共同的基本参数：

——工作循环

二冲程

四冲程

——冷却介质

空气

水

油

——单缸工作容积：系族内发动机单缸工作容积应在最大单缸工作容积 85%～100%的范围内。

——发动机类别（见表 1）

——汽缸数量

——汽缸布置型式

——吸气方式

——燃料类型

汽油

其他供点燃式发动机用燃料

——气阀和气口

——结构、尺寸和数量

——燃料供应系统

化油器

气口燃油喷射

直接喷射

——排放控制耐久期　（h）

——排气后处理装置技术参数

氧化型催化器

还原型催化器

氧化还原型催化器

热反应器

——其他特性

废气再循环

水喷射/乳化

空气喷射

9 源机机型的选择

9.1 应选取本系族中碳氢化合物与氮氧化物排放值之和最高的发动机机型作为本系族的源机机型。

9.2 如果系族内的发动机还有其他能够影响排放的可变因素，那么选择源机时，这些因素也应被确定并考虑在内。

10　标准的实施

10.1　自表 7 规定的日期起，所有发动机或系族应按本标准要求进行排气污染物型式核准。

10.2　制造企业也可在表 7 规定的型式核准执行日期前进行排气污染物型式核准。

10.3　对于按本标准已获得型式核准的发动机或系族，其生产一致性检查自批准之日起执行。

10.4　自表 7 规定型式核准执行日期之后一年起，所有制造和销售的发动机应符合本标准的要求。

表 7　型式核准执行日期

第一阶段	第二阶段	
非手持式和手持式发动机	非手持式发动机	手持式发动机
2011 年 3 月 1 日	2013 年 1 月 1 日	2015 年 1 月 1 日

附　录　A
（规范性附录）
型式核准申报材料

A.1　总述

A.1.1　制造企业名称：
A.1.2　系族名称[1]：
A.1.3　源机/发动机机型：
A.1.4　制造企业标于发动机上的型号代码[1]：
A.1.5　发动机驱动的设备说明：
A.1.6　制造企业地址：
A.1.7　制造企业授权的代理人的名称和地址[1]：
A.1.8　发动机识别代码位置和固定方式[1]：

A.2　附属文件

A.2.1　源机的基本特点以及有关试验的资料（见附件 AA）
A.2.2　发动机系族的基本特点（见附件 AB）
A.2.3　系族内发动机机型的基本特点（见附件 AC）
A.2.4　发动机的照片
A.2.5　发动机的使用限制条件
A.2.6　列出其他附属文件[1]

A.3　日期

1 如有。

附 件 AA
（规范性附件）
发动机（源机）的基本特点以及有关试验的资料
（若申报多个发动机机型或发动机系族，应分别提交本附件）

AA.1 发动机描述

AA.1.1 制造企业：
AA.1.2 制造企业规定的发动机型号：
AA.1.3 循环：四冲程/二冲程[1]
AA.1.4 缸径 mm：
AA.1.5 行程 mm：
AA.1.6 气缸数和排列方式：
AA.1.7 发动机工作容积 cm^3：
AA.1.8 额定转速 r/min：
AA.1.9 最大扭矩转速 r/min：
AA.1.10 压缩比：
AA.1.11 燃烧系统描述：
AA.1.12 燃烧室和活塞顶图纸：
AA.1.13 进、排气口的最小横截面积 cm^2：
AA.1.14 冷却系统
AA.1.14.1 液冷
a）液体性质：
b）循环泵：有/无[1]
c）特性或厂牌和型号[2]：
d）驱动比[1]：
AA.1.14.2 风冷
a）风机：独立冷却风机/直接安装于曲轴上的冷却风机[1]
b）特性或厂牌和型号[2]：
c）驱动比[1]：
AA.1.15 制造企业的允许温度
AA.1.15.1 液冷[1]：冷却液出口处最高温度 K：
AA.1.15.2 风冷[1]：基准点位置说明： 基准点处最高温度 K：
AA.1.15.3 进气中冷器[1]出口处空气的最高温度 K：
AA.1.15.4 排气管内靠近排气歧管处的最高排气温度 K：
AA.1.15.5 润滑油温度：最低 K： ，最高 K：
AA.1.16 增压器：有/无[1]

1 划去不适用者。
2 如适用。

a）制造企业：

b）型号：

c）系统描述（如：最高增压压力、排气旁通阀（如有））：

d）中冷器：有/无

AA.1.17 进气系统：

发动机额定转速及100%负荷下所允许的进气系统最大压力降kPa：

AA.1.18 排气系统：

发动机额定转速及100%负荷下所允许的排气系统最大背压kPa：

AA.2 附加的防治空气污染措施（如有，且没有包含在其他项目内）

用文字或图纸描述：

AA.2.1 催化转化器：有/无[1]

a）制造企业：

b）型号：

c）催化转化器及其催化单元的数目：

d）催化转化器的尺寸、形状和体积：

e）催化反应的型式：氧化型/还原型/氧化还原型[1]

f）贵金属总含量（g/L）：

g）贵金属的相对比例（铂：钯：铑）：

h）载体（结构和材料）：

i）载体孔密度（孔/cm²）（如适用）：

j）催化转化器壳体的型式：

k）催化转化器的位置（在排气管路中的位置和基准距离）：

l）封装企业：

m）外观标识：

AA.2.2 氧传感器：有/无[1]

a）制造企业：

b）型号：

c）位置：

AA.2.3 空气喷射：有/无[1]

类型（脉动空气，空气泵，等）：

AA.2.4 其他系统：有/无[1]

种类和作用：

AA.3 燃料供给

AA.3.1 化油器：

a）制造企业：

b）型式：

1 划去不适用者。

AA.3.2　气口燃油喷射：单点喷射/多点喷射[1]

a）制造企业：

b）型式：

AA.3.3　直接喷射

a）制造企业：

b）型式：

AA.3.4　在额定转速及节气门全开时的燃油流量（g/h）及空燃比：

AA.4　气门正时

AA.4.1　气门最大升程及开启和关闭角度：

AA.4.2　基准值和（或）设定范围（注明公差）：

AA.4.3　可变气门定时系统（如应用，请注明用于进气和/或排气）

型式：连续改变或通/断式[1]

凸轮相位转换角：

AA.5　气口配置

位置、尺寸及数量：

AA.6　点火系统

AA.6.1　点火线圈

a）制造企业：

b）型式：

c）数目：

AA.6.2　火花塞

a）制造企业：

b）型式：

AA.6.3　磁电机

a）制造企业：

b）型式：

AA.6.4　点火定时

a）相当于上止点前的静提前角（曲轴转角）：

b）点火提前角曲线[2]：

---

1 划去不适用者。

2 如适用。

附 件 AB
（规范性附件）
发动机系族的基本特点

AB.1 公有参数

AB.1.1 燃烧循环：
AB.1.2 冷却介质：
AB.1.3 吸气方式：
AB.1.4 燃烧室型式/结构：
AB.1.5 气门和气口配置、尺寸和数量：
AB.1.6 燃油系统：
AB.1.7 发动机管理系统：
依据提供的表格或清单，能证明下述各项相同：
——进气冷却系统[1]：
——废气再循环[1]：
——喷水/乳化[1]：
——空气喷射[1]：
AB.1.8 排气后处理[1]：
提供有关排气后处理装置的表格或清单：

AB.2 发动机系族清单

AB.2.1 发动机系族名称：
AB.2.2 此系族内发动机的规格（见表 AB.1）：

表 AB.1 系族内发动机规格

					源机
发动机机型					
汽缸数量					
额定转速/（r/min）					
对应额定转速时，燃油流量/（g/h）					
额定净功率/kW					
最大扭矩转速/（r/min）					
对应最大扭矩转速时，燃油流量/（g/h）					
最大扭矩/（N•m）					
怠速转速/（r/min）					
汽缸工作容积（与源机相比的百分数，%）					

1 如不适用，注“不适用”。

附　件　AC
（规范性附件）
系族内发动机机型的基本特点

AC.1　发动机描述

AC.1.1　制造企业：
AC.1.2　制造企业规定的发动机型号：
AC.1.3　循环：四冲程/二冲程[1]
AC.1.4　缸径 mm：
AC.1.5　行程 mm：
AC.1.6　汽缸数和排列方式：
AC.1.7　发动机工作容积 cm^3：
AC.1.8　额定转速 r/min：
AC.1.9　最大扭矩转速 r/min：
AC.1.10　压缩比[2]
AC.1.11　燃烧系统描述
AC.1.12　燃烧室和活塞顶图纸
AC.1.13　进、排气口的最小横截面积 cm^2：
AC.1.14　冷却系统
AC.1.14.1　液冷
a）液体性质：
b）循环泵：有/无[1]
c）特性或厂牌和型号[3]：
d）驱动比[3]：
AC.1.14.2　风冷
a）风机：独立冷却风机/直接安装于曲轴上的冷却风机[1]
b）特性或厂牌和型号[3]：
c）驱动比[3]：
AC.1.15　制造企业的允许温度
a）液冷：冷却液出口处最高温度 K：
b）风冷：基准点位置说明：　　　　　　基准点处最高温度 K：
c）进气冷却器 3 出口处空气的最高温度 K：
d）排气管内靠近排气歧管的最高排气温度 K：
e）润滑油温度：最低 K：　　　　，最高 K：
AC.1.16　进气系统：
发动机额定转速及100%负荷下所允许的进气系统最大压降 kPa：

1 划去不适用者。
2 注明公差。
3 如适用。

AC.1.17 排气系统：

发动机额定转速及100%负荷下所允许的排气系统最大背压 kPa：

AC.2 防治空气污染的措施（如有，且没有包含在其他项目内）

AC.2.1 催化转化器：有/无[1]

a）制造企业：

b）型号：

c）催化转化器及其催化单元的数目：

d）催化转化器的尺寸、形状和体积：

e）催化反应的型式：氧化型/还原型/氧化还原型[2]

f）贵金属总含量（g/L）：

g）贵金属的相对比例（铂：钯：铑）：

h）载体（结构和材料）：

i）孔密度（孔/cm^2）：

j）催化转化器壳体的型式：

k）催化转化器的位置（在排气管路中的位置和基准距离）

AC.2.2 氧传感器：有/无[1]

a）制造企业：

b）型号：

c）位置：

AC.2.3 空气喷射：有/无[1]

类型（脉动空气，空气泵，等）：

AC.2.4 其他系统：有/无[1]

种类和作用：

AC.3 燃料供给

AC.3.1 化油器：

a）制造企业：

b）型式：

AC.3.2 气口燃油喷射：单点喷射/多点喷射[1]

a）制造企业：

b）型式：

AC.3.3 直接喷射

a）制造企业：

b）型式：

AC.3.4 在额定转速及节气门全开时的燃油流量（g/h）及空然比：

---

1 划去不适用者。

2 注明公差。

AC.4 气门正时

AC.4.1 气门最大升程及开启和关闭角度：
AC.4.2 基准值和（或）设定范围[2]：
AC.4.3 可变气门定时系统[1]
a）型式：连续改变或通/断式
b）凸轮相位转换角：

AC.5 气口形状

配置、尺寸及数量：

AC.6 点火系统

AC.6.1 点火线圈
a）制造企业：
b）型式：
c）数目：
AC.6.2 火花塞
a）制造企业：
b）型式：
AC.6.3 磁电机
a）制造企业：
b）型式：
AC.6.4 点火定时
a）相当于上止点前的静提前角[2]：
b）点火提前角曲线[3]：

AC.7 发动机标签位置说明：

---

1 如应用，请注明用于进气和/或排气。
2 曲轴转角。
3 如适用。

附　录　B
（规范性附录）
试验规程

B.1　总则

B.1.1　本附录描述了发动机排气污染物的试验规程。
B.1.2　试验应在发动机测功机台架上进行。

B.2　试验条件

B.2.1　发动机的试验条件

应测量发动机进气口空气的热力学温度 T_a（K），以及干空气压力 P_s（kPa），按下式确定参数 f_a：

$$f_a=\left(\frac{99}{P_s}\right)^{1.2}\times\left(\frac{T_a}{298}\right)^{0.6}$$

当实验室大气因子 f_a 满足 $0.93\leqslant f_a\leqslant 1.07$ 条件时认为试验有效。

B.2.2　发动机的进气系统

试验发动机应安装能代表实际使用的进气系统，在发动机使用清洁空气滤清器和按相应用途的最大进气流量工况运行时，其进气阻力应在制造企业规定的上限值的 110%之内。

B.2.3　发动机的排气系统

试验发动机应安装能代表实际使用的排气系统，在发动机按相应用途的最大标定功率工况运行时，其排气背压应在制造企业规定的上限值的 110%之内。

B.2.4　冷却系统

所用发动机冷却系统应具有足够的能力来维持发动机处于制造企业规定的正常工作温度。

B.2.5　润滑油

应选用发动机制造企业为该发动机及其预期用途所规定的润滑油。发动机试验用的润滑油规格应记录在 EA.1.2 中，而且与试验结果一起表示出来。

B.2.6　可调整的化油器

发动机如使用可调整的化油器，应在可调整的两个极限位置上都做试验。

B.2.7　试验的燃料

应使用附录 C 中规定的基准燃料。点燃式发动机试验用基准燃料的辛烷值及密度应记录在 EA.1.1 中。二冲程发动机燃油/润滑油混合比应符合制造企业推荐值。二冲程发动机的燃油/润滑油的混合比应记录在 EA.1.1.2。

B.2.8 测功机设定

排放测量应基于未修正的制动功率。应拆下仅为操控非道路移动机械所需的附件。在附件不能拆下的场合，应确定这些附件所吸收的吸收功率以计算测功器设定值，除非附件是发动机整体的一部分（如，风冷发动机的冷却风扇）。

发动机进气阻力及排气背压应按 B.2.2 与 B.2.3 调整至制造企业规定的上限值。为计算规定试验工况的扭矩值，应通过试验测定在规定试验转速下的最大扭矩值。对于设计不在全负荷扭矩曲线的转速范围内工作的发动机，应由制造企业来规定试验转速下的最大扭矩值。每个试验工况下测功机的设定值应用下式计算：

$$S=\left((P_{\mathrm{M}}+P_{\mathrm{AE}})\times\frac{L}{100}\right)-P_{\mathrm{AE}}$$

式中：S——测功机设定值，kW；

P_{M}——在附件 EB 试验条件及试验转速下测定或制造企业声明的最大功率，kW；

P_{AE}——除附件 EB 以外所声明的任何附件吸收功率，kW；

L——试验工况所规定的扭矩百分数，%。

如果比值

$$\frac{P_{\mathrm{AE}}}{P_{\mathrm{M}}}\geqslant 0.03$$

则 P_{AE} 值应由型式核准机构核实后确定。

B.3 试验

B.3.1 测量设备的安装

仪器仪表及取样探头应按要求安装。当采用全流稀释系统稀释排气时，应将排气尾管连接在该系统上。

B.3.2 启动稀释系统及发动机

稀释系统及发动机启动并预热至温度及压力都稳定为止。热稳定判据由制造企业提出，如未提出，则至少应达到 3 min 内火花塞垫片温度变化值小于 10℃的水平，发动机预置方法参见 B.3.5.2。

B.3.3 稀释比的调整

总的稀释比应不小于 4。

对于通过测量 CO_2 或 NO_x 浓度控制稀释比的系统，在每次试验开始和结束时应测定稀释空气的 CO_2 或 NO_x 含量。试验前、后所测稀释空气的 CO_2 或 NO_x 本底含量应分别在 100×10^{-6} 或 5×10^{-6}（体积分数）之内。

当使用稀释排气分析系统时，应在整个试验过程中将抽取的稀释空气气样注入取样袋中以测定各气体组分相应的本底浓度。连续（无取样袋）本底浓度至少可在循环开始、接近循环中间和结束时的三点测量然后取其平均值。如制造企业要求，可以略去本底测量。

B.3.4 检查分析仪

应标定排放分析仪的零点和量距点。

B.3.5 试验循环

B.3.5.1 机械设备与循环

应按非道路移动机械的型式由测功机操作实现下列试验循环：

——D2 循环（即，GB/T 8190.4 D2 循环）：发动机具有恒定转速及断续的负荷；

——G1 循环（即，GB/T 8190.4 G1 循环）：非手持式发动机中间转速应用场合；

——G2 循环（即，GB/T 8190.4 G2 循环）：非手持式发动机额定转速应用场合；

——G3 循环（即，GB/T 8190.4 G3 循环）：手持式发动机应用场合，亦适用于 FSH1 类发动机。

B.3.5.1.1 试验工况及权重系数

表 B.1 试验工况及权重系数

D2 循环											
工况号	1	2	3	4	5						
发动机转速	额定转速					中间转速					低怠速转速
负荷/%	100	75	50	25	10						
权重系数	0.05	0.25	0.3	0.3	0.1						
G1 循环											
工况号						1	2	3	4	5	6
发动机转速	额定转速					中间转速					低怠速转速
负荷/%						100	75	50	25	10	0
权重系数						0.09	0.2	0.29	0.3	0.07	0.05
G2 循环											
工况号	1	2	3	4	5						6
发动机转速	额定转速					中间转速					低怠速转速
负荷/%	100	75	50	25	10						0
权重系数	0.09	0.2	0.29	0.3	0.07						0.05
G3 循环											
工况号	1										2
发动机转速	额定转速					中间转速					低怠速转速
负荷/%	100										0
阶段Ⅰ权重系数	0.90										0.10
阶段Ⅱ权重系数	0.85										0.15

B.3.5.1.2 试验循环选择

若发动机机型的最终主要用途已知，应按 B.3.5.1.3 所列示例选择试验循环。若发动机的最终主要用途不确定，则应按发动机规格选择合适的试验循环。

B.3.5.1.3 试验循环选择示例（本表并非无遗）

D2 循环：

——发电机组，它具有间歇的负荷，包括在船及火车用的发电机组（但不用于推进），冷冻机组、焊接机组；

——空气压缩机。

G1 循环：

——发动机前（或后）驱动的草坪机；

——高尔夫球车；

——草坪机；

——徒步控制的旋转或圆筒式草坪机；

——扫雪设备；

——废物处理机。

G2 循环：

——便携式发电机、泵、焊接机及空气压缩机；

——也可包括在发动机额定转速时工作的草地与花园设备。

G3 循环：

——风机；

——油锯；

——绿篱修剪机；

——便携式锯床；

——旋耕机；

——喷雾器；

——修边机；

——真空设备。

B.3.5.2　发动机预置

a）发动机启动后在额定转速或中间转速以不小于 50%最大功率连续运转 20 min 达到热稳定；

b）发动机热稳定过程应消除排气系统中来自上一次试验的沉积物影响；

c）为将工况之间的影响减到最小，工况切换后也要求有一稳定时期。

B.3.5.3　试验顺序

G1、G2 或 G3 试验循环应按工况号递增次序实施。每个工况的取样时间应至少为 180 s，应在各自取样期的最后 120 s 中测量和记录排气排放物浓度值。对每个工况开始取样之前应持续足够长的时间以使发动机达到热稳定状态。应记录并报告该工况持续时间长度。

a）对于第一阶段发动机，由制造企业决定试验过程中将节气门固定还是使用发动机调速器（如果发动机生产时装配有调速器）。在任一情况下，发动机的转速和负荷必须满足本节 b）列出的要求；

b）对于第一阶段发动机和第二阶段 FSH1，SH1，SH2 和 SH3 类以及第二阶段没有调速器的 FSH3，FSH4 类发动机，在每个非怠速工况下，保持转速和负荷在规定工况点的±5%之内。在怠速工况下，保持转速在制造企业规定的怠速转速的±10%之内；

c）对于第二阶段具备调速器的 FSH2，FSH3 和 FSH4 类发动机，除了工况 1 以外，调速器必须在整个测试循环工况中用来控制发动机的转速，为避免影响发动机调速器的功能，应不使用外部装置来控制节气门。为了达到工况 2～5 的规定转速，可以使用控制装置对调速器进行调整。在工况 1 中以达到 100%扭矩为原则固定节气门。对于配有发动机调速器的第二阶段 FSH2，FSH3 和 FSH4 类发动机，在工况 1～3 下，保持转速和负荷与该工况点规定值偏差小于±5%；在工况 4～5 下，保持负荷偏差的绝对值在±0.27N·m 或相对规定值的±10%（取大值）之内，转速与规定值偏差在±5%之内；在怠速工况下保持转速在制造企业规定的怠速转速的±10%之内；

d）对于 c）中各类发动机，当运转于工况点 2～5 时，如果 c）中给出的运行条件不能实现，制造企业可向型式核准机构提出超差申请。在该工况转速下，发动机达到稳定所必需的扭矩最小偏差将由制造企业提出并经型式核准机构批准，但该偏差绝对值不能超过最大扭矩的 10%。

B.3.5.4 分析仪的响应

至少在每个工况的最后 180s 期间使排气流经分析仪，将分析仪的输出数据记录在纸带记录仪上，或用等效的数据采集系统进行测量。若用气袋取样测定稀释 CO 与 CO_2，则应在每个工况最后 180s 期间将气样送入气袋中，然后对气袋内气样进行分析和记录。

B.3.5.5 发动机工况

待发动机工作稳定后，应测量每个工况转速和负荷、进气温度、燃油流量。应记录计算所需任何补充数据。

B.3.6 重新检查分析仪

排放试验之后，应使用零气和同一量距气重新检查分析仪。若两次测量结果之差小于 2%，则可以认为试验结果可接受。

附 件 BA
（规范性附件）
测量与取样方法

BA.1 测量与取样方法

附录D描述了推荐的气态污染物分析系统，应使用附录D所规定的系统测量发动机的排气污染物。

BA.1.1 测功机技术规格

应使用具有合适特性的测功机完成B.3.5.1所规定的试验循环。通过扭矩与转速的附加计算，使测量的轴端功率在允许的功率范围内。测量设备的精度应不超过BA.1.3给出的最大限值。

BA.1.2 燃油流量及总的稀释气流量

燃油流量计应具有BA.1.3所规定的精度，该流量将用于计算排放量（附件BC）。当采用全流式稀释系统时，稀释排气的总流量（GTOTW）应使用PDP（容积式泵）或CFV（临界流量文式管）测量。气体流量计或流量测量仪的标定应可溯源到国家基准。测量值的最大误差应在读数的±2%以内。

BA.1.3 精度

所有测量仪表的标定应可溯源到国家基准，精度应符合表BA.1和表BA.2所列要求。

表BA.1 发动机有关参数用仪表的允许偏差

序号	项目	允许偏差
1	发动机转速	读数的±2%或发动机的最大值的±1%，取大值
2	扭矩	读数的±2%或发动机的最大值的±1%，取大值
3	燃油消耗量[a]	发动机最大值的±2%
4	空气消耗量[a]	读数的±2%或发动机的最大值的±1%，取大值

[a] 本标准所述排气排放量计算在某些情况下依据的是不同的测量和/或计算方法。因受排气排放量计算总公差所限，用在公式中的项目允许偏差值应小于ISO 3046-3标准中给出的允差。

BA.1.4 气体成分的测定

BA.1.4.1 分析仪的一般技术规格

分析仪应具有适合于测量排气成分浓度所需精度的测量量程，见BA.1.4.1.1。分析仪的实测浓度值推荐在满量程的15%与100%之间。

如果满量程值是155×10^{-6}（体积分数）或（甲烷当量体积分数）或以下，或读出系统（计算机，数据记录仪）在低于满量程15%时能达到足够的精度和分辨率，则低于满量程15%的浓度测量结果也可以接受。在这种情况下，要作额外的标定来保证标定曲线的精度，见BB.1.5.5.2。

设备的电磁兼容性（EMC）应处在使附加误差最小的水平。

表 BA.2 其他主要参数用仪表的容许偏差

序号	项目	容许偏差
1	温度≤600 K	±2 K 热力学温度
2	温度≥600 K	读数的±1%
3	排气压力	±0.2 kPa 绝对压力
4	进气管压力损失	±0.05 kPa 绝对压力
5	大气压力	±0.1 kPa 绝对压力
6	其他压力	±0.1 kPa 绝对压力
7	相对湿度	±3%绝对值
8	绝对湿度	读数的±5%
9	稀释空气流量	读数的±2%
10	稀释排气流量	读数的±2%

BA.1.4.1.1 精度

分析仪整个量程内除零点以外各标定点的偏差应不大于读数的±2%，零点的偏差应不大于满量程的±0.3%。精度应根据 BA.1.3 来确定。

BA.1.4.1.2 重复性

当量程大于 100×10^{-6}（体积分数）或（甲烷当量体积分数）时，分析仪对标定气或量距气 10 次重复响应值标准偏差的 2.5 倍应不大于该量程满量程的±1%。当满量程低于 100×10^{-6}（体积分数）或（甲烷当量体积分数）时，应不大于±2%。

BA.1.4.1.3 杂乱信号

所有的使用量程，分析仪对零气、标定气或量距气在 10 s 期间的峰-峰响应值应不超过满量程的 2%。

BA.1.4.1.4 零点漂移

30 s 内分析仪对零气（含噪声）的平均响应为零点漂移。对所用的最低量程，1 h 内的零点漂移应不大于该量程满量程的 2%。

BA.1.4.1.5 量距点漂移

30 s 内分析仪对量距气（含噪声）的平均响应为量距点漂移。对所用最低量程，1 h 内的量距点漂移应不大于该量程满量程的 2%。

BA.1.4.2 气体干燥

可测量干和湿态排气。若使用气体干燥装置，则应对被测气体的浓度影响最小。不可使用化学干燥器去除样气中的水分。

BA.1.4.3 分析仪

应采用 BA.1.4.3.1～BA.1.4.3.5 所述测量原理的分析仪，在附录 D 中给出测量系统的详细说明。

应使用下列仪器分析被测量的气体。对于非线性分析仪，允许使用线性化电路。

BA.1.4.3.1 一氧化碳（CO）分析仪

应采用不分光红外线吸收型一氧化碳分析仪（NDIR）。

BA.1.4.3.2 二氧化碳（CO_2）分析仪

应采用不分光红外线吸收型二氧化碳分析仪（NDIR）。

BA.1.4.3.3 氧（O_2）分析仪

氧分析仪应采用顺磁性检测器（PMD）、二氧化锆（ZRDO）或电化学传感器（ECS）型。当 HC 及 CO 浓度较高时，如稀薄燃烧点燃式发动机，不推荐使用二氧化锆型传感器。因 CO_2 与 NO_x 的干扰，使用电化学传感器时应作补偿处理。

BA.1.4.3.4 碳氢化合物（HC）分析仪

排气直接取样时，碳氢化合物分析仪应使用加热型氢火焰离子化检测器（HFID），应具有加热的检测器、阀门、管路等，以保持排气温度为463 K±10 K（190℃±10℃）。

排气稀释取样时，碳氢化合物分析仪既可使用加热型氢火焰离子化检测器（HFID），也可使用氢火焰离子化检测器（FID）。

BA.1.4.3.5 氮氧化物（NO_x）分析仪

若测量干基氮氧化物，分析仪应采用带有 NO_2/NO 转换器的化学发光检测器（CLD）或加热型化学发光检测器（HCLD）。若测量湿基浓度，则应采用带有转换器的 HCLD 分析仪，应维持在 328 K（55℃）以上，且应证明水熄光检查（BB.1.10.2.2）合格。CLD 与 HCLD 两者在干基测量时，取样通道至转换器，应维持壁温 328～473 K（55～200℃），在湿基测量时，取样通道至分析仪应维持上述壁温。

BA.1.4.4 气体污染物的取样

若排气成分受到后处理系统的影响，则排气应在该后处理装置的下游取样。

排气取样探头应在消声器的高压侧，尽量远离排气口，为保证气样被抽出前发动机排气是完全混合的，可以选择在消声器出口与取样探头之间插入排气取样混合室。该混合室的内部容积不得小于试验发动机气缸工作容积的10倍，而且在高度、宽度及深度上尺寸大体相同，类似于一个立方体。在可实现的范围内该混合室尺寸应尽可能小并尽可能接近发动机。排气取样混合室与消声器之间的连接管道应使消声器内腔至少延伸至取样探头位置以外 610 mm，该连接管道应有足够的尺寸以使背压减到最小。排气取样混合室内表面温度应维持在排气的露点以上，推荐最低温度为338 K（65℃）。

可以选择直接在稀释通道内或在气样进入气样袋后测量所有排气成分。

附 件 BB
（规范性附件）
分析仪的标定

BB.1 分析仪的标定

BB.1.1 总则

每台分析仪都应根据需要经常标定以满足本标准对仪器准确度的要求。对于 BA.1.4.3 所列分析仪，本附件阐述了所用的标定方法。

BB.1.2 标定气体

所有标定气体应在有效期内使用，应记录制造企业所声明的标定气使用期限对应的日期。

BB.1.2.1 纯气体

测量过程中使用的下列气体的杂质含量限值（体积分数）如下：

——纯氮气杂质：C≤1×10^{-6}，CO≤1×10^{-6}，CO_2≤400×10^{-6}，NO≤0.1×10^{-6}；

——纯氧气：氧气纯度>99.5%；

——氢-氦混合气：40%±2%氢气，氦气为平衡气；杂质：C≤1×10^{-6}，CO_2≤400×10^{-6}；

——纯合成空气杂质：C≤1×10^{-6}，CO≤1×10^{-6}，CO_2≤400×10^{-6}，NO≤0.1×10^{-6}；氧含量 18%～21%。

BB.1.2.2 标定气与量距气

应使用下列化学成分的混合气：

——C_3H_8 和纯成空气和/或 C_3H_8 和纯氮气。对于 HFID 或 FID 分析仪，制造企业可以选择纯合成空气或纯氮气作为量距气及标气的稀释气体。如果 C_3H_8 和纯合成空气的混合气其 C_3H_8 的浓度超过供应商给定的安全范围，则应改用 C_3H_8 和纯氮气的混合气。选择纯空气或纯氮气作为稀释气应保持一致性，例如，制造企业如果选用 C_3H_8 和纯氮气作为标定气体，那么纯氮气还应作为量距气的稀释气；

——CO 和纯氮气；

——NO 和纯氮气（在本标定气中 NO_2 含量不得超过 NO 含量的 5%）；

——CO_2 和纯氮气；

——CH_4 和纯合成空气；

——C_2H_6 和纯合成空气。

只要气体之间互不反应，允许使用其他混合气体。

标定气与量距气的实际浓度应在规定值的±2%范围内。所有标定气的浓度都应给出体积分数，% 或 10^{-6}。

用于标定及量距的气体也可使用精确的混合装置（气体分割器）以及纯氮气（N_2）或纯合成空气稀释来获得，混合装置精度应使经混合稀释的标定气浓度精度达到目标值的±1.5%范围内。要达到这个精度，混合用原始气体浓度的精度应是已知的，且精度至少为±1%并可溯源至国家或国际气体标准。

每次对混合装置的精度确认应在满量程的 15%～50%之间完成。

此外，还可以用某种仪器来检查混合装置精度，该仪器应具有线性的自然特性，例如，采用 CLD 分析仪和 NO 气体。该仪器量距值应使用直接连接到仪器上的量距气来调整。在已经使用的设定条件下，应对比检查混合装置所配混合气名义浓度值与仪器实际测量值，每个点的偏差应不大于所配混合气浓度名义值的±0.5%。

BB.1.2.3 氧干扰检查

氧干扰检查应使用含量为 $350\times10^{-6}\pm75\times10^{-6}$（甲烷当量体积分数）当量的丙烷气体，通过总碳氢化合物加杂质色谱分析法分析或动态混合以确定标气容许变化的含量值。氮气应是主要的稀释气，其余为氧。对于以汽油为燃料的发动机排放试验，氧干扰检查所用各种混合气成分要求参见表 BB.1。

表 BB.1 氧干扰检查用混合气

种类编号	丙烷含量 10^{-6}（甲烷当量体积分数）	氧干扰气含量/%	平衡气
1	350±75	10（可接受浓度范围 9～11）	氮气
2	350±75	5（可接受浓度范围 4～6）	氮气
3	350±75	0（可接受浓度范围 0～1）	氮气

BB.1.3 分析仪与取样系统的操作规程

分析仪的操作规程应遵循仪器制造企业的启动及操作说明。还应包含 BB.1.4～BB.1.9 中列举出最低要求。对于实验室仪器诸如气相色谱仪（GC）及高性能的液相色谱仪（HPLC），只适用 BB.1.5.4。

BB.1.4 泄漏试验

应进行系统泄漏试验。取样探头应与排气系统断开并将端部堵塞，接通分析仪的采样泵，在最初的稳定期之后，所有流量计读数都应为零。如果不为零，则应检查取样管路并排除故障。

在真空侧的最大允许泄漏流量应为受检部分在用流量的 0.5%。在用流量用该分析仪流量及旁路流量来估算。

可选择的一种方法是，该系统可以排空到压力至少为 20 kPa 真空度（绝对压力 80 kPa）。在最初的稳定时期以后，系统中的压力升高 δ_p（kPa/min）不得超过：

$$\delta_p = P / V_{\mathrm{syst}} \times 0.005 \times f_{\mathrm{r}}$$

式中：V_{syst}——系统容积，L；

f_{r}——系统流量，L/min。

另一种方法是用转换开关在取样管起点从零气切换到量距气产生一个浓度阶跃式的变化。如果经过适当的时间之后，读数比引入的浓度低，则表示存在泄漏或标定问题。

BB.1.5 标定规程

BB.1.5.1 仪器总成

应使用标准气标定仪器总成并检查标定曲线。所用气体流量应与排气取样时相同。

BB.1.5.2 预热时间

预热时间应按照制造企业的推荐。若未规定，推荐分析仪至少预热 2 h。

BB.1.5.3 NDIR 与 HFID 分析仪

必要时应对 NDIR 分析仪进行调谐，并使 HFID 分析仪的燃烧火焰达到最佳，参见 BB.1.9.1。

BB.1.5.4 GC 与 HPCL

两种仪器都应按照实验室实践经验和制造企业的推荐方法来标定。

BB.1.5.5 建立标定曲线

BB.1.5.5.1 总则

a）每个常用的工作量程都应标定。

b）应使用纯合成空气（或氮气）对 CO、CO_2、NO_x 及 HC 分析仪进行调零。

c）将适当的标定气引入分析仪，记录数值和建立标定曲线。

d）除了最低量程以外，对于所有的仪器量程都应通过至少 10 个相等间隔分布的标定点（零点除外）建立标定曲线。对于仪器的最低量程，应通过至少 10 个标定点（零点除外）建立标定曲线，上述标定点的一半应位于分析仪最低程满量程的 15%以下，其余各点应位于满量程 15%以上。对于所有的量程，最高的标定名义浓度应等于或高于满量程的 90%。

e）应通过最小二乘法计算标定曲线。也可采用最佳拟合线性或非线性方程式。

f）各标定点与最小二乘法最佳拟合线的偏离不得大于读数的±2%或满量程的±0.3%（取大值）。

g）如必要，应重新检查零点设定，重复标定步骤。

BB.1.5.5.2 可选方法

如能表明可选的技术（例如计算机、电子控制量程切换开关等）能够给出相同的精度，则可以采用这些可选技术。

BB.1.6 标定验证

在每次分析之前，应按照如下步骤检查常用量程。

应使用零气与标称值大于使用量程满量程 80%的量距气来检查标定结果。

若这两点实测值与声明的基准值的偏差不大于满量程的±4%，则可修改调整参数。否则，应核检量距气或按照 BB.1.5.5.1 重新建立标定曲线。

BB.1.7 排气流量测量的示踪气体分析仪标定

测量示踪气浓度用的分析仪应使用标准气标定。

应通过至少 10 个标定点（零点除外）建立标定曲线，一半标定点位于分析仪满量程的 4%～20%之间，其余各点分布在满量程的 20%～100%之间。应通过最小二乘法计算标定曲线。

在满量程的 20%～100%范围内，标定曲线与各标定点名义值的偏差应不大于满量程的±1%。在满量程的 4%～20%范围内，标定曲线与各标定点名义值的偏差应不大于读数的±2%。在试验之前，应使用零气和量距气（它的名义值应大于分析仪满量程的 80%）标定分析仪的零位点及量距点。

BB.1.8 NO_x 转换器效率试验

按 BB.1.8.1 至 BB.1.8.8 测定 NO_2 转换为 NO 的转换器效率。

BB.1.8.1 试验装置

使用图 BB.1 所示装置，按下述步骤使用臭氧发生器测定转换效率。

BB.1.8.2 标定

CLD 及 HCLD 分析仪应遵照制造企业的规格参数在最常用的量程范围内进行标定，标定时使用零气与量距气（该气的 NO 含量应约为工作量程满量程的 80%，而该气体混合气的 NO_2 浓度应小于 NO 浓度的 5%）。NO_x 分析仪应处于 NO 模式，以使量距气不通过转换器，记录所指示的浓度。

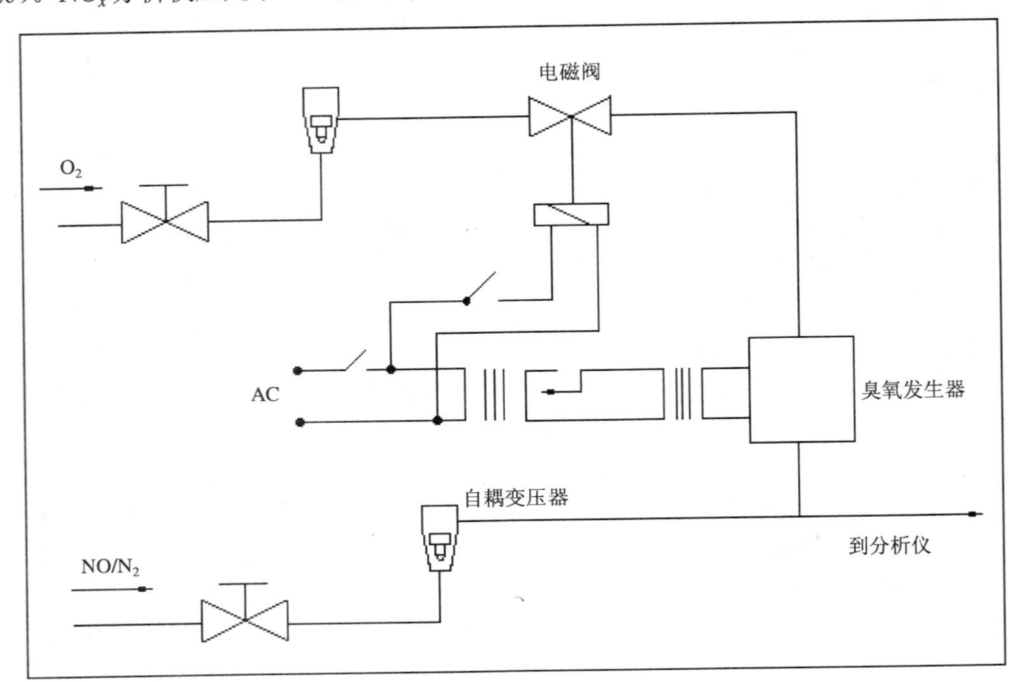

图 BB.1 NO_2 转换效率设备流程图

BB.1.8.3 计算

按下式计算 NO_x 转换器的效率（%）：

$$效率=\left(1+\frac{a-b}{c-d}\right)\times100$$

式中：a——按 BB.1.8.6 所得 NO_x 浓度；

b——按 BB.1.8.7 所得 NO_x 浓度；

c——按 BB.1.8.4 所得 NO 浓度；

d——按 BB.1.8.5 所得 NO 浓度。

BB.1.8.4 加入氧气

分析仪置于 NO 模式，在整个过程中，臭氧发生器不起作用。通过一个 T 形接头，将氧气或纯合成空气连续通入气流中，直到指示的浓度比 BB.1.8.2 给出的规定浓度约小于 20%为止。记录指示的浓度 c。

BB.1.8.5 臭氧发生器激活

分析仪置于 NO 模式，激活臭氧发生器产生足够的臭氧，将 NO 浓度降低到 BB.1.8.2 中给出的标定气体浓度的 20%（最低 10%）左右，记录指示的浓度 d。

BB.1.8.6 NO_x模式

分析仪转换到 NO_x 模式，使气体混合气（含有 NO、NO_2、O_2 及 N_2）通过转换器。记录指示的浓度 a。

BB.1.8.7 停止激活臭氧发生器

分析仪置于 NO_x 模式，停止激活臭氧发生器，BB.1.8.6 中所述气体混合气通过转换器进入检测器。记录指示的浓度 b。

BB.1.8.8 NO 模式

保持臭氧发生器处于停止激活状态，切换到 NO 模式，切断氧气或合成空气的气流。分析仪的 NO_x 读数与 BB.1.8.2 测得的数值的偏差应不大于±5%（分析仪处于 NO 模式）。

BB.1.8.9 试验间隔

应每月检查转换器效率。

BB.1.8.10 效率要求

转换器效率应不小于 90%，推荐高于 95%。如果分析仪在最常用的量程，按照 BB.1.8.5 臭氧发生器不能使 NO 浓度从 80%减到 20%，则应使用能做到这种减低量的最高量程。

BB.1.9 FID 的调整

BB.1.9.1 检测器响应优化

应按仪器制造企业的规定调整 HFID 检测器。应使用以空气为平衡气的丙烷量距气来优化最常用量程的响应。

将燃料气与空气流量控制在制造企业推荐值，应将 $350\times10^{-6}\pm75\times10^{-6}$（甲烷当量体积分数）的量距气引入到分析仪。从量距气响应与零气响应之差来确定一定燃料气流量下的响应。燃料气流量应以逐步增长的方式在制造企业的规格参数以上和以下调整。应记录燃料气流量调整时的量距气响应与零气响应。将量距气响应与零气响应之差做出图表，并将燃料气流量调整到曲线的高响应区。这是最初的流量调整，根据 BB.1.9.2 与 BB.1.9.3 碳氢化合物响应系数与氧干扰检查的结果，可能还需要进一步优化。

如果氧干扰或碳氢化合物响应系数不满足下述规格参数，则空气流量逐步增长地在制造企业的规格参数上下调整，对应每个流量应重复 BB.1.9.2 与 BB.1.9.3。

BB.1.9.2 碳氢化合物的响应系数

分析仪应按照 BB.1.5 使用以纯合成空气为平衡气的丙烷和纯合成空气来标定。

当分析仪在启用前和在大修后应测定响应系数。对于某一特定种类的碳氢化合物，响应系数（R_f）是指 FID C1 读数对以 10^{-6} 甲烷当量表示的气瓶内气体体积分数的比值。

试验气体的浓度应足以使响应达到满量程 80%的水平。按重量标准，以体积浓度表示的浓度精度应为±2%。此外，气瓶应在 298 K±5 K（25℃±5℃）温度范围内预置 24 h。

所用试验气体和推荐的相对响应系数范围如下：

——甲烷和纯合成空气：$1.00\leqslant R_f\leqslant1.15$；

——丙烯和纯合成空气：$0.90\leqslant R_f\leqslant1.10$；

——甲苯和纯合成空气：0.90≤R_f≤1.10。

以上各值均指相对于丙烷及纯合成空气的响应系数（R_f）为 1.00 时的响应系数。

BB.1.9.3 氧干扰检查

分析仪启用前和大修期后应进行氧干扰检查。选择一个量程使氧干扰检查气浓度大于满量程 50%，按本节所述进行试验，加热炉按要求设在规定的温度。氧干扰检查气在 BB.1.2.3 中有详述。

a）分析仪调零。

b）对于以汽油为燃料的发动机，分析仪应用 0%氧气的混合气作量距标定。

c）再次检查零点响应。如果它的变化大于满量程的 0.5%，则应重复进行本节的 a）与 b）操作。

d）引入 5%与 10%氧干扰检查气。

e）再次检查零点响应。如果它的变化大于满量程的±1%，则应重复试验。

f）步骤 d）中的每种混合气应按下式计算氧干扰（% O_2I）：

$$O_2I = \frac{(B-C)}{B} \times 100$$

$$C = \frac{A}{D} \times E$$

式中：A——在 b）中使用的量距气的碳氢化合物浓度（10^{-6} 甲烷当量体积分数）；

B——在 d）中使用的氧干扰检查气的碳氢化合物浓度（10^{-6} 甲烷当量体积分数）；

C——分析仪响应；

D——A 的响应占满量程的百分数；

E——B 的响应占满量程的百分数。

g）试验前所有氧干扰（% O_2I）应小于±3%。

h）如果氧干扰大于±3%，则应在制造企业的规格参数上下递增地调整空气流量，对应每个流量应重复 BB.1.9.1。

i）如果在调整了空气流量之后，氧干扰大于±3%，则应改变燃料气流量及此后的气样流量，对每个新的设定应重复 BB.1.9.1。

j）如果氧干扰仍然大于±3%，则该分析仪、FID 燃料气，或助燃空气应在试验前予以修理或更换。然后，应使用修理过的或更换过的设备或气体重复本条所述操作。

BB.1.10 对于 CO、CO_2、NO_x 及 O_2 分析仪的干扰作用

除了所分析的那种气体以外，排气中的多种其他气体也会从多个途径干扰读数。如果干扰气体产生与被测气体相同的作用则对 NDIR 和 PMD 仪器产生正干扰，但影响程度较小。在 NDIR 仪器中出现的负干扰是由于干扰气体扩大了被测气体的吸收带。而在 CLD 仪器中出现的负干扰则是由于干扰气体的熄光作用。分析仪在启用前或大修期后应按 BB.1.10.1 及 BB.1.10.2 所述进行干扰检验，而且至少每年一次。

BB.1.10.1 CO 分析仪干扰检查

水和 CO_2 能够干扰 CO 分析仪的性能。应将具有在试验期间所用最大工作量程满量程 80%～100%浓度的 CO_2 量距气在室温下以气泡方式穿过水后进行测量并记录分析仪响应。如果满量程等于或高于 300×10^{-6}（体积分数），分析仪响应不大于满量程的 1%，若满量程低于 300×10^{-6}（体积分数），分析仪响应不大于 3×10^{-6}（体积分数）。

BB.1.10.2　NO_x 分析仪熄光作用检查

对于 CLD（和 HCLD）分析仪有熄光作用的两种气体是 CO_2 和水蒸气。这些气体的熄光效应与其浓度成正比，因而要求用试验的方法在试验经验认为的最高浓度下测定熄光作用。

BB.1.10.2.1　CO_2 熄光检查

将浓度为最大工作量程 80%～100%满量程的 CO_2 量距气通入 NDIR 分析仪，记录 CO_2 值作为 A。然后用 NO 量距气将其稀释约 50%，并通入 NDIR 和（H）CLD，记录 CO_2 和 NO 值，分别作为 B 和 C。然后切断 CO_2，只让 NO 量距气通过（H）CLD，记录 NO 值，作为 D。

按下式计算的熄光作用不应超过 3%：

$$CO_{2\,熄光} = \left[1 - \left(\frac{C \times A}{(D \times A) - (D \times B)}\right)\right] \times 100$$

式中：A——NDIR 实测未稀释的 CO_2 浓度，%；

B——NDIR 实测稀释的 CO_2 浓度，%；

C——CLD 实测的稀释的 NO 浓度，10^{-6}（体积分数）；

D——CLD 实测的未稀释的 NO 浓度，10^{-6}（体积分数）。

BB.1.10.2.2　水熄光检查

本检查仅适用于湿基 NO_x 分析仪。水熄光计算应考虑在试验期间 NO 量距气由水蒸气造成的稀释，并且使混合气中水蒸气浓度接近预期的试验浓度。

应将浓度为常用量程满量程 80%～100%的 NO 量距气通入（H）CLD，并将 NO 记作为 D。然后，将 NO 量距气以气泡方式在室温下穿过水并通入（H）CLD，将 NO 值记作 C，测量水温并记作 F，相应于水温（F）的混合气饱和蒸汽压记作 G。混合气的水蒸气浓度（%）应按下式计算，并记作 H。

$$H = 100 \times \left(\frac{G}{P_B}\right)$$

所要求的稀的 NO 量距气（在水蒸气中）的浓度应按下式计算，并记作 D_e。

$$D_e = D \times \left(1 - \frac{H}{100}\right)$$

水熄光值应不大于 3%并应按照下式计算：

$$H_2O_{熄光} = 100 \times \left(\frac{D_e - C}{D_e}\right) \times \left(\frac{H_m}{H}\right)$$

式中：D_e——预期稀释的 NO 浓度，10^{-6}（体积分数）；

C——稀释的 NO 浓度，10^{-6}（体积分数）；

H_m——最大水蒸气浓度；

H——实际水蒸气浓度，%。

由于熄光计算中未考虑 NO_2 在水中的吸收，所以在该检查中 NO 量距气所含 NO_2 浓度应尽量低。

BB.1.10.3　O_2 分析仪的干扰

由氧以外的气体引发的 PMD 仪器响应是比较轻微的。通常排气成分的氧当量示于表 BB.2。

表 BB.2 氧当量

气 体	氧当量/%
二氧化碳（CO_2）	–0.623
一氧化碳（CO）	–0.354
氧化氮（NO）	+44.4
二氧化氮（NO_2）	+28.7
水（H_2O）	–0.381

若需更高精度测量，应用下式修正所观测到的氧气浓度：

$$干扰=\frac{（氧当量\%\times 绝对浓度）}{100}$$

BB.2 标定间隔期

每当修理或做了可能影响标定的变动时，分析仪应按 BB.1.5 做标定，而且宜至少每三个月做一次。

附 件 BC
（规范性附件）
数据评定与计算

BC.1 数据评定与计算

BC.1.1 气体排放物的评定

为评定气体排放物，每个工况至少应对最后 120 s 记录图表的读数进行平均，而且在每个工况期间内，HC、CO、NO_x 及 CO_2 的平均浓度（conc）应由平均的图表读数及相应的标定数据确定。如能确保等效的数据采集，则可使用不同形式的记录。

平均本底浓度（$conc_d$）可以从稀释空气取样袋读数或从连续取样（无袋系统）本底读数以及相应的标定数据来确定。

BC.1.2 气体排放物的计算

应通过下述步骤得到最终报告的试验结果。

BC.1.2.1 干/湿修正

若不是采用湿基测量，则实测的浓度应转换到湿基：

$$conc_{(wet)} = K_w \times conc_{(dry)}$$

a）对于原始排气采样分析：

$$K_w = K_{w,r} = \frac{1}{1+\alpha\times0.005\times(CO_{[dry]}+CO_{2[dry]})-0.01\times H_{2[dry]}+K_{w2}}$$

式中：α——燃油中氢/碳比值，应按下式计算排气中 H_2 浓度：

$$H_{2[dry]} = \frac{0.5\times\alpha\times CO_{[dry]}\times(CO_{[dry]}+CO_{2[dry]})}{CO_{[dry]}+(3\times CO_{2[dry]})}$$

式中 $CO_{[dry]}$，$CO_{2[dry]}$和 $H_{2[dry]}$单位均为%，体积分数。

系数 K_{w2} 应按下式计算：

$$K_{w2} = \frac{1.608\times H_a}{1\,000+(1.608\times H_a)}$$

式中：H_a ——进气的绝对湿度（水/空气），g/kg。

b）对于稀释的排气采样分析

对湿基 CO_2 测量：

$$K_w = K_{w,e,1} = \left(1-\frac{\alpha\times CO_{2[wet]}}{200}\right)-K_{w1}$$

或，对干基 CO_2 测量：

$$K_w = K_{w,e,2} = \left(\frac{(1-K_{w1})}{1+\frac{\alpha \times CO_{2[dry]}}{200}} \right)$$

式中：α——在燃油中氢/碳的比值。

应按下式计算系数 K_{w1}：

$$K_{w1} = \frac{1.608 \times [H_d \times (1-1/DF) + H_a \times (1/DF)]}{1\,000 + 1.608 \times [H_d \times (1-1/DF) + H_a \times (1/DF)]}$$

式中：H_d——稀释空气的绝对湿度（水/空气），g/kg；

H_a——进气的绝对湿度（水/空气），g/kg。

$$DF = \frac{13.4}{conc_{CO_2} + (conc_{CO} + conc_{HC}) \times 10^{-4}}$$

——对于稀释空气：

$$K_{w,d} = 1 - K_{w1}$$

应按下式计算系数 K_{w1}：

$$DF = \frac{13.4}{conc_{CO_2} + (conc_{CO} + conc_{HC}) \times 10^{-4}}$$

$$K_{w1} = \frac{1.608 \times [H_d \times (1-1/DF) + H_a \times (1/DF)]}{1\,000 + 1.608 \times [H_d \times (1-1/DF) + H_a \times (1/DF)]}$$

式中：H_d——稀释空气的绝对湿度（水/空气），g/kg；

H_a——进气的绝对湿度（水/空气），g/kg；

$conc_{CO_2}$ 单位为%，体积分数；

$conc_{CO}$ 及 $conc_{HC}$ 单位为 10^{-6}，体积分数。

$$DF = \frac{13.4}{conc_{CO_2} + (conc_{CO} + conc_{HC}) \times 10^{-4}}$$

——对于进气（若不同于稀释空气）：

$$K_{w,a} = 1 - K_{w2}$$

应按下式计算系数 K_{w2}：

$$K_{w2} = \frac{1.608 \times H_a}{1\,000 + (1.608 \times H_a)}$$

式中：H_a——进气的绝对湿度（水/空气），g/kg。

BC.1.2.2 对 NO_x 的湿度修正

因 NO_x 排放取决于环境空气状况，所以 NO_x 浓度应乘以系数 K_H 进行环境空气温度和湿度的修正：

$$K_H = 0.627\,2 + 44.030\times10^{-3}\times H_a - 0.862\times10^{-3}\times H_a^2$$ （四冲程发动机）

$$K_H = 1$$ （二冲程发动机）

式中：H_a——进气的绝对湿度（水/空气），g/kg。

BC.1.2.3 排放物质量流量的计算

应按下式计算每个工况的排放物质量流量 Gas_{mass}（g/h）：

a）对于原始排气

$$Gas_{mass} = \frac{MW_{Gas}}{MW_{FUEL}}\times\frac{1}{\{(CO_{2[wet]} - CO_{2\,空气}) + CO_{[Wet]} + HC_{[Wet]}\}}\times conc\times G_{FUEL}\times1\,000$$

式中：G_{FUEL}——燃油质量流量，kg/h；

MW_{Gas}——表 BC.1 中所示的各种气体摩尔质量，kg/kmol。

若为 NO_x 则应乘以修正系数 K_H

表 BC.1 摩尔质量

气体	MW_{Gas}/（kg/kmol）
NO_x	46.01
CO	28.01
HC	$MW_{HC} = MW_{FUEL}$
CO_2	44.01

$$MW_{FUEL} = 12.011 + \alpha\times1.007\,94 + \beta\times15.999\,4$$ （kg/kmol）

式中：MW_{FUEL}——燃油摩尔质量；

α——燃油氢对碳的比值；

β——燃油氧对碳的比值。

$CO_{2\,AIR}$ 是在进气中的 CO_2 的浓度（如不测量，假定等于 0.04%）。

b）对于稀释排气

$$Gas_{mass} = u\times conc_c\times G_{TOTW}$$

式中：G_{TOTW}——当使用全流稀释系统时，稀释了的湿基的稀释排气质量流量，kg/h；

$conc_c$——经本底修正过的浓度：

$$conc_c = conc - conc_d\times\left(1-\frac{1}{DF}\right)$$

$$DF = \frac{13.4}{conc_{CO_2} + (conc_{CO} + conc_{HC})\times10^{-4}}$$

式中：$conc_{CO_2}$ 单位为%，体积分数。

$conc_{CO}$ 及 $conc_{HC}$ 单位为 10^{-6}，体积分数。

系数 u 示于表 BC.2。

若为 NO_x 则应乘以修正系数 K_H

表 BC.2 系数 *u* 的值

气体	*u*	conc
NO_x	0.001 587	10^{-6}（体积分数）
CO	0.000 966	10^{-6}（体积分数）
HC	0.000 479	10^{-6}（体积分数）
CO_2	15.19	%

系数 u 的值以稀释排气气体的摩尔质量 29（kg/kmol）为基础；对于 HC，u 的值以碳/氢比例的平均比值 1∶1.85 为基础。

BC.1.2.4 比排放量的计算

应对于所有各个成分计算比排放量（g/（kW·h））：

$$各种气体=\frac{\sum_{i=1}^{n}(Gas_{mass_i}\times WF_i)}{\sum_{i=1}^{n}(P_i\times WF_i)}$$

式中：

$$P_i=P_{M,i}+P_{AE,i}$$

在上述计算中所用的加权系数和 n 工况数示于附录 B.3.5.1.1。

当在试验中装上诸如冷却风扇或风机这样的附件时，除了附件是发动机整体的一部分外，附件所吸收的功率应加到试验结果中。在试验所用转速下，应或是通过从标准特性计算，或是通过实际试验风扇或风机的功率。

BC.2 示例

BC.2.1 一台四冲程点燃式发动机的排气数据

关于试验数据（表 BC.3），首先对工况 1 进行计算，然后用同样的步骤扩展到其他的试验工况。

表 BC.3 一台四冲程点燃式发动机的试验数据

工 况	单位	1	2	3	4	5	6
发动机转速	min^{-1}	2 550	2 550	2 550	2 550	2 550	1 480
功率	kW	9.96	7.5	4.88	2.36	0.94	0
负荷百分数	%	100	75	50	25	10	0
加权系数	—	0.090	0.200	0.290	0.300	0.070	0.050
大气压力	kPa	101.0	101.0	101.0	101.0	101.0	101.0
空气温度	℃	20.5	21.3	22.4	22.4	20.7	21.7
空气相对湿度	%	38.0	38.0	38.0	37.0	37.0	38.0
空气绝对湿度（H_2O/空气）	g/kg	5.696	5.986	6.406	6.236	5.614	6.136
$CO_{[dry]}$（体积分数）	10^{-6}	60 995	40 725	34 646	41 976	68 207	37 439
$NO_{x[wet]}$（体积分数）	10^{-6}	726	1 541	1 328	377	127	85
$HC_{[wet]}$（体积分数）	10^{-6}（甲烷当量）	1 461	1 308	1 401	2 073	3 024	9 390
$CO_{2[dry]}$（体积分数）	%	11.409 8	12.691	13.058	12.566	10.822	9.516
燃油质量流量	kg/h	2.985	2.047	1.654	1.183	1.056	0.429
燃油 H/C 比值 α	—	1.85	1.85	1.85	1.85	1.85	1.85
燃油 O/C 比值 β		0	0	0	0	0	0

BC.2.1.1　干/湿修正系数 K_w

为了将干基 CO 及 CO_2 测量值转变到湿基值，应计算干/湿的修正系数 K_w：

$$K_w = K_{w,r} = \frac{1}{1+\alpha\times 0.005\times(CO_{[dry]}+CO_{2[dry]})-0.01\times H_{2[dry]}+K_{w2}}$$

式中：

$$H_{2[dry]} = \frac{0.5\times\alpha\times CO_{[dry]}\times(CO_{[dry]}+CO_{2[dry]})}{CO_{[dry]}+(3\times CO_{2[dry]})}$$

和

$$K_{w2}=\frac{1.608\times H_a}{1\,000+(1.608\times H_a)}$$

$$H_{2[dry]} = \frac{0.5\times 1.85\times 6.099\,5\times(6.099\,5+11.409\,8)}{6.099\,5+(3\times 11.409\,8)} = 2.450\ \%$$

$$K_{w2}=\frac{1.608\times 5.696}{1\,000+(1.608\times 5.696)} = 0.009$$

$$K_w = K_{w,r} = \frac{1}{1+1.85\times 0.005\times(6.099\,5+11.409\,8)-0.01\times 2.450+0.009} = 0.872$$

$$CO_{[wet]}=CO_{[dry]}\times K_w=60\,995\times 0.872 = 53\,198\times 10^{-6}\text{（体积分数）}$$

$$CO_{2[wet]} = CO_{2[dry]}\times K_w = 11.410\times 0.872 = 9.951\ \%\text{（体积分数）}$$

表 BC.4　不同试验工况下 CO 与 CO_2 的湿基值

工　况	（体积分数）	1	2	3	4	5	6
$H_{2[dry]}$	%	2.450	1.499	1.242	1.554	2.834	1.422
K_{W2}	—	0.009	0.010	0.010	0.010	0.009	0.010
K_W	—	0.872	0.870	0.869	0.870	0.874	0.894
$CO_{[wet]}$	10^{-6}	53 198	35 424	30 111	36 518	59 631	33 481
$CO_{2[wet]}$	%	9.951	11.039	11.348	10.932	9.461	8.510

BC.2.1.2　HC 排放量

$$HC_{mass} = \frac{MW_{HC}}{MW_{FUEL}}\times\frac{1}{\{(CO_{2[wet]}-CO_{2\,AIR})+CO_{[wet]}+HC_{[wet]}\}}\times conc\times G_{FUEL}\times 1\,000$$

式中：

$$MW_{HC} = MW_{FUEL}$$

$$MW_{FUEL} = 12.011+\alpha\times 1.007\,94 = 13.876$$

$$HC_{mass} = \frac{13.876}{13.876}\times\frac{1}{(9.951-0.04+5.319\,8+0.146\,1)}\times 0.146\,1\times 2.985\times 1\,000 = 28.361\ g/h$$

表 BC.5 不同工况下的 HC 排放量

单位：g/h

工 况	1	2	3	4	5	6
HC_{mass}	28.361	18.248	16.026	16.625	20.357	31.578

BC.2.1.3 NO_x 排放量

首先计算 NO_x 排放物的湿度修正系数 K_H

$$K_H = 0.627\,2 + 44.030\times10^{-3}\times H_a - 0.862\times10^{-3}\times H_a^2$$

$$K_H = 0.627\,2 + 44.030\times10^{-3}\times5.696 - 0.862\times10^{-3}\times(5.696)^2 = 0.850$$

表 BC.6 不同工况下 NO_x 排放物的湿度修正系数 K_H

工 况	1	2	3	4	5	6
K_H	0.850	0.860	0.874	0.868	0.847	0.865

然后应计算 $NO_{x\,mass}$ [g/h]

$$NO_{x\,mass} = \frac{MW_{NO_x}}{MW_{FUEL}} \times \frac{1}{\left[(CO_{2[wet]} - CO_{2\,AIR}) + CO_{[wet]} + HC_{[wet]}\right]} \times conc \times K_H \times G_{FUEL} \times 1\,000$$

$$NO_{x\,mass} = \frac{46.01}{13.876} \times \frac{1}{(9.951 - 0.04 + 5.319\,8 + 0.146\,1)} \times 0.073 \times 0.85 \times 2.985 \times 1\,000 = 39.717\ g/h$$

表 BC.7 不同试验工况下 NO_x 排放量

单位：g/h

工 况	1	2	3	4	5	6
$NO_{x\,mass}$	39.717	61.291	44.013	8.703	2.401	0.820

BC.2.1.4 CO 排放量

$$CO_{mass} = \frac{MW_{CO}}{MW_{FUEL}} \times \frac{1}{\left[(CO_{2[wet]} - CO_{2\,AIR}) + CO_{[wet]} + HC_{[wet]}\right]} \times conc \times G_{FUEL} \times 1\,000$$

$$CO_{mass} = \frac{28.01}{13.876} \times \frac{1}{(9.951 - 0.04 + 5.319\,8 + 0.146\,1)} \times 5.319\,8 \times 2.985 \times 1\,000 = 2\,084.588\ g/h$$

表 BC.8 不同工况下的 CO 排放量

单位：g/h

工 况	1	2	3	4	5	6
CO_{mass}	2 084.588	997.638	695.278	591.183	810.334	227.285

BC.2.1.5 CO_2 排放量

$$CO_{2\,mass} = \frac{MW_{CO_2}}{MW_{FUEL}} \times \frac{1}{\left[(CO_{2[wet]} - CO_{2\,AIR}) + CO_{[wet]} + HC_{[wet]}\right]} \times conc \times G_{FUEL} \times 1\,000$$

$$CO_{2\,mass} = \frac{44.01}{13.876} \times \frac{1}{(9.951 - 0.04 + 5.319\,8 + 0.146\,1)} \times 9.951 \times 2.985 \times 1\,000 = 6\,126.806\ g/h$$

表 BC.9 不同试验工况下 CO_2 的排放量

单位：g/h

工 况	1	2	3	4	5	6
$CO_{2\,mass}$	6 126.806	4 884.739	4 117.202	2 780.662	2 020.061	907.648

BC.2.1.6 比排放量

应对于所有各个成分计算比排放量（g/kW · h）

$$各种气体=\frac{\sum_{i=1}^{n}(Gas_{mass\,i}\times WF_i)}{\sum_{i=1}^{n}(P_i\times WF_i)}$$

表 BC.10 各试验工况下的排放量（g/h）和加权系数

工 况	单位	1	2	3	4	5	6
HC_{mass}	g/h	28.361	18.248	16.026	16.625	20.357	31.578
$NO_{x\,mass}$	g/h	39.717	61.291	44.013	8.703	2.401	0.820
CO_{mass}	g/h	2 084.588	997.638	695.278	591.183	810.334	227.285
$CO_{2\,mass}$	g/h	6 126.806	4 884.739	4 117.202	2 780.662	2 020.061	907.648
功率 P_I	kW	9.96	7.50	4.88	2.36	0.94	0
加权系数 WF_i	—	0.090	0.200	0.290	0.300	0.070	0.050

$$HC=\frac{28.361\times0.090+18.248\times0.200+16.026\times0.290+16.625\times0.300+20.357\times0.070+31.578\times0.050}{9.96\times0.090+7.50\times0.200+4.88\times0.290+2.36\times0.300+0.940\times0.070+0\times0.050}$$
$$=4.11\ g/(kW\cdot h)$$

$$NO_x=\frac{39.717\times0.090+61.291\times0.200+44.013\times0.290+8.703\times0.300+2.401\times0.070+0.820\times0.050}{9.96\times0.090+7.50\times0.200+4.88\times0.290+2.36\times0.300+0.940\times0.070+0\times0.050}$$
$$=6.85\ g/(kW\cdot h)$$

$$CO=\frac{2\,084.59\times0.09+997.64\times0.200+695.28\times0.290+591.18\times0.300+810.33\times0.070+227.29\times0.050}{9.96\times0.090+7.50\times0.200+4.88\times0.290+2.36\times0.300+0.940\times0.070+0\times0.050}$$
$$=181.93\ g/(kW\cdot h)$$

$$CO_2=\frac{6\,126.81\times0.09+4\,884.74\times0.200+417.20\times0.290+2\,780.66\times0.300+2\,020.06\times0.070+907.65\times0.050}{9.96\times0.090+7.50\times0.200+4.88\times0.290+2.36\times0.300+0.940\times0.070+0\times0.050}$$
$$=816.36\ g/(kW\cdot h)$$

BC.2.2 一台二冲程点燃式发动机的排气数据

关于该试验数据（表 BC.11），应首先对工况 1 进行计算，然后用同样的步骤扩展到其他试验工况。

表 BC.11 一台二冲程点燃式发动机的试验数据

工 况	单位	1	2
发动机转速	min^{-1}	9 500	2 800
功率	kW	2.31	0
负荷百分数	%	100	0
加权系数	—	0.85	0.15
大气压力	kPa	100.3	100.3
空气温度	℃	25.4	25
空气相对湿度	%	38.0	38.0

续表

工　况	单位	1	2
空气绝对湿度（水/空气）	g/kg	7.742	7.558
$CO_{[dry]}$（体积分数）	10^{-6}	37 086	16 150
$NO_{x[wet]}$（体积分数）	10^{-6}	183	15
$HC_{[wet]}$（体积分数）	10^{-6}（甲烷当量）	14 220	13 179
$CO_{2[dry]}$（体积分数）	%	11.986	11.446
燃油质量流量	kg/h	1.195	0.089
燃油 H/C 比值α	—	1.85	1.85
燃油 O/C 比值β	—	0	0

BC.2.2.1　干/湿修正系数 K_w

为了将干基 CO 与 CO_2 测量值转换到湿基上，应计算干/湿修正系数：

$$K_w = K_{w,r} = \frac{1}{1+\alpha\times0.005\times(CO_{[dry]}+CO_{2[dry]})-0.01\times H_{2[dry]}+K_{w2}}$$

式中：

$$H_{2[dry]} = \frac{0.5\times\alpha\times CO_{[dry]}\times(CO_{[dry]}+CO_{2[dry]})}{CO_{[dry]}+(3\times CO_{2[dry]})}$$

$$H_{2[dry]} = \frac{0.5\times1.85\times3.708\,6\times(3.708\,6+11.986)}{3.708\,6+(3\times11.986)} = 1.357\%$$

$$K_{w2} = \frac{1.608\times H_a}{1\,000+(1.608\times H_a)}$$

$$K_{w2} = \frac{1.608\times7.742}{1\,000+(1.608\times7.742)} = 0.012$$

$$K_w = K_{w,r} = \frac{1}{1+1.85\times0.005\times(3.708\,6+11.986)-0.01\times1.357+0.012} = 0.874$$

$$CO_{[wet]} = CO_{[dry]}\times K_w = 37\,086\times0.874 = 32\,420\times10^{-6}\text{（体积分数）}$$

$$CO_{2[wet]} = CO_{2[dry]}\times K_w = 11.986\times0.874 = 10.478\%\text{（体积分数）}$$

表 BC.12　不同的试验工况下 CO 与 CO_2 的湿基值

工　况	单位	1	2
$H_{2[dry]}$	%（体积分数）	1.357	0.543
K_{w2}	—	0.012	0.012
K_w	—	0.874	0.887
$CO_{[wet]}$	10^{-6}（体积分数）	32 420	14 325
$CO_{2[wet]}$	—	10.478	10.153

BC.2.2.2　HC 排放量

$$HC_{mass}=\frac{MW_{HC}}{MW_{FUEL}}\times\frac{1}{\{(CO_{2[wet]}-CO_{2\ AIR})+CO_{[wet]}+HC_{[wet]}\}}\times conc\times G_{FUEL}\times 1\,000$$

式中：$MW_{HC}=MW_{FUEL}$

$MW_{FUEL}=12.011+\alpha\times 1.007\,94=13.876$

$$HC_{mass}=\frac{13.876}{13.876}\times\frac{1}{(10.478-0.04+3.242\,0+1.422)}\times 1.422\times 1.195\times 1\,000=112.520\ g/h$$

表 BC.13　各试验工况下的 HC 排放量

单位：g/h

工　况	1	2
HC_{mass}	112.520	9.119

BC.2.2.3　NO_x 排放量

对于二冲程发动机，NO_x 排放物的修正系数 K_H 等于 1。

$$NO_{x\,mass}=\frac{MW_{NO_x}}{MW_{FUEL}}\times\frac{1}{[(CO_{2[wet]}-CO_{2\ AIR})+CO_{[wet]}+HC_{[wet]}]}\times conc\times K_H\times G_{FUEL}\times 1\,000$$

$$NO_{x\,mass}=\frac{46.01}{13.876}\times\frac{1}{(10.478-0.04+3.242\,0+1.422)}\times 0.018\,3\times 1\times 1.195\times 1\,000=4.800\ g/h$$

表 BC.14　各试验工况修的 NO_x 排放量

单位：g/h

工　况	1	2
$NO_{x\ mass}$	4.800	0.034

BC.2.2.4　CO 排放物

$$CO_{mass}=\frac{MW_{CO}}{MW_{FUEL}}\times\frac{1}{[(CO_{2[wet]}-CO_{2\ AIR})+CO_{[wet]}+HC_{[wet]}]}\times conc\times G_{FUEL}\times 1\,000$$

$$CO_{mass}=\frac{28.01}{13.876}\times\frac{1}{(10.478-0.04+3.242\,0+1.422)}\times 3.242\,0\times 1.195\times 1\,000=517.851\ g/h$$

表 BC.15　各试验工况下的 CO 排放量

单位：g/h

工　况	1	2
CO_{mass}	517.851	20.007

BC.2.2.5　CO_2 排放量

$$CO_{2\ mass}=\frac{MW_{CO_2}}{MW_{FUEL}}\times\frac{1}{[(CO_{2[wet]}-CO_{2\ AIR})+CO_{[wet]}+HC_{[wet]}]}\times conc\times G_{FUEL}\times 1\,000$$

$$CO_{2\ mass}=\frac{44.01}{13.876}\times\frac{1}{(10.478-0.04+3.242\,0+1.422)}\times 10.478\times 1.195\times 1\,000=2\,629.658\ g/h$$

表 BC.16 各试验工况下的 CO_2 排放量

单位：g/h

工 况	1	2
$CO_{2\ mass}$	2 629.658	222.799

BC.2.2.6 比排放量

应按下述方法对所有各个气体成分计算比排放量（g/kW·h）：

$$各种气体=\frac{\sum_{i=1}^{n}(Gas_{mass\ i}\times WF_i)}{\sum_{i=1}^{n}(P_i\times WF_i)}$$

表 BC.17 在两个试验工况下的排放量与加权系数

工 况	单位	1	2
HC_{mass}	g/h	112.520	9.119
$NO_{x\ mass}$	g/h	4.800	0.034
CO_{mass}	g/h	517.851	20.007
$CO_{2\ mass}$	g/h	2 629.658	222.799
功率 P_{II}	kW	2.31	0
加权系数 WF_i	—	0.85	0.15

$$HC=\frac{112.52\times0.85+9.119\times0.15}{2.31\times0.85+0\times0.15}=49.4\ g/(kW\cdot h)$$

$$NO_x=\frac{4.800\times0.85+0.034\times0.15}{2.31\times0.85+0\times0.15}=2.08\ g/(kW\cdot h)$$

$$CO=\frac{517.851\times0.85+20.007\times0.15}{2.31\times0.85+0\times0.15}=225.71\ g/(kW\cdot h)$$

$$CO_2=\frac{2\,629.658\times0.85+222.799\times0.15}{2.31\times0.85+0\times0.15}=1\,155.4\ g/(kW\cdot h)$$

BC.2.3 一台四冲程点燃式发动机稀释排气数据

关于试验数据（表 BC.18），应首先对工况 1 进行计算，然后用同样的步骤扩展到其他试验工况。

表 BC.18 一台四冲程点燃式发动机的试验数据

工 况	单位	1	2	3	4	5	6
发动机转速	min^{-1}	3 060	3 060	3 060	3 060	3 060	2 100
功率	kW	13.15	9.81	6.52	3.25	1.28	0
负荷百分数	%	100	75	50	25	10	0
加权系数	—	0.090	0.200	0.290	0.300	0.070	0.050
大气压力	kPa	980	980	980	980	980	980
进气空气温度（稀释空气状态等于进气空气状态）	℃	25.3	25.1	24.5	23.7	23.5	22.6
进气空气相对湿度（稀释空气状态等于进气空气状态）	%	19.8	19.8	20.6	21.5	21.9	23.2

续表

工　况	单位	1	2	3	4	5	6
进气空气绝对湿度（稀释空气状态等于进气空气状态，水/空气）	g/kg	4.08	4.03	4.05	4.03	4.05	4.06
$CO_{[dry]}$，体积分数	10^{-6}	3 681	3 465	2 541	2 365	3 086	1 817
$NO_{x[wet]}$，体积分数	10^{-6}	85.4	49.2	24.3	5.8	2.9	1.2
$HC_{[wet]}$，体积分数	10^{-6}（甲烷当量）	91	92	77	78	119	186
$CO_{2\,[dry]}$，体积分数	%	1.038	0.814	0.649	0.457	0.330	0.208
$CO_{[dry]}$（本底），体积分数	10^{-6}	3	3	3	2	2	3
$NO_{x[wet]}$（本底），体积分数	10^{-6}	0.1	0.1	0.1	0.1	0.1	0.1
$HC_{[wet]}$（本底），体积分数	10^{-6}（甲烷当量）	6	6	5	6	6	4
$CO_{2\,[dry]}$（本底），体积分数	%	0.042	0.041	0.041	0.040	0.040	0.040
稀释了的排气质量流量 G_{TOTW}	kg/h	625.722	627.171	623.549	630.792	627.895	561.267
燃油 H/C 比值 α	—	1.85	1.85	1.85	1.85	1.85	1.85
燃油 O/C 比值 β		0	0	0	0	0	0

BC.2.3.1　干/湿修正系数 K_w

为将干基 CO 及 CO_2 测量值转换到湿基上，应计算干/湿修正系数 K_w。

对于稀释了的排气：

$$K_w = K_{w,e,2} = \left(\frac{(1-K_{w1})}{1+\dfrac{\alpha \times CO_{2[dry]}}{200}} \right)$$

式中：

$$K_{w1} = \frac{1.608 \times [H_d \times (1-1/DF) + H_a \times (1/DF)]}{1\,000 + 1.608 \times [H_d \times (1-1/DF) + H_a \times (1/DF)]}$$

$$DF = \frac{13.4}{conc_{CO_2} + (conc_{CO} + conc_{HC}) \times 10^{-4}}$$

$$DF = \frac{13.4}{1.038 + (3681 + 91) \times 10^{-4}} = 9.465$$

$$K_{w1} = \frac{1.608 \times [4.08 \times (1-1/9.465) + 4.08 \times (1/9.465)]}{1\,000 + 1.608 \times [4.08 \times (1-1/9.465) + 4.08 \times (1/9.465)]} = 0.007$$

$$K_w = K_{w,e,2} = \left(\frac{(1-0.007)}{1+\dfrac{1.85 \times 1.038}{200}} \right) = 0.984$$

$$CO_{[wet]} = CO_{[dry]} \times K_w = 3\,681 \times 0.984 = 3\,623 \times 10^{-6}\text{（体积分数）}$$

$$CO_{2[wet]} = CO_{2[dry]} \times K_w = 1.038 \times 0.984 = 1.021\,9\%\text{（体积分数）}$$

表 BC.19　各试验工况下稀释了的排气的 CO 与 CO_2 的湿基值

工　况	单位	1	2	3	4	5	6
DF	—	9.465	11.454	14.707	19.100	20.612	32.788
K_{w1}	—	0.007	0.006	0.006	0.006	0.006	0.006
K_w	—	0.984	0.986	0.988	0.989	0.991	0.992
$CO_{[wet]}$	$\times10^{-6}$，体积分数	3 623	3 417	2 510	2 340	3 057	1 802
$CO_{2[wet]}$	%，体积分数	1.021 9	0.802 8	0.641 2	0.452 4	0.326 4	0.206 6

对于稀释空气：

$$K_{w,d}=1-K_{w1}$$

式中，系数 K_{w1} 与已计算过稀释了的排气相同的。

$$K_{w,d}=1-0.007=0.993$$

$$CO_{[wet]}=CO_{[dry]}\times K_w=3\times0.993=3\times10^{-6}\text{（体积分数）}$$

$$CO_{2[wet]}=CO_{2[dry]}\times K_w=0.042\times0.993=0.042\,1\%\text{（体积分数）}$$

表 BC.20　各试验工况下稀释空气的 CO 与 CO_2 湿基值

工　况	单位	1	2	3	4	5	6
K_{w1}	—	0.007	0.006	0.006	0.006	0.006	0.006
K_w	—	0.993	0.994	0.994	0.994	0.994	0.994
$CO_{[wet]}$	$\times10^{-6}$，体积分数	3	3	3	2	2	3
$CO_{2[wet]}$	%，体积分数	0.042 1	0.040 5	0.040 3	0.039 8	0.039 4	0.040 1

BC.2.3.2　HC 排放量

$$HC_{mass}=u\times conc_c\times G_{TOTW}$$

式中：

u=0.000 479，来自表 BC.2

$$conc_c=conc-conc_d\times(1-1/DF)$$

$$conc_c=91-6\times(1-1/9.465)=86\times10^{-6}\text{（体积分数）}$$

$$HC_{mass}=0.000\,479\times86\times625.722=25.666\text{ g/h}$$

表 BC.21　各试验工况下的 HC 排放量　　单位：g/h

工　况	1	2	3	4	5	6
HC_{mass}	25.666	25.993	21.607	21.850	34.074	48.963

BC.2.3.3 NO_x排放量

对于修正NO_x排放物的系数K_H应按下式计算：

$$K_H = 0.627\,2 + 44.030\times10^{-3}\times H_a - 0.862\times10^{-3}\times H_a^2$$

$$K_H = 0.627\,2 + 44.030\times10^{-3}\times 4.08 - 0.862\times10^{-3}\times(4.08)^2 = 0.79$$

表 BC.22 各试验工况下NO_x排放量的湿度修正系数K_H

工 况	1	2	3	4	5	6
K_H	0.793	0.791	0.791	0.790	0.791	0.792

$$NO_{x\text{mass}} = u\times \text{conc}_c \times K_H \times G_{\text{TOTW}}$$

式中：

u=0.001 587，来自表 BC.2

$$\text{conc}_c = \text{conc} - \text{conc}_d \times (1-1/\text{DF})$$

$$\text{conc}_c = 85 - 0\times(1-1/9.465) = 85\times10^{-6}$$ （体积分数）

$$NO_{x\text{mass}} = 0.001\,587\times85\times0.79\times625.722 = 67.168\ \text{g/h}$$

表 BC.23 各试验工况下的NO_x排放量

单位：g/h

工 况	1	2	3	4	5	6
$NO_{x\,\text{mass}}$	67.168	38.721	19.012	4.621	2.319	0.811

BC.2.3.4 CO 排放量

$$CO_{\text{mass}} = u\times \text{conc}_c \times G_{\text{TOTW}}$$

式中：

u=0.000 966，来自表 BC.2

$$\text{conc}_c = \text{conc} - \text{conc}_d \times (1-1/\text{DF})$$

$$\text{conc}_c = 3\,622 - 3\times(1-1/9.465) = 3\,620\times10^{-6}$$ （体积分数）

$$CO_{\text{mass}} = 0.000\,966\times3\,620\times625.722 = 2\,188.001\ \text{g/h}$$

表 BC.24 各试验工况下的 CO 排放量

单位：g/h

工 况	1	2	3	4	5	6
CO_{mass}	2 188.001	2 068.760	1 510.187	1 424.792	1 853.109	975.435

BC.2.3.5 CO_2排放量

$$CO_{2mass} = u \times conc_c \times G_{TOTW}$$

式中：

$$u=15.19，来自表 BC.2$$

$$conc_c = conc - conc_d \times (1-1/DF)$$

$$conc_c = 1.021\,9 - 0.042\,1 \times (1-1/9.465) = 0.984\,2\% \text{（体积分数）}$$

$$CO_{2mass} = 15.19 \times 0.984\,2 \times 625.722 = 9\,354.488\ g/h$$

表 BC.25 不同试验工况下 CO_2的排放量

单位：g/h

工 况	1	2	3	4	5	6
$CO_{2\,mass}$	9 354.488	7 295.794	5 717.531	3 973.503	2 756.113	1 430.229

BC.2.3.6 比排放量

应计算所有各个气体成分的比排放量（g/kW·h）：

$$各种气体=\frac{\sum_{i=1}^{n}(Gas_{mass\,i} \times WF_i)}{\sum_{i=1}^{n}(P_i \times WF_i)}$$

表 BC.26 不同试验工况下的排放量（g/h）与加权系数

工 况	单位	1	2	3	4	5	6
HC_{mass}	g/h	25.666	25.993	21.607	21.850	34.074	48.963
$NO_{x\,mass}$	g/h	67.168	38.721	19.012	4.621	2.319	0.811
CO_{mass}	g/h	2 188.001	2 068.760	1 510.187	1 424.792	1 853.109	975.435
$CO_{2\,mass}$	g/h	9 354.488	7 295.794	5 717.531	3 973.503	2 756.113	1 430.229
功率 P_i	kW	13.15	9.81	6.52	3.25	1.28	0
加权系数 WF_i	—	0.090	0.200	0.290	0.300	0.070	0.050

$$HC = \frac{25.666 \times 0.090 + 25.993 \times 0.200 + 21.607 \times 0.290 + 21.850 \times 0.300 + 34.074 \times 0.070 + 48.963 \times 0.050}{13.15 \times 0.090 + 9.81 \times 0.200 + 6.52 \times 0.290 + 3.25 \times 0.300 + 1.284 \times 0.070 + 0 \times 0.050}$$
$$= 4.12\ g/(kW \cdot h)$$

$$NO_x = \frac{67.168 \times 0.090 + 38.721 \times 0.200 + 19.012 \times 0.290 + 4.621 \times 0.300 + 2.319 \times 0.070 + 0.811 \times 0.050}{13.15 \times 0.090 + 9.81 \times 0.200 + 6.52 \times 0.290 + 3.25 \times 0.300 + 1.28 \times 0.070 + 0 \times 0.050}$$
$$= 3.42\ g/(kW \cdot h)$$

$$CO = \frac{2\,188.001 \times 0.09 + 2\,068.760 \times 0.2 + 1\,510.187 \times 0.29 + 1\,424.792 \times 0.3 + 1\,853.109 \times 0.07 + 975.435 \times 0.050}{13.15 \times 0.09 + 9.81 \times 0.200 + 6.52 \times 0.290 + 3.25 \times 0.300 + 1.28 \times 0.070 + 0 \times 0.050}$$
$$= 271.15\ g/(kW \cdot h)$$

$$CO_2 = \frac{9\,354.488\times0.09+7\,295.794\times0.2+5\,717.531\times0.29+3\,973.503\times0.3+2\,756.113\times0.07+1\,430.229\times0.05}{13.15\times0.090+9.81\times0.200+6.52\times0.290+3.25\times0.300+1.28\times0.070+0\times0.050}$$

$$=887.53\ \text{g/(kW}\cdot\text{h)}$$

以上规定的各种计算式，是计算使用汽油燃料发动机的，燃气燃料发动机的计算，根据燃气燃料的种类还应有其他的补充公式。

附　件　BD
（规范性附件）
排放控制耐久性要求

BD.1　排放控制耐久性要求

本附件仅适用于第二阶段发动机。

BD.1.1　在 5.3.2 中第二阶段发动机的排气排放标准适用于按照本附件确定的发动机排放控制耐久期（EDP）。

BD.1.2　对于所有第二阶段发动机按照本标准的规定正常进行试验，如果发动机机型或代表发动机系族的试验发动机其排放值乘以本附件规定的劣化系数不大于第二阶段排放限值，则认为该发动机机型或系族符合排放标准。否则，若超过任一排放标准限值，则应认为没有满足排放标准要求。

BD.1.3　制造企业应通过试验计算获得劣化系数，该劣化系数将被用于发动机的型式核准及生产一致性试验。

BD.1.3.1　发动机的劣化系数按以下方法确定：

BD.1.3.1.1　选择最有可能超过 $HC+NO_x$ 排放标准的至少一台发动机，运转数小时排放达到稳定之后，按本标准试验程序进行排放试验。

BD.1.3.1.2　若受试发动机多于一台，应对试验结果取平均值并多保留一位有效数字。

BD.1.3.1.3　发动机耐久测试工况应妥为设计以恰当地预报发动机耐久期内预计的排放劣化情况，还要考虑到客户典型的使用过程中如磨损或其他可以影响排放的机械失效。发动机耐久试验也可按排放测试工况设定，根据各工况排放权重分配耐久时间。耐久实验应使用符合使用说明书要求的燃料，耐久试验后再次做排放试验。若受试发动机多于一台，应对试验结果取平均值并多保留一位有效数字。

BD.1.3.1.4　对于每种受控的污染物，将耐久期终了时的排放量值（如适用，取平均值）除以发动机排放稳定过后的最初排放量值（如适用，取平均值），并化整到小数点后两位有效数字。得到的结果数字如不低于 1.00 即为劣化系数值，在小于 1.00 时，劣化系数值应为 1.00。

BD.1.3.1.5　如制造企业同意，可增加试验点并将其安排在最初排放稳定后与排放控制耐久期末之间。如果安排了中间的试验，试验各点应在排放控制耐久期（EDP）内均匀地布置（±2 h），应在整个排放控制耐久期的一半（±2 h）安排一个试验点。

对于 $HC+NO_x$ 和 CO 各排放物应使用最小二乘法将数据点拟合成一条直线，初始排放试验处理为出现在 0 小时。劣化系数是计算的耐久期末排放值除以计算的 0 小时排放值。

BD.1.3.1.6　如果制造企业在型式核准之前提交一份证明并被型式核准机构认可，证明根据所使用的设计结构及技术，多个发动机系族能合理地具有类似的排放物劣化的特性，则一个发动机系族得到的劣化系数可包括除它以外的其他系族。

以下给出一个非排他的结构设计与技术类别表：

——没有后处理系统的传统二冲程发动机

——有陶瓷催化器（有同样的活性材料及上载量及每平方厘米有同样的孔数）的传统二冲程发动机

——有金属催化器（有同样的活性材料及上载量、同样的载体和每平方厘米有同样的孔数）的传统二冲程发动机

——具有分层扫气系统的二冲程发动机

——有相同的催化器（定义如上所述）、气门技术及相同的润滑系统的四冲程发动机

——没有催化器、有同样的气门技术及相同的润滑系统的四冲程发动机

BD.2 第二阶段发动机的排放控制耐久期

BD.2.1 在型式核准时制造企业应声明每个发动机机型或系族适用的排放控制耐久期类别。所选排放控制耐久期类别应尽可能接近发动机预期要装入设备后的使用寿命。制造企业应保存数据以支持其对每个发动机系族排放控制耐久期类别的选择是合理的，并应在型式核准机构要求时提交。

BD.2.1.1 手持式发动机排放控制耐久期见表 4。

BD.2.1.2 非手持式发动机排放控制耐久期见表 5。

BD.2.2 制造企业应向型式核准机构证实其声明的使用寿命是合适的。对于一个发动机系族，支持制造企业所选择的排放控制耐久期类型的数据可以包括，但不限于：

——对于安装有受试发动机的设备的使用寿命期调查

——对老化发动机的工程评价，以查明何时发动机性能劣化到其使用性和/或可靠性下降，需要大修或更换的程度

——保单及保用期

——有关发动机使用寿命的市售材料

——发动机用户故障报告

——以小时计的对特定发动机技术、发动机材料或发动机结构设计耐久性的工程评价

附 录 C
（规范性附录）
基准燃料的技术要求

C.1 无铅汽油

C.1.1 第一阶段发动机排放试验用基准燃料的技术规格应符合 GB 18352.3—2005 第 J.1.1 条的要求。
C.1.2 第二阶段发动机排放试验用基准燃料的技术规格应符合 GB 18352.3—2005 第 J.2.1 条的要求。

C.2 液化石油气（LPG）

C.2.1 第一阶段发动机排放试验用 LPG 基准燃料的技术规格应符合 GB 18352.3—2005 第 J.3.1.1 条的要求。
C.2.2 第二阶段发动机排放试验用 LPG 基准燃料的技术规格应符合 GB 18352.3—2005 第 J.3.1.2 条的要求。

C.3 天然气（NG）

发动机排放试验用 NG 基准燃料的技术规格应符合 GB 18352.3—2005 第 J.3.2 条的要求。

附 录 D
（规范性附录）
分析和取样系统

D.1 总则

本附录规定了气态污染物组分 CO，CO_2，HC，NO_x 测定系统。图 D.1 和图 D.2 为推荐的取样和分析系统的详细描述，如果不同的配置也能产生相同的效果，则不要求与图 D.1 和图 D.2 完全一致。可以使用附加部件，如仪表、阀、电磁阀、泵和开关，以便提供附加的信息及协调部件系统的功能。若其他部件对于保持某些系统精确度并非必须，则可凭成熟的工程判断加以去除。

D.2 系统描述

D.2.1 图 D.1 和图 D.2 中所描述的分析系统是建立在使用以下分析仪的基础上的：

——测量碳氢化合物的 HFID；

——测量 CO 和 CO_2 的 NDIR；

——测量 NO_x 的 HCLD 或等效的分析仪。

a）对原始排气（见图 D.1），所有组分的取样可以用一个取样探头或两个相互靠近的取样探头并在内部分别流到不同的分析仪。应采取措施确保在分析系统的任何部位不发生排气组分（包括水和硫酸）的凝结。

b）对稀释排气（见图 D.2），碳氢取样探头应与其他组分分开。应防止排气成分（包括水和硫酸盐）凝结的现象在分析系统中发生。

D.2.2 取样通道的所有部件应保持各系统要求的相应温度。

D.2.2.1 SP1 原始排气取样探头（限于图 D.1）

推荐使用一根直的、末端封闭的多孔不锈钢探头，探头内径应不大于取样管内径。探头壁厚应不大于 1 mm，在三个不同的径向平面上至少三只小孔，其大小应能抽取大致相同的气体流量。探头应至少延伸到排气管径的 80%。

D.2.2.2 SP2 稀释排气 HC 取样探头（限于图 D.2）

取样探头应：

——定义为热取样管路 HSL1 前端 254～762 mm 的部分；

——最小内径为 5 mm；

——应安装在稀释通道 DT 内，稀释空气和排气充分混合处（如：排气进入稀释通道下游约 10 倍管径处）；

——远离（径向）其他探头和通道壁，使其不受任何尾流或涡流的影响。

D.2.2.3 SP3 稀释排气 CO，CO_2，NO_x 取样探头（限于图 D2）

取样探头应：

——与 SP2 处于同一平面；

——远离（径向）其他探头和通道壁，使其不受任何尾流或涡流的影响；

——对整个长度加热和保温，应使最低温度不低于 328 K（55℃）以免水分凝结。

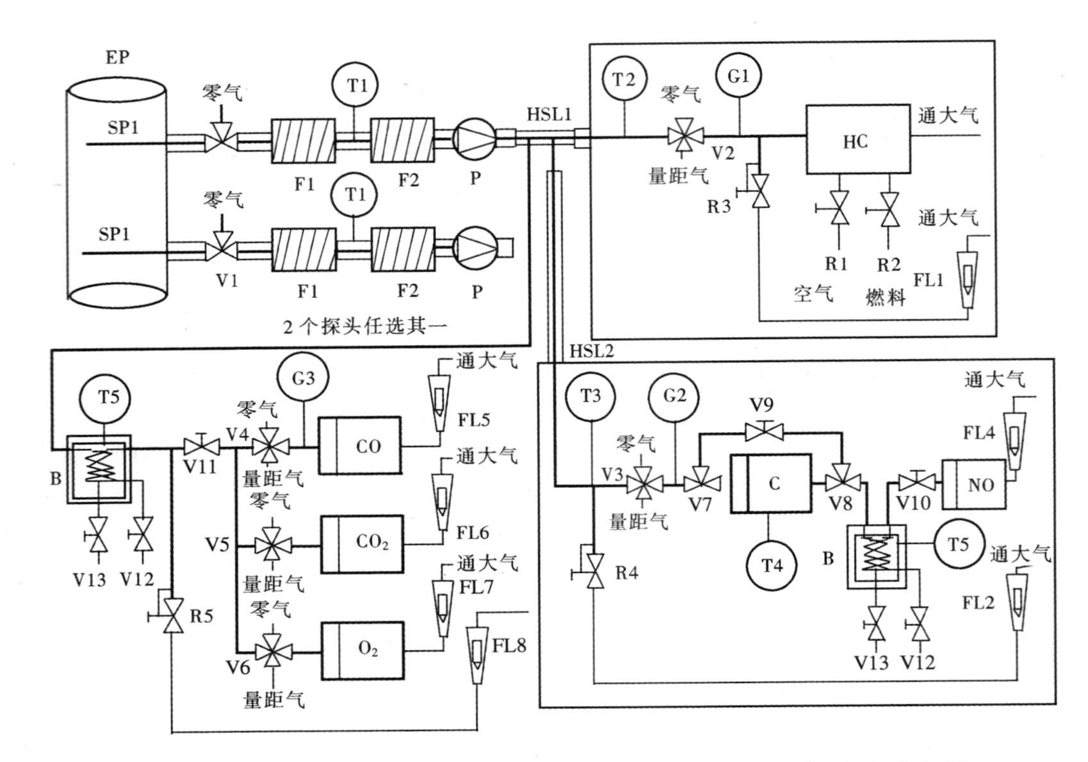

图 D.1　测量原始排气的 CO，CO_2，O_2，NO_x 和 HC 分析系统流程图

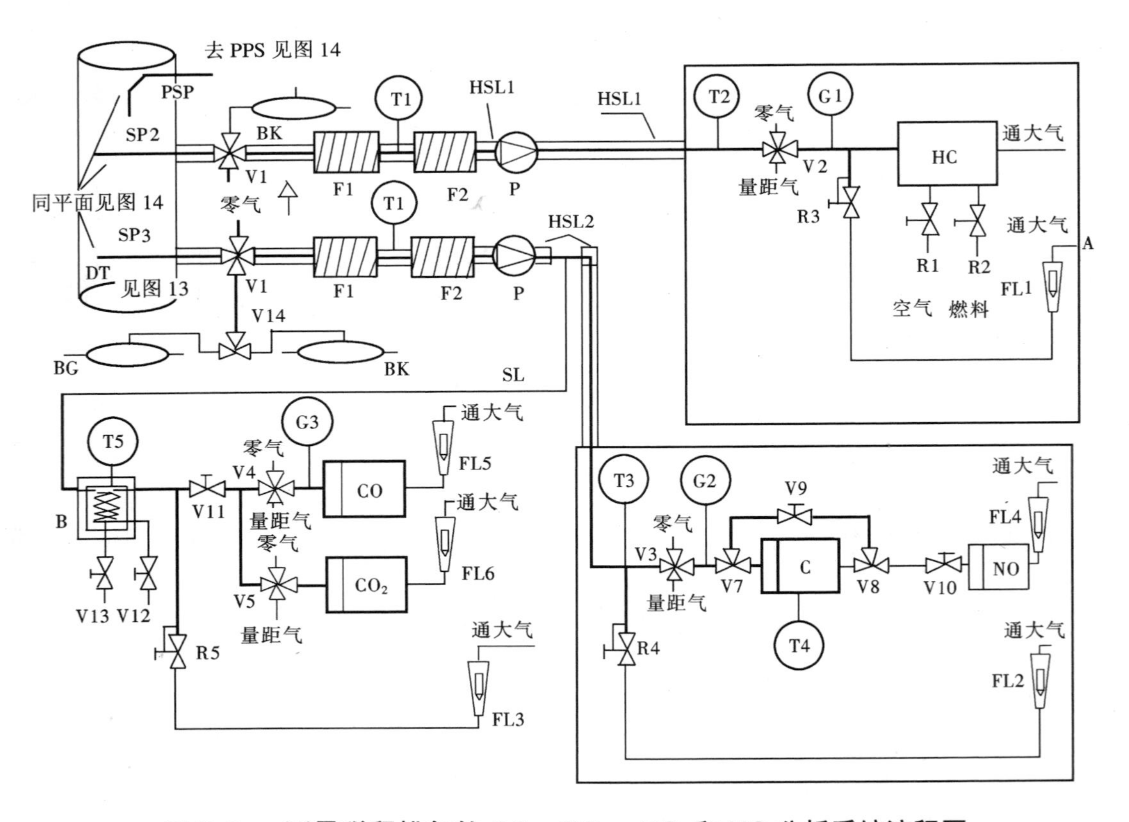

图 D.2　测量稀释排气的 CO，CO_2，NO_x 和 HC 分析系统流程图

D.2.2.4 HSL1 加热取样管路

取样管将气样从单只探头处输送到分流点和 HC 分析仪。

取样管路应：

——最小内径为 5 mm，最大内径为 13.5 mm；

——由不锈钢或聚四氟乙烯（PTFE）制成；

——若取样探头处的排气温度等于或低于 463 K（190℃），每个单独控制的加热部位所有壁温应保持在 463K±10K（190℃±10℃）；

——如果取样探头处的排气温度高于 463 K（190℃），应保持壁温高于 453 K（180℃）；

——紧接在加热过滤器（F2）和 HFID 之前，气体温度应保持在 463 K±10 K（190℃±10℃）。

D.2.2.5 HSL2 加热的 NO_x 取样管路

取样管路应：

——当使用冷却槽时，转换器之前的取样管道壁温应保持在 328～473 K（55～200℃），如不使用冷却槽，则应将管道壁温保持到分析仪前；

——由不锈钢或 PTFE 制造。

由于取样管路的加热仅用于防止水和硫酸盐的凝结，因此取样管路的温度取决于燃料的硫含量。

D.2.2.6 SL 用于 CO（CO_2）的取样管路

应由不锈钢或聚四氟乙烯（PTFE）制成。可以加热或不加热。

D.2.2.7 BK 背景气袋（选用；仅用于图 D.2）

用于背景浓度测量。

D.2.2.8 BG 取样袋（选用，限于图 D.2 的 CO 和 CO_2）

用于样气浓度测量。

D.2.2.9 F1 加热的前置过滤器（选用）

温度应该与 HSL1 相同。

D.2.2.10 F2 加热的过滤器

应在分析仪之前将气样中的固体颗粒物滤去，其温度应与 HSL1 相同，应根据需要更换过滤器。

D.2.2.11 P 加热的取样泵

应加热到 HSL1 的温度。

D.2.2.12 HC

用加热式火焰离子化探测器（HFID）测定碳氢化合物，温度应保持在 453～473 K（180～200℃）。

D.2.2.13 CO，CO_2

用 NDIR 分析仪测定一氧化碳和二氧化碳。

D.2.2.14 NO

用 CLD 或 HCLD 分析仪测定氮氧化物，若使用 HCLD 分析仪，则温度应保持在 328～473 K（55～200℃）。

D.2.2.15 C 转换器

在 CLD 或 HCLD 分析仪之前使用，将 NO_2 催化还原为 NO 的转换器。

D.2.2.16 B 冷却槽

用于冷凝排气气样中的水分。冷却槽应用冰或制冷器使温度保持在 273～277 K（0～4℃）。若根据 BB 1.10.1，BB 1.10.2 测定仪无水蒸气干扰，则冷却槽为可选件。不得使用化学干燥剂去除气样中的水分。

D.2.2.17 T1，T2，T3 温度传感器

用于监测气流温度。

D.2.2.18　T4 温度传感器

用于监测 NO_2-NO 转化器的温度。

D.2.2.19　T5 温度传感器

用于监测冷却槽温度。

D.2.2.20　G1，G2，G3 压力表

用于监测取样管路内的压力。

D.2.2.21　R1，R2 压力调节器

用于分别控制 HFID 空气和燃料气的压力。

D.2.2.22　R3，R4，R5 压力调节阀

用于控制取样管路内的压力和进入分析仪的流量。

D.2.2.23　FL1，FL2，FL3 流量表

用于监测气样旁通流量。

D.2.2.24　FL4～FL7 流量表（选用）

用于监测通过分析仪的流量。

D.2.2.25　V1～V6 切换阀

用于切换进入分析仪的气样、量距气或零气流量的相应阀门。

D.2.2.26　V7，V8 电磁阀

用于旁通 NO_2-NO 转换器。

D.2.2.27　V9 针阀

用于平衡流入 NO_2-NO 转换器和旁通气流。

D.2.2.28　V10，V11 针阀

用于调节进入分析仪的流量。

D.2.2.29　V12，V13 拨钮阀

用于排除冷却槽 B 的冷凝水。

D.2.2.30　V14 选择阀

用于切换气样袋或背景气袋。

附　录　E
（规范性附录）
型式核准证书

根据……（本标准名称和编号）的要求，对下列发动机机型或发动机系族给予型式核准。

型式核准号：

E.1　概述

E.1.1　厂牌：

E.1.2　发动机机型或发动机系族名称：

E.1.3　发动机机型或发动机系族制造企业的名称：

E.1.4　制造企业地址：

E.1.5　制造企业授权的代理人（如果有）的名称和地址：

E.1.6　发动机标签

标签位置：

标签固定方法：

E.1.7　总装厂地址：

E.1.8　发动机驱动的移动机械说明：

E.2　使用的限值条件

在非道路移动机械上安装发动机应考虑的特别条件：

E.2.1　最大允许进气压力降：　　　　kPa

E.2.2　最大允许排气背压：　　　　kPa

E.3　核准日期：

E.4　签章：

E.5　型式核准申报资料清单：

型式核准申报材料，见附录 A

试验结果，见附件 EA

附 件 EA
（规范性附件）
测量结果

EA.1 关于实施试验的信息资料（若有多个源机应逐个填报）

EA.1.1 辛烷值

EA.1.1.1 辛烷值：
EA.1.1.2 若为二冲程发动机，润滑油与汽油被混合时应说明润滑油在混合物中的百分比：
EA.1.1.3 四冲程发动机所用汽油密度，二冲程发动机所用汽油/润滑油混合物的密度：

EA.1.2 润滑油

EA.1.2.1 制造企业：
EA.1.2.2 型号：

EA.1.3 发动机驱动的设备（如适用）

EA.1.3.1 列举与识别细节：
EA.1.3.2 在发动机指定转速下所吸收的功率（按制造企业的规定），见表 EA.1

表 EA.1 发动机指定转速下所吸收的功率

设 备	不同转速下吸收的功率 P_{AE}/kW [a]	
	中间转速（如适用）	额定转速
总计		

[a] 试验测定功率过程中应不大于 10%。

EA.1.4 发动机性能

EA.1.4.1 发动机转速：
怠速 r/min：
中间的转速 r/min：
额定转速 r/min：
EA.1.4.2 标准 3.5 规定的发动机功率，见表 EA.2

表 EA.2 发动机功率

工　况	在发动机不同转速下的功率设定/kW	
	中间转速（如适用）	额定转速
试验实测的最大功率 P_M/kW（a）		
按 EA.1.3.2 或 B.2.8 测定发动机驱动的附件所吸收的总功率 P_{AE}/kW（b）		
标准 3.5 规定的发动机净功率/kW（c）		
c = a+b		

EA.1.5 排放水平

EA.1.5.1 测功机设定（kW），见表 EA.3

表 EA.3 测功机设定

负荷百分数/%	在发动机不同转速下测功机的设定值/kW	
	中间转速（如适用）	额定转速（如适用）
10（如适用）		
25（如适用）		
50		
75		
100		

EA.1.5.2 试验循环时的排放结果：

CO g/(kW·h)：

HC g/(kW·h)：

NO_x g/(kW·h)：

附 件 EB
（规范性附件）
测定发动机功率而安装的装置与辅件

表 EB.1 测定发动机功率而安装的装置与辅件

序号	装置与辅件	是否安装
1	进气系统	
	进气支管	是，按设备标准配置装配
	曲轴箱排放控制系统	是，按设备标准配置装配
	双吸入进气支管系统用控制装置	是，按设备标准配置装配
	空气流量计	是，按设备标准配置装配
	进气管路系统	是[a]
	空气滤清器	是[a]
	进气消声器	是[a]
	限速装置	是[a]
2	进气支管进气加热装置	是，按设备标准配置装配 尽可能调整在最佳状况
3	排气系统	
	排气净化器	是，按设备标准配置装配
	排气支管	是，按设备标准配置装配
	连接管	是[b]
	消声器	是[b]
	尾管	是[b]
	排气制动器	否[c]
	进气增压装置	是，按设备标准配置装配
4	输油泵	是，按设备标准配置装配[d]
5	化油装置	
	化油器	是，按设备标准配置装配
	电子控制系统，空气流量计等	是，按设备标准配置装配
	气体发动机用装置	
	减压器	是，按设备标准配置装配
	蒸发器	是，按设备标准配置装配
	混合器	是，按设备标准配置装配
6	燃油喷射装置（如果使用）	
	粗滤器	是，按设备标准配置装配或试验台设备
	滤清器	是，按设备标准配置装配或试验台设备
	喷油泵	是，按设备标准配置装配
	高压油管	是，按设备标准配置装配
	喷油器	是，按设备标准配置装配
	空气进气阀	是，按设备标准配置装配[e]
	电子控制系统，空气流量计等	是，按设备标准配置装配
	调速/控制系统	是，按设备标准配置装配
	控制齿条随大气状况全负荷自动限位装置	是，按设备标准配置装配
7	液体冷却装置	
	散热器	否
	风扇	否
	风扇罩壳	否
	水泵	是，按设备标准配置装配[f]
	节温器	是，按设备标准配置装配[g]

续表

序号	装置与辅件	是否安装
8	空气冷却装置 导风罩 风扇或鼓风机 温度调节装置	 否[h] 否[h] 否
9	电气设备 发电机 点火分电器系统 点火线圈 配线 火花塞 电子控制系统，包括爆震传感器/点火延迟装置	 是，按设备标准配置装配[i] 是，按设备标准配置装配 是，按设备标准配置装配 是，按设备标准配置装配 是，按设备标准配置装配 是，按设备标准配置装配
10	增压装置 压气机，由发动机直接驱动和/或由排气驱动 中冷器 冷却泵或风扇（发动机驱动） 冷却液流量控制装置	 是，按设备标准配置装配 是，按设备标准配置装配或试验台设备[hj] 否[h] 是，按设备标准配置装配
11	试验台辅助风扇	是，需要时
12	防污染装置	是，按设备标准配置装配[k]
13	启动装置	试验台设备[l]
14	润滑油泵	是，按设备标准配置装配

[a] 如属以下使用情况时应装上全部进气系统：
——可能对发动机功率产生相当大影响；
——为自然吸气点燃式发动机；
——当制造企业提出此要求时。
在其他情况下，可使用一等效进气系统，但应检查，确保进气压力与制造企业规定的、装上清洁空气滤清器时的进气压力上限值之差不大于 100 Pa。

[b] 如属以下使用情况时应装上全部排气系统：
——可能对发动机功率产生相当大影响；
——为自然吸气点燃式发动机；
——当制造企业提出此要求时。
在其他情况下，可安装一等效的排气系统，但所测压力与制造企业规定的压力上限值之差不大于 1 000 Pa。

[c] 如发动机上设有排气制动装置，则节流阀应固定在全开位置。

[d] 需要时燃料供给压力可以调节，以便能重新达到发动机在某一用途时所需的压力（特别在使用“燃料回流”系统时）。

[e] 进气阀是喷油泵气动调速器的控制阀。调速器或喷油装置可以装有其他可能影响喷油量的装置。

[f] 只能用发动机水泵来实施冷却液的循环。可用外循环来冷却冷却液，使该循环的压力损失和水泵进口处压力保持与原来发动机冷却系统的大致相同。

[g] 节温器可固定在全开位置。

[h] 除了风冷发动机直接安装于曲轴的冷却风扇，当试验装有冷却风扇或鼓风机时，应将其吸收功率加到试验结果中去。风扇或鼓风机的功率应按试验所用转速根据标准计算或实际试验确定。

[i] 发电机最小功率：发电机的电功率应限于使发动机运行所必要的附件在工作时所需的功率。如需接上蓄电池，应使用充满电的、有良好状态的蓄电池。

[j] 进气中冷发动机应带中冷器（液冷或空冷）进行试验，但如制造企业要求，也可用台架试验系统来替代中冷器。无论哪种情况，均应按制造企业所规定的发动机空气在经过试验台中冷器时的最大压力降和最小温度降，测量每一转速时的功率。

[k] 这些装置包括诸如废气再循环（EGR）系统，催化转换器，热反应器，二次空气供给系统和燃油蒸发防护系统等。

[l] 电气或其他启动系统的功率应由试验台提供。

附　录　F
（规范性附录）
生产一致性保证要求

F.1　总则

制造企业应具备生产一致性保证能力并接受型式核准机构的监督检查。

F.2　生产一致性保证计划

F.2.1　型式核准机构在批准型式核准时，应核实制造企业是否已具备了为相应型式核准内容所作的生产一致性保证计划。

F.2.2　制造企业应按照生产一致性保证计划进行生产，生产一致性保证应至少包括：

F.2.2.1　具有并执行规程，能有效地控制产品（系统、零部件或总成）与已获型式核准的机型（或系族）一致。

F.2.2.2　为检查已获型式核准机型（或系族）的一致性，需使用必要的试验设备或根据制造企业自身条件选择其他合适的措施。

F.2.2.3　记录试验或检查的结果并形成文件，该文件要在型式核准机构规定的期限内一直保留，并可获取。

F.2.2.4　分析试验或检查结果，以便验证和确保产品排放特性的稳定性，以及制订生产过程控制允差。

F.2.2.5　如任一组样品在要求的试验或检查中被确认一致性不符合，应采取必要纠正措施，并进行再次检查，以确认是否改善并恢复了生产一致性保证能力。

F.3　监督检查

F.3.1　型式核准机构可随时和（或）定期监督检查制造企业生产一致性保证计划的持续有效性。

F.3.2　由型式核准机构和（或）其委托的单位进行监督检查。

F.3.3　由型式核准机构确定监督检查的周期，确保制造企业的生产一致性保证计划的持续有效性得到监督检查。

中华人民共和国国家标准

GB 26451—2011

稀土工业污染物排放标准

Emission standard of pollutants for rare earths industry

2011-01-24 发布　　　　2011-10-01 实施

环　境　保　护　部
国家质量监督检验检疫总局　发布

中华人民共和国环境保护部
公 告

2011 年　第 5 号

为贯彻《中华人民共和国环境保护法》、《中华人民共和国水污染防治法》和《中华人民共和国大气污染防治法》，防治污染，保护和改善生态环境，保障人体健康，现批准《稀土工业污染物排放标准》为国家污染物排放标准，并由环境保护部与国家质量监督检验检疫总局联合发布。

标准名称、编号如下：

稀土工业污染物排放标准（GB 26451—2011）

按有关法律规定，该标准具有强制执行的效力。

该标准自 2011 年 10 月 1 日起实施。

该标准由中国环境科学出版社出版，标准内容可在环境保护部网站（bz.mep.gov.cn）查询。

特此公告。

（此公告业经国家质量监督检验检疫总局张健伟会签）

2011 年 1 月 24 日

前 言

为贯彻《中华人民共和国环境保护法》、《中华人民共和国水污染防治法》、《中华人民共和国大气污染防治法》、《中华人民共和国海洋环境保护法》、《国务院关于落实科学发展观 加强环境保护的决定》等法律、法规和国家加强重金属污染防治工作的有关要求，保护环境，防治污染，促进稀土工业生产工艺和污染治理技术的进步，制定本标准。

本标准规定了稀土工业企业水污染物和大气污染物排放限值、监测和监控要求，适用于稀土工业企业水污染和大气污染防治和管理。为促进区域经济与环境协调发展，推动经济结构的调整和经济增长方式的转变，引导稀土工业生产工艺和污染治理技术的发展方向，本标准规定了水污染物特别排放限值。

本标准中的污染物排放浓度均为质量浓度。

稀土工业企业排放恶臭污染物、环境噪声以及锅炉排放大气污染物适用相应的国家污染物排放标准，产生固体废物的鉴别、处理和处置适用国家固体废物污染控制标准。

本标准为首次发布。

自本标准实施之日起，稀土工业企业的水污染物和大气污染物排放控制按本标准的规定执行，不再执行《污水综合排放标准》（GB 8978—1996）、《大气污染物综合排放标准》（GB 16297—1996）和《工业炉窑大气污染物排放标准》（GB 9078—1996）中的相关规定。

地方省级人民政府对本标准未作规定的污染物项目，可以制定地方污染物排放标准；对本标准已作规定的污染物项目，可以制定严于本标准的地方污染物排放标准。

本标准由环境保护部科技标准司组织制订。

本标准主要起草单位：中国恩菲工程技术有限公司（中国有色工程设计研究总院），环境保护部环境标准研究所、北京有色金属研究总院、包头稀土研究院、四川省稀土行业协会、内蒙古包钢稀土高科技股份有限公司、包头华美稀土高科有限公司、江西钨业集团有限公司、溧阳罗地亚稀土新材料有限公司、内蒙古自治区稀土行业协会参加。

本标准环境保护部 2011 年 1 月 18 日批准。

本标准自 2011 年 10 月 1 日起实施。

本标准由环境保护部解释。

稀土工业污染物排放标准

1 适用范围

本标准规定了稀土工业企业水污染物和大气污染物排放限值、监测和监控要求，以及标准的实施与监督等相关规定。

本标准适用于现有稀土工业企业的水污染物和大气污染物排放管理，以及稀土工业建设项目的环境影响评价、环境保护设施设计、竣工环境保护验收及其投产后的水污染物和大气污染物排放管理。

本标准不适用于稀土材料加工企业（或车间、系统）及附属于稀土工业企业的非特征生产工艺和装置。

本标准适用于法律允许的污染物排放行为。新设立污染源的选址和特殊保护区域内现有污染源的管理，按照《中华人民共和国大气污染防治法》、《中华人民共和国水污染防治法》、《中华人民共和国海洋环境保护法》、《中华人民共和国固体废物污染环境防治法》、《中华人民共和国放射性污染防治法》、《中华人民共和国环境影响评价法》等法律、法规、规章的相关规定执行。

本标准规定的水污染物排放控制要求适用于企业直接或间接向其法定边界外排放水污染物的行为。

2 规范性引用文件

本标准内容引用了下列文件或其中的条款。

GB/T 6768 水中微量铀分析方法

GB/T 6920—1986 水质 pH 值的测定 玻璃电极法

GB/T 7466—1987 水质 总铬的测定

GB/T 7467—1987 水质 六价铬的测定 二苯碳酰二肼分光光度法

GB/T 7475—1987 水质 铜、锌、铅、镉的测定 原子吸收分光光度法

GB/T 7484—1987 水质 氟化物的测定 离子选择电极法

GB/T 7485—1987 水质 总砷的测定 二乙基二硫代氨基甲酸银分光光度法

GB/T 11224 水中钍的分析方法

GB/T 11743 土壤中放射性核素的γ能谱分析方法

GB/T 11893—1989 水质 总磷的测定 钼酸铵分光光度法

GB/T 11894—1989 水质 总氮的测定 碱性过硫酸钾消解紫外分光光度法

GB/T 11901—1989 水质 悬浮物的测定 重量法

GB/T 15432—1995 环境空气 总悬浮颗粒物的测定 重量法

GB/T 16157—1996 固定污染源排气中颗粒物测定与气态污染物采样方法

GB/T 16488—1996 水质 石油类和动植物油的测定 红外光度法

GB/T 18871 电离辐射防护与辐射源安全基本标准

HJ/T 27—1999 固定污染源排气中氯化氢的测定 硫氰酸汞分光光度法

HJ/T 30—1999 固定污染源排气中氯气的测定 甲基橙分光光度法

HJ/T 42—1999 固定污染源排气中氮氧化物的测定 紫外分光光度法
HJ/T 43—1999 固定污染源排气中氮氧化物的测定 盐酸萘乙二胺分光光度法
HJ/T 55 大气污染物无组织排放监测技术导则
HJ/T 56—2000 固定污染源排气中二氧化硫的测定 碘量法
HJ/T 57—2000 固定污染源排气中二氧化硫的测定 定电位电解法
HJ/T 67—2001 大气固定污染源 氟化物的测定 离子选择电极法
HJ/T 70—2001 高氯废水 化学需氧量的测定 氯气校正法
HJ/T 75 固定污染源烟气排放连续监测技术规范（试行）
HJ/T 132—2003 高氯废水 化学需氧量的测定 碘化钾碱性高锰酸钾法
HJ/T 195—2005 水质 氨氮的测定 气相分子吸收光谱法
HJ/T 199—2005 水质 总氮的测定 气相分子吸收光谱法
HJ 479—2009 环境空气 氮氧化物（一氧化氮和二氧化氮）的测定 盐酸萘乙二胺分光光度法
HJ 480—2009 环境空气 氟化物的测定 滤膜采样氟离子选择电极法
HJ 481—2009 环境空气 氟化物的测定 石灰滤纸采样氟离子选择电极法
HJ 482—2009 环境空气 二氧化硫的测定 甲醛吸收-副玫瑰苯胺分光光度法
HJ 483—2009 环境空气 二氧化硫的测定 四氯汞盐吸收-副玫瑰苯胺分光光度法
HJ 487—2009 水质 氟化物的测定 茜素磺酸锆目视比色法
HJ 488—2009 水质 氟化物的测定 氟试剂分光光度法
HJ 535—2009 水质 氨氮的测定 纳氏试剂分光光度法
HJ 536—2009 水质 氨氮的测定 水杨酸分光光度法
HJ 537—2009 水质 氨氮的测定 蒸馏-中和滴定法
HJ 544—2009 固定污染源废气 硫酸雾的测定 离子色谱法（暂行）
HJ 547—2009 固定污染源废气 氯气的测定 碘量法（暂行）
HJ 548—2009 固定污染源废气 氯化氢的测定 硝酸银容量法（暂行）
HJ 549—2009 空气和废气 氯化氢的测定 离子色谱法（暂行）
《污染源自动监控管理办法》（国家环境保护总局令 第 28 号）
《环境监测管理办法》（国家环境保护总局令 第 39 号）

3 术语和定义

下列术语与定义适用于本标准。

3.1

稀土 rare earths

元素周期表中原子序数从 57 到 71 的镧系元素，即镧（La）、铈（Ce）、镨（Pr）、钕（Nd）、钷（Pm）、钐（Sm）、铕（Eu）、钆（Gd）、铽（Tb）、镝（Dy）、钬（Ho）、铒（Er）、铥（Tm）、镱（Yb）、镥（Lu）和原子序数为 21 的钪（Sc）、39 的钇（Y）共 17 个元素的总称，通常用符号 RE 表示，是化学性质相似的一组元素。

3.2

稀土工业企业 rare earths industry

指生产稀土精矿或稀土富集物、稀土化合物、稀土金属、稀土合金中任一种或数种产品的企业。

3.3

稀土采矿 rare earths mining

指以露天开采或地下开采方式从矿床中采出稀土原矿的过程。本标准不包括采用溶液浸矿方式直接从稀土矿床浸出或堆浸获得离子型稀土浸取液的过程。

3.4

稀土选矿　rare earths mineral processing

指根据稀土原矿中有用矿物和脉石的物理化学性质，对有用矿物与脉石或有害物质进行分离生产稀土精矿的过程，以及从溶液浸矿获得的稀土浸取液中通过化学方法生产稀土富集物的过程。

3.5

稀土冶炼　rare earths metallurgy

以稀土精矿或含稀土的物料为原料，含有分解提取、分组、分离、金属及合金制取工艺中至少一步生产稀土化合物、稀土金属或稀土合金的过程。

3.6

分解提取生产工艺　decomposition and extraction

以稀土精矿或含稀土的物料为原料，经过焙烧或酸、碱等分解手段生产混合稀土化合物的过程。

3.7

稀土分组、分离生产工艺　rare earths separation and purification

以混合稀土化合物为原料，通过溶剂萃取、离子交换、萃取色层、氧化还原、结晶沉淀等分离提纯手段生产单一稀土化合物或稀土富集物（包括稀土氯化物、稀土硝酸盐、稀土碳酸盐、稀土磷酸盐、稀土草酸盐、稀土氢氧化物、稀土氧化物等）的过程。本标准包括将不溶性稀土盐类化合物经洗涤、煅烧制备稀土氧化物或其他化合物的过程。

3.8

稀土金属及合金生产工艺　rare earths metal and its alloy preparation

以单一或混合稀土化合物为原料，采用电解法、金属热还原法或其他方法制得稀土金属及稀土合金的过程。

3.9

稀土氧化物　rare earths oxide

稀土元素和氧元素结合生成的化合物总称，通常用符号 REO 表示。

3.10

稀土硅铁合金　rare earths ferrosilicon alloy

由稀土元素与其他元素，如钙、锰、铝等组成的含硅的铁合金。

3.11

特征生产工艺和装置　typical processing and facility

指稀土的采矿、选矿、冶炼的生产工艺和装置以及与这些工艺相关的污染物治理工艺和装置。

3.12

现有企业　existing facility

指本标准实施之日前已建成投产或环境影响评价文件已通过审批的稀土工业企业及生产设施。

3.13

新建企业　new facility

指本标准实施之日起环境影响评价文件通过审批的新建、改建和扩建的稀土工业建设项目。

3.14

企业边界　enterprise boundary

指稀土工业企业的法定边界。若无法定边界，则指实际边界。

3.15

标准状态　standard condition

指温度为 273.15 K、压力为 101 325 Pa 时的状态。本标准规定的大气污染物排放浓度限值均以标准状态下的干气体为基准。

3.16

排水量　effluent volume

指稀土工业生产设施或企业向企业法定边界以外排放的废水的量，包括与生产有直接或间接关系的各种外排废水（如厂区生活污水、冷却废水、厂区锅炉和电站排水等）。

3.17

排气量　exhaust volume

指稀土工业生产工艺和装置排入环境空气的废气量，包括与生产工艺和装置有直接或间接关系的各种外排废气。

3.18

单位产品基准排水量　benchmark effluent volume per unit product

指用于核定水污染物排放浓度而规定的生产单位产品的废水排放量上限值。

3.19

单位产品基准排气量　banchmark exhaust volume per unit product

指用于核定大气污染物排放浓度而规定的生产单位产品的废气排放量上限值。

3.20

排气筒高度　stack height

指自排气筒（或其主体建筑构造）所在的地平面至排气筒出口计的高度。

3.21

含钍、铀粉尘　uranium and thorium dust

指天然钍、铀含量大于1‰的粉尘。

3.22

直接排放　direct discharge

指排污单位直接向环境排放水污染物的行为。

3.23

间接排放　indirect discharge

指排污单位向公共污水处理系统排放水污染物的行为。

3.24

公共污水处理系统　public wastewater treatment system

指通过纳污管道等方式收集废水，为两家以上排污单位提供废水处理服务并且排水能够达到相关排放标准要求的企业或机构，包括各种规模和类型的城镇污水处理厂、区域（包括各类工业园区、开发区、工业聚集地等）废水处理厂等，其废水处理程度应达到二级或二级以上。

4　污染物排放控制要求

4.1　水污染物排放控制要求

4.1.1　自2012年1月1日起至2013年12月31日止，现有企业执行表1规定的水污染物排放限值。

表 1　现有企业水污染物排放浓度限值及单位产品基准排水量

单位：mg/L（pH 值除外）

序号	污染物项目	排放限值		污染物排放监控位置
		直接排放	间接排放	
1	pH 值	6～9	6～9	企业废水总排放口
2	悬浮物	70	100	
3	氟化物（以 F 计）	10	10	
4	石油类	5	5	
5	化学需氧量（COD）	80	100	
6	总磷	3	5	
7	总氮	50	70	
8	氨氮	25	50	
9	总锌	1.5	1.5	
10	钍、铀总量	0.1		车间或生产设施废水排放口
11	总镉	0.08		
12	总铅	0.5		
13	总砷	0.3		
14	总铬	1.0		
15	六价铬	0.3		
单位产品基准排水量	选矿（以原矿计）	m^3/t	1.0	排水量计量位置与污染物排放监控位置相同
	分解提取（以 REO 计）	m^3/t	30	
	萃取分组、分离（以 REO 计）	m^3/t	35	
	金属及合金制取	m^3/t	8	

4.1.2　自 2014 年 1 月 1 日起，现有企业执行表 2 规定的水污染物排放限值。

4.1.3　自 2011 年 10 月 1 日起，新建企业执行表 2 规定的水污染物排放限值。

表 2　新建企业水污染物排放浓度限值及单位产品基准排水量

单位：mg/L（pH 值除外）

序号	污染物项目	排放限值		污染物排放监控位置
		直接排放	间接排放	
1	pH 值	6～9	6～9	企业废水总排放口
2	悬浮物	50	100	
3	氟化物（以 F 计）	8	10	
4	石油类	4	5	
5	化学需氧量（COD）	70	100	
6	总磷	1	5	
7	总氮	30	70	
8	氨氮	15	50	
9	总锌	1.0	1.5	
10	钍、铀总量	0.1		车间或生产设施废水排放口
11	总镉	0.05		
12	总铅	0.2		
13	总砷	0.1		
14	总铬	0.8		
15	六价铬	0.1		
单位产品基准排水量	选矿（以原矿计）	m^3/t	0.8	排水量计量位置与污染物排放监控位置相同
	分解提取（以 REO 计）	m^3/t	25	
	萃取分组、分离（以 REO 计）	m^3/t	30	
	金属及合金制取	m^3/t	6	

4.1.4 根据环境保护工作的要求，在国土开发密度较高、环境承载能力开始减弱，或水环境容量较小、生态环境脆弱，容易发生严重水环境污染问题而需要采取特别保护措施的地区，应严格控制企业的污染排放行为，在上述地区的企业执行表3规定的水污染物特别排放限值。

执行水污染物特别排放限值的地域范围、时间，由国务院环境保护行政主管部门或省级人民政府规定。

表3 水污染物特别排放限值

单位：mg/L（pH值除外）

序号	污染物项目	排放限值		污染物排放监控位置
		直接排放	间接排放	
1	pH值	6～9	6～9	企业废水总排放口
2	悬浮物	40	50	
3	氟化物（以F计）	5	8	
4	石油类	3	4	
5	化学需氧量（COD）	60	70	
6	总磷	0.5	1	
7	总氮	20	30	
8	氨氮	10	25	
9	总锌	0.8	1.0	
10	钍、铀总量	0.1		车间或生产设施废水排放口
11	总镉	0.05		
12	总铅	0.1		
13	总砷	0.05		
14	总铬	0.5		
15	六价铬	0.1		
单位产品基准排水量	选矿（以原矿计）	m^3/t	0.6	排水量计量位置与污染物排放监控位置相同
	分解提取（以REO计）	m^3/t	20	
	萃取分组、分离（以REO计）	m^3/t	25	
	金属及合金制取	m^3/t	4	

4.1.5 对于排放含有放射性物质的污水，除执行本标准外，还应符合GB 18871的规定。

4.1.6 水污染物排放浓度限值适用于单位产品实际排水量不大于单位产品基准排水量的情况。若单位产品实际排水量超过单位产品基准排水量，须按式（1）将实测水污染物浓度换算为水污染物基准水量排放浓度，并以水污染物基准水量排放浓度作为判定排放是否达标的依据。产品产量和排水量统计周期为一个工作日。

在企业的生产设施同时生产两种以上产品、可适用不同排放控制要求或不同行业国家污染物排放标准，且生产设施产生的污水混合处理排放的情况下，应执行排放标准中规定的最严格的浓度限值，并按式（1）换算水污染物基准排水量排放浓度。

$$\rho_{基}=\frac{Q_{总}}{\sum Y_i \cdot Q_{i基}} \cdot \rho_{实} \quad (1)$$

式中：$\rho_{基}$——水污染物基准排水量排放浓度，mg/L；

$Q_{总}$——排水总量，m^3；

Y_i——第 i 种产品产量，t；

$Q_{i基}$——第 i 种产品的单位产品基准排水量，m^3/t；

$\rho_{实}$——实测水污染物排放浓度，mg/L。

若$Q_{总}$与$\sum Y_i \cdot Q_{i基}$的比值小于 1，则以水污染物实测浓度作为判定排放是否达标的依据。

4.1.7 对于萃取分组、分离工艺，生产 1～4 种纯度为 99%以上的稀土产品时，单位产品基准排水量应执行表 1～表 3 中的限值；生产 5～9 种纯度为 99%以上的稀土产品时，单位产品基准排水量应为表 1～表 3 中限值的 1.5 倍；生产 10 种以上纯度为 99%以上的稀土产品时，单位产品基准排水量应为表 1～表 3 中限值的 2 倍；生产荧光级或等同于荧光级质量产品时，单位产品基准排水量应在上述单位基准排水量的基础上增加 30 m^3。同一稀土元素的不同规格的产品按 1 种产品计。

4.2 大气污染物排放控制要求

4.2.1 自 2012 年 1 月 1 日起至 2013 年 12 月 31 日止，现有企业执行表 4 规定的大气污染物排放限值。

表 4 现有企业大气污染物排放浓度限值

单位：mg/m^3

序号	污染物项目	生产工艺及设备	限值	污染物排放监控位置
1	二氧化硫	分解提取	500	车间或生产设施排气筒
2	硫酸雾	分解提取	45	
3	颗粒物	采选	80	
		分解提取	50	
		萃取分组、分离	50	
		金属及合金制取	60	
		稀土硅铁合金	60	
4	氟化物	分解提取	9	
		金属及合金制取	7	
		稀土硅铁合金	7	
5	氯气	分解提取	30	
		萃取分组、分离	30	
		金属及合金制取	50	
6	氯化氢	分解提取	60	
		萃取分组、分离	80	
7	氮氧化物	分解提取（焙烧）	240	
		萃取分组、分离（煅烧）	200	
8*	钍、铀总量	全部	0.10	
单位产品基准排气量	选矿（以原矿计）	m^3/t	300	排气量计量位置与污染物排放监控位置相同
	分解提取（以 REO 计）	m^3/t	25 000	
	萃取分组、分离（以 REO 计）	m^3/t	30 000	
	金属及合金制取	m^3/t	25 000	

* 排放含钍、铀粉尘废气的排气筒执行该项限值。

4.2.2 自 2014 年 1 月 1 日起，现有企业执行表 5 规定的大气污染物排放限值。

4.2.3 自 2011 年 10 月 1 日起，新建企业执行表 5 规定的大气污染物排放限值。

表5 新建企业大气污染物排放浓度限值

单位：mg/m^3

序号	污染物项目	生产工艺及设备	限值	污染物排放监控位置
1	二氧化硫	分解提取	300	车间或生产设施排气筒
2	硫酸雾	分解提取	35	
3	颗粒物	采选	50	
		分解提取	40	
		萃取分组、分离	40	
		金属及合金制取	50	
		稀土硅铁合金	50	
4	氟化物	分解提取	7	
		金属及合金制取	5	
		稀土硅铁合金	5	
5	氯气	分解提取	20	
		萃取分组、分离	20	
		金属及合金制取	30	
6	氯化氢	分解提取	40	
		萃取分组、分离	50	
7	氮氧化物	分解提取（焙烧）	200	
		萃取分组、分离（煅烧）	160	
8*	钍、铀总量	全部	0.10	
单位产品基准排气量	选矿（以原矿计）	m^3/t	300	排气量计量位置与污染物排放监控位置相同
	分解提取（以REO计）	m^3/t	25 000	
	萃取分组、分离（以REO计）	m^3/t	30 000	
	金属及合金制取	m^3/t	25 000	
* 排放含钍、铀粉尘废气的排气筒执行该项限值。				

4.2.4 企业边界大气污染物任何1 h平均浓度执行表6规定的浓度限值。

表6 现有企业和新建企业边界大气污染物浓度限值

单位：mg/m^3

序号	污染物项目	限值
1	二氧化硫	0.40
2	硫酸雾	1.2
3	颗粒物	1.0
4	氟化物	0.02
5	氯气	0.40
6	氯化氢	0.20
7	氮氧化物	0.12
8*	钍、铀总量	0.002 5
* 排放含钍、铀粉尘废气的企业执行该项限值。		

4.2.5 在现有企业生产、建设项目竣工环保验收后的生产过程中，负责监管的环境保护主管部门应对周围居住、教学、医疗等用途的敏感区域环境质量进行监测。建设项目的具体监控范围为环境影响评价确定的周围敏感区域；未进行过环境影响评价的现有企业，监控范围由负责监管的环境保护主管部门，根据企业排污的特点和规律及当地的自然、气象条件等因素，参照相关环境影响评价技术导则确

定。地方政府应对本辖区环境质量负责，采取措施确保环境状况符合环境质量标准要求。

4.2.6 大气污染物排放浓度限值适用于单位产品实际排气量不高于单位产品基准排气量的情况。若单位产品实际排气量超过单位产品基准排气量，须将实测大气污染物浓度换算为大气污染物基准气量排放浓度，并以大气污染物基准气量排放浓度作为判定排放是否达标的依据。大气污染物基准气量排放浓度的换算，可参照式（1）。排气量统计周期为一个工作日。

4.2.7 产生大气污染物的生产工艺和装置必须设立局部或整体气体收集系统和净化处理装置，达标排放。所有排气筒高度应不低于 15 m（排放含氯气、氯化氢废气的排气筒高度不得低于 25 m）。排气筒周围半径 200 m 范围内有建筑物时，排气筒高度还应高出最高建筑物 3 m 以上。

5 污染物监测要求

5.1 污染物监测的一般要求

5.1.1 对企业排放废水和废气的采样，应根据监测污染物的种类，在规定的污染物排放监控位置进行，有废水和废气处理设施的，应在处理设施后监控。在污染物排放监控位置须设置永久性排污口标志。

5.1.2 新建企业和现有企业安装污染物排放自动监控设备的要求，按有关法律和《污染源自动监控管理办法》的规定执行。

5.1.3 对企业污染物排放情况进行监测的频次、采样时间等要求，按国家有关污染源监测技术规范的规定执行。排放重金属污染物的企业应建立特征污染物的日监测制度。

5.1.4 企业产品产量的核定，以法定报表为依据。

5.1.5 企业须按照有关法律和《环境监测管理办法》的规定，对排污状况进行监测，并保存原始监测记录。

5.2 水污染物监测要求

对企业排放水污染物浓度的测定采用表 7 所列的方法标准。

表 7 水污染物浓度测定方法标准

序号	污染物项目	方法标准名称	方法标准编号
1	pH 值	水质 pH 值的测定 玻璃电极法	GB/T 6920—1986
2	悬浮物	水质 悬浮物的测定 重量法	GB/T 11901—1989
3	氟化物	水质 氟化物的测定 离子选择电极法	GB/T 7484—1987
		水质 氟化物的测定 茜素磺酸锆目视比色法	HJ 487—2009
		水质 氟化物的测定 氟试剂分光光度法	HJ 488—2009
4	石油类	水质 石油类和动植物油的测定 红外光度法	GB/T 16488—1996
5	化学需氧量	高氯废水 化学需氧量的测定 氯气校正法	HJ/T 70—2001
		高氯废水 化学需氧量的测定 碘化钾碱性高锰酸钾法	HJ/T 132—2003
6	总磷	水质 总磷的测定 钼酸铵分光光度法	GB/T 11893—1989
7	总氮	水质 总氮的测定 气相分子吸收光谱法	HJ/T 199—2005
		水质 总氮的测定 碱性过硫酸钾消解紫外分光光度法	GB/T 11894—1989
8	氨氮	水质 氨氮的测定 气相分子吸收光谱法	HJ/T 195—2005
		水质 氨氮的测定 纳氏试剂分光光度法	HJ 535—2009
		水质 氨氮的测定 水杨酸分光光度法	HJ 536—2009
		水质 氨氮的测定 蒸馏-中和滴定法	HJ 537—2009
9	钍	水中钍的分析方法	GB/T 11224
10	铀	水中微量铀分析方法	GB/T 6768

续表

序号	污染物项目	方法标准名称	方法标准编号
11	总镉	水质　铜、锌、铅、镉的测定　原子吸收分光光度法	GB/T 7475—1987
12	总铅	水质　铜、锌、铅、镉的测定　原子吸收分光光度法	GB/T 7475—1987
13	总锌	水质　铜、锌、铅、镉的测定　原子吸收分光光度法	GB/T 7475—1987
14	总砷	水质　总砷的测定　二乙基二硫代氨基甲酸银分光光度法	GB/T 7485—1987
15	总铬	水质　总铬的测定	GB/T 7466—1987
16	六价铬	水质　六价铬的测定　二苯碳酰二肼分光光度法	GB/T 7467—1987

5.3 大气污染物监测要求

5.3.1　采样点的设置与采样方法按 GB 16157—1996 和 HJ/T 75 的规定执行。

5.3.2　在有敏感建筑物方位、必要的情况下进行无组织排放监控，具体要求按 HJ/T 55 进行监测。

5.3.3　对企业排放大气污染物浓度的测定采用表 8 所列的方法标准。

表 8　大气污染物浓度测定方法标准

序号	污染物项目	方法标准名称	方法标准编号
1	二氧化硫	固定污染源排气中二氧化硫的测定　碘量法	HJ/T 56—2000
		固定污染源排气中二氧化硫的测定　定电位电解法	HJ/T 57—2000
		环境空气　二氧化硫的测定　甲醛吸收-副玫瑰苯胺分光光度法	HJ 482—2009
		环境空气　二氧化硫的测定　四氯汞盐吸收-副玫瑰苯胺分光光度法	HJ 483—2009
2	硫酸雾	固定污染源废气　硫酸雾的测定　离子色谱法（暂行）	HJ 544—2009
3	颗粒物	固定污染源排气中颗粒物测定与气态污染物采样方法	GB/T 16157—1996
		环境空气　总悬浮颗粒物的测定　重量法	GB/T 15432—1995
4	氟化物	大气固定污染源　氟化物的测定　离子选择电极法	HJ/T 67—2001
		环境空气　氟化物的测定　滤膜采样氟离子选择电极法	HJ 480—2009
		环境空气　氟化物的测定　石灰滤纸采样氟离子选择电极法	HJ 481—2009
5	氯气	固定污染源排气中氯气的测定　甲基橙分光光度法	HJ/T 30—1999
		固定污染源废气　氯气的测定　碘量法（暂行）	HJ 547—2009
6	氯化氢	固定污染源排气中氯化氢的测定　硫氰酸汞分光光度法	HJ/T 27—1999
		固定污染源废气　氯化氢的测定　硝酸银容量法（暂行）	HJ 548—2009
		空气和废气　氯化氢的测定　离子色谱法（暂行）	HJ 549—2009
7	氮氧化物	固定污染源排气中氮氧化物的测定　紫外分光光度法	HJ/T 42—1999
		固定污染源排气中氮氧化物的测定　盐酸萘乙二胺分光光度法	HJ/T 43—1999
		环境空气　氮氧化物（一氧化氮和二氧化氮）的测定　盐酸萘乙二胺分光光度法	HJ 479—2009
8	颗粒物中钍、铀	土壤中放射性核素的γ能谱分析方法	GB/T 11743

6 标准实施与监督

6.1　本标准由县级以上人民政府环境保护行政主管部门负责监督实施。

6.2　在任何情况下，企业均应遵守本标准的污染物排放控制要求，采取必要措施保证污染防治设施正常运行。各级环保部门在对设施进行监督性检查时，可以现场即时采样或监测的结果，作为判定排污行为是否符合排放标准以及实施相关环境保护管理措施的依据。在发现设施耗水或排水量、排气量有异常变化的情况下，应核定企业的实际产品产量、排水量和排气量，按本标准的规定，换算水污染物基准水量排放浓度和大气污染物基准气量排放浓度。

中华人民共和国环境保护部
公　告

2011年　第21号

为贯彻《中华人民共和国环境保护法》和《中华人民共和国放射性污染防治法》，防治污染，保障人体健康，现批准《核动力厂环境辐射防护规定》等三项标准为国家放射性污染物防治标准，并由我部与国家质量监督检验检疫总局联合发布。标准名称、编号如下：

一、核动力厂环境辐射防护规定（GB 6249—2011）；

二、核电厂放射性液态流出物排放技术要求（GB 14587—2011）；

三、低、中水平放射性废物固化体性能要求　水泥固化体（GB 14569.1—2011）。

按有关法律规定，以上标准具有强制执行的效力。

以上标准由中国环境科学出版社出版，标准内容可在环境保护部网站（bz.mep.gov.cn）查询。

以上标准自2011年9月1日起实施，同时下列标准废止：

一、核电厂环境辐射防护规定（GB 6249—1986）；

二、轻水堆核电厂放射性废水排放系统技术规定（GB 14587—1993）；

三、低、中水平放射性废物固化体性能要求　水泥固化体（GB 14569.1—1993）。

特此公告。

（此公告业经国家质量监督检验检疫总局纪正昆会签）

2011年2月18日

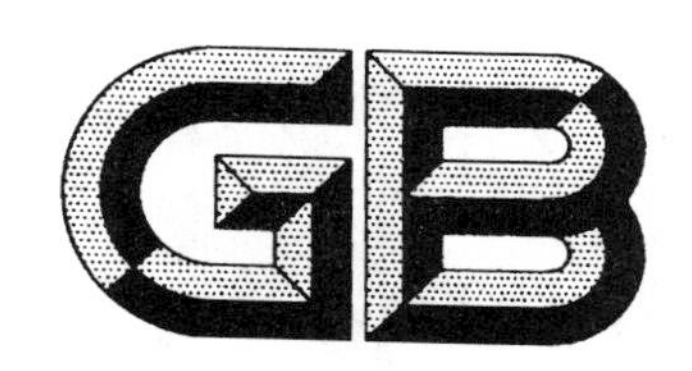

中华人民共和国国家标准

GB 6249—2011

代替 GB 6249—86

核动力厂环境辐射防护规定

Regulations for environmental radiation protection of nuclear power plant

2011-02-18 发布　　　　2011-09-01 实施

环境保护部
国家质量监督检验检疫总局　发布

前　言

为贯彻《中华人民共和国环境保护法》和《中华人民共和国放射性污染防治法》，防治放射性污染，改善环境质量，保护人体健康，制定本标准。

本标准规定了陆上固定式核动力厂厂址选择、设计、建造、运行、退役、扩建和修改等的环境辐射防护要求。

本标准是对《核电厂环境辐射防护规定》（GB 6249—86）的修订。

本标准首次发布于1986年，原标准起草单位为清华大学和中国原子能研究院。本次为第一次修订。修订的主要内容如下：

——将原标准中设计基准事故的分类修订为稀有事故和极限事故两类，同时给出了界定稀有事故和极限事故的频率；

——将原标准中厂址审批阶段的事故释放源项最大可信事故修改为选址假想事故，并给出其相应的剂量接受准则；

——本标准按堆型、按功率实施放射性流出物年排放总量的控制；对轻水堆，明确规定了液态放射性流出物中 ^{14}C 的年排放总量控制值，并增加了轻水堆和重水堆气载放射性流出物中 ^{14}C 和氚的控制值；

——本标准分别规定了滨海厂址和内陆厂址在槽式排放出口处浓度控制值。

自本标准实施之日起，《核电厂环境辐射防护规定》（GB 6249—86）废止。

本标准由环境保护部科技标准司、核安全管理司组织制订。

本标准主要起草单位：苏州热工研究院有限公司、环境保护部核与辐射安全中心。

本标准环境保护部2011年1月25日批准。

本标准自2011年9月1日起实施。

本标准由环境保护部解释。

核动力厂环境辐射防护规定

1 适用范围

本标准规定了陆上固定式核动力厂厂址选择、设计、建造、运行、退役、扩建和修改等的环境辐射防护要求。

本标准适用于采用轻水堆或重水堆发电的陆上固定式核设施，其他堆型的核动力厂可参照执行。

2 规范性引用文件

本标准内容引用了下列文件中的条款。凡是不注日期的引用文件，其有效版本适用于本标准。

GB 18871—2002 电离辐射防护与辐射源安全基本标准

3 术语和定义

下列术语和定义适用于本标准。

3.1

非居住区 exclusion area

指反应堆周围一定范围内的区域，该区域内严禁有常住居民，由核动力厂的营运单位对这一区域行使有效的控制，包括任何个人和财产从该区域撤离；公路、铁路、水路可以穿过该区域，但不得干扰核动力厂的正常运行；在事故情况下，可以做出适当和有效的安排，管制交通，以保证工作人员和居民的安全。在非居住区内，与核动力厂运行无关的活动，只要不对核动力厂正常运行产生影响和危及居民健康与安全是允许的。

3.2

规划限制区 planning restricted area

指由省级人民政府确认的与非居住区直接相邻的区域。规划限制区内必须限制人口的机械增长，对该区域内的新建和扩建的项目应加以引导或限制，以考虑事故应急状态下采取适当防护措施的可能性。

3.3

多堆厂址 multi-reactor site

指一个厂址有两个以上反应堆且各反应堆之间的距离小于 5 km 的核动力厂厂址。

3.4

剂量约束 dose constraint

对源可能造成的个人剂量预先确定的一种限制，它是源相关的，被用作对所考虑的源进行防护和安全最优化时的约束条件。对于公众照射，剂量约束是公众成员从一个受控源的计划运行中接受的年剂量的上限。剂量约束所指的照射是任何关键人群组在受控源的预期运行过程中、经所有照射途径所接受的年剂量之和。对每个源的剂量约束应保证关键人群组所受的来自所有受控源的剂量之和保持在剂量限值以内。

3.5

环境敏感区　environmental sensitive area

指具有需特殊保护地区、生态敏感及脆弱区以及社会关注区特征的区域。

3.6

放射性流出物　radioactive effluents

通常情况下，核动力厂以气体、气溶胶、粉尘和液体等形态排入环境并在环境中得到稀释和弥散的放射性物质。

3.7

运行状态　operational states

正常运行和预计运行事件两类状态的统称。正常运行是指核动力厂在规定的运行限值和条件范围内的运行。预计运行事件是指在核动力厂运行寿期内预计至少发生一次的偏离正常运行的各种运行过程；由于设计中已采取相应措施，此类事件不至于引起安全重要物项的严重损坏，也不至于导致事故工况。

3.8

事故工况　accident conditions

比预计运行事件更严重的工况，包括设计基准事故和严重事故。

3.9

设计基准事故　design basis accidents

核动力厂按确定的设计准则进行设计，并在设计中采取了针对性措施的那些事故工况，且确保燃料的损坏和放射性物质的释放不超过事故控制值。

设计基准事故包括稀有事故和极限事故两类。

3.10

稀有事故　infrequent accidents

在核动力厂运行寿期内发生频率很低的事故（预计为 10^{-4}～10^{-2}/堆年），这类事故可能导致少量燃料元件损坏，但单一的稀有事故不会导致反应堆冷却剂系统或安全壳屏障丧失功能。

3.11

极限事故　limiting accidents

在核动力厂运行寿期内发生频率极低的事故（预计为 10^{-6}～10^{-4}/堆年），这类事故的后果包含了大量放射性物质释放的可能性，但单一的极限事故不会造成应对事故所需的系统（包括应急堆芯冷却系统和安全壳）丧失功能。

3.12

选址假想事故　postulated siting accident

该事故仅适用于审批厂址阶段，作为确定厂址非居住区、规划限制区边界的依据。对于水冷反应堆，该事故一般应考虑全堆芯熔化，否则应进行充分有效的论证。

3.13

严重事故　severe accidents

严重性超过设计基准事故并造成堆芯明显恶化的事故工况。

4　环境辐射防护总则

4.1　核动力厂所有导致公众辐射照射的实践活动均应符合辐射防护实践的正当性原则。

4.2　在考虑了经济和社会因素之后，个人受照剂量的大小、受照射的人数以及受照射的可能性均保持在可合理达到的尽量低水平。

4.3 剂量限制和潜在照射危险限制，按照 GB 18871—2002 的相关规定：

a）在运行状态条件下，应对可能受到核动力厂辐射照射的公众个人实行剂量限制；

b）应对个人所受到的潜在照射危险加以限制，使所有潜在照射所致的个人危险与正常照射剂量限值所相应的健康危险处于同一数量级水平。

4.4 对于多堆厂址的各核动力厂，在环境辐射防护方面应实施统一的放射性流出物排放量申请、流出物和环境监测管理以及应急管理。

4.5 核动力厂应采取一切可合理达到的措施对放射性废物实施管理，实现废物最小化，包括在核动力厂的设计、运行和退役的全过程。废物管理应采用最佳可行技术实施对所有废气、废液和固体废物流的整体控制方案的优化和对废物从产生到处置的全过程的优化，力求获得最佳的环境、经济和社会效益，并有利于可持续发展。

5 厂址选择要求

5.1 在核动力厂厂址选择的过程中必须考虑与厂址所在区域的城市或工业发展规划、土地利用规划、水域环境功能区划之间的相容性，尤其应避开饮用水水源保护区、自然保护区、风景名胜区等环境敏感区。

5.2 在评价核动力厂厂址的适宜性时，必须综合考虑厂址所在区域的地质、地震、水文、气象、交通运输、土地和水的利用、厂址周围人口密度及分布等厂址周围的环境特征，必须考虑厂址所在区域内可能发生的自然的或人为的外部事件对核动力厂安全的影响，必须充分论证核动力厂放射性流出物排放（特别是事故工况下的流出物排放）、热排放及化学流出物排放对环境、当地生态系统和公众的影响，必须考虑新燃料、乏燃料及放射性固体废物的贮存和转运。

5.3 在核动力厂厂址选择中，应结合厂址周围的环境特征现状和预期发展，论证实施场外应急计划的可行性。

5.4 在核动力厂厂址选择时，应考虑核动力厂放射性废物的安全处置。

5.5 在核动力厂的厂址选择过程中，应考虑环境保护和辐射安全因素，经比选，对候选厂址进行优化分析。

5.6 必须在核动力厂周围设置非居住区和规划限制区。非居住区和规划限制区边界的确定应考虑选址假想事故的放射性后果。不要求非居住区是圆形，可以根据厂址的地形、地貌、气象、交通等具体条件确定，但非居住区边界离反应堆的距离不得小于 500 m；规划限制区半径不得小于 5 km。

5.7 核动力厂应尽量建在人口密度相对较低、离大城市相对较远的地点。规划限制区范围内不应有 1 万人以上的乡镇，厂址半径 10 km 范围内不应有 10 万人以上的城镇。

5.8 对于多堆厂址，应综合考虑各反应堆的特点，确定非居住区和规划限制区边界。

5.9 在发生选址假想事故时，考虑保守大气弥散条件，非居住区边界上的任何个人在事故发生后的任意 2 h 内通过烟云浸没外照射和吸入内照射途径所接受的有效剂量不得大于 0.25 Sv；规划限制区边界上的任何个人在事故的整个持续期间内（可取 30 d）通过上述两条照射途径所接受的有效剂量不得大于 0.25 Sv。在事故的整个持续期间内，厂址半径 80 km 范围内公众群体通过上述两条照射途径接受的集体有效剂量应小于 2×10^4 人·Sv。

6 运行状态下的剂量约束值和排放控制值

6.1 任何厂址的所有核动力堆向环境释放的放射性物质对公众中任何个人造成的有效剂量，每年必须小于 0.25 mSv 的剂量约束值。

核动力厂营运单位应根据经审管部门批准的剂量约束值，分别制定气载放射性流出物和液态放射性流出物的剂量管理目标值。

6.2 核动力厂必须按每堆实施放射性流出物年排放总量的控制，对于 3 000 MW 热功率的反应堆，其控制值见表 1 和表 2。

表 1 气载放射性流出物控制值

单位：Bq/a

	轻水堆	重水堆
惰性气体	6×10^{14}	
碘	2×10^{10}	
粒子（半衰期≥8 d）	5×10^{10}	
^{14}C	7×10^{11}	1.6×10^{12}
氚	1.5×10^{13}	4.5×10^{14}

表 2 液态放射性流出物控制值

单位：Bq/a

	轻水堆	重水堆
氚	7.5×10^{13}	3.5×10^{14}
^{14}C	1.5×10^{11}	2×10^{11}（除氚外）
其余核素	5.0×10^{10}	

6.3 对于热功率大于或小于 3 000 MW 的反应堆，应根据其功率按照 6.2 规定适当调整。

6.4 对于同一堆型的多堆厂址，所有机组的年总排放量应控制在 6.2 规定值的 4 倍以内。对于不同堆型的多堆厂址，所有机组的年总排放量控制值则由审管部门批准。

6.5 核动力厂放射性排放量设计目标值不超过上述 6.2、6.3 和 6.4 确定年排放量控制值。营运单位应针对核动力厂厂址的环境特征及放射性废物处理工艺技术水平，遵循可合理达到的尽量低的原则，向审管部门定期申请或复核（首次装料前提出申请，以后每隔 5 年复核一次）放射性流出物排放量。申请的放射性流出物排放量不得高于放射性排放量设计目标值，并经审管部门批准后实施。

6.6 核动力厂的年排放总量应按季度和月控制，每个季度的排放总量不应超过所批准的年排放总量的 1/2，每个月的排放总量不应超过所批准的年排放总量的 1/5。若超过，则必须迅速查明原因，采取有效措施。

6.7 核动力厂液态放射性流出物必须采用槽式排放方式，液态放射性流出物排放应实施放射性浓度控制，且浓度控制值应根据最佳可行技术，结合厂址条件和运行经验反馈进行优化，并报审管部门批准。

6.8 对于滨海厂址，槽式排放出口处的放射性流出物中除氚和 ^{14}C 外其他放射性核素浓度不应超过 1 000 Bq/L；对于内陆厂址，槽式排放出口处的放射性流出物中除氚和 ^{14}C 外其他放射性核素浓度不应超过 100 Bq/L，并保证排放口下游 1 km 处受纳水体中总β放射性不超过 1 Bq/L，氚浓度不超过 100 Bq/L。如果浓度超过上述规定，营运单位在排放前必须得到审管部门的批准。

7 事故工况下的辐射防护要求

7.1 按可能导致环境危害程度和发生概率的大小，可将核动力厂事故工况分为设计基准事故（包括稀有事故和极限事故）和严重事故。

7.2 核动力厂事故工况的环境影响评价可采用设计基准事故，在设计中应采取针对性措施，使设计基准事故的潜在照射后果符合下列要求：

在发生一次稀有事故时，非居住区边界上公众在事故后 2 h 内以及规划限制区外边界上公众在整个事故持续时间内可能受到的有效剂量应控制在 5 mSv 以下，甲状腺当量剂量应控制在 50 mSv 以下。

在发生一次极限事故时，非居住区边界上公众在事故后 2 h 内以及规划限制区外边界上公众在整个事故持续时间内可能受到的有效剂量应控制在 0.1 Sv 以下，甲状腺当量剂量应控制在 1 Sv 以下。

7.3 根据国家相关法规要求，核动力厂及有关部门应制订相应的场内外应急计划，做好应急准备。确定应急计划区范围时应考虑严重事故产生的后果，并防止确定性效应的发生。

8 流出物排放管理和流出物监测

8.1 流出物排放管理

8.1.1 气载放射性流出物必须经净化处理后，经由烟囱释入大气环境。

8.1.2 液态放射性流出物排放前应对槽内液态放射性流出物取样监测，槽式排放口应明显标志。排放管线上应安装自动报警和排放控制装置。

8.1.3 核动力厂液态流出物总排放口的位置应根据下游取水、热排放和放射性核素排放等因素的影响进行充分的论证，并应避开集中式取水口及水生生物的产卵场、洄游路线、养殖场等环境敏感区。

8.2 流出物监测

8.2.1 核动力厂营运单位必须制定流出物监测大纲，并依据该大纲对所排放的气载和液态放射性流出物进行监测。测量内容应包括排放总量、排放浓度及主要核素的含量。测量结果应及时分析和评价，并定期上报相关环境保护行政主管部门。

8.2.2 气载放射性流出物的监测项目应包括惰性气体、碘、粒子（半衰期≥8 d）、^{14}C 和总氚；液态放射性流出物的监测项目应包括氚、^{14}C 和其他核素。对于惰性气体等项目应采用连续监测的方法进行测量。

8.2.3 核动力厂营运单位应建立可靠的流出物监测质量保证体系，对正常运行期间流出物监测应采用具有合适的量程范围的测量设备与测量方法。对于低于探测限的相关测量结果应通过实验分析进行合理估算，确实无法估算的，在排放量统计时按探测限的 1/2 取值进行。

8.2.4 流出物监测的取样应有足够的代表性，在流出物取样系统设计中应采取有效的工程设计方案，以减少流出物在取样过程中的管道损失。

8.2.5 流出物监测系统应保证正常运行和事故工况下均能获得可靠的监测结果。

9 辐射环境监测

9.1 运行前的环境调查

9.1.1 在核动力厂厂址首台机组首次装料前，营运单位必须完成环境本底辐射水平的调查，至少应获得最近两年的调查数据。同一厂址后续建造的机组应至少获得最近一年的辐射环境水平现状调查数据。

9.1.2 调查的环境介质应结合厂址的环境特征和核动力厂机组特征进行确定，一般应包括：空气、地表水和地下水、陆生和水生生物、食物、土壤、水体底泥和沉降灰等。

9.1.3 监测内容一般包括：环境γ辐射水平、环境介质中与核动力厂放射性排放有关的主要放射性核素浓度。

9.1.4 环境γ辐射水平的调查范围的半径一般取 50 km，其余项目的调查范围的半径一般取 20～30 km。

9.2 运行期间的常规环境辐射监测

9.2.1 在核动力厂首次装料前，营运单位必须制定环境监测大纲。在首次装料后，依据该大纲进行常规环境辐射监测，并对监测数据及时分析和评价，定期上报相关环境保护行政主管部门。

9.2.2 在进行常规环境辐射监测时，应与运行前的辐射环境本底（或现状）调查工作相衔接，充分利用运行前环境调查所获得的资料。项目采样点要与运行前环境调查保持适当比例的同位点。环境监测关注的重点是对关键人群组影响较大的主要放射性核素和环境介质。

9.2.3 常规环境辐射监测的环境介质、监测内容原则上与运行前环境监测相同。

9.2.4 环境γ辐射水平的调查范围的半径一般取 20 km，其余项目的调查范围的半径一般取 10 km。

9.2.5 常规环境辐射监测大纲要根据环境监测的经验反馈、监测技术进步以及厂址周围可能的环境变化，定期（通常为 5 年）进行优化，并报环境保护行政主管部门认可。

9.3 事故环境应急监测

环境应急监测是核动力厂事故应急计划的重要组成部分。监测原则、监测方法和步骤、监测项目、监测路线、监测网点、监测工作的组织机构、监测数据报告、发布办法等按核动力厂营运单位制订的应急计划中的相关规定执行。

9.4 环境监测的质量保证

9.4.1 核动力厂应建立环境监测质量保证体系。

9.4.2 核动力厂应编制质量保证大纲，并制定详细的质量控制措施。

9.4.3 核动力厂开展的环境监测应与国务院环境保护行政主管部门依法开展的监督性监测定期进行比对。

10 放射性固体废物管理

10.1 反应堆系统、安全系统和辅助系统的设计，应采用安全、先进的生产工艺和设备，合理选择和利用原材料，尽可能实施废物的循环利用，尽量减少放射性固体废物的产生量。

10.2 应选择先进的固化工艺和减容工艺，减少固体废物的产生量，固体废物装桶前应进行放射性监测。

10.3 应在核动力厂厂内设置放射性固体废物暂存库，放射性固体废物暂存库的库容应与固体废物的产生量及暂存时间相适应。暂存库内贮存的废物应满足低、中放固体废物处置场的接受要求，并及时转运到处置场。放射性废物在暂存库内暂存期限不应超过 5 年。

10.4 放射性废物的处理和贮存，应确保地表水和地下水不被污染，必要时应开展专项评价论证。

10.5 应在首次装料前制定放射性废物管理大纲，并在运行期间定期修订。设计、运行和退役中应贯彻放射性废物分类管理的原则，严禁将放射性废物与易燃、易爆、易腐蚀、非放射性物质混合运输和贮存。

11 核动力厂的退役

11.1 在核动力厂设计时，应考虑未来便利于实施退役的要求，制订初步退役计划，并在核动力厂的运行过程中对初步退役计划定期修订。

11.2 核动力厂退役前，应制订详细的退役计划。经批准后，按退役计划有步骤地实施安全退役。

11.3 应记录和保存核动力厂辐射本底、设计和建造资料、反应堆运行历史（特别是事件及事件的处理情况）、核动力厂设计修改和维护情况，便于退役计划的制订和实施。

11.4 在退役过程中和退役后，应加强辐射防护、废物管理、环境监测工作。

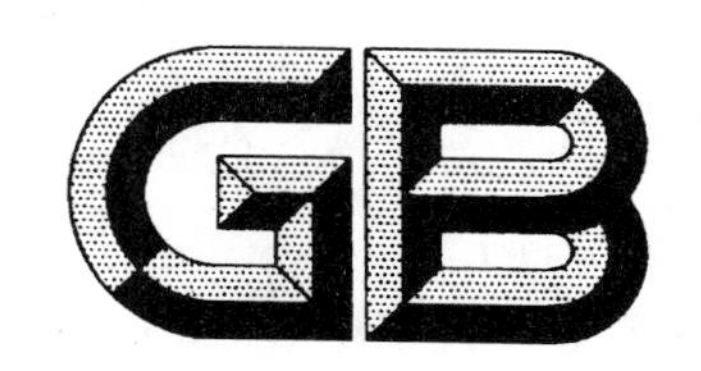

中华人民共和国国家标准

GB 14569.1—2011

代替 GB 14569.1—93

低、中水平放射性废物固化体性能要求 水泥固化体

Performance requirements for low and intermediate level radioactive waste form —Cemented waste form

2011-02-18 发布　　　　2011-09-01 实施

环境保护部
国家质量监督检验检疫总局　发布

前　言

为贯彻《中华人民共和国环境保护法》和《中华人民共和国放射性污染防治法》，防治放射性污染，改善环境质量，保护人体健康，制定本标准。

本标准规定了低、中水平放射性废物水泥固化体（以下简称水泥固化体）的最低性能要求和检验方法。

本标准适用于近地表处置的水泥固化体，大体积水泥浇注固化体除外。

本标准是对《低、中水平放射性废物固化体性能要求　水泥固化体》（GB 14569.1—93）的修订。

本标准首次发布于1993年，原标准起草单位为原核工业第二研究设计院。本次为第一次修订。本次修订的主要内容如下：

——修订了标准的适用范围；

——修订了规范性引用文件。引用了最新发布的规范性文件，删除了《低、中水平放射性固体废物的岩洞处置规定》（GB 13600）；

——增加了“水泥固化体”和“游离液体”的定义；

——修订了水泥固化体抗浸出性的性能要求；

——修订了水泥固化体抗压强度的检验方法。采用了《水泥胶砂强度检验方法（ISO法）》（GB/T 17671）规定的养护条件，增加了检验结果的数据处理要求；

——增加了不进行水泥固化体抗冻融性性能检验的条件。

自本标准实施之日起，《低、中水平放射性废物固化体性能要求　水泥固化体》（GB 14569.1—93）废止。

本标准由环境保护部科技标准司、核安全管理司组织制订。

本标准主要起草单位：环境保护部核与辐射安全中心、中国辐射防护研究院。

本标准环境保护部2011年1月25日批准。

本标准自2011年9月1日起实施。

本标准由环境保护部解释。

低、中水平放射性废物固化体性能要求　水泥固化体

1　适用范围

本标准规定了低、中水平放射性废物水泥固化体（以下简称水泥固化体）的最低性能要求和检验方法。
本标准适用于近地表处置的水泥固化体，大体积水泥浇注固化体除外。

2　规范性引用文件

本标准内容引用了下列文件中的条款。凡是不注日期的引用文件，其有效版本适用于本标准。
GB 7023　放射性废物固化体长期浸出试验
GB 9132　低中水平放射性固体废物的浅地层处置规定
GB 9133　放射性废物的分类
GB 11806　放射性物质安全运输规程
GB/T 17671　水泥胶砂强度检验方法（ISO 法）

3　术语和定义

下列术语和定义适用于本标准。

3.1

水泥固化体　cemented waste form

指放射性废物与水泥基材按照一定配方混合形成的均匀固化体。

3.2

游离液体　free liquid

指不为固体基质所束缚的未结合的液体。

4　水泥固化体放射性活度浓度限值

水泥固化体的放射性活度浓度应满足 GB 9132 和 GB 9133 的有关要求。

5　性能要求

水泥固化体的性能应满足 GB 9132 和 GB 11806 的有关要求。

5.1　游离液体

在室温、密闭条件下，经过养护后的水泥固化体不应存在泌出的游离液体。

5.2　机械性能

在室温、密闭条件下，经过养护、完全硬化后的水泥固化体，应是密实、均匀、稳定的块体，并

应满足下列要求：

a）抗压强度　水泥固化体试样的抗压强度不应小于 7 MPa；

b）抗冲击性能　从 9 m 高处竖直自由下落到混凝土地面上的水泥固化体试样或带包装容器的固化体不应有明显的破碎。

5.3　抗水性

5.3.1　抗浸出性

水泥固化体试样在 25℃的去离子水中浸出，应满足浸出率和累积浸出分数的限值要求。

核素第 42 d 的浸出率应低于下列限值：

—— ^{60}Co：2×10^{-3} cm/d；

—— ^{137}Cs：4×10^{-3} cm/d；

—— ^{90}Sr：1×10^{-3} cm/d；

—— ^{239}Pu：1×10^{-5} cm/d；

—— 其他β、γ放射性核素（不包括 ^{3}H）：4×10^{-3} cm/d；

—— 其他α核素：1×10^{-5} cm/d。

核素 42 d 的累积浸出分数应低于下列限值：

—— ^{137}Cs：0.26 cm；

—— 其他放射性核素（不包括 ^{3}H）：0.17 cm。

5.3.2　抗浸泡性

水泥固化体试样抗浸泡试验后，其外观不应有明显的裂缝或龟裂，抗压强度损失不超过 25%。

5.4　抗冻融性

水泥固化体试样抗冻融试验后，其外观不应有明显的裂缝或龟裂，抗压强度损失不超过 25%。

当水泥固化体在常年最低气温高于 0℃的环境下贮存、运输和处置时，可不进行本项试验。

5.5　耐γ辐照性

水泥固化体试样进行γ辐照试验后，其外观不应有明显的裂缝或龟裂，抗压强度损失不超过 25%。

当水泥固化体在 300 年内累积吸收剂量小于 1×10^{4} Gy 时，可不进行本项试验。

6　性能检验方法

6.1　游离液体

用非放射性的模拟废物按照规定的配方制备水泥固化体，水泥固化体的高度应尽量接近工程上水泥固化体的实际高度（直径不小于 80 mm，高度不小于 750 mm），在密闭条件下养护 7 d 后，观察水泥固化体的上表面有无游离液体，并在盛装水泥固化体的容器底部用钻孔或其他适当的方法开口，开口的面积应不小于 650 mm²，从开口处检查有无游离液体流出或滴落。

6.2　机械性能

6.2.1　样品制备

将按规定配方制备的水泥浆倒入圆柱体试模，抹平后放入养护箱内养护 28 d，养护温度为 25℃±5℃、相对湿度≥90%。脱模后试样进行打磨，保持上下端面平行。试样的直径与高度应保持为 φ50 mm×50 mm。

6.2.2 抗压强度

抗压强度的测定参照 GB/T 17671 中有关要求进行。

抗压强度性能检验应至少对六个水泥固化体平行样品进行测量。以一组六个抗压强度测定值的算术平均值为试验结果。

如六个测定值中有一个超出六个平均值的±20%，应剔除这个结果，而以剩下五个的平均数为结果。如果五个测定值中再有超过它们平均值±20%的，则此组结果作废。

6.2.3 抗冲击性

对满足抗压强度要求的水泥固化体试样或带包装容器的固化体进行抗冲击试验，试验时试样从 9 m 高处竖直自由下落到混凝土地面上，观察试样是否明显破碎（出现棱角小碎块和裂纹不作为破碎看待）。

6.3 抗水性

6.3.1 抗浸出性

抗浸出性试验应采用真实物料的水泥固化体试样进行。试样的制备和养护同 6.2.1 的制样规定。对满足抗压强度要求的水泥固化体试样进行水泥固化体浸出试验，浸出试验应遵照 GB 7023 中的有关规定进行。

6.3.2 抗浸泡性

试样的制备和养护同 6.2.1 的制样规定。对满足抗压强度要求的水泥固化体试样进行抗浸泡试验，采用去离子水，在 25℃±5℃条件下浸泡，浸泡时间 90 d，观察其外观，并测定其抗压强度。

6.4 抗冻融性

试样的制备和养护同 6.2.1 的制样规定。对满足抗压强度要求的水泥固化体试样进行抗冻融试验，当冷冻箱内温度达到−20℃时，将装在密闭塑料袋中的试样放入箱中，当箱内温度重新降至−20℃时，起算冻结时间，每次冻结时间不少于 3 h（冻结温度应保持在−20～−15℃），冻结完毕后取出试样（连同塑料袋），立即放在 15～20℃的水槽中融解，每次试样的融解时间不少于 4 h。融解完毕即为该次冻融循环结束。每块水泥固化体试样进行 5 次冻融循环，观察其外观，并测定其抗压强度。

6.5 耐γ辐照性

试样的制备和养护同 6.2.1 的制样规定。对满足抗压强度要求的水泥固化体试样封装在玻璃管中，并留有 5%～10%的自由空间体积，把封装好的试样放入专门的 ^{60}Co 辐射源辐照孔道内照射（辐照剂量率应低于 2×10^3 Gy/h），直至试样累积吸收剂量达到相应活度浓度水泥固化体所可能受到的累积吸收剂量时，取出玻璃管，观察其外观，并测定其抗压强度。

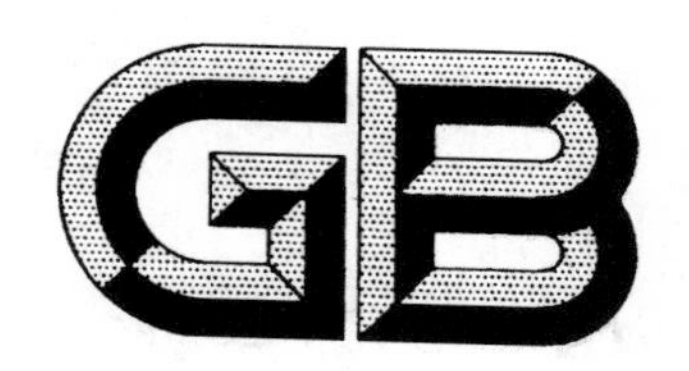

中华人民共和国国家标准

GB 14587—2011

代替 GB 14587—93

核电厂放射性液态流出物排放技术要求

Technical requirements for discharge of radioactive liquid effluents from nuclear power plant

2011-02-18 发布

2011-09-01 实施

环境保护部
国家质量监督检验检疫总局 发布

前 言

为贯彻《中华人民共和国环境保护法》和《中华人民共和国放射性污染防治法》，防治放射性污染，改善环境质量，保护人体健康，制定本标准。

本标准规定了核电厂放射性液态流出物排放的技术要求。

本标准是对《轻水堆核电厂放射性废水排放系统技术规定》（GB 14587—93）的修订。

本标准首次发布于1993年，原标准起草单位为原北京核工程研究设计院。本次为第一次修订。本次修订的主要内容如下：

——修改了标准名称和适用范围；

——修改了放射性液态流出物排放管理原则；

——规定了对放射性液态流出物实施总量控制和浓度控制；

——增加了放射性液态流出物排放浓度限值和在线报警阈值；

——增加了液态放射性流出物排放系统设计和运行管理上的技术要求特别是优化要求；

——修改了放射性液态流出物排放管理、总排放口设置和监测等方面的一些要求。特别是针对我国即将建造滨河、滨湖或滨水库等内陆核电厂的现状，增加了对滨河、滨湖或滨水库的具体要求。

自本标准实施之日起，《轻水堆核电厂放射性废水排放系统技术规定》（GB 14587—93）废止。

本标准由环境保护部科技标准司、核安全管理司组织制订。

本标准主要起草单位：环境保护部核与辐射安全中心、苏州热工研究院有限公司。

本标准环境保护部2011年1月25日批准。

本标准自2011年9月1日起实施。

本标准由环境保护部解释。

核电厂放射性液态流出物排放技术要求

1 适用范围

本标准规定了核电厂放射性液态流出物排放的技术要求。

本标准适用于轻水堆和重水堆型核电厂放射性液态流出物排放系统的设计和运行以及放射性液态流出物排放的管理。其他类型的核动力厂和核反应堆设施可参照采用。

2 规范性引用文件

本标准内容引用了下列文件中的条款。凡是不注日期的引用文件，其有效版本适用于本标准。

GB 6249 核动力厂环境辐射防护规定

GB 11216 核设施流出物和环境放射性监测质量保证计划的一般要求

GB 11217 核设施流出物监测的一般规定

GB 18871 电离辐射防护与辐射源安全基本标准

3 术语和定义

下列术语和定义适用于本标准。

3.1

放射性液态流出物 radioactive liquid effluents

指实践中源所造成的以液体形态排入环境得到稀释和弥散的放射性物质。

3.2

核电厂放射性液态流出物排放系统 discharge system of radioactive liquid effluents from nuclear power plant

指核电厂用于收集、贮存、监测和排放运行产生的放射性液态流出物的系统。

3.3

系统排放口 discharge point of removal system

指核电厂放射性液态流出物排放系统的出口。

3.4

总排放口 plant discharge point

指核电厂排水渠与环境受纳水体接口处。

3.5

排放限值 discharge limit

指包括年排放总量限值和排放浓度上限值。允许核电厂放射性液态流出物向环境排放的放射性活度最大值，包括年排放总量最大值和排放浓度最大值。

3.6

排放量控制值 authorized discharge limit

指包括年排放总量控制值和排放浓度控制值。由核电厂营运单位在设计排放量的基础上，根据厂址特征和同类电站的运行经验反馈，按照“辐射防护最优化”和“废物最小化”的原则，提出的放射性液态流出物年排放总量和排放浓度申请值，并经审批确定。

3.7

排放管理目标值 release management target

指营运单位设置的用于流出物排放管理的内部控制值。

4 一般要求

4.1 核电厂营运单位应采取有效措施，保证放射性液态流出物排放系统的设计和运行以及核电厂放射性液态流出物排放的管理满足 GB 18871 的相关要求，遵循“辐射防护最优化”和“废物最小化”的原则，实施放射性液态流出物年排放总量控制和排放浓度控制。

4.2 核电厂放射性液态流出物向环境排放应采用槽式排放，排放的放射性总量应符合 GB 6249 中有关放射性液态流出物年排放总量限值的相关规定。同时，对于滨海厂址，系统排放口处除 ^{3}H、^{14}C 外其他放射性核素的总排放浓度上限值为 1 000 Bq/L；对于滨河、滨湖或滨水库厂址，系统排放口处除 ^{3}H、^{14}C 外其他放射性核素的总排放浓度上限值为 100 Bq/L，且总排放口下游 1 km 处受纳水体中总β放射性浓度不得超过 1 Bq/L，^{3}H 浓度不得超过 100 Bq/L。

4.3 核电厂址受纳水体的稀释能力应满足冷却水或冷却塔排污水和放射性液态流出物排放的环境要求，并作为核电厂址比选的一项主要指标。

4.4 在核电厂设计阶段，核电厂设计单位应根据 4.1、4.2 和 4.3 的规定，提出核电厂放射性液态流出物中包括 ^{3}H 和 ^{14}C 在内的各放射性核素的年设计排放总量，并经审批确定。对于核电厂不同来源的放射性液态流出物，核电厂设计单位应根据其排水量、所含放射性核素的种类和活度浓度，分别提出各系统排放口放射性液态流出物中除 ^{3}H、^{14}C 外其他放射性核素的设计排放浓度，并经审批确定。

4.5 在首次装料前，核电厂营运单位应在设计排放量基础上，根据厂址环境特征以及同类核电厂的运行经验反馈，对放射性液态流出物的排放管理进行优化，提出电厂放射性液态流出物年排放总量和排放浓度申请值，经审批后作为电厂放射性液态流出物年排放总量和排放浓度控制值。对于多机组厂址，应统一提出放射性液态流出物年排放总量申请值。

4.6 在运行期间，核电厂营运单位应结合运行经验反馈和厂址条件的变化情况，对放射性液态流出物的排放管理进一步进行优化分析，每 5 年对核电厂放射性液态流出物排放量申请值进行一次复核或修订。当厂址条件发生明显变化时，应在半年内对核电厂放射性液态流出物排放量申请值进行复核或修订。

4.7 核电厂营运单位应按季度控制放射性液态流出物年排放总量，核电厂连续三个月内的放射性液态流出物排放总量不应超过年排放总量控制值的 1/2，每个月内的放射性液态流出物排放总量不应超过年排放总量控制值的 1/5。滨河、滨湖或滨水库核电厂，可以结合受纳水域的特性，制订更合理的排放方式，报批后实施。

4.8 核电厂放射性液态流出物排放系统的设计应保证来自核岛系统的放射性液态流出物和来自常规岛系统的放射性液态流出物进入不同的排放系统，严禁将电厂非放射性废水纳入电厂放射性液态流出物排放系统。

4.9 核电厂营运单位应制订针对不同排放系统和不同运行工况的液态流出物排放浓度管理目标值，用于流出物排放管理的内部控制。

4.10 核电厂营运单位应制定放射性液态流出物排放的相关管理和执行程序并有效实施，减少和杜绝核电厂放射性液态流出物的异常排放。

为有效防止和控制核电厂放射性液态流出物的异常排放，核电厂设计时应设置足够容量的应急滞留贮槽，以保持对放射性废液的容纳和控制能力。

4.11　核电厂营运单位在选址阶段应按照参考电厂的设计排放量进行环境影响评价，设计阶段和首次装料阶段应分别按照核电厂设计排放量和排放量申请值进行环境影响评价。

5　排放管理

5.1　对于单机组或双机组核电厂，放射性液态流出物应集中排放。对于滨海厂址，不得漫滩排放，鼓励实现离岸排放。

5.2　对于采用直流循环冷却的核电厂，所有放射性液态流出物在排入环境受纳水体之前，应经该核电厂循环冷却水排水渠，与冷却水混合后由总排放口排出，其排出流量应根据冷却水稀释能力确定。

5.3　为有效防止和控制核电厂放射性液态流出物的异常排放，系统排放口在线监测仪表联锁报警阈值应不超过排放浓度控制值的5倍。

5.4　对于每一个排放系统，应设置2个足够容量的贮存排放槽和至少1个备用贮存排放槽。

贮存排放槽应设有将超过排放浓度控制值的液态流出物返回废液处理系统进行净化处理的装置。

贮存排放槽应设置混合装置（例如循环混合泵），以便排放前能从槽中取得有代表性的样品。

从取样开始到排放过程结束，不应有放射性液态流出物流入该贮存排放槽。

5.5　低于排放浓度控制值的放射性液态流出物，在由核电厂指定的辐射防护人员或授权人签字认可后，按照核电厂放射性液态流出物排放管理和执行程序进行排放。

高于排放浓度控制值但低于排放浓度限值的放射性液态流出物，在满足4.8规定的前提下，由核电厂经理或授权人签字认可后，才准排放。同时，应查明放射性液态流出物浓度增高的原因，采取必要的措施避免再次发生。

不得采用稀释方法，将超过排放浓度限值的放射性液态流出物排入电厂排水渠。

5.6　经处理后达到复用要求的放射性液态流出物，应尽量在本电厂内复用，以减少排放量。

6　总排放口设置

6.1　总排放口的设置应充分考虑受纳水体的环境容量、功能以及生态特征等因素。总排放口应避开集中式取水水源保护区、经济鱼类产卵场、洄游路线、水生生物养殖场等环境敏感点。

6.2　总排放口设计时，应有冷却水取水口和总排放口的位置和型式的多种设计方案，经数值模拟计算并充分考虑环境影响因素后，从中确定优选方案，经水工模型试验加以验证后审批确定。

6.3　确定总排放口的位置时，应尽量避开受纳水体中悬浮沉积物较多的地方，以降低排放口附近放射性物质的沉积积累。

6.4　总排放口应设有明显的警示标志。

6.5　对于滨河、滨湖或滨水库厂址，总排放口下游1 km范围内禁止设置取水口。

7　监测和记录

7.1　核电厂放射性液态流出物的监测和记录应满足GB 11217和GB 11216的相关要求，监测结果的报告应按有关规定执行。液态流出物中非放射性物质和温度的监测应按有关标准的规定进行。

7.2　应对核电厂放射性液态流出物进行取样监测和在线连续监测。对于核电厂不同来源的放射性液态流出物，排放前应进行取样，测量总γ或总β放射性，并随后测量包括 ^{3}H 和 ^{14}C 在内的各种放射性核素的活度浓度。应在排入核电厂排水渠的每根放射性排水管线上都设置放射性浓度在线连续监测装置。

7.3　在线连续监测装置应有报警和联锁功能。应在满足5.3和5.5规定的前提下，评定取样监测结果和在线连续监测结果的差异，合理确定第一报警阈值和联锁报警阈值。当放射性液态流出物的排放浓度超过联锁报警阈值或监测装置发生故障时，应在主控室或就地控制室发出声和光报警，自动停止排放。

7.4 在线连续监测装置应具有足够的量程范围、准确性和短的响应时间，并由计量检测单位定期校准和检定，量值溯源应有详细记录。

7.5 滨河、滨湖或滨水库核电厂在其总排放口下游 1 km 处应设置监测点，在液态流出物排放期间，每天定时取样分析。

7.6 应绘制放射性液态流出物排放监测点的分布图。

7.7 监测记录应包括排放时间、排水量、排放的核素浓度、总活度和人员签字，并定期编制成文件长期保存。

中华人民共和国环境保护部
公　告

2011年　第30号

为贯彻《中华人民共和国环境保护法》、《中华人民共和国水污染防治法》和《中华人民共和国大气污染防治法》，防治污染，保护和改善生态环境，保障人体健康，现批准《钒工业污染物排放标准》等3项标准为国家污染物排放标准，并由我部与国家质量监督检验检疫总局联合发布。

标准名称、编号如下：

一、钒工业污染物排放标准（GB 26452—2011）

二、磷肥工业水污染物排放标准（GB 15580—2011）

三、平板玻璃工业大气污染物排放标准（GB 26453—2011）

按有关法律规定，以上标准具有强制执行的效力。

以上标准自2011年10月1日起实施。

以上标准由中国环境科学出版社出版，标准内容可在环境保护部网站（bz.mep.gov.cn）查询。

自以上标准实施之日起，下列国家污染物排放标准废止：

磷肥工业水污染物排放标准（GB15580—1995）。

特此公告。

（此公告业经国家质量监督检验检疫总局纪正昆会签）

2011年4月2日

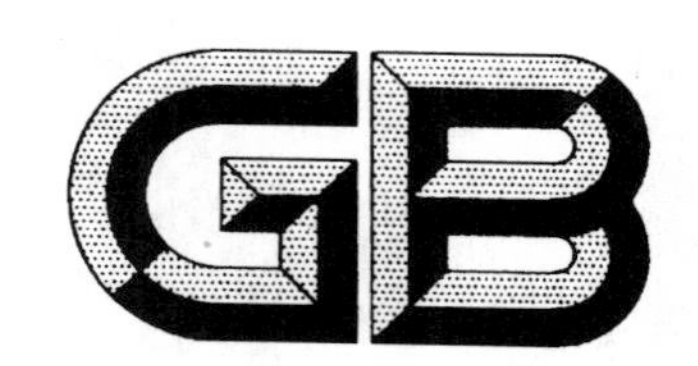

中华人民共和国国家标准

GB 26452—2011

钒工业污染物排放标准

Discharge standard of pollutants for vanadium industry

2011-04-02 发布

2011-10-01 实施

环境保护部
国家质量监督检验检疫总局 发布

前 言

为贯彻《中华人民共和国环境保护法》、《中华人民共和国水污染防治法》、《中华人民共和国大气污染防治法》、《国务院关于落实科学发展观 加强环境保护的决定》等法律、法规和国家加强重金属污染防治工作的有关要求，保护环境，防治污染，促进钒工业生产工艺和污染治理技术的进步，制定本标准。

本标准规定了钒工业企业水和大气污染物排放限值、监测和监控要求，适用于钒工业企业水污染和大气污染防治和管理。为促进区域经济与环境协调发展，推动经济结构的调整和经济增长方式的转变，引导钒工业生产工艺和污染治理技术的发展方向，本标准规定了水污染物特别排放限值。

本标准中的污染物排放浓度均为质量浓度。

钒工业企业排放恶臭污染物、环境噪声适用相应的国家污染物排放标准，产生固体废物的鉴别、处理和处置适用国家固体废物污染控制标准。

本标准为首次发布。

自本标准实施之日起，钒工业企业的水和大气污染物排放控制按本标准的规定执行，不再执行《污水综合排放标准》（GB 8978）、《钢铁工业水污染排放标准》（GB 13456）、《大气污染物综合排放标准》（GB 16297）和《工业炉窑大气污染物排放标准》（GB 9078）中的相关规定。

地方省级人民政府对本标准未作规定的污染物项目，可以制定地方污染物排放标准；对本标准已作规定的污染物项目，可以制定严于本标准的地方污染物排放标准。

本标准由环境保护部科技标准司组织制订。

本标准主要起草单位：东北大学、中国环境科学研究院。

本标准环境保护部 2011 年 2 月 25 日批准。

本标准自 2011 年 10 月 1 日起实施。

本标准由环境保护部解释。

钒工业污染物排放标准

1 适用范围

本标准规定了钒工业企业特征生产工艺和装置水污染物和大气污染物的排放限值、监测和监控要求，以及标准的实施与监督等相关规定。

本标准适用于现有钒工业企业水和大气污染物排放管理，以及钒工业企业建设项目的环境影响评价、环境保护设施设计、竣工环境保护验收及其投产后的水、大气污染物排放管理。

本标准适用于法律允许的污染物排放行为；新设立污染源的选址和特殊保护区域内现有污染源的管理，按照《中华人民共和国水污染防治法》、《中华人民共和国大气污染防治法》、《中华人民共和国海洋环境保护法》、《中华人民共和国固体废物污染环境防治法》、《中华人民共和国放射性污染防治法》、《中华人民共和国环境影响评价法》等法律、法规、规章的相关规定执行。

本标准规定的水污染物排放控制要求适用于企业直接或间接向其法定边界外排放水污染物的行为。

2 规范性引用文件

本标准内容引用了下列文件或其中的条款。

GB 6920—86　水质　pH 值的测定　玻璃电极法
GB 7466—87　水质　总铬的测定
GB 7467—87　水质　六价铬的测定　二苯碳酰二肼分光光度法
GB 7469—87　水质　总汞的测定　高锰酸钾-过硫酸钾消解法　双硫腙分光光度
GB 7470—87　水质　铅的测定　双硫腙分光光度法
GB 7471—87　水质　镉的测定　双硫腙分光光度法
GB 7472—87　水质　铅的测定　双硫腙分光光度法
GB 7475—87　水质　铜、锌、铅、镉的测定　原子吸收分光光度法
GB 7485—87　水质　总砷的测定　二乙基二硫代氨基钾酸银分光光度法
GB 11893—89　水质　总磷的测定　钼酸铵分光光度法
GB 11894—89　水质　总氮的测定　碱性过硫酸钾消解紫外分光光度法
GB 11896—89　水质　氯化物的测定　硝酸银滴定法
GB 11901—89　水质　悬浮物的测定　重量法
GB 11914—89　水质　化学需氧量的测定　重铬酸盐法
GB/T 14673—1995　水质　钒的测定　石墨炉原子吸收分光光度法
GB/T 15264—94　环境空气　铅的测定　火焰原子吸收分光光度法
GB/T 15432—1995　环境空气　总悬浮颗粒物的测定　重量法
GB/T 15503—1995　水质　钒的测定　钽试剂（BPHA）萃取分光光度法
GB/T 16157—1996　固定污染源排气中颗粒物测定与气态污染物采样方法
GB/T 16488—1996　水质　石油类和动植物油的测定　红外光度法
GB/T 16489—1996　水质　硫化物的测定　亚甲基蓝分光光度法

GB 18871—2002　电离辐射防护与辐射源安全基本标准
HJ/T 27—1999　固定污染源排气中氯化氢的测定　硫氰酸汞分光光度法
HJ/T 30—1999　固定污染源排气中氯气的测定　甲基橙分光光度法
HJ/T 55—2000　大气污染物无组织排放监测技术导则
HJ/T 56—2000　固定污染源排气中二氧化硫的测定　碘量法
HJ/T 57—2000　固定污染源排气中二氧化硫的测定　定电位电解法
HJ/T 60—2000　水质　硫化物的测定　碘量法
HJ/T 195—2005　水质　氨氮的测定　气相分子吸收光谱法
HJ/T 199—2005　水质　总氮的测定　气相分子吸收光谱法
HJ/T 200—2005　水质　硫化物的测定　气相分子吸收光谱法
HJ/T 343—2007　水质　氯化物的测定　硝酸汞滴定法
HJ/T 399—2007　水质　化学需氧量的测定　快速消解分光光度法
HJ 482—2009　环境空气　二氧化硫的测定　甲醛吸收-副玫瑰苯胺分光光度法
HJ 483—2009　环境空气　二氧化硫的测定　四氯汞盐吸收-副玫瑰苯胺分光光度法
HJ 485—2009　水质　铜的测定　二乙基二硫代氨基甲酸钠分光光度法
HJ 486—2009　水质　铜的测定　2,9-二甲基-1,10-菲啰啉分光光度法
HJ 535—2009　水质　氨氮的测定　纳氏试剂分光光度法
HJ 536—2009　水质　氨氮的测定　水杨酸分光光度法
HJ 537—2009　水质　氨氮的测定　蒸馏-中和滴定法
HJ 544—2009　固定污染源废气　硫酸雾的测定　离子色谱法（暂行）
HJ 547—2009　固定污染源废气　氯气的测定　碘量法（暂行）
HJ 548—2009　固定污染源废气　氯化氢的测定　硝酸银容量法（暂行）
HJ 549—2009　空气和废气　氯化氢的测定　离子色谱法（暂行）
HJ 538—2009　固定污染源废气　铅的测定　火焰原子吸收分光光度法（暂行）
HJ 539—2009　环境空气　铅的测定　石墨炉原子吸收分光光度法（暂行）
HJ 597—2011　水质　总汞的测定　冷原子吸收分光光度法
《污染源自动监控管理办法》（国家环境保护总局令　第 28 号）
《环境监测管理办法》（国家环境保护总局令　第 39 号）

3　术语和定义

下列术语和定义适用于本标准。

3.1

钒工业企业　vanadium industrial enterprise

指以钒渣、石煤、含钒固废或其他含钒二次资源为原料生产 V_2O_3、V_2O_5 等氧化钒的企业。

3.2

特征生产工艺和装置　typical processing and facility

指：（1）以焙烧、浸出、沉淀和熔化为主要工序的 V_2O_5 生产工艺与装置；
（2）以焙烧、浸出、沉淀和还原为主要工序的 V_2O_3 生产工艺与装置；
（3）与这些生产工艺有关的水和大气污染物治理与综合利用等装置。

3.3

现有企业　existing facility

指本标准实施之日前，已建成投产或环境影响评价文件已通过审批的钒工业生产企业或生产设施。

3.4

新建企业 new facility

指本标准实施之日起环境影响评价文件通过审批的新建、改建、扩建的钒工业建设项目。

3.5

公共污水处理系统 public wastewater treatment system

指通过纳污管道等方式收集废水，为两家以上排污单位提供废水处理服务并且排水能够达到相关排放标准要求的企业或机构，包括各种规模和类型的城镇污水处理厂、区域（包括各类工业园区、开发区、工业聚集地等）废水处理厂等，其废水处理程度应达到二级或二级以上。

3.6

直接排放 direct discharge

指排污单位直接向环境排放水污染物的行为。

3.7

间接排放 indirect discharge

指排污单位向公共污水处理系统排放水污染物的行为。

3.8

排水量 effluent volume

指生产设施或企业向企业边界以外排放的废水的量，包括与生产有直接或间接关系的各种外排废水（如厂区生活污水、冷却废水、厂区锅炉和电站排水等）。

3.9

单位产品基准排水量 benchmark effluent volume per unite product

指用于核定水污染物排放浓度而规定的生产单位氧化钒产品的排水量上限值。

3.10

排气筒高度 stack height

指自排气筒（或其主体建筑构造）所在的地平面至排气筒出口计的高度。

3.11

标准状态 standard condition

指温度为 273.15 K、压力为 101 325 Pa 时的状态。本标准规定的大气污染物排放浓度限值均以标准状态下的干气体为基准。

3.12

排气量 exhaust volume

指钒工业生产工艺和装置排入环境空气的废气量，包括与生产工艺和装置有直接或间接关系的各种外排废气（如环境集烟等）。

3.13

单位产品基准排气量 benchmark exhaust volume per unite product

指用于核定大气污染物排放浓度而规定的生产单位氧化钒产品的排气量上限值。

3.14

过量空气系数 excess air coefficient

指工业炉窑运行时实际空气量与理论空气需要量的比值。

3.15

企业边界 enterprise boundary

指钒工业企业的法定边界。若无法定边界，则指实际边界。

4 污染物排放控制要求

4.1 水污染物排放控制要求

4.1.1 自2012年1月1日起至2012年12月31日止，现有企业执行表1规定的水污染物排放限值。

4.1.2 现有企业自2013年1月1日起执行表2规定的水污染物排放限值。

4.1.3 新建企业自2011年10月1日起执行表2规定的水污染物排放限值。

表1 现有企业水污染物排放浓度限值及单位产品基准排水量

单位：mg/L（pH除外）

序号	污染物项目	排放限值		污染物排放监控位置
		直接排放	间接排放	
1	pH	6～9	6～9	企业废水总排放口
2	悬浮物	70	70	
3	化学需氧量（COD_{Cr}）	80	100	
4	硫化物	1.0	1.0	
5	氨氮	25	40	
6	总氮	40	60	
7	总磷	1.0	2.0	
8	氯化物（以Cl^-计）	500	500	
9	石油类	10	10	
10	总锌	2.0	2.0	
11	总铜	0.5	0.5	
12	总镉	0.1		车间或生产设施废水排放口
13	总铬	1.5		
14	六价铬	0.5		
15	总钒	2.0		
16	总铅	1.0		
17	总砷	0.5		
18	总汞	0.05		
单位产品（V_2O_5或V_2O_3）基准排水量/（m^3/t）		20		排水量计量位置与污染物排放监控位置一致

表2 新建企业水污染物排放浓度限值及单位产品基准排水量

单位：mg/L（pH除外）

序号	污染物项目	排放限值		污染物排放监控位置
		直接排放	间接排放	
1	pH	6～9	6～9	企业废水总排放口
2	悬浮物	50	70	
3	化学需氧量（COD_{Cr}）	60	100	
4	硫化物	1.0	1.0	
5	氨氮	10	40	
6	总氮	20	60	
7	总磷	1.0	2.0	
8	氯化物（以Cl^-计）	300	300	

续表

序号	污染物项目	排放限值		污染物排放监控位置
		直接排放	间接排放	
9	石油类	5	5	企业废水总排放口
10	总锌	2.0	2.0	
11	总铜	0.3	0.3	
12	总镉	0.1		车间或生产设施废水排放口
13	总铬	1.5		
14	六价铬	0.5		
15	总钒	1.0		
16	总铅	0.5		
17	总砷	0.2		
18	总汞	0.03		
单位产品（V_2O_5或V_2O_3）基准排水量/（m^3/t）		10		排水量计量位置与污染物排放监控位置一致

4.1.4 根据环境保护工作的要求，在国土开发密度较高、环境承载能力开始减弱，或水环境容量较小、生态环境脆弱，容易发生严重环境污染问题而需要采取特别保护措施的地区，应严格控制企业的污染物排放行为，在上述地区的企业执行表3规定的水污染物特别排放限值。

执行水污染物特别排放限值的地域范围、时间，由国务院环境保护行政主管部门或省级人民政府规定。

表3　水污染物特别排放限值

单位：mg/L（pH 除外）

序号	污染物项目	排放限值		污染物排放监控位置
		直接排放	间接排放	
1	pH	6～9	6～9	企业废水总排放口
2	悬浮物	20	50	
3	化学需氧量（COD_{Cr}）	30	60	
4	硫化物	1.0	1.0	
5	氨氮	8	10	
6	总氮	15	20	
7	总磷	0.5	1.0	
8	氯化物（以Cl^-计）	200	200	
9	石油类	1	1	
10	总锌	1.0	1.0	
11	总铜	0.2	0.2	
12	总镉	0.1		车间或生产设施废水排放口
13	总铬	1.5		
14	六价铬	0.5		
15	总钒	0.3		
16	总铅	0.1		
17	总砷	0.1		
18	总汞	0.01		
单位产品（V_2O_5或V_2O_3）基准排水量/（m^3/t）		3		排水量计量位置与污染物排放监控位置一致

4.1.5 对于排放含有放射性物质的污水，除执行本标准外，还应符合 GB 18871—2002 的规定。

4.1.6 水污染物排放浓度限值适用于单位产品实际排水量不高于单位产品基准排水量的情况。若单位产品实际排水量超过单位产品基准排水量，须按式（1）将实测水污染物浓度换算为水污染物基准排水量排放浓度，并以水污染物基准排水量排放浓度作为判定排放是否达标的依据。产品产量和排水量统计周期为一个工作日。

在企业的生产设施同时生产两种以上产品、可适用不同排放控制要求或不同行业国家污染物排放标准，且生产设施产生的污水混合处理排放的情况下，应执行排放标准中规定的最严格的浓度限值，并按式（1）换算水污染物基准排水量排放浓度。

$$\rho_{基} = \frac{Q_{总}}{\sum Y_i \cdot Q_{i基}} \cdot \rho_{实} \quad (1)$$

式中：$\rho_{基}$——水污染物基准排水量排放质量浓度，mg/L；

$Q_{总}$——排水总量，m^3；

Y_i——某种产品产量，t；

$Q_{i基}$——某种产品的单位产品基准排水量，m^3/t；

$\rho_{实}$——实测水污染物浓度，mg/L。

若 $Q_{总}$ 与 $\sum Y_i \cdot Q_{i基}$ 的比值小于 1，则以水污染物实测浓度作为判定排放是否达标的依据。

4.2 大气污染物排放控制要求

4.2.1 自 2012 年 1 月 1 日起至 2012 年 12 月 31 日止，现有企业执行表 4 规定的大气污染物排放限值。

表 4 现有企业大气污染物排放浓度限值及单位产品基准排气量

单位：mg/m^3

序号	生产过程	工艺或工序	污染物名称及排放限值						污染物排放监控位置
			二氧化硫	颗粒物	氯化氢	硫酸雾	氯气	铅及其化合物	
1	原料预处理	破碎、筛分、混配料、球磨、制球、原料输送等装置及料仓	—	100	—	—	—	0.7	车间或生产设施排气筒
2	焙烧	焙烧炉/窑	700	100	100	—	65	1.5	
3	沉淀	沉淀池/罐	—	—	—	35	—	0.7	
4	熔化（制取 V_2O_5）	熔化炉	700	100	100	—	65	1.5	
5	干燥（制取 V_2O_3）	干燥炉/窑	700	100	—	—	—	1.5	
6	还原（制取 V_2O_3）	还原炉/窑	700	100	—	—	—	1.5	
7	熟料输送及储运	熟料仓、卸料点等	—	100	—	—	—	0.7	
8	其他		—	100	—	—	—	0.7	
单位产品（V_2O_5 或 V_2O_3）基准排气量/（m^3/t）			150 000						车间或生产设施排气筒
注：浸出过程产生的含碱蒸气必须经过吸收净化，吸收液循环利用后进入废水处理系统。									

4.2.2 现有企业自 2013 年 1 月 1 日起执行表 5 规定的大气污染物排放限值。

4.2.3 新建企业自 2011 年 10 月 1 日起执行表 5 规定的大气污染物排放限值。

表 5 新建企业大气污染物排放浓度限值及单位产品基准排气量

单位：mg/m³

序号	生产过程	工艺或工序	污染物名称及排放限值						污染物排放监控位置
			二氧化硫	颗粒物	氯化氢	硫酸雾	氯气	铅及其化合物	
1	原料预处理	破碎、筛分、混配料、球磨、制球、原料输送等装置及料仓	—	50	—	—	—	0.5	车间或生产设施排气筒
2	焙烧	焙烧炉/窑	400	50	80	—	50	1.0	
3	沉淀	沉淀池/罐	—	—	—	20	—	0.5	
4	熔化（制取 V_2O_5）	熔化炉	400	50	80	—	50	1.0	
5	干燥（制取 V_2O_3）	干燥炉/窑	400	50	—	—	—	1.0	
6	还原（制取 V_2O_3）	还原炉/窑	400	50	—	—	—	1.0	
7	熟料输送及储运	熟料仓、卸料点等	—	50	—	—	—	0.5	
8	其他		—	50	—	—	—	0.7	
单位产品（V_2O_5 或 V_2O_3）基准排气量/（m^3/t）			130 000						车间或生产设施排气筒
注：浸出过程产生的含碱蒸气必须经过吸收净化，吸收液循环利用后进入废水处理系统。									

4.2.4 企业边界大气污染物任何 1 h 平均浓度执行表 6 规定的限值。

表 6 现有和新建企业边界大气污染物浓度限值

单位：mg/m³

序号	污染物	最高浓度限值
1	二氧化硫	0.3
2	颗粒物	0.5
3	氯化氢	0.15
4	硫酸雾	0.3
5	氯气	0.02
6	铅及其化合物	0.006

4.2.5 在现有企业生产、建设项目竣工环保验收及其后的生产过程中，负责监管的环境保护行政主管部门，应对周围居住、教学、医疗等用途的敏感区域环境空气质量进行监测，并采取措施保证空气中污染物浓度符合环境质量标准的要求。建设项目的具体监控范围为环境影响评价确定的周围敏感区域；未进行过环境影响评价的现有企业，监控范围由负责监管的环境保护行政主管部门，根据企业排污的特点和规律及当地的自然、气象条件等因素，参照相关环境影响评价技术导则，因地制宜地予以确定。

4.2.6 产生大气污染物的生产工艺和装置必须设立局部或整体气体收集系统和集中处理装置，达标排放。所有排气筒高度应不低于 30 m。排气筒周围半径 200 m 范围内有建筑物时，排气筒高度还应高出最高建筑物 3 m 以上。

4.2.7 炉窑基准过量空气系数为 1.6，实测炉窑的大气污染物排放浓度，应换算为基准过量空气系数排放浓度。生产设施应采取合理的通风措施，不得故意稀释排放，若单位产品实际排气量超过单位产品基准排气量，须将实测大气污染物浓度换算为大气污染物基准气量排放浓度，并以大气污染物基准气量排放浓度作为判定排放是否达标的依据。大气污染物基准气量排放浓度的换算，可参照采用水污染物基准水量排放浓度的计算公式。在国家未规定其他生产设施单位产品基准排气量之前，暂以实测浓度作为判定是否达标的依据。

5 污染物监测要求

5.1 污染物监测的一般要求

5.1.1 对企业排放废水和废气的采样，应根据监测污染物的种类、在规定的污染物排放监控位置进行，有废水和废气处理设施的，应在处理设施后监控。在污染物排放监控位置须设置永久性排污口标志。

5.1.2 新建企业和现有企业安装污染物排放自动监控设备的要求，按有关法律和《污染源自动监控管理办法》的规定执行。

5.1.3 对企业污染物排放情况进行监测的频次、采样时间等要求，按国家有关污染源监测技术规范的规定执行。

5.1.4 企业产品产量的核定，以法定报表为依据。

5.1.5 企业应按照有关法律和《环境监测管理办法》的规定，对排污状况进行监测，并保存原始监测记录。

5.2 水污染物监测要求

对企业排放水污染物浓度的测定采用见表7所列的方法标准。

表7 水污染物浓度测定方法标准

序号	污染物项目	方法标准名称	方法标准编号
1	pH	水质 pH值的测定 玻璃电极法	GB 6920—86
2	悬浮物	水质 悬浮物的测定 重量法	GB 11901—89
3	化学需氧量（COD_{Cr}）	水质 化学需氧量的测定 重铬酸盐法	GB 11914—89
		水质 化学需氧量的测定 快速消解分光光度法	HJ/T 399—2007
4	硫化物	水质 硫化物的测定 亚甲基蓝分光光度法	GB/T 16489—1996
		水质 硫化物的测定 碘量法	HJ/T 60—2000
		水质 硫化物的测定 气相分子吸收光谱法	HJ/T 200—2005
5	氨氮	水质 氨氮的测定 纳氏试剂分光光度法	HJ 535—2009
		水质 氨氮的测定 水杨酸分光光度法	HJ 536—2009
		水质 氨氮的测定 蒸馏-中和滴定法	HJ 537—2009
		水质 氨氮的测定 气相分子吸收光谱法	HJ/T 195—2005
6	总氮	水质 总氮的测定 碱性过硫酸钾消解紫外分光光度法	GB 11894—89
		水质 总氮的测定 气相分子吸收光谱法	HJ/T 199—2005
7	总磷	水质 总磷的测定 钼酸铵分光光度法	GB 11893—89
8	氯化物	水质 氯化物的测定 硝酸银滴定法	GB 11896—89
		水质 氯化物的测定 硝酸汞滴定法	HJ/T 343—2007
9	石油类	水质 石油类和动植物油的测定 红外光度法	GB/T 16488—1996
10	总镉	水质 镉的测定 双硫腙分光光度法	GB 7471—87
		水质 铜、锌、铅、镉的测定 原子吸收分光光度法	GB 7475—87
11	总铬	水质 总铬的测定	GB 7466—87
12	六价铬	水质 六价铬的测定 二苯碳酰二肼分光光度法	GB 7467—87

续表

序号	污染物项目	方法标准名称	方法标准编号
13	总钒	水质　钒的测定　石墨炉原子吸收分光光度法	GB/T 14673—1995
		水质　钒的测定　钽试剂（BPHA）萃取分光光度法	GB/T 15503—1995
14	总铅	水质　铜、锌、铅、镉的测定　原子吸收分光光度法	GB 7475—87
		水质　铅的测定　双硫腙分光光度法	GB 7470—87
15	总锌	水质　铜、锌、铅、镉的测定　原子吸收分光光度法	GB 7475—87
		水质　锌的测定　双硫腙分光光度法	GB 7472—87
16	总铜	水质　铜、锌、铅、镉的测定　原子吸收分光光度法	GB 7475—87
		水质　铜的测定　二乙基二硫代氨基甲酸钠分光光度法	HJ 485—2009
		水质　铜的测定　2,9-二甲基-1,10-菲啰啉分光光度法	HJ 486—2009
17	总砷	水质　总砷的测定　二乙基二硫代氨基甲酸银分光光度法	GB 7485—87
18	总汞	水质　总汞的测定　冷原子吸收分光光度法	HJ 597—2011
		水质　总汞的测定　高锰酸钾-过硫酸钾消解法　双硫腙分光光度	GB 7469—87

5.3　大气污染物监测要求

5.3.1　采样点的设置与采样方法按 GB/T 16157—1996 执行。

5.3.2　在有敏感建筑物方位、必要的情况下进行监控，具体要求按 HJ/T 55—2000 进行监测。

5.3.3　对企业排放大气污染物浓度的测定采用表 8 所列的方法标准。

表 8　大气污染物浓度测定方法标准

序号	污染物项目	方法标准名称	方法标准编号
1	二氧化硫	固定污染源排气中二氧化硫的测定　碘量法	HJ/T 56—2000
		固定污染源排气中二氧化硫的测定　定电位电解法	HJ/T 57—2000
		环境空气　二氧化硫的测定　甲醛吸收-副玫瑰苯胺分光光度法	HJ 482—2009
		环境空气　二氧化硫的测定　四氯汞盐吸收-副玫瑰苯胺分光光度法	HJ 483—2009
2	颗粒物	固定污染源排气中颗粒物测定与气态污染物采样方法	GB/T 16157—1996
		环境空气　总悬浮颗粒物的测定　重量法	GB/T 15432—1995
3	氯化氢	固定污染源排气中氯化氢的测定　硫氰酸汞分光光度法	HJ/T 27—1999
		固定污染源废气　氯化氢的测定　硝酸银容量法（暂行）	HJ 548—2009
		空气和废气　氯化氢的测定　离子色谱法（暂行）	HJ 549—2009
4	硫酸雾	固定污染源废气　硫酸雾的测定　离子色谱法（暂行）	HJ 544—2009
5	氯气	固定污染源排气中氯气的测定　甲基橙分光光度法	HJ/T 30—1999
		固定污染源废气　氯气的测定　碘量法（暂行）	HJ 547—2009
6	铅及其化合物	环境空气　铅的测定　火焰原子吸收分光光度法	GB/T 15264—94
		固定污染源废气　铅的测定　火焰原子吸收分光光度法（暂行）	HJ 538—2009
		环境空气　铅的测定　石墨炉原子吸收分光光度法（暂行）	HJ 539—2009

6　标准实施与监督

6.1　本标准由县级以上人民政府环境保护行政主管部门负责监督实施。

6.2　在任何情况下，企业均应遵守本标准的污染物排放控制要求，采取必要措施保证污染防治设施正常运行。各级环保部门在对设施进行监督性检查时，可以现场即时采样或监测的结果，作为判定排污行为是否符合排放标准以及实施相关环境保护管理措施的依据。在发现设施耗水或排水量、排气量有异常变化的情况下，应核定企业的实际产品产量、排水量和排气量，按本标准的规定，换算水污染物基准排水量排放浓度和大气污染物基准气量排放浓度。

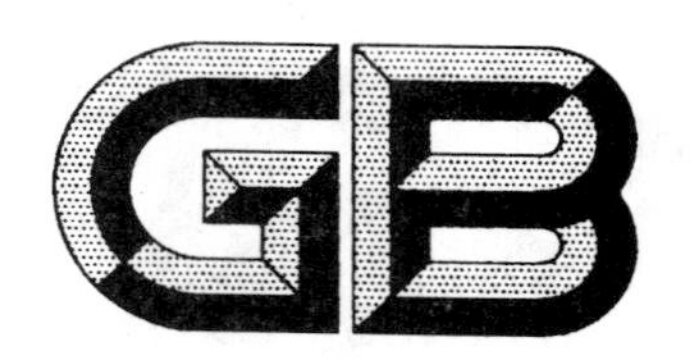

中华人民共和国国家标准

GB 26453—2011

平板玻璃工业大气污染物排放标准

Emission standard of air pollutants for flat glass industry

2011-04-02 发布　　　　2011-10-01 实施

环境保护部
国家质量监督检验检疫总局　发布

前　言

为贯彻《中华人民共和国环境保护法》、《中华人民共和国大气污染防治法》、《国务院关于落实科学发展观　加强环境保护的决定》等法律、法规和《国务院关于编制全国主体功能区规划的意见》，保护环境，防治污染，促进平板玻璃工业生产工艺和污染治理技术的进步，制定本标准。

本标准规定了平板玻璃制造企业大气污染物排放限值、监测和监控要求。平板玻璃制造企业排放水污染物、环境噪声适用相应的国家污染物排放标准，产生固体废物的鉴别、处理和处置适用国家固体废物污染控制标准。

本标准为首次发布。

自本标准实施之日起，平板玻璃制造企业的大气污染物排放控制按本标准的规定执行，不再执行《工业炉窑大气污染物排放标准》（GB 9078—1996）和《大气污染物综合排放标准》（GB 16297—1996）中的相关规定。

地方省级人民政府对本标准未作规定的污染物项目，可以制定地方污染物排放标准；对本标准已作规定的污染物项目，可以制定严于本标准的地方污染物排放标准。

本标准由环境保护部科技标准司组织制订。

本标准主要起草单位：中国环境科学研究院、蚌埠玻璃工业设计研究院。

本标准环境保护部 2011 年 4 月 2 日批准。

本标准自 2011 年 10 月 1 日起实施。

本标准由环境保护部解释。

平板玻璃工业大气污染物排放标准

1 适用范围

本标准规定了平板玻璃制造企业或生产设施的大气污染物排放限值、监测和监控要求，以及标准实施与监督等相关规定。

本标准适用于现有平板玻璃制造企业或生产设施的大气污染物排放管理。

本标准适用于对平板玻璃工业建设项目的环境影响评价、环境保护设施设计、竣工环境保护验收及其投产后的大气污染物排放管理。

电子玻璃工业太阳能电池玻璃（薄膜太阳能电池用基板玻璃、晶体硅太阳能电池用封装玻璃等）生产中的大气污染物排放控制适用本标准。

本标准适用于法律允许的污染物排放行为。新设立污染源的选址和特殊保护区域内现有污染源的管理，按照《中华人民共和国大气污染防治法》、《中华人民共和国水污染防治法》、《中华人民共和国海洋环境保护法》、《中华人民共和国固体废物污染环境防治法》、《中华人民共和国环境影响评价法》等法律、法规、规章的相关规定执行。

2 规范性引用文件

本标准内容引用了下列文件或其中的条款。

GB/T 15432—1995 环境空气 总悬浮颗粒物的测定 重量法

GB/T 16157—1996 固定污染源排气中颗粒物测定与气态污染物采样方法

HJ/T 27—1999 固定污染源排气中氯化氢的测定 硫氰酸汞分光光度法

HJ/T 42—1999 固定污染源排气中氮氧化物的测定 紫外分光光度法

HJ/T 43—1999 固定污染源排气中氮氧化物的测定 盐酸萘乙二胺分光光度法

HJ/T 55—2000 大气污染物无组织排放监测技术导则

HJ/T 56—2000 固定污染源排气中二氧化硫的测定 碘量法

HJ/T 57—2000 固定污染源排气中二氧化硫的测定 定电位电解法

HJ/T 65—2001 大气固定污染源 锡的测定 石墨炉原子吸收分光光度法

HJ/T 67—2001 大气固定污染源 氟化物的测定 离子选择电极法

HJ/T 75—2007 固定污染源烟气排放连续监测技术规范（试行）

HJ/T 76—2007 固定污染源烟气排放连续监测系统技术要求及检测方法（试行）

HJ/T 397—2007 固定源废气监测技术规范

HJ/T 398—2007 固定污染源排放烟气黑度的测定 林格曼烟气黑度图法

HJ 548—2009 固定污染源废气 氯化氢的测定 硝酸银容量法（暂行）

HJ 549—2009 环境空气和废气 氯化氢的测定 离子色谱法（暂行）

《污染源自动监控管理办法》（国家环境保护总局令 第28号）

《环境监测管理办法》（国家环境保护总局令 第39号）

3 术语和定义

下列术语和定义适用于本标准。

3.1

平板玻璃 flat glass

板状的硅酸盐玻璃。

3.2

平板玻璃工业 flat glass industry

采用浮法、平拉（含格法）、压延等工艺制造平板玻璃的工业。

3.3

玻璃熔窑 glass furnace

熔制玻璃的热工设备，由钢结构和耐火材料砌筑而成。

3.4

冷修 cold repair

玻璃熔窑停火冷却后进行大修的过程。

3.5

纯氧燃烧 oxygen-fuel combustion

助燃气体含氧量大于等于 90%的燃烧方式。

3.6

大气污染物排放浓度 emission concentration of air pollutants

温度 273 K，压力 101.3 kPa 状态下，排气筒干燥排气中大气污染物任何 1 h 的质量浓度平均值，单位为 mg/m^3。

3.7

排气筒高度 stack height

自排气筒（或其主体建筑构造）所在的地平面至排气筒出口计的高度，单位为 m。

3.8

无组织排放 fugitive emission

大气污染物不经过排气筒的无规则排放，主要包括作业场所物料堆存、开放式输送扬尘，以及设备、管线含尘气体泄漏等。

3.9

无组织排放监控点浓度限值 concentration limit at fugitive emission reference point

温度 273 K，压力 101.3 kPa 状态下，监控点（根据 HJ/T 55 确定）的大气污染物质量浓度在任何 1 h 的平均值不得超过的值，单位为 mg/m^3。

3.10

现有企业 existing facility

本标准实施之日前已建成投产或环境影响评价文件已通过审批的平板玻璃制造企业或生产设施。

3.11

新建企业 new facility

自本标准实施之日起环境影响评价文件通过审批的新建、改建和扩建平板玻璃工业建设项目。

4 大气污染物排放控制要求

4.1 大气污染物排放限值

4.1.1 自 2011 年 10 月 1 日起至 2013 年 12 月 31 日止，现有企业执行表 1 规定的大气污染物排放限值。

表 1 现有企业大气污染物排放限值

单位：mg/m^3（烟气黑度除外）

序号	污染物项目	排放限值			污染物排放监控位置
		玻璃熔窑[a]	在线镀膜尾气处理系统	配料、碎玻璃等其他通风生产设备	
1	颗粒物	100	50	50	车间或生产设施排气筒
2	烟气黑度（林格曼，级）	1	—	—	
3	二氧化硫	600	—	—	
4	氯化氢	30	30	—	
5	氟化物（以总 F 计）	5	5	—	
6	锡及其化合物	—	8.5	—	
a 指干烟气中 O_2 含量 8%状态下（纯氧燃烧为基准排气量条件下）的排放浓度限值。					

4.1.2 自 2014 年 1 月 1 日起，现有企业执行表 2 规定的大气污染物排放限值。

4.1.3 现有企业在 2014 年 1 月 1 日前对玻璃熔窑进行冷修重新投入运行的，自投入运行之日起执行表 2 规定的大气污染物排放限值。

4.1.4 自 2011 年 10 月 1 日起，新建企业执行表 2 规定的大气污染物排放限值。

表 2 新建企业大气污染物排放限值

单位：mg/m^3（烟气黑度除外）

序号	污染物项目	排放限值			污染物排放监控位置
		玻璃熔窑[a]	在线镀膜尾气处理系统	配料、碎玻璃等其他通风生产设备	
1	颗粒物	50	30	30	车间或生产设施排气筒
2	烟气黑度（林格曼，级）	1	—	—	
3	二氧化硫	400	—	—	
4	氯化氢	30	30	—	
5	氟化物（以总 F 计）	5	5	—	
6	锡及其化合物	—	5	—	
7	氮氧化物（以 NO_2 计）	700	—	—	
a 指干烟气中 O_2 含量 8%状态下（纯氧燃烧为基准排气量条件下）的排放浓度限值。					

4.1.5 对于玻璃熔窑排气（纯氧燃烧除外），应同时对排气中氧含量进行监测，实测排气筒中大气污染物排放浓度应按式（1）换算为含氧量 8%状态下的基准排放浓度，并以此作为判定排放是否达标的依据。其他车间或生产设施排气按实测浓度计算，但不得人为稀释排放。

$$\rho_{基} = \frac{21-8}{21-O_{实}} \cdot \rho_{实} \qquad (1)$$

式中：$\rho_{基}$——大气污染物基准排放浓度，mg/m^3；

$\rho_{实}$——实测排气筒中大气污染物排放浓度，mg/m^3；

$O_{实}$——玻璃熔窑干烟气中含氧量百分率实测值。

4.1.6 纯氧燃烧玻璃熔窑应监测排气筒中大气污染物排放浓度、排气量及相应时间内的玻璃出料量，按式（2）计算基准排气量[3 000 m^3/t（玻璃液）]条件下的基准排放浓度，并以此作为判定排放是否达标的依据。大气污染物排放浓度、排气量、产品产量的监测、统计周期为 1 h，可连续采样或等时间间隔采样获得大气污染物排放浓度和排气量数据，玻璃出料量数据以企业统计报表为依据。

$$\rho_{基} = \frac{Q_{实}}{3\,000 \cdot M} \cdot \rho_{实} \tag{2}$$

式中：$\rho_{基}$——大气污染物基准排放浓度，mg/m^3；

$\rho_{实}$——实测排气筒中大气污染物排放浓度，mg/m^3；

$Q_{实}$——实测玻璃熔窑小时排气量，m^3/h；

M——与监测时段相对应的小时玻璃出料量，t/h。

4.2 无组织排放控制要求

4.2.1 平板玻璃制造企业在原料破碎、筛分、储存、称量、混合、输送、投料等阶段应封闭操作，防止无组织排放。

4.2.2 自本标准实施之日起，平板玻璃制造企业大气污染物无组织排放监控点浓度限值应符合表 3 规定。

表 3 大气污染物无组织排放限值

单位：mg/m^3

序号	污染物项目	排放限值	限值含义	无组织排放监控位置
1	颗粒物	1.0	监控点与参照点总悬浮颗粒物（TSP）1 h 浓度值的差值	执行 HJ/T 55 的规定，上风向设参照点，下风向设监控点

4.2.3 在现有企业生产、建设项目竣工环保验收后的生产过程中，负责监管的环境保护行政主管部门应对周围居住、教学、医疗等用途的敏感区域环境质量进行监测。建设项目的具体监控范围为环境影响评价确定的周围敏感区域；未进行过环境影响评价的现有企业，监控范围由负责监管的环境保护行政主管部门，根据企业排污的特点和规律及当地的自然、气象条件等因素，参照相关环境影响评价技术导则确定。地方政府应对本辖区环境质量负责，采取措施确保环境状况符合环境质量标准要求。

4.3 废气收集与排放

4.3.1 产生大气污染物的生产工艺和装置需设立局部或整体气体收集系统和净化处理装置，达标排放。

4.3.2 所有排气筒高度应不低于 15 m。排气筒周围半径 200 m 范围内有建筑物时，排气筒高度还应高出最高建筑物 3 m 以上。

5 大气污染物监测要求

5.1 对企业排放废气的采样应根据监测污染物的种类，在规定的污染物排放监控位置进行，有废气处理设施的，应在该设施后监控。在污染物排放监控位置需设置永久性排污口标志。

5.2 新建企业和现有企业安装污染物排放自动监控设备的要求，按有关法律和《污染源自动监控管理办法》的规定执行。

5.3 对企业大气污染物排放状况进行监测的频次、采样时间等要求，按国家有关污染源监测技术规范的规定执行。

5.4 排气筒中大气污染物的监测采样按 GB/T 16157—1996、HJ/T 397—2007 或 HJ/T 75—2007 规定执行；大气污染物无组织排放的监测按 HJ/T 55—2000 规定执行。

5.5 对大气污染物排放浓度的测定采用表 4 所列的方法标准。

表 4 大气污染物浓度测定方法标准

序号	污染物项目	方法标准名称	方法标准编号
1	颗粒物	固定污染源排气中颗粒物测定与气态污染物采样方法	GB/T 16157—1996
		固定污染源烟气排放连续监测系统技术要求及检测方法	HJ/T 76—2007
		环境空气 总悬浮颗粒物的测定 重量法	GB/T 15432—1995
2	烟气黑度	固定污染源排放烟气黑度的测定 林格曼烟气黑度图法	HJ/T 398—2007
3	二氧化硫	固定污染源排气中二氧化硫的测定 碘量法	HJ/T 56—2000
		固定污染源排气中二氧化硫的测定 定电位电解法	HJ/T 57—2000
		固定污染源烟气排放连续监测系统技术要求及检测方法	HJ/T 76—2007
4	氯化氢	固定污染源排气中氯化氢的测定 硫氰酸汞分光光度法	HJ/T 27—1999
		固定污染源废气 氯化氢的测定 硝酸银容量法（暂行）	HJ 548—2009
		环境空气和废气 氯化氢的测定 离子色谱法（暂行）	HJ 549—2009
5	氟化物	大气固定污染源 氟化物的测定 离子选择电极法	HJ/T 67—2001
6	锡及其化合物	大气固定污染源 锡的测定 石墨炉原子吸收分光光度法	HJ/T 65—2001
7	氮氧化物	固定污染源排气中氮氧化物的测定 紫外分光光度法	HJ/T 42—1999
		固定污染源排气中氮氧化物的测定 盐酸萘乙二胺分光光度法	HJ/T 43—1999
		固定污染源烟气排放连续监测系统技术要求及检测方法	HJ/T 76—2007

5.6 企业应按照有关法律和《环境监测管理办法》的规定，对排污状况进行监测，并保存原始监测记录。

6 实施与监督

6.1 本标准由县级以上人民政府环境保护行政主管部门负责监督实施。

6.2 在任何情况下，平板玻璃制造企业均应遵守本标准规定的大气污染物排放控制要求，采取必要措施保证污染防治设施正常运行。各级环保部门在对企业进行监督性检查时，可以现场即时采样或监测的结果，作为判定排污行为是否符合排放标准以及实施相关环境保护管理措施的依据。

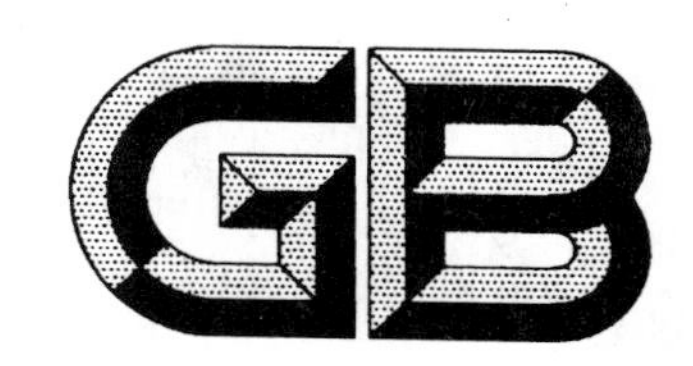

中华人民共和国国家标准

GB 15580—2011
代替 GB 15580—95

磷肥工业水污染物排放标准

Discharge standard of water pollutants for phosphate fertilizer industry

2011-04-02 发布　　　　2011-10-01 实施

环境保护部
国家质量监督检验检疫总局　发布

前　言

为贯彻《中华人民共和国环境保护法》、《中华人民共和国水污染防治法》、《中华人民共和国海洋环境保护法》、《国务院关于落实科学发展观　加强环境保护的决定》等法律、法规和《国务院关于编制全国主体功能区规划的意见》，保护环境，防治污染，加强对磷肥企业废水排放的控制和管理，制定本标准。

本标准规定了磷肥工业企业水污染物排放限值、监测和监控要求。为促进区域经济与环境协调发展，推动经济结构的调整和经济增长方式的转变，引导工业生产工艺和污染治理技术的发展方向，本标准规定了水污染物特别排放限值。

本标准中的污染物排放浓度为质量浓度。

磷肥工业企业和生产设施排放大气污染物（含恶臭污染物）、环境噪声适用相应的国家污染物排放标准，产生固体废物的鉴别、处理和处置适用国家固体废物污染控制标准。

本标准首次发布于1995年，本次为第一次修订。

本次修订的主要内容为：

——根据落实国家环境保护规划、环境保护管理和执法工作的需要，调整了控制排放的污染物项目，提高了污染物排放控制要求；

——增加了水污染物特别排放限值和间接排放限值；

——取消了按污水去向分级管理的规定；

——不再按企业规模规定污染物排放限值。

自本标准实施之日起，《磷肥工业水污染物排放标准》（GB 15580—95）同时废止。

地方省级人民政府对本标准未作规定的污染物项目，可以制定地方污染物排放标准；对本标准已作规定的污染物项目，可以制定严于本标准的地方污染物排放标准。

本标准由环境保护部科技标准司组织制订。

本标准主要起草单位：中国环境科学研究院、中石化集团南京设计院。

本标准环境保护部2011年4月2日批准。

本标准自2011年10月1日起实施。

本标准由环境保护部解释。

磷肥工业水污染物排放标准

1 适用范围

本标准规定了磷肥工业企业或生产设施水污染物排放限值。

本标准适用于现有磷肥工业企业或生产设施的水污染物排放管理。

本标准适用于对磷肥工业建设项目的环境影响评价、环境保护设施设计、竣工环境保护验收及其投产后的水污染物排放管理。

本标准适用于法律允许的污染物排放行为。新设立污染源的选址和特殊保护区域内现有污染源的管理，按照《中华人民共和国大气污染防治法》、《中华人民共和国水污染防治法》、《中华人民共和国海洋环境保护法》、《中华人民共和国固体废物污染环境防治法》、《中华人民共和国放射性污染防治法》、《中华人民共和国环境影响评价法》等法律、法规、规章的相关规定执行。

本标准规定的水污染物排放控制要求适用于企业直接或间接向其法定边界外排放水污染物的行为。

2 规范性引用文件

本标准内容引用了下列文件或其中的条款。

GB/T 6920—86 水质 pH 值的测定 玻璃电极法

GB/T 7484—87 水质 氟化物的测定 离子选择电极法

GB/T 7485—87 水质 总砷的测定 二乙基二硫代氨基甲酸银分光光度法

GB/T 11893—89 水质 总磷的测定 钼酸铵分光光度法

GB/T 11894—89 水质 总氮的测定 碱性过硫酸钾消解分光光度法

GB/T 11901—89 水质 悬浮物的测定 重量法

GB/T 11914—89 水质 化学需氧量的测定 重铬酸盐法

HJ/T 84—2001 水质 无机阴离子的测定 离子色谱法

HJ/T 195—2005 水质 氨氮的测定 气相分子吸收光谱法

HJ/T 199—2005 水质 总氮的测定 气相分子吸收光谱法

HJ/T 399—2007 水质 化学需氧量的测定 快速消解分光光度法

HJ 487—2009 水质 氟化物的测定 茜素磺酸锆目视比色法

HJ 488—2009 水质 氟化物的测定 氟试剂分光光度法

HJ 535—2009 水质 氨氮的测定 纳氏试剂分光光度法

HJ 536—2009 水质 氨氮的测定 水杨酸分光光度法

HJ 537—2009 水质 氨氮的测定 蒸馏-中和滴定法

《污染源自动监控管理办法》（国家环境保护总局令 第 28 号）

《环境监测管理办法》（国家环境保护总局令 第 39 号）

3 术语和定义

下列术语和定义适用于本标准。

3.1

磷肥工业　phosphate fertilizer industry

生产磷肥产品的工业。磷肥产品包括：过磷酸钙（简称普钙）、钙镁磷肥、磷酸铵、重过磷酸钙（简称重钙）、复混肥（包括复合肥和掺合肥）、硝酸磷肥和其他副产品（如氟加工产品等），以及生产磷肥所需的中间产品磷酸（湿法）。

3.2

现有企业　existing facility

本标准实施之日前已建成投产或环境影响评价文件已通过审批的磷肥企业或生产设施。

3.3

新建企业　new facility

本标准实施之日起环境影响评价文件通过审批的新建、改建和扩建磷肥工业建设项目。

3.4

直接排放　direct discharge

排污单位直接向环境水体排放污染物的行为。

3.5

间接排放　indirect discharge

排污单位向公共污水处理系统排放污染物的行为。

3.6

公共污水处理系统　publish wastewater treatment system

通过纳污管道等方式收集废水，为两家以上排污单位提供废水处理服务并且排水能够达到相关排放标准要求的企业或机构，包括各种规模和类型的城镇污水处理厂、区域（包括各类工业园区、开发区、工业聚集地等）废水处理厂等，其废水处理程度应达到二级或二级以上。

3.7

排水量　effluent volume

生产设施或企业向企业法定边界以外排放的废水的量，包括与生产有直接或间接关系的各种外排废水（如厂区生活污水、冷却废水、厂区锅炉和电站排水等）。

3.8

单位产品基准排水量　benchmark effluent volume per unit product

用于核定水污染物排放浓度而规定的生产单位磷肥产品的废水排放量上限值。

4　水污染物排放控制要求

4.1　自 2011 年 10 月 1 日起至 2013 年 3 月 31 日止，现有企业执行表 1 规定的水污染排放限值。

表 1　现有企业水污染物排放限值

单位：mg/L（pH 值除外）

序号	污染物	直接排放限值					间接排放限值	污染物排放监控位置
		过磷酸钙	钙镁磷肥	磷酸铵[a]	重过磷酸钙	复混肥		
1	pH 值	6～9	6～9	6～9	6～9	6～9	6～9	企业废水总排放口
2	化学需氧量（COD_{Cr}）	80	80	80	80	80	150	
3	悬浮物	80	80	50	50	50	100	
4	氟化物（以 F 计）	20	20	15	15	15	20	
5	总磷（以 P 计）	20	20	20	20	20	20	

续表

序号	污染物	直接排放限值					间接排放限值	污染物排放监控位置
		过磷酸钙	钙镁磷肥	磷酸铵[a]	重过磷酸钙	复混肥		
6	总氮	15	15	20	15	20	60	企业废水总排放口
7	氨氮	10	10	15	10	15	30	
8	总砷	0.5	0.5	0.5	0.5	0.5	0.5	车间或生产设施废水排放口
单位产品基准排水量/（m^3/t）		0.3	0.4	0.3	0.2	0.2	与直接排放相同	排水量计量位置与污染物排放监控位置一致
		15[b]						

a 硝酸磷肥按磷酸铵的排放限值执行。
b 适用于有氟加工产品（产品以氟硅酸钠计）的企业，单位为 m^3/t。

4.2 自2013年4月1日起，现有企业执行表2规定的水污染排放限值。
4.3 自2011年10月1日起，新建企业执行表2规定的水污染排放限值。

表2　新建企业水污染物排放限值

单位：mg/L（pH值除外）

序号	污染物	直接排放限值					间接排放限值	污染物排放监控位置
		过磷酸钙	钙镁磷肥	磷酸铵[a]	重过磷酸钙	复混肥		
1	pH值	6～9	6～9	6～9	6～9	6～9	6～9	企业废水总排放口
2	化学需氧量（COD_{Cr}）	70	70	70	70	70	150	
3	悬浮物	30	30	30	30	30	100	
4	氟化物（以F计）	15	15	15	15	15	20	
5	总磷（以P计）	10	10	15	15	10	20	
6	总氮	15	15	20	15	20	60	
7	氨氮	10	10	15	10	15	30	
8	总砷	0.3	0.3	0.3	0.3	0.3	0.3	车间或生产设施废水排放口
单位产品基准排水量/（m^3/t）		0.3	0.4	0.2	0.15	0.15	与直接排放相同	排水量计量位置与污染物排放监控位置一致
		12[b]						

a 硝酸磷肥按磷酸铵的排放限值执行。
b 适用于有氟加工产品（产品以氟硅酸钠计）的企业，单位为 m^3/t。

4.4 根据环境保护工作的要求，在国土开发密度已经较高、环境承载能力开始减弱，或环境容量较小、生态环境脆弱，容易发生严重环境污染问题而需要采取特别保护措施的地区，应严格控制企业的污染物排放行为，在上述地区的磷肥企业执行表3规定的水污染物特别排放限值。

表3　水污染物特别排放限值

单位：mg/L（pH值除外）

序号	污染物	直接排放限值					间接排放限值	污染物排放监控位置
		过磷酸钙	钙镁磷肥	磷酸铵[a]	重过磷酸钙	复混肥		
1	pH值	6～9	6～9	6～9	6～9	6～9	6～9	企业废水总排放口
2	化学需氧量（COD_{Cr}）	50	50	50	50	50	100	
3	悬浮物	20	20	20	20	20	40	
4	氟化物（以F计）	10	10	10	10	10	15	
5	总磷（以P计）	0.5	0.5	0.5	0.5	0.5	1.0	

续表

序号	污染物	直接排放限值					间接排放限值	污染物排放监控位置
		过磷酸钙	钙镁磷肥	磷酸铵[a]	重过磷酸钙	复混肥		
6	总氮	10	10	15	10	15	20	企业废水总排放口
7	氨氮	5	5	10	5	10	15	
8	总砷	0.1	0.1	0.1	0.1	0.1	0.1	车间或生产设施废水排放口
单位产品基准排水量/(m^3/t)		0.2	0.2	0.1	0.1	0.1	与直接排放相同	排水量计量位置与污染物排放监控位置一致
a 硝酸磷肥按磷酸铵的排放限值执行。								

执行水污染物特别排放限值的地域范围、时间，由国务院环境保护行政主管部门或省级人民政府规定。

4.5 水污染物排放浓度限值适用于单位产品实际排水量不高于单位产品基准排水量的情况。若单位产品实际排水量超过单位产品基准排水量，须按式（1）将实测水污染物浓度换算为水污染物基准排水量排放浓度，并以水污染物基准排水量排放浓度作为判定排放是否达标的依据。产品产量和排水量统计周期为一个工作日。

在企业的生产设施同时生产两种以上产品、可适用不同排放控制要求或不同行业国家污染物排放标准，且生产设施产生的污水混合处理排放的情况下，应执行排放标准中规定的最严格的浓度限值，并按式（1）换算水污染物基准排水量排放浓度。

$$\rho_{基} = \frac{Q_{总}}{\sum Y_i \cdot Q_{i基}} \cdot \rho_{实} \qquad (1)$$

式中：$\rho_{基}$——水污染物基准排水量排放浓度，mg/L；

$Q_{总}$——实测排水总量，m^3；

Y_i——某种产品产量，t；

$Q_{i基}$——某种产品的单位产品基准排水量，m^3/t；

$\rho_{实}$——实测水污染物浓度，mg/L。

若$Q_{总}$与$\sum Y_i \cdot Q_{i基}$的比值小于1，则以水污染物实测浓度作为判定排放是否达标的依据。

5 水污染物监测要求

5.1 对企业排放废水的采样，应根据监测污染物的种类，在规定的污染物排放监控位置进行。有废水处理设施的，应在处理设施后监控。在污染物排放监控位置须设置永久性排污口标志。

5.2 新建企业和现有企业安装污染物排放自动监控设备的要求，按有关法律和《污染源自动监控管理办法》的规定执行。

5.3 对企业污染物排放情况进行监测的频次、采样时间、质量保证与质量控制等要求，按国家有关污染源监测技术规范的规定执行。

5.4 企业产品产量的核定，以法定报表为依据。

5.5 企业应按照有关法律和《环境监测管理办法》的规定，对排污状况进行监测，并保存原始监测记录。

5.6 对企业排放水污染物浓度的测定采用表4所列的方法标准。

表 4　水污染物浓度测定方法标准

序号	污染物项目	方法标准名称	方法标准编号
1	pH 值	水质　pH 值的测定　玻璃电极法	GB/T 6920—86
2	化学需氧量	水质　化学需氧量的测定　重铬酸盐法	GB/T 11914—89
		水质　化学需氧量的测定　快速消解分光光度法	HJ/T 399—2007
3	悬浮物	水质　悬浮物的测定　重量法	GB/T 11901—89
4	氟化物	水质　氟化物的测定　离子选择电极法	GB/T 7484—87
		水质　无机阴离子的测定　离子色谱法	HJ/T 84—2001
		水质　氟化物的测定　茜素磺酸锆目视比色法	HJ 487—2009
		水质　氟化物的测定　氟试剂分光光度法	HJ 488—2009
5	总磷	水质　总磷的测定　钼酸铵分光光度法	GB/T 11893—89
6	总氮	水质　总氮的测定　碱性过硫酸钾消解分光光度法	GB/T 11894—89
		水质　总氮的测定　气相分子吸收光谱法	HJ/T 199—2005
7	氨氮	水质　氨氮的测定　气相分子吸收光谱法	HJ/T 195—2005
		水质　氨氮的测定　纳氏试剂分光光度法	HJ 535—2009
		水质　氨氮的测定　水杨酸分光光度法	HJ 536—2009
		水质　氨氮的测定　蒸馏-中和滴定法	HJ 537—2009
8	总砷	水质　总砷的测定　二乙基二硫代氨基甲酸银分光光度法	GB/T 7485—87

6　实施与监督

6.1　本标准由县级以上人民政府环境保护行政主管部门负责监督实施。

6.2　在任何情况下，企业均应遵守本标准的污染物排放控制要求，采取必要措施保证污染防治设施正常运行。各级环保部门在对设施进行监督性检查时，可以现场即时采样或监测的结果，作为判定排污行为是否符合排放标准以及实施相关环境保护管理措施的依据。在发现设施耗水或排水量有异常变化的情况下，应核定设施的实际产品产量和排水量，按本标准的规定，换算水污染物基准水量排放浓度。

中华人民共和国国家标准

GB 14470.3—2011
代替 GB 14470.3—2002

弹药装药行业水污染物排放标准

Effluent standards of water pollutants for ammunition loading industry

2011-04-29 发布　　　　2012-01-01 实施

环　境　保　护　部
国家质量监督检验检疫总局　发布

中华人民共和国环境保护部
公　告

2011 年　第 36 号

为贯彻《中华人民共和国环境保护法》、《中华人民共和国水污染防治法》和《中华人民共和国大气污染防治法》，防治污染，保护和改善生态环境，保障人体健康，现批准《弹药装药行业水污染物排放标准》为国家污染物排放标准，并由我部与国家质量监督检验检疫总局联合发布。

标准名称、编号如下：

弹药装药行业水污染物排放标准（GB 14470.3—2011）

按有关法律规定，该标准具有强制执行的效力。

该标准自 2012 年 1 月 1 日起实施。

该标准由中国环境科学出版社出版，标准内容可在环境保护部网站（bz.mep.gov.cn）查询。

自该标准实施之日起，下列国家污染物排放标准废止：

兵器工业水污染物排放标准　弹药装药（GB 14470.3—2002）。

特此公告。

（此公告业经国家质量监督检验检疫总局纪正昆会签）

2011 年 4 月 29 日

前　言

为贯彻《中华人民共和国环境保护法》、《中华人民共和国水污染防治法》、《中华人民共和国海洋环境保护法》、《国务院关于落实科学发展观　加强环境保护的决定》等法律、法规和《国务院关于编制全国主体功能区规划的意见》，保护环境，防治污染，促进弹药装药行业生产工艺和污染治理技术的进步，修定本标准。

本标准规定了弹药装药行业水污染物排放限值、监测和监控要求。为促进区域经济与环境协调发展，推动经济结构的调整和经济增长方式的转变，引导工业生产工艺和污染治理水平的发展方向，本标准规定了水污染物特别排放限值。

本标准中的污染物排放浓度均为质量浓度。

弹药装药生产企业排放的大气污染物、环境噪声适用相应的国家污染物排放标准，产生固体废物的鉴别、处理和处置适用国家固体废物污染控制标准。

本标准首次发布于1993年，2002年第一次修订，本次为第二次修订。

本次修订的主要内容为：

——标准名称修改为“弹药装药行业水污染物排放标准”。

——在“适用范围”章节增加了污染物排放行为的控制要求。

——在“术语和定义”章节增加了现有企业、新建企业、排水量、基准排水量、直接排放、间接排放、公共污水处理系统的定义。

——将GB 14470.3—2002中的“4 技术要求”和“5 其他要求”章节内容修改为“水污染物排放控制要求”；污染物排放控制项目增加了“总磷、总氮、氨氮、阴离子表面活性剂和基准排水量”，使控制项目由原来的9项增加到14项；增加了直接排放和间接排放的浓度限值要求；增加了水污染物特别排放限值。

——将GB 14470.3—2002中的“6 监测”修改为“水污染物监测要求”的内容。

——在“实施与监督”章节中增加了新的内容。

本标准自实施之日起，《兵器工业水污染物排放标准　弹药装药》（GB 14470.3—2002）自动废止。

本标准由环境保护部科技标准司组织制订。

本标准主要起草单位：北京中兵北方环境科技发展有限责任公司、中国兵器工业集团公司。

本标准环境保护部2011年4月29日批准。

本标准自2012年1月1日起实施。

本标准由环境保护部解释。

弹药装药行业水污染物排放标准

1 适用范围

本标准规定了弹药装药企业的水污染物排放限值、监测和监控要求，以及标准的实施与监督相关规定。

本标准适用于各类现有弹药装药企业的水污染物排放管理。

本标准适用于对各类弹药装药企业建设项目的环境影响评价、环境保护设施设计、竣工环境保护验收及其投产后的水污染物排放管理。

本标准适用于法律允许的污染物排放行为；新设立污染源的选址和特殊保护区域内现有污染源的管理，按照《中华人民共和国大气污染防治法》、《中华人民共和国水污染防治法》、《中华人民共和国海洋环境保护法》、《中华人民共和国固体废物污染环境防治法》、《中华人民共和国环境影响评价法》等法律、法规、规章的相关规定执行。

本标准规定的水污染物排放控制要求适用于企业直接或间接向其法定边界外排放水污染物的行为。

2 规范性引用文件

本标准内容引用了下列文件或其中的条款。凡是不注明日期的引用文件，其有效版本适用于本标准。

GB/T 6920　水质　pH 值的测定　玻璃电极法
GB/T 7494　水质　阴离子表面活性剂的测定　亚甲蓝分光光度法
GB/T 11893　水质　总磷的测定　钼酸铵分光光度法
GB/T 11894　水质　总氮的测定　碱性过硫酸钾消解紫外分光光度法
GB/T 11901　水质　悬浮物的测定　重量法
GB/T 11903　水质　色度的测定
GB/T 11914　水质　化学需氧量的测定　重铬酸钾法
GB/T 13900　水质　黑索今的测定　分光光度法
GB/T 16488　水质　石油类和动植物油的测定　红外光度法
HJ/T 86　水质　生化需氧量（BOD_5）的测定　微生物传感器快速测定法
HJ/T 195　水质　氨氮的测定　气相分子吸收光谱法
HJ/T 199　水质　总氮的测定　气相分子吸收光谱法
HJ/T 399　水质　化学需氧量的测定　快速消解分光光度法
HJ 505　水质　五日生化需氧量（BOD_5）的测定　稀释与接种法
HJ 535　水质　氨氮的测定　纳氏试剂分光光度法
HJ 536　水质　氨氮的测定　水杨酸分光光度法
HJ 537　水质　氨氮的测定　蒸馏-中和滴定法
HJ 599　水质　梯恩梯的测定　*N*-氯代十六烷基吡啶-亚硝酸钠分光光度法
HJ 600　水质　梯恩梯、黑索今、地恩梯的测定　气相色谱法
GJB 102A　弹药系统术语

3 术语和定义

下列术语和定义适用于本标准。

3.1

弹药装药　ammunition loading

依据规定动能需要，按照一定的工艺要求，将一定量的火药、炸药、烟火药及火工药剂等填充到弹药有关零部件中的操作过程或最终结果。

3.2

梯恩梯　2,4,6-trinitrotoluene

通用名称：梯恩梯；代号：TNT；其他名称：茶褐炸药；化学名称：2,4,6-三硝基甲苯；分子式：$CH_3C_6H_2(NO_2)_3$；相对分子质量 227.13；结构式：

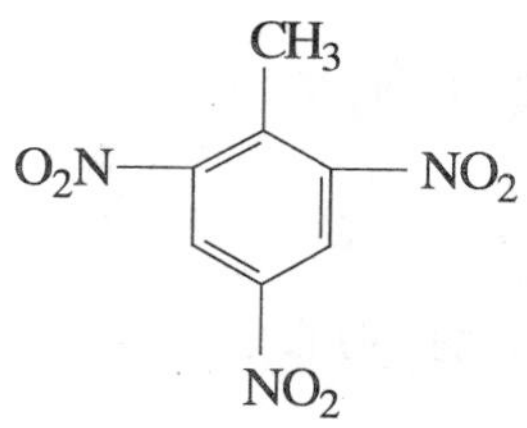

CH_3

O_2N　　NO_2

NO_2

3.3

地恩梯　2,4-dinitrotoluene

通用名称：地恩梯；代号：DNT；化学名称：2,4-二硝基甲苯；分子式：$CH_3C_6H_3(NO_2)_2$；相对分子质量 182.14；结构式：

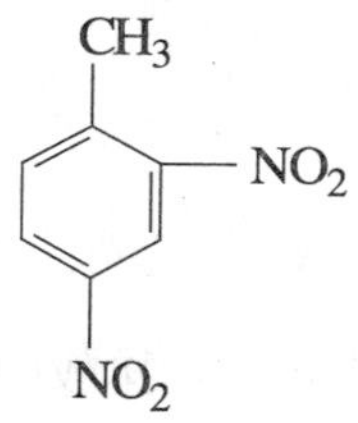

CH_3

NO_2

NO_2

3.4

黑索今　cyclotrimethylene trinitramine；Hexogen

通用名称：黑索今；代号：RDX；化学名称：环三亚甲基三硝胺，又称 1,3,5-三硝基-1,3,5-三氮杂环己烷；分子式：$(CH_2NNO_2)_3$；相对分子质量 222.15；结构式：

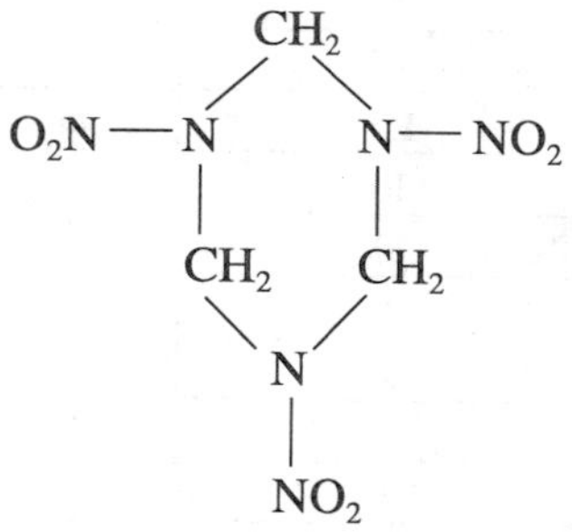

CH_2

$O_2N—N$　　$N—NO_2$

CH_2　CH_2

N

NO_2

3.5

现有企业　existing facility

本标准实施之日前已建成投产或环境影响评价文件已通过审批的弹药装药企业或生产设施。

3.6

新建企业　new facility

本标准实施之日起环境影响文件通过审批的新建、改建和扩建的弹药装药行业建设项目。

3.7

排水量　discharge of wastewater

指生产设施或企业向企业法定边界以外排放的废水的量，包括与生产有直接或间接关系的各种外排废水（含厂区生活污水、冷却废水、厂区锅炉和电站废水等）。

3.8

基准排水量　datum discharge of wastewater quantity in unit time

指用于核定水污染物排放浓度而规定的每日清洗设备、工作面、洗涤防护品、水浴除尘器和其他各种外排水设施的废水排放量上限值。

3.9

直接排放　direct discharge

指排污单位直接向环境水体排放污染物的行为。

3.10

间接排放　indirect discharge

指排污单位向公共污水处理系统排放污染物的行为。

3.11

公共污水处理系统　publish wastewater treatment system

指通过纳污管道等方式收集废水，为两家以上排污单位提供废水处理服务并且排水能够达到相关排放标准要求的企业或机构，包括各种规模和类型的城镇污水处理厂、区域（各类工业园区、开发区、工业聚集地等）废水处理厂等，其废水处理程度应达到二级或二级以上。

4　水污染物排放控制要求

4.1　自2012年1月1日起至2013年6月31日止，现有企业执行表1规定的水污染物排放限值。

表1　现有企业水污染物排放限值及基准排水量

单位：mg/L（pH值、色度和基准排水量除外）

序号	污染物项目	排放限值		污染物排放监控位置
		直接排放	间接排放	
1	pH值	6～9	6～9	企业废水总排放口
2	色度（稀释倍数）	50	100	
3	五日生化需氧量（BOD_5）	30	60	
4	化学需氧量（COD_{Cr}）	100	200	
5	总磷	1.5	3.0	
6	总氮	30	50	
7	氨氮	20	40	
8	阴离子表面活性剂	2	5	
9	石油类	5	10	
10	悬浮物（SS）	70	100	
11	梯恩梯（TNT）	1.0	1.0	车间或生产设施废水排放口
12	地恩梯（DNT）	1.0	1.0	
13	黑索今（RDX）	0.5	0.5	
14	基准排水量/（m^3/d）	30		排水量计量位置与污染物排放监控位置一致

4.2 自2013年7月1日起，现有企业执行表2规定的水污染物排放质量浓度限值。

4.3 自2012年1月1日起，新建企业执行表2规定的水污染物排放质量浓度限值。

表2 新建企业水污染物排放质量浓度限值及基准排水量

单位：mg/L（pH值、色度和基准排水量除外）

序号	污染物项目	排放限值		污染物排放监控位置
		直接排放	间接排放	
1	pH值	6~9	6~9	企业废水总排放口
2	色度（稀释倍数）	40	100	
3	五日生化需氧量（BOD_5）	20	60	
4	化学需氧量（COD_{Cr}）	60	200	
5	总磷	1.0	3.0	
6	总氮	20	50	
7	氨氮	15	40	
8	阴离子表面活性剂	1	5	
9	石油类	3	10	
10	悬浮物（SS）	50	100	
11	梯恩梯（TNT）	0.5	0.5	车间或生产设施废水排放口
12	地恩梯（DNT）	0.5	0.5	
13	黑索今（RDX）	0.2	0.2	
14	基准排水量/（m^3/d）	20		排水量计量位置与污染物排放监控位置一致

4.4 根据环境保护工作的要求，在国土开发密度较高、环境承载能力开始减弱，或水环境容量较小、生态环境脆弱，容易发生严重水环境污染问题而需要采取特别保护措施的地区，应严格控制设施的污染排放行为，在上述地区的企业执行表3规定的水污染物特别排放限值。

执行水污染物特别排放限值的地域范围、时间，由国务院环境保护行政主管部门或省级人民政府规定。

表3 水污染物特别排放限值及基准排水量

单位：mg/L（pH值、色度和基准排水量除外）

序号	污染物项目	排放限值		污染物排放监控位置
		直接排放	间接排放	
1	pH值	6~9	6~9	企业废水总排放口
2	色度（稀释倍数）	30	40	
3	五日生化需氧量（BOD_5）	20	40	
4	化学需氧量（COD_{Cr}）	50	60	
5	总磷	0.5	1.0	
6	总氮	15	20	
7	氨氮	10	15	
8	阴离子表面活性剂	0.5	1	
9	石油类	2	3	
10	悬浮物（SS）	30	50	
11	梯恩梯（TNT）	0.2	0.2	车间或生产设施废水排放口
12	地恩梯（DNT）	0.2	0.2	
13	黑索今（RDX）	0.1	0.1	
14	基准排水量/（m^3/d）	20		排水量计量位置与污染物排放监控位置一致

4.5 水污染物排放限值适用于本标准规定的每日外排废水的实际排水量不高于基准排水量的情况。若每日次实际排水量超过基准排水量，须按式（1）将实测水污染物质量浓度换算为水污染物基准水量排放质量浓度，并以水污染物基准水量排放质量浓度作为判定排放是否达标的依据。

$$\rho_{基} = \frac{Q_{总}\rho_{实}}{Q_{基}} \tag{1}$$

式中：$\rho_{基}$——水污染物基准水量排放质量浓度，mg/L；

$Q_{总}$——排水总量，m^3/d；

$Q_{基}$——基准排水量，m^3/d；

$\rho_{实}$——实测水污染物排放质量浓度，mg/L。

5 水污染物监测要求

5.1 对企业排放废水采样，应根据监测污染物的种类，在规定的污染物排放监控位置进行。有废水处理设施的，应在该设施后监控。企业应按国家有关污染源监测技术规范的要求设置采样口，在污染物排放监控位置须设置永久性排污口标志。

5.2 新建企业和现有企业安装污染物排放自动监控设备的要求，按有关法律和《污染源自动监控管理办法》的规定执行。

5.3 对企业水污染物排放情况进行监测的频次、采样时间、质量保证与质量控制等要求，按照国家有关污染源监测技术规范的规定和环境保护行政主管部门的要求执行。

5.4 企业应按照有关法律和《环境监测管理办法》的规定，对排污状况进行监测，并保存原始监测记录。

5.5 对企业排放水污染物质量浓度的测定采用表 4 所列的方法标准。

表 4 水污染物质量浓度测定方法标准

序号	污染物项目	方法标准名称	方法标准编号
1	pH 值	水质 pH 值的测定 玻璃电极法	GB/T 6920—1986
2	色度	水质 色度的测定 稀释倍数法	GB/T 11903—1989
3	五日生化需氧量（BOD_5）	水质 五日生化需氧量（BOD_5）的测定 稀释与接种法	HJ 505—2009
		水质 生化需氧量（BOD）的测定 微生物传感器快速测定法	HJ/T 86—2002
4	化学需氧量（COD_{Cr}）	水质 化学需氧量的测定 重铬酸盐法	GB/T 11914—1989
		水质 化学需氧量的测定 快速消解分光光度法	HJ/T 399—2007
5	总磷	水质 总磷的测定 钼酸铵分光光度法	GB/T 11894—1989
6	总氮	水质 总氮的测定 碱性过硫酸钾消解紫外分光光度法	GB/T 11894—1989
		水质 总氮的测定 气相分子吸收光谱法	HJ/T 199—2005
7	氨氮	水质 氨氮的测定 纳氏试剂分光光度法	HJ 535—2009
		水质 氨氮的测定 水杨酸分光光度法	HJ 536—2009
		水质 氨氮的测定 蒸馏-中和滴定法	HJ 537—2009
		水质 氨氮的测定 气相分子吸收光谱法	HJ/T 195—2005
8	阴离子表面活性剂	水质 阴离子表面活性剂的测定 亚甲蓝分光光度法	GB/T 7494—1987
9	石油类	水质 石油类和动植物油的测定 红外光度法	GB/T 16488—1996
10	悬浮物（SS）	水质 悬浮物的测定 重量法	GB/T 11901—1989
11	梯恩梯（TNT）	水质 梯恩梯的测定 *N*-氯代十六烷基吡啶-亚硝酸钠分光光度法	HJ 599—2011
		水质 梯恩梯、黑索今、地恩梯的测定 气相色谱法	HJ 600—2011
12	地恩梯（DNT）	水质 梯恩梯、黑索今、地恩梯的测定 气相色谱法	HJ 600—2011
13	黑索今（RDX）	水质 黑索今的测定 分光光度法	GB/T 13900—1992
		水质 梯恩梯、黑索今、地恩梯的测定 气相色谱法	HJ 600—2011

6 实施与监督

6.1 本标准由县级以上人民政府环境保护行政主管部门负责监督实施。

6.2 在任何情况下，弹药装药企业均应遵守本标准的污染物排放控制要求，采取必要措施保证污染防治设施正常运行。各级环保部门在对设施进行监督性检查时，可以现场即时采样或监测的结果，作为判定排污行为是否符合排放标准及实施相关环境保护管理措施的依据。在发现排水量有异常变化的情况下，应按 4.5 的规定，换算水污染物基准水量排放质量浓度。

中华人民共和国国家标准

GB 14621—2011

代替 GB 14621—2002

摩托车和轻便摩托车排气污染物排放限值及测量方法（双怠速法）

Limits and measurement methods for exhaust pollutants from motorcycles and mopeds under two-speed idle conditions

2011-05-12 发布

2011-10-01 实施

环境保护部
国家质量监督检验检疫总局　发布

中华人民共和国环境保护部
公　告

2011年　第38号

为贯彻《中华人民共和国环境保护法》和《中华人民共和国大气污染防治法》，防治污染，保护和改善生态环境，保障人体健康，现批准《摩托车和轻便摩托车排气污染物排放限值及测量方法（双怠速法）》为国家污染物排放标准，并由我部与国家质量监督检验检疫总局联合发布。

标准名称、编号如下：

摩托车和轻便摩托车排气污染物排放限值及测量方法（双怠速法）（GB 14621—2011）。

按有关法律规定，该标准具有强制执行的效力。

该标准自2011年10月1日起实施。

该标准由中国环境科学出版社出版，标准内容可在环境保护部网站（bz.mep.gov.cn）查询。

自该标准实施之日起，下列国家标准废止，标准名称、编号如下：

摩托车和轻便摩托车排气污染物排放限值及测量方法（怠速法）（GB 14621—2002）。

特此公告。

（此公告业经国家质量监督检验检疫总局纪正昆会签）

2011年5月12日

前　言

为贯彻《中华人民共和国环境保护法》和《中华人民共和国大气污染防治法》，防治摩托车和轻便摩托车污染，改善环境空气质量，制定本标准。

本标准规定了摩托车、轻便摩托车怠速和高怠速排气污染物的排放限值及测量方法。

本标准是对《摩托车和轻便摩托车排气污染物排放限值及测量方法（怠速法）》（GB 14621—2002）的修订。修订的主要内容如下：

——增加了高怠速的测量方法及排放限值。

本标准所代替标准的历次版本发布情况为：GB 14621—1993、GB 14621—2002。

自本标准实施之日起，《摩托车和轻便摩托车排气污染物排放限值及测量方法（怠速法）》（GB 14621—2002）废止。

本标准的附录A为规范性附录。

本标准由环境保护部科技标准司组织制订。

本标准主要起草单位：天津摩托车技术中心、中国环境科学研究院。

本标准参加起草单位：江门市大长江集团有限公司、五羊—本田摩托（广州）有限公司、中国嘉陵工业股份有限公司（集团）、浙江钱江摩托股份有限公司、济南轻骑摩托车股份有限公司、北京金铠星科技有限公司、浙江飞亚电子有限公司。

本标准环境保护部2011年4月15日批准。

本标准自2011年10月1日起实施。

本标准由环境保护部解释。

摩托车和轻便摩托车排气污染物排放限值及测量方法（双怠速法）

1 适用范围

本标准规定了摩托车、轻便摩托车怠速和高怠速工况下排气污染物的排放限值及测量方法。

本标准适用于装有点燃式发动机的摩托车和轻便摩托车的型式核准、生产一致性检查和在用车的排气污染物检查。

2 规范性引用文件

本标准内容引用了下列文件中的条款。凡不注明日期的引用文件，其最新版本适用于本标准。

GB 14622—2007 摩托车污染物排放限值及测量方法（工况法，中国第Ⅲ阶段）

GB 17930 车用汽油

GB 18047 车用压缩天然气

GB 18176—2007 轻便摩托车污染物排放限值及测量方法（工况法，中国第Ⅲ阶段）

GB 19159 车用液化石油气

GB/T 15089 机动车辆及挂车分类

HJ/T 3—1993 汽油机动车怠速排气监测仪技术条件

HJ/T 289—2006 汽油车双怠速法排气污染物测量设备技术要求

3 术语和定义

下列术语和定义适用于本标准。

3.1

摩托车

GB/T 15089 规定的两轮摩托车（L3 类）、边三轮摩托车（L4 类）和正三轮摩托车（L5 类）。

3.2

轻便摩托车

GB/T 15089 规定的两轮轻便摩托车（L1 类）和三轮轻便摩托车（L2 类）。

3.3

排气污染物

排气管排放的一氧化碳（CO）、碳氢化合物（HC）和氮氧化物（NO_x）。

3.4

怠速与高怠速工况

怠速工况指发动机无负载最低稳定运转状态，即发动机正常运转，变速器处于空挡，油门控制器处于最小位置，阻风门全开，发动机转速符合制造厂技术文件的规定。

高怠速工况指满足上述条件（油门控制器位置除外，对自动变速器的车辆，驱动轮应处于自由状态），通过调整油门控制器，将发动机转速稳定控制在制造厂技术文件规定的高怠速转速，但高怠速转速不能低于 2 000 r/min。若技术文件没有规定，发动机转速控制在 2 500 r/min±250 r/min。

3.5

一氧化碳（CO）、碳氢化合物（HC）、二氧化碳（CO_2）的体积分数

一氧化碳（CO）的体积分数为排气中一氧化碳（CO）的体积百分数，以%表示；碳氢化合物（HC）的体积分数为排气中碳氢化合物（HC）的体积百万分数，以 10^{-6} 表示；二氧化碳（CO_2）的体积分数为排气中二氧化碳（CO_2）的体积百分数，以%表示。

3.6

气体燃料

GB 18047 规定的天然气（NG）或 GB 19159 规定的液化石油气（LPG）。

3.7

两用燃料车

既能燃用汽油又能燃用一种气体燃料，但两种燃料不能同时燃用的摩托车。

3.8

单一气体燃料车

只能燃用某一种气体燃料的摩托车，或能燃用某种气体燃料[天然气（NG）或液化石油气（LPG）]和汽油，但汽油仅用于紧急情况或发动机启动用的摩托车。

3.9

生产一致性检查

指对制造厂批量生产的摩托车和轻便摩托车进行双怠速法排放检查。

3.10

在用车

已经登记注册并取得号牌的摩托车和轻便摩托车。

4 污染物排放控制要求

4.1 型式核准和生产一致性检查排放限值

自本标准规定的日期起，摩托车和轻便摩托车在分别按照 GB 14622—2007、GB 18176—2007 要求进行型式核准、生产一致性检查的同时，应按本标准规定进行双怠速法排放检测，排气污染物排放应符合表 1 的规定。

表 1　双怠速法型式核准和生产一致性检查排放限值

实施要求和日期	工　况			
	怠速工况		高怠速工况	
	CO/%	HC/10^{-6}	CO/%	HC/10^{-6}
2011 年 10 月 1 日起，型式核准、生产一致性检查	2.0	250	2.0	250
注 1：污染物含量为体积分数。				
注 2：HC 体积分数值按正己烷当量计。				

4.2 在用车排放限值

自本标准规定的日期起，在用摩托车和轻便摩托车排气污染物排放应符合表 2 的规定。

表 2　双怠速法在用车排放限值

实施要求和日期	工况			
	怠速工况		高怠速工况	
	CO/%	HC/10^{-6}	CO/%	HC/10^{-6}
2003 年 7 月 1 日前生产的摩托车和轻便摩托车（二冲程）	4.5	8 000	—	—
2003 年 7 月 1 日前生产的摩托车和轻便摩托车（四冲程）	4.5	2 200	—	—
2003 年 7 月 1 日起生产的摩托车和轻便摩托车（二冲程）	4.5	4 500	—	—
2003 年 7 月 1 日起生产的摩托车和轻便摩托车（四冲程）	4.5	1 200	—	—
2010 年 7 月 1 日起生产的两轮摩托车和两轮轻便摩托车 2011 年 7 月 1 日起生产的三轮摩托车和三轮轻便摩托车	3.0	400	3.0	400
注 1：污染物含量为体积分数。 注 2：HC 体积分数值按正己烷当量计。				

5　排气污染物测量方法

双怠速法排放检测采用附录 A 所列方法。

6　单一气体燃料和两用燃料车检测要求

对于单一气体燃料车，仅按燃用气体燃料进行排放检测；对于两用燃料车，要求对两种燃料分别进行排放检测。

7　检测结果的判定规则

被检测车辆的排气污染物浓度低于或等于本标准规定的排放限值，则判定为达标；任何一项污染物浓度超过排放限值，则判定为超标。

8　标准的实施

8.1　型式核准和生产一致性检查要求由国家型式核准机关负责监督实施。

8.2　在用车排放控制要求由县级以上人民政府环境保护行政主管部门负责监督实施。

附 录 A
（规范性附录）
双怠速法测量方法

A.1 测量仪器

排气污染物测量设备应符合 HJ/T 289—2006 的规定。对只进行怠速排放测量的试验，也可使用符合 HJ/T 3—1993 的排气监测仪，此时可不进行 CO 测量结果的修正。

A.2 测量程序

A.2.1 仪器准备和使用

按仪器生产厂使用说明书的规定准备（包括预热）和使用仪器。

A.2.2 燃料及车辆准备

A.2.2.1 型式核准试验的燃料应符合 GB 14622—2007 附录 F 的要求，生产一致性检查和在用车检查试验所用的燃料应符合制造厂技术文件的规定。若发动机采用混合润滑方式，加入燃油中的机油数量和等级应符合制造厂技术文件的规定。

A.2.2.2 应保证车辆处于制造厂规定的正常状态，排气系统不得有泄漏。

A.2.2.3 车辆按制造厂技术文件的规定进行预热。若技术文件中未规定，摩托车按 GB 14622—2007、轻便摩托车按 GB 18176—2007 的规定工况在底盘测功机上至少运行四个循环，或在正常道路条件下至少行驶 15 min 进行预热。应在车辆预热后 10 min 内进行怠速和高怠速排放测量。

A.2.2.4 在排气消声器尾部加一长 600 mm，内径ϕ40 mm 的专用密封接管，并应保证排气背压不超过 1.25 kPa，且不影响发动机的正常运行。

A.2.2.5 若为多排气管时，应采用 Y 形接管将排气接入同一个管中测量，或分别取气，取各排气管测量结果的算术平均值作为测量结果。

A.2.3 高怠速状态排气污染物的测量

A.2.3.1 发动机从怠速状态加速至 70%的发动机最大净功率转速，运转 10 s 后降至高怠速状态。

A.2.3.2 维持高怠速工况，将取样探头插入接管，保证插入深度不少于 400 mm，维持 15 s 后，由具有平均值功能的仪器读取 30 s 内的平均值，或者人工读取 30 s 内的最高值和最低值，其平均值即为高怠速污染物测量结果。

A.2.4 怠速状态排气污染物的测量

发动机从高怠速降至怠速状态，维持 15 s 后，由具有平均值功能的仪器读取 30 s 内的平均值，或者人工读取 30 s 内的最高值和最低值，其平均值即为怠速污染物测量结果。

A.2.5 测量结果的记录

需记录试验时的发动机转速，以及排气中的 CO、CO_2、HC 排放的体积分数值。

A.2.6 测量结果的修正

一氧化碳的修正体积分数（$\varphi_{CO修正}$）用一氧化碳体积分数（φ_{CO}）和二氧化碳体积分数（φ_{CO_2}）的测量值通过下列公式进行修正。测量结果以修正后的数值为准。

A.2.6.1 二冲程发动机一氧化碳的修正体积分数为：

$$\varphi_{CO修正}=\varphi_{CO}\times\frac{10}{\varphi_{CO}+\varphi_{CO_2}}\%$$

A.2.6.2 四冲程发动机一氧化碳的修正体积分数为：

$$\varphi_{CO修正}=\varphi_{CO}\times\frac{15}{\varphi_{CO}+\varphi_{CO_2}}\%$$

A.2.6.3 对二冲程发动机，如果测量的（$\varphi_{CO}+\varphi_{CO_2}$）的总含量数值不小于 10%，或对四冲程发动机不小于 15%，则测量的一氧化碳含量值无须根据 A.2.6.1 或 A.2.6.2 中的公式进行修正。

A.2.7 数字修约

结果修约后的一氧化碳（CO）排放值保留一位小数；碳氢化合物（HC）保留到十位数。

A.2.8 数据记录

将测量数据完整地记录在附录 AA 中。

附　录　AA
（资料性附录）
双怠速排气污染物测量记录表

AA.1　车辆信息

车辆型号：＿＿＿＿＿＿＿＿　　生产企业：＿＿＿＿＿＿＿＿

车架编号：＿＿＿＿＿＿＿＿　　发动机编号：＿＿＿＿＿＿＿＿

冲程数：＿＿＿＿＿＿＿＿　　最大净功率转速（r/min）：＿＿＿＿＿＿＿＿

怠速（r/min）：＿＿＿＿＿＿＿＿　　高怠速转速（r/min）：＿＿＿＿＿＿＿＿

燃料规格：＿＿＿＿＿＿＿＿　　润滑油规格：＿＿＿＿＿＿＿＿

燃油供给方式：化油器/电喷＿＿＿＿＿＿＿＿　　燃油喷射系统：开式/闭式＿＿＿＿＿＿＿＿

污染控制装置：＿＿＿＿＿＿＿＿＿＿＿＿＿＿＿＿

AA.2　检测仪器

排气分析仪型号：＿＿＿＿＿＿＿＿　　转速计型号：＿＿＿＿＿＿＿＿

AA.3　检测环境

大气压力：＿＿＿＿＿＿＿＿　　温　　度：＿＿＿＿＿＿＿＿　　相对湿度：＿＿＿＿＿＿＿＿

试验地点：＿＿＿＿＿＿＿＿　　试验日期：＿＿＿＿＿＿＿＿　　试验人员：＿＿＿＿＿＿＿＿

表 AA.1

内容	高怠速				怠速			
	转速/（r/min）	CO/%	CO_2/%	HC/10^{-6}	转速/（r/min）	CO/%	CO_2/%	HC/10^{-6}
测量结果								
结果修正	—		—	—	—		—	—
结果修约	—				—			

中华人民共和国环境保护部
公　告

2011 年　第 15 号

为贯彻《中华人民共和国环境保护法》，保护环境，保障人体健康，现批准《车用汽油有害物质控制标准（第四、五阶段）》等两项标准为国家环境保护标准，并予发布。

标准名称、编号如下：

一、车用汽油有害物质控制标准（第四、五阶段）（GWKB 1.1—2011）；

二、车用柴油有害物质控制标准（第四、五阶段）（GWKB 1.2—2011）。

以上标准自 2011 年 5 月 1 日起实施，由中国环境科学出版社出版，标准内容可在环境保护部网站（bz.mep.gov.cn）查询。

自上述标准实施之日起，由原国家环境保护总局批准、发布的下述国家环境保护标准废止，标准名称、编号如下：

车用汽油有害物质控制标准（GWKB 1—1999）。

特此公告。

2011 年 2 月 14 日

中华人民共和国国家环境保护标准

GWKB 1.1—2011

代替 GWKB 1—1999

车用汽油有害物质控制标准

（第四、五阶段）

Hazardous materials control standard for motor vehicle gasoline (IV，V)

2011-02-14 发布　　　　2011-05-01 实施

环　境　保　护　部 发布

前　　言

为贯彻《中华人民共和国环境保护法》、《中华人民共和国大气污染防治法》，落实《国务院办公厅转发环境保护部等部门关于推进大气污染联防联控工作改善区域空气质量指导意见的通知》（国办发[2010]33 号）要求，保护环境和人体健康，防治机动车污染，提高车用汽油清洁化水平，促进技术进步和产业结构优化，制定本标准。

本标准根据实施国家第四、五阶段机动车排放标准的要求，提出了车用汽油中对机动车排放控制性能、人体健康和生态环境有不利影响的有害物质含量和环保性能控制指标。

在实施国家第四、五阶段机动车排放标准的地区，销售车用汽油可按照本标准的相关要求实施。

本标准是对《车用汽油有害物质控制标准》（GWKB 1—1999）的修订。

本标准首次发布于 1999 年，原标准起草单位：中国环境科学研究院。本次为首次修订。本次修订的主要内容如下：

——提出了与国家第四、五阶段机动车排放标准相应的车用汽油有害物质含量要求；

——增加了蒸气压限值；

——增加了清净性的定义并提出了汽油清净性要求。

自本标准实施之日起，原国家环境保护总局 1999 年 6 月 1 日批准、发布的国家环境保护标准《车用汽油有害物质控制标准》（GWKB 1—1999）废止。

本标准的附录 A 为规范性附录。

本标准由环境保护部科技标准司组织制订。

本标准起草单位：中国环境科学研究院。

本标准环境保护部 2011 年 2 月 14 日批准。

本标准自 2011 年 5 月 1 日起实施。

本标准由环境保护部解释。

车用汽油有害物质控制标准（第四、五阶段）

1 适用范围

本标准规定了车用汽油中对机动车排放控制性能、人体健康和生态环境有不利影响的有害物质含量和环保性能控制指标。

本标准适用于车用汽油和车用乙醇汽油（E10）。

2 规范性引用文件

本标准引用了下列文件中的条款。凡是不注日期的引用文件，其有效版本适用于本标准。

GB 19592 车用汽油清净剂

GB/T 8017 石油产品蒸气压测定法（雷德法）

GB/T 8020 汽油铅含量测定法（原子吸收光谱法）

GB/T 11132 液体石油产品烃类的测定 荧光指示剂吸附法

GB/T 11140 石油产品硫含量的测定 波长色散X射线荧光光谱法

GB/T 19230.6 评价汽油清净剂使用效果的试验方法 第6部分：汽油清净剂对汽油机进气阀和燃烧室沉积物生成倾向影响的发动机台架试验方法（M111法）

SH/T 0020 汽油中磷含量测定法（分光光度法）

SH/T 0102 润滑油和液体燃料中铜含量测定法（原子吸收光谱法）

SH/T0253 轻质石油产品中总硫含量测定法（电量法）

SH/T 0663 汽油中某些醇类和醚类测定法（气相色谱法）

SH/T 0689 轻质烃及发动机燃料和其他油品的总硫含量测定法（紫外荧光法）

SH/T 0693 汽油中芳烃含量测定法（气相色谱法）

SH/T 0711 汽油中锰含量测定法（原子吸收光谱法）

SH/T 0712 汽油中铁含量测定法（原子吸收光谱法）

SH/T 0713 车用汽油和航空汽油中苯和甲苯含量测定法（气相色谱法）

SH/T 0741 汽油中烃族组成测定法（多维气相色谱法）

3 术语和定义

下列术语和定义适用于本标准。

清净性 detergency

车用汽油具有的抑制或消除发动机进气系统和燃烧室沉积物的性能。

4 技术要求

4.1 与实施国家第四、五阶段机动车排放标准要求相应的车用汽油中有害物质含量应符合表1要求。

表 1　车用汽油有害物质含量要求及检验方法（第四、五阶段）

序号	项　目	限值		检验方法	其他要求
		第四阶段	第五阶段		
1	铅/（g/L）	≤0.005		GB/T 8020	不得人为加入
2	铁/（g/L）	≤0.01		SH/T 0712	不得人为加入
3	锰/（g/L）	≤0.008	≤0.002	SH/T 0711	指汽油中以甲基环戊二烯三羰基锰形式存在的总锰含量，不得加入其他类型的含锰添加剂
4	铜/（g/L）	≤0.001		SH/T 0102	不得人为加入。限值为方法检出限
5	磷/（g/L）	≤0.000 2		SH/T 0020	不得人为加入。限值为方法检出限
6	硫/（mg/kg）	≤50	≤10	SH/T 0689	可用 GB/T 11140、SH/T 0253 方法测定，有异议时，以 SH/T 0689 方法测定结果为准
				GB/T 11140	
				SH/T0253	
7	苯/（%，体积分数）	≤1.0		SH/T 0713	可用 SH/T 0693 方法测定，有异议时，以 SH/T 0713 方法测定结果为准
				SH/T 0693	
8	烯烃/（%，体积分数）	≤28	≤25	GB/T 11132	可用 SH/T 0741 方法测定，有异议时，以 GB/T 11132 方法测定结果为准
				SH/T 0741	
9	芳烃/（%，体积分数）	≤40	≤35	GB/T 11132	可用 SH/T 0741 方法测定，有异议时，以 GB/T 11132 方法测定结果为准
				SH/T 0741	
10	甲醇/（%，质量分数）	≤0.3		SH/T 0663	不得人为加入

4.2　车用汽油蒸气压应符合表 2 要求。

表 2　车用汽油蒸气压要求及检验方法（第四、五阶段）

地　区	时　间	蒸气压/kPa	检验方法
广东省、广西壮族自治区、海南省	全年	≤68	GB/T 8017
其他地区	5 月 1 日至 10 月 31 日	≤68	
	11 月 1 日至 4 月 30 日	≤85	

4.3　车用汽油中应加入符合 GB 19592 要求的汽油清净剂，且加入清净剂后车用汽油清净性应符合表 3 要求。方法 2、方法 3 用于快速检测，有异议时，以方法 1 测定结果为准。

表 3　车用汽油清净性要求及检验方法

检验方法		项　目	清净性要求	
			第四阶段	第五阶段
方法 1	GB/T 19230.6	进气阀沉积物重量[mg/阀（平均）]	≤70	≤50
		燃烧室沉积物重量（mg）	≤5 000	≤3 500
方法 2	GB 19592 附录 B	模拟进气阀沉积物重量（mg/300 ml）	≤5	≤3
方法 3	贫养胶质测定方法（本标准附录 A）	贫氧胶质（洗后残渣含量（$A_{洗}$），mg/100 ml）	≤6	

4.4　车用汽油的其他性能指标应满足相关产品质量标准的要求。

5　标准实施

实施国家第四、五阶段机动车排放标准地区的人民政府，可根据当地污染防治工作需要和部门分工，确定本标准的监督实施方式。

附 录 A
（规范性附录）
贫氧胶质测定方法

A.1 适用范围

本附录规定了贫氧胶质法进气阀沉积物模拟试验方法和主要设备的技术要求。

本附录适用于车用汽油清净性检验，也可以用于车用汽油清净剂的检验。

A.2 方法原理

在贫氧状态下，将定量的车用汽油在已经称重并加热到试验温度条件下的沉积物收集烧杯中快速蒸发，获得车用汽油中的贫氧胶质。通过考察贫氧胶质中可溶性胶质与不溶性残余物的质量，对车用汽油清净性进行判断。

A.3 试验环境条件

实验室温度：16～25℃；

强制通风。

A.4 仪器设备和试剂

A.4.1 主要仪器设备

a）车用汽油清净性贫氧胶质法模拟试验仪；

b）空气压缩机：压力：0.8 MPa；排量：0.036（m^3/min）；

c）分析天平：称量范围 0～200 g，精度±0.1 mg；

d）烘箱：控温范围 0～250℃，精度±2℃；

e）干燥器：用于蒸发杯冷却、存放；

f）蒸发杯：仪器配套专供的，用于蒸发试样；

g）量筒：带刻度 50、100、1 000 和 2 000 ml；

h）注射器：微量 10、100 μl 和 1、2、5、10、50 ml；

i）镊子：不锈钢材质。

A.4.2 试验试剂及材料

a）异辛烷：分析纯；

b）甲苯：分析纯；

c）二甲基甲酰胺：分析纯；

d）清净剂：汽油清净剂；

e）标准油：符合 GB 19592—2004 附录 A 基础试验燃料的技术要求；

f）烧结玻璃漏斗：粗孔，150～250 μm。

A.5 准备工作

A.5.1 仪器准备

按仪器说明书要求组装仪器，将空压机压缩空气出口管线与仪器空气入口相连并在室温下调节空气流量为（30±5）L/min。

A.5.2 蒸发杯的准备

A.5.2.1 新的蒸发杯使用前应在新配的铬酸洗液中浸泡 6 h，除去有机物，然后用自来水冲洗除去残余的酸，再用异辛烷清洗后，依次用自来水、蒸馏水彻底洗涤蒸发杯，再将其放入 180℃的恒温烘箱中干燥 1 h。将烘过的蒸发杯放到干燥器中，干燥器放到称量天平室冷却至少 1 h 到室温。

A.5.2.2 使用过的蒸发杯，可用甲苯与二甲基甲酰胺等体积混合物洗涤除去胶质，若未能彻底清除，则用水清洗后将其浸泡在铬酸洗液中 30～60 min，用不锈钢镊子取出蒸发杯，在以后的操作中只许用镊子持取蒸发杯。依次用自来水、蒸馏水彻底冲洗蒸发杯，以后的操作同 A.5.2.1 操作步骤。

A.6 试验步骤

A.6.1 打开仪器电源，把蒸发铝浴加热设定在 183℃±2℃，启动空气压缩机将空气引入实验装置，调节空气压力为 0.15 MPa，流量为每分钟 30 L±5 L（铝浴加热孔中试杯内温度为 173℃±2℃）。

A.6.2 称量经过 A.5.2.1 或 A.5.2.2 步骤处理过的蒸发杯，精确至 0.1 mg。将称过的蒸发杯重新放入恒温烘箱中加热，用不锈钢镊子取出放入干燥器中冷却至室温，称重，至两次称重差值不大于 0.5 mg，则视为恒重。

A.6.3 如果油样中含有悬浮或沉淀固体物质，应充分摇动容器内的油样，使其混合均匀，立即通过烧结玻璃漏斗过滤，滤液收集到清洁、干燥的玻璃样品瓶内，按 A.6.4～A.6.10 操作步骤处理。

A.6.4 用刻度量筒向每个已恒重的试验用蒸发杯内注入 50 ml 待测油样，然后将其迅速放入铝浴加热孔中（放入烧杯的时间尽量缩短），并立即盖上导流罩。每批试验保留一个蒸发杯不加油样作为空白。

A.6.5 加热将油样蒸发完毕后，用不锈钢镊子将蒸发杯从铝浴中转移到干燥器中并放在天平室冷却 1 h 左右至室温后，观察记录蒸发杯残渣的颜色、形状并估计残渣量的多少，然后称重，精确至 0.1 mg。将称重后的蒸发杯放入铝浴中，继续加热 10 min 后，取出放入干燥器，冷却至室温，称重直至两次称量差值不大于 0.6 mg。

A.6.6 异辛烷萃取：

向每个盛有汽油残渣的蒸发杯中加入 25 ml 异辛烷并轻轻旋转 30 s，静置 10 min，溶解残渣中可溶物，用同样的方法处理空白蒸发杯。

A.6.7 小心倒掉异辛烷溶剂，防止任何固体残渣损失。

A.6.8 用第二份 25 ml 异辛烷按 A.6.6 和 A.6.7 所述步骤进行萃取。如果萃取液带色，则应重新进行第三次萃取，直至萃取液无色为止。观察记录蒸发杯中剩余残渣的量和形状。

A.6.9 把抽提后的蒸发杯放入控制在 165～175℃的蒸发浴中，不放导流罩，使烧杯干燥 10 min。

A.6.10 恒重：干燥期结束后，将蒸发杯从浴中转移到干燥器中，并放置在天平室冷却到室温，称量蒸发杯重，精确至 0.1 mg，至两次称量差值不大于 0.6 mg。

A.7 试验结果计算

A.7.1 车用汽油未洗残渣含量 $A_{未}$（mg/100 ml）按式（A.1）计算：

$$A_{未}=2\,000\,(M_1-M_2+M_3-M_4) \qquad \text{(A.1)}$$

A.7.2 车用汽油洗后残渣含量$A_{洗}$（mg/100 ml）按式（A.2）计算：

$$A_{洗}=2\,000(M_5-M_2+M_3-M_6) \tag{A.2}$$

式中：M_1——A.6.5 记录下的蒸发杯加汽油残渣物质量，g；

M_2——A.6.2 记录下的蒸发杯质量，g；

M_3——A.6.2 记录下的空白蒸发杯质量，g；

M_4——A.6.5 记录下的空白蒸发杯质量，g；

M_5——A.6.10 记录下的蒸发杯与汽油残渣物质质量之和，g；

M_6——A.6.10 记录下的空白蒸发杯质量，g。

A.8 精密度

按下述规定判断试验结果的可靠性（95% 置信水平）。

重复性：同一操作者在试样残渣重量≤5 mg 时，两次试验结果与算术平均值之差不应大于±0.5 mg，大于 5 mg 时两次试验结果与算术平均值之差在±10%以内。

再现性：两个实验室在试样残渣重量≤5 mg 时，两次试验结果与算术平均值之差不大于±0.6 mg。大于 5 mg 时两次试验结果与算术平均值之差为±12%以内。

A.9 报告

A.9.1 报告中应记录未洗残渣含量（$A_{未}$）、洗后残渣含量（$A_{洗}$），准确至 1 mg/100 ml。

A.9.2 如试样有沉淀、试验前已过滤，则在洗后残渣报告中加以说明。

A.9.3 取两次试验的算术平均值作为本次试验的测定结果。

中华人民共和国国家环境保护标准

GWKB 1.2—2011

车用柴油有害物质控制标准
（第四、五阶段）

Hazardous materials control standard for motor vehicle diesel (IV，V)

2011-02-14 发布　　　　2011-05-01 实施

环 境 保 护 部 发布

前　言

为贯彻《中华人民共和国环境保护法》、《中华人民共和国大气污染防治法》，落实《国务院办公厅转发环境保护部等部门关于推进大气污染联防联控工作改善区域空气质量指导意见的通知》（国办发[2010]33 号）要求，保护环境和人体健康，防治机动车污染，提高车用柴油清洁化水平，促进技术进步和产业结构优化，制定本标准。

本标准根据实施国家第四、五阶段机动车排放标准的要求，规定了车用柴油中对机动车排放控制性能、人体健康和生态环境产生不利影响的有害物质含量和环保性能的控制指标。

在实施国家第四、五阶段机动车排放标准的地区，销售车用柴油可按照本标准的相关要求实施。

本标准由环境保护部科技标准司组织制订。

本标准起草单位：中国环境科学研究院。

本标准环境保护部 2011 年 2 月 14 日批准。

本标准自 2011 年 5 月 1 日起实施。

本标准由环境保护部解释。

车用柴油有害物质控制标准（第四、五阶段）

1 适用范围

本标准规定了车用柴油中对机动车排放控制性能、人体健康和生态环境有不利影响的有害物质含量和环保性能的控制指标。

本标准适用于车用柴油。

2 规范性引用文件

本标准引用了下列文件中的条款。凡是不注日期的引用文件，其有效版本适用于本标准。

GB/T 11140 石油产品硫含量的测定 波长色散 X 射线荧光光谱法

SH/T 0606 中间馏分烃类组成测定法（质谱法）

SH/T 0689 轻质烃及发动机燃料和其他油品的总硫含量测定法（紫外荧光法）

SH/T 0764 柴油机喷嘴结焦试验方法（XUD-9 法）

SH/T 0806 中间馏分芳烃含量的测定 示差折光检测器高效液相色谱法

3 术语和定义

下列术语和定义适用于本标准。

清净性 detergency

车用柴油具有的抑制或消除发动机喷嘴结焦的性能。

4 技术要求

4.1 与实施国家第四、五阶段机动车排放标准要求相应的车用柴油中有害物质含量应符合表 1 要求。

表 1 车用柴油有害物质含量要求及检验方法（第四、五阶段）

序号	项 目	限值		检验方法	其他要求
		第四阶段	第五阶段		
1	硫含量/（mg/kg）	≤50	≤10	SH/T 0689 GB/T 11140	可用 GB/T 11140 方法测定，有异议时，以 SH/T 0689 方法测定结果为准
2	多环芳烃/（%，质量分数）	≤11		SH/T 0606 SH/T 0806	可用 SH/T 0806 方法测定，有异议时，以 SH/T 0606 方法测定结果为准

4.2 车用柴油应加入有效的清净剂，且加入清净剂后车用柴油清净性应符合表 2 要求。

表 2 车用柴油清净性要求及检验方法（第四、五阶段）

项 目	限值		检验方法
喷嘴空气流量损失率/（%，平均每喷嘴）	第四阶段	第五阶段	SH/T 0764
	≤75	≤60	

4.3 车用柴油的其他指标应满足相关产品质量标准的要求。

5 标准实施

实施国家第四、五阶段机动车排放标准地区的人民政府，可根据当地污染防治工作需要和部门分工，确定本标准的监督实施方式。

中华人民共和国环境保护部
公　告

2010 年　第 54 号

为贯彻《中华人民共和国环境保护法》，保护环境，加强农业面源污染防治，保障人体健康，现批准《农药使用环境安全技术导则》等两项标准为国家环境保护标准，并予发布。

标准名称、编号如下：

一、农药使用环境安全技术导则（HJ 556—2010）；

二、农村生活污染控制技术规范（HJ 574—2010）。

以上标准自 2011 年 1 月 1 日起实施，由中国环境科学出版社出版，标准内容可在环境保护部网站（bz.mep.gov.cn）查询。

特此公告。

2010 年 7 月 9 日

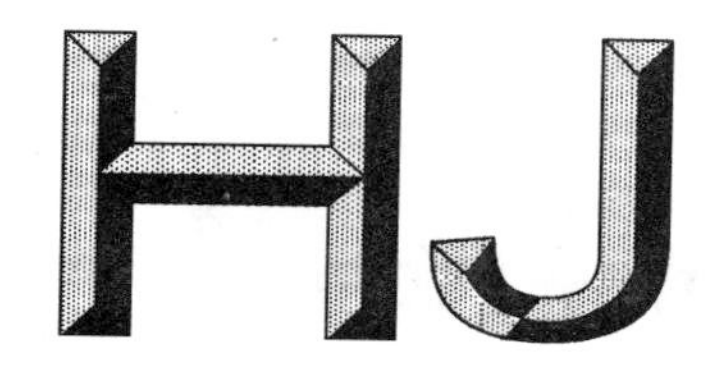

中华人民共和国国家环境保护标准

HJ 556—2010

农药使用环境安全技术导则

Technical guideline on environmental safety application of pesticides

2010-07-09 发布　　　　2011-01-01 实施

环　境　保　护　部　发布

前　言

为贯彻《中华人民共和国环境保护法》、《中华人民共和国水污染防治法》和《中华人民共和国固体废物污染环境防治法》，防止或减轻农药使用产生的不利环境影响，保护生态环境，制定本标准。

本标准规定了农药环境安全使用的原则、污染控制技术措施和管理措施等相关内容。

本标准为首次发布。

本标准由环境保护部科技标准司组织制订。

本标准主要起草单位：环境保护部南京环境科学研究所、中国环境科学研究院。

本标准由环境保护部2010年7月9日批准。

本标准自2011年1月1日起实施。

本标准由环境保护部解释。

农药使用环境安全技术导则

1 适用范围

本标准规定了农药环境安全使用的原则、控制技术措施和管理措施等相关内容。

本标准适用于指导农药环境安全使用的监督与管理，也可作为农业技术部门指导农业生产者科学、合理用药的依据。

2 规范性引用文件

本标准内容引用了下列文件中的条款。凡是不注日期的引用文件，其有效版本适用于本标准。

GB 8321　农药合理使用准则

NY 686　磺酰脲类除草剂合理使用准则

《危险化学品安全管理条例》（中华人民共和国国务院令　第344号）

《废弃危险化学品污染环境防治办法》（国家环境保护总局令　第27号）

3 术语和定义

下列术语和定义适用于本标准。

3.1

农药 pesticide

用于预防、消灭或者控制危害农业、林业的病、虫、草和其他有害生物以及有目的地调节植物、昆虫生长的化学合成或者来源于生物、其他天然物质的一种物质或者几种物质的混合物及其制剂。

3.2

土壤吸附作用 soil adsorption

农药在土壤中于固、液两相间分配达到平衡时的吸附性能。常用吸附常数 K_d 表示。根据土壤吸附性的大小，将其划分为易吸附、较易吸附、中等吸附、较难吸附、难吸附五个级别。

3.3

农药移动作用 pesticide mobility

土壤中农药以分子或吸附在固体微粒表面的形态，随水、气扩散流动，从一处向另一处转移的现象。分为水平移动和垂直移动两种。根据农药在土壤中移动性的大小，将其划分为极易移动、可移动、中等移动、不易移动、不移动五个级别。

3.4

土壤淋溶作用 pesticide leaching

农药在土壤中随水垂直向下移动的现象，是农药对地下水污染的主要途径。根据农药在土壤中淋溶性的大小，将其分为易淋溶、可淋溶、较难淋溶、难淋溶四个级别。

3.5

土壤降解作用 degradation in soil

在成土因子与田间耕作等因素的共同影响下，残留于土壤中的农药逐渐由大分子分解成小分子，直至失去生物活性的全过程。常用降解半衰期 $t_{0.5}$ 表示，即农药降解量达一半时所需的时间。根据农药在土壤中降解性的大小，将其划分为易降解、较易降解、中等降解、较难降解、难降解五个级别。

3.6

农药水中持留性 pesticide persistence in water

农药在水中稳定存在的时间。根据农药在水中持留时间的不同，将其划分为非持留性农药、弱持留性农药、持留性农药、很稳定性农药四个级别。

3.7

生物富集 bioconcentration

生物体从周围环境或食物中不断吸收残留的农药，并逐渐在其体内积累的过程。根据生物富集系数（BCF 值）的大小，将生物富集特性划分为低、中、高等三个级别。

3.8

长残留性除草剂 long residual herbicide

在土壤中残留时间较长，易造成后茬敏感作物药害的除草剂。

3.9

灭生性除草剂 non-selective herbicide

对植物缺乏选择性或选择性小的除草剂。

3.10

有益生物 beneficial organism

在一定条件下，可控制严重危害人类生活或生产的生物生长、繁殖的生物；或者有经济价值的生物。

3.11

良好农业规范 good agricultural practice，GAP

指用于农业生产和农产品后期加工过程的一套行为准则，旨在获得安全、健康农产品的同时，有效而可靠地防治有害生物；以国家批准或官方推荐的方式使用农药，农药用量不高于最大批准用量，并使农药残留量最小化。

3.12

有害生物综合管理 integratede pest management，IPM

综合考虑所有可用病虫草害控制技术，优选适宜的措施组合，旨在防止病虫草害发展的同时，控制化学农药的使用，并将其可能对人类健康和环境造成的危害风险降至最低程度。

3.13

农药废物 obsolete pesticide

指农药在使用过程中产生的废包装物和贮运中失效或更新过程中禁用的农药。

4 农药环境安全使用原则

4.1 保护环境原则

遵循“预防为主、综合防治”的环保方针，不宜使用剧毒农药、持久性类农药，减少使用高毒农药、长残留农药，使用安全、高效、环保的农药，鼓励推行生物防治技术。保护有益生物和珍稀物种，维持生态系统的平衡。

4.2 科学用药原则

农药使用应遵守 GB 8321 的有关规定，并按照农药产品标签和说明书中规定的用途、使用技术与方法等科学施用。

5 防止污染环境的技术措施

5.1 防止污染土壤的技术措施

5.1.1 根据土壤类型、作物生长特性、生态环境及气候特征，合理选择农药品种，减少农药在土壤中的残留。

5.1.2 节制用药。结合病虫草害发生情况，科学控制农药使用量、使用频率、使用周期等，减少进入土壤的农药总量。

5.1.3 改变耕作制度，提高土壤自净能力。采用土地轮休、水旱轮换、深耕暴晒、施用有机肥料等农业措施，提高土壤对农药的环境容量。

5.1.4 科学利用生物技术，加快农药安全降解。施用具有农药降解功能的微生物菌剂，促进土壤中残留农药的降解。

5.2 防止污染地下水的技术措施

5.2.1 具有以下性质的农药品种易对地下水产生污染：水溶性＞30 mg/L、土壤降解半衰期＞3 个月、在土壤中极易移动、易淋溶的农药品种。

5.2.2 地下水位小于 1 m 的地区，淋溶性或半淋溶性土壤地区，或年降雨量较大的地区，不宜使用水溶性大、难降解、易淋溶、水中持留性很稳定的农药品种。

5.2.3 根据土壤性质施药。渗水性强的砂土或砂壤土不宜使用水溶性大、易淋溶的农药品种，使用脂溶性或缓释性农药品种时，也应减少用药种类、用药量和用药次数。

5.2.4 实施覆水灌溉时，应避免用水溶性大、水中持留性很稳定的农药品种。

5.3 防止污染地表水的技术措施

5.3.1 具有以下性质的农药品种易对地表水产生污染：水溶性＞30 mg/L、吸附系数 K_d＜5、在土壤中极易移动、水中持留性很稳定的农药品种。

5.3.2 地表水网密集区、水产养殖等渔业水域、娱乐用水区等地区的种植区，不宜使用易移动、难吸附、水中持留性很稳定的农药品种。

5.3.3 加强田间农艺管理措施。不宜雨前施药或施药后排水，减少含药浓度较高的田水排入地表水体。

5.3.4 农田排水不应直接进入饮用水源水体。避免在小溪、河流或池塘等水源中清洗施药器械；清洗过施药器械的水不应倾倒入饮用水水源、渔业水域、居民点等地。

5.4 防止危害非靶标生物的技术措施

5.4.1 根据不同的土壤特性、气候及灌溉条件等选用不同的除草剂品种。含氯磺隆、甲磺隆的农药产品宜在长江流域及其以南地区的酸性土壤（pH＜7）稻麦轮作区的小麦田使用。

5.4.2 含有氯磺隆、甲磺隆、胺苯磺隆、氯嘧磺隆、单嘧磺隆等有效成分的除草剂品种，按照 NY 686 等相关标准和规定正确使用。

5.4.3 调整种植结构，采用适宜的轮作制度，合理安排后茬作物。对使用长残效除草剂品种及添加其有效成分混合制剂的地块，不宜在残效期内种植敏感作物。

5.4.4 鼓励使用有机肥，接种有效微生物，加速土壤中杀虫剂和除草剂的降解速度，减少对后茬作物的危害影响。

5.4.5 灭生性除草剂用于农田附近铁路、公路、仓库、森林防火道等地除草时，选择合理农药品种，采用适当的施药技术，建立安全隔离带。

5.5 防止危害有益生物的技术措施

5.5.1 使用农药应当注意保护有益生物和珍稀物种。

5.5.2 对水生生物剧毒、高毒，和（或）生物富集性高的农药品种，不宜在水产养殖塘及其附近区域或其他需要保护水环境地区使用。在农田和受保护的水体之间建立缓冲带，减少农药因漂移、扩散、流失等进入水体。

5.5.3 对鸟类高毒的农药品种，不宜在鸟类自然保护区及其附近区域或其他需要保护鸟类的地区使用。使用农药种子包衣剂或颗粒剂时，应用土壤完全覆盖，防止鸟类摄食中毒。

5.5.4 对蜜蜂剧毒、高毒的农药品种，不宜在农田作物（如油菜、紫云英等）、果树（枣、枇杷等）和行道树（洋槐树、椴树等）等蜜源植物花期时施用。

5.5.5 对蚕剧毒、高毒的农药品种，不宜在蚕室内或蚕具消毒、蚕病防治时使用。配制农药不宜在蚕舍、桑田附近进行，施药农田与蚕舍、桑园间建立安全隔离带，隔离带内避免农药使用。

6 防止污染环境的管理措施

6.1 防止农药使用污染环境的管理措施

6.1.1 推行有害生物综合管理措施，鼓励使用天敌生物、生物农药，减少化学农药使用量。

6.1.2 推行农药减量增效使用技术、良好农业规范技术等，鼓励施药器械、施药技术的研发与应用，提高农药施用效率。

6.1.3 鼓励农业技术推广服务机构开展统防统治行动，鼓励专业人员指导农民科学用药。

6.1.4 加强农药使用区域的环境监测，及时掌握农药使用后的环境风险。

6.1.5 加强宣传教育和科普推广，提高公众对不合理使用农药所产生危害的认识。

6.2 防止农药废弃物污染环境的管理措施

6.2.1 按照法律、法规的有关规定，防止农药废弃物流失、渗漏、扬散或者其他方式污染环境。

6.2.2 农药废弃物不应擅自倾倒、堆放。对农药废弃物的容器和包装物以及收集、贮存、运输、处置危险废物的设施、场所，应设置危险废物识别标志，并按照《危险化学品安全管理条例》、《废弃危险化学品污染环境防治办法》等相关规定进行处置。

6.2.3 不应将农药废弃包装物作为他用；完好无损的包装物可由销售部门或生产厂家统一回收。

6.2.4 不应在易对人、畜、作物和其他植物，以及食品和水源造成危害的地方处置农药废弃物。

6.2.5 因发生事故或者其他突发性事件，造成非使用现场农药溢漏时，应立即采取措施消除或减轻对环境的危害影响。

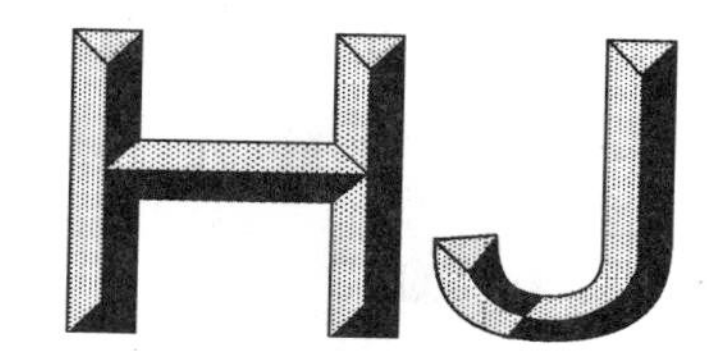

中华人民共和国国家环境保护标准

HJ 574—2010

农村生活污染控制技术规范

Technical specifications of domestic pollution control for town and village

2010-07-09 发布　　2011-01-01 实施

环　境　保　护　部　发布

前　言

为贯彻《中华人民共和国环境保护法》、《中华人民共和国水污染防治法》、《中华人民共和国大气污染防治法》和《中华人民共和国固体废物污染环境防治法》，指导农村生活污染控制工作，改善农村环境质量，促进新农村建设，制定本标准。

本标准规定了农村生活污染控制的技术要求。

本标准为首次发布。

本标准由环境保护部科技标准司组织制订。

本标准主要起草单位：北京市环境保护科学研究院、清华大学。

本标准环境保护部 2010 年 7 月 9 日批准。

本标准自 2011 年 1 月 1 日起实施。

本标准由环境保护部解释。

农村生活污染控制技术规范

1 适用范围

本标准规定了农村生活污染控制的技术要求。
本标准适用于指导农村生活污染控制的监督与管理。

2 规范性引用文件

本标准内容引用了下列文件中的条款。凡不注明日期的引用文件，其有效版本适用于本标准。
GB 4284 农用污泥中污染物控制标准
GB 5084 农田灌溉水质标准
GB 7959 粪便无害化卫生标准
GB 8172 城镇垃圾农用控制标准
GB 9958 农村家用沼气发酵工艺规程
GB 13271 锅炉大气污染物排放标准
GB 16889 生活垃圾填埋污染控制标准
GB 19379 农村户厕卫生标准
GB 50014 室外排水设计规范
GB/T 4750 户用沼气池标准图集
GB/T 16154 民用水暖煤炉热性能试验方法
GBJ 125—89 给水排水设计基本术语标准
CJJ/T 65—2004 市容环境卫生术语标准
SL 310 村镇供水工程技术规范

3 术语和定义

CJJ/T 65—2004、GBJ 125—89 中界定的以及下列术语和定义适用于本标准。

3.1

农村生活污染 village and township domestic pollution

指在农村居民日常生活或为日常生活提供服务的活动中产生的生活污水、生活垃圾、废气、人（畜）粪便等污染。不包括为日常生活提供服务的工业活动（如农产品加工、集中畜禽养殖）产生的污染物。

3.2

黑水 blackwater

指厕所冲洗粪便的高浓度生活污水。

3.3

灰水 greywater

指除冲厕用水以外的厨房用水、洗衣和洗浴用水等的低浓度生活污水。

3.4

分散处理 decentralized treatment

指以就地的处理方式，对农户、街区或独立建筑物产生的生活污染物进行处理，不需要大范围的管网或者收集运输系统。

3.5

集中处理 centralized treatment

指对一定区域内产生的生活污染物（污水或垃圾）通过管道或车辆收集，输（运）送至指定地点，并进行处理处置的方式。

3.6

低能耗分散污水处理技术 low energy consumption and decentralized wastewater treatment

以人工湿地、土地处理、氧化塘、净化沼气池、小型污水处理装置（地埋式）等为主的能耗低的处理技术，适合于小范围污水集中收集处理以及黑水单独处理。

4 农村分类

为了便于农村生活污染控制分类指导，本标准根据各地农村的经济状况、基础设施、环境自然条件，把农村划分为 3 种不同类型：

a）发达型农村，是指经济状况好[人均纯收入＞6 000 元/（人·a）]，基础设施完备，住宅建设集中、整齐、有一定比例楼房的集镇或村庄。

b）较发达型农村，是指经济状况较好[人均纯收入 3 500～6 000 元/（人·a）]，有一定基础设施或具备一定发展潜力，住宅建设相对集中、整齐、以平房为主的集镇或村庄。

c）欠发达型农村，是指经济状况差[人均纯收入＜3 500 元/（人·a）]，基础设施不完备，住宅建设分散、以平房为主的集镇或村庄。

5 农村生活污水污染控制

5.1 源头控制技术

5.1.1 农村生活污水源头控制可采用图 1 的技术路线。

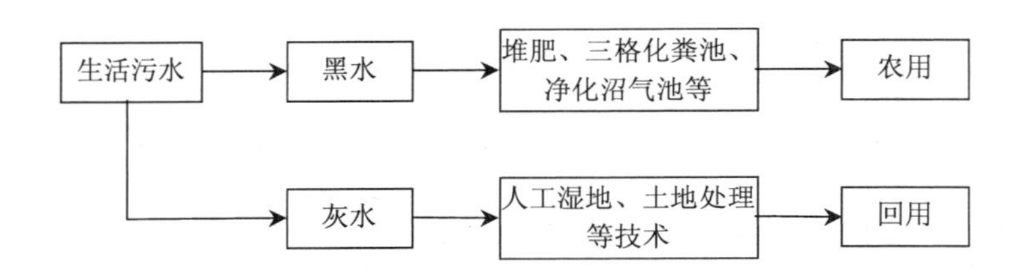

图 1 源头控制技术路线

5.1.2 宜采用非水冲卫生厕所，选用如粪尿分集式厕所、双瓮漏斗式厕所。厕所建造可参照 GB 19379，或直接采用设备化产品。

5.1.3 粪尿分集式卫生厕所使用应符合以下要求：

（1）覆盖物建议使用草木灰、锯末、碎干树叶等湿度＜20%的有机物，用量为粪便量的 2～3 倍[成人粪便量按 0.1～2 L/（d·人次），尿液按 1～1.5 L/（d·人次）]；

（2）储粪池/箱静置时间不得低于 3 个月，采用移动式储粪箱，数量不得少于 2 个，粪便需进行二次堆肥；

（3）粪便与尿液最终处理应与农业无害化利用相结合，如粪便堆肥产品、尿液农业利用等。粪便堆肥农用标准应符合 GB 7959 的规定。

5.1.4 灰水可采用就地生态处理技术进行处理，净化后污水可农田利用或回用。就地生态处理技术包括小型的人工湿地以及土地处理等，利用碎石、砂砾等级配的填料水力负荷一般为 10～30 cm/d，可利用庭院和街道空地等作为小型生态处理技术的场地。相关技术参数参照 5.3.1 条。

5.1.5 采用水冲式厕所时，在有污水处理设施的农村应设化粪池；无污水处理设施的农村，污水处理可采用净化沼气池、三格化粪池等方式处理。净化沼气池工艺设计可参照 5.3.4 条。三格化粪池厕所建设可参照 GB 19379。三格化粪池出水作为农业灌溉应满足 GB 5084 的要求。

5.2 户用沼气池技术

5.2.1 以户为单元的生活污水处理，因其水量小、排水间歇性明显，宜采用户用沼气池处理粪便或庭院式湿地处理生活污水，产生的沼气作为可再生能源利用，污水经处理排出后与各种类型自然处理相结合（参照 5.3 条）。户用沼气池可消纳人畜粪便、厨余垃圾、作物秸秆、黑水等生活污染物。

5.2.2 小规模畜禽散养户应逐步实现人畜分离，沼气池建造应结合改圈、改厕、改厨；人畜粪便自流入池，也可采用沼液冲洗入池。采用水冲式厕所，沼液应有消纳用地。

5.2.3 粪便原料不必进行预处理，秸秆、厨余垃圾应铡短或粉碎，正常运行的沼气池进料量可按 1～8 kg/d 计算。其中粪便量按 1.5 kg/（人·d）计算，生活垃圾量按 0.25～1.25 kg/（人·d）计算，农村各地区生活用水量可参照 SL 310，农村地区人口少、居住分散，生活污水变化系数大，其排水量的最高时变化系数可选择 2.0～4.0，日变化系数宜控制在 1.3～1.6 范围内，污水收集系数可取 0.5～0.8 之间值。黑水按生活用水量的 30%计算。

5.2.4 沼液、沼渣不得直接排入水体。沼气池沼渣沼液利用应与种植产业相结合，根据农业生产用肥季节每年大换料 1～2 次。

5.2.5 沼气池建造可按 GB/T 4750 执行。户用沼气池产生沼气需收集利用。沼气池应尽量背风向阳，应有保温或增温措施。

5.2.6 户用沼气池有效容积为 6～10 m^3，沼气池内有机物总固体浓度应控制在 4%～10%。沼气池设计可参考 GB 9958。

5.3 低能耗分散式污水处理技术

5.3.1 人工湿地

人工湿地适用于当地拥有废弃洼地、低坑及河道等自然条件，常年气温适宜的农村地区。人工湿地主要有表面流人工湿地、潜流人工湿地和垂直流人工湿地。

（1）人工湿地应远离饮用水水源保护区，一般要求土壤质地为黏土或壤土，渗透性为慢或中等，土壤渗透率为 0.025～0.35 cm/h。如不能满足条件的应有防渗措施。

（2）人工湿地系统应根据污水性质及当地气候、地理实际状况，选择适宜的水生植物。不同湿地主要设计参数：

a）表面流人工湿地水力负荷 2.4～5.8 cm/d；

b）潜流人工湿地水力负荷 3.3～8.2 cm/d；

c）垂直流人工湿地水力负荷 3.4～6.7 cm/d。

（3）冬季寒冷地区可采用潜流人工湿地，冬季保温措施可采用秸秆或芦苇等植物覆盖的方式。

（4）湿地植物应选择本地生长、耐污能力强、具有经济价值的水生植物。观赏类湿地植物应当定期打捞和收割，不得随意丢弃掩埋，形成二次污染。

5.3.2　土地处理

土地处理系统适用于有可供利用的、渗透性能良好的砂质土壤和河滩等场地条件的农村地区，其土地渗透性好，地下水位深（＞1.5 m）。土地处理技术包括慢速渗滤、快速渗滤、地表漫流等处理技术。

（1）主要设计参数：

a）慢速渗滤系统年水力负荷 0.5～5 m/a，地下水最浅深度大于 1.0 m，土壤渗透系数宜为 0.036～0.36 m/d；

b）快速渗滤系统年水力负荷 5～120 m/a，淹水期与干化期比值应小于 1；

c）地表漫流系统年水力负荷 3～20 m/a。

（2）土地处理设计时，应根据应用场地的土质条件进行土壤颗粒组成、土壤有机质含量调整等。

（3）在集中供水水源防护带，含水层露头地区，裂隙性岩层和溶岩地区，不得使用土地处理系统。

5.3.3　稳定塘

稳定塘适用于有湖、塘、洼地及闲置水面可供利用的农村地区。选择类型以常规处理塘为宜，如厌氧塘、兼性塘、好氧塘等。曝气塘宜用于土地面积有限的场合。

（1）稳定塘应采取必要的防渗处理，且与居民区之间设置卫生防护带。

不同种类稳定塘的主要设计参数：

a）厌氧塘表面负荷（BOD_5）15～100 g/（m^2 • d）；

b）兼性塘表面负荷（BOD_5）3～10 g/（m^2 • d）；

c）好氧塘表面负荷（BOD_5）2～12 g/（m^2 • d），总停留时间可采用 20～120 d；

d）曝气塘表面负荷（BOD_5）3～30 g/（m^2 • d）。

年平均温度高的地区采用高 BOD_5 表面负荷，年平均温度低的地区采用低 BOD_5 表面负荷。

（2）稳定塘污泥的污泥蓄积量为 40～100 L/（a • 人），应分格并联运行，轮换清除污泥。稳定塘地址宜选饮用水水源下游；应妥善处理塘内污泥，污泥脱水宜采用污泥干化床自然风干；污泥作为农田肥料使用时，应符合 GB 4284 中的相关规定。

5.3.4　净化沼气池

生活污水净化沼气池可用于以下场合：农村集中住宅区域公共厕所；没有污水收集或管网不健全的农村、民俗旅游村等。

（1）采用净化沼气池，应保证冬季水温保持在 6～9℃，可结合温室建造以辅助升温。

有效池容计算如下：

$$v_1 = \frac{na \times q \times t}{24 \times 1\,000} \tag{1}$$

式中：v_1——有效池容，m^3；

n——服务人口；

a——卫生设备安装率，住宅区、旅馆、集体宿舍取 1，办公楼、教学楼取 0.6；

q——人均污水量，L/d；

t——污水滞留期，d，停留时间按 2～3 d。

（2）净化沼气池功能区应包括：预处理区、前处理区和后处理区。预处理区须设置格栅、沉砂池，格栅间隙取 1～3 cm 为宜。前处理区为厌氧池，混合污水收集的前处理区为一级厌氧消化，粪污单独收集的前处理区为二级消化。前处理区厌氧池有效池容应占总有效池容的 50%～70%。前处理区应放置软性或半软性填料，填料的容积应占总池容积的 15%～25%。后处理区应用上流式过滤器，各池需与大气相通，各段间安放聚氨酯泡沫板作为过滤层。通常每 4～5 年应更换聚氨酯过滤泡沫板，每 10 年应更换软填料。

（3）净化沼气池内污泥随发酵时间的延长而增加，1～2 年需清掏一次。净化池所产沼气应收集利用。沼气利用应严格按照 GB 9958 中规定执行。

5.3.5　小型污水处理装置

小型污水处理装置适用于发达型农村中几户或几十户相对集中、新建居住小区且没有集中收集管线及集中污水处理厂的情况。

小型污水处理装置又称净化槽或地埋式处理装置，分为厌氧、好氧处理装置：

a）厌氧生物处理装置（或称无动力地埋式污水处理设施），可依照 5.3.4 条中规定。

b）好氧生物处理装置（或称有动力地埋式污水处理设施）。设有初沉池预处理的其水力停留时间（HRT）一般为 1.5 h，好氧处理宜使用接触氧化、SBR 等工艺，工艺参数选取应符合本标准 5.4 条的规定。

小型污水处理设备材质可选钢筋混凝土结构、玻璃钢以及钢结构等。选用钢结构反应器需做好防腐工作，其使用寿命应该保证在 15 年以上。

5.4　集中污水处理技术

5.4.1　发达型农村，根据水量大小考虑建设集中污水处理设施，工艺可采用活性污泥法、氧化沟法、生物膜法等。采用集中处理技术为主体工艺的农村，应根据不同处理技术的要求结合相应的预处理工艺和后处理工艺。

5.4.2　采用集中处理技术，可在保证处理效果的前提下，通过以下方法降低投资和运行费用：

（1）占地面积、绿化率、辅助设施及人员编制等配制可低于设计手册中相关规定标准；

（2）厂址选择时优先考虑利用地形，减少动力提升；

（3）采用简单易行的自动运转或手、自动联动运转方式；

（4）水处理构筑物可采用非混凝土的建筑，如土堤、砖砌等，以及简易防渗的废弃坑塘等替代。

5.4.3　传统活性污泥法：

（1）传统活性污泥工艺的污泥负荷（BOD_5/MLSS）宜采用中高负荷：0.15～0.3 kg/（kg • d）；

（2）增加脱氮要求时，采用缺氧/好氧法（A/O）生物处理工艺，缺氧段水力停留时间（HRT）一般控制在 0.5～2 h，污泥负荷（BOD_5/MLSS）宜为 0.1～0.15 kg/（kg • d）；

（3）增加除磷要求时，厌氧段 HRT 一般控制在 1～2 h，污泥负荷（BOD_5/MLSS）为 0.1～0.25 kg/（kg • d）；

（4）同时脱氮除磷采用厌氧/缺氧/好氧法（A^2/O），HRT 一般控制在厌氧段 1～2 h，缺氧段 0.5～2 h，污泥负荷（BOD_5/MLSS）宜为 0.1～0.2 kg/（kg • d）。

5.4.4　氧化沟。氧化沟系统前可不设初沉池，一般由沟体、曝气设备、进水分配井、出水溢流堰和导流装置等部分组成。氧化沟主要设计参数见表 1。

表 1　延时曝气氧化沟主要设计参数

项目	单位	数值
污泥负荷（BOD_5/MLSS）	kg/（kg • d）	0.05～0.10
污泥浓度	g/L	2.5～5
污泥龄	d	15～30
污泥回流比	%	75～150
总处理效率	%	＞95

（1）氧化沟一般建为环状沟渠型，其平面可为圆形和椭圆形或与长方形的组合型。其四周池壁可根据土质情况挖成斜坡并衬砌，也可为钢筋混凝土直墙。处理构筑物应根据当地气温和环境条件，采取防冻措施。

（2）氧化沟的渠宽、有效水深视占地、氧化沟的分组和曝气设备性能等情况而定。一般情况下，当采用曝气转刷时，有效水深为 2.6～3.5 m；当采用曝气转碟时，有效水深为 3.0～4.5 m；当采用表面曝气机时，有效水深为 4.0～5.0 m。

（3）在氧化沟所有曝气器的上、下游应设置横向的水平挡板和导流板，以保证水平、垂直方向的混合。在弯道处应该设置导流墙，导流墙应设于偏向弯道的内侧。可根据沟宽确定导流墙的数量，在只有一道导流墙时可设在内壁 1/3 处（两道导流墙时外侧渠道宽为池宽的一半）。导流墙应高出水位 0.2～0.3 m。

（4）氧化沟内流速不得小于 0.25 m/s。

（5）当采用脱氮除磷时，氧化沟内应设置厌氧区和缺氧区，各区之间的设计应符合 5.4.3 条中规定。

5.4.5 生物接触氧化法：

（1）接触氧化反应池一般为矩形池体，由下至上应包括构造层、填料层、稳水层和超高组成，填料层高度宜采用 2.5～3.5 m，有效水深宜为 3～5 m，超高不宜小于 0.5 m。反应池一般不宜少于两个，每池分为两室。

（2）生物接触氧化池进水应防止短流，出水采用堰式出水，集水堰过堰负荷宜为 2.0～3.0 L/（s·m），池底部应设置排泥和放空设施。

（3）接触氧化池的 BOD_5 容积负荷，生物除碳时宜为 0.5～1.0 kg/（m^3·d），硝化时宜为 0.2～0.5 kg/（m^3·d）。反应池全池曝气时，曝气强度宜采用 10～20 m^3/（m^2·h），气水比宜控制为 8∶1。

（4）生物接触氧化系统产生的污泥量可按每千克 BOD_5 产生 0.35～0.4 kg 干污泥量计算。

5.4.6 污泥脱水和处理时优先考虑自然干化和堆肥处理。污泥干化场建设需要考虑污泥性质、产量以及当地的气候、地质及经济发展等方面因素。干化场宜建在干燥、蒸发量大的地区。

（1）污泥干化场的污泥固体负荷量，宜根据污泥性质、年平均气温、降雨量和蒸发量等因素确定。

（2）污泥干化场宜分两块以上块数；围堤高度宜为 0.3～0.7 m，顶宽 0.5～0.7 m。干化场平均污泥的深度为 20 cm。寒冷地区或雨水较多的地方，应当适当加大干化场面积。

（3）污泥干化厂宜设人工排水层。排水层下宜设不透水层，不透水层宜采用黏土，其厚度宜为 0.2～0.4 m，也可采用厚度为 0.1～0.15 m 的低标准号混凝土或厚度为 0.15～0.30 m 的灰土。上层宜采用细矿渣或砂层，其均匀系数不超过 4.0，粒径介于 0.3～0.75 mm，铺设厚度 200～460 mm；下层宜采用粗矿渣或砾石，其粒径介于 3～25 mm，铺设厚度为 200～460 mm。

（4）干化场应设置有排除上层污泥水的设施，对干化场排出的废水应进行收集，排回污水处理设施处理。

（5）露天干化场应防止雨天产生的污泥淋滤液对周边环境的影响。封闭或半封闭环境进行自然干化过程，应保持良好的通风条件。

5.4.7 污泥堆肥宜采用静态堆肥，并设顶棚设施，不宜露天堆肥。污泥堆肥设计参数可参照 6.2.2 条垃圾堆肥处置的相关规定。

5.4.8 污泥处置应考虑综合利用。综合利用方式包括绿化种植、农肥、填埋、废弃坑塘覆土等。

5.5 雨污水收集和排放

5.5.1 农村污水收集应根据经济水平、排水系统现状合理选择排水体制。雨水和处理后污水可采用合流制，选择边沟和自然沟渠输送。采用截留式合流制，选择较小的截流倍数（1～2 倍），以节约截流管的投资和后续处理费用。

5.5.2 农村雨水流量计算如下：

$$Q=\varphi\times q\times F \tag{2}$$

式中：Q——雨水流量，L/s；

φ——径流系数，根据各地情况不同选取 0.3～0.6；

q——降雨强度，L/（s·hm^2），参照 GB 50014；

F——汇水面积，hm^2。

5.5.3 农村雨水及处理后污水宜利用边沟和自然沟渠等进行收集和排放，沟渠砌筑可根据各地实际选用混凝土、砖石或黏土夯实。沟渠的宽度、深度及纵坡应根据各地降雨量和污水量确定。边沟的宽度不宜小于 200 mm，深度不小于 200 mm，纵坡应不小于 0.3%，沟渠最小设计流速满流时不宜小于 0.60 m/s。

5.5.4 农村处理过的雨污水应考虑资源化利用，其排放应结合当地自然条件，首先通过坑塘、洼地、农田等进入当地水循环，避免直接排入国家规定的功能区水体。进入当地地表水体的雨污水，水体集蓄能力应大于汇水区初期降雨量（3～5 min），确保初期雨水和处理后污水排放量小于当地地表水体储水容积。

5.5.5 农村雨水收集前应设置简易平流沉沙设施，停留时间控制在 30～60 s，水平流速控制在 0.15～0.3 m/s，并设计相应的除沙措施。

5.5.6 鼓励雨水就地净化利用，依赖植物、绿地或土壤的自然净化作用进行处理，当地水循环系统包括天然水体和土壤系统，设计参数可分别参考稳定塘设计和人工湿地设计。

5.5.7 为促进地区经济与环境协调发展，推动经济结构的调整和经济增长方式的转变，引导工业生产工艺和污染治理技术的发展方向，在功能水体、环境容量小、生态环境脆弱容易发生严重环境污染问题而需要采取特别保护措施的地区，应严格控制农村生活污染的排放。

6 农村生活垃圾污染控制

6.1 垃圾收集与转运

6.1.1 依据减量化、资源化、无害化的原则，生活垃圾应实现分类收集，并且分类收集应该与处理方式相结合。农村生活垃圾宜采用分为农业果蔬、厨余和粪便等有机垃圾和剩余以无机垃圾为主的简单分类的方式收集。有机垃圾进入户用沼气池或堆肥利用，剩余无机垃圾填埋或进入周边城镇垃圾处理系统。

6.1.2 执行“户分类、村收集、镇转运、县市处置”的垃圾收集运输处理模式的农村，合理设置转运站和服务半径。用人力收集车收集垃圾的小型转运站，服务半径不宜超过 1.0 km；用小型机动车收集垃圾的小型转运点，服务半径不宜超过 3.0 km。垃圾运输距离不应超过 20 km。

6.1.3 结合当地废弃物收购体系，对可分类收集循环利用垃圾（纸类、金属、玻璃、塑料等）应回收利用。有害、危险废弃物的处理按相关标准执行。

6.1.4 农村生活垃圾收集容器（垃圾箱、垃圾槽）应做到密封和防渗漏，取消露天垃圾槽，有条件的农村推广垃圾袋装化收集方式。

6.2 农村生活垃圾处理工艺

6.2.1 填埋处理：

（1）农村地区一般不适宜建设卫生填埋场，如确有需要，选址、建设、填埋作业、管理、监测等应依照 GB 16889 和相关标准的规定执行。

（2）镇一级的生活垃圾填埋处理应首先进行有机垃圾分离，有机垃圾含量高、水分大的垃圾，不应进行卫生填埋处置，而应采用堆肥处理方式。卫生填埋应确保分类后无机垃圾成分控制在 80%以上。

（3）采用就地填埋处理的村庄，应该实行更为严格的垃圾分类制度。严格控制分类后剩余无机垃圾有机物的含量在 10%以下。以砖瓦、渣土、清扫灰等无机垃圾为主的垃圾，可用作农村废弃坑塘填埋、道路垫土等材料使用。

（4）填埋场应进行防渗处理防止对地下水和地表水的污染，同时还应防止地下水进入填埋区。填埋区防渗系统应铺设渗沥液收集和处理系统，并宜设置疏通设施。

（5）根据农村经济水平，填埋场的防渗可按下述标准：填埋场底部自然黏性土层厚度不小于 2 m、边坡黏性土层厚度大于 0.5 m，且黏性土渗透系数不大于 1.0×10^{-5} cm/s，填埋场可选用自然防渗方式。不具备自然防渗条件的填埋场宜采用人工防渗。在库底和 3 m 以下（垂直距离）边坡设置防渗层，采用厚度不小于 1 mm 高密度聚乙烯土工膜、6 mm 膨润土衬垫或不小于 2 m 后黏性土（边坡不小于 0.5 m）作为防渗层，膜上下铺设的土质保护层厚度不应小于 0.3 m。库底膜上隔离层土工布不应大于 200 g/m^2，边坡隔离层土工布不应大于 300 g/m^2。

（6）地下水位高、土壤渗滤系数高、重点水源地或丘陵地区，除非有条件做防渗处理，否则不适宜建设填埋场，垃圾处置应纳入城市收集运输处置系统。

6.2.2 堆肥处理。农村宜选用规模小、机械化程度低、投资及运行费用低的简易高温堆肥技术。垃圾堆肥应基本做到以下几点：

a）有机物质含量≥40%；

b）保证堆体内物料温度在 55℃以上保持 5～7 d；

c）堆肥过程中的残留物应农田回用。

6.2.3 发达型农村可建设机械通风静态堆肥场。根据发酵方式，一次性发酵工艺的发酵周期不宜少于 30 d；二次性发酵工艺的初级发酵不少于 5～7 d，次级发酵周期均不宜少于 10 d。

6.2.4 较发达和欠发达型农村，从降低成本角度考虑，宜建设自然通风静态堆肥场。自然通风时，堆层高度宜在 1.0～1.2 m。

6.2.5 有机垃圾堆肥原则上应作为农用基肥，不作为追肥施用，可参照 GB 8172 执行。

6.2.6 有机垃圾进入户用沼气池厌氧处理可参照 5.2 条，有机垃圾应堆沤预处理或铡碎。

7 农村空气污染控制

7.1 一般规定

7.1.1 农村应逐步减少使用散煤和劣质煤，推广使用型煤及清洁煤，包括低氟煤、低硫煤、固氟煤、固硫煤、固砷煤等，煤炉必须加设排烟道。

7.1.2 实施改炉改灶，采用改良炉灶替代传统炉灶，推广使用高效低污染炉灶，如低排放煤炉、改良柴灶、改良炕连灶、气化半气化炉，并注意加设排烟道。

7.1.3 发达、较发达型农村可采用气化、电气化等清洁能源或可再生能源代替燃煤，实行集中供气、供暖，取代分散炉具的使用。

7.1.4 合理配置房屋结构，畜禽舍与居室应分离建设，防止人畜共患病和畜禽舍臭味等影响。

7.2 农村用能结构优化工艺

7.2.1 优化农村生活用能结构，既要遵循节能、清洁化，又要考虑各地区自然条件、经济条件、生活习惯等，因地制宜，积极发展生物质、太阳能、风能、小水电等可再生能源利用。

7.2.2 燃煤低排放炉具。炉具结构应设计合理，操作方便，易采用正、反烧和气化原理。民用水暖炉热效率$\eta\geq60\%$，封火能力应大于 10 h，封火结束后应能正常燃烧；具有炊事功能的民用水暖炉除了达到上述要求外，上火速度 $v\geq0.6$℃/min，炊事火力强度 $P\geq0.7$ kW。民用燃煤技术要求参照 GB/T 16154。炉具污染物排放参考 GB 13271 的规定。

7.2.3 改良柴灶。适用于直接燃用生物质的农村，可燃用秸秆、薪柴、动物干粪等生物质燃料。

采取降低吊火高度（根据燃料品种不同，炉箅到锅脐的距离为 14～18 cm 缩小灶门尺寸，加设挡板，缩小灶膛容积，并有拦火圈和回烟道，增加炉箅子、通风道和烟囱。烟囱高度应在 3 m 以上，热效率应达到 30%以上。

7.2.4 改良炕连灶。适用于中国北方寒冷地区，具有取暖、炊事双重功能。

7.2.5 生物质气化炉、半气化炉。生物质资源丰富的地区可燃用密致成型的颗粒或棒状燃料。

（1）发达型农村可建设集中供气，替代分散炉具的使用，集中供气工程执行相关国家或行业标准。

（2）较发达和欠发达型农村，可从成本角度考虑，宜采用小型户用气化、半气化炉。

7.2.6 户用沼气工程。适合沼气发酵的地区，利用户用沼气池产生的沼气作替代燃料，参照 5.2 条。

8 农村生活污染监督管理措施

8.1 积极开展农村生活污水和垃圾治理、畜禽养殖污染治理等示范工程，解决农村突出的环境问题。以生态示范创建为载体，积极推进农村环境保护。

8.2 制定生活垃圾收集、处置与农村发展相一致的发展规划，采取政府支持与市场运作相结合的原则。

8.3 提倡圈养、适度规模化养殖。做好散养畜禽卫生防疫工作，对于疾病死亡的家禽、牲畜，应严格按照动物防疫要求执行。

8.4 充分利用广播、电视、报刊、网络等媒体，广泛宣传和普及农村环境保护知识，及时报道先进典型和成功经验，揭露和批评违法行为，提高农民群众的环保意识，调动农民群众参与农村环境保护的积极性和主动性。

中华人民共和国环境保护部
公　告

2010年　第73号

为贯彻《中华人民共和国环境保护法》和《中华人民共和国水污染防治法》，规范污染治理工程建设与运行，现批准《酿造工业废水治理工程技术规范》等6项标准为国家环境保护标准，并予发布。

标准名称、编号如下：

一、酿造工业废水治理工程技术规范（HJ 575—2010）

二、厌氧-缺氧-好氧活性污泥法污水处理工程技术规范（HJ 576—2010）

三、序批式活性污泥法污水处理工程技术规范（HJ 577—2010）

四、氧化沟活性污泥法污水处理工程技术规范（HJ 578—2010）

五、膜分离法污水处理工程技术规范（HJ 579—2010）

六、含油污水处理工程技术规范（HJ 580—2010）

以上标准自2011年1月1日起实施，由中国环境科学出版社出版，标准内容可在环境保护部网站（bz.mep.gov.cn）查询。

特此公告。

2010年10月12日

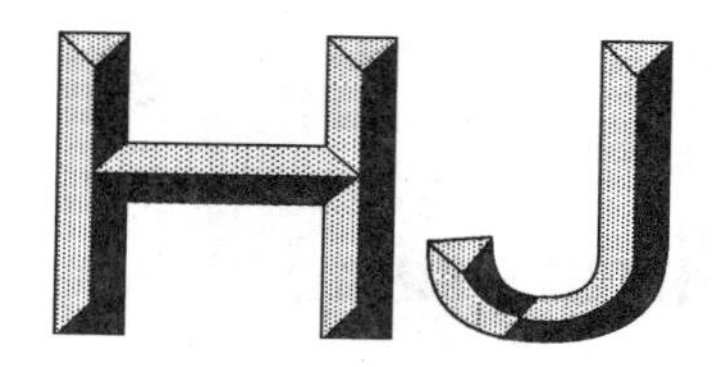

中华人民共和国国家环境保护标准

HJ 575—2010

酿造工业废水治理工程技术规范

Technical specifications for brewing industry wastewater treatment

2010-10-12 发布

2011-01-01 实施

环　境　保　护　部　发布

前　言

为贯彻《中华人民共和国环境保护法》和《中华人民共和国水污染防治法》，防止酿造工业废水污染，规范酿造工业废水治理工程设施建设和运行管理，防止环境污染，保护环境和人体健康，制定本标准。

本标准规定了酿造工业废水治理工程的技术要求。

本标准由环境保护部科技标准司组织制订。

本标准起草单位：中国环境保护产业协会（水污染治理委员会）、天津市环境保护科学研究院、北京市环境保护科学研究院。

本标准环境保护部2010年10月12日批准。

本标准自2011年1月1日起实施。

本标准由环境保护部解释。

酿造工业废水治理工程技术规范

1 适用范围

本标准规定了酿造工业废水治理工程的污染负荷、总体要求、工艺设计、设计参数与技术要求、工艺设备与材料、检测与过程控制、构筑物及辅助工程、劳动安全与职业卫生、施工与验收、运行与维护等技术要求。

本标准适用于酿造工业废水治理工程建设全过程的环境管理，可作为项目环境影响评价，工程的可行性研究、设计、施工、竣工、环境保护验收以及设施建成后运行等环境管理的技术依据。

2 规范性引用文件

本标准内容引用了下列文件中的条款。凡是不注日期的引用文件，其有效版本适用本标准。

GB 3836.1～17 爆炸性气体环境用电气设备
GB 8978 污水综合排放标准
GB 12348 工业企业厂界噪声标准
GB/T 12801 生产过程安全卫生要求总则
HJ 493—2009 水质采样 样品的保存和管理技术规定
GB 14554 恶臭污染物排放标准
GB 50011 建筑抗震设计规范
GB 50014 室外排水设计规范
GB 50015 建筑给水排水设计规范
GB 50016 建筑设计防火规范
GB 50040 动力机器基础设计规范
GB 50046 工业建筑防腐蚀设计规范
GB 50052 供配电系统设计规范
GB 50053 10 kV 及以下变电所设计规范
GB 50054 低压配电设计规范
GB 50057 建筑物防雷设计规范
GB 50069 给水排水工程构筑物结构设计规范
GB 50194 建设工程施工现场供用电安全规范
GB 50222 建筑内部装修设计防火规范
GB/T 18883 室内空气质量标准
GB/T 18920 城市污水再生利用 城市杂用水水质
GBJ 19 工业企业采暖通风及空气调节设计规范
GBJ 22 厂矿道路设计规范
GBJ 87 工业企业厂界噪声控制设计规范
GBZ 1 工业企业设计卫生标准
CJJ 31—89 城镇污水处理厂附属建筑和附属设备设计标准

CJJ 60　污水处理厂运行、维护及其安全技术规程
HJ/T 91　地表水和污水监测技术规范
HJ/T 242　环境保护产品技术要求　污泥脱水用带式压榨过滤机
HJ/T 245　环境保护产品技术要求　悬挂式填料
HJ/T 246　环境保护产品技术要求　悬浮填料
HJ/T 247　环境保护产品技术要求　竖轴式机械表面曝气装置
HJ/T 250　环境保护产品技术要求　旋转式细格栅
HJ/T 251　环境保护产品技术要求　罗茨鼓风机
HJ/T 252　环境保护产品技术要求　中、微孔曝气器
HJ/T 259　环境保护产品技术要求　转刷曝气装置
HJ/T 260　环境保护产品技术要求　鼓风式潜水曝气机
HJ/T 262　环境保护产品技术要求　格栅除污机
HJ/T 263　环境保护产品技术要求　射流曝气器
HJ/T 277　环境保护产品技术要求　旋转式滗水器
HJ/T 278　环境保护产品技术要求　单级高速曝气离心鼓风机
HJ/T 279　环境保护产品技术要求　推流式潜水搅拌机
HJ/T 280　环境保护产品技术要求　转盘曝气装置
HJ/T 281　环境保护产品技术要求　散流式曝气器
HJ/T 283　环境保护产品技术要求　厢式压滤机和板框压滤机
HJ/T 335　环境保护产品技术要求　污泥浓缩带式脱水一体机
HJ/T 336　环境保护产品技术要求　潜水排污泵
HJ/T 369　环境保护产品技术要求　水处理用加药装置
NY/T 1220.1　沼气工程技术规范　第 1 部分：工艺设计
NY/T 1220.2　沼气工程技术规范　第 2 部分：供气设计
《建设项目（工程）竣工验收办法》（国家计委　计建设[1990]215 号）
《建设项目环境保护竣工验收管理办法》（国家环境保护总局令　第 13 号）

3　术语和定义

3.1

酿造　brewing

指利用微生物或酶的发酵作用将农产品原料制成风味食品饮料的过程。

3.2

酿造工业　brewing industry

指食品工业中从事啤酒、白酒、黄酒、葡萄酒、酒精等酒类和醋、酱、酱油等调味品制造的工业行业。

3.3

酿造废水　brewing wastewater

指酿造工业排放的生产废水，以及固体、半固体废弃物和废液等综合利用时产生的废渣水。

酿造过程中特定生产工艺的某一生产工序排放的尚未与其他废水混合的废水称为酿造工艺废水（brewing process wastewater）。

酿造产品生产过程中排放的各类废水的混合废水称为酿造综合废水（brewing comprehensive wastewater）。

酿造废水根据酿造产品的不同，可分为啤酒废水、白酒废水、黄酒废水、葡萄酒废水、酒精废水等，以及制醋废水、制酱废水和制酱油废水等。

3.4

洗涤废水　washing wastewater

指清洗酿造产品包装瓶、糖化锅、发酵罐等容器及管路时产生的废水。

3.5

锅底水　bottom pot water

指白酒生产中蒸酒工序产生的蒸煮锅底残液。

4　污染负荷

4.1　废水收集

4.1.1　酿造废水应遵循“清污分流，浓淡分家”的原则，根据污染物浓度进行分类收集。

4.1.2　酿造废水可参照表 1 的规定进行收集。

表 1　酿造废水分类收集要求

产品种类	需单独收集并进行回收处理或预处理的高浓度工艺废水	可混合收集并进行集中处理的中低浓度工艺废水
啤酒	麦糟滤液，废酵母滤液，容器管路一次洗涤废水	浸麦、容器管路洗涤废水、冷却等废水
白酒	锅底水、黄水、一次洗锅水	原料浸泡废水，容器管路洗涤废水、冷凝水
黄酒	米浆水（包括浸米水）、一次冲米水、酒糟滤液、洗带糟坛水等	洗滤布水、过滤水、淘米水、杀菌水、容器管路洗涤废水
葡萄酒	糟渣滤液、蒸馏残液，一次洗罐水	容器管路洗涤废水等
酒精	废醪液、酒精糟滤液、一次洗罐水	原料浸泡水、酒精糟蒸馏水、酒精蒸馏及 DDGS 蒸发冷凝水、容器管路洗涤废水等
酱油等	发酵滤液，一次洗罐水	原料浸泡水，洗罐和包装容器管路洗涤废水
注：高浓度工艺废水也包括酒糟渣液经固液分离综合利用后排出的滤液。综合利用或预处理后，其处理出水可混入综合废水。		

4.2　污染负荷

4.2.1　确定酿造废水的污染负荷应符合以下规定：

（1）各个生产工序排放的各种工艺废水应逐一进行废水排放量测量和水质取样化验；

（2）在工厂废水排放总口对综合废水排放总量和废水水质进行实际测量和取样化验；

（3）根据实际测量和检测取得的数据，分别计算各个生产工序的污染负荷和工厂排放总口的污染总负荷。

4.2.2　酿造废水也可根据生产实际进行物料平衡和水平衡测试确定污染负荷。

4.2.3　酿造废水排放量测量和水质取样化验应符合 HJ/T 91 的要求。

4.2.4　新建的酿造废水治理工程，可类比现有同等生产规模和相同生产工艺酿造工厂的排放数据确定酿造废水污染负荷。

4.2.5　在无法取得污染数据时，可参照表 2 中的数据取值。

表 2 各类酿造废水的污染负荷

产品种类	废水种类	单位产品废水产生量/（m^3/t）	废水中各类污染物的质量浓度						备注
			pH 值	COD/（mg/L）	BOD_5/（mg/L）	NH_3-N/（mg/L）	TN/（mg/L）	TP/（mg/L）	
啤酒	高浓度废水	0.2～0.6	4.0～5.0	20 000～40 000	9 000～26 000	—	280～385	5～7	
	综合废水	4～12	5.0～6.0	1 500～2 500	900～1 500	90～170	125～250	5～8	
白酒	高浓度废水	3～6	3.5～4.5	10 000～100 000	6 000～70 000	—	230～1 000	160～700	
	综合废水	48～63	4.0～6.0	4 300～6 500	2 500～4 000	30～45	80～150	20～120	
黄酒	高浓度废水	0.2～0.8	3.5～7.0	9 000～60 000	8 000～40 000	—	—	—	
	综合废水	4～14	5.0～7.5	1 500～5 000	1 000～3 500	30～35	—	—	
葡萄酒	高浓度废水	0.2～0.4	6.0～6.5	3 000～5 000	2 000～3 500	—	—	—	白兰地与其他果酒
	综合废水	4～10	6.5～7.5	1 700～2 200	1 000～1 500	10～25	—	—	
酒精	高浓度废水	7～12	3.0～4.5	70 000～150 000	30 000～65 000	80～250	1 000～10 000	—	糖蜜为原料
	高浓度废水	2～5	3.5～5.0	30 000～65 000	20 000～40 000	—	2 800～3 200	200～500	玉米与薯类为原料
	综合废水	18～35	5.0～7.0	14 000～28 500	8 000～17 000	20～36	—	—	
酱油、酱、醋	高浓度废水	0.3～1.0	6.0～7.5	3 000～6 000	1 400～2 500	—	300～1 500	60～350	盐 1%～5% 色度 80～300
	综合废水	1.8～2.8	7.0～8.0	250～550	120～300	—	30～150	15～30	

注 1：高浓度废水指表 1 列举的各类高浓度工艺废水的混合废水。

注 2：综合废水指表 1 列举的各类中、低浓度工艺废水的混合废水，以及高浓度工艺废水经厌氧预处理后排出的消化液和生产厂家自身排放的生活污水等。

注 3：本表中的污染物负荷数据是根据《第一次全国污染源普查工业污染源排污系数手册》和酿造工业污染物排放实际情况综合评估给出，仅供在工程设计前无法取得实际测试数据时参考。

4.3 水量和水质的设计参数确定

4.3.1 设计水量和进水水质等设计参数应根据污染负荷的加权统计数据确定，或类比同等同类工厂确定。

4.3.2 酿造综合废水治理设施的出水水质，应根据当地人民政府环境保护行政主管部门的环境管理要求和处理出水排放去向，选择适用的排放标准，如：GB 8978、相关地方排放标准和酿造行业污染排放标准等，并符合标准的规定。

4.3.3 本标准的技术基础支持酿造废水污染治理设施的处理出水满足 GB 8978 一级（B）标准规定的各项水质限值。当排放要求严于 GB 8978 的规定时，可调整废水处理工艺流程、增加处理单元。

4.3.4 设计水量、设计水质的取值宜在污染负荷原数值上增加设计裕量。处理出水的各项水质指标的运行控制值宜低于相应排放标准限值的 10%～20%。

5 总体要求

5.1 一般规定

5.1.1 酿造废水治理工程设计除应遵守本标准外，还应符合国家现行的有关标准和技术规范的规定。

5.1.2 酿造生产工序排放的酒糟、废酵母、废硅藻土等固体物和废渣水严禁直接混入综合废水处理设施，应另行进行综合利用或减量化与无害化处理处置。

5.2 项目构成

5.2.1 酿造废水处理厂（站）的工程项目主要由废水处理构（建）筑物与设备、辅助工程和配套设施等构成。

5.2.2 废水处理构（建）筑物与设备包括：前处理、厌氧处理、好氧处理、沼气处置与利用、污泥处理、恶臭处理、排放与监测、废水回用等单元。

5.2.3 辅助工程和配套设施包括：厂（站）区道路、围墙、绿地工程，独立的供电工程和供排水工程等；专用的化验室、控制室、仓库、修理车间等工程和办公室、休息室、浴室、食堂、卫生间等生活设施。

5.2.4 废水处理厂（站）应按照国家和地方的有关规定设置规范化排污口。

5.3 建设规模

5.3.1 酿造废水治理工程的建设规模以处理设施每日处理的综合废水量（m^3/d）计。

5.3.2 酿造废水治理工程的建设规模按以下规则分类：

——小型酿造废水治理工程的日处理能力＜1 000 m^3/d；

——中型酿造废水治理工程的日处理能力 1 000～3 000 m^3/d；

——大型酿造废水治理工程的日处理能力 3 000～10 000 m^3/d；

——特大型酿造废水治理工程的日处理能力≥10 000 m^3/d。

5.3.3 应根据建设规模确定酿造废水治理工程的建设要求，并符合表 3 的规定。

表 3 酿造废水治理工程建设要求

酿造废水治理工程建设规模	废水治理工程主体构（建）筑物与设备	废水治理工程一般构（建）筑物与设备	厂站辅助工程	厂站配套设施
小型	按规范设计建设	根据需要选择	—	—
中型	按规范设计建设	根据需要选择	—	—
大型	按规范设计建设	按规范设计建设	根据需要选择	—
特大型	按规范设计建设	按规范设计建设	按规范设计建设	根据需要选择
注 1：本表中的“规范”指本标准、CJJ 31—89 和 GB 50014。				
注 2：“一般构（建）筑物与设备”指废水处理构（建）筑物与设备中生物处理以外的构（建）筑物。				

5.4 厂（站）选址和总平面布置

5.4.1 大型和特大型新建酿造废水治理工程选址应符合 GB 50014 中的相关规定。

5.4.2 工程的平面布置应布局合理、节约用地；高程设计应降低水头损失，减少提升次数。

5.4.3 工程宜按双系列布置，构筑物及设备之间应留有一定空间。

5.4.4 废水处理厂（站）周围可根据场地条件进行适当的绿化或设置隔离带。

5.4.5 沼气利用等需要防火防爆的设施应设置在相对独立的区域，并考虑一定的防护距离。

6 工艺设计

6.1 酿造废水污染治理技术路线

6.1.1 依靠先进的管理技术、实用的治理技术和资源综合利用技术，实现全过程控制。

（1）贯彻全过程控制，从源头削减污染负荷，控制污染物的产生并减少排放；

（2）优先采用处理效率高、节省建设投资的处理工艺，追求运行费用、能耗、物耗最小化；

（3）保证酿造废水治理设施稳定达标、可靠、安全运行，且易于操作和维护；

（4）保证处理工艺流程完整，不减少处理单元、简化工程设计、缺省污染治理工程，工程设计应按照当地环境保护管理要求设置在线监测系统；

（5）重视防治二次污染，工程设计应考虑生产事故等非正常工况的污染防治应急措施。

6.1.2 实行清洁生产，加强生产工艺的用水管理和排放管理，减少废水产生量和排放量。

（1）加强对冷却水和冲洗水等低浓度工艺废水的循环利用和工艺套用；

（2）冲洗罐、釜、槽、坛、瓶等设备、容器和管路时，应采用"少量、多次"的冲洗方法或逆流漂洗方法；

（3）浓度高的酸性废液和碱性废液应单独收集并处置，不得形成冲击性排放；

（4）尽可能利用酸性工艺废水与碱性工艺废水之间的酸碱度实现废水的自然中和，并使混合后形成的综合废水的 pH 值符合系统进水要求。

6.1.3 采取削减有机污染负荷的工艺废水单独收集、处理措施，控制综合废水处理系统的进水水质。

（1）含有大量固体物质（糟渣、酵母）的固态、半固态污染物应单独收集并回收处理；

（2）浓度较高且具有资源回收价值的工艺废水应单独收集并优先进行回收处理；

（3）浓度较高、但没有资源回收价值且超出综合废水集中处理系统进水要求的工艺废水应分别收集，在混入综合废水之前应进行污染负荷削减的处理；

（4）回收处理产生的尾水如污染物浓度仍较高，宜经过预处理后再混入综合废水进行集中处理；

（5）符合综合废水集中处理系统进水要求的工艺废水，应直接混入综合废水进行集中处理；

（6）酸性、碱性洗水应优先用于综合废水的 pH 调整，或经过中和处理后混入综合废水进行集中处理；

（7）数量少、非间歇排放，或不易分别收集的高浓度工艺废水（如啤酒行业的麦糟滤液、废酵母滤液、一次洗涤水等），在不影响综合废水处理系统进水水质要求的前提下，宜直接混入综合废水集中处理。

6.1.4 酿造废水总体上应采取"资源回收—厌氧生物处理—生物脱氮除磷处理—回用或排放"的分散与集中相结合的综合治理技术路线，其各部分的技术选用原则如下：

（1）资源回收一般采用固液分离、干燥等处理技术；

（2）厌氧生物处理宜采用两级厌氧处理技术，其中，一级厌氧发酵处理针对高浓度有机废水和废渣水，二级厌氧消化处理针对酿造综合废水；

（3）生物脱氮除磷处理一般采用"厌氧+缺氧+好氧+二沉/过滤"的污水活性污泥处理技术；

（4）废水回用的深度处理宜采用凝聚、过滤、膜分离等物化处理技术；

（5）污染负荷较低的啤酒等行业的酿造综合废水，宜采用一级厌氧生物处理；当两级厌氧生物处理不能满足酿造综合废水的处理要求时，应组合不同厌氧处理技术形成"多级厌氧"的厌氧组合工艺；

（6）资源回收产生的滤液、生物处理产生的剩余污泥、厌氧处理产生的沼气、沼液和沼渣，均应妥善处置和利用。

6.2 酿造废水污染治理工艺流程组合

6.2.1 各类酿造制品产生的工艺废水的水质差异较大，应结合生产实际，根据废水水质、污染性质和污染物浓度，决定资源回收的需要，选择厌氧生物处理的级数，优化酿造综合废水污染治理工艺流程和适宜的废水处理单元技术。

6.2.2 酿造废水污染治理工艺流程组合总框架图

针对某一特定酿造废水进行工艺设计时，应依据图 1 进行有取舍的专门设计。

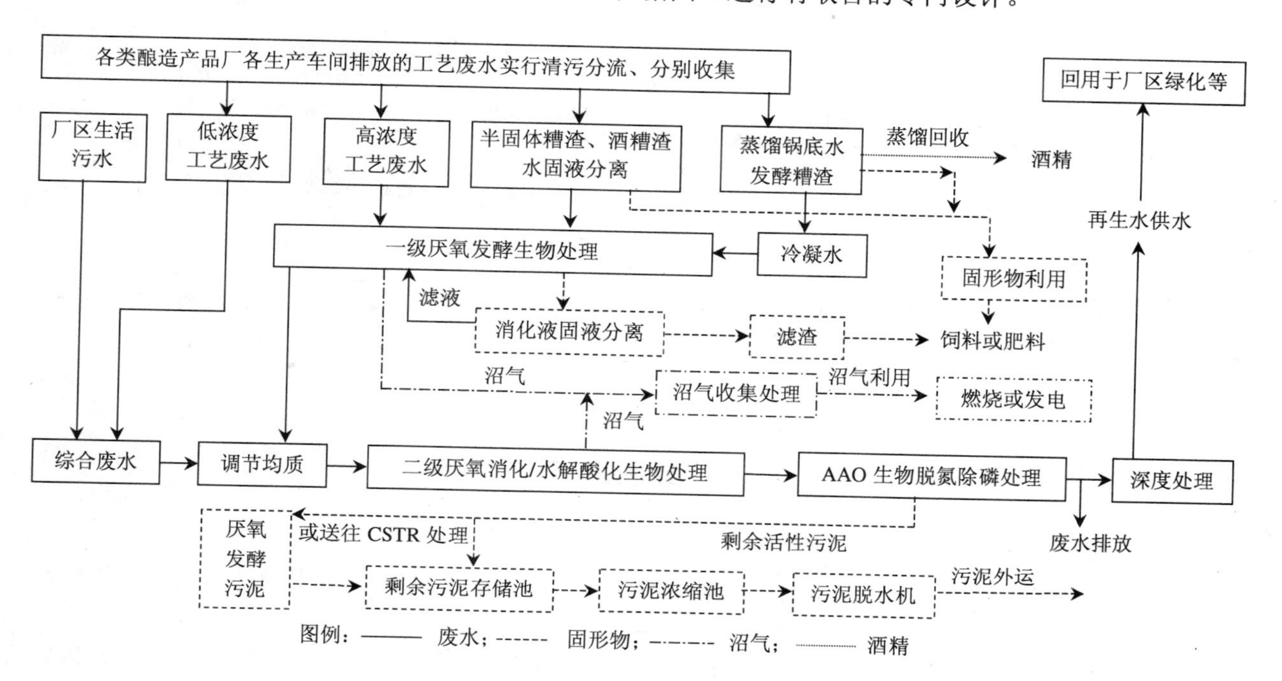

图 1 酿造废水治理工艺流程组合总框架图

6.3 废水的资源回收与循环利用

6.3.1 固形物回收

固形物回收处理工艺流程见图 2。

（1）各类酒糟、葡萄酒渣和白酒锅底水等宜采用“蒸馏”工艺优先回收酒精；

（2）啤酒废水应回收麦糟和酵母，酵母废水和麦糟液应采取“离心”或“压榨”或“过滤”等固液分离方法回收酵母和麦糟并干燥制成饲料；

（3）采用固态发酵的白酒和酒精行业应回收固体酒糟，应采用“压榨+干燥”等工艺制高蛋白饲料；

（4）半固态发酵工艺产生的酒糟渣水，可采用“过滤+离心/压榨+干燥”工艺制高蛋白饲料；

（5）液态发酵工艺产生的废醪液，尤其是以糖蜜为原料的酒精废醪液，宜采用“蒸发/浓缩+干燥/焚烧”工艺制有机肥或无机肥；

（6）悬浮物浓度较高的工艺废水（如一次洗水），宜采用“混凝+气浮/沉淀”工艺进行固液分离，固形物经干燥，可回收利用制作饲料；

（7）葡萄渣皮、酒泥等经发酵可回收利用制成肥料；

（8）各类酒糟、酒糟渣水如不适宜回收饲料、肥料，可采取厌氧发酵技术集中回收沼气能源，沼气可替代酿造工厂燃煤的动力消耗；

（9）回收固形物产生的压榨滤液应送往一级厌氧反应器进行处理，湿酒糟等含水固形物可以采用厌氧生物处理产生的沼气进行烘干；

（10）冷凝水可以根据其污染物（COD）浓度，或按工艺废水单独处理，或混入综合废水进行集中处理。

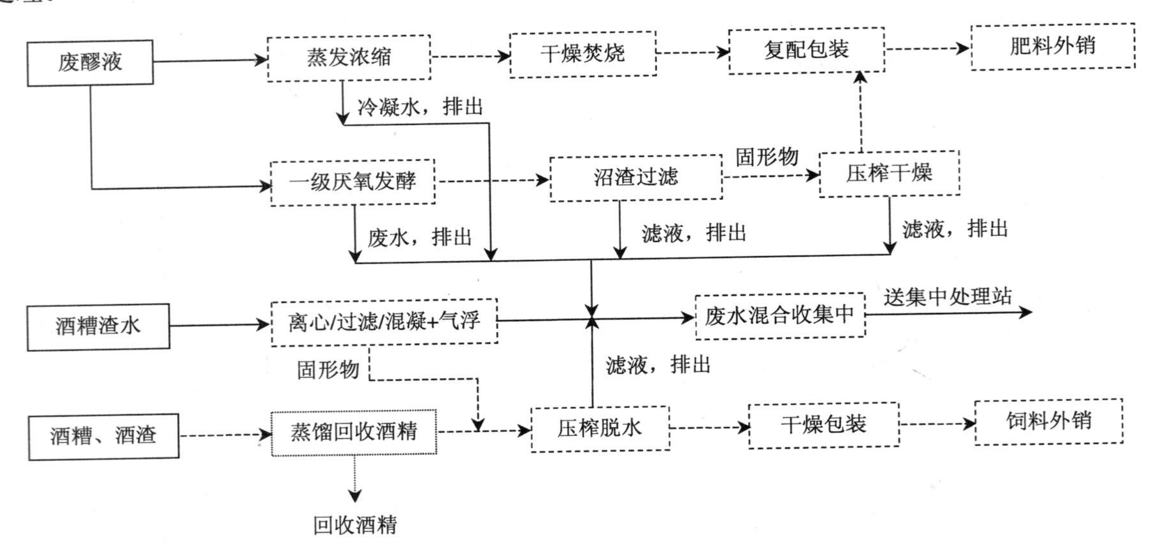

图 2　固形物回收处理工艺流程图

6.3.2　废水循环利用

适宜循环利用的低浓度工艺废水的 COD 一般不超过 100 mg/L。此类废水的循环利用途径和方法如下（图 3）：

（1）冷却水宜采用“混凝+过滤+膜分离（除盐）”工艺进行循环处理，加强循环利用，提高浓缩倍数，减少新鲜水补充量和废水排放量；

（2）酒瓶洗涤废水宜通过采用“混凝+气浮/沉淀”或“过滤+膜分离”工艺的在线处理，实现闭路循环；

（3）原料洗涤废水宜采用“过滤/沉淀”工艺实现循环利用或套用于其他生产工序。

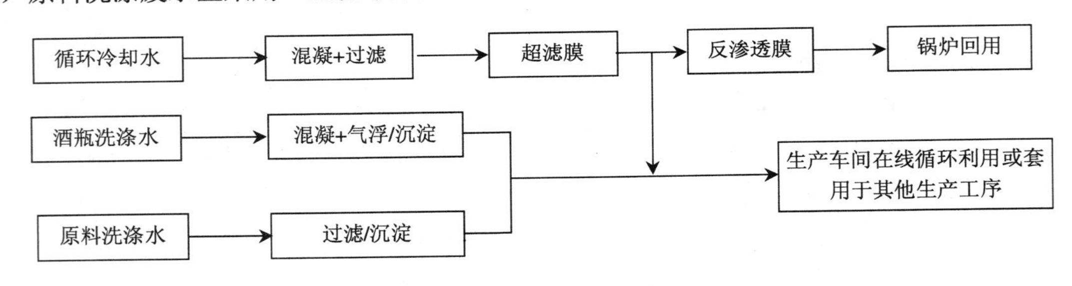

图 3　低浓度工艺废水循环利用工艺流程图

6.3.3　污染物浓度较高的原料浸泡水、容器冲洗的一次洗水和蒸发、蒸馏的冷凝水不宜于循环利用，应混入综合废水进行集中处理。

6.3.4　酿造行业各类高浓度工艺废水选用回收处理技术和循环利用技术时，应进行处理工艺试验和技术经济比较。

6.4 高浓度工艺废水的一级厌氧发酵处理

6.4.1 一般规定

6.4.1.1 污染物浓度超过综合废水集中处理系统进水要求的各类高浓度工艺废水和回收固形物产生的各种滤液（酒糟压榨清液或废醪液的滤液），应单独收集并进行削减污染负荷的一级厌氧发酵处理，符合综合废水处理系统的进水要求后方可混入综合废水。

6.4.1.2 对计划混入综合废水的各股工艺废水应测算其 COD 总量，根据其对综合废水进水水质和处理出水稳定达标可能造成的潜在影响，确定其污染负荷削减程度，或确定其是否需要采取一级厌氧发酵处理措施以削减污染负荷。

6.4.1.3 一级厌氧发酵处理应优先采用完全混合式厌氧发酵反应器（CSTR），也可以采用其他厌氧生物处理技术；厌氧生物处理宜根据污水悬浮物的浓度、自然气候条件和污水特性，以及与后续综合废水处理使用的相关厌氧工艺的匹配性，确定适宜的厌氧反应器。

6.4.1.4 当厌氧生物处理对进水悬浮固体（SS）浓度有要求时，宜采用物化处理工艺进行预处理；混凝剂和助凝剂的选择和加药量应通过试验筛选和确定，同时应考虑药剂对厌氧处理和综合废水集中处理系统中微生物的影响。

6.4.2 一级厌氧发酵处理

6.4.2.1 作为一级厌氧发酵处理，可供选择的厌氧反应器包括：完全混合式厌氧反应器（CSTR）、升流式厌氧污泥床（UASB）、厌氧颗粒污泥膨胀床（EGSB）、气提式内循环厌氧反应器（IC）等技术。

6.4.2.2 薯类酒精和糖蜜酒精的废醪液、黄酒的浸米水和洗米水、白酒的锅底水和黄水、葡萄酒渣水，以及上述酒类生产设备的一次洗水和酒糟等固形物回收的压榨滤液等高浓度有机物、高浓度悬浮物的工艺废水，应优先选用“完全混合式厌氧反应器（CSTR）”。

6.4.2.3 玉米、小麦酒精，啤酒、酱、酱油、醋等行业的高浓度工艺废水，可以选用厌氧颗粒污泥膨胀床（EGSB）等类型的厌氧反应器，或者选用“混凝+气浮/沉淀+厌氧”的“物化+生化”的组合处理技术。

6.4.3 高浓度工艺废水一级厌氧发酵处理工艺流程如图 4 所示。

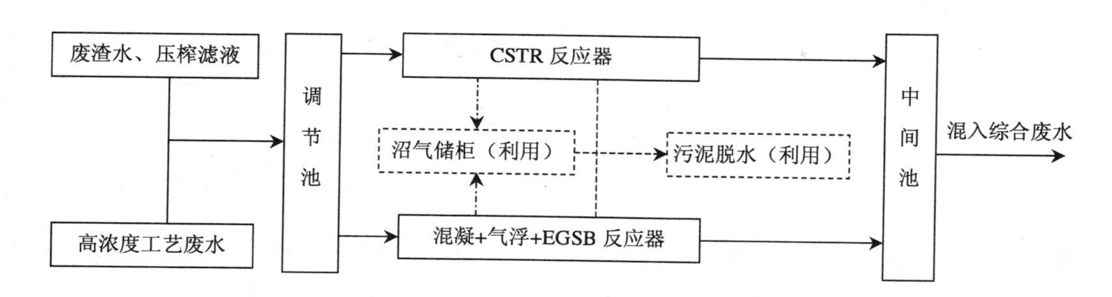

图 4 高浓度工艺废水一级厌氧发酵处理工艺流程图

6.4.4 各类高浓度工艺废水进入一级厌氧发酵处理系统前，应对进水水质进行必要的调整，使水温、pH、SS、SO_4^{2-}等指标满足厌氧生化反应的要求。

6.4.5 一级厌氧处理出水的 COD 应符合酿造综合废水集中处理系统中二级厌氧处理的进水要求。

6.4.6 一级厌氧处理的设计参数应根据废水处理工艺试验确定，应考虑与后续集中处理的衔接。

6.5 综合废水的集中处理

6.5.1 酿造综合废水集中处理应根据进水水质和排放要求，采用“前处理+厌氧消化处理+生物脱氮除磷处理+污泥处理”的单元组合工艺流程。

6.5.2 前处理

6.5.2.1 前处理包括中和、匀质（调节）、拦污、混凝、气浮/沉淀等处理单元。其中，匀质（调节）处理单元是必选的前处理单元技术，其他前处理单元技术的取舍应根据综合废水的水质特性和设施建设要求确定。

6.5.2.2 酿造废水的 pH 调节应尽可能依靠各类工艺废水与酸、碱废水混合后的自然中和，混合后废水的 pH 值如仍不符合进水要求，可以利用废碱液进行中和。

6.5.2.3 前处理工艺流程图如图 5 所示。

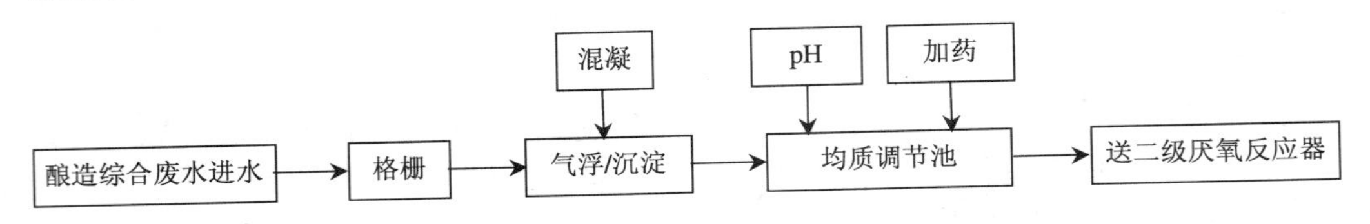

图 5 综合废水前处理系统工艺流程图

6.5.3 二级厌氧消化处理

6.5.3.1 相对于高浓度工艺废水厌氧预处理，酿造综合废水处理的厌氧系统是二级厌氧消化处理。

6.5.3.2 “二级厌氧消化处理”适用于处理高浓度工艺废水的一级厌氧处理出水，也适于直接处理啤酒、葡萄酒、酱、酱油、醋等酿造制品的酿造综合废水。

6.5.3.3 采用“二级厌氧消化处理”工艺应根据系统的进水水质选择适宜的厌氧反应器。

6.5.3.4 二级厌氧消化处理工艺流程如图 6 所示。

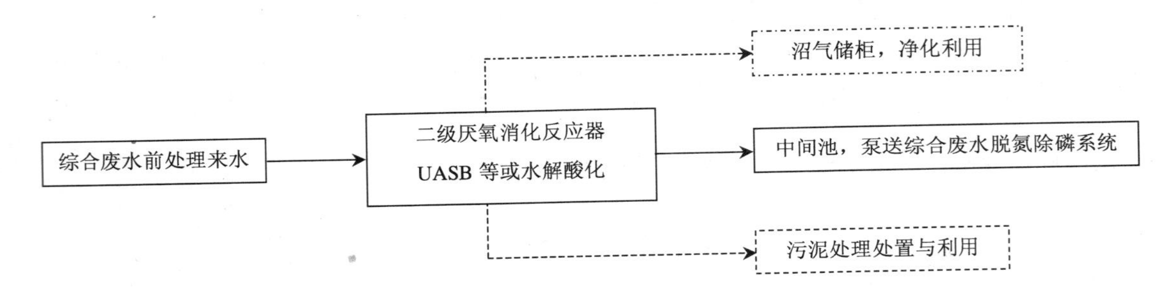

图 6 二级厌氧消化处理系统工艺流程图

6.5.4 生物脱氮除磷处理

6.5.4.1 酿造综合废水的生物脱氮除磷处理系统包括：厌氧段（除磷时）、缺氧段（脱氮时）、好氧曝气反应池、二沉池等，宜根据有机碳、氮、磷等污染物去除要求，选择相关处理单元技术。

6.5.4.2 可选用缺氧/好氧法（A/O）、厌氧/缺氧/好氧法（A/A/O）、序批式活性污泥法（SBR）、氧化沟法、膜生物反应器法（MBR）等活性污泥法污水处理技术，也可选用接触氧化法、曝气生物滤池法（BAF）和好氧流化床法等生物膜法污水处理技术。

6.5.4.3 综合废水的污染负荷超过系统进水要求时，应通过调节厌氧处理效率、增加厌氧或好氧的级数等措施削减污染物；废水性质（B/C、C/N 等）不符合进水要求时，应采取技术措施调整或者增加化学法高级氧化处理单元。

6.5.4.4 综合废水中含有较高的氮、磷污染物时，应选用具有较高脱氮除磷功能的兼氧工艺：

（1）脱氮处理时，可采用“缺氧/好氧”工艺；

（2）需要进行除磷脱氮处理时，应采用“厌氧/缺氧/好氧”工艺，也可根据废水水质情况采用化学除磷方法。

6.5.4.5 中型以上规模处理设施的二沉池宜采用辐流式，小规模的二沉池宜采用竖流式沉淀池。

6.5.4.6 生物脱氮除磷处理工艺流程如图7所示。

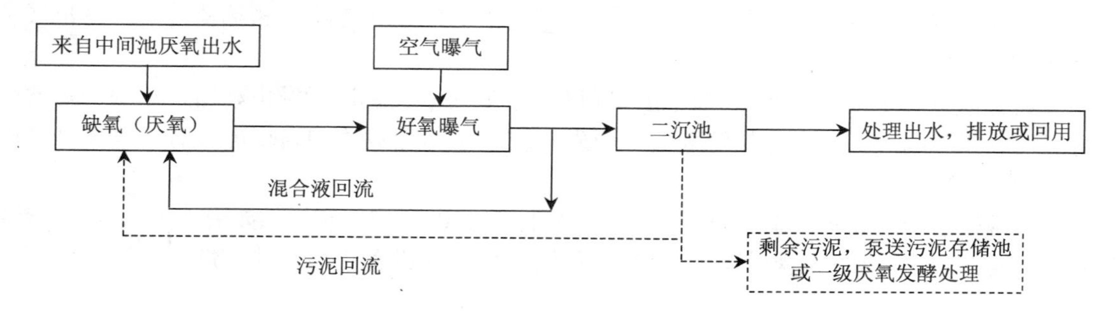

图7 综合废水生物脱氮除磷处理系统工艺流程图

6.6 深度处理

6.6.1 一般规定

6.6.1.1 酿造综合废水需要回用时，应根据回用途径在综合废水二级生化处理出水的基础上进行深度处理。

6.6.1.2 当地人民政府环境保护行政主管部门对酿造废水排放有更高要求时[达到一级（A）标准]，也可通过废水的深度处理提高出水水质。

6.6.1.3 深度处理工艺技术的选用，应进行处理工艺试验，并进行技术经济比较后确定。

6.6.1.4 深度处理出水宜优先选择作为厂区绿地浇灌和景观用水等回用途径，也可回用于冲洗水、原料洗涤水和浸泡水等水质要求不高的酿造产品生产工艺。

6.6.1.5 应根据回用途径确定相应的回用水水质标准，但最低用水要求不得低于GB/T 18920的规定。

6.6.2 工艺组合

6.6.2.1 深度处理可采用完全物化工艺，如“混凝+沉淀”，或“混凝+气浮+吸附”，或“高级氧化”，或“膜分离”工艺；也可采用“生化+物化”的单元组合工艺，如“膜生物反应器（MBR）”或“曝气生物滤池（BAF）+过滤”等。

6.6.2.2 对水质要求不高的生产工艺用水或绿化用水等一般性回用处理可选择混凝沉淀、混凝气浮和高效过滤等单元技术或单元技术组合流程。

6.6.2.3 涉及酿造工艺控制用水的回用水处理应采用吸附处理、高级氧化处理、膜分离处理等单元技术或单元技术组合流程。

6.7 污泥处理

6.7.1 酿造综合废水的污泥处理包括污泥浓缩、污泥脱水、污泥处置等处理单元。

6.7.2 污泥浓缩宜采用浓缩池工艺，也可以采用机械浓缩工艺。

6.7.3 污泥脱水可根据污泥产生量选用离心机、板框压滤机或带式压榨过滤机。

6.7.4 污泥的处置途径

（1）一级厌氧采用完全混合厌氧反应器（CSTR）的情况下，好氧污泥经浓缩后可以送往完全混合厌氧反应器（CSTR）进行厌氧消化处理；

（2）脱水的厌氧消化污泥堆肥烘干后可以作为肥料利用；

（3）脱水污泥无利用途径时应送往指定的垃圾填埋场进行填埋处置；

（4）洗瓶废水沉淀产生的化学污泥脱水处理后宜送往动力锅炉与煤混烧处置。

6.8 沼气利用

6.8.1 厌氧处理的沼气利用系统包括：沼气贮存柜、沼气净化器、沼气燃烧/换热器等。大型沼气利用系统应包括沼气锅炉、沼气发电机等。

6.8.2 大型和特大型规模的酿造废水治理设施，其厌氧产生的沼气宜进行发电利用，达到一定发电规模时应鼓励沼气电并入电网。替代和补偿酿造工业生产及废水治理设施的自用电力时，宜遵循“以沼定电”、“尽产尽用”的原则。

6.8.3 中、小型规模的酿造废水治理设施应结合生产实际情况进行沼气利用，如用于厌氧换热的热源、回收固形物的干燥，或作为补充燃料供给动力锅炉直接燃烧，或设置火炬以排空燃烧，不得将沼气以直排方式排放。

6.8.4 宜根据沼气利用途径，对沼气进行脱硫和脱水的净化处理。脱硫宜采用装填脱硫剂的脱硫塔净化法或生物脱硫法。

6.9 二次污染防治

6.9.1 恶臭治理

6.9.1.1 格栅间、调节池、水解酸化池、生物处理池、污泥储池、污泥脱水处理间等位置应设置臭气收集装置，并进行除臭处理。

6.9.1.2 大型和特大型酿造废水处理厂（站）的构筑物宜采取密闭收集措施。

6.9.1.3 除臭工艺宜采用物理、化学和生物法相结合的组合技术，常用的除臭工艺包括：吸附、臭氧氧化或光催化氧化、碱吸收、生物吸附或生物过滤等。

6.9.1.4 废水处理设施的恶臭气体排放浓度应符合 GB 14554 的规定。

6.9.1.5 酿造工厂排放的各类废渣应堆放在密闭车间，并设置废气收集、处理装置。可采取喷洒化学药剂、生物制剂的方法进行除臭。

6.9.2 噪声和振动防治

6.9.2.1 应采取隔声、消声、绿化等降低噪声的措施，厂界噪声应达到 GB 12348 的规定。

6.9.2.2 设备间、鼓风机房的噪声和振动控制的设计应符合 GB 50040 和 GBJ 87 的规定。

6.9.2.3 设备间应具有良好的隔声和消声设计，选用性能良好的声学材料进行防护。

6.9.2.4 机械设备的安装应考虑隔振、隔声、消声等噪声和振动控制措施，特大噪声发生源，如鼓风机和水泵等应专门配置消声装置。

6.10 事故与应急处理

6.10.1 酿造废水处理设施应单独设置事故池。调节池不得作为事故池使用。发生事故时，应将废水输送到事故池储存。

6.10.2 发生事故时，可采取如下应急处理技术：

（1）采取向事故池曝气的方式进行空气氧化处理；

（2）投加混凝药剂进行凝聚分离处理；

（3）投加特效工程生物菌剂进行生物氧化处理等。

6.10.3 生产恢复正常或废水处理设施排除故障后，可将事故池存放的废水均量输送到综合废水处理系统进行达标排放的处理。不得从事故池直接向厂外排放废水。

6.10.4 酿造工厂停产维修期间，如废水处理设施也相应停运，应采用事故池收集处理设施停运维修期间企业所排放的生活污水和其他废水。

7 工程设计参数与技术要求

7.1 前处理

7.1.1 格栅

7.1.1.1 调节池前应分别设置粗、细格栅，或水力筛、旋转筛网。粗、细格栅的栅条间隙宜分别为3.0～10.0 mm 和 0.5～3.0 mm。

7.1.1.2 格栅渠的设计应符合 GB 50014 中的相关规定。

7.1.1.3 中、小型规模的酿造综合废水治理设施的格栅渠可与调节池合并设计。

7.1.2 调节池

7.1.2.1 酿造综合废水治理设施应设置调节池，应具备均质、均量、防止沉淀、调节 pH、补加碱度等功能。

7.1.2.2 调节池的水力停留时间（HRT）宜为 6～12 h，中、小型规模的综合废水治理设施设置的调节池的有效容积不宜低于日排水量的 50%。

7.1.2.3 调节池宜采用预曝气或机械搅拌方式实现水质均质功能，曝气量宜为 0.6～0.9 m^3/（$m^3 \cdot h$），或控制气水比为 7∶1～10∶1。机械搅拌功率宜根据水质波动程度采用 4～8 W/m^3。

7.1.2.4 调节池可视水质情况和处理工艺需要，在出水端设置去除浮渣和清除杂物的处理装置，并安装补碱药剂等自动投加设备。

7.1.2.5 调节池中废水的 pH 应控制在 6.5～7.8。应设置在线 pH 自动检测仪和中和剂的自动投加装置。

7.1.3 进水悬浮物高时，应另设置“混凝+沉淀/气浮”处理单元，并增设自动投药装置。混凝剂选择与药剂投加量由工艺试验确定。混凝搅拌池的水力停留时间≥0.5 h，沉降/气浮的水力停留时间≥1.0 h。混凝单元的 COD 去除率宜控制在 20%～50%，SS 去除率≥95%。

7.1.4 当综合废水中 SO_4^{2-}超过 4 500 mg/L 时，宜对废水进行脱硫处理。

7.2 厌氧生物处理

7.2.1 厌氧反应器的进水应符合以下条件：

7.2.1.1 一级厌氧反应器：

（1）工艺废水的 COD＜100 000 mg/L、悬浮物（SS）＜50 000 mg/L 时，宜选用完全混合式厌氧发酵反应器（CSTR）；

（2）工艺废水的 COD＜30 000 mg/L、悬浮物（SS）＜500 mg/L 时，宜选用厌氧颗粒污泥膨胀床反应器（EGSB）。

7.2.1.2 二级厌氧反应器：

（1）综合废水的 COD＜3 000 mg/L、悬浮物（SS）＜500 mg/L 时，宜选用升流式厌氧污泥床反应器（UASB）；

（2）综合废水的 COD＜1 000 mg/L 时，宜选用水解酸化厌氧反应器。

7.2.2 厌氧生物处理单元的污染物（COD）去除率应符合如下规定：

7.2.2.1 高浓度工艺废水的 COD 去除率

（1）一级厌氧处理选用 CSTR 时，COD 去除率应＞80%；

（2）一级厌氧处理选用 EGSB 时，COD 去除率应＞85%。

7.2.2.2 综合废水的 COD 去除率

（1）二级厌氧处理选用 UASB 时，COD 去除率应＞90%；

（2）二级厌氧处理选用水解酸化工艺时，COD 去除率应＞35%。

7.2.3 应根据工艺试验结果确定各类厌氧反应器的设计、运行参数。当缺少试验资料时可参考表 4 的数据进行工程设计。

表 4 厌氧反应器的设计、运行参数

厌氧工艺方法	容积负荷（COD）/[kg/（m^3•d）]	反应温度/℃	污泥产率（MLSS/COD）/（kg/kg）	沼气产率（COD）/（m^3/kg）	有效水深/m	上升流速/（m/h）
一级厌氧处理（CSTR）	6～10	55±2	—	0.45～0.55	—	—
一级厌氧处理（EGSB）	15～40	55±2	0.05～0.10	0.35～0.45	14～18	5～15
二级厌氧处理（UASB）	5～7	35±2	0.05～0.10	0.35～0.45	4～8	0.5～1.0
二级厌氧处理（水解）	2.3～4.5	25±2	—	—	4～6	1.5～3.0

7.2.4 厌氧反应器后宜设置缓冲池，水力停留时间（HRT）宜为 1.0～1.5 h。

7.2.5 厌氧反应器的设计应符合相应的工程技术规范。厌氧反应器可采用钢筋混凝土结构或钢结构，钢结构需要采取保温措施。厌氧反应器应根据设计进水流量，设置 2 个或 2 个以上的反应器。单体厌氧反应器的容积不宜大于 2 000 m^3。

7.2.6 采用厌氧颗粒污泥膨胀床反应器（EGSB）和升流式厌氧污泥床反应器（UASB）时，如进水悬浮物（SS）浓度过高，应增设“混凝+气浮/沉淀”的预处理单元。

7.2.7 采用水解酸化厌氧反应器应从底部进水，布水系统应保证布水均匀。应在底部设置潜水搅拌器，以防止污泥沉降。潜水搅拌器的机械搅拌功率宜采用 2～4 W/m^3。

7.2.8 完全混合式厌氧消化反应器（CSTR）的高径比宜为（1.5～2）∶1；宜采用连续搅拌，搅拌功率宜为 0.001～0.005 W/m^3。反应器处理高浓度酿造废水时，其水力停留时间（HRT）宜按 4～10 d 设计，或污泥浓度宜按 4～10 g/L 控制。

7.3 生物脱氮除磷处理

7.3.1 生物脱氮除磷处理系统的进水应符合以下要求：

（1）系统进水化学需氧量（COD）宜≤1 000 mg/L；

（2）水温宜为 12～37℃、pH 宜为 6.5～9.5、营养组合比（碳∶氮∶磷）宜为 100∶5∶1；

（3）污水中五日生化需氧量（BOD_5）与化学需氧量（COD）之比（B/C）宜＞0.3；

（4）去除氨氮时，进水总碱度（以 $CaCO_3$ 计）与氨氮（NH_3-N）的比值宜＞7.14；

（5）去除总氮时，五日生化需氧量（BOD_5）与总凯氏氮（TN）之比（C/N）宜＞4，总碱度（以 $CaCO_3$ 计）与氨氮（NH_3-N）的比值宜＞3.6；

（6）去除总磷时，五日生化需氧量（BOD_5）与总磷（TP）之比（C/P）宜＞17；

（7）好氧池（区）的剩余碱度宜＞70 mg/L。

7.3.2 生物脱氮除磷处理系统的污染物去除率应符合以下要求：

（1）生物脱氮除磷处理系统的 COD 去除率应＞90%；

（2）BOD_5 去除率应＞95%；

（3）氨氮（NH_3-N）去除率应＞80%；

（4）总磷（TP）去除率应＞80%。

7.3.3 应根据工艺试验结果确定各类设计、运行参数，其工程设计应符合相应的工程技术规范要求和 GB 50014 中的相关规定。当缺少试验资料时可参考表 5 的数据设计。

表 5 好氧反应器的设计、运行参数

工艺方法	污泥负荷（BOD_5/MLVSS）/[kg/（kg·d）]	需氧量（O_2/BOD_5）/（kg/kg）	污泥浓度（MLSS）/（kg/m^3）	污泥产率系数（VSS/BOD_5）（kg/kg）	有效水深/m	总水力停留时间/h
厌氧、缺氧、好氧活性污泥法	0.05～0.20	1.1～2.0	2.0～4.0	0.4～0.8	4～6	A：1～3 O：7～15
序批式活性污泥法（SBR）	0.05～0.10	1.5～2.0	2.0～4.0	0.3～0.6	4～6	20～30
氧化沟活性污泥法	0.05～0.15	1.1～2.0	2.0～6.0	0.2～0.6	4～8	A：1～3 O：9～23
膜生物反应器法（MBR）	0.10～0.40	1.5～2.0	6.0～12.0 10～40（外置）	0.47～1.0	4～6	4～12
接触氧化法*	0.6～1.0 [kg/（m^3·d）]	1.2～1.4	0.5～4.0	0.35～0.40	3～5	8～20

注：* 接触氧化法污泥负荷为每天单位体积填料的 BOD_5 的量。

7.3.4 采用生物膜法的接触氧化工艺时，其技术要求如下：

（1）应选用性能优良的高效生物膜填料，固定生物膜填料的钢架应选用 314 不锈钢材质；

（2）应采取底部进水的方式，并设置布水器使废水均匀进入反应池，废水上升流速宜为 0.5～1.0 m/h；

（3）好氧池应保持足够的充氧曝气，溶解氧（DO）应大于 2.0 mg/L，气水比宜控制在 5∶1～20∶1。

7.3.5 酿造综合废水进水水质不符合 7.3.1 的各项要求时，应采取相应的水质改善措施进行调整，如进行补碱，或增加水解酸化处理单元对大分子物质进行生物降解，或采用高级氧化技术予以化学分解。

7.3.6 脱氮时，混合液的回流比宜为 100%～400%；除磷时，污泥的回流比宜为 50%～100%。

7.4 污泥处理

7.4.1 污泥处理工程设计应符合 GB 50014 的相关规定。

7.4.2 生化污泥产生量应根据有机物浓度、污泥产率系数进行计算；当缺乏资料时，可参考表 5 的数值。物化污泥量应根据废水浓度、悬浮物、药品投加量、有机物的去除率等进行计算。

7.4.3 脱水生化污泥的含水率应≤80%。脱水化学污泥的含水率应≤75%。

7.4.4 污泥浓缩脱水投加药剂的种类和投药量应根据试验确定，不宜过量投加。

7.4.5 污泥浓缩池的水力停留时间（HRT）应根据除磷的需要确定，一般宜为 2～4 h。

7.5 沼气利用

7.5.1 应根据厌氧反应器进水水质和沼气产率确定建设规模，其工程设计应符合 NY/T 1220.1 和 NY/T 1220.2 的规定。

7.5.2 沼气利用应设计隔离区，实行封闭管理，严格防火、防爆、防毒。

7.5.3 沼气利用系统应建设沼气储柜，储气柜的容积设计应根据不同的用途确定，沼气用于发电时储气柜的储存容量应满足 72 h 的沼气产生量，或符合有关标准的要求。

7.6 事故应急处理

7.6.1 事故池有效容积应大于发生事故时的最大废水产生量，或大于酿造工厂 24 h 的综合废水排放总量。

7.6.2 事故池应设置以备应急处理使用的表曝机、污水泵等设备。

7.6.3 事故池的池体超高宜为 700～1 000 mm。事故池应设置排泥设施和排泥泵。

8 主要工艺设备和材料

8.1 选型要求

8.1.1 酿造综合废水治理设施的关键设备和材料包括：格栅除污机、水泵、污泥泵、鼓风机、曝气机械和曝气装置、潜水推流搅拌机、自动加药装置、污泥浓缩脱水机械、生物膜填料、滗水器等。

8.1.2 所有关键设备和材料均应从工程设计、招标采购、施工安装、运行维护、调试验收等环节给予严格控制，选择满足工艺要求、符合相应标准的产品。

8.1.3 格栅除污机应优先选用回转式或钢索式，栅间隙应符合设计规定，负载运转下不得产生卡阻。

8.1.4 水泵、污泥泵应选用节能型，泵效率应大于 80%。应根据工艺要求选用潜水泵或干式泵。潜水污水泵应优先选用首次无故障时间大于 12 000 h 的产品，机械密封应无渗漏。

8.1.5 鼓风机应优先选用低噪声、低能耗、高效率的产品，运转噪声应小于等于 83 dB（A），出口风压应稳定。

8.1.6 表面曝气机械的理论动力效率应大于 3.5 kg/（kW·h），鼓风式曝气器的理论动力效率应大于 4.5 kg/（kW·h）。在满足工艺要求的前提下应优先选用竖轴式表面曝气机和鼓风式射流曝气器。

8.1.7 潜水推流搅拌机应密封良好、无渗漏，运转时保持反应池底边流速≥0.3 m/s。

8.1.8 加药装置应实现自动化运行控制。自动加药装置的计量精度应不低于 1‰。

8.1.9 中小型规模的酿造废水治理设施宜选用浓缩池浓缩污泥、板框（厢）式压滤机脱水的污泥处理模式，大型和特大型酿造废水治理设施宜选用污泥浓缩一体机的机械处理模式。

8.1.10 生物膜填料应优先选用技术性能高、使用寿命长的产品。填料的比表面积应大于 1 500 m^2/m^3。反应器的填料填充率应依据污泥容积负荷进行确定，宜控制在 20%～70%。

8.1.11 滗水器应启闭灵活，旋转接头无渗漏，匀速升降，并具有阻挡浮渣的功能。

8.2 性能要求

8.2.1 旋转式细格栅应符合 HJ/T 250 的规定，格栅除污机应符合 HJ/T 262 的规定。

8.2.2 潜水排污泵应符合 HJ/T 336 的规定。潜水推流搅拌机应符合 HJ/T 279 的规定。

8.2.3 采用鼓风曝气系统时，单级高速曝气离心鼓风机应符合 HJ/T 278 的规定，罗茨鼓风机应符合 HJ/T 251 的规定；鼓风式潜水曝气机应符合 HJ/T 260 的规定，鼓风式中、微孔曝气器应符合 HJ/T 252 的规定，鼓风式射流曝气器应符合 HJ/T 263 的规定，鼓风式散流曝气器应符合 HJ/T 281 的规定。

8.2.4 采用表面曝气机械时，竖轴式机械表面曝气机应符合 HJ/T 247 的规定，横轴式转刷曝气机应符合 HJ/T 259 的规定，转盘曝气机应符合 HJ/T 280 的规定。

8.2.5 加药设备应符合 HJ/T 369 的规定。污泥脱水用厢式压滤机和板框压滤机应符合 HJ/T 283 的规定，带式压榨过滤机应符合 HJ/T 242 的规定，污泥浓缩带式脱水一体机应符合 HJ/T 335 的规定。

8.2.6 悬挂式填料应符合 HJ/T 245 的规定，悬浮填料应符合 HJ/T 246 的规定。

8.2.7 滗水器应符合 HJ/T 277 的规定。

8.2.8 水泵、污泥泵、鼓风机、表面曝气机、潜水推流搅拌机的首次无故障时间应大于等于 10 000 h，使用寿命应大于等于 10 年；格栅除污机、污泥浓缩脱水机、滗水器的首次无故障时间应大于等于 6 000 h，使用寿命应大于等于 8 年；曝气装置、生物膜填料、自动加药装置的首次无故障时间应大于等于 4 000 h，使用寿命应大于等于 5 年。水质在线监测仪的测量与人工检测的偏差应不大于 5%。

8.3 配置要求

8.3.1 格栅除污机、污泥浓缩脱水机械、表面曝气机、滗水器等设备应按双系列或多系列生产线分别配置。

8.3.2 加药设备应按加入药液的种类和处理系列分别配置。每台加药设备应保持专机专用，且应配置备用的药液计量泵。

8.3.3 水泵、污泥泵、鼓风机、潜水推流搅拌机应设置备用设备。

8.3.4 曝气装置、生物膜填料、自动加药装置应储备核心部件和易损部件。

9 检测与过程控制

9.1 检测

9.1.1 大型和特大型酿造废水治理设施应设标准化验室，中、小型的酿造废水治理设施可在废水处理车间内设置化验室或化验台。

9.1.2 化验室或化验台应按照检测项目配备相应的检测仪器和设备。

9.1.3 厌氧处理单元宜检测废水进、出口的 pH（或挥发酸）、COD、BOD_5 和沼气产生量，以及反应器内的碱度和污泥性状、污泥浓度等指标。

9.1.4 水解酸化处理单元宜检测废水进口的 pH（或挥发酸）、COD 和 BOD_5，以及废水出口的 NH_3-N、DO、污泥性状、污泥浓度等指标。

9.1.5 好氧处理单元宜检测废水进口的 pH、COD、BOD_5、TP、DO、NH_3-N、TN，以及反应池内的污泥性状、污泥浓度等指标。

9.1.6 二沉池处理单元宜检测出水 SS、COD、BOD_5、TP、NH_3-N、TN。

9.2 自动控制

9.2.1 酿造废水治理工程应根据工程的实际情况选用适合的自动控制方式。

9.2.2 应根据工程规模、工艺流程和运行管理要求确定控制要求和参数。

9.2.3 应采用集中管理、分散控制的自动化控制模式，设一套 PLC 控制器，必要时可下设现场 I/O 模块。

9.2.4 关键设备附近应设置独立的控制箱。同时保有“手动/自动”的运行控制切换功能。

9.2.5 现场检测仪表应具备防腐、防爆、抗渗漏、防结垢、自清洗等功能。

9.2.6 采用计算机控制管理系统时应符合 GB 50014 中的有关规定。

10 构筑物及辅助工程

10.1 污水处理厂（站）应采用单路供电加柴油发电机组的供电方式。柴油发电机组的容量应大于全厂（站）计算负荷的 50%。

10.2 低压配电设计应符合 GB 50054 的规定。

10.3 供配电系统应符合 GB 50052 的规定。

10.4 工程施工现场供用电安全应符合 GB 50194 的规定。

10.5 供电工程设计应符合 GB 50053 的规定。

10.6 防腐工程设计应符合 GB 50046 的规定。

10.7 防爆工程设计应符合 GB 50222 和 GB 3836 的规定。厌氧处理的沼气利用工程应列为重点防护，电气设备应符合 GB 3836 的规定。

10.8 抗震等级设计应符合 GB 50011 的规定。

10.9 防雷设计应符合 GB 50057 的规定。

10.10 构筑物结构设计应符合 GB 50069 的规定。

10.11 供水工程设计应符合 GB 50015 的规定。

10.12 排水工程设计应符合 GB 50014 的规定。

10.13 采暖通风工程设计应符合 GBJ 19 的规定。

10.14 厂区道路与绿化等工程设计应符合 GBJ 22 的规定。

11 劳动安全与职业卫生

11.1 劳动安全

11.1.1 酿造废水治理工程在建设和运行期间，应采取有效措施保护人身安全和身体健康。

11.1.2 安全管理应符合 GB 12801 中的有关规定。

11.1.3 应建立定期安全检查制度，及时消除事故隐患，防止事故发生。

11.1.4 劳动卫生与安全要求应符合 GBZ 1 的规定。

11.1.5 水处理构筑物应按照有关规定设置防护栏杆、防滑梯和救生圈等安全措施。

11.1.6 人员进入密闭的水处理构筑物检修时，应先进行不小于 1 h 的强制通风，经过仪器检测，确定符合安全条件时，人员方可进入。

11.1.7 机械设备的所有运转部位都应设置防护罩，检修时应断电，不得带电检修。

11.1.8 防火与消防工程设计应符合 GB 50016 的规定。

11.2 职业卫生

11.2.1 室内空气应保持清新。臭气浓度应符合 GB/T 18883 的规定。操作室空气环境应适合操作人员长期在岗工作。

11.2.2 应对直接接触污水的器具建立清洗和消毒的作业程序。

11.2.3 应向操作人员提供必要的劳动保护用品，以及浴室、更衣室等卫生设施。

11.2.4 应加强作业场所的职业卫生防护，做好隔声、减震和防暑、防毒等预防工作。

12 施工与验收

12.1 工程施工

12.1.1 酿造废水治理工程的施工应符合有关工程施工程序及管理文件的要求，执行国家相关强制性标准和技术规范。

12.1.2 酿造废水治理工程应按工程设计施工，工程变更应取得设计变更文件后再进行。

12.1.3 酿造废水治理工程施工中所使用的设备、材料、器件等应符合相关的国家和行业标准，在取得供应商的产品合格证后方可使用。关键设备还应向供应商索取产品出厂检验报告、型式检验报告和环保产品认证证书等技术文件。

12.1.4 应按照产品说明书进行设备安装，安装后应进行单机调试。

12.2 工程验收

12.2.1 酿造废水治理工程的竣工验收应按《建设项目（工程）竣工验收办法》的有关规定进行，竣工验收合格前不得投入生产性使用。

12.2.2 竣工验收应依据主管部门的批准文件、经批准的设计文件和设计变更文件、工程合同、设备供货合同和合同附件、设备技术文件和技术说明书及其他文件等进行。

12.2.3 竣工验收应分阶段进行，工程的设备安装、构筑物、建筑物等单项工程可随竣工随验收，工程全部竣工后应进行整体工程的竣工验收。

12.2.4 单项工程中的设备安装工程应在验收前进行单体设备调试和试运行；池体等构筑物建设工程的验收应事先进行注水试验；管道安装工程应在工程验收前先进行压力试验。

12.2.5 整体工程竣工验收前，应进行进清水联动试车和整体调试。联动试车应持续 48 h 以上，各系统应运转正常，自动化控制系统应符合运行实际控制要求，各项技术指标均应达到设计要求和合同要求。

12.2.6 酿造废水治理工程的单项工程验收和整体工程竣工验收的任一环节出现问题都应进行整改，直至全部合格。

12.2.7 整体工程竣工验收合格后，方可进行酿造废水处理试运行。

12.3 环境保护验收

12.3.1 酿造废水污染治理工程环境保护竣工验收应按《建设项目环境保护竣工验收管理办法》的规定进行。

12.3.2 环境保护竣工验收应提交以下技术文件：

（1）《建设项目环境保护竣工验收管理办法》规定的所有文件；

（2）酿造废水治理工程的性能评估报告；

（3）试运行期连续检测数据（一般不少于 1 个月）；

（4）完整的启动试运行、生产试运行操作记录。

12.3.3 通过系统调试运行和性能试验，对酿造废水污染治理工程进行性能评估。性能试验至少应包括：

（1）耗电量测试，分别测量各主要设备单体运行和设施系统运行的电能消耗；

（2）充氧效果试验，测试氧转移系数、氧利用率、充氧量等参数，分析供氧效果；

（3）风机运行试验，测试单台风机运行和全部风机联动运行的供气量、风压、噪声等参数，包括启动和运行时的参数；

（4）满负荷运行测试，向处理系统通入最大流量的废水，考察各工艺单元、构筑物和设备的运行工况；

（5）活性污泥测试，引种、培育并驯化活性污泥，调整各反应器的运行工况和运行参数，检测各项参数，观察反应池污泥性状，直至污泥运行正常；

（6）剩余污泥量测试，测定剩余污泥产生量和污泥脱水效率等工艺参数；

（7）水质检测，在工艺要求的各个重要部位，按照规定频次、指标和测试方法进行水质检测，分析污染物去除效果；

（8）物化处理性能测试，工艺流程有物化处理单元的应按有关规定测试其运行参数；

（9）出水指标达标的环境监测，处理出水符合达标验收要求。

13 运行与维护

13.1 一般规定

13.1.1 酿造废水处理设施的运行管理除应符合本标准的规定外，还应符合国家现行有关法律、法规和标准的规定。

13.1.2 酿造废水处理设施的运行管理宜参照 CJJ 60 和相应工程技术规范的有关规定执行。

13.1.3 运行管理人员应具有相应的职业教育背景，并经过技术培训合格后方可上岗操作。

13.1.4 应制定运行管理、维护保养制度和岗位操作规程，执行运行、维护记录。

13.1.5 各处理单元、设备应按照设计要求运行，发现设备存在运转异常情况应及时采取维护修理措施，必要时应更换受损的部件。

13.1.6 设备进行现场大修或出厂大修时应提前制定替代运行预案。

13.1.7 酿造废水治理设施的设备完好率应达到 100%。

13.2 水质检测

13.2.1 酿造废水处理设施应配备专职水质分析化验人员，且具有相应环境监测职业资格并定期接受技术培训。

13.2.2 取样、样品处理与保存和分析化验等应符合 HJ/T 91 和 HJ 493—2009 的规定。

13.2.3 酿造废水处理设施正常运行时，pH、COD、DO、SS、ORP 等常规监测项目的取样和分析化验应每班不少于一次；污泥浓度、NH_3-N、TP、TN 等监测项目的取样和分析化验应每天不少于一次；BOD_5 等项目的取样和分析化验应每周不少于一次。

13.2.4 调试、停车后重新启动和发生突发事故时应增加监测项目的分析化验频率。

13.2.5 检验仪器应按规定由计量检验机构定期进行检验和校准。

13.3 厌氧处理单元的运行管理

13.3.1 进水 pH 值应控制在 6.5～8.0。

13.3.2 应控制进水碱度，可根据检测数据及时调整系统负荷或采取其他相应措施。

13.3.3 进水温度较低时应采取适当的加热措施，进水温度应符合反应条件（中温发酵：35℃，高温发酵：55℃，允许温差±2℃）。

13.3.4 厌氧反应器溢流管应保持畅通，并保持足够的水封高度。冬季应采取防止水封结冰的措施，每班检查一次。

13.3.5 液面下 1.0 m 处 DO 应小于 0.1 mg/L。

13.3.6 污泥浓度应大于 20 g/L。

13.4 水解酸化池的运行管理

13.4.1 进水 pH 应控制在 6.5～7.5。

13.4.2 污泥界面应控制在液面下 0.5～1.5 m。

13.4.3 污泥床的高度应控制在 2.0～2.5 m。

13.4.4 液面下 0.5 m 处 DO 宜<0.3 mg/L，污泥床底部的 DO 宜<0.2 mg/L。

13.4.5 污泥不能达到规定的要求时应加大污泥回流量。

13.5 生物脱氮除磷处理单元的运行管理

13.5.1 脱氮除磷处理单元运行管理应符合相应的工程技术规范。

13.5.2 缺氧段应搅拌，保持液面下 0.5 m 处 DO＜0.3 mg/L，液面下 1.0 m 处 DO＜0.2 mg/L。

13.5.3 好氧段反应区内 DO 不宜＜2.5 mg/L。如溶解氧不足应增加曝气量，反应池底部的曝气器应保持完好，如有损坏应及时修复或更换。

13.5.4 对活性污泥应加强观察，污泥出现不正常现象应及时采取调整措施。

13.5.5 应根据总氮去除效果，在 100%～400%范围内调整混合液的回流比。

13.5.6 应加强水质检测，发现 C/N 比不符合运行要求时，应补加碳源营养物。

13.6 恶臭控制系统的运行管理

13.6.1 臭气收集系统、处理系统应保持密闭和足够的风压，保证正常工作。

13.6.2 生物膜滤床应维持适宜的湿度，保证生物菌适合的生存繁殖条件。

13.6.3 滤床排放口应设置检测仪表，当废气不符合排放要求时应调整运行工况和参数。

中华人民共和国国家环境保护标准

HJ 576—2010

厌氧-缺氧-好氧活性污泥法污水处理工程技术规范

Technical specifications for Anaerobic-Anoxic-Oxic activated sludge process

2010-10-12 发布

2011-01-01 实施

环 境 保 护 部 发布

前　言

为贯彻《中华人民共和国水污染防治法》，防治水污染，改善环境质量，规范厌氧缺氧好氧活性污泥法在污水处理工程中的应用，制定本标准。

本标准规定了采用厌氧-缺氧-好氧活性污泥法的污水处理工程工艺设计、电气、检测与控制、施工与验收、运行与维护的技术要求。

本标准的附录 A 为规范性附录。

本标准为首次发布。

本标准由环境保护部科技标准司组织制订。

本标准主要起草单位：中国环境保护产业协会（水污染治理委员会）、机科发展科技股份有限公司、北京城市排水集团有限责任公司、北京市市政工程设计研究总院。

本标准由环境保护部 2010 年 10 月 12 日批准。

本标准自 2011 年 1 月 1 日起实施。

本标准由环境保护部解释。

厌氧-缺氧-好氧活性污泥法污水处理工程技术规范

1 适用范围

本标准规定了采用厌氧缺氧好氧活性污泥法的污水处理工程工艺设计、电气、检测与控制、施工与验收、运行与维护的技术要求。

本标准适用于采用厌氧缺氧好氧活性污泥法的城镇污水和工业废水处理工程，可作为环境影响评价、设计、施工、验收及建成后运行与管理的技术依据。

2 规范性引用文件

本标准内容引用了下列文件中的条款。凡不注明日期的引用文件，其有效版本适用于本标准。

GB 3096 声环境质量标准
GB 12348 工业企业厂界环境噪声排放标准
GB 12523 建筑施工场界噪声限值
GB 12801 生产过程安全卫生要求总则
GB 18599 一般工业固体废物贮存、处置场污染控制标准
GB 18918 城镇污水处理厂污染物排放标准
GB 50014 室外排水设计规范
GB 50015 建筑给水排水设计规范
GB 50040 动力机器基础设计规范
GB 50053 10 kV 及以下变电所设计规范
GB 50187 工业企业总平面设计规范
GB 50204 混凝土结构工程施工质量验收规范
GB 50222 建筑内部装修设计防火规范
GB 50231 机械设备安装工程施工及验收通用规范
GB 50268 给水排水管道工程施工及验收规范
GB 50352 民用建筑设计通则
GBJ 16 建筑设计防火规范
GBJ 87 工业企业噪声控制设计规范
GB 50141 给水排水构筑物工程施工及验收规范
GBZ 1 工业企业设计卫生标准
GBZ 2 工作场所有害因素职业接触限值
CJ 3025 城市污水处理厂污水污泥排放标准
CJJ 60 城市污水处理厂运行、维护及其安全技术规程
CJ/T 51 城市污水水质检验方法标准
HJ/T 91 地表水和污水监测技术规范
HJ/T 242 环境保护产品技术要求 污泥脱水用带式压榨过滤机
HJ/T 251 环境保护产品技术要求 罗茨鼓风机

HJ/T 252　环境保护产品技术要求　中、微孔曝气器
HJ/T 278　环境保护产品技术要求　单级高速曝气离心鼓风机
HJ/T 279　环境保护产品技术要求　推流式潜水搅拌机
HJ/T 283　环境保护产品技术要求　厢式压滤机和板框压滤机
HJ/T 335　环境保护产品技术要求　污泥浓缩带式脱水一体机
HJ/T 353　水污染源在线监测系统安装技术规范（试行）
HJ/T 354　水污染源在线监测系统验收技术规范（试行）
HJ/T 355　水污染源在线监测系统运行与考核技术规范（试行）
《建设项目竣工环境保护验收管理办法》（国家环境保护总局，2001）

3　术语和定义

下列术语和定义适用于本标准。

3.1

厌氧-缺氧-好氧活性污泥法　anaerobicanoxicoxic activated sludge process

指通过厌氧区、缺氧区和好氧区的各种组合以及不同的污泥回流方式来去除水中有机污染物和氮、磷等的活性污泥法污水处理方法，简称 AAO 法。主要变形有改良厌氧缺氧好氧活性污泥法、厌氧缺氧缺氧好氧活性污泥法、缺氧厌氧缺氧好氧活性污泥法等。

3.2

厌氧池（区）　anaerobic zone

指非充氧池（区），溶解氧质量浓度一般小于 0.2 mg/L，主要功能是进行磷的释放。

3.3

缺氧池（区）　anoxic zone

指非充氧池（区），溶解氧质量浓度一般为 0.2～0.5 mg/L，主要功能是进行反硝化脱氮。

3.4

好氧池（区）　oxic zone

指充氧池（区），溶解氧质量浓度一般不小于 2 mg/L，主要功能是降解有机物、硝化氨氮和过量摄磷。

3.5

硝化　nitrification

指污水生物处理工艺中，硝化菌在好氧状态下将氨氮氧化成硝态氮的过程。

3.6

反硝化　denitrification

指污水生物处理工艺中，反硝化菌在缺氧状态下将硝态氮还原成氮气的过程。

3.7

生物除磷　biological phosphorus removal

指污泥中聚磷菌在厌氧条件下释放出磷，在好氧条件下摄取更多的磷，通过排放含磷量高的剩余污泥去除污水中磷的过程。

3.8

污泥停留时间　sludge retention time

指活性污泥在反应池（区）中的平均停留时间，也称作泥龄。

3.9

预处理 pretreatment

指进水水质能满足 AAO 的生化要求时，在 AAO 反应池前设置的常规处理措施。如格栅、沉砂池、初沉池、气浮池、隔油池、纤维及毛发捕集器等。

3.10

前处理 preprocessing

指进水水质不能满足 AAO 的生化要求时，根据调整水质的需要，在 AAO 反应池前设置的处理工艺。如水解酸化池、混凝沉淀池、中和池等。

3.11

标准状态 standard state

指大气压为 101 325 Pa、温度为 293.15 K 的状态。

4 总体要求

4.1 AAO 宜用于大、中型城镇污水和工业废水处理工程。

4.2 AAO 污水处理厂（站）应遵守以下规定：

a）污水处理厂厂址选择和总体布置应符合 GB 50014 的有关规定。总图设计应符合 GB 50187 的有关规定。

b）污水处理厂（站）的防洪标准不应低于城镇防洪标准，且有良好的排水条件。

c）污水处理厂（站）区建筑物的防火设计应符合 GBJ 16 和 GB 50222 的规定。

d）污水处理厂（站）区堆放污泥、药品的贮存场应符合 GB 18599 的规定。

e）在污水处理厂（站）建设、运行过程中产生的废气、废水、废渣及其他污染物的治理与排放，应执行国家环境保护法规和标准的有关规定，防止二次污染。

f）污水处理厂（站）的设计、建设应采取有效的隔声、消声、绿化等降低噪声的措施，噪声和振动控制的设计应符合 GBJ 87 和 GB 50040 的规定，机房内、外的噪声应分别符合 GBZ 2 和 GB 3096 的规定，厂界噪声应符合 GB 12348 的规定。

g）污水处理厂（站）的设计、建设、运行过程中应重视职业卫生和劳动安全，严格执行 GBZ 1、GBZ 2 和 GB 12801 的规定。污水处理工程建成运行的同时，安全和卫生设施应同时建成运行，并制定相应的操作规程。

4.3 城镇污水处理厂应按照 GB 18918 的有关规定安装在线监测系统，其他污水处理工程应按照国家或当地的环境保护管理要求安装在线监测系统。在线监测系统的安装、验收和运行应符合 HJ/T 353、HJ/T 354 和 HJ/T 355 的有关规定。

5 设计流量和设计水质

5.1 设计流量

5.1.1 城镇污水设计流量

5.1.1.1 城镇旱流污水设计流量应按式（1）计算：

$$Q_{dr} = Q_d + Q_m \tag{1}$$

式中：Q_{dr}——旱流污水设计流量，L/s；

Q_d——综合生活污水设计流量，L/s；

Q_m——工业废水设计流量，L/s。

5.1.1.2　城镇合流污水设计流量应按式（2）计算：

$$Q = Q_{dr} + Q_s \tag{2}$$

式中：Q——污水设计流量，L/s；

Q_{dr}——旱流污水设计流量，L/s；

Q_s——雨水设计流量，L/s。

5.1.1.3　综合生活污水设计流量为服务人口与相对应的综合生活污水定额之积。综合生活污水定额应根据当地的用水定额，结合建筑物内部给排水设施水平和排水系统普及程度等因素确定，可按当地相关用水定额的80%～90%设计。

5.1.1.4　综合生活污水量总变化系数应根据当地实际综合生活污水量变化资料确定，没有测定资料时，可按GB 50014中相关规定取值，见表1。

表1　综合生活污水量总变化系数

平均日流量/（L/s）	5	15	40	70	100	200	500	≥1 000
总变化系数	2.3	2.0	1.8	1.7	1.6	1.5	1.4	1.3

5.1.1.5　排入市政管网的工业废水设计流量应根据城镇市政排水系统覆盖范围内工业污染源废水排放统计调查资料确定。

5.1.1.6　雨水设计流量参照GB 50014的有关规定。

5.1.1.7　在地下水位较高的地区，应考虑入渗地下水量，入渗地下水量宜根据实际测定资料确定。

5.1.2　工业废水设计流量

5.1.2.1　工业废水设计流量应按工厂或工业园区总排放口实际测定的废水流量设计。测试方法应符合HJ/T 91的规定。

5.1.2.2　工业废水流量变化应根据工艺特点进行实测。

5.1.2.3　不能取得实际测定数据时可参照国家现行工业用水量的有关规定折算确定，或根据同行业同规模同工艺现有工厂排水数据类比确定。

5.1.2.4　在有工业废水与生活污水合并处理时，工厂内或工业园区内的生活污水量、沐浴污水量的确定，应符合GB 50015的有关规定。

5.1.2.5　工业园区集中式污水处理厂设计流量的确定可参照城镇污水设计流量的确定方法。

5.1.3　不同构筑物的设计流量

5.1.3.1　提升泵房、格栅井、沉砂池宜按合流污水设计流量计算。

5.1.3.2　初沉池宜按旱流污水流量设计，并用合流污水设计流量校核，校核的沉淀时间不宜小于30 min。

5.1.3.3　反应池宜按日平均污水流量设计；反应池前后的水泵、管道等输水设施应按最高日最高时污水流量设计。

5.2　设计水质

5.2.1　城镇污水的设计水质应根据实际测定的调查资料确定，其测定方法和数据处理方法应符合HJ/T 91的规定。无调查资料时，可按下列标准折算设计：

a）生活污水的五日生化需氧量按每人每天25～50 g计算；

b）生活污水的悬浮固体量按每人每天40～65 g计算；

c）生活污水的总氮量按每人每天5～11 g计算；

d）生活污水的总磷量按每人每天0.7～1.4 g计算。

5.2.2 工业废水的设计水质，应根据工业废水的实际测定数据确定，其测定方法和数据处理方法应符合HJ/T 91的规定。无实际测定数据时，可参照类似工厂的排放资料类比确定。

5.2.3 生物反应池的进水应符合下列条件：

a）水温宜为12～35℃、pH值宜为6～9、BOD_5/COD_{Cr}的值宜不小于0.3；

b）有去除氨氮要求时，进水总碱度（以$CaCO_3$计）/氨氮（NH_3-N）的值宜≥7.14，不满足时应补充碱度；

c）有脱总氮要求时，进水的BOD_5/总氮（TN）的值宜≥4.0，总碱度（以$CaCO_3$计）/NH_3-N的值宜≥3.6，不满足时应补充碳源或碱度；

d）有除磷要求时，进水的BOD_5/总磷（TP）的值宜≥17；

e）要求同时脱氮除磷时，宜同时满足c）和d）的要求。

5.3 污染物去除率

AAO污染物去除率宜按照表2计算。

表2 AAO污染物去除率

污水类别	主体工艺	污染物去除率/%					
		化学耗氧量（COD_{Cr}）	五日生化需氧量（BOD_5）	悬浮物（SS）	氨氮（NH_3-N）	总氮（TN）	总磷（TP）
城镇污水	预（前）处理+AAO反应池+二沉池	70～90	80～95	80～95	80～95	60～85	60～90
工业废水	预（前）处理+AAO反应池+二沉池	70～90	70～90	70～90	80～90	60～80	60～90

6 工艺设计

6.1 一般规定

6.1.1 出水直接排放时，应符合国家或地方排放标准要求；排入下一级处理单元时，应符合下一级处理单元的进水要求。

6.1.2 工艺设计在空间上宜具有明确的界限。

6.1.3 应根据进水水质特性和处理要求，选择适宜的工艺类型，在同等条件下，宜优先采用非变形AAO法。

6.1.4 进水水质、水量变化较大时，宜设置调节水质和水量的设施。

6.1.5 工艺设计应考虑具备可灵活调节的运行方式。

6.1.6 工艺设计应考虑水温的影响。

6.1.7 各处理构筑物的个（格）数不宜少于2个（格），并宜按并联设计。

6.1.8 进水泵房、格栅、沉砂池、初沉池和二沉池的设计应符合GB 50014中的有关规定。

6.2 预处理和前处理

6.2.1 进水系统前应设置格栅，城镇污水处理工程还应设置沉砂池。

6.2.2 生物反应池前宜设置初沉池。

6.2.3 当进水水质不符合 5.2.3 规定的条件或含有影响生化处理的物质时，应根据进水水质采取适当的前处理工艺。

6.3 厌氧好氧工艺设计

6.3.1 工艺流程

当以除磷为主时，应采用厌氧/好氧工艺，基本工艺流程如图 1 所示。

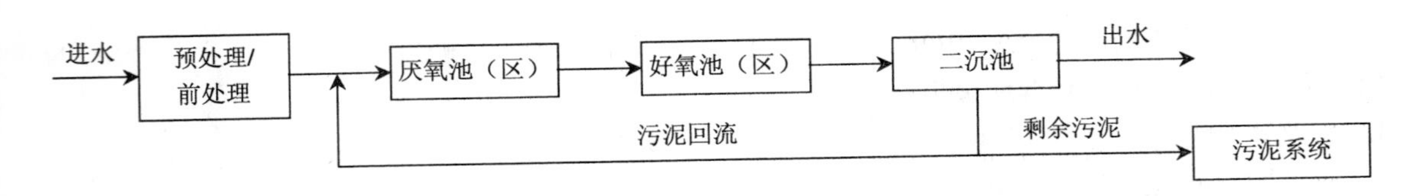

图 1 厌氧好氧工艺流程图

6.3.2 厌氧池（区）容积

厌氧池（区）的有效容积可按式（3）计算：

$$V_p = \frac{t_p Q}{24} \quad (3)$$

式中：V_p——厌氧池（区）容积，m^3；

t_p——厌氧池（区）水力停留时间，h；

Q——污水设计流量，m^3/d。

6.3.3 好氧池（区）容积

a）按污泥负荷计算：

$$V_0 = \frac{Q(S_0 - S_e)}{1\,000 L_s X} \quad (4)$$

$$X_v = y \cdot X \quad (5)$$

式中：V_0——好氧池（区）的容积，m^3；

Q——污水设计流量，m^3/d；

S_0——生物反应池进水五日生化需氧量，mg/L；

S_e——生物反应池出水五日生化需氧量，mg/L，当去除率大于 90%时可不计；

X——生物反应池内混合液悬浮固体（MLSS）平均质量浓度，g/L；

X_v——生物反应池内混合液挥发性悬浮固体（MLVSS）平均质量浓度，g/L；

L_s——生物反应池的五日生化需氧量污泥负荷（BOD_5/MLSS），kg/（kg·d）；

y——单位体积混合液中，MLVSS 占 MLSS 的比例，g/g。

b）按污泥泥龄计算：

$$V_0 = \frac{QY\theta_c(S_0 - S_e)}{1\,000 X_v(1 + K_{dT}\theta_c)} \quad (6)$$

$$K_{dT} = K_{d20} \cdot (\theta_T)^{T-20} \tag{7}$$

式中：V_0——好氧池（区）的容积，m^3；

Q——污水设计流量，m^3/d；

Y——污泥产率系数（VSS/BOD_5），kg/kg；

θ_c——设计污泥泥龄，d；

S_0——生物反应池进水五日生化需氧量，mg/L；

S_e——生物反应池出水五日生化需氧量，mg/L，当去除率大于90%时可不计；

X_v——生物反应池内混合液挥发性悬浮固体（MLVSS）平均质量浓度，g/L；

K_{dT}——T℃时的衰减系数，d^{-1}；

K_{d20}——20℃时的衰减系数，d^{-1}，宜取 0.04～0.075；

θ_T——水温系数，宜取 1.02～1.06；

T——设计水温，℃。

6.3.4 工艺参数

厌氧/好氧工艺处理城镇污水或水质类似城镇污水的工业废水时，主要设计参数宜按表 3 的规定取值。工业废水的水质与城镇污水水质相差较大时，设计参数应通过试验或参照类似工程确定。

表 3 厌氧好氧工艺主要设计参数

项目名称		符号	单位	参数值
反应池五日生化需氧量污泥负荷	$BOD_5/MLVSS$	L_s	kg/（kg·d）	0.30～0.60
	$BOD_5/MLSS$		kg/（kg·d）	0.20～0.40
反应池混合液悬浮固体（MLSS）平均质量浓度		X	g/L	2.0～4.0
反应池混合液挥发性悬浮固体（MLVSS）平均质量浓度		X_v	g/L	1.4～2.8
MLVSS 在 MLSS 中所占比例	设初沉池	y	g/g	0.65～0.75
	不设初沉池		g/g	0.5～0.65
设计污泥泥龄		θ_c	d	3～7
污泥产率系数（VSS/BOD_5）	设初沉池	Y	kg/kg	0.3～0.6
	不设初沉池		kg/kg	0.5～0.8
厌氧水力停留时间		t_p	h	1～2
好氧水力停留时间		t_0	h	3～6
总水力停留时间		HRT	h	4～8
污泥回流比		R	%	40～100
需氧量（O_2/BOD_5）		O_2	kg/kg	0.7～1.1
BOD_5 总处理率		η	%	80～95
TP 总处理率		η	%	75～90

6.4 缺氧好氧工艺设计

6.4.1 工艺流程

当以除氮为主时，应采用缺氧好氧工艺，基本工艺流程如图 2 所示。

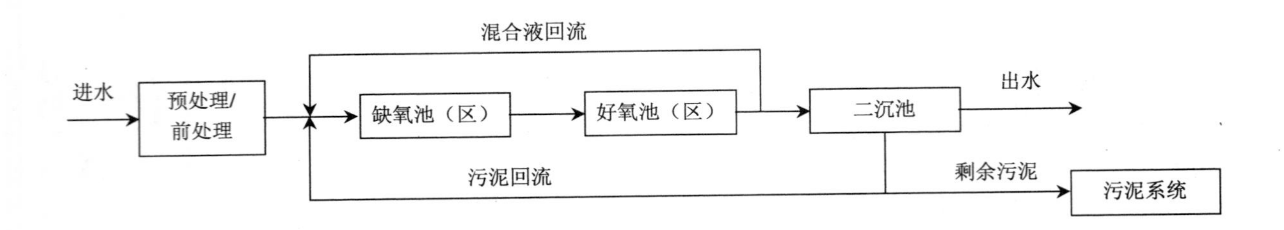

图 2　缺氧好氧工艺流程图

6.4.2　缺氧池（区）容积

缺氧池（区）有效容积可按式（8）计算：

$$V_{n}=\frac{0.001Q(N_{k}-N_{te})-0.12\Delta X_{v}}{K_{de(T)}X} \tag{8}$$

$$K_{de(T)}=K_{de(20)}1.08^{(T-20)} \tag{9}$$

$$\Delta X_{v}=yY_{t}\frac{Q(S_{0}-S_{e})}{1\,000} \tag{10}$$

式中：V_n——缺氧池（区）容积，m^3；

Q——污水设计流量，m^3/d；

N_k——生物反应池进水总凯氏氮质量浓度，mg/L；

N_{te}——生物反应池出水总氮质量浓度，mg/L；

ΔX_v—排出生物反应池系统的微生物量，kg/d；

$K_{de(T)}$——T℃时的脱氮速率（NO_3-N/MLSS），kg/（kg·d），宜根据试验资料确定，无试验资料时按式（9）计算；

X——生物反应池内混合液悬浮固体（MLSS）平均质量浓度，g/L；

$K_{de(20)}$——20℃时的脱氮速率（NO_3-N/MLSS），kg/（kg·d），宜取 0.03～0.06；

T——设计水温，℃；

y——单位体积混合液中，MLVSS 占 MLSS 的比例，g/g；

Y_t——污泥总产率系数（MLSS/BOD_5），kg/kg，宜根据试验资料确定，无试验资料时，系统有初沉池时取 0.3～0.5，无初沉池时取 0.6～1.0；

S_0——生物反应池进水五日生化需氧量质量浓度，mg/L；

S_e——生物反应池出水五日生化需氧量质量浓度，mg/L。

6.4.3　好氧池（区）容积

好氧池（区）容积可按式（11）计算：

$$V_{0}=\frac{Q(S_{0}-S_{e})\theta_{c0}Y_{t}}{1\,000X} \tag{11}$$

$$\theta_{c0}=F\frac{1}{\mu} \tag{12}$$

$$\mu=0.47\frac{N_{a}}{K_{N}+N_{a}}e^{0.098(T-15)} \tag{13}$$

式中：V_0——好氧池（区）容积，m^3；

Q——污水设计流量，m^3/d；

S_0——生物反应池进水五日生化需氧量质量浓度，mg/L；

S_e——生物反应池出水五日生化需氧量质量浓度，mg/L；

θ_{c0}——好氧池（区）设计污泥泥龄值，d；

Y_t——污泥总产率系数（MLSS/BOD_5），kg/kg，宜根据试验资料确定，无试验资料时，系统有初沉池时取 0.3～0.5，无初沉池时取 0.6～1.0；

X——生物反应池内混合液悬浮固体（MLSS）平均质量浓度，g/L；

F——安全系数，取 1.5～3.0；

μ——硝化菌生长速率，d^{-1}；

N_a——生物反应池中氨氮质量浓度，mg/L；

K_N——硝化作用中氮的半速率常数，mg/L，一般取 1.0；

T——设计水温，℃。

6.4.4 混合液回流量

混合液回流量可按式（14）计算：

$$Q_{Ri}=\frac{1\,000V_n K_{de(T)}X}{N_t-N_{ke}}-Q_R \tag{14}$$

式中：Q_{Ri}——混合液回流量，m^3/d；

V_n——缺氧池（区）容积，m^3；

$K_{de(T)}$——T℃时的脱氮速率（NO_3-N/MLSS），kg/（kg·d），宜根据试验资料确定，无试验资料时按式（9）计算；

X——生物反应池内混合液悬浮固体（MLSS）平均质量浓度，g/L；

N_t——生物反应池进水总氮质量浓度，mg/L；

N_{ke}——生物反应池出水总凯氏氮质量浓度，mg/L；

Q_R——回流污泥量，m^3/d。

6.4.5 工艺参数

缺氧好氧工艺处理城镇污水或水质类似城镇污水的工业废水时，主要设计参数宜按表 4 的规定取值。工业废水的水质与城镇污水水质相差较大时，设计参数应通过试验或参照类似工程确定。

表 4 缺氧好氧工艺设计参数

项目名称		符号	单位	参数值
反应池五日生化需氧量污泥负荷	BOD_5/MLVSS	L_s	kg/（kg·d）	0.07～0.21
	BOD_5/MLSS		kg/（kg·d）	0.05～0.15
反应池混合液悬浮固体（MLSS）平均质量浓度		X	kg/L	2.0～4.5
反应池混合液挥发性悬浮固体（MLVSS）平均质量浓度		X_v	kg/L	1.4～3.2
MLVSS 在 MLSS 中所占比例	设初沉池	y	g/g	0.65～0.75
	不设初沉池		g/g	0.5～0.65
设计污泥泥龄		θ_c	d	10～25
污泥产率系数（VSS/BOD_5）	设初沉池	Y	kg/kg	0.3～0.6
	不设初沉池		kg/kg	0.5～0.8
缺氧水力停留时间		t_n	h	2～4

续表

项目名称	符号	单位	参数值
好氧水力停留时间	t_0	h	8～12
总水力停留时间	HRT	h	10～16
污泥回流比	R	%	50～100
混合液回流比	R_i	%	100～400
需氧量（O_2/BOD_5）	O_2	kg/kg	1.1～2.0
BOD_5总处理率	η	%	90～95
NH_3-N 总处理率	η	%	85～95
TN 总处理率	η	%	60～85

6.5 厌氧缺氧好氧工艺设计

6.5.1 需要同时脱氮除磷时，应采用厌氧缺氧好氧工艺，基本工艺流程如图 3 所示。

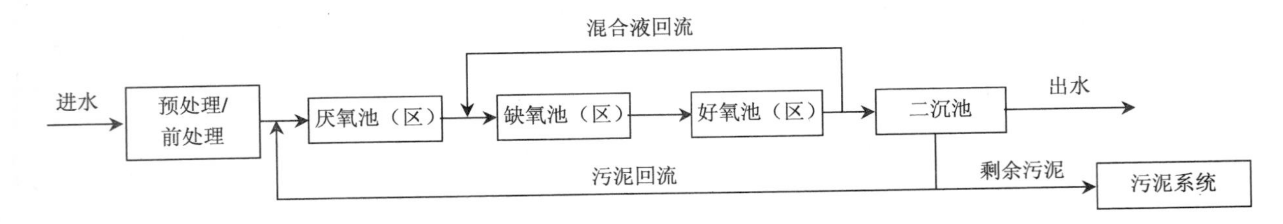

图 3 厌氧缺氧好氧工艺流程图

6.5.2 反应池的容积，宜按本标准第 6.3.2 条、第 6.4.2 条及第 6.4.3 条的规定计算。

6.5.3 厌氧缺氧好氧工艺处理城镇污水或水质类似城镇污水的工业废水时，主要设计参数宜按表 5 的规定取值。工业废水的水质与城镇污水水质相差较大时，设计参数应通过试验或参照类似工程确定。

表 5 厌氧缺氧好氧工艺主要设计参数

项目名称		符号	单位	参数值
反应池五日生化需氧量污泥负荷	BOD_5/MLVSS	L_s	kg/（kg·d）	0.07～0.21
	BOD_5/MLSS		kg/（kg·d）	0.05～0.15
反应池混合液悬浮固体（MLSS）平均质量浓度		X	kg/L	2.0～4.5
反应池混合液挥发性悬浮固体（MLVSS）平均质量浓度		X_v	kg/L	1.4～3.2
MLVSS 在 MLSS 中所占比例	设初沉池	y	g/g	0.65～0.7
	不设初沉池		g/g	0.5～0.65
设计污泥泥龄		θ_c	d	10～25
污泥产率系数（VSS/BOD_5）	设初沉池	Y	kg/kg	0.3～0.6
	不设初沉池		kg/kg	0.5～0.8
厌氧水力停留时间		t_p	h	1～2
缺氧水力停留时间		t_n	h	2～4
好氧水力停留时间		t_0	h	8～12
总水力停留时间		HRT	h	11～18
污泥回流比		R	%	40～100
混合液回流比		R_i	%	100～400
需氧量（O_2/BOD_5）		O_2	kg/kg	1.1～1.8
BOD_5总处理率		η	%	85～95
NH_3-N 总处理率		η	%	80～90
TN 总处理率		η	%	55～80
TP 总处理率		η	%	60～80

6.6 曝气系统

6.6.1 需氧量的计算

a）好氧池（区）的污水需氧量，根据 BOD_5 去除率、氨氮的硝化及除氮等要求确定，并按式（15）计算：

$$O_2=0.001aQ(S_0-S_e)-c\Delta X_v+b[0.001Q(N_k-N_{ke})-0.12\Delta X_v]-0.62b[0.001Q(N_t-N_{ke}-N_{0e})-0.12\Delta X_v] \tag{15}$$

式中：O_2——设计污水需氧量（O_2），kg/d；

a——碳的氧当量，当含碳物质以 BOD_5 计时，取 1.47；

Q——污水设计流量，m^3/d；

S_0——生物反应池进水五日生化需氧量，mg/L；

S_e——生物反应池出水五日生化需氧量，mg/L；

c——细菌细胞的氧当量，取 1.42；

ΔX_v——排出生物反应池系统的微生物量（MLVSS），kg/d；

b——氧化每千克氨氮所需氧量，kg/kg，取 4.57；

N_k——生物反应池进水总凯氏氮质量浓度，mg/L；

N_{ke}——生物反应池出水总凯氏氮质量浓度，mg/L；

N_t——生物反应池进水总氮质量浓度，mg/L；

N_{0e}——生物反应池出水硝态氮质量浓度，mg/L。

b）选用曝气设备时，应根据不同设备的特征、位于水面下的深度、污水的氧总转移特性、当地的海拔高度以及预期生物反应池中的水温和溶解氧浓度等因素，将计算的污水需氧量按下列公式换算为标准状态下污水需氧量：

$$O_s=K_0\cdot O_2 \tag{16}$$

其中：

$$K_0=\frac{C_s}{\alpha(\beta C_{sm}-C_0)\times1.024^{(T-20)}} \tag{17}$$

$$C_{sm}=C_{sw}\left(\frac{O_t}{42}+\frac{10\times P_b}{2.068}\right) \tag{18}$$

$$O_t=\frac{21(1-E_A)}{79+21(1-E_A)}\times100 \tag{19}$$

式中：O_s——标准状态下污水需氧量（O_2），kg/d；

K_0——需氧量修正系数，采用鼓风曝气装置时按式（17）、式（18）、式（19）计算；

O_2——设计污水需氧量（O_2），kg/d；

C_s——标准状态下清水中饱和溶解氧质量浓度，mg/L，取 9.17；

α——混合液中总传氧系数与清水中总传氧系数之比，一般取 0.8～0.85；

β——混合液的饱和溶解氧值与清水中的饱和溶解氧值之比，一般取 0.9～0.97；

C_{sw}——T℃、实际计算压力时，清水表面饱和溶解氧，mg/L；

C_0——混合液剩余溶解氧，mg/L，一般取 2；

T——设计水温，℃；

C_{sm}——T℃、实际计算压力时，曝气装置所在水下深处至池面的清水中平均溶解值，mg/L；

O_t——曝气池逸出气体中含氧，%；

P_b——曝气装置所处的绝对压力，MPa；

E_A——曝气设备氧的利用率，%。

c）采用鼓风曝气装置时，可按式（20）将标准状态下污水需氧量换算为标准状态下的供气量。

$$G_s = \frac{O_s}{0.28E_A} \tag{20}$$

式中：G_s——标准状态下的供气量，m^3/h；

O_s——标准状态下污水需氧量（O_2），kg/h；

E_A——曝气设备氧的利用率，%。

6.6.2　曝气方式的选择

6.6.2.1　曝气方式应结合供氧效率、能耗、维护检修、气温和水温等因素进行综合比较后确定。

6.6.2.2　大、中型污水处理厂宜选择鼓风式中、微孔水下曝气系统，小型污水处理厂可根据实际情况选择适当的曝气系统。

6.6.3　鼓风机与鼓风机房

6.6.3.1　应根据风量和风压选择鼓风机。大、中型污水处理厂宜选择单级高速离心鼓风机或多级低速离心鼓风机，小型污水处理厂和工业废水处理站可选择罗茨鼓风机。

6.6.3.2　单级高速离心鼓风机、罗茨鼓风机应分别符合 HJ/T 278 和 HJ/T 251 的规定。

6.6.3.3　鼓风机的备用应符合 GB 50014 的有关规定。

6.6.3.4　鼓风机及鼓风机房应采取隔音降噪措施，并符合 GB 12523 的规定。

6.6.4　曝气器

6.6.4.1　曝气器材质和形式的选择应考虑污水水质、工艺要求、操作维修等因素。

6.6.4.2　中、微孔曝气器的技术性能应符合 HJ/T 252 的规定。

6.6.4.3　好氧池（区）的曝气器应布置合理，不留有死角和空缺区域。

6.6.4.4　曝气器的数量应根据曝气池的供气量和单个曝气器的额定供气量及服务面积确定。

6.6.4.5　AAO 曝气池的供气主管道和供气支管道的配置应当合理，末梢支管连接曝气器组的供气压力应满足曝气器的工作压力。

6.7　搅拌系统

6.7.1　厌氧池（区）和缺氧池（区）宜采用机械搅拌，宜选用安装角度可调的搅拌器。

6.7.2　机械搅拌器的选择应考虑设备转速、桨叶尺寸和性能曲线等因素。

6.7.3　机械搅拌器布置的间距、位置，应根据试验确定或由供货厂方提供。

6.7.4　应根据反应池的池形选配搅拌器，搅拌器应符合 HJ/T 279 的规定。

6.7.5　搅拌器的轴向有效推动距离应大于反应池的池长，并且应考虑径向搅拌效果。

6.7.6　每个反应池内宜设置 2 台以上的搅拌器，反应池若分割成若干廊道，每条廊道至少应设置 1 台搅拌器。

6.8　加药系统

6.8.1　外加碳源

6.8.1.1　当进入反应池的 BOD_5/总凯氏氮（TKN）小于 4 时，宜在缺氧池（区）中投加碳源。

6.8.1.2 投加碳源量按式（21）计算：

$$BOD_5 = 2.86 \times \Delta N \times Q \tag{21}$$

式中：BOD_5——投加的碳源对应的 BOD_5 量，g/d；

ΔN——硝态氮的脱除量，mg/L；

Q——污水设计流量，m^3/d。

6.8.1.3 碳源储存罐容量应为理论加药量的 7～14 d 投加量，投加系统不宜少于 2 套，应采用计量泵投加。

6.8.2 化学除磷

6.8.2.1 当出水总磷不能达到排放标准要求时，宜采用化学除磷作为辅助手段。

6.8.2.2 最佳药剂种类、投加量和投加点宜通过试验或参照类似工程确定。

6.8.2.3 化学药剂储存罐容量应为理论加药量的 4～7 d 投加量，加药系统不宜少于 2 套，应采用计量泵投加。

6.8.2.4 接触铝盐和铁盐等腐蚀性物质的设备和管道应采取防腐措施。

6.9 回流系统

6.9.1 回流设施应采用不易产生复氧的离心泵、混流泵、潜水泵等设备。

6.9.2 回流设施宜分别按生物处理工艺系统中的最大污泥回流比和最大混合液回流比设计。

6.9.3 回流设备不应少于 2 台，并应设计备用设备。

6.9.4 回流设备宜具有调节流量的功能。

6.10 消毒系统

消毒系统的设计应符合 GB 50014 的有关规定。

6.11 污泥系统

6.11.1 污泥量设计应考虑剩余污泥和化学除磷污泥。

6.11.2 剩余污泥量应按式（22）计算：

a）按污泥泥龄计算：

$$\Delta X = \frac{V \cdot X}{\theta_c} \tag{22}$$

式中：ΔX——剩余污泥量（SS），kg/d；

V——生物反应池的容积，m^3；

X——生物反应池内混合液悬浮固体（MLSS）平均质量浓度，g/L；

θ_c——设计污泥泥龄，d。

b）按污泥产率系数、衰减系数及不可生物降解和惰性悬浮物计算：

$$\Delta X = YQ(S_0 - S_e) - K_d V X_v + fQ(SS_0 - SS_e) \tag{23}$$

式中：ΔX——剩余污泥量（SS），kg/d；

Y——污泥产率系数（VSS/BOD_5），kg/kg；

Q——污水设计流量，m^3/d；

S_0——生物反应池进水五日生化需氧量，kg/m^3；

S_e——生物反应池出水五日生化需氧量，kg/m^3；

K_d——衰减系数，d^{-1}；

V——生物反应池的容积，m^3；

X_v——生物反应池内混合液挥发性悬浮固体（MLVSS）平均质量浓度，g/L；

f——SS 的污泥转换率（MLSS/SS），g/g，宜根据试验资料确定，无试验资料时可取 0.5～0.7；

SS_0——生物反应池进水悬浮物质量浓度，kg/m^3；

SS_e——生物反应池出水悬浮物质量浓度，kg/m^3。

6.11.3 化学除磷污泥量应根据药剂投加量计算。

6.11.4 污泥系统宜设置计量装置，可采用湿污泥计量和干污泥计量两种方式。

6.11.5 大型污水处理厂宜采用污泥消化方式实现污泥稳定，中小型污水处理厂（站）可采用延时曝气方式实现污泥稳定。

6.11.6 污泥处理和处置应符合 GB 50014 的规定，经处理后的污泥应符合 CJ 3025 的规定。

6.11.7 污泥脱水设备可选用厢式压滤机和板框压滤机、污泥脱水用带式压榨过滤机、污泥浓缩带式脱水一体机，所选用的设备应符合 HJ/T 283、HJ/T 242、HJ/T 335 的规定。

6.11.8 污泥脱水系统设计时宜考虑污泥处置的要求，并考虑脱水设备的备用。

7 检测与控制

7.1 一般规定

7.1.1 AAO 污水处理厂（站）运行应进行检测和控制，并配置相关的检测仪表和控制系统。

7.1.2 AAO 污水处理厂（站）应根据工程规模、工艺流程、运行管理要求确定检测和控制的内容。

7.1.3 自动化仪表和控制系统应保证 AAO 污水处理厂（站）的安全和可靠，方便运行管理。

7.1.4 计算机控制管理系统宜兼顾现有、新建和规划要求。

7.1.5 参与控制和管理的机电设备应设置工作和事故状态的检测装置。

7.2 过程检测

7.2.1 预处理单元宜设 pH 计、液位计、液位差计等，大型污水处理厂宜增设化学需氧量检测仪、悬浮物检测仪和流量计等。

7.2.2 宜设溶解氧检测仪和氧化还原电位检测仪等，大型污水处理厂宜增设污泥浓度计等。

7.2.3 宜设回流污泥流量计，并采用能满足污泥回流量调节要求的设备。

7.2.4 宜设剩余污泥宜设流量计，条件允许时可增设污泥浓度计，用于监测和统计污泥排出量。

7.2.5 总磷检测可采用实验室检测方式，除磷药剂根据检测设定值自动投加。

7.2.6 大型污水处理厂宜设总氮和总磷的在线监测仪，检测值用于指导工艺运行。

7.3 过程控制

7.3.1 AAO 污水处理厂（站）应根据其处理规模，在满足工艺控制条件的基础上合理选择集散控制系统（DCS）或可编程控制器（PLC）自动控制系统。

7.3.2 采用成套设备时，成套设备自身的控制宜与 AAO 污水处理厂（站）设置的控制系统结合。

7.4 自动控制系统

7.4.1 自动控制系统应具有数据采集、处理、控制、管理和安全保护功能。

7.4.2 自动控制系统的设计应符合下列要求：

a）宜对控制系统的监测层、控制层和管理层做出合理配置；

b）应根据工程具体情况，经技术经济比较后选择网络结构和通信速率；

c）对操作系统和开发工具要从运行稳定、易于开发、操作界面方便等多方面综合考虑；

d）厂级中控室应就近设置电源箱，供电电源应为双回路，直流电源设备应安全可靠；

e）厂、站级控制室面积应视其使用功能设定，并应考虑今后的发展；

f）防雷和接地保护应符合国家现行标准的要求。

8 电气

8.1 供电系统

8.1.1 工艺装置的用电负荷应为二级负荷。

8.1.2 中央控制室的自控系统电源应配备在线式不间断供电电源设备。

8.1.3 接地系统宜采用三相五线制系统。

8.2 低压配电

变电所及低压配电室的变配电设备布置，应符合国家标准 GB 50053 的有关规定。

8.3 二次线

8.3.1 工艺装置区的电气设备宜在中央控制室集中监控与管理，并纳入自动控制系统。

8.3.2 电气系统的控制水平应与工艺水平相一致，宜纳入计算机控制系统，也可采用强电控制。

9 施工与验收

9.1 一般规定

9.1.1 工程施工单位应具有国家相应的工程施工资质；工程项目宜通过招投标确定施工单位和监理单位。

9.1.2 应按工程设计图纸、技术文件、设备图纸等组织工程施工，工程的变更应取得设计单位的设计变更文件后方可实施。

9.1.3 施工前，应进行施工组织设计或编制施工方案，明确施工质量负责人和施工安全负责人，经批准后方可实施。

9.1.4 施工过程中，应做好设备、材料、隐蔽工程和分项工程等中间环节的质量验收；隐蔽工程应经过中间验收合格后，方可进行下一道工序施工。

9.1.5 管道工程的施工和验收应符合 GB 50268 的规定；混凝土结构工程的施工和验收应符合 GB 50204 的规定；构筑物的施工和验收应符合 GB 50141 的规定。

9.1.6 施工使用的设备、材料、半成品、部件应符合国家现行标准和设计要求，并取得供货商的合格证书，不得使用不合格产品。设备安装应符合 GB 50231 的规定。

9.1.7 工程竣工验收后，建设单位应将有关设计、施工和验收的文件立卷归档。

9.2 施工

9.2.1 土建施工

9.2.1.1 在进行土建施工前应认真阅读设计图纸和设备安装对土建的要求，了解预留预埋件的准确位置和做法，对有高程要求的设备基础应严格控制在设备要求的误差范围内。

9.2.1.2 生物反应池宜采用钢筋混凝土结构，应按设计图纸及相关设计文件进行施工，土建施工应重点控制池体的抗浮处理、地基处理、池体抗渗处理，满足设备安装对土建施工的要求。

9.2.1.3 需要在软弱地基上施工、且构筑物荷载不大时，应采取适当的措施对地基进行处理，当地基下有软弱下卧层时，应考虑其沉降的影响，必要时可采用桩基。

9.2.1.4 模板、钢筋、混凝土分项工程应严格执行 GB 50204 的规定，并符合以下要求：

a）模板架设应有足够强度、刚度和稳定性，表面平整无缝隙，尺寸正确；

b）钢筋规格、数量准确，绑扎牢固并应满足搭接长度要求，无锈蚀；

c）混凝土配合比、施工缝预留、伸缩缝设置、设备基础预留孔及预埋螺栓位置均应符合规范和设计要求，冬季施工应注意防冻。

9.2.1.5 现浇钢筋混凝土水池施工允许偏差应符合表 6 有关规定。

表 6 现浇钢筋混凝土水池施工允许偏差

项次	项目		允许偏差/mm
1	轴线位置	底板	15
		池壁、柱、梁	8
2	高程	垫层、底板、池壁、柱、梁	±10
3	平面尺寸（混凝土底板和池体长、宽或直径）	L≤20 m	±20
		20 m<L≤50 m	±L/1 000
		50 m<L≤250 m	±50
4	截面尺寸	池壁、柱、梁、顶板	+10 −5
		洞、槽、沟净空	±10
5	垂直度	H≤5 m	8
		5 m<H≤20 m	1.5H/1 000
6	表面平整度（用 2 m 直尺检查）		10
7	中心位置	预埋件、预埋管	5
		预留洞	10
注：L 为底板和池体的长、宽或直径；H 为池壁、柱的高度。			

9.2.1.6 处理构筑物应根据当地气温和环境条件，采取防冻措施。

9.2.1.7 处理构筑物应设置必要的防护栏杆，并采取适当的防滑措施，符合 GB 50352 的规定。

9.2.2 设备安装

9.2.2.1 设备基础应按照设计要求和图纸规定浇筑，混凝土标号和基面位置高程应符合说明书和技术文件规定。

9.2.2.2 混凝土基础应平整坚实，并有隔振措施。

9.2.2.3 预埋件水平度及平整度应符合 GB 50231 的规定。

9.2.2.4 地脚螺栓应按照原机出厂说明书的要求预埋，位置应准确，安装应稳固。

9.2.2.5 安装好的机械应严格符合外形尺寸的公称允许偏差，不允许超差。

9.2.2.6 机电设备安装后试车应满足下列要求：

a）启动时应按照标注箭头方向旋转，启动运转应平稳，运转中无振动和异常声响；

b）运转啮合与差动机构运转应按产品说明书的规定同步运行，没有阻塞和碰撞现象；

c）运转中各部件应保持动态所应有的间隙，无抖动晃摆现象；

d）试运转用手动或自动操作，设备全程完整动作 5 次以上，整体设备应运行灵活；

e）各限位开关运转中，动作及时，安全可靠；

f）电机运转中温升在正常值内；

g）各部轴承注加规定润滑油，应不漏、不发热，温升小于60℃。

9.3 验收

9.3.1 工程验收

9.3.1.1 工程验收包括中间验收和竣工验收；中间验收应由施工单位会同建设单位、设计单位和质量监督部门共同进行；竣工验收应由建设单位组织施工、设计、管理、质量监督及有关单位联合进行。

9.3.1.2 中间验收包括验槽、验筋、主体验收、安装验收、联动试车。中间验收时应按相应的标准进行检验，并填写中间验收记录。

9.3.1.3 竣工验收应提供以下资料：

a）施工图及设计变更文件；

b）主要材料和制品的合格证或试验记录；

c）施工测量记录；

d）混凝土、砂浆、焊接及水密性、气密性等试验和检验记录；

e）施工记录；

f）中间验收记录；

g）工程质量检验评定记录；

h）工程质量事故处理记录。

9.3.1.4 竣工验收时应核实竣工验收资料，进行必要的复查和外观检查，并对下列项目做出鉴定，填写竣工验收鉴定书。竣工验收鉴定书应包括以下项目：

a）构筑物的位置、高程、坡度、平面尺寸、设备、管道及附件等安装的位置和数量；

b）结构强度、抗渗、抗冻等级；

c）构筑物的水密性；

d）外观，包括构筑物的裂缝、蜂窝、麻面、露筋、空鼓、缺边、掉角以及设备和外露的管道安装等是否影响工程质量。

9.3.1.5 生物池土建施工完成后应按照 GB 50141 的规定进行满水试验，地面以下渗水量应符合设计规定，最大不得超过 2 L/（$m^2 \cdot d$）。

9.3.1.6 泵房和风机房等都应按设计的最多开启台数进行 48 h 运转试验，测定水泵和污泥泵的流量和机组功率，有条件的应对其特性曲线进行检测。

9.3.1.7 鼓风曝气系统安装应平整牢固，曝气头无漏水现象，曝气管内无杂质，曝气量满足设计要求，曝气稳定均匀；曝气管应设有吹扫、排空装置。

9.3.1.8 闸门、闸阀不得有漏水现象。

9.3.1.9 排水管道应做闭水试验，上游充水管保持在管顶以上 2 m，外观检查应 24 h 无漏水现象。

9.3.1.10 空气管道应做气密性试验，24 h 压力降不超过允许值为合格。

9.3.1.11 进口设备除参照国内标准外，必要时应参照国外标准和其他相关标准进行验收。

9.3.1.12 仪表、化验设备应有计量部门的确认。

9.3.1.13 变电站高压配电系统应由供电局组织电检和验收。

9.3.2 环境保护验收

9.3.2.1 AAO 污水处理厂（站）验收前应进行调试和试运行，解决出现的问题，实现工艺设计目标，建立各设备和单元的操作规程，确定符合实际进水水量和水质的各项控制参数。

9.3.2.2 AAO 污水处理厂（站）在正式投入生产或使用之前，建设单位应向环境保护行政主管部门提出环境保护验收申请。

9.3.2.3 AAO 污水处理厂（站）竣工环境保护验收应按《建设项目竣工环境保护验收管理办法》的规定和环境影响评价报告的批复进行。

9.3.2.4 AAO 污水处理厂（站）验收前应结合试运行进行性能试验，性能试验报告可作为竣工环境保护验收的技术支持文件。性能试验内容包括：

a）各组建筑物都应按设计负荷，全流程通过所有构筑物；

b）测试并计算各构筑物的工艺参数；

c）测定全厂的格栅垃圾量、沉砂量和污泥量；

d）统计全厂进出水量、用电量和各单元用电量；

e）水质化验；

f）计算全厂技术经济指标，如 BOD_5 去除总量、BOD_5 去除单位能耗（kW·h/kg）、污水处理成本（元/kg）。

10 运行与维护

10.1 一般规定

10.1.1 AAO 污水处理设施的运行、维护及安全管理应参照 CJJ 60 执行。

10.1.2 污水处理厂（站）的运行管理应配备专业人员。

10.1.3 污水处理厂（站）在运行前应制定设备台账、运行记录、定期巡视、交接班、安全检查等管理制度，以及各岗位的工艺系统图、操作和维护规程等技术文件。

10.1.4 操作人员应熟悉本厂（站）处理工艺技术指标和设施设备的运行要求，经过技术培训和生产实践，并考试合格后方可上岗。

10.1.5 各岗位的工艺系统图、操作和维护规程等应示于明显部位，运行人员应按规程进行系统操作，并定期检查构筑物、设备、电气和仪表的运行情况。

10.1.6 工艺设施和主要设备应编入台账，定期对各类设备、电气、自控仪表及建（构）筑物进行检修维护，确保设施稳定可靠运行。

10.1.7 运行人员应遵守岗位职责，坚持做好交接班和巡视。

10.1.8 应定期检测进出水水质，并定期对检测仪器、仪表进行校验。

10.1.9 运行中应严格执行经常性的和定期的安全检查，及时消除事故隐患，防止事故发生。

10.1.10 各岗位人员在运行、巡视、交接班、检修等生产活动中，应做好相关记录。

10.2 水质检验

10.2.1 污水处理厂（站）应设水质化验室，配备检测人员和仪器。

10.2.2 水质化验室内部应建立健全水质分析质量保证体系。

10.2.3 化验检测人员应经培训后持证上岗，并应定期进行考核和抽检。

10.2.4 化验检测方法应符合 CJ/T 51 的规定。

10.3 运行控制

10.3.1 运行中应定期检测各池的溶解氧（DO）和氧化还原电位（ORP）。

10.3.2 应经常观察活性污泥生物相、上清液透明度、污泥颜色、状态、气味等，定时检测和计算反映污泥特性的有关参数。

10.3.3　应根据观察到的现象和检测数据，及时调整进水量、曝气量、污泥回流量、混合液回流量、剩余污泥排放量等，保证出水稳定达标。

10.3.4　剩余污泥排放量应根据污泥沉降比、混合液污泥浓度和泥龄及时调整。

10.3.5　曝气池发生污泥膨胀、污泥上浮等不正常现象时，应分析原因，并针对具体情况，采取适当措施，调整系统运行工况。

10.3.6　当曝气池水温低时，可采用提高污泥浓度、增加泥龄等方法，保证污水的处理效果。

10.3.7　曝气池产生泡沫和浮渣时，应根据泡沫和浮渣的颜色、数量等分析原因，采取相应措施。

10.3.8　当出水氨氮超标时应通过以下方式进行调节：

a）减少剩余污泥排放量，提高泥龄；

b）提高好氧段DO；

c）系统碱度不够时适当补充碱度。

10.3.9　当出水总氮超标时应通过以下方式进行调节：

a）降低缺氧段DO；

b）提高进水中BOD_5/TN的比值；

c）增大好氧混合液回流量。

10.3.10　当出水总磷超标时应通过以下方式进行调节：

a）降低厌氧段DO；

b）提高进水中BOD_5/TP；

c）增大剩余污泥排放量；

d）采取化学除磷措施。

10.4　维护保养

10.4.1　应将生物反应池的维护保养作为全厂（站）维护的重点。

10.4.2　应定期检查曝气设备曝气均匀性，曝气不均匀、风机阻力升高时，应对曝气管路进行清洗；风机阻力减小时，应注意观察曝气头损坏情况，影响工艺运行时应更换。

10.4.3　当采用微孔曝气时，应经常排放空气管路中的存水。

10.4.4　曝气池应定期放空清理，检查构筑物完好情况。

10.4.5　应按照设备说明书要求，对曝气池中的设备定期进行维护保养。

10.4.6　应定期检查搅拌设备的运行状况，当搅拌设备振动较大时应提出水面进行检查维修。

10.4.7　应定期对生物反应池中的DO测定仪、ORP计、NH_3-N测定仪、硝态氮测定仪、污泥浓度计、污泥界面仪等仪表进行校正和维修保养。

10.4.8　操作人员应严格执行设备操作规程，定时巡视设备运转是否正常，包括温升、响声、振动、电压、电流等，发现问题应尽快检查排除。

10.4.9　应保持设备各运转部位良好的润滑状态，及时添加润滑油、除锈；发现漏油、渗油情况，应及时解决。

10.4.10　运行中应防止由于潜水搅拌机叶轮损坏或堵塞、表面空气吸入形成涡流、不均匀水流等引起的振动。

10.4.11　应做好设备维修保养记录。

附 录 A
（规范性附录）
AAO 法的主要变形及参数

A.1 改良厌氧缺氧好氧活性污泥法（UCT）

A.1.1 工艺流程

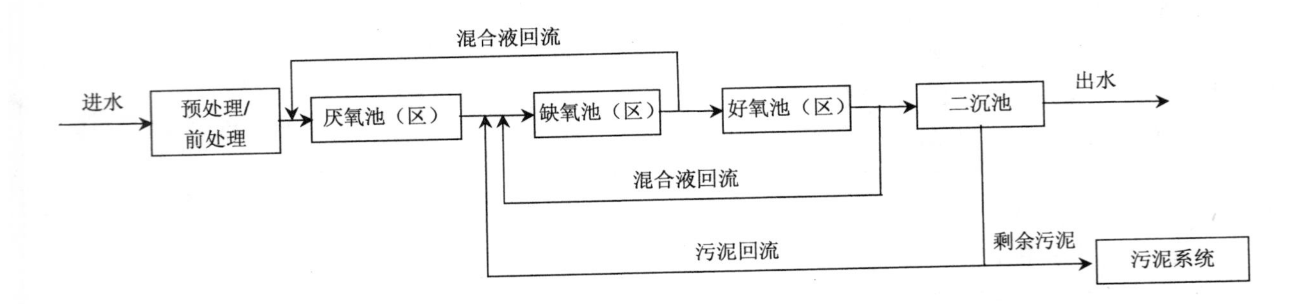

图 A.1 UCT 工艺流程图

A.1.2 工艺参数

A.1.2.1 污泥负荷（BOD_5/MLSS）：0.05～0.15 kg/（kg·d）。
A.1.2.2 污泥质量浓度：2 000～4 000 mg/L。
A.1.2.3 污泥泥龄：10～18 d。
A.1.2.4 污泥回流：40%～100%，好氧池（区）混合液回流：100%～400%，缺氧池（区）混合液回流：100%～200%。
A.1.2.5 厌氧池（区）水力停留时间：1～2 h，缺氧池（区）水力停留时间：2～3 h，好氧池（区）水力停留时间：6～14 h。

A.2 厌氧缺氧/缺氧好氧活性污泥法（MUCT）

A.2.1 工艺流程

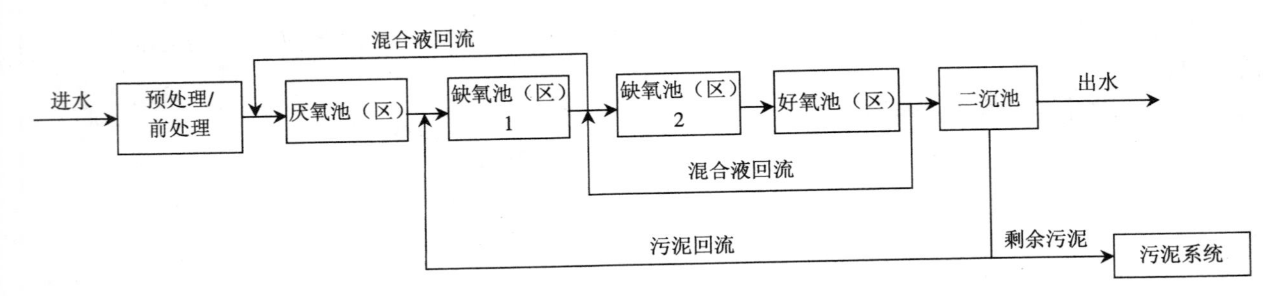

图 A.2 MUCT 工艺流程图

A.2.2 工艺参数

A.2.2.1 污泥负荷（BOD_5/MLSS）：0.05～0.2 kg/（kg·d）。

A.2.2.2 污泥质量浓度：2 000～4 500 mg/L。

A.2.2.3 污泥泥龄：10～16 d。

A.2.2.4 污泥回流：40%～100%，好氧池（区）混合液回流：200%～400%，缺氧池（区）混合液回流：100%～200%。

A.2.2.5 厌氧池（区）水力停留时间：1～2 h，缺氧池（区）1 水力停留时间：0.5～1 h，缺氧池（区）2 水力停留时间：1～2 h，好氧池（区）水力停留时间：6～14 h。

A.3 缺氧/厌氧缺氧好氧活性污泥法（JHB）

A.3.1 工艺流程

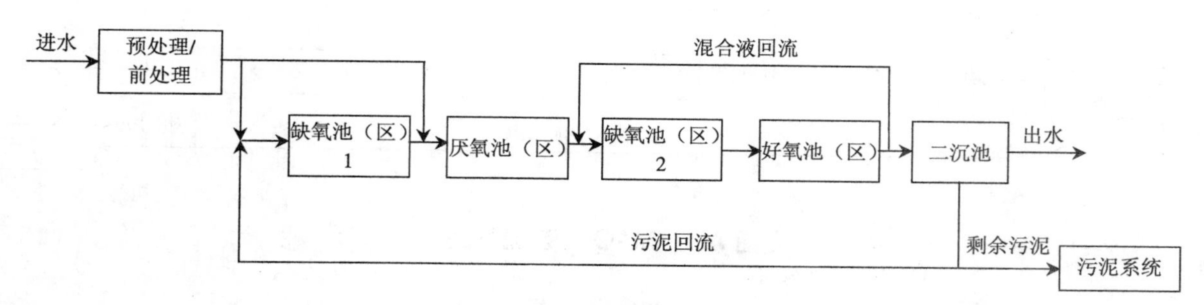

图 A.3 JHB 工艺流程图

A.3.2 工艺参数

A.3.2.1 污泥负荷（BOD_5/MLSS）：0.05～0.2 kg/（kg·d）。

A.3.2.2 污泥质量浓度：2 000～4 500 mg/L。

A.3.2.3 污泥泥龄：10～16 d。

A.3.2.4 污泥回流：40%～110%，好氧池（区）混合液回流：200%～400%。

A.3.2.5 进水分配比例：进缺氧池（区）10%～30%，进厌氧池（区）70%～90%。

A.3.2.6 缺氧池（区）1 水力停留时间：0.5～1 h，厌氧池（区）水力停留时间：1～2 h，缺氧池（区）2 水力停留时间：2～4 h，好氧池（区）水力停留时间：6～14 h。

A.4 缺氧/厌氧/好氧活性污泥法（RAAO）

A.4.1 工艺流程

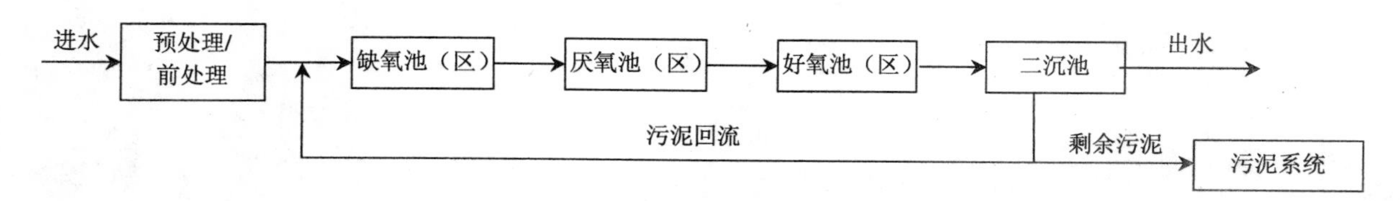

图 A.4 RAAO 工艺流程图

A.4.2 工艺参数

A.4.2.1 污泥负荷（BOD_5/MLSS）：0.05～0.15 kg/（kg·d）。

A.4.2.2 污泥质量浓度：2 000～5 000 mg/L。

A.4.2.3 好氧污泥泥龄：10～18 d。

A.4.2.4 污泥回流：40%～120%。

A.4.2.5 缺氧池（区）水力停留时间：2～4 h，厌氧池（区）水力停留时间：1～2 h，好氧池（区）水力停留时间：6～12 h。

A.5 多级缺氧好氧活性污泥法（MAO）

A.5.1 工艺流程

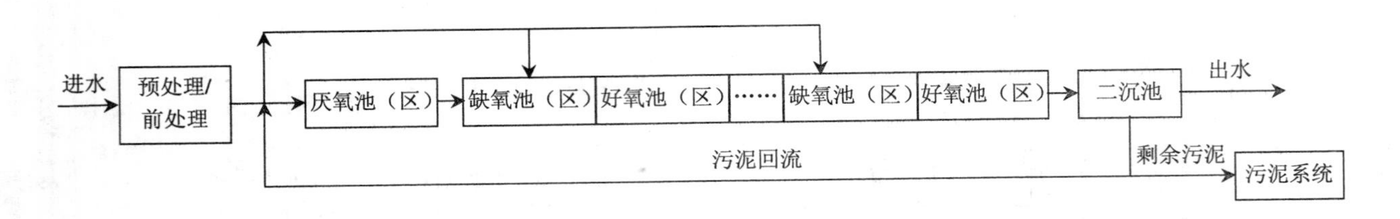

图 A.5 MAO 工艺流程图

A.5.2 工艺参数

A.5.2.1 污泥负荷（BOD_5/MLSS）：0.05～0.15 kg/（kg·d）。

A.5.2.2 污泥质量浓度：2 000～5 000 mg/L。

A.5.2.3 好氧污泥泥龄：10～18 d。

A.5.2.4 污泥回流：40%～100%。

A.5.2.5 进水分配比例：进厌氧池（区）30%～50%，进缺氧池（区）50%～70%。

A.5.2.6 厌氧池（区）水力停留时间：1～2 h，缺氧池（区）水力停留时间：2～4 h，好氧池（区）水力停留时间：6～12 h。

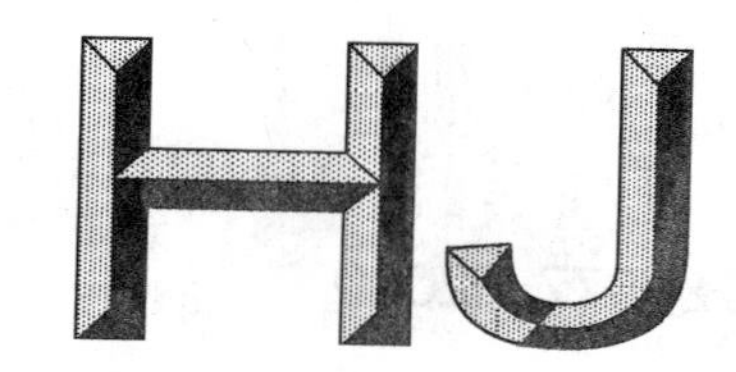

中华人民共和国国家环境保护标准

HJ 577—2010

序批式活性污泥法污水处理工程技术规范

Technical specifications for sequencing batch reactor activated sludge process

2010-10-12 发布　　2011-01-01 实施

环　境　保　护　部　发布

前 言

为贯彻《中华人民共和国水污染防治法》，防治水污染，改善环境质量，规范序批式活性污泥法在污水处理工程中的应用，制定本标准。

本标准规定了采用序批式活性污泥法的污水处理工程工艺设计、主要工艺设备、检测与控制、施工与验收、运行与维护的技术要求。

本标准的附录 A 为资料性附录。

本标准为首次发布。

本标准由环境保护部科技标准司组织制订。

本标准主要起草单位：中国环境保护产业协会（水污染治理委员会）、天津市环境保护科学研究院、安徽国祯环保节能科技股份有限公司。

本标准由环境保护部 2010 年 10 月 12 日批准。

本标准自 2011 年 1 月 1 日起实施。

本标准由环境保护部解释。

序批式活性污泥法污水处理工程技术规范

1 适用范围

本标准规定了采用序批式活性污泥法的污水处理工程工艺设计、主要工艺设备、检测与控制、施工与验收、运行与维护的技术要求。

本标准适用于采用序批式活性污泥法的城镇污水和工业废水处理工程，可作为环境影响评价、设计、施工、环境保护验收及设施运行管理的技术依据。

2 规范性引用文件

本标准内容引用了下列文件中的条款。凡是不注日期的引用文件，其有效版本适用于本标准。

GB 3096 声环境质量标准
GB 12348 工业企业厂界环境噪声排放标准
GB 12801 生产过程安全卫生要求总则
GB 18599 一般工业固体废物贮存、处置场污染控制标准
GB 18918 城镇污水处理厂污染物排放标准
GB 50014 室外排水设计规范
GB 50015 建筑给水排水设计规范
GB 50040 动力机器基础设计规范
GB 50053 10 kV 及以下变电所设计规范
GB 50187 工业企业总平面设计规范
GB 50204 混凝土结构工程施工质量验收规范
GB 50222 建筑内部装修设计防火规范
GB 50231 机械设备安装工程施工及验收通用规范
GB 50254 电气装置安装工程低压电器施工及验收规范
GB 50268 给水排水管道工程施工及验收规范
GB 50334 城市污水处理厂工程质量验收规范
GB 50352 民用建筑设计通则
GBJ 16 建筑设计防火规范
GBJ 87 工业企业噪声控制设计规范
GB 50141 给水排水构筑物工程施工及验收规范
GBZ 1 工业企业设计卫生标准
GBZ 2 工作场所化学有害因素职业接触限值
CJJ 60 城市污水处理厂运行、维护及其安全技术规程
HJ/T 91 地表水和污水监测技术规范
HJ/T 247 环境保护产品技术要求 竖轴式机械表面曝气装置
HJ/T 251 环境保护产品技术要求 罗茨鼓风机
HJ/T 252 环境保护产品技术要求 中、微孔曝气器

HJ/T 260 环境保护产品技术要求 鼓风式潜水曝气机
HJ/T 277 环境保护产品技术要求 旋转式滗水器
HJ/T 278 环境保护产品技术要求 单级高速曝气离心鼓风机
HJ/T 279 环境保护产品技术要求 推流式潜水搅拌机
HJ/T 353 水污染源在线监测系统安装技术规范（试行）
HJ/T 354 水污染源在线监测系统验收技术规范（试行）
HJ/T 355 水污染源在线监测系统运行与考核技术规范（试行）
《建设项目竣工环境保护验收管理办法》（国家环境保护总局，2001）

3 术语和定义

下列术语和定义适用于本标准。

3.1

序批式活性污泥法 sequencing batch reactor activated sludge process

指在同一反应池（器）中，按时间顺序由进水、曝气、沉淀、排水和待机五个基本工序组成的活性污泥污水处理方法，简称 SBR 法。其主要变形工艺包括循环式活性污泥工艺（CASS 或 CAST 工艺）、连续和间歇曝气工艺（DAT-IAT 工艺）、交替式内循环活性污泥工艺（AICS 工艺）等。

3.2

运行周期 treatment cycle

指一个反应池按顺序完成一次进水、曝气、沉淀、排水、待机工作程序的周期。一个运行周期所经历的时间称为周期时间。

3.3

进水工序 fill

指从反应池最低水位开始，充水至反应池最高水位停止的工序。进水工序可分为非限制曝气进水（进水同时曝气）和限制曝气进水（进水期不曝气）。一个运行周期内进水工序所经历的时间称为进水时间。

3.4

曝气工序 aeration/react

指对反应池中的污水进行曝气处理的工序。曝气工序可根据需要选择连续曝气或间歇曝气方式。一个运行周期内曝气所经历的时间称为曝气时间。

3.5

沉淀工序 settle

指反应池在停止曝气后进行静置沉淀，使泥水分离的工序。一个运行周期内沉淀工序所经历的时间称为沉淀时间。

3.6

排水工序 drawn

指将沉淀后的上清液撇除，至反应池最低水位的工序。一个运行周期内排水工序所经历的时间称为排水时间。

3.7

滗水 decanting

指在不扰动沉淀后的污泥层、挡住水面的浮渣不外溢的情况下，将上清液从水面撇除的操作。

3.8

待机时间 idle

指从一个周期停止排水到下一个周期开始进水所经历的时间。

3.9

反应时间 reaction time

指一个运行周期内进水工序和曝气工序中曝气停止所经历的时间。

3.10

生物选择区 biological selector

指设置在反应池的前端，使回流污泥和未被稀释的污水混合接触的预反应区。生物选择区的类型有好氧、缺氧和厌氧。

3.11

主反应区 main reaction zone

指 CASS 或 CAST 反应池内生物选择区以后的好氧反应区。

3.12

预处理 pretreatment

指进水水质能满足 SBR 工艺生化要求时，在 SBR 反应池前设置的处理措施。如格栅、沉砂池、初沉池、气浮池、隔油池、纤维及毛发捕集器等。

3.13

前处理 preprocessing

指进水水质不能满足 SBR 工艺生化要求时，根据调整水质的需要，在 SBR 反应池前设置的处理工艺。如水解酸化池、混凝沉淀池、中和池等。

3.14

标准状态 standard state

指大气压为 101 325 Pa、温度为 293.15 K 的状态。

4 总体要求

4.1 SBR 法宜用于中、小型城镇污水和工业废水处理工程。

4.2 应根据去除碳源污染物、脱氮、除磷、好氧污泥稳定等不同要求和外部环境条件，选择适宜的 SBR 法及其变形工艺。

4.3 应充分考虑冬季低温对 SBR 工艺去除碳源污染物、脱氮和除磷的影响，必要时可采取如下措施：降低负荷、减少排泥（增长泥龄）、调整厌氧及缺氧时段的水力停留时间、保温或增温等。

4.4 应根据可能发生的运行条件，设置不同的 SBR 工艺运行方案。

4.5 SBR 污水处理厂（站）应遵守以下规定：

a）污水处理厂厂址选择和总体布置应符合 GB 50014 的有关规定。总图设计应符合 GB 50187 的有关规定。

b）污水处理厂（站）的防洪标准不应低于城镇防洪标准，且有良好的排水条件。

c）污水处理厂（站）建筑物的防火设计应符合 GBJ 16 和 GB 50222 的规定。

d）污水处理厂（站）区堆放污泥、药品的贮存场应符合 GB 18599 的规定。

e）污水处理厂（站）建设、运行过程中产生的废气、废水、废渣及其他污染物的治理与排放，应执行国家环境保护法规和标准的有关规定，防止二次污染。

f）污水处理厂（站）的噪声和振动控制设计应符合 GBJ 87 和 GB 50040 的规定，机房内、外的噪声应分别符合 GBZ 2 和 GB 3096 的规定，厂界噪声应符合 GB 12348 的规定。

g）污水处理厂（站）的设计、建设、运行过程中应重视职业卫生和劳动安全，严格执行 GBZ 1、GBZ 2 和 GB 12801 的规定。污水处理工程建成运行的同时，安全和卫生设施应同时建成运行，并制定相应的操作规程。

4.6 城镇污水处理厂应按照 GB 18918 的相关规定安装在线监测系统，其他污水处理工程应按照国家或当地的环境保护管理要求安装在线监测系统。在线监测系统的安装、验收和运行应符合 HJ/T 353、HJ/T 354 和 HJ/T 355 的相关规定。

5 设计流量和设计水质

5.1 设计流量

5.1.1 城镇污水设计流量

5.1.1.1 城镇旱流污水设计流量应按下式计算。

$$Q_{dr} = Q_d + Q_m \quad (1)$$

式中：Q_{dr}——旱流污水设计流量，L/s；

Q_d——综合生活污水设计流量，L/s；

Q_m——工业废水设计流量，L/s。

5.1.1.2 城镇合流污水设计流量应按下式计算。

$$Q = Q_{dr} + Q_s \quad (2)$$

式中：Q——污水设计流量，L/s；

Q_{dr}——旱流污水设计流量，L/s；

Q_s——雨水设计流量，L/s。

5.1.1.3 综合生活污水设计流量为服务人口与相对应的综合生活污水定额之积。综合生活污水定额应根据当地的用水定额，结合建筑物内部给排水设施水平和排水系统普及程度等因素确定，可按当地相关用水定额的 80%～90%设计。

5.1.1.4 综合生活污水量总变化系数应根据当地实际综合生活污水量变化资料确定，没有测定资料时，可按 GB 50014 中的相关规定取值，见表 1。

表 1 综合生活污水量总变化系数

平均日流量/（L/s）	5	15	40	70	100	200	500	≥1 000
总变化系数	2.3	2.0	1.8	1.7	1.6	1.5	1.4	1.3

5.1.1.5 排入市政管网的工业废水设计流量应根据城镇市政排水系统覆盖范围内工业污染源废水排放统计调查资料确定。

5.1.1.6 雨水设计流量参照 GB 50014 的有关规定。

5.1.1.7 在地下水位较高的地区，应考虑入渗地下水量，入渗地下水量宜根据实际测定资料确定。

5.1.2 工业废水设计流量

5.1.2.1 工业废水设计流量应按工厂或工业园区总排放口实际测定的废水流量设计。测试方法应符合 HJ/T 91 的规定。

5.1.2.2 工业废水流量变化应根据工艺特点进行实测。

5.1.2.3 不能取得实际测定数据时可参照国家现行工业用水量的有关规定折算确定，或根据同行业同规模同工艺现有工厂排水数据类比确定。

5.1.2.4 在有工业废水与生活污水合并处理时，工厂内或工业园区内的生活污水量、沐浴污水量的确定，应符合 GB 50015 的有关规定。

5.1.2.5 工业园区集中式污水处理厂设计流量的确定可参照城镇污水设计流量的确定方法。

5.1.3 不同构筑物的设计流量

5.1.3.1 提升泵房、格栅井、沉砂池宜按合流污水设计流量计算。

5.1.3.2 初沉池宜按旱流污水流量设计，并用合流污水设计流量校核，校核的沉淀时间不宜小于 30 min。

5.1.3.3 反应池宜按日平均污水流量设计；反应池前后的水泵、管道等输水设施应按最高日最高时污水流量设计。

5.2 设计水质

5.2.1 城镇污水的设计水质应根据实际测定的调查资料确定，其测定方法和数据处理方法应符合 HJ/T 91 的规定。无调查资料时，可按下列标准折算设计：

a）生活污水的五日生化需氧量按每人每天 25～50 g 计算；

b）生活污水的悬浮固体量按每人每天 40～65 g 计算；

c）生活污水的总氮量按每人每天 5～11 g 计算；

d）生活污水的总磷量按每人每天 0.7～1.4 g 计算。

5.2.2 工业废水的设计水质，应根据工业废水的实际测定数据确定，其测定方法和数据处理方法应符合 HJ/T 91 的规定。无实际测定数据时，可参照类似工厂的排放资料类比确定。

5.2.3 SBR 进水应符合下列条件：

a）水温宜为 12～35℃、pH 值宜为 6～9、BOD_5/COD 的值宜不小于 0.3；

b）有去除氨氮要求时，进水总碱度（以 $CaCO_3$ 计）/氨氮（NH_3-N）的值宜不小于 7.14，不满足时应补充碱度；

c）有脱氮要求时，进水的 BOD_5/总氮（TN）的值宜不小于 4.0，总碱度（以 $CaCO_3$ 计）/氨氮的值宜不小于 3.6，不满足时应补充碳源或碱度；

d）有除磷要求时，进水的 BOD_5/总磷（TP）的值宜不小于 17；

e）要求同时脱氮除磷时，宜同时满足 c）和 d）的要求。

5.3 污染物去除率

SBR 污水处理工艺的污染物去除率按照表 2 计算。

表 2 SBR 污水处理工艺的污染物去除率设计值

污水类别	主体工艺	污染物去除率/%					
		悬浮物（SS）	五日生化需氧量（BOD_5）	化学耗氧量（COD）	氨氮 NH_3-N	总氮 TN	总磷 TP
城镇污水	初次沉淀*+SBR	70～90	80～95	80～90	85～95	60～85	50～85
工业废水	预处理+SBR	70～90	70～90	70～90	85～95	55～85	50～85

注：* 应根据水质、SBR 工艺类型等情况，决定是否设置初次沉淀池。

6 工艺设计

6.1 一般规定

6.1.1 SBR 工艺系统出水直接排放时，应符合国家或地方排放标准要求；排入下一级处理单元时，应符合下一级处理单元的进水要求。
6.1.2 应保证 SBR 反应池兼有时间上的理想推流和空间上的完全混合的特点。
6.1.3 应保证 SBR 反应池具有静置沉淀功能和良好的泥水分离效果。
6.1.4 应根据 SBR 工艺运行要求设置检测与控制系统，实现运行管理自动化。
6.1.5 SBR 反应池应设置固定式事故排水装置，可设在滗水结束时的水位处。
6.1.6 SBR 反应池排水应采用有防止浮渣流出设施的滗水器。
6.1.7 限制曝气进水的反应池，进水方式宜采用淹没式入流。
6.1.8 水质和（或）水量变化大的污水处理厂，宜设置调节水质和（或）水量的设施。
6.1.9 污水处理厂应设置对处理后出水消毒的设施。
6.1.10 进水泵房、格栅、沉砂池、初沉池和二沉池的设计应符合 GB 50014 中的有关规定。

6.2 预处理和前处理

6.2.1 SBR 污水处理工程进水应设格栅，城镇污水预处理还应设沉砂池。
6.2.2 根据水质和 SBR 工艺类型的需要，确定 SBR 污水处理工程是否设置初次沉淀池。设初沉池时可以不设超细格栅。
6.2.3 当进水水质不符合 5.2.3 规定的条件或含有影响生化处理的物质时，应根据进水水质采取适当的前处理工艺。

6.3 SBR 工艺设计

6.3.1 SBR 工艺的运行方式

SBR 工艺由进水、曝气、沉淀、排水、待机五个工序组成，基本运行方式分为限制曝气进水和非限制曝气进水两种，如图 1、图 2 所示。

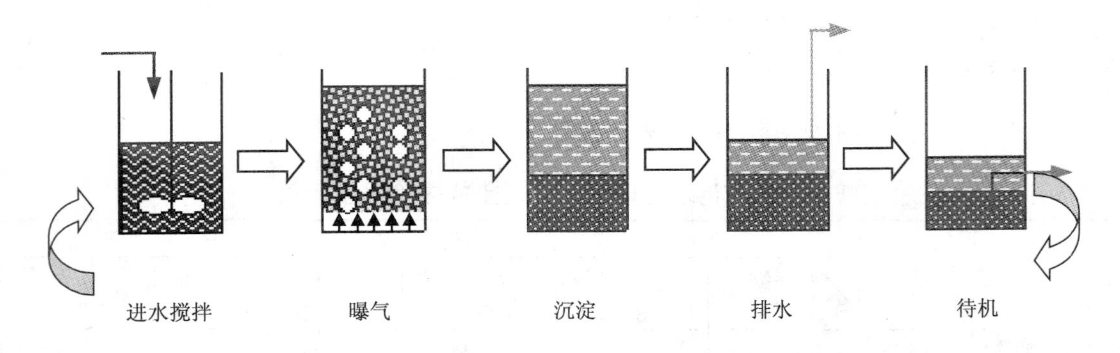

图 1 SBR 工艺运行方式——限制曝气进水

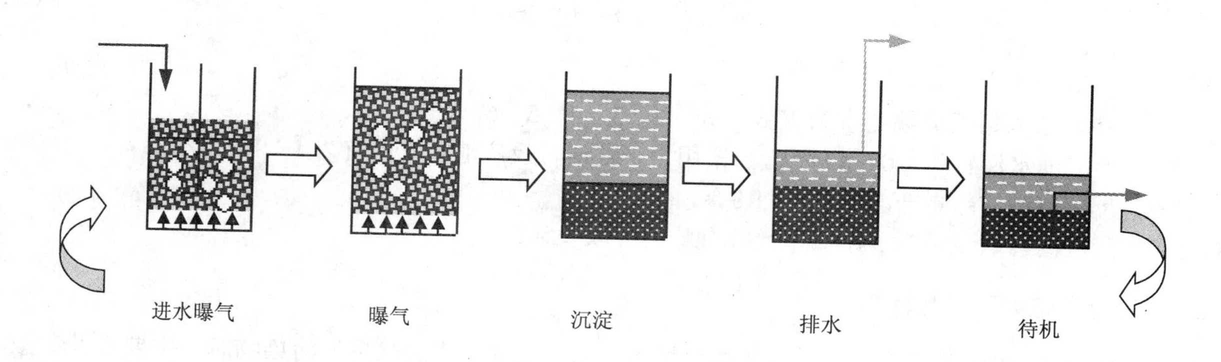

图 2　SBR 工艺运行方式——非限制曝气进水

6.3.2　反应池设计计算

6.3.2.1　反应池有效反应容积

SBR 反应池容积，可按下式计算。

$$V=\frac{24Q'S_0}{1\,000XL_s t_R} \tag{3}$$

式中：V——反应池有效容积，m^3；

Q'——每个周期进水量，m^3；

S_0——反应池进水五日生化需氧量，mg/L；

L_s——反应池的五日生化需氧量污泥负荷（BOD_5/MLSS），kg/（kg·d）；

X——反应池内混合液悬浮固体（MLSS）平均质量浓度，kg/m^3；

t_R——每个周期反应时间，h。

6.3.2.2　SBR 工艺各工序的时间，宜按下列规定计算。

a）进水时间，可按下式计算：

$$t_F=\frac{t}{n} \tag{4}$$

式中：t_F——每池每周期所需要的进水时间，h；

t——一个运行周期需要的时间，h；

n——每个系列反应池个数。

b）反应时间，可按下式计算：

$$t_R=\frac{24S_0 m}{1\,000L_s X} \tag{5}$$

式中：m——充水比，可参照表 3～表 7 取值。

S_0——反应池进水五日生化需氧量，mg/L；

L_s——反应池的五日生化需氧量污泥负荷（BOD_5/MLSS），kg/（kg·d）；

X——反应池内混合液悬浮固体（MLSS）平均质量浓度，kg/m^3。

c）沉淀时间 t_s 宜为 1 h。

d）排水时间 t_D 宜为 1.0～1.5 h。

e）一个周期所需时间可按下式计算：

$$t = t_R + t_s + t_D + t_b \tag{6}$$

式中：t_b——闲置时间，h。

6.3.2.3　SBR 法的每天周期数宜为整数，如：2、3、4、5、6。

6.3.2 4　反应池水深宜为 4.0～6.0 m，当采用矩形池时，反应池长宽比宜为 1∶1～2∶1。

6.3.2 5　反应池设计超高一般取 0.5～1.0 m。

6.3.2 6　反应池的数量不宜少于 2 个，并且均为并联设计。

6.3.3　工艺参数的取值与计算

6.3.3.1　SBR 工艺处理城镇污水或水质类似城镇污水的工业废水去除有机污染物时，主要设计参数宜按表 3 的规定取值。工业废水的水质与城镇污水水质差异较大时，设计参数应通过试验或参照类似工程确定。

表 3　去除碳源污染物主要设计参数

项目名称		符号	单位	参数值
反应池五日生化需氧量污泥负荷	$BOD_5/MLVSS$	L_s	kg/（kg·d）	0.25～0.50
	$BOD_5/MLSS$		kg/（kg·d）	0.10～0.25
反应池混合液悬浮固体（MLSS）平均质量浓度		X	kg/m^3	3.0～5.0
反应池混合液挥发性悬浮固体（MLVSS）平均质量浓度		X_v	kg/m^3	1.5～3.0
污泥产率系数（VSS/BOD_5）	设初沉池	Y	kg/kg	0.3
	不设初沉池		kg/kg	0.6～1.0
总水力停留时间		HRT	h	8～20
需氧量（O_2/BOD_5）		O_2	kg/kg	1.1～1.8
活性污泥容积指数		SVI	ml/g	70～100
充水比		m		0.40～0.50
BOD_5 总处理率		η	%	80～95

6.3.3.2　SBR 工艺处理城镇污水或水质类似城镇污水的工业废水去除有机污染物时，主要设计参数宜按表 4 的规定取值。工业废水的水质与城镇污水水质差异较大时，设计参数应通过试验或参照类似工程确定。

表 4　去除氨氮污染物主要设计参数

项目名称		符号	单位	参数值
反应池五日生化需氧量污泥负荷	$BOD_5/MLVSS$	L_s	kg/（kg·d）	0.10～0.30
	$BOD_5/MLSS$		kg/（kg·d）	0.07～0.20
反应池混合液悬浮固体（MLSS）平均质量浓度		X	kg/m^3	3.0～5.0
污泥产率系数（VSS/BOD_5）	设初沉池	Y	kg/kg	0.4～0.8
	不设初沉池		kg/kg	0.6～1.0
总水力停留时间		HRT	h	10～29
需氧量（O_2/BOD_5）		O_2	kg/kg	1.1～2.0
活性污泥容积指数		SVI	ml/g	70～120
充水比		m		0.30～0.40
BOD_5 总处理率		η	%	90～95
NH_3-N 总处理率		η	%	85～95

6.3.3.3 SBR 工艺处理城镇污水或水质类似城镇污水的工业废水去除有机污染物时，主要设计参数宜按表 5 的规定取值。工业废水的水质与城镇污水水质差异较大时，设计参数应通过试验或参照类似工程确定。

表 5 生物脱氮主要设计参数

项目名称		符号	单位	参数值
反应池五日生化需氧量污泥负荷	BOD_5/MLVSS	L_s	kg/（kg·d）	0.06～0.20
	BOD_5/MLSS		kg/（kg·d）	0.04～0.13
反应池混合液悬浮固体（MLSS）平均质量浓度		X	kg/m^3	3.0～5.0
总氮负荷率（TN/MLSS）			kg/（kg·d）	≤0.05
污泥产率系数（VSS/BOD_5）	设初沉池	Y	kg/kg	0.3～0.6
	不设初沉池		kg/kg	0.5～0.8
缺氧水力停留时间占反应时间比例			%	20
好氧水力停留时间占反应时间比例			%	80
总水力停留时间		HRT	h	15～30
需氧量（O_2/BOD_5）		O_2	kg/kg	0.7～1.1
活性污泥容积指数		SVI	ml/g	70～140
充水比		m		0.30～0.35
BOD_5 总处理率		η	%	90～95
NH_3-N 总处理率		η	%	85～95
TN 总处理率		η	%	60～85

6.3.3.4 SBR 工艺处理城镇污水或水质类似城镇污水的工业废水去除有机污染物时，主要设计参数宜按表 6 的规定取值。工业废水的水质与城镇污水水质差异较大时，设计参数应通过试验或参照类似工程确定。

表 6 生物脱氮除磷主要设计参数

项目名称		符号	单位	参数值
反应池五日生化需氧量污泥负荷	BOD_5/MLVSS	L_s	kg/（kg·d）	0.15～0.25
	BOD_5/MLSS		kg/（kg·d）	0.07～0.15
反应池混合液悬浮固体（MLSS）平均质量浓度		X	kg/m^3	2.5～4.5
总氮负荷率（TN/MLSS）			kg/（kg·d）	≤0.06
污泥产率系数（VSS/BOD_5）	设初沉池	Y	kg/kg	0.3～0.6
	不设初沉池		kg/kg	0.5～0.8
厌氧水力停留时间占反应时间比例			%	5～10
缺氧水力停留时间占反应时间比例			%	10～15
好氧水力停留时间占反应时间比例			%	75～80
总水力停留时间		HRT	h	20～30
污泥回流比（仅适用于 CASS 或 CAST）		R	%	20～100
混合液回流比（仅适用于 CASS 或 CAST）		R_i	%	≥200
需氧量（O_2/BOD_5）		O_2	kg/kg	1.5～2.0
活性污泥容积指数		SVI	ml/g	70～140
充水比		m		0.30～0.35
BOD_5 总处理率		η	%	85～95
TP 总处理率		η	%	50～75
TN 总处理率		η	%	55～80

6.3.3.5 SBR 工艺处理城镇污水或水质类似城镇污水的工业废水去除有机污染物时，主要设计参数宜按表 7 的规定取值。工业废水的水质与城镇污水水质差异较大时，设计参数应通过试验或参照类似工程确定。

表 7 生物除磷主要设计参数

项目名称	符号	单位	参数值
反应池五日生化需氧量污泥负荷（BOD_5/MLSS）	L_s	kg/（kg·d）	0.4～0.7
反应池混合液悬浮固体（MLSS）平均质量浓度	X	kg/m^3	2.0～4.0
反应池污泥产率系数（VSS/BOD_5）	Y	kg/kg	0.4～0.8
厌氧水力停留时间占反应时间比例		%	25～33
好氧水力停留时间占反应时间比例		%	67～75
总水力停留时间	HRT	h	3～8
需氧量（O_2/BOD_5）	O_2	kg/kg	0.7～1.1
活性污泥容积指数	SVI	ml/g	70～140
充水比	m		0.30～0.40
污泥含磷率（TP/VSS）		kg/kg	0.03～0.07
污泥回流比（仅适用于 CASS 或 CAST）		%	40～100
TP 总处理率	η	%	75～85

6.3.4 供氧系统

6.3.4.1 供氧系统污水需氧量按下式计算。

$$\begin{aligned}O_2 = &0.001aQ(S_0 - S_e) - c\Delta X_V + b[0.001Q(N_k - N_{ke}) - 0.12\Delta X_V] \\ &-0.62b[0.001Q(N_t - N_{ke} - N_{0e}) - 0.12\Delta X_V]\end{aligned} \tag{7}$$

式中：O_2——污水需氧量，kg/d；

Q——污水设计流量，m^3/d；

S_0——反应池进水五日生化需氧量（BOD_5），mg/L；

S_e——反应池出水五日生化需氧量（BOD_5），mg/L；

ΔX_V——排出反应池系统的微生物量（MLVSS），kg/d；

N_k——反应池进水总凯氏氮质量浓度，mg/L；

N_{ke}——反应池出水总凯氏氮质量浓度，mg/L；

N_t——反应池进水总氮质量浓度，mg/L；

N_{0e}——反应池出水硝态氮质量浓度，mg/L；

a——碳的氧当量，当含碳物质以 BOD_5 计时，取 1.47；

b——氧化每千克氨氮所需氧量（kg/kg），取 4.57；

c——细菌细胞的氧当量，取 1.42。

6.3.4.2 标准状态下污水需氧量按下式计算。

$$O_S = K_0 \cdot O_2 \tag{8}$$

$$K_0 = \frac{C_S}{\alpha(\beta C_{SW} - C_0)\times 1.024^{(T-20)}} \tag{9}$$

式中：O_S——标准状态下污水需氧量，kg/d；

K_0——需氧量修正系数；

O_2——污水需氧量，kg/d；

C_S——标准状态下清水中饱和溶解氧质量浓度，mg/L，取 9.17；

α——混合液中总传氧系数与清水中总传氧系数之比，一般取 0.80～0.85；

β——混合液的饱和溶解氧值与清水中的饱和溶解氧值之比，一般取 0.90～0.97；

C_{SW}——T℃、实际压力时，清水饱和溶解氧质量浓度，mg/L；

C_0——混合液剩余溶解氧质量浓度，mg/L，一般取 2；

T——设计水温，℃。

6.3.4.3 鼓风曝气时，可按下式将标准状态下污水需氧量，换算为标准状态下的供气量。

$$G_s = \frac{O_s}{0.28E_A} \tag{10}$$

$$E_A = \frac{100}{21}\frac{(21 - O_t)}{(100 - O_t)} \tag{11}$$

式中：G_s——标准状态下的供气量，m^3/d；

O_s——标准状态下污水需氧量，kg/d；

E_A——曝气设备的氧利用率，%；

O_t——曝气后反应池水面逸出气体中氧的体积百分比，%。

6.3.5 加药系统

6.3.5.1 污水生物除磷不能达到要求时，可采用化学除磷。药剂种类、剂量和投加点宜通过试验或参照类似工程确定。

6.3.5.2 化学除磷时，对接触腐蚀性物质的设备和管道应采取防腐措施。

6.3.5.3 硝化碱度不足时，应设置加碱系统，硝化段 pH 值宜控制在 8.0～8.4。

6.3.6 污泥系统

6.3.6.1 污泥量设计应考虑剩余污泥和化学除磷污泥。

6.3.6.2 剩余污泥量的计算

按污泥产率系数、衰减系数及不可生物降解和惰性悬浮物计算。

$$\Delta X = YQ(S_0 - S_e) - K_d V X_V + fQ(SS_0 - SS_e) \tag{12}$$

式中：ΔX——剩余污泥量，kg/d；

Y——污泥产率系数，按表 3、表 4、表 5、表 6、表 7 选取；

Q——设计平均日污水量，m^3/d；

S_0——反应池进水五日生化需氧量，kg/m^3；

S_e——反应池出水五日生化需氧量，kg/m^3；

K_d——衰减系数，d^{-1}；

V——反应池的总容积，m^3；

X_V——反应池混合液挥发性悬浮固体（MLVSS）平均质量浓度，kg/m^3；

f——进水悬浮物的污泥转换率（MLSS/SS），kg/kg，宜根据试验资料确定，无试验资料时可取 0.5～0.7；

SS_0——反应池进水悬浮物质量浓度，kg/m^3；

SS_e——反应池出水悬浮物质量浓度，kg/m^3。

6.3.6.3 化学除磷污泥量应根据药剂投加量计算。

6.3.6.4 污泥处理和处置应符合 GB 50014 的规定。

6.4 SBR 法主要变形工艺设计

6.4.1 循环式活性污泥工艺（CASS 或 CAST）由进水/曝气、沉淀、滗水、闲置/排泥四个基本过程组成，CASS 或 CAST 工艺流程见图 3、图 4。

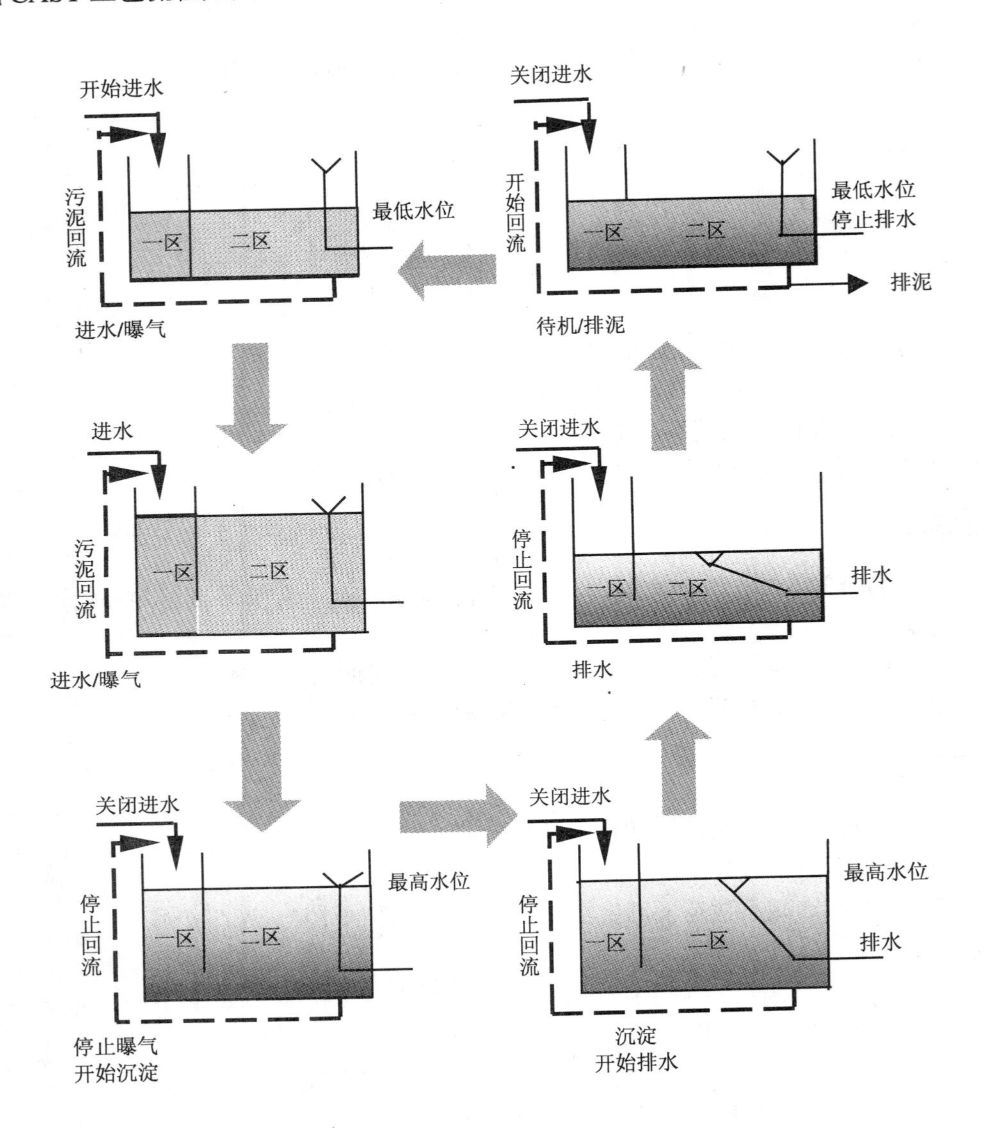

图 3 CASS 或 CAST 工艺流程（脱氮或除磷脱氮）

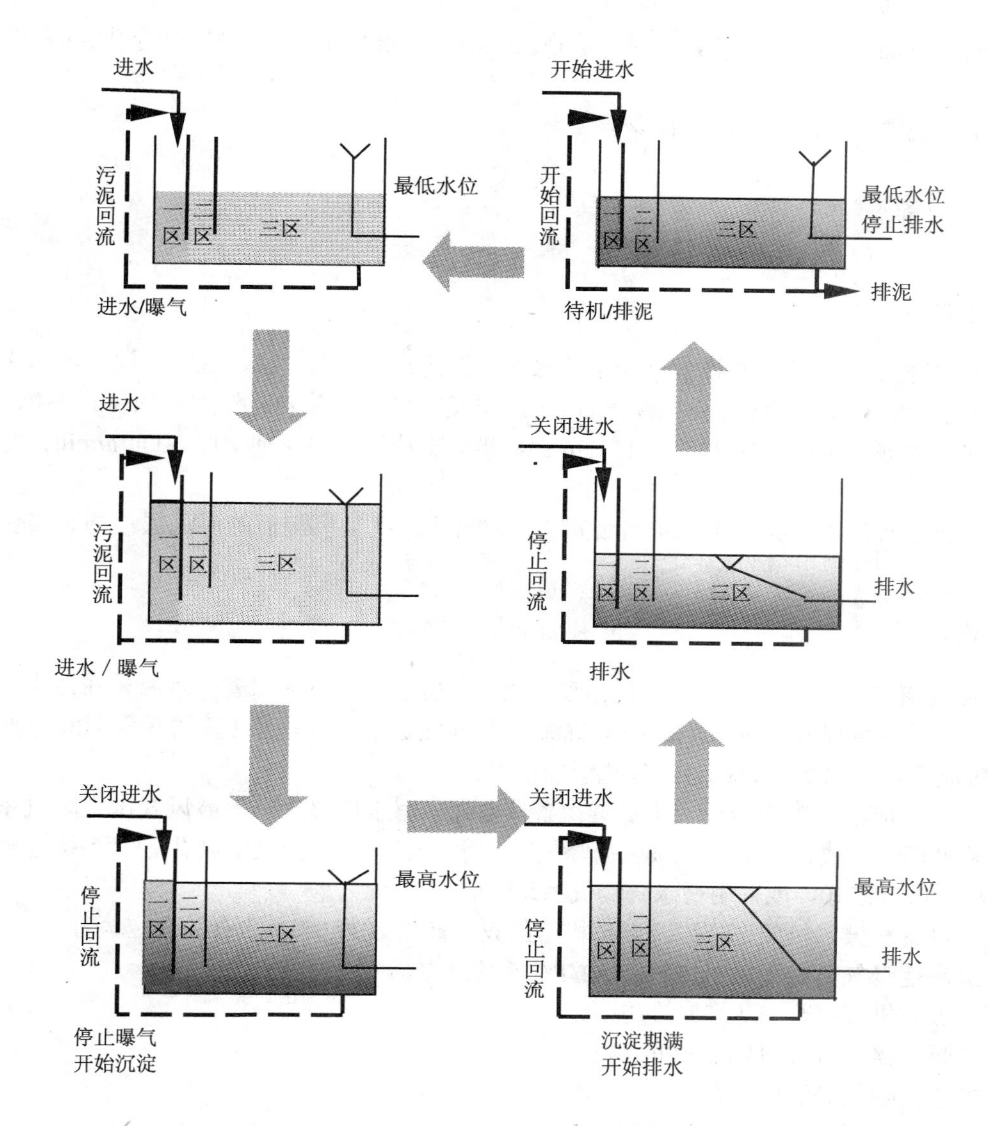

图 4　CASS 或 CAST 工艺流程（除磷脱氮）

6.4.2　CASS 或 CAST 仅要求脱氮时，反应池设计应符合下列规定：

a）反应池一般分为两个反应区，一区为缺氧生物选择区、二区为好氧区（见图 3）；

b）反应池缺氧区内的溶解氧小于 0.5 mg/L，进行反硝化反应；

c）反应池缺氧区的有效容积宜占反应池总有效容积的 20%；

d）反应池内好氧区混合液回流至缺氧区，回流比应根据试验确定，不宜小于 20%。

6.4.3　CASS 或 CAST 要求除磷脱氮时，反应池设计应符合下列规定：

a）反应池一般分为三个反应区，一区为厌氧生物选择区、二区为缺氧区、三区为好氧区（见图 4），反应池也可以分为两个反应区，一区为缺氧（或厌氧）生物选择区、二区为好氧区；

b）反应池缺氧区内的溶解氧小于 0.5 mg/L，进行反硝化反应，其有效容积宜占反应池总有效容积的 20%；

c）反应池厌氧生物选择区溶解氧为 0，嗜磷菌释放磷，其有效容积宜占反应池总有效容积的 5%～10%；

d）反应池内好氧区混合液回流至厌氧生物选择区，回流比应根据试验确定，不宜小于 20%。

6.4.4　CASS 或 CAST 工艺曝气系统的计算及设计参照本标准 6.3.4。

6.4.5 反应池内混合液回流系统设计时，应在反应池末端设置回流泵，将主反应区混合液回流至生物选择区。

6.4.6 一个系统内反应池的个数不宜少于 2 个。

7 主要工艺设备

7.1 排水设备

7.1.1 SBR 工艺反应池的排水设备宜采用滗水器，包括旋转式滗水器、虹吸式滗水器和无动力浮堰虹吸式滗水器等。滗水器性能应符合相应产品标准的规定，若采用旋转式滗水器应符合 HJ/T 277 的规定。

7.1.2 滗水器的堰口负荷宜为 20～35 L/（m·s），最大上清液滗除速率宜取 30 mm/min，滗水时间宜取 1.0 h。

7.1.3 滗水器应有浮渣阻挡装置和密封装置。滗水时不应扰动沉淀后的污泥层，同时挡住水面的浮渣不外溢。

7.2 曝气设备

7.2.1 SBR 工艺选用曝气设备时，应根据设备类型、位于水面下的深度、水温、在污水中氧总转移特性、当地的海拔高度以及生物反应池中溶解氧的预期浓度等因素，将计算的污水需氧量换算为标准状态下污水需氧量，并以此作为设备设计选型的依据。

7.2.2 曝气方式应根据工程规模大小及具体条件选择。恒水位曝气时，鼓风式微孔曝气系统宜选择多池共用鼓风机供气方式，或采用机械表面曝气。变水位曝气时，鼓风式微孔曝气系统宜采用反应池与鼓风机一对一供气方式，或采用潜水式曝气系统。

7.2.3 曝气设备和鼓风机的选择以及鼓风机房的设计参照 GB 50014 的有关规定执行。

7.2.4 单级高速曝气离心鼓风机应符合 HJ/T 278 的规定。

7.2.5 罗茨鼓风机应符合 HJ/T 251 的规定。

7.2.6 微孔曝气器应符合 HJ/T 252 的规定。

7.2.7 机械表面曝气装置应符合 HJ/T 247 的规定。

7.2.8 潜水曝气装置应符合 HJ/T 260 的规定。

7.3 混合搅拌设备

7.3.1 混合搅拌设备应根据好氧、厌氧等反应条件选用，混合搅拌功率宜采用 2～8 W/m^3。

7.3.2 厌氧和缺氧宜选用潜水式推流搅拌器，搅拌器性能应符合 HJ/T 279 的要求。

8 检测与控制

8.1 一般规定

8.1.1 SBR 污水处理工程应进行过程检测和控制，并配置相应的检测仪表和控制系统。

8.1.2 检测和控制内容应根据工程规模、工艺流程、运行管理要求确定。

8.1.3 自动化仪表和控制系统应保证 SBR 污水处理工程的安全性和可靠性，方便运行管理。

8.1.4 计算机控制管理系统宜兼顾现有、新建和规划的要求。

8.1.5 参与控制和管理的机电设备应设置工作和事故状态的检测装置。

8.2 过程检测

8.2.1 进水泵房、格栅、沉砂池宜设置 pH 计、液位计、液位差计、流量计、温度计等。

8.2.2 SBR 反应池内宜设置温度计、pH 计、溶解氧（DO）仪、氧化还原电位计、污泥浓度计、液位计等。

8.2.3 为保证污水处理厂（站）安全运行，按照下列要求设置监测仪表和报警装置：

a）进水泵房：宜设置硫化氢（H_2S）浓度监测仪表和报警装置；

b）污泥消化池：应设置甲烷（CH_4）、硫化氢（H_2S）浓度监测仪表和报警装置；

c）加氯间：应设置氯气（Cl_2）浓度监测仪和报警装置。

8.3 过程控制

8.3.1 SBR 污水处理工程的主要构筑物应按照液位变化自动控制运行。

8.3.2 10 万 m^3/d 规模以下的 SBR 污水处理工程的主要生产工艺单元宜采用自动控制系统。

8.3.3 10 万 m^3/d 规模以上的 SBR 污水处理工程宜采用集中监视、分散控制的自动控制系统。

8.3.4 采用成套设备时，设备本身控制宜与系统控制相结合。

8.4 计算机控制管理系统

8.4.1 计算机管理系统应有信息收集、处理、控制、管理和安全保护功能。

8.4.2 控制管理系统的控制层、监控层和管理层应合理配置。

8.4.3 污水处理工艺过程宜采用集中与分散控制模式，实现工艺过程自动控制、运行工况的监视和调整、停机和故障处理。

8.4.4 全厂的控制系统宜划分为若干个单元，采用可编程序控制（PLC），根据工艺参数自动监控各运行设备。

8.4.5 中央控制室计算机应与各单元 PLC 联网，实时显示运行工况、实时向 PLC 传送调整设备运行状态的指令、建立数据库并记录、储存运行参数、指标等资料。

8.4.6 中央控制室计算机应能设置所有运行参数，并可预先设置多套运行模式，根据实际水量、水质、水温等检测参数自动选择。

8.4.7 现场控制设备通过“手动/自动”选择开关进行切换，可由现场开关直接控制设备，同时应将现场控制模式作为最高优先级的控制模式以保证现场操作的安全。

9 电气

9.1 供电系统

9.1.1 工艺装置的用电负荷应为二级负荷。

9.1.2 高、低压用电设备的电压等级应与其供电电网电压等级相一致。

9.1.3 中央控制室的仪表电源应配备在线式不间断供电电源设备。

9.1.4 接地系统宜采用三相五线制系统。

9.2 低压配电

变电所低压配电室的变配电设备布置，应符合国家标准 GB 50053 的规定。

9.3 二次线

9.3.1 工艺线上的电气设备宜在中央控制室集中监控管理，并纳入自动控制。

9.3.2 电气系统的控制水平应与工艺水平相一致，宜纳入计算机控制系统，也可采用强电控制。

10 施工与验收

10.1 一般规定

10.1.1 工程施工单位应具有国家相应的工程施工资质；工程项目宜通过招投标确定施工单位和监理单位。

10.1.2 应按工程设计图纸、技术文件、设备说明书等组织工程施工，工程的变更应取得设计单位的设计变更文件后再实施。

10.1.3 施工使用的设备材料、半成品、部件应符合国家现行标准和设计要求，并取得供货商的合格证书，不得使用不合格产品。设备安装应符合 GB 50231 的规定。

10.1.4 施工前，应进行施工组织设计或编制施工方案，明确施工质量负责人和施工安全负责人，经批准后方可实施。

10.1.5 施工过程中，应做好设备、材料、隐蔽工程和分项工程等中间环节的质量验收。

10.1.6 管道工程施工和验收应符合 GB 50268 的规定；混凝土结构工程的施工和验收应符合 GB 50204 的规定；构筑物的施工和验收应符合 GB 50141 的规定。

10.1.7 工程竣工验收后，建设单位应将有关设计、施工和验收的文件立卷归档。

10.2 施工

10.2.1 土建施工

10.2.1.1 施工前应参照 GB 50141 做好施工准备，认真阅读设计图纸和设备安装对土建的要求，了解预留预埋件的准确位置和做法，对有高程要求的设备基础要严格控制在设备要求的误差范围内。

10.2.1.2 反应池宜采用钢筋混凝土结构，土建施工应重点控制池体的抗浮处理、地基处理、池体抗渗处理，满足设备安装对土建施工的要求。

10.2.1.3 按照设计要求采取适当的措施确保池体的抗浮稳定性。

10.2.1.4 需要在软弱地基上施工、且构筑物荷载不大时，应采取适当的措施对地基进行处理，当地基下有软弱下卧层时，应考虑其沉降的影响，必要时可采用桩基。

10.2.1.5 施工过程中应加强建筑材料和施工工艺的控制，杜绝出现裂缝和渗漏。出现渗漏处，应会同设计单位等有关方面确定处理方案，彻底解决问题。

10.2.1.6 模板、钢筋、混凝土分项工程应严格执行 GB 50204 的规定，并符合以下要求：

a）模板架设应有足够强度、刚度和稳定性，表面平整无缝隙，尺寸正确；

b）钢筋规格、数量准确，绑扎牢固应满足搭接长度要求，无锈蚀；

c）混凝土配合比、施工缝预留、伸缩缝设置、设备基础预留孔及预埋螺栓位置均应符合规范和设计要求，冬季施工应注意防冻。

10.2.1.7 现浇钢筋混凝土水池施工允许偏差应符合表 8 的规定。

表 8 现浇钢筋混凝土水池施工允许偏差

项次	项目		允许偏差/mm
1	轴线位置	底板	15
		池壁、柱、梁	8
2	高程	垫层、底板、池壁、柱、梁	±10
3	平面尺寸（混凝土底板和池体长、宽或直径）	$L \leqslant 20$ m	±20
		20 m$<L \leqslant 50$ m	$\pm L/1\,000$
		50 m$<L \leqslant 250$ m	±50
4	截面尺寸	池壁、柱、梁、顶板	+10，−5
		洞、槽、沟净空	±10
5	垂直度	$H \leqslant 5$ m	8
		5 m$<H \leqslant 20$ m	$1.5H/1\,000$
6	表面平整度（用 2 m 直尺检查）		10
7	中心位置	预埋件、预埋管	5
		预留洞	10

注：L 为底板和池体的长、宽或直径；H 为池壁、柱的高度。

10.2.1.8 处理构筑物应根据当地气温和环境条件，采取防冻措施。

10.2.1.9 处理构筑物应设置必要的防护栏杆，并采取适当的防滑措施，符合 GB 50352 的规定。

10.2.1.10 其他建筑物施工应执行有关建筑工程测量与施工组织技术规范。

10.2.2 设备安装

10.2.2.1 设备安装前应检查下列文件：

a）设备安装说明、电路原理图和接线图；

b）设备使用说明书、运行和保养手册；

c）防护及油漆标准；

d）产品出厂合格证书、性能检测报告、材质证明书；

e）设备开箱验收记录。

10.2.2.2 设备基础应符合以下规定：

a）设备基础应按照设计要求和图纸规定浇筑，混凝土标号、基面位置高程应符合说明书和技术文件规定；

b）混凝土基础应平整坚实，并有隔振措施；

c）预埋件水平度及平整度应符合 GB 50231 的规定；

d）地脚螺栓应按照原机出厂说明书的要求预埋，位置应准确，安装应稳固。

10.2.2.3 安装好的机械应严格符合外形尺寸的公称允许偏差，不允许超差。

10.2.2.4 应按照产品技术文件要求进行设备安装和试运转，并做好设备试运转记录、中间交验记录、施工记录和监理检验记录。

10.2.2.5 机电设备安装后试车应满足下列要求：

a）启动时应按照标注箭头方向旋转，启动运转应平稳，运转中无振动和异常声响；

b）运转啮合与差动机构运转应按产品说明书的规定同步运行，没有阻塞、碰撞现象；

c）运转中各部件应保持动态所应有的间隙，无抖动晃摆现象；

d）试运转用手动或自动操作，设备全程完整动作五次以上，整体设备应运行灵活；

e）各限位开关运转中动作及时，安全可靠；

f）电机运转时温升在正常值内；

g）各部轴承加注规定润滑油脂，应不漏、不发热，温升小于60℃。

10.2.2.6 滗水器安装应符合下列规定：

a）旋转式滗水器安装应保持机组运转平稳、灵活、不卡阻；

b）滗水器堰口的水平度应不大于0.3/1 000，运转时不应倾斜；

c）滗水器排水支、干管应垂直，偏差应不大于±1 mm；

d）滗水器排气管上端开口应高于水面200 mm，管内不应有堵塞现象；

e）滗水器排水立管螺栓应固定牢固；

f）滗水器的电气控制系统安装质量验收应符合GB 50254的规定。

10.2.2.7 其他设备及管道工程宜参照GB 50334的有关规定进行安装施工。

10.3 工程验收

10.3.1 工程验收参照GB 50334执行。

10.3.2 工程验收包括中间验收和竣工验收；中间验收应由施工单位会同建设单位、设计单位、质量监督部门共同进行；竣工验收应由建设单位组织施工、设计、管理、质量监督及有关单位联合进行。

10.3.3 构筑物各施工工序完工后均应经过中间验收；隐蔽工程应经过中间验收后，方可进入下一道工序。

10.3.4 中间验收包括验槽、验筋、主体验收、安装验收、联动试车。中间验收时，应按规定的质量标准进行检验，并填写中间验收记录。

10.3.5 滗水器安装完成后应按下列要求进行空转运行和充水试运行试验：

a）采用水平仪检测滗水器的水平程度，分别进行空转和充水试验，滗水器堰口应保持水平状态；

b）采用检查施工记录和尺量检查的方法，检测滗水器排水支、干管垂直偏差；

c）采用检查施工记录和尺量检查的方法检查排气管，保证滗水器排气管上端开口应高于水面200 mm，管内不应有堵塞现象；

d）在滗水器空转和充水状态下运转，分别检查滗水器排水立管螺栓固定牢固程度，保持滗水器排水装置的稳固。

10.3.6 竣工验收应提供下列资料：

a）竣工图及设计变更文件；

b）主要材料和设备的合格证或试验记录；

c）施工测量记录；

d）混凝土、砂浆、焊接及水密性、气密性等试验、检验记录；

e）施工记录；

f）中间验收记录；

g）工程质量检验评定记录；

h）工程质量事故处理记录；

i）设备安装及联合试车记录；

j）工程试运行记录。

10.3.7 竣工验收时，应核实竣工验收资料，并应进行必要的复验和外观检查，对下列项目应作出鉴定，并填写竣工验收鉴定书。

a）构筑物的位置、数量，高程、坡度、平面尺寸的误差；

b）管道及其附件等安装的位置和数量；

c）结构强度、抗渗、抗冻的标号；

d）构筑物的水密性；

e）外观，包括构筑物有无裂缝、蜂窝、麻面、露筋、空鼓、缺边、掉角，以及设备、外露的管道等安装工程的质量；

f）其他。

10.4 环境保护验收

10.4.1 污水处理工程在正式投入使用之前，建设单位应向县级以上人民政府环境保护行政主管部门提出环境保护设施竣工验收申请。

10.4.2 污水处理工程竣工环境保护验收应按照《建设项目竣工环境保护验收管理办法》的规定进行。

10.4.3 水质在线监测系统的验收应符合 HJ/T 354 的规定。

10.4.4 SBR 污水处理厂（站）验收前应进行试运行，测定设施的工艺性能数据和经济指标数据，填写试运行记录作为验收资料之一，内容包括：

a）试运行应按照设计流量全流程通过所有构筑物，以考核各构筑物高程布置是否有问题；

b）测试并计算各构筑物的工艺参数；

c）测定沉砂池的沉砂量，含水率及灰分；

d）测定沉砂池进水、出水的 SS 值；

e）设有初次沉淀池时，测定沉淀池的污泥量、含水率及灰分；

f）测定 SBR 反应池活性污泥 MLSS 值；

g）测定 SBR 反应池活性污泥的 MLVSS/MLSS 比值；

h）测定剩余污泥量、含水率及灰分；

i）SBR 进出水水质化验项目包括：pH、SS、色度、COD、BOD_5、氨氮、总氮、总磷、细菌总数、大肠菌群、石油类、挥发酚、汞、镉、铅、砷、总铬（或六价铬）、氰化物；

j）污水处理厂（站）内有毒、有害气体的测定；

k）统计全厂进出水量、用电量和各分项用电量；

l）计算全厂技术经济指标：BOD_5 去除总量、BOD_5 去除电耗（kW·h/kg）、污水处理运行成本（元/kg）。

11 运行与维护

11.1 一般规定

11.1.1 污水处理厂（站）的运行、维护及安全生产参照 CJJ 60 执行。

11.1.2 污水处理厂（站）的运行管理应保证设施连续正常运行，污染物排放能达到国家和地方排放标准以及总量控制的要求。

11.1.3 污水处理厂（站）在运行前应制定工艺系统图、设施操作和维护规程，建立设备台账、运行记录、定期巡视、交接班、安全检查等管理制度。

11.1.4 污水处理厂（站）的工艺设施和主要设备应编入台账，定期对各类设备、电气、自控仪表及建（构）筑物进行维护、检修、检验，确保设施稳定可靠运行。

11.1.5 污水处理厂（站）的运行操作和管理人员应熟悉本厂处理工艺及技术指标和设施、设备的运行要求，经过技术培训和生产实践，并考试合格后方可上岗。

11.1.6 运行操作人员应按岗位操作规程进行系统操作，定期检查构筑物、设备、电器和仪表的运行情况。

11.1.7 运行操作人员应严格履行岗位职责，做好巡视和交接班。各岗位的运行操作人员在运行、巡视、交接班、检修等生产活动中应做好相关记录。

11.1.8 应定期检测运行控制指标和进、出水水质。

11.1.9 污水处理厂（站）在运行中应严格执行经常性的和定期的安全检查制度，及时消除事故隐患，防止事故发生。

11.2 运行

11.2.1 排水比（或充水比）调节

在设定运行周期不变的情况下，当实际运行进水流量发生变化时，可用调整排水比（或充水比）的方法保证各反应池的配水均匀。

11.2.2 运行周期调节

处理水量变化较大时，需按高峰期日处理水量、低谷期日处理水量、日均处理水量调整运行周期。

11.2.3 进水流量调节

一天中设施进水流量随时间变化较大时，可以调节进水流量，保证排水比（充水比）相对稳定、反应池处于良好运行状态。

11.2.4 排水调节

排水时要求水面匀速下降，下降速度宜小于或等于 30 mm/min。

11.2.5 滗水器管理

每班对滗水器巡视一次，发现故障及时处理。滗水器因故障停运时可临时用事故排水管排水。

11.2.6 曝气调节

11.2.6.1 鼓风曝气系统曝气开始时，应排放管路中的存水，并经常检查自动排水阀的可靠性。

11.2.6.2 曝气工序结束时，反应池主反应区溶解氧质量浓度不宜小于 2 mg/L。

11.2.7 污泥观察与调节

11.2.7.1 污水处理系统运行中，应经常观察活性污泥的颜色、状态、气味、生物相以及上清液的透明度，定时测试，发现问题应及时解决。

11.2.7.2 污水处理系统运行中，应经常观察沉淀工序结束时的污泥界面下降距离，污泥界面至最低水面距离不宜小于 500 mm。

11.2.7.3 反应池的排泥量可根据污泥沉降比、混合液污泥浓度、静置沉淀结束时（或排水结束时）的污泥层高确定。

11.3 维护

11.3.1 SBR 反应池的维护保养应作为全厂维护的重点。

11.3.2 操作人员应严格执行设备操作规程，定时巡视设备运转是否正常，包括温升、响声、振动、电压、电流等，发现问题应尽快检查排除。

11.3.3 各设备的转动部件应保持良好的润滑状态，及时添加润滑油、清除污垢；若发现漏油、渗油，应及时解决。

11.3.4 应定期检查滗水器排水的均匀性、灵活性、自动控制的可靠性，发现问题及时解决。

11.3.5 鼓风曝气系统曝气开始时应排放管路中的存水，并经常检查自动排水阀的可靠性。

11.3.6 SBR 反应池内微孔曝气器容易堵塞，应定时检查曝气器堵塞和损坏情况，及时更换破损的曝气器，保持曝气系统运行良好。

11.3.7 推流式潜水搅拌机无水工作时间不宜超过 3 min。

11.3.8 运行中应防止由于推流式潜水搅拌机叶轮损坏或堵塞、表面空气吸入形成涡流、不均匀水流等原因引起的振动。

11.3.9 定期检查、更换不合格的零部件和易损件。

附 录 A
（资料性附录）
序批式活性污泥法的其他变形工艺

A.1 连续和间歇曝气工艺（DAT-IAT）

A.1.1 DAT-IAT 工艺

A.1.1.1 DAT-IAT 反应池由一个连续曝气池（DAT）和一个间歇曝气池（IAT）串联而成，工艺如图 A.1。

A.1.1.2 DAT 连续进水、连续曝气、连续出水，出水经配水导流墙流入 IAT。DAT 的溶解氧控制在 1.5～2.5 mg/L。

A.1.1.3 IAT 连续进水，曝气、沉淀、滗水三个阶段循环，一般采用 3 h 周期，每个阶段 1 h，在曝气、沉淀阶段进行混合液回流，回流比 1∶200～1∶400；曝气阶段可进行剩余污泥的排除。

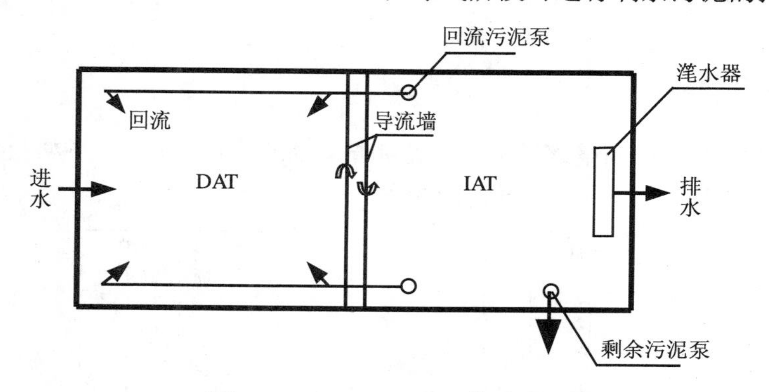

图 A.1 DAT-IAT 工艺流程

A.1.2 DAT-IAT 工艺设计

A.1.2.1 主要设计参数见表 A.1。

表 A.1 DAT-IAT 主要设计参数

项目	符号	单位		主要设计参数			
				去除含碳有机物	要求硝化	要求硝化、反硝化	污泥好氧稳定
反应池五日生化需氧量污泥负荷（BOD_5/MLVSS）	L_s	kg/（kg·d）		0.1[a]	0.07～0.09	0.07	0.05
混合液悬浮固体（MLSS）质量浓度	X	kg/m³	DAT	2.5～4.5	2.5～4.5	2.5～4.5	2.5～4.5
			IAT	3.5～5.5	3.5～5.5	3.5～5.5	3.5～5.5
			平均值	3.0～5.0[a]	3.0～5.0	3.0～5.0	3.0～5.0
混合液回流比	R	%		100～400	100～400	400～600	100～400
污泥龄	θ_c	d		＞6～8	＞10	＞12	＞20
DAT/IAT 的容积比				1	＞1	＞1	＞1
充水比	m			0.17～0.33[a]	0.17～0.33	0.17～0.33	0.17～0.33
IAT 周期时间	t	h		3	3	3	3

注：a）高负荷时 L_s 为 0.1～0.4 kg/（kg·d），MLSS 平均浓度为 1.5～2.0 kg/m³，充水比 m 为 0.25～0.5。

A.1.2.2　反应池容积的设计计算

按 BOD-SS 负荷计算反应池总容积。

$$V = \frac{QS_0}{eL_S X} \quad (A.1)$$

式中：V——反应池总容积，m^3；

Q——反应池设计流量，m^3/d；

S_0——反应池进水 BOD_5 质量浓度，mg/L；

L_S——污泥负荷（BOD_5/MLVSS），kg/（kg·d）；

X——混合液挥发性悬浮固体质量浓度，mg/L；

e——SBR 曝气时间比，当 DAT 与 IAT 的容积为 1∶1 时，e=0.67。

A.1.2.3　曝气系统中，DAT 的供氧量占 60%～70%，IAT 占 30%～40%。

A.1.2.4　回流系统设计时，在 IAT 两侧距导流墙一定距离处设混合液回流泵，将混合液回流至 DAT 池与进水进行混合搅拌。

A.1.2.5　在设计计算排水装置时，应考虑排水时同时进水。

A.2　交替式内循环活性污泥法（AICS）

A.2.1　AICS 工艺流程

A.2.1.1　AICS 基本工艺由一个四格连通的反应池组成，如图 A.2 所示。各格反应池进水、曝气、沉淀和出水的工作按图中 A、B、C、D 四个程序进行。

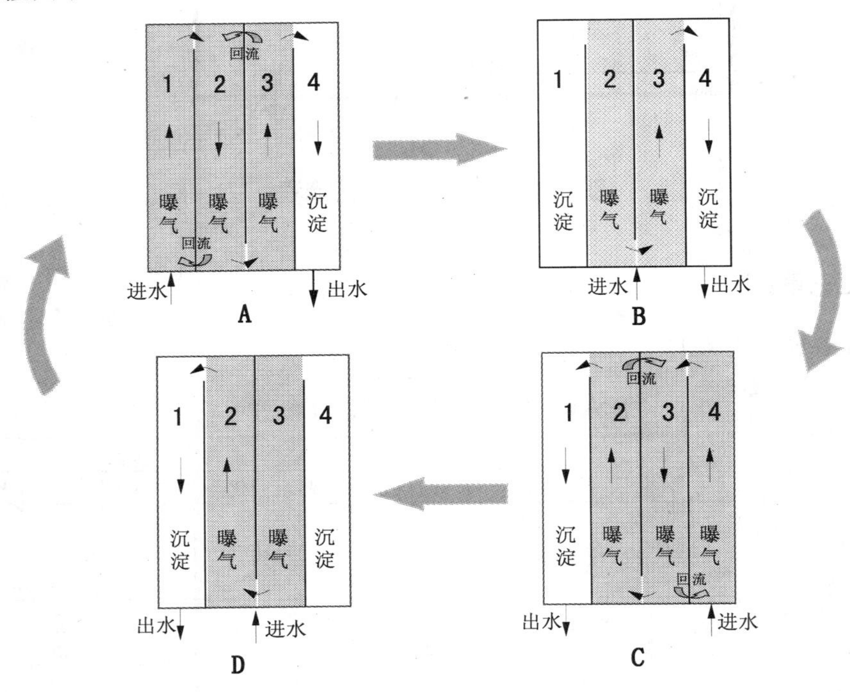

图 A.2　AICS 基本工艺流程

A.2.1.2　AICS 脱氮组合工艺在反应池进水端设置缺氧区，进行反硝化脱氮，如图 A.3 所示。

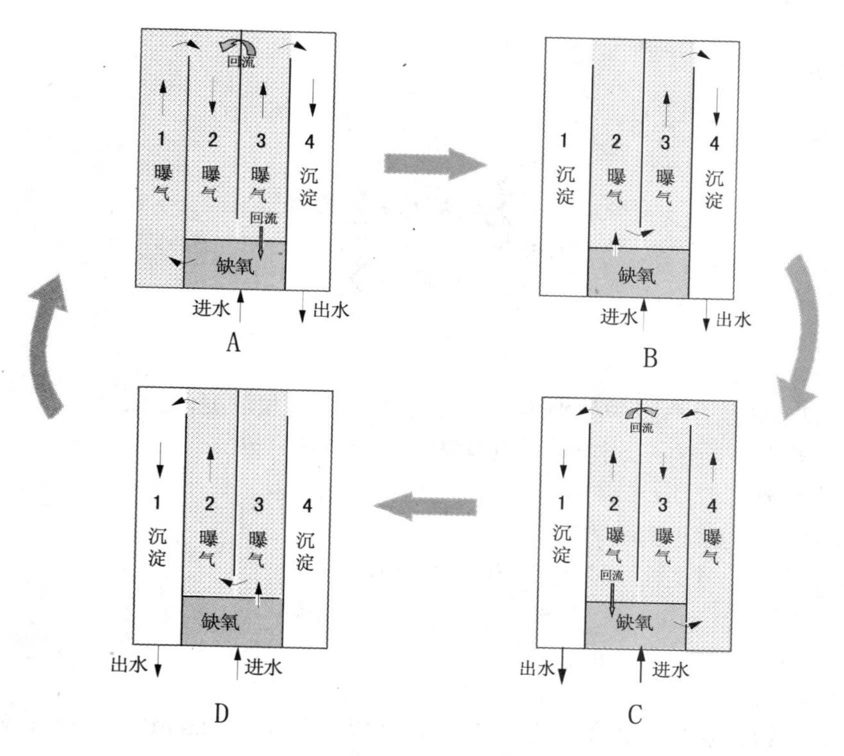

图 A.3　AICS 脱氮组合工艺流程

A.2.1.3　AICS 同步脱氮除磷组合工艺是污水先进入厌氧区释放磷，再进入缺氧区进行反硝化脱氮，然后流入好氧区，完成硝化、吸磷和去除有机物的过程，如图 A.4 所示。

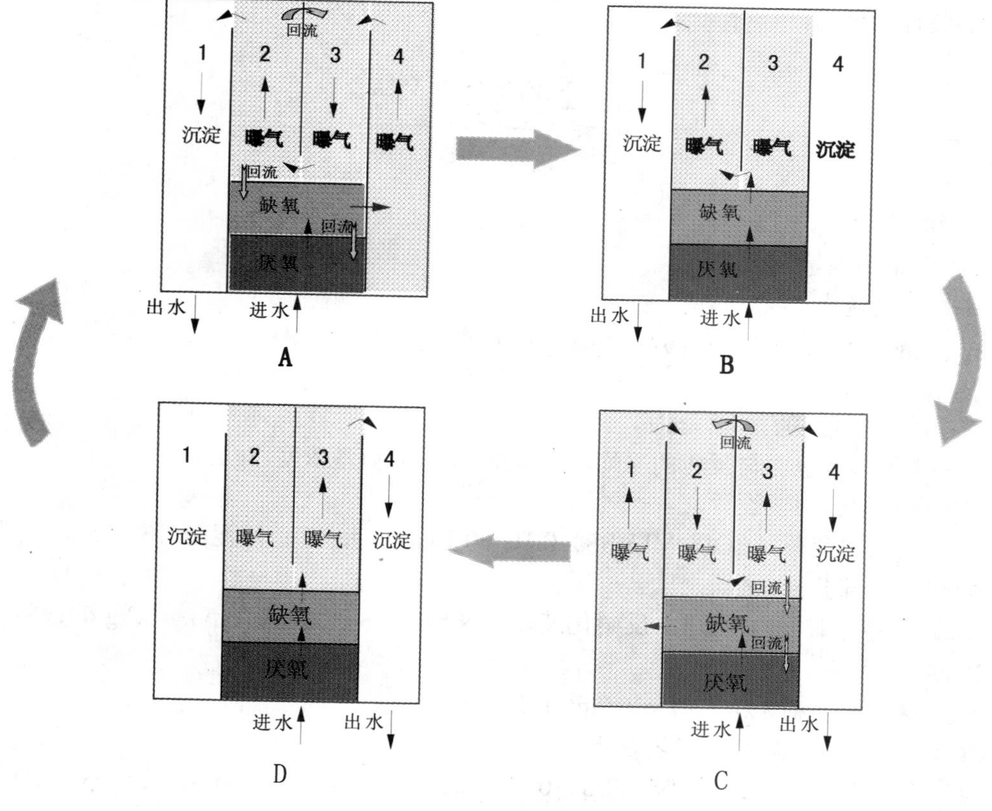

图 A.4　AICS 同步脱氮除磷组合工艺流程

A.2.2 AICS 工艺设计

A.2.2.1 池容利用率可按下式计算。

$$f_a = \frac{\sum_{i=1}^{2} V_{si} X_{si} t_{si} + \sum_{i=1}^{n-2} V_{mi} X_{mi} t_{mi}}{\sum_{i=1}^{2} V_{si} X_{si} t + \sum_{i=1}^{n-2} V_{mi} X_{mi} t} \tag{A.2}$$

式中：f_a——池容利用率；

X_{mi}——中间曝气池参与反应的平均污泥（MLVSS）质量浓度，g/L；

X_{si}——边池参与反应的平均污泥（MLVSS）质量浓度，g/L；

t_{si}——边池反应时间，h；

t_{mi}——中间曝气池反应时间，h；

t——SBR 反应池一个运行周期需要的时间，h；

V_{si}——边池的体积，m^3；

V_{mi}——中间曝气池的体积，m^3；

n——反应池个数。

A.2.2.2 以去除有机物为主的 AICS 工艺沉淀区的负荷宜在 1.5～2.5 $m^3/(m^2 \cdot h)$；硝化脱氮组合工艺和同步脱氮除磷工艺沉淀区的负荷宜在 1.0～2.0 $m^3/(m^2 \cdot h)$。

A.2.2.3 AICS 工艺的水头损失宜控制在 1.0 m 以下。

A.2.2.4 AICS 工艺宜采用微孔曝气的方式。

A.2.2.5 AICS 工艺的周期时间应根据污水水量、水质确定。通常采用 4 h、6 h 或 8 h。

A.2.2.6 污泥龄计算公式：

$$\theta_c = \frac{\sum_{i=1}^{2} V_{si} X_{si} + \sum_{i=1}^{n-2} V_{mi} X_{mi}}{\Delta X \cdot f_a} \tag{A.3}$$

式中：θ_c——污泥龄；

ΔX——剩余污泥量，kg/d；

f_a——池容利用率；

X_{si}——边池参与反应的平均污泥（MLVSS）质量浓度，g/L；

V_{si}——边池的体积，m^3；

V_{mi}——中间曝气池的体积，m^3；

X_{mi}——中间曝气池参与反应的平均污泥（MLVSS）质量浓度，g/L。

A.2.2.7 AICS 脱氮组合工艺设计

A.2.2.7.1 好氧区污泥负荷（BOD_5/MLVSS）0.10～0.15 kg/（kg·d）；污泥龄 13～25 d（作为设计校核参数，扣除污泥沉淀部分）。

A.2.2.7.2 缺氧区停留时间 1～2 h；反硝化速率（N/MLVSS）0.05～0.15 kg/（kg·d）；混合液回流比为 200%～300%。

A.2.2.7.3 沉淀区表面负荷 1.0～2.0 $m^3/(m^2 \cdot h)$。

A.2.2.8 AICS 同步脱氮除磷组合工艺设计

A.2.2.8.1 好氧区污泥负荷（BOD_5/MLVSS）0.10～0.15 kg/（kg·d）；污泥龄 12～18 d（作为设计校核参数，扣除污泥沉淀部分）。

A.2.2.8.2 缺氧区停留时间 1～2 h；反硝化速率（N/MLVSS）为 0.05～0.15 kg/（kg·d）。

A.2.2.8.3 厌氧区停留时间 1～1.5 h；来自缺氧区的混合液回流比 50%～100%。

中华人民共和国国家环境保护标准

HJ 578—2010

氧化沟活性污泥法污水处理工程技术规范

Technical specifications for oxidation ditch activated sludge process

2010-10-12 发布

2011-01-01 实施

环 境 保 护 部 发布

前　言

为贯彻《中华人民共和国水污染防治法》，防治水污染，改善环境质量，规范氧化沟活性污泥法在污水处理工程中的应用，制定本标准。

本标准规定了采用氧化沟活性污泥法的污水处理工程工艺设计、主要设备、检测和控制、电气、施工与验收、运行与维护的技术要求。

本标准的附录 A 为规范性附录，附录 B 为资料性附录。

本标准为首次发布。

本标准由环境保护部科技标准司组织制订。

本标准主要起草单位：中国环境保护产业协会（水污染治理委员会）、安徽国祯环保节能科技股份有限公司、湖南省建筑设计院、武汉市武控系统工程有限公司。

本标准由环境保护部 2010 年 10 月 12 日批准。

本标准自 2011 年 1 月 1 日起实施。

本标准由环境保护部解释。

氧化沟活性污泥法污水处理工程技术规范

1 适用范围

本标准规定了采用氧化沟活性污泥法的污水处理工程工艺设计、主要设备、检测和控制、电气、施工与验收、运行与维护的技术要求。

本标准适用于采用氧化沟活性污泥法的城镇污水和工业废水处理工程，可作为环境影响评价、设计、施工、验收及建成后运行与管理的技术依据。

2 规范性引用文件

本标准内容引用了下列文件中的条款。凡不注明日期的引用文件，其有效版本适用于本标准。

GB 3096　声环境质量标准
GB 12348　工业企业厂界环境噪声排放标准
GB 12801　生产过程安全卫生要求总则
GB 18599　一般工业固体废物贮存、处置场污染控制标准
GB 18918　城镇污水处理厂污染物排放标准
GB 50014　室外排水设计规范
GB 50015　建筑给水排水设计规范
GB 50016　建筑设计防火规范
GB 50040　动力机器基础设计规范
GB 50053　10 kV 及以下变电所设计规范
GB 50187　工业企业总平面设计规范
GB 50204　混凝土结构工程施工质量验收规范
GB 50222　建筑内部装修设计防火规范
GB 50231　机械设备安装工程施工及验收通用规范
GB 50268　给水排水管道工程施工及验收规范
GB 50352　民用建筑设计通则
GBJ 87　工业企业噪声控制设计规范
GB 50141　给水排水构筑物工程施工及验收规范
GBZ 1　工业企业设计卫生标准
GBZ 2　工作场所有害因素职业接触限值
CJ/T 51　城市污水水质检验方法标准
CJJ 60　城市污水处理厂运行、维护及其安全技术规程
HJ/T 91　地表水和污水监测技术规范
HJ/T 242　环境保护产品技术要求　污泥脱水用带式压榨过滤机
HJ/T 247　环境保护产品技术要求　竖轴式机械表面曝气装置
HJ/T 259　环境保护产品技术要求　转刷曝气装置
HJ/T 260　环境保护产品技术要求　鼓风式潜水曝气机

HJ/T 279　环境保护产品技术要求　推流式潜水搅拌机
HJ/T 280　环境保护产品技术要求　转盘曝气装置
HJ/T 283　环境保护产品技术要求　厢式压滤机和板框压滤机
HJ/T 335　环境保护产品技术要求　污泥浓缩带式脱水一体机
HJ/T 353　水污染源在线监测系统安装技术规范（试行）
HJ/T 354　水污染源在线监测系统验收技术规范（试行）
HJ/T 355　水污染源在线监测系统运行与考核技术规范（试行）
《建设项目竣工环境保护验收管理办法》（国家环保总局，2001）
《城市污水处理工程项目建设标准（修订）》（建设部、国家发改委，2001）

3　术语和定义

下列术语和定义适用于本标准。

3.1

氧化沟　oxidation ditch activated sludge process

指反应池呈封闭无终端循环流渠形布置，池内配置充氧和推动水流设备的活性污泥法污水处理方法。主要工艺包括单槽氧化沟、双槽氧化沟、三槽氧化沟、竖轴表曝机氧化沟和同心圆向心流氧化沟，变形工艺包括一体化氧化沟、微孔曝气氧化沟。

3.2

好氧区（池）　oxic zone

指氧化沟的充氧区（池），溶解氧质量浓度一般不小于 2 mg/L，主要功能是降解有机物、硝化氨氮和过量摄磷。

3.3

缺氧区（池）　anoxic zone

指氧化沟的非充氧区（池），溶解氧质量浓度一般为 0.2～0.5 mg/L，主要功能是进行反硝化脱氮。

3.4

厌氧区（池）　anaerobic zone

指氧化沟的非充氧区（池），溶解氧质量浓度一般小于 0.2 mg/L，主要功能是进行磷的释放。

3.5

机械表面曝气装置　mechanical surface aerator

指利用设在曝气池水面的叶轮或转刷（盘）进行曝气的装置，包括竖轴式机械表面曝气装置、转盘表面曝气装置、转刷表面曝气装置等。

3.6

搅拌机　mixer

指螺旋桨叶片小于 1 m，转速为中高转速（一般大于 300 r/min），使介质搅拌均匀的装置。

3.7

推流器　flowmaker

指螺旋桨叶片大于 1 m，转速为低转速（一般小于 100 r/min），产生层面推流作用的装置。

3.8

预处理　pretreatment

指进水水质能满足氧化沟生化需要时，在氧化沟前设置的处理措施。如格栅、沉砂池等。

3.9

前处理 preprocessing

指进水水质不能满足氧化沟生化需要时，根据调整水质的需要，在氧化沟前设置的处理工艺。如初沉池、水解酸化池、气浮池、均化池、事故池等。

3.10

内回流门 internal reflux gate

指氧化沟系统某些沟型所特有的、可使混合液从好氧区（池）到缺氧区（池）实现无动力回流的廊道和设备。

3.11

标准状态 standard state

指大气压为 101 325 Pa、温度为 293.15 K 的状态。

4 总体要求

4.1 氧化沟宜用于《城市污水处理工程项目建设标准（修订)》中规定的Ⅱ～Ⅴ类的城市污水处理工程，以及有机负荷相当于此类城市污水的工业废水处理工程。

4.2 氧化沟污水处理厂（站）应遵守以下规定：

1）污水处理厂厂址选择和总体布置应符合 GB 50014 的相关规定。总图设计应符合 GB 50187 的规定。

2）污水处理厂（站）的防洪标准不应低于城镇防洪标准，且有良好的排水条件。

3）污水处理厂（站）建筑物的防火设计应符合 GB 50016 和 GB 50222 等规范的规定。

4）污水处理厂（站）堆放污泥、药品的贮存场应符合 GB 18599 的规定。

5）污水处理厂（站）建设、运行过程中产生的废气、废水、废渣及其他污染物的治理与排放，应贯彻执行国家现行的环境保护法规和标准的有关规定，防止二次污染。

6）污水处理厂（站）的设计、建设应采取有效的隔声、消声、绿化等降低噪声的措施，噪声和振动控制的设计应符合 GBJ 87 和 GB 50040 的规定，机房内、外的噪声应分别符合 GBZ 2 和 GB 3096 的规定，厂界环境噪声排放应符合 GB 12348 的规定。

7）污水处理厂（站）的设计、建设、运行过程中应重视职业卫生和劳动安全，严格执行 GBZ 1、GBZ 2 和 GB 12801 的规定。在氧化沟建成运行的同时，安全和卫生设施应同时建成运行，并制定相应的操作规程。

4.3 污水处理厂（站）应按照 GB 18918 的规定安装在线监测系统，其他污水处理工程应按照国家或当地的环境保护管理要求安装在线监测系统。在线监测系统的安装、验收和运行应符合 HJ/T 353、HJ/T 354 和 HJ/T 355 的规定。

5 设计流量和设计水质

5.1 设计流量

5.1.1 城镇污水设计流量

5.1.1.1 城镇旱流污水设计流量应按式（1）计算：

$$Q_{dr} = Q_d + Q_m \qquad (1)$$

式中：Q_{dr}——旱流污水设计流量，L/s；

Q_d——综合生活污水设计流量，L/s；

Q_m——工业废水设计流量，L/s。

5.1.1.2　城镇合流污水设计流量应按式（2）计算：

$$Q = Q_{dr} + Q_s \tag{2}$$

式中：Q——污水设计流量，L/s；

Q_{dr}——旱流污水设计流量，L/s；

Q_s——雨水设计流量，L/s。

5.1.1.3　综合生活污水设计流量为服务人口与相对应的综合生活污水定额之积，综合生活污水定额应根据当地的用水定额，结合建筑内部给排水设施水平和排水系统普及程度等因素确定，可按当地相关用水定额的80%～90%设计。

5.1.1.4　综合生活污水量总变化系数应根据当地综合生活污水实际变化量的测定资料确定，没有测定资料时，可按GB 50014中的相关规定取值，如表1。

表1　综合生活污水量总变化系数

平均日流量/（L/s）	5	15	40	70	100	200	500	≥1 000
总变化系数	2.3	2.0	1.8	1.7	1.6	1.5	1.4	1.3

5.1.1.5　排入市政管网的工业废水设计流量应根据城镇市政排水系统覆盖范围内工业污染源废水排放统计调查资料确定。

5.1.1.6　雨水设计流量参照GB 50014相关章节内容确定。

5.1.1.7　在地下水位较高的地区，应考虑入渗地下水量，入渗地下水量宜根据实际测定资料确定。

5.1.2　工业废水设计流量

5.1.2.1　工业废水设计流量应按工厂或工业园区总排放口实际测定的废水流量设计。测试方法应符合HJ/T 91的规定。

5.1.2.2　工业废水流量变化应根据工艺特点进行实测。

5.1.2.3　不能取得实际测定数据时可参照国家现行工业用水量的有关规定折算确定，或根据同行业同规模同工艺现有工厂排水数据类比确定。

5.1.2.4　有工业废水与生活污水合并处理时，工厂内或工业园区内的生活污水量、沐浴污水量的确定，应符合GB 50015的有关规定。

5.1.2.5　工业园区集中式污水处理厂设计流量的确定可参照城镇污水设计流量的确定方法。

5.1.3　不同构筑物的设计流量

5.1.3.1　提升泵房、格栅井、沉砂池宜按合流污水设计流量计算。

5.1.3.2　初沉池宜按旱流污水流量设计，并用合流污水设计流量校核，校核的沉淀时间不宜小于30 min。

5.1.3.3　反应池和二沉池按旱流污水量计算，必要时考虑一定的合流水量。

5.1.3.4　反应池后的管道等输水设施应按最高日最高时污水流量设计。

5.2　设计水质

5.2.1　城镇污水的设计水质应根据实际测定的调查资料确定，其测定方法和数据处理方法应符合HJ/T 91的规定。无调查资料时，可按下列标准折算设计：

1）生活污水的五日生化需氧量（BOD_5）按每人每天 25～50 g 计算；

2）生活污水的悬浮固体量按每人每天 40～65 g 计算；

3）生活污水的总氮量按每人每天 5～11 g 计算；

4）生活污水的总磷量按每人每天 0.7～1.4 g 计算。

5.2.2 工业废水的设计水质，应根据进入污水处理厂的工业废水的实际测定数据确定，其测定方法和数据处理方法应符合 HJ/T 91 的规定。无实际测定数据时，可参照类似工厂的排放资料类比确定。

5.2.3 生物反应池的进水应符合下列条件：

1）水温宜为 12～35℃、pH 宜为 6.0～9.0、BOD_5/COD_{Cr} 值宜大于 0.3；

2）有去除氨氮要求时，进水总碱度（以 $CaCO_3$ 计）/氨氮（NH_3-N）的比值宜大于等于 7.14，不满足时应补充碱度；

3）有脱总氮要求时，进水的 BOD_5/总氮（TN）值宜大于等于 4.0，总碱度（以 $CaCO_3$ 计）/氨氮值宜大于等于 3.6，不满足时应补充碳源或碱度；

4）有除磷要求时，污水中的 BOD_5 与总磷（TP）之比宜大于等于 17；

5）要求同时除磷、脱氮时，宜同时满足 3）和 4）的要求。

5.3 污染物去除率

氧化沟的污染物去除率可按照表 2 计算。

表 2 氧化沟污染物去除率

污水类别	主体工艺	污染物去除率/%					
		悬浮物（SS）	五日生化需氧量（BOD_5）	化学耗氧量（COD_{Cr}）	TN	NH_3-N	TP
城镇污水	预（前）处理+氧化沟、二沉池	70～90	80～95	80～90	55～85	85～95	50～75
工业废水	预（前）处理+氧化沟、二沉池	70～90	70～90	70～90	45～85	70～95	40～75
注：根据水质、工艺流程等情况，可不设置初沉池，根据沟型需要可设置二沉池。							

6 工艺设计

6.1 一般规定

6.1.1 出水直接排放时，应符合国家或地方排放标准要求；排入下一级处理单元时，应符合下一级处理单元的进水要求。

6.1.2 沟内流态应呈现整体混合、局部推流，进水量远低于池内循环混合液量，形成溶解氧（DO）梯度。

6.1.3 进水水质、水量变化较大时，宜设置调节水质、水量的设施。

6.1.4 沟内污泥质量浓度宜维持在 2 000～4 500 mg/L。

6.1.5 沟底最低流速不宜小于 0.3 m/s。

6.1.6 根据脱氮除磷要求，可设置单独的厌氧区（池）、缺氧区（池）。

6.1.7 工艺设计应考虑具备可灵活调节的运行方式。

6.1.8 工艺设计应考虑水温的影响。

6.1.9 氧化沟可按两组或多组系列布置，多组布置时宜设置进水配水井。

6.1.10 进水泵房、格栅、沉砂池、初沉池和二沉池的设计应符合 GB 50014 中的有关规定。

6.2 预处理和前处理

6.2.1 进水系统前应设置格栅，城镇污水处理工程应设置沉砂池。

6.2.2 悬浮物（SS）高于 BOD_5 设计值 1.5 倍时，生物反应池前宜设置初沉池。

6.2.3 当进水水质不符合 5.2.3 规定的条件或含有影响生化处理的物质时，应根据进水水质采取适当的前处理工艺。

6.3 工艺流程

6.3.1 氧化沟宜采用以下流程：

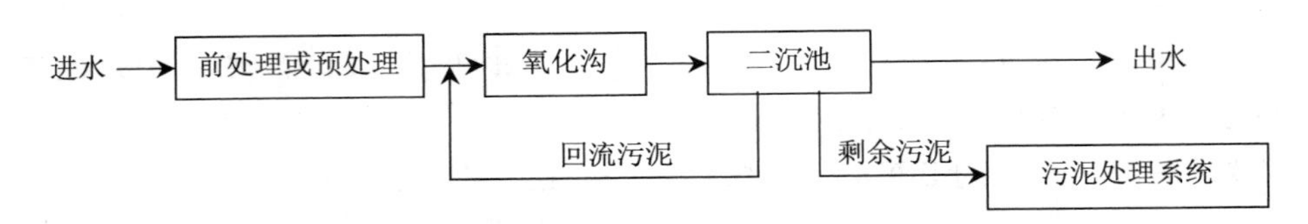

图 1 氧化沟工艺流程

6.3.2 可根据场地、水质、水量等因素采用不同的沟型，主要工艺类型详见附录 A，变形工艺详见附录 B。

6.3.3 单槽氧化沟、双槽氧化沟、竖轴表曝机氧化沟、同心圆向心流氧化沟、微孔曝气氧化沟宜单独设置二沉池；三槽氧化沟不宜设置单独的二沉池。二沉池的设计应符合 GB 50014 的规定。

6.4 池容计算和主要设计参数

6.4.1 去除碳源污染物

6.4.1.1 当以去除碳源污染物为主时，生物反应池的容积可按下式计算。

1）按污泥负荷计算：

$$V=\frac{24Q(S_o-S_e)}{1\,000L_sX} \tag{3}$$

2）按污泥泥龄计算：

$$V=\frac{24QY\theta_c(S_o-S_e)}{1\,000X_v(1+K_{dT}\theta_c)} \tag{4}$$

$$X_v=yX \tag{5}$$

$$K_{dT}=K_{d20}\cdot(\theta_T)^{(T-20)} \tag{6}$$

式中：V——生物反应池的容积，m^3；

S_o——生物反应池进水 BOD_5 质量浓度，mg/L；

S_e——生物反应池出水 BOD_5 质量浓度，mg/L，当去除率大于 90%时可不计；

Q——生物反应池的设计流量，m^3/h；

X——生物反应池内混合液悬浮固体（MLSS）平均质量浓度，g/L；

X_v——生物反应池内混合液挥发性悬浮固体（MLVSS）平均质量浓度，g/L；

L_s——生物反应池的BOD_5污泥负荷，kg/（kg·d）；

y——单位体积混合液中，MLVSS 占 MLSS 的比例，g/g；

Y——污泥产率系数（VSS/BOD_5），kg/kg；

θ_c——设计污泥泥龄，d；

K_{dT}——T℃时的衰减系数，d^{-1}；

K_{d20}——20℃时的衰减系数，d^{-1}，宜取 0.04～0.075；

T——设计温度，℃；

θ_T——温度系数，宜取 1.02～1.06。

6.4.1.2 氧化沟处理城镇污水或水质类似城镇污水的工业废水去除碳源污染物时，主要设计参数可按表 3 的规定取值。工业废水的水质与城镇污水水质差距较大时，设计参数应通过试验或参照类似工程确定。

表 3 去除碳源污染物主要设计参数

项目名称		符号	单位	参数值
反应池 BOD_5 污泥负荷	BOD_5/MLVSS	L_s	kg/（kg·d）	0.14～0.36
	BOD_5/MLSS		kg/（kg·d）	0.10～0.25
反应池混合液悬浮固体（MLSS）平均质量浓度		X	kg/L	2.0～4.5
反应池混合液挥发性悬浮固体（MLVSS）平均质量浓度		X_V	kg/L	1.4～3.2
MLVSS 在 MLSS 中所占比例	设初沉池	y	g/g	0.7～0.8
	不设初沉池		g/g	0.5～0.7
BOD_5 容积负荷		L_v	kg/（m^3·d）	0.20～2.25
设计污泥泥龄（供参考）		θ_c	d	5～15
污泥产率系数（VSS/BOD_5）	设初沉池	Y	kg/kg	0.3～0.6
	不设初沉池		kg/kg	0.6～1.0
总水力停留时间		HRT	h	4～20
污泥回流比		R	%	50～100
需氧量（O_2/BOD_5）		O_2	kg/kg	1.1～1.8
BOD_5 总处理率		η	%	75～95

6.4.2 脱氮

6.4.2.1 当需要脱氮时，宜设置缺氧区（池）。

6.4.2.2 生物反应池的容积采用 6.4.1.1 规定的公式计算时，缺氧区（池）的水力停留时间宜为 1.0～4.0 h。

6.4.2.3 生物反应池的容积采用硝化、反硝化动力学计算时，应按下列规定计算。

1）缺氧区（池）容积可按下式计算：

$$V_n = \frac{0.001Q(N_k - N_{te}) - 0.12\Delta X_v}{K_{deT} X} \qquad (7)$$

$$K_{deT} = K_{de20} 1.08^{(T-20)} \qquad (8)$$

$$\Delta X_v = yY_t \frac{Q(S_o - S_e)}{1\,000} \qquad (9)$$

式中：V_n——缺氧区（池）容积，m^3；

Q——生物反应池的设计流量，m^3/d；

X——生物反应池内混合液悬浮固体（MLSS）平均质量浓度，g/L；

N_k——生物反应池进水总凯氏氮质量浓度，mg/L；

N_{te}——生物反应池出水总氮质量浓度，mg/L；

ΔX_v——排出生物反应池系统的微生物量（MLVSS），kg/d；

K_{deT}——T℃时的脱氮速率（NO_3-N/MLSS），kg/（kg·d），宜根据试验资料确定，无试验资料时按式（8）计算；

K_{de20}——20℃时的脱氮速率（NO_3-N/MLSS），kg/（kg·d），取 0.03～0.06；

T——设计温度，℃；

Y_t——污泥总产率系数（MLSS/BOD_5），kg/kg；宜根据试验资料确定，无试验资料时，有初沉池时取 0.3，无初沉池时取 0.6～1.0；

y——单位体积混合液中，MLVSS 占 MLSS 的比例，g/g；

S_o——生物反应池进水 BOD_5 质量浓度，mg/L；

S_e——生物反应池出水 BOD_5 质量浓度，mg/L。

2）好氧区（池）容积可按下式计算：

$$V_O = \frac{Q(S_o - S_e)\theta_{co} Y_t}{1\,000X} \tag{10}$$

$$\theta_{co} = F\frac{1}{\mu} \tag{11}$$

$$\mu = 0.47\frac{N_a}{K_N + N_a}e^{0.098(T-15)} \tag{12}$$

式中：V_o——好氧区（池）容积，m^3；

Q——生物反应池的设计流量，m^3/d；

S_o——生物反应池进水 BOD_5 质量浓度，mg/L；

S_e——生物反应池出水 BOD_5 质量浓度，mg/L；

θ_{co}——好氧区（池）设计污泥龄值，d；

Y_t——污泥总产率系数（MLSS/BOD_5），kg/kg；宜根据试验资料确定，无试验资料时，有初沉池时取 0.3，无初沉池时取 0.6～1.0；

X——生物反应池内混合液悬浮固体（MLSS）平均质量浓度，g/L；

F——安全系数，取 1.5～3.0；

μ——硝化菌生长速率，d^{-1}；

N_a——生物反应池中氨氮质量浓度，mg/L；

K_N——硝化作用中氮的半速率常数，一般取 1.0；

T——设计温度，℃。

3）混合液回流量可按下式计算：

$$Q_{Ri} = \frac{1\,000V_n K_{deT} X}{N_t - N_{ke}} - Q_R \tag{13}$$

式中：Q_{Ri}——混合液回流量，m^3/d，混合液回流比不宜大于 400%；

V_n——缺氧区（池）容积，m^3；

K_{deT}——T℃时的脱氮速率（NO_3-N/MLSS），kg/（kg·d），宜根据试验资料确定，无试验资料时按式（8）计算；

X——生物反应池内混合液悬浮固体（MLSS）平均质量浓度，g/L；

Q_R——回流污泥量，m³/d；

N_{ke}——生物反应池出水总凯氏氮质量浓度，mg/L；

N_t——生物反应池进水总氮质量浓度，mg/L。

6.4.2.4 生物脱氮氧化沟处理城镇污水或水质类似城镇污水的工业废水时，主要设计参数可按表 4 的规定取值。工业废水的水质与城镇污水水质差距较大时，设计参数应通过试验或参照类似工程确定。

表 4 生物脱氮主要设计参数

项目名称		符号	单位	参数值
反应池 BOD_5 污泥负荷	BOD_5/MLVSS	L_s	kg/（kg·d）	0.07～0.21
	BOD_5/MLSS		kg/（kg·d）	0.05～0.15
反应池混合液悬浮固体（MLSS）平均质量浓度		X	kg/L	2.0～4.5
反应池混合液挥发性悬浮固体（MLVSS）平均质量浓度		X_V	kg/L	1.4～3.2
MLVSS 在 MLSS 中所占比例	设初沉池	y	g/g	0.65～0.75
	不设初沉池		g/g	0.5～0.65
BOD_5 容积负荷		L_v	kg/（m³·d）	0.12～0.50
总氮负荷率（TN/MLSS）		L_{TN}	kg/（kg·d）	≤0.05
设计污泥泥龄（供参考）		θ_c	d	12～25
污泥产率系数（VSS/BOD_5）	设初沉池	Y	kg/kg	0.3～0.6
	不设初沉池		kg/kg	0.5～0.8
污泥回流比		R	%	50～100
缺氧水力停留时间		t_n	h	1～4
好氧水力停留时间		t_o	h	6～14
总水力停留时间		HRT	h	7～18
混合液回流比		R_i	%	100～400
需氧量（O_2/BOD_5）		O_2	kg/kg	1.1～2.0
BOD_5 总处理率		η	%	90～95
NH_3-N 总处理率		η	%	85～95
TN 总处理率		η	%	60～85

6.4.3 同时脱氮除磷

6.4.3.1 当同时脱氮除磷时，宜设置厌氧区（池）、缺氧区（池）。

6.4.3.2 生物反应池缺氧区（池）、好氧区（池）的容积，宜按本标准第 6.4.1 节、第 6.4.2 节的规定计算。厌氧区（池）的容积，可按下式计算。

$$V_p = \frac{t_p Q}{24} \tag{14}$$

式中：V_p——厌氧区（池）容积，m³；

t_p——厌氧区（池）停留时间，h；

Q——设计污水流量，m³/d。

6.4.3.3 生物脱氮除磷氧化沟处理城镇污水或水质类似城镇污水的工业废水时主要设计参数，可按表 5 的规定取值。工业废水的水质与城镇污水水质差距较大时，设计参数应通过试验或参照类似工程确定。

表 5　生物脱氮除磷主要设计参数

项目名称		符号	单位	参数值
反应池 BOD_5 污泥负荷	$BOD_5/MLVSS$	L_s	kg/（kg·d）	0.10～0.21
	$BOD_5/MLSS$		kg/（kg·d）	0.07～0.15
反应池混合液悬浮固体（MLSS）平均质量浓度		X	kg/L	2.0～4.5
反应池混合液挥发性悬浮固体（MLVSS）平均质量浓度		X_V	kg/L	1.4～3.2
MLVSS 在 MLSS 中所占比例	设初沉池	y	g/g	0.65～0.7
	不设初沉池		g/g	0.5～0.65
BOD_5 容积负荷		L_v	kg/（m^3·d）	0.20～0.7
总氮负荷率（TN/MLSS）		L_{TN}	kg/（kg·d）	≤0.06
设计污泥泥龄（供参考）		θ_c	d	12～25
污泥产率系数（VSS/BOD_5）	设初沉池	Y	kg/kg	0.3～0.6
	不设初沉池		kg/kg	0.5～0.8
厌氧水力停留时间		t_p	h	1～2
缺氧水力停留时间		t_n	h	1～4
好氧水力停留时间		t_o	h	6～12
总水力停留时间		HRT	h	8～18
污泥回流比		R	%	50～100
混合液回流比		R_i	%	100～400
需氧量（O_2/BOD_5）		O_2	kg/kg	1.1～1.8
BOD_5 总处理率		η	%	85～95
TP 总处理率		η	%	50～75
TN 总处理率		η	%	55～80

6.4.4　延时曝气氧化沟

延时曝气氧化沟处理城镇污水或水质类似城镇污水的工业废水时，主要设计参数可按表 6 的规定取值。工业废水的水质与城镇污水水质差距较大时，设计参数应通过试验或参照类似工程确定。

表 6　延时曝气氧化沟主要设计参数

项目名称		符号	单位	参数值
反应池 BOD_5 污泥负荷	$BOD_5/MLVSS$	L_s	kg/（kg·d）	0.04～0.11
	$BOD_5/MLSS$		kg/（kg·d）	0.03～0.08
反应池混合液悬浮固体（MLSS）平均质量浓度		X	kg/L	2.0～4.5
反应池混合液挥发性悬浮固体（MLVSS）平均质量浓度		X_V	kg/L	1.4～3.2
MLVSS 在 MLSS 中所占比例	设初沉池	y	g/g	0.65～0.7
	不设初沉池		g/g	0.5～0.65
BOD_5 容积负荷		L_v	kg/（m^3·d）	0.06～0.36
设计污泥泥龄（供参考）		θ_c	d	＞15
污泥产率系数（VSS/BOD_5）	设初沉池	Y	kg/kg	0.3～0.6
	不设初沉池		kg/kg	0.4～0.8
污泥回流比		R	%	75～150
混合液回流比		R_i	%	100～400
需氧量（O_2/BOD_5）		O_2	kg/kg	1.5～2.0
总水力停留时间		HRT	h	≥16
BOD_5 总处理率		η	%	95

6.5 氧化沟沟型设计

6.5.1 氧化沟的直线长度不宜小于 12 m 或水面宽度的 2 倍（不包括同心圆向心流氧化沟）。氧化沟的宽度应根据场地要求、曝气设备种类和规格确定。

6.5.2 氧化沟的超高应根据曝气设备确定，当选用曝气转刷、曝气转盘时，超高宜为 0.5 m；当采用垂直轴表面曝气机时，在放置曝气机的弯道附近，超高宜为 0.6～0.8 m，其设备平台宜高出设计水面 1.0～1.7 m。

6.5.3 氧化沟内宜设置导流墙与挡流板。导流墙与挡流板的设置应符合以下规定：

1）导流墙宜设置成偏心导流墙，导流墙的圆心一般设在水流进弯道一侧。导流墙（一道）的设置参考数据见表 7。

表 7 导流墙（一道）的设置参考数据

转刷长度（直径 1 m）/m	氧化沟沟宽/m	导流墙偏心距/m	导流墙半径/m
3.0	4.15	0.35	2.25
4.5	5.56	0.50	3.00
6.0	7.15	0.65	3.75
7.5	8.65	0.60	4.50
9.0	10.15	0.95	5.25

2）导流墙的数量一般根据沟宽确定，沟宽小于 7.0 m 时，可只设一道导流墙，沟宽大于 7.0 m 时，宜设两道或多道导流墙，设两道导流墙时外侧渠道宽为沟宽的 1/2。

3）导流墙在下游方向宜延伸一个沟宽的长度。

4）导流墙宜高出设计水位 0.3 m。

5）曝气转刷上游和下游宜设置挡流板，挡流板宜设在水面下。上游挡流板高 1.0～2.0 m，垂直安装于曝气转刷上游 2～5 m 处。下游挡流板通常设置于曝气转刷下游 2.0～3.0 m 处，与水平成 60°角倾斜放置，顶部在水面下 150 mm，挡板下部宜超过 1.8 m 水深。

6）竖轴式机械表曝机设在氧化沟转弯处时，该转弯处不应设导流墙。

7）椭圆形氧化沟不宜设置挡流板。

6.6 需氧量计算

6.6.1 氧化沟好氧区（池）的污水需氧量，根据 BOD_5 去除率、氨氮的硝化及除氮等要求确定，宜按下式计算。

$$O_2=0.001aQ(S_o-S_e)-c\Delta X_v+b[0.001Q(N_k-N_{ke})-0.12\Delta X_v] -0.62b[0.001Q(N_t-N_{ke}-N_{oe})-0.12\Delta X_v] \tag{15}$$

式中：O_2——设计污水需氧量，kg/d；

a——碳的氧当量，当含碳物质以 BOD_5 计时，取 1.47；

Q——生物反应池的设计流量，m^3/d；

S_o——生物反应池进水 BOD_5 质量浓度，mg/L；

S_e——生物反应池出水 BOD_5 质量浓度，mg/L；

ΔX_v——生物反应池排出系统的微生物量，kg/d；

b——常数，氧化每千克氨氮所需氧量，kg/kg，取 4.57；

N_k——生物反应池进水总凯氏氮质量浓度，mg/L；

N_{ke}——生物反应池出水总凯氏氮质量浓度，mg/L；

N_t——生物反应池进水总氮质量浓度，mg/L；

N_{oe}——生物反应池出水硝态氮质量浓度，mg/L。

6.6.2 去除碳源污染物时，每千克 BOD_5 的需氧量可取 0.7～1.2 kg。缺氧除氮时，每千克 BOD_5 的需氧量可取 1.1～1.8 kg。延时曝气时，每千克 BOD_5 的需氧量可取 1.5～2.0 kg。

6.6.3 标准状态下污水需氧量的计算

1）选用曝气装置和设备时，应根据不同的设备的特征、位于水面下的深度、水温、污水的氧总转移特性，当地的海拔高度以及预期生物反应池中溶解氧浓度等因素，将计算的污水需氧量换算为标准状态下污水需氧量，计算公式如下：

$$O_s=K_o \cdot O_2 \tag{16}$$

式中：O_s——标准状态下污水需氧量，kg/d；

K_o——需氧量修正系数；

O_2——污水需氧量，kg/d。

2）采用表曝机时的需氧量修正系数按式（17）计算，采用鼓风曝气装置时的需氧量修正系数按式（18）、（19）、（20）计算。

$$K_o=\frac{C_s}{\alpha(\beta C_{sw}-C_o)\times 1.024^{(T-20)}} \tag{17}$$

$$K_o=\frac{C_s}{\alpha(\beta C_{sm}-C_o)\times 1.024^{(T-20)}} \tag{18}$$

$$C_{sm}=C_{sw}\left(\frac{O_t}{42}+\frac{10\times P_b}{2.068}\right) \tag{19}$$

$$O_t=\frac{21(1-E_A)}{79+21(1-E_A)}\times 100 \tag{20}$$

式中：K_o——需氧量修正系数；

C_s——标准条件下清水中饱和溶解氧质量浓度，mg/L，取 9.17；

α——混合液中总传氧系数与清水中总传氧系数之比，一般取 0.80～0.85；

β——混合液的饱和溶解氧值与清水中的饱和溶解氧值之比，一般取 0.90～0.97；

C_{sw}——T℃、实际计算压力时，清水表面饱和溶解氧，mg/L；

C_o——混合液剩余溶解氧，mg/L，一般取 2；

T——混合液温度，℃，一般取 5～30；

C_{sm}——T℃、实际计算压力时，曝气装置所在水下深处至池面的清水中平均溶解值，mg/L；

O_t——曝气池逸出气体中含氧，%；

P_b——曝气装置所处的绝对压力，MPa；

E_A——曝气设备氧的利用率，%。

6.6.4 采用鼓风曝气时，应按下列公式将标准状态下污水需氧量换算为标准状态下的供气量。

$$G_S=\frac{O_S}{0.28E_A} \tag{21}$$

式中：G_S——标准状态下的供气量，m^3/h；

O_S——标准状态下污水需氧量，kg/h；

E_A——曝气设备氧的利用率，%。

6.7 消毒系统

消毒系统的设计应符合 GB 50014 的规定。

6.8 化学除磷系统

6.8.1 当出水总磷不能达到排放标准要求时，宜采用化学除磷作为辅助手段。
6.8.2 最佳药剂种类、剂量和投加点宜通过试验确定。
6.8.3 化学除磷的药剂可采用铝盐、铁盐，也可采用石灰。用铝盐或铁盐作混凝剂时，宜投加离子型聚合电解质作为助凝剂。
6.8.4 采用铝盐或铁盐作混凝剂时，其投加混凝剂与污水中总磷的摩尔比宜为 1.5～3。
6.8.5 化学药剂储存罐容量应为理论加药量的 4～7 d 投加量，加药系统不宜少于 2 个，宜采用计量泵投加。
6.8.6 接触铝盐和铁盐等腐蚀性物质的设备和管道应采取防腐蚀措施。

6.9 回流系统

6.9.1 混合液回流可通过设置内回流设施使氧化沟好氧区（池）混合液回流至缺氧区（池）。
6.9.2 污泥回流设施可采用离心泵、混流泵、潜水泵、螺旋泵或空气提升器。当生物处理系统中带有厌氧区（池）、缺氧区（池）时，应选用不易复氧的污泥回流设施。
6.9.3 污泥回流设施宜分别按生物处理系统中的最大污泥回流比计算确定。
6.9.4 污泥回流设备应不少于 2 台，并设置备用设备，空气提升器可不设备用。
6.9.5 混合液回流和污泥回流设备宜有调节流量的措施。

6.10 污泥处理系统

6.10.1 污泥量设计应考虑剩余污泥和化学除磷污泥。
6.10.2 剩余污泥量可按下式计算。

1）按污泥泥龄计算：

$$\Delta X = \frac{V \cdot X}{\theta_c} \tag{22}$$

式中：ΔX——剩余污泥（SS）量，kg/d；
V——生物反应池的容积，m^3；
X——生物反应池内混合液悬浮固体（MLSS）平均质量浓度，g/L；
θ_c——污泥泥龄，d。

2）按污泥产率系数、衰减系数及不可生物降解和惰性悬浮物计算：

$$\Delta X = YQ(S_o - S_e) - K_d V X_v + fQ(SS_o - SS_e) \tag{23}$$

式中：ΔX——剩余污泥（SS）量，kg/d；
V——生物反应池的容积，m^3；
Q——设计平均日污水量，m^3/d；
S_o——生物反应池进水 BOD_5 质量浓度，kg/m^3；
S_e——生物反应池出水 BOD_5 质量浓度，kg/m^3；
K_d——衰减系数，d^{-1}；
Y——污泥产率系数（VSS/BOD_5），kg/kg；
X_v——生物反应池内混合液挥发性悬浮固体（MLSS）平均质量浓度，g/L；
f——SS 的污泥转换率（MLSS/SS），g/g；宜根据试验资料确定，无试验资料时可取 0.5～0.7；
SS_o——生物反应池进水悬浮物质量浓度，kg/m^3；
SS_e——生物反应池出水悬浮物质量浓度，kg/m^3。

6.10.3 化学除磷污泥量应根据药剂投加量计算。
6.10.4 污泥系统宜设置计量装置，可采用湿污泥计量和干污泥计量两种方式。
6.10.5 大型污水处理厂宜采用污泥消化等方式实现污泥稳定，中小型污水处理厂（站）可采用延时曝气方式实现污泥稳定。
6.10.6 污泥脱水系统设计时宜考虑污泥处置的要求。
6.10.7 污泥处理和处置应符合 GB 50014 的规定。

7 主要设备

7.1 曝气设备

7.1.1 氧化沟应根据污水特性、去除效率及运行条件等计算标准状态下污水需氧量，再根据曝气设备的充氧能力、动力效率选择满足充氧要求的曝气设备。
7.1.2 曝气设备宜兼有供氧、推流、混合等功能，可选用竖轴式机械表面曝气、转刷曝气、转盘曝气、鼓风式潜水曝气等。
7.1.3 竖轴式机械表面曝气装置、转刷曝气器、转盘曝气器、鼓风式潜水曝气器应分别符合 HJ/T 247、HJ/T 259、HJ/T 280、HJ/T 260 的规定。
7.1.4 竖轴式机械表面曝气机可按不小于需氧量的 20%备用，并有不少于 1 台采用变频调速控制。转刷和转盘曝气机宜备用 1～2 台。鼓风机房应设置备用鼓风机，工作鼓风机台数在 4 台以下时，应设 1 台备用鼓风机；工作鼓风机台数在 4 台或 4 台以上时，应设 2 台备用鼓风机。备用鼓风机应按设计配置的最大机组考虑。
7.1.5 转刷应布置在进弯道前一定长度（氧化沟的沟宽加 1.6 m）的直线段上。出弯道时，转刷应位于弯道下游直线段 5.0 m 处。在直线段上的曝气转刷最小间距不宜小于 15 m。转刷的淹没深度一般为 0.15～0.30 m。转刷或转盘应在整个沟宽上满布，并有足够安装轴承的位置。曝气转碟也可安装在沟渠的弯道上；转盘的浸深一般为 0.40～0.55 m。
7.1.6 竖轴式机械表面曝气机应设在弯道处，安装时设备应向出水端偏移。叶轮升降行程为±100 mm，叶轮线速度采用 3.5～5 m/s。
7.1.7 曝气设备应易于维修，易于排除故障。
7.1.8 氧化沟宜有调节叶轮、转刷或转盘速度的控制设备。

7.2 进出水装置

7.2.1 氧化沟的进水和回流污泥进入点一般宜设在曝气器的下游。有脱氮要求时，进水和回流污泥宜设在氧化沟的缺氧区（池），与曝气设备保持一定的距离。氧化沟的出水点应设在进水点的另一侧，并与进水点和回流污泥进入点足够远，以避免短流。有除磷要求时，从二沉池引出的回流污泥可通至厌氧区（池）或缺氧区（池），并可根据运行情况调整污泥回流量。
7.2.2 氧化沟宜在进水管上设置闸板或闸阀。
7.2.3 氧化沟宜设置放空管和清液排放管。
7.2.4 氧化沟的出水口宜设置溢流堰。双沟式、三槽氧化沟应设可调溢流堰，并设自动控制，与进水阀门的自动启闭相互呼应。当作为沉淀池出水堰时，堰上水深不宜大于 50 mm。微孔曝气氧化沟可设固定溢流堰，其他氧化沟反应池出水宜采用可调溢流堰。

7.3 搅拌、推流装置

7.3.1 氧化沟应确保沟底不产生沉泥。池内介质距池底 0.3 m，水平平均流速宜控制在 0.25～0.30 m/s。

7.3.2 氧化沟选择的曝气设备不能满足推动和混合要求时，宜增设搅拌、推流装置。为使介质混合均匀宜设搅拌机，为使介质循环流动、产生层面推流作用宜设推流器。
7.3.3 搅拌机选型时应考虑池型，搅拌机设置的容积功率宜控制在 3～10 W/m³。
7.3.4 推流器选型时的推力选择应考虑池型、导流墙设置、曝气机设置、曝气量等因素，推流器设置的容积功率宜控制在 1～3 W/m³。
7.3.5 推流器的设置宜符合 HJ/T 279 的规定。

7.4 内回流门

竖轴表曝机氧化沟利用其流速将混合液回流至缺氧区（池）时，可设置内回流门。内回流门的设计应根据混合液回流量计算确定。

7.5 污泥脱水设备

污泥脱水设备可选用厢式压滤机和板框压滤机、污泥脱水用带式压榨过滤机、污泥浓缩带式脱水一体机等，所选用的设备应符合 HJ/T 283、HJ/T 242、HJ/T 335 的规定。

8 检测和控制

8.1 一般规定

8.1.1 氧化沟污水处理厂（站）运行应进行过程检测和控制，并配置相关的检测仪表和控制系统。
8.1.2 氧化沟污水处理厂（站）设计应根据工程规模、工艺流程、运行管理要求确定检测和控制的内容。
8.1.3 自动化仪表和控制系统应保证氧化沟污水处理厂（站）的安全和可靠，方便运行管理。
8.1.4 计算机控制管理系统宜兼顾现有、新建和规划要求。
8.1.5 根据沟型的需要，可采用时间程序自动控制方式，也可采用溶解氧和氧化还原电位控制方式。
8.1.6 参与控制和管理的机电设备应设置工作和事故状态的检测装置。

8.2 过程检测

8.2.1 预处理检测

8.2.1.1 预处理宜设酸碱度计、水位计、水位差计，大型污水处理厂宜增设化学需氧量检测仪、悬浮物检测仪、流量计。
8.2.1.2 pH 值应控制在 6.0～9.0。
8.2.1.3 水位计、水位差计用于水位监测控制。
8.2.1.4 化学需氧量、悬浮物、流量等检测数据宜参与后续工艺控制。

8.2.2 氧化沟检测

8.2.2.1 氧化沟宜设溶解氧检测仪和水位计，大型污水处理厂宜增设污泥浓度计。污泥浓度计宜设于好氧区（池）平稳段。
8.2.2.2 厌氧区（池）的溶解氧质量浓度应控制在 0.2 mg/L 以下，缺氧区（池）的溶解氧质量浓度应控制在 0.2～0.5 mg/L，好氧区（池）的质量浓度不宜小于 2.0 mg/L。
8.2.2.3 好氧区（池）污泥浓度宜根据处理要求控制在表 3、表 4、表 5 和表 6 的设计参数范围内，超过表中参数值时，宜加大排泥量。

8.2.3 回流污泥及剩余污泥检测

8.2.3.1 回流污泥宜设流量计，并采取能满足污泥回流量调节要求的措施。
8.2.3.2 剩余污泥宜设流量计，条件允许时可增设污泥浓度计，用于监测、统计污泥排出量。

8.2.4 加药系统检测

8.2.4.1 总磷监测可采用实验室检测方式，药剂根据检测设定值自动投加。
8.2.4.2 大型污水处理厂条件允许时可设总磷在线监测仪，检测值用于自动控制药剂投加系统。

8.3 过程控制

8.3.1 氧化沟污水处理厂（站）应根据其处理规模，在满足工艺控制条件的基础上合理选择配置集散控制系统（DCS）或可编程序控制（PLC）自动控制系统。
8.3.2 采用成套设备时，成套设备自身的控制宜与氧化沟污水处理厂（站）设置的控制系统结合。

8.4 自动控制系统

8.4.1 自动控制系统应具有信息收集、处理、控制、管理和安全保护功能。
8.4.2 自动控制系统的设计应符合下列要求：
1）宜对控制系统的监测层、控制层和管理层做出合理配置；
2）应根据工程具体情况，经技术经济比较后选择网络结构和通信速率；
3）对操作系统和开发工具要从运行稳定、易于开发、操作界面方便等多方面综合考虑；
4）根据企业需求和相关基础设施，宜对企业信息化系统做出功能设计；
5）厂（站）级中央控制室宜设专用配电箱，并由变配电系统引专用回路供电；
6）厂（站）级控制室面积应视其使用功能设定，并应考虑今后的发展；
7）防雷和接地保护应符合国家现行标准的要求。

9 电气

9.1 供电系统

9.1.1 工艺装置的用电负荷应为二级负荷。
9.1.2 高、低压用电设备的电压等级应与其供电系统的电压等级一致。
9.1.3 中央控制室主要设备应配备在线式不间断供电电源供电。
9.1.4 低压配电系统的接地型式宜采用 TN-S 系统。

9.2 低压配电

变电所及低压配电室的变配电设备布置，应符合国家标准 GB 50053 的规定。

9.3 二次线

9.3.1 电气设备宜在中心控制室控制，并纳入所选择的控制系统。
9.3.2 电气系统的控制水平应与工艺水平相一致，宜纳入计算机控制系统，也可采用强电控制。

10 施工与验收

10.1 一般规定

10.1.1 工程施工单位应具有国家相应的工程施工资质；工程项目宜通过招投标确定施工单位和监理单位。

10.1.2 应按工程设计图纸、技术文件、设备图纸等组织工程施工，工程的变更应取得设计单位的设计变更文件后再实施。

10.1.3 施工前，应进行施工组织设计或编制施工方案，明确施工质量负责人和施工安全负责人，经批准后方可实施。

10.1.4 施工过程中，应做好设备、材料、隐蔽工程和分项工程等中间环节的质量验收；隐蔽工程应经过中间验收合格后，方可进行下一道工序施工。

10.1.5 管道工程的施工和验收应符合 GB 50268 的规定；混凝土结构工程的施工和验收应符合 GB 50204 的规定；构筑物的施工和验收应符合 GB 50141 的规定。

10.1.6 施工使用的设备、材料、半成品、部件应符合国家现行标准和设计要求，并取得供货商的合格证书，不得使用不合格产品。设备安装应符合 GB 50231 的规定。

10.1.7 工程竣工验收后，建设单位应将有关设计、施工和验收的文件立卷归档。

10.2 施工

10.2.1 土建施工

10.2.1.1 在进行土建施工前应认真阅读设计图纸，了解结构型式、基础（或地基处理）方案、池体抗浮措施以及设备安装对土建的要求，土建施工应事先预留预埋，设备基础应严格控制在设备要求的误差范围内。

10.2.1.2 土建施工应重点控制池体的抗浮处理、地基处理、池体抗渗处理，满足设备安装对土建施工的要求。

10.2.1.3 对于软弱地基上的工程，需对地基进行处理时，应确保地基处理的可靠性，严防池体因不均匀沉降而导致开裂。

10.2.1.4 模板、钢筋、混凝土分项工程应严格执行 GB 50204 规定，并符合以下要求：

1）模板架设应有足够强度、刚度和稳定性，表面平整无缝隙，尺寸正确；

2）钢筋规格、数量准确，绑扎牢固应满足搭接长度要求，无锈蚀；

3）混凝土配合比、施工缝预留、伸缩缝设置、设备基础预留孔及预埋螺栓位置均应符合规范和设计要求，冬季施工应注意防冻。

10.2.1.5 现浇钢筋混凝土水池施工允许偏差应符合表 8 的规定。

表 8 现浇钢筋混凝土水池施工允许偏差

项次	项目		允许偏差/mm
1	轴线位置	底板	15
		池壁、柱、梁	8
2	高程	垫层、底板、池壁、柱、梁	±10
3	平面尺寸（混凝土底板和池体长、宽或直径）	$L \leqslant 20$ m	±20
		20 m$<L\leqslant 50$ m	$\pm L/1\,000$
		50 m$<L\leqslant 250$ m	±50

续表

项次	项目		允许偏差/mm
4	截面尺寸	池壁、柱、梁、顶板	+10 −5
		洞、槽、沟净空	±10
5	垂直度	H≤5 m	8
		5 m<H≤20 m	1.5H/1 000
6	表面平整度（用 2 m 直尺检查）		10
7	中心位置	预埋件、预埋管	5
		预留洞	10
注：L 为底板和池体的长、宽或直径；H 为池壁、柱的高度。			

10.2.1.6　处理构筑物应根据当地气温和环境条件，采取防冻措施。

10.2.1.7　污水处理厂（站）构筑物应设置必要的防护栏杆并采取适当的防滑措施，应符合 GB 50352 的规定。

10.2.2　设备安装

10.2.2.1　设备基础应按照设计要求和图纸规定浇筑，混凝土强度等级、基面位置高程应符合说明书和技术文件规定。

10.2.2.2　混凝土基础应平整坚实，并有隔振措施。

10.2.2.3　预埋件水平度及平整度应符合 GB 50231 的规定。

10.2.2.4　地脚螺栓应按照原机出厂说明书的要求预埋，位置应准确，安装应稳固。

10.2.2.5　安装好的机械应严格符合外形尺寸的公称允许偏差，不允许超差。

10.2.2.6　机电设备安装后试车应满足下列要求：

1）启动时应按照标注箭头方向旋转，启动运转应平稳，运转中无振动和异常声响；

2）运转啮合与差动机构运转应按产品说明书的规定同步运行，没有阻塞、碰撞现象；

3）运转中各部件应保持动态所应有的间隙，无抖动晃摆现象；

4）试运转用手动或自动操作，设备全程完整动作 5 次以上，整体设备应运行灵活；

5）各限位开关运转中动作及时，安全可靠；

6）电机运转中温升在正常值内；

7）各部轴承注加规定润滑油，应不漏、不发热，温升小于 60℃。

10.3　工程验收

10.3.1　工程验收包括中间验收和竣工验收；中间验收应由施工单位会同建设单位、设计单位、质量监督部门共同进行；竣工验收应由建设单位组织施工、设计、管理、质量监督及有关单位联合进行。

10.3.2　中间验收包括验槽、验筋、主体验收、安装验收、联动试车。中间验收时应按相应的标准进行检验，并填写中间验收记录。

10.3.3　竣工验收应至少提供以下资料：

1）施工图及设计变更文件；

2）主要材料和设备的合格证或试验记录；

3）施工测量记录；

4）混凝土、砂浆、焊接及水密性、气密性等试验、检验记录；

5）施工记录；

6）中间验收记录；

7）工程质量检验评定记录；

8）工程质量事故处理记录。

10.3.4 竣工验收时应核实竣工验收资料，进行必要的复查和外观检查，并对下列项目做出鉴定，填写竣工验收鉴定书。竣工验收鉴定书应包括以下项目：

1）构筑物的位置、高程、坡度、平面尺寸，设备、管道及附件等安装的位置和数量；

2）结构强度、抗渗、抗冻的等级；

3）构筑物的水密性；

4）外观，包括构筑物的裂缝、蜂窝、麻面、露筋、空鼓、缺边、掉角以及设备、外露的管道安装等是否影响工程质量。

10.3.5 构筑物土建施工完成后应按照 GB 50141 的规定进行满水试验，地面以下渗水量应符合设计规定，最大不得超过 2 L/（m^2·d）。

10.3.6 泵房和风机房等都应按设计的最多开启台数进行 48 h 运转试验，测定水泵和污泥泵的流量和机组功率，有条件的应测定其特性曲线。

10.3.7 机械曝气设备应进行运行性能和机械性能的测试，叶轮或盘片的转速、浸没深度、充氧能力、动力效率满足设计要求，运转时间应达到 72 h。

10.3.8 鼓风曝气系统安装应平整牢固，布置均匀，曝气头无漏水现象，曝气管内无杂质，曝气量满足设计要求，曝气稳定均匀。

10.3.9 导流板的安装强度应符合设计要求，不得有振动现象。

10.3.10 闸门、闸阀和溢流堰不得有漏水现象。

10.3.11 排水管道应做闭水试验，上游充水管保持在管顶以上 2 m，外观检查应 24 h 无漏水现象。

10.3.12 空气管道应做气密性试验，24 h 压力降不超过允许值为合格。

10.3.13 进口设备除参照国内标准外，必要时应参照国外标准和其他相关标准进行验收，调试时应有外商指定人员现场参加指导。

10.3.14 仪表、化验设备应有计量部门的确认。

10.3.15 变电站高压配电系统应由供电局组织电检、验收。

10.4 环境保护验收

10.4.1 氧化沟污水处理厂（站）应进行纳污养菌调试，在正式投入生产或使用之前，建设单位应向环境保护行政主管部门提出环境保护竣工验收申请。

10.4.2 氧化沟污水处理厂（站）竣工环境保护验收应按照《建设项目竣工环境保护验收管理办法》的规定和工程环境影响评价报告的批复进行。

10.4.3 氧化沟污水处理厂（站）验收前应结合试运行进行性能试验，性能试验报告可作为竣工环境保护验收的技术支持文件。性能试验内容包括：

1）各组建筑物都应按设计负荷，全流程通过所有构筑物；

2）测试并计算各构筑物的工艺参数；

3）统计全厂进出水量、用电量和各分项用电量；

4）水质化验；

5）计算全厂技术经济指标：BOD_5 去除总量、BOD_5 去除单耗（kW·h/kg）、污水处理成本（元/kg）。

11 运行与维护

11.1 一般规定

11.1.1 氧化沟工艺污水处理设施的运行、维护及安全管理应参照 CJJ 60 执行。

11.1.2　污水处理厂（站）的运行管理应配备专业人员和设备。

11.1.3　污水处理厂（站）在运行前应制定设备台账、运行记录、定期巡视、交接班、安全检查等管理制度，以及各岗位的工艺系统图、操作和维护规程等技术文件。

11.1.4　操作人员应熟悉本厂（站）处理工艺技术指标和设施、设备的运行要求；经过技术培训和生产实践，并考试合格后方可上岗。

11.1.5　各岗位的工艺系统图、操作和维护规程等应示于明显部位，运行人员应按规程进行系统操作，并定期检查设备检查构筑物、设备、电器和仪表的运行情况。

11.1.6　工艺设施和主要设备应编入台账，定期对各类设备、电气、自控仪表及建（构）筑物进行检修维护，确保设施稳定可靠运行。

11.1.7　运行人员应遵守岗位职责，坚持做好交接班和巡视。

11.1.8　应定期检测进出水水质，并对检测仪器、仪表进行校验。

11.1.9　运行中应严格执行经常性的和定期的安全检查，及时消除事故隐患，防止事故发生。

11.1.10　各岗位人员在运行、巡视、交接班、检修等生产活动中，应做好相关记录。

11.2　水质检验

11.2.1　污水处理厂（站）应设水质检验室，配备检验人员和仪器。

11.2.2　水质检验室内部应建立健全水质分析质量保证体系。

11.2.3　检验人员应经培训后持证上岗，并应定期进行考核和抽检。

11.2.4　检验方法应符合 CJ/T 51 的规定。

11.3　运行控制

11.3.1　应根据系统所需氧量和氧化沟供氧设备的性能，确定曝气设备运行的数量和时间。

11.3.2　运行过程中应定期检测各区（池）的溶解氧浓度和混合液悬浮固体浓度，当浓度值超出 8.2.2.2 和 8.2.2.3 规定的范围时，应及时调节曝气量。

11.3.3　机械曝气设备可通过调节曝气转刷、转碟、叶轮转速或淹没深度来调节供氧量；当采用射流曝气、微孔曝气等鼓风曝气系统时，可通过鼓风机加以调节。

11.3.4　有机负荷（F/M）宜根据处理要求控制在表 3、表 4、表 5 和表 6 的设计参数范围内，运行人员应结合本厂（站）的运行实践，选择最佳的 F/M。

11.3.5　应根据实际运行的进水水量和水质，调节系统的污泥回流比。

11.3.6　剩余污泥排放量应根据污泥沉降比、混合液污泥浓度和泥龄及时调整。

11.3.7　出水氨氮不能达到排放标准时，应通过以下方式进行调整：

1）减少剩余污泥排放量，提高好氧污泥龄；

2）提高好氧段溶解氧水平；

3）系统碱度不够时宜适当补充碱度。

11.3.8　出水总氮不能达到排放标准时，应通过以下方式进行调整：

1）使缺氧区（池）出水硝态氮小于 1 mg/L；

2）增大好氧混合液回流；

3）投加甲醛或食物酿造厂等排放的高浓度有机废水，维持污水的碳氮比，满足反硝化细菌对碳源的需要。

11.3.9　出水总磷不能达到排放标准时，应通过以下方式进行调整：

1）控制系统的溶解氧，好氧区（池）溶解氧应大于 2 mg/L，厌氧区（池）应小于 0.2 mg/L；

2）控制二沉池的泥层，一般为 1 m 左右；

3）增大剩余污泥的排放；

4）增加化学除磷设施。

11.4 污泥观察与调节

11.4.1 应经常观察活性污泥的颜色、状态、气味、生物相以及上清液的透明度。

11.4.2 定时测试、计算混合液悬浮固体浓度、混合液挥发性悬浮固体浓度、污泥沉降比、污泥指数、污泥龄等技术指标。

11.4.3 发现污泥有异常膨胀、上浮和产生泡沫等现象应及时查明原因，采取相应的技术措施，尽快恢复正常运行。

11.5 维护

11.5.1 应将生物反应池的维护保养作为全厂（站）维护的重点。

11.5.2 操作人员应严格执行设备操作规程，定时巡视设备运转是否正常，包括温升、响声、振动、电压、电流等，发现问题应尽快检查排除。

11.5.3 应保持设备各运转部位和可调堰门良好的润滑状态，及时添加润滑油、除锈；发现漏油、渗油情况，应及时解决。

11.5.4 应定期检查可调堰门溢流口、叶轮、转碟或转刷勾带污物情况，及时清理。

11.5.5 鼓风曝气系统曝气开始时应排放管路中的存水，并经常检查自动排水阀的可靠性。

11.5.6 应及时检查曝气器堵塞和损坏情况，保持曝气系统状态良好。

11.5.7 推流式潜水搅拌机无水工作时间不宜超过 3 min。

11.5.8 运行中应防止由于推流式潜水搅拌机叶轮损坏或堵塞、表面空气吸入形成涡流、不均匀水流等引起的振动。

11.5.9 定期检查及更换不合格的零部件和易损件，必要时更换叶轮、导流罩和提升机构。

11.5.10 经常检查可调堰门的螺杆、密封条、门框等有无变形、老化或损坏，堰门调节是否受影响。

附 录 A
（规范性附录）
氧化沟活性污泥法的主要工艺类型

A.1 单槽氧化沟系统

A.1.1 单槽氧化沟系统由一座氧化沟和独立的二沉池组成。沉淀污泥一部分通过回流污泥设施提升至氧化沟进水处与污水混合，剩余污泥通过剩余污泥设施提升至剩余污泥处理系统处理。典型工艺流程见图 A.1。

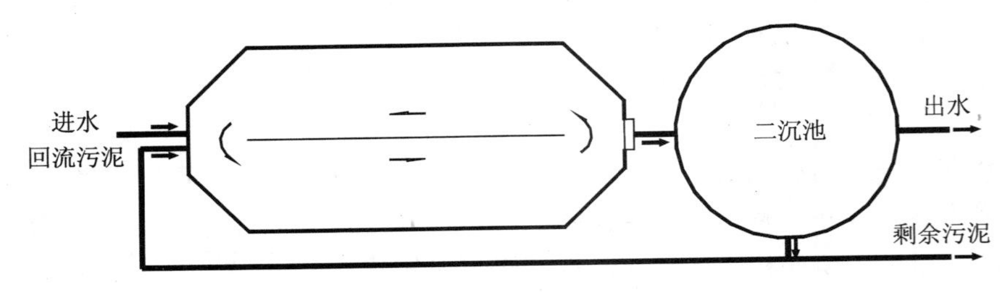

图 A.1 单槽氧化沟工艺流程

A.1.2 单槽氧化沟系统适用于以去除碳源污染物为主，对脱氮、除磷要求不高和小规模污水处理系统。

A.2 双槽氧化沟系统

A.2.1 双槽氧化沟系统由厌氧池、两座串联的氧化沟和独立的二沉池组成。沉淀污泥一部分通过回流污泥设施提升至厌氧池进水处与污水混合，剩余污泥通过剩余污泥设施提升至剩余污泥处理系统处理。典型工艺流程见图 A.2。

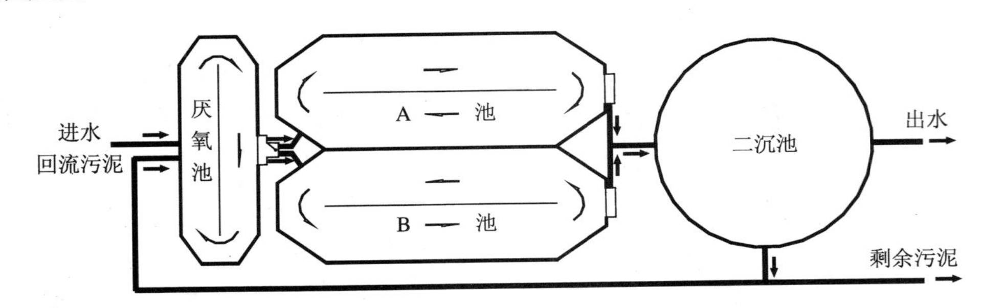

图 A.2 双槽氧化沟工艺流程

A.2.2 双槽氧化沟系统可实现生物脱氮除磷，当除磷要求不高时，可不设厌氧池。
A.2.3 污水和回流污泥混合液进入氧化沟之前应设切换设备，氧化沟出水井处应设可调堰门。
A.2.4 双槽氧化沟一个周期的运行过程可分为三个阶段：

1）一阶段：A 池进水、缺氧运行，B 池好氧运行、出水；
2）二阶段：进水井切换进水，出水井延时切换出水堰门；
3）三阶段：B 池进水、缺氧运行，A 池好氧运行、出水。

A.3 三槽氧化沟系统

A.3.1 三槽氧化沟系统由厌氧池和三座串联的氧化沟组成。沉淀污泥一部分通过回流污泥设施提升至厌氧池进水处与污水混合，剩余污泥通过剩余污泥设施提升至剩余污泥处理系统处理。典型工艺流程见图 A.3。

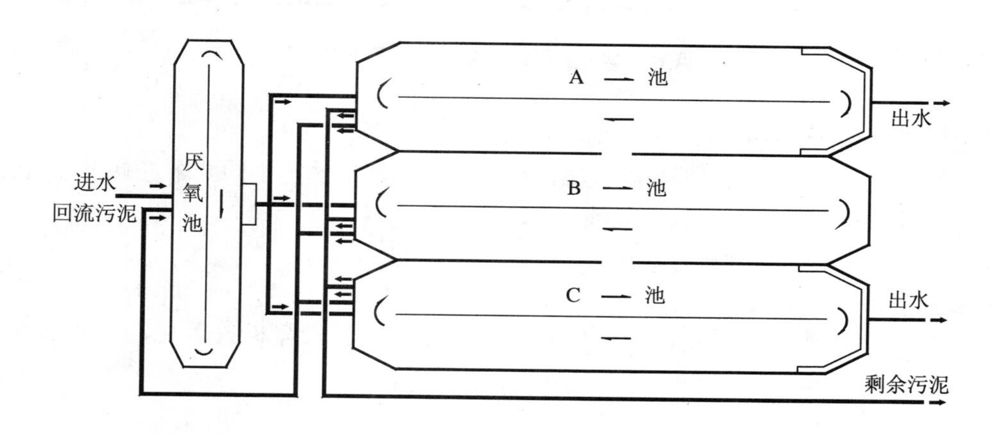

图 A.3 三槽氧化沟工艺流程

A.3.2 当系统不设厌氧池时，可不设污泥回流系统。

A.3.3 三槽氧化沟系统可实现生物脱氮除磷，当除磷要求不高时，可不设厌氧池和污泥回流系统。

A.3.4 污水或污水和回流污泥混合液进入氧化沟之前应设切换设备，A 池和 C 池出水处应设可调堰门。

A.3.5 三槽氧化沟一个周期的运行过程包括六阶段，每个周期可设为 8 h：

1）一阶段（1.5 h）：A 池进水、缺氧运行，B 池好氧运行，C 池沉淀出水；
2）二阶段（1.5 h）：A 池好氧运行，B 池进水、好氧运行，C 池沉淀出水；
3）三阶段（1.0 h）：A 池静沉，B 池进水、好氧运行，C 池沉淀出水；
4）四阶段（1.5 h）：A 池沉淀出水，B 池好氧运行，C 池进水、缺氧运行；
5）五阶段（1.5 h）：A 池沉淀出水，B 池进水、好氧运行，C 池好氧运行；
6）六阶段（1.0 h）：A 池沉淀出水，B 池进水、好氧运行，C 池静沉。

A.3.6 三槽氧化沟宜采用曝气转刷充氧。仅采用转盘的氧化沟工作水深宜为 3.0～3.5 m。

A.3.7 三槽氧化沟容积计算应考虑沉淀所需容积。

A.4 竖轴表曝机氧化沟系统

A.4.1 竖轴表曝机氧化沟系统由厌氧池、缺氧池和多沟串联的氧化沟（即好氧池）和独立的二沉池组成。好氧池混合液宜通过内回流门回流至缺氧池。沉淀污泥一部分通过回流污泥设施提升至厌氧池进水处与污水混合，剩余污泥通过剩余污泥设施提升至剩余污泥处理系统处理。典型工艺流程见图 A.4。

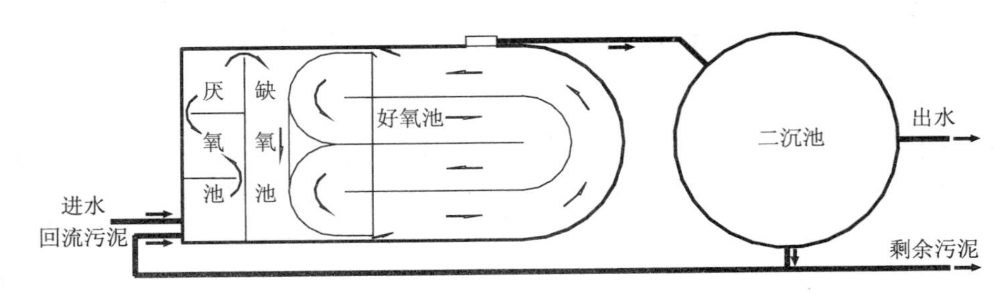

图 A.4 竖轴表曝机氧化沟工艺流程

A.4.2 竖轴表曝机氧化沟系统可实现生物脱氮除磷。

A.4.3 竖轴表曝机氧化沟系统可根据去除碳源污染物、脱氮、除磷等不同要求选择不同组合：

1）主要去除碳源污染物时可只设好氧池；

2）生物除磷时可采用厌氧池＋好氧池；

3）生物脱氮时可采用缺氧池＋好氧池。

A.4.4 竖轴表曝机氧化沟宜采用竖轴表曝机充氧。仅采用竖轴表曝机的氧化沟工作水深宜为 3.5～5.0 m。

A.5 同心圆向心流氧化沟系统

A.5.1 同心圆向心流氧化沟系统由多个同心的圆形或椭圆形沟渠和独立的二沉池组成。污水和回流污泥先进入外沟渠，在与沟内混合液不断混合、循环的过程中，依次进入相邻的内沟渠，最后由中心沟渠排出。沉淀污泥一部分通过回流污泥设施提升至厌氧池进水处与污水混合，剩余污泥通过剩余污泥设施提升至剩余污泥处理系统处理。典型工艺流程见图 A.5。

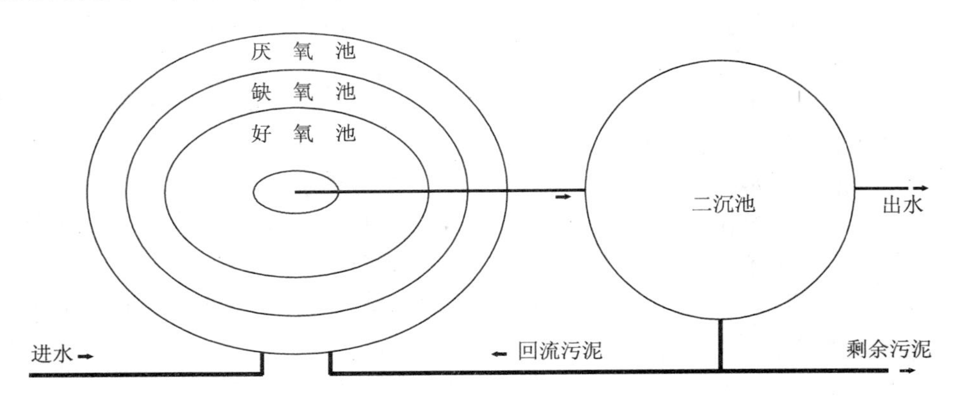

图 A.5 同心圆向心流氧化沟工艺流程

A.5.2 同心圆向心流氧化沟系统可实现生物脱氮除磷。

A.5.3 外沟宜设为厌氧状态，中沟宜设为缺氧状态，内沟宜设为好氧状态。

A.5.4 同心圆向心流氧化沟宜采用曝气转盘充氧。仅采用转盘的氧化沟工作水深不宜超过 4.0 m。

附 录 B
（资料性附录）
氧化沟活性污泥法的其他变形工艺类型

B.1 一体化氧化沟

一体化氧化沟指将二沉池设置在氧化沟内，用于进行泥水分离，出水由上部排出，污泥则由沉淀区底部的排泥管直接排入氧化沟内。一体化氧化沟不设污泥回流系统。典型工艺流程见图 B.1。

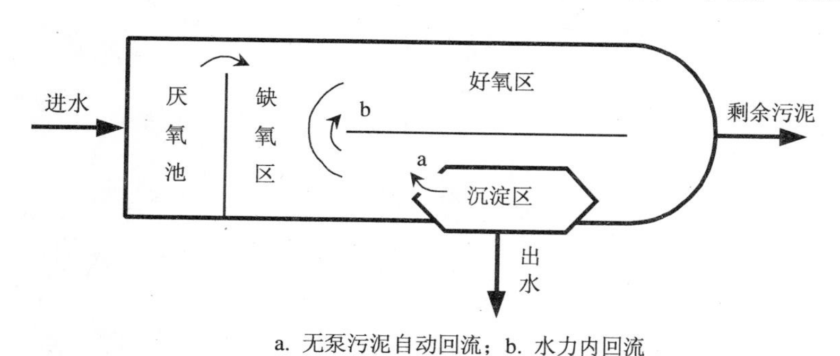

图 B.1 一体化氧化沟工艺流程

B.2 微孔曝气氧化沟

微孔曝气氧化沟系统由采用微孔曝气的氧化沟和分建的沉淀池组成。氧化沟内采用水下推流的方式，水深宜为 6 m。供氧设备宜为鼓风机。典型工艺流程见图 B.2。

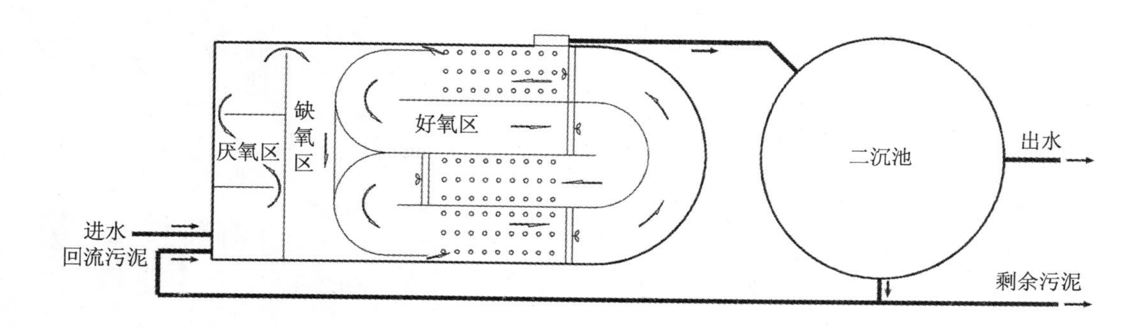

图 B.2 微孔曝气氧化沟工艺流程

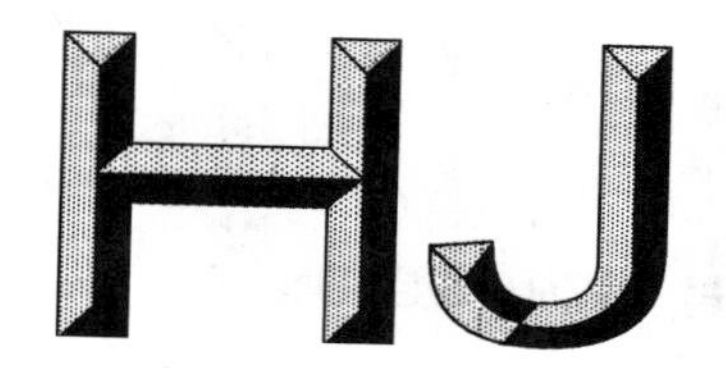

中华人民共和国国家环境保护标准

HJ 579—2010

膜分离法污水处理工程技术规范

Technical specifications for membrane separation process in wastewater treatment

2010-10-12 发布　　　　2011-01-01 实施

环　境　保　护　部　发布

前　言

为贯彻《中华人民共和国环境保护法》和《中华人民共和国水污染防治法》，规范膜分离法污水处理工程建设与运行管理，防治环境污染，保护环境和人体健康，制定本标准。

本标准规定了膜分离法污水处理工程的设计参数、系统安装与调试、工程验收、运行管理以及预处理、后处理工艺的选择。

本标准的附录 A～附录 C 为资料性附录。

本标准由环境保护部科技标准司组织制订。

本标准主要起草单位：江西金达莱环保研发中心有限公司、华中科技大学、北京市环境保护科学研究院。

本标准环境保护部 2010 年 10 月 12 日批准。

本标准自 2011 年 1 月 1 日起实施。

本标准由环境保护部解释。

膜分离法污水处理工程技术规范

1 适用范围

本标准规定了膜分离法污水处理工程的设计参数、系统安装与调试、工程验收、运行管理，以及预处理、后处理工艺的选择。

本标准适用于以膜分离法进行污水处理及深度处理回用的工程，可作为环境影响评价、环境保护设施设计与施工、建设项目竣工环境保护验收及建成后运行与管理的技术依据。本标准所指膜分离法为：微滤、超滤、纳滤及反渗透膜分离技术。

本标准不适用于以膜生物反应器法和荷电膜进行污水处理及回用的膜分离工程。

2 规范性引用文件

本标准内容引用了下列文件中的条款。凡是不注日期的引用文件，其有效版本适用于本标准。

GB 50235 工业金属管道工程施工及验收规范

GB/T 985.1 气焊、焊条电弧焊、气体保护焊和高能束焊的推荐坡口

GB/T 1804 一般公差 未注公差的线性和角度尺寸的公差

GB/T 3797 电器控制设备

GB 5226.1 机械电气安全 机械电器设备 第 1 部分：通用技术条件

GB/T 19249 反渗透水处理设备

GB/T 20103 膜分离技术 术语

HJ/T 270 环境保护产品技术要求 反渗透水处理装置

JB/T 2932 水处理设备技术条件

HG 20520 玻璃钢/聚氯乙烯（FRP/PVC）复合管道设计规定

《建设项目竣工环境保护验收管理办法》（国家环境保护总局令 第 13 号）

3 术语和定义

《膜分离技术 术语》（GB/T 20103）规定的术语及下列术语和定义适用于本标准。

3.1

膜分离法 membrane separation

以压力为驱动力，以膜为过滤介质，实现溶剂与溶质分离的方法。

3.2

膜降解 membrane degradation

指膜被氧化或水解造成膜性能下降的过程。

3.3

膜堵塞 membrane fouling

指膜因有机污染物、微生物及其代谢产物的沉积造成膜性能下降的过程。

3.4

膜结垢　membrane scaling

指盐类的浓度超过其溶度积在膜面上的沉淀。

4　设计水质与膜单元适宜性

4.1　进水水质要求

4.1.1　在设计膜系统时，应符合进水要求，选择合适的膜元件。

4.1.2　内压式中空纤维微滤、超滤系统进水，水质要求可参考表 1。

表 1　内压式中空纤维微滤、超滤系统进水参考值

膜材质	参考值		
	浊度/NTU	SS/（mg/L）	矿物油含量/（mg/L）
聚偏氟乙烯（PVDF）	≤20	≤30	≤3
聚乙烯（PE）	<30	≤50	≤3
聚丙烯（PP）	≤20	≤50	≤5
聚丙烯腈（PAN）	≤30	（颗粒物粒径<5 μm）	不允许
聚氯乙烯（PVC）	<200	≤30	≤8
聚醚砜（PES）	<200	<150	≤30

进水水质超过表 1 参考值时，须增加预处理工艺。

4.1.3　外压式中空纤维微滤、超滤组件品种较少，进水要求可参考表 2。

表 2　外压式中空纤维微滤、超滤系统进水参考值

膜材质	参考值		
	浊度/NTU	SS/（mg/L）	矿物油含量/（mg/L）
聚偏氟乙烯（PVDF）	≤50	≤300	≤3
聚丙烯（PP）	≤30	≤100	≤5

4.1.4　设计卷式膜微滤、超滤系统进水时，可参照表 3 的规定。

4.1.5　纳滤、反渗透系统进水，应符合表 3 的规定。

表 3　纳滤、反渗透系统进水限值

膜材质	限值		
	浊度/NTU	SDI	余氯/（mg/L）
聚酰胺复合膜（PA）	≤1	≤5	≤0.1
醋酸纤维膜（CA/CTA）	≤1	≤5	≤0.5

在设计纳滤、反渗透膜分离系统时，应对进水水质进行分析，常规分析项目见附录 A。进水水质超过表 3 限值时，须增加预处理工艺。

4.2　膜单元适宜性

各种膜单元功能适宜性见表 4。

表4 各种膜单元功能适宜性

膜单元种类	过滤精度/μm	截留分子量质量/u	功能	主要用途
微滤（MF）	0.1～10	＞100 000	去除悬浮颗粒、细菌、部分病毒及大尺度胶体	饮用水去浊，中水回用，纳滤或反渗透系统预处理
超滤（UF）	0.002～0.1	10 000～100 000	去除胶体、蛋白质、微生物和大分子有机物	饮用水净化，中水回用，纳滤或反渗透系统预处理
纳滤（NF）	0.001～0.003	200～1 000	去除多价离子、部分一价离子和分子量 200～1 000 Daltons 的有机物	脱除井水的硬度、色度及放射性镭，部分去除溶解性盐。工艺物料浓缩等
反渗透（RO）	0.000 4～0.000 6	＞100	去除溶解性盐及分子量大于 100 Daltons 的有机物	海水及苦咸水淡化，锅炉给水、工业纯水制备，废水处理及特种分离等

5 预处理

5.1 一般规定

5.1.1 为防止膜降解和膜堵塞，须对进水中的悬浮固体、尖锐颗粒、微溶盐、微生物、氧化剂、有机物、油脂等污染物进行预处理。

5.1.2 预处理的深度应根据膜材料、膜组件的结构、原水水质、产水的质量要求及回收率确定。

5.1.3 进水温度范围：当 pH 2～10 时，运行温度 5～45℃；当 pH 值大于 10 时，运行温度应小于 35℃。

5.2 微滤、超滤系统的预处理

5.2.1 去除进水中悬浮颗粒物和胶体物，可采取混凝－沉淀－过滤工艺。可加入有利于提高膜通量，并与膜材料有兼容性的絮凝剂。

5.2.2 微滤、超滤系统之前宜安装细格栅及盘式过滤器。在内压式膜系统之前，盘式过滤器过滤精度应小于 100 μm；在外压式膜系统之前，盘式过滤器过滤精度应小于 300 μm。

5.2.3 当进水含矿物油超过表1数值或动植物油超过 50 mg/L 时，应增加除油工艺。

5.3 纳滤、反渗透系统的预处理

5.3.1 防止膜化学氧化损伤，可采用活性炭吸附或在进水中添加还原剂（如亚硫酸氢钠）去除余氯或其他氧化剂，控制余氯含量小于等于 0.1 mg/L。

5.3.2 预防铁、铝腐蚀物形成的胶体、黏泥和颗粒污堵，可采用以无烟煤和石英砂为过滤介质的双介质过滤器去除。

5.3.3 预防微生物污染，可对进水进行物理法或化学法杀菌消毒处理。

5.3.4 控制结垢，加酸可有效控制碳酸盐结垢；投加阻垢剂或强酸阳离子树脂软化，可有效控制硫酸盐结垢。

5.3.5 微滤或超滤能除去所有的悬浮物、胶体粒子及部分有机物，出水达到淤泥密度指数（SDI）≤3，浊度≤1 NTU，可有效预防胶体和颗粒物污染和堵塞膜组件。

6 膜分离法污水处理系统设计

6.1 一般规定

6.1.1 应依据原水水量、水质和产水要求、回收率等资料，选择膜分离法污水处理工艺。设计资料调查表见附录 B。

6.1.2 采用接触过滤工艺处理低浊度污水时，投药点与过滤器入口应有 1.0 m 距离。

6.1.3 采用活性炭吸附工艺时，活性炭过滤器的进口处应投加杀菌剂。

6.1.4 还原剂和（或）阻垢剂，应投加在保安（过滤精度小于等于 5 μm）过滤器之前。保安过滤器须安装压力表。

6.1.5 为防止预处理加酸、加氯造成管道及设备的腐蚀，在纳滤、反渗透系统的低压侧，应采用 PVC 管材及连接件，在高压侧应采用不锈钢管材及连接件。

6.1.6 膜分离系统浓水，应处理后达标排放。

6.1.7 一级多段纳滤、反渗透系统压力容器排列比，宜为 2∶1 或 3∶2 或 4∶2∶1 或按比例增加。

6.2 微滤、超滤系统设计

6.2.1 工艺设计参数包括：

1） 处理水量，m^3/d；

2） 处理水质；

3）膜通量，$m^3/(m^2 \cdot d)$；

4）操作压力，MPa；

5）反洗周期，h；

6）每次反洗时间，min。

6.2.2 工艺流程：微滤、超滤系统的运行方式可分为间歇式和连续式；组件排列形式宜为一级一段，并联安装。推荐基本工艺流程如图 1。

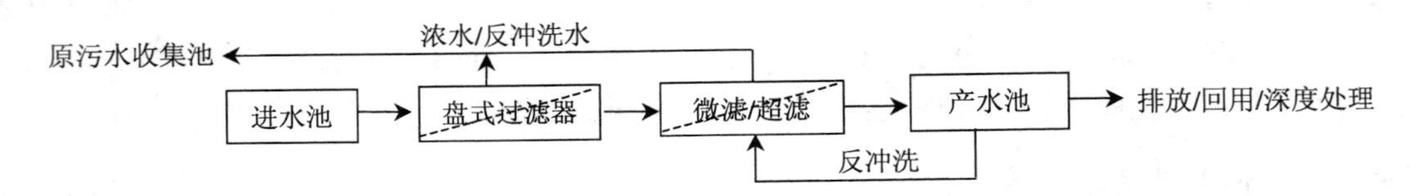

图 1 微滤、超滤系统基本工艺流程图

6.2.3 基本设计计算

6.2.3.1 产水量按式（1）计算：

$$q_s = C_m \times S_m \times q_o \tag{1}$$

式中：q_s——单支膜元件的稳定产水量，L/h；

q_o——单支膜元件的初始产水量，L/h；

C_m——组装系数，取值范围为 0.90～0.96；

S_m——稳定系数，取值范围为 0.6～0.8。

设计温度 25℃，实际温度的波动，可用式（2）修正产水量的计算：

$$q_{st} = q_s \times (1 + 0.0215)^{t-25} \tag{2}$$

6.2.3.2　膜组件数按式（3）计算：

$$n = \frac{Q}{q_s} \tag{3}$$

式中：Q——设计产水量，L/h。

6.2.3.3　浓缩液的浓度、体积可按式（4）计算：

$$\frac{\rho}{\rho_0} = \left(\frac{V_0}{V}\right)^R \tag{4}$$

式中：ρ——浓缩液的质量浓度，mg/L；

ρ_0——进料液的质量浓度，mg/L；

V——浓缩液的体积，L；

V_0——进料液的体积，L；

R——污染物去除率。

6.3　纳滤、反渗透系统设计

6.3.1　工艺流程

6.3.1.1　一级一段系统工艺流程：进水一次通过纳滤或反渗透系统即达到产水要求。有一级一段批处理式、一级一段连续式。推荐基本工艺流程如图 2、图 3。

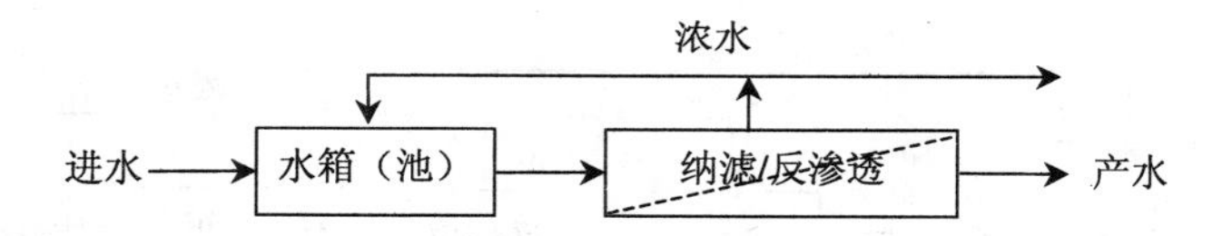

图 2　一级一段批处理式基本工艺流程图

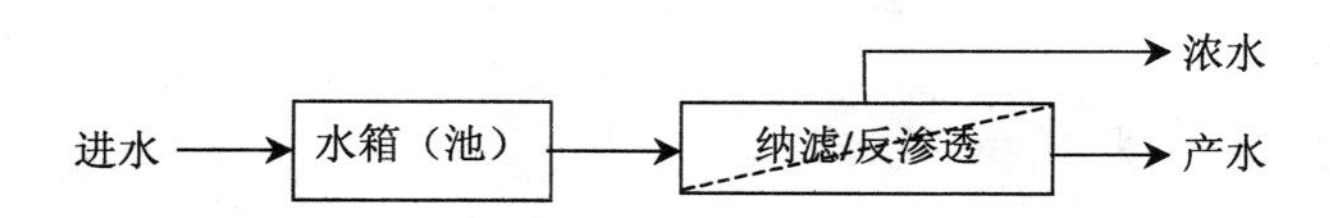

图 3　一级一段连续式基本工艺流程图

6.3.1.2　一级多段系统工艺流程：一次分离产水量达不到回收率要求时，可采用多段串联工艺，每段的有效横截面积递减，推荐基本工艺流程如图 4、图 5、图 6。

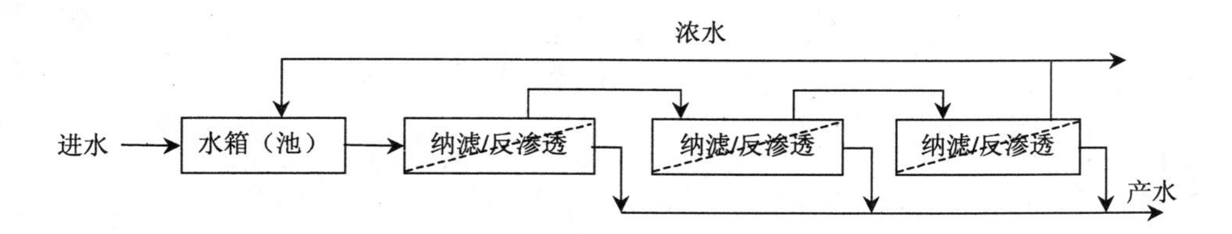

图 4　一级多段循环式系统基本工艺流程图

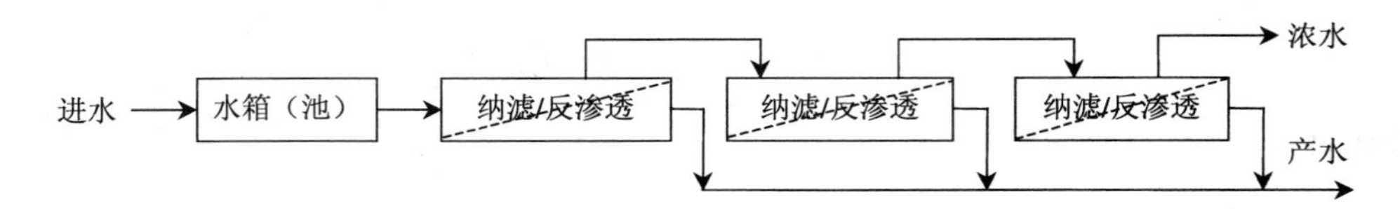

图 5　一级多段连续式系统基本工艺流程图

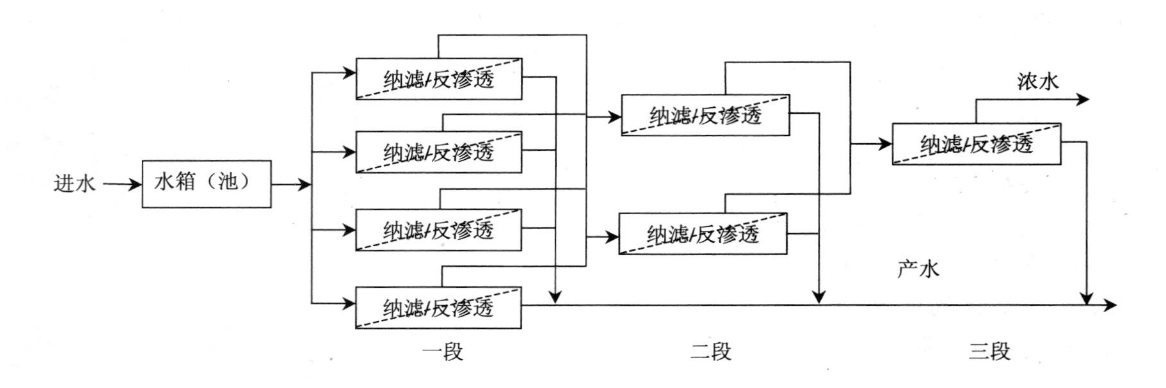

图 6　一级多段系统基本工艺流程图

6.3.1.3　多级系统工艺流程：当一级系统产水不能达到水质要求时，将一级系统的产水再送入另一个反渗透系统，继续分离直至得到合格产水。推荐基本工艺流程如图 7。

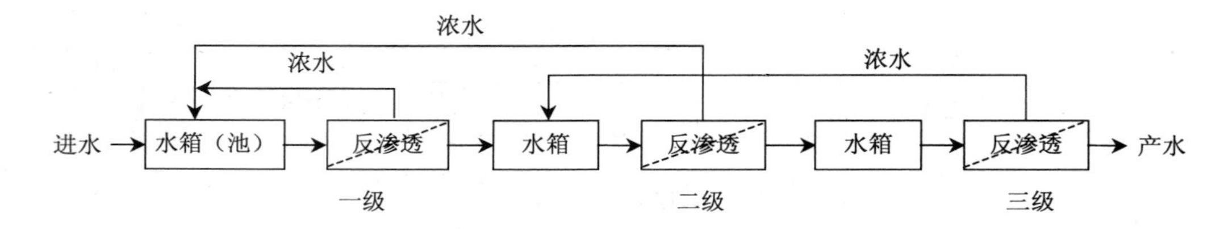

图 7　多级系统基本工艺流程图

膜组件的排列形式可分为串联式和并联式。

6.3.2　基本设计计算

6.3.2.1　单支膜元件产水量

设计温度 25℃时单支膜元件产水量，m^3/h。应按温度修正系数进行修正。也可以 25℃为设计温度，每升、降 1℃，产水量增加或减少 2.5%计算。

6.3.2.2　膜元件数量按式（5）计算：

$$N_e = \frac{Q_p}{q_{max} \times 0.8} \tag{5}$$

式中：Q_p——设计产水量，m^3/h；

q_{max}——膜元件最大产水量，m^3/h；

0.8——设计安全系数。

6.3.2.3　压力容器（膜壳）数量按式（6）计算：

$$N_v = \frac{N_e}{n} \tag{6}$$

式中：N_v——压力容器数；

N_e——设计元件数；

n——每个容器中的元件数。

6.3.3 管道设计

6.3.3.1 产水量大于等于 50 m³/h 的纳滤、反渗透系统，进水干管设计流量应等于每只压力容器进水设计流量的总和。

6.3.3.2 产水支管和干管的流速宜小于等于 1.0 m/s。

6.3.3.3 各段产水宜直接输入产水箱。如各段产水管应并联到一根总管时，则应在每段产水支管上安装止回阀。

6.3.4 加药系统，应设置带有温度计的药液箱，将药剂配制成一定浓度的溶液。加药方式宜采用计量泵输送，也可使用安装在进水管道上的水射器投加。

6.3.5 自动控制系统和仪表

6.3.5.1 自控系统的监控项目应包括：

1）进水压力，MPa；

2）进水电导率，μS/cm；

3）产水流量，m^3/h；

4）产水电导率，μS/cm；

5）浓水流量，m^3/h；

6）浓水压力，MPa。

6.3.5.2 进水管应设置余氯监测器，并与还原剂加药装置联动运行。

6.3.5.3 高压泵进水口应设置低压保护开关；高压泵出水口应设置高压保护开关。

6.3.5.4 当加酸调节进水 pH 值时，应设置 pH 上、下限值切断开关；如进水设有升温措施，则应设置高温切断开关。

6.4 膜分离浓水的处理

6.4.1 浓水处理的技术要求

污水处理过程产生的膜分离浓水可并入污水生化处理系统；亦可与化学清洗废水、介质过滤器和活性炭过滤器反冲洗废水一并进行收集处理。

6.4.2 推荐浓水处理基本工艺流程如图 8。

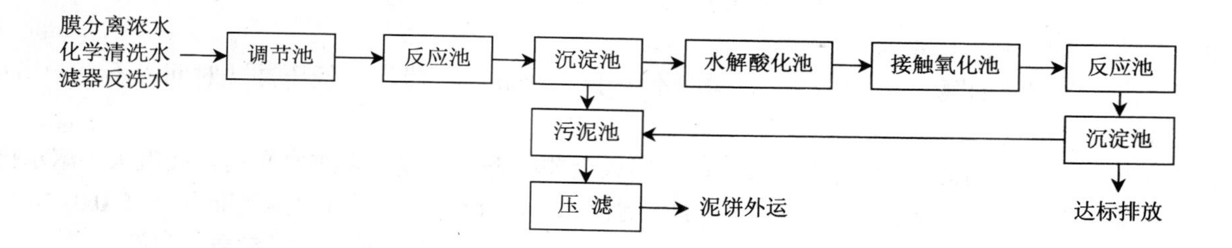

图 8 浓水处理基本工艺流程图

6.4.3 浓水处理排放应符合国家或地方污水排放标准的规定。

7 系统安装与调试

7.1 微滤、超滤系统安装与调试

7.1.1 微滤、超滤系统安装

应按照设计要求进行安装。

7.1.2 微滤、超滤系统调试

7.1.2.1 系统启动时，应开启浓水排放管阀门和产水管阀门，用自来水冲洗膜组件内的保护液，直到冲洗水无泡沫为止。

7.1.2.2 进水压力 0.1～0.4 MPa，工作温度为 15～35℃。

7.1.2.3 调试项目应包括：

1）进水压力，MPa；

2）进水流量，m^3/h；

3）产水流量，m^3/h；

4）浓水流量，m^3/h；

5）浓水压力，MPa。

7.1.2.4 系统每连续运行 30 min，应反冲洗一次，反冲洗时间宜为 30 s。

7.2 纳滤、反渗透膜系统安装与调试

7.2.1 纳滤、反渗透系统安装

7.2.1.1 设备主机架及水泵安装应符合 GB/T 19249 和 HJ/T 270 的规定。

7.2.1.2 管道安装应符合 GB 50235 和 HG 20520 的规定。

7.2.1.3 仪器、仪表安装应符合 GB/T 985.1 和 GB/T 1804 的规定。

7.2.1.4 压力容器两端，应留有不小于膜元件长度 1.2 倍的空间。设备应安装于室内。

7.2.1.5 电控柜安装应符合 GB/T 3797 的规定。

7.2.2 纳滤、反渗透系统调试

7.2.2.1 膜系统启动前，应彻底冲洗预处理设备和管道，清除杂质和污物。

7.2.2.2 膜系统进水管阀门和浓水管调节阀门须完全打开。用低压、低流量合格预处理出水赶走膜系统内空气，冲洗压力为 0.2～0.4 MPa，φ100 mm 压力容器冲洗流量为 0.6～3.0 m^3/h，φ200 mm 压力容器冲洗流量为 2.4～12.0 m^3/h。

7.2.2.3 内有保护液的膜元件低压冲洗时间应不少于 30 min，干膜元件低压冲洗时间应不少于 6 h。在冲洗过程中，检查渗漏点，立即紧固。

7.2.2.4 第一次启动高压泵，须将进水阀门调到接近全关状态，缓慢开大进水阀门，缓慢关小浓水排放管阀门，调节浓水流量和系统进水压力直至系统产水流量达到设计值。升压速率应低于每秒 0.07 MPa。

7.2.2.5 系统连续运行 24～48 h，记录运行参数作为系统性能基准数据。运行参数应包括：

1）进水压力，MPa；

2）进水流量，m^3/h；

3）进水电导率，μS/cm；

4）产水流量，m^3/h；

5）产水电导率，μS/cm；

6）浓水压力，MPa；

7）浓水流量，m^3/h；

8）系统回收率，%。

系统实际运行参数与系统设计参数比较。

7.2.2.6 上述调节在手动操作模式下进行，待运行稳定后将系统切换到自动控制运行模式。

7.2.2.7 系统运行第一周内，应定期检测系统性能，确保系统性能在运行初始阶段处于合适的范围内。

8 工程验收

8.1 一般规定

8.1.1 目测结构是否合理，各部件安装应符合设计图纸及 JB/T 2932 的要求。

8.1.2 油漆涂层应符合 GB 5226.1 的要求。

8.1.3 用水平仪（或尺）测量主机框架、压力容器、泵体及相应管线，应符合 GB/T 19249 和 HJ/T 270 的规定。

8.1.4 凡有自动控制装置的，应设有手动控制装置，应符合 GB/T 3797 的规定。

8.1.5 通风设备运行正常，应符合 JB/T 2932 的要求。

8.1.6 各报警装置齐全，运行灵敏、准确，应符合 GB/T 3797 的规定。

8.2 工程验收

8.2.1 预验收

8.2.1.1 工程竣工后，环保验收前进行预验收，由建设单位组织设计、施工单位，并报请当地环保部门联合进行。

8.2.1.2 预验收包括：按污水处理工程设计方案验收主体工程、设备及安装部位。应按相应的标准进行检验，并填写预验收记录。

8.2.1.3 预验收应复查并核实以下资料：

1）设计图纸及设计变更文件；

2）主要材料和制品的合格证或试验记录；

3）膜组件及仪器仪表检验记录；

4）机械构件焊接及检验记录；

5）设备安装记录；

6）膜分离系统调试记录和 48 h 运行记录。

8.2.2 环境保护验收

污水处理工程投入使用之前，建设单位应向环境保护行政主管部门提出环境保护设施竣工验收申请。

环境保护验收应按照《建设项目竣工环境保护验收管理办法》的规定进行。

9 运行管理

9.1 启动

9.1.1 检查进水水质是否符合要求。

9.1.2 在低压和低流速下排除系统内空气。

9.1.3 检查系统是否渗漏。

9.2 运行

9.2.1 调节浓水管调节阀门，缓慢增加进水压力直至产水流量达到设计值。

9.2.2 检查和试验所有在线监测仪器仪表，设定信号传输及报警。

9.2.3 系统稳定运行后，记录操作条件和性能参数。

9.3 停机

9.3.1 先降压后停机，当需要停机时，缓慢开大浓水管调节阀门，使系统压力下降至最低点再切断电源。

9.3.2 停机时，应对膜系统进行冲洗，用预处理水大流量低压冲洗整个系统 3～5 min。

9.3.3 膜分离系统停机后，其他辅助系统也应停机。

注：膜元件污染与化学清洗、膜元件保存方法，参见附录 C。

附 录 A
（资料性附录）
原水分析表

检测单位：________________________________ 分析人：____________

原水概况：________________________________ 日 期：____________

电导率：____________ pH 值：________ 水样温度：________℃

组成分析（分析项目标注单位，如 mg/L，以 $CaCO_3$ 计等）：

铵离子（NH_4^+）____________　　钾离子（K^+）____________

钠离子（Na^+）____________　　镁离子（Mg^{2+}）____________

钙离子（Ca^{2+}）____________　　钡离子（Ba^{2+}）____________

锶离子（Sr^{2+}）____________　　总铁（Fe^{2+}/Fe^{3+}）____________

锰离子（Mn^{2+}）____________　　铝离子（Al^{3+}）____________

铜离子（Cu^{2+}）____________　　活性二氧化硅（SiO_2）____________

锌离子（Zn^{2+}）____________　　胶体二氧化硅（SiO_2）____________

总固体含量（TDS）____________　　生物耗氧量（BOD）____________

总有机碳（TOC）____________　　化学耗氧量（COD）____________

氨氮（NH_3-N）____________　　总磷（TP）____________

氯离子（Cl）____________

总碱度（甲基橙碱度）：

碳酸根碱度（酚酞碱度）：

总硬度：

浊度（NTU）：

污染指数（SDI_{15}）：

细菌/（个数/ml）：

备注（异味、颜色、生物活性等）：

注：当阴阳离子存在较大不平衡时，应重新分析测试。相差不大时，可添加钠离子或氯离子进行人工平衡。

附 录 B
（资料性附录）
系统设计资料

用户名称：______________________　　地址：______________________

工程所在地：______________________

联系人：______________　　电话：______________　　传真：______________

E-mail：______________________

处理水量（m^3/d）：______________　　回用水量（m^3/d）：______________

原水特性：

□市政废水　　□工业废水

水温情况：最低____℃　　最高____℃　　平均____℃　　设计____℃

预处理情况：

投加药剂：□絮凝剂　　□杀菌剂

□还原剂　　□阻垢剂

现有预处理：□无　　□有　　□SDI_{15}值（如有预处理）

现有预处理设备名称：______________________

____

____

现场综合情况：______________________

____

系统用途：□电力行业　　□石化行业　　□冶金行业

□电子行业　　□食品行业（纯净水）　　□医药行业

□锅炉给水（高、中、低）　　□废水处理及回用

后处理设备及流程：______________________

系统运行方式：□24 h 连续　　□8 h 连续　　□24 h 断续　　□8 h 断续

其他要求及说明：

附 录 C
（资料性附录）
膜元件污染与化学清洗

C.1 微滤/超滤系统污染与清洗

C.1.1 系统进水压力超过初始压力 0.05 MPa 时，可采用等压大流量冲洗水冲洗，如无效，应进行化学清洗。

C.1.2 化学清洗剂的选择应根据污染物类型、污染程度、组件的构型和膜的物化性质等来确定。常用的化学清洗剂有：氢氧化钠、盐酸、1%～2%的柠檬酸溶液、加酶洗涤剂、双氧水水溶液、三聚磷酸钠、次氯酸钠溶液等。

C.1.3 杀菌消毒的常用药剂为：1%～2%（质量分数）的过氧化氢或 500～1 000 mg/L 的次氯酸钠水溶液，浸泡 30 min，循环 30 min，再冲洗 30 min。

C.2 纳滤/反渗透系统污染与清洗

C.2.1 出现下列情形之一时，应进行化学清洗：

1）产水量下降 10%；

2）压力降增加 15%；

3）透盐率增加 5%。

C.2.2 化学清洗剂的选择应根据污染物类型、污染程度和膜的物化性质等来确定。常用的化学清洗剂有：氢氧化钠、盐酸、1%～2%的柠檬酸溶液、Na-EDTA、加酶洗涤剂等。

C.2.3 化学清洗液的最佳温度：碱洗液 30℃，酸洗液 40℃。

C.2.4 复合清洗时，应采用先碱洗再酸洗的方法。常用的碱洗液为 0.1%（质量分数）NaOH（氢氧化钠）水溶液；常用的酸洗液为 0.2%（质量分数）HCl（盐酸）水溶液。

C.2.5 废清洗液和清洗废水排入膜分离浓水收集池处理，应符合 6.4 的规定。

C.3 膜元件的保存方法

C.3.1 短期存放（5～30 d）操作：

1）清洗膜元件，排除内部气体；

2）用 1%亚硫酸氢钠保护液冲洗膜元件，浓水出口处保护液浓度达标；

3）全部充满保护液后，关闭所有阀门，使保护液留在压力容器内；

4）每 5 天重复 2）、3）步骤。

C.3.2 长期存放操作：存放温度 27℃以下时，每月重复 2）、3）步骤一次；存放温度 27℃以上时，每 5 天重复 2）、3）步骤一次。

C.3.3 恢复使用时，应先用低流量进水冲洗 1 h，再用大流量进水（浓水管调节阀全开）冲洗 10 min。

中华人民共和国国家环境保护标准

HJ 580—2010

含油污水处理工程技术规范

Technical specifications for oil-contained wastewater treating process

2010-10-12 发布　　　　　　　　　　　　　　　　2011-01-01 实施

环境保护部　发布

前　言

为贯彻《中华人民共和国环境保护法》和《中华人民共和国水污染防治法》，规范含油污水处理工程的建设与运行管理，防治环境污染，保护环境和人体健康，制定本标准。

本标准规定了含油污水处理工程中工艺设计、安全与环保、施工与验收的技术要求。

本标准的附录A为资料性附录。

本标准由环境保护部科技标准司组织制订。

本标准主要起草单位：江西金达莱环保研发中心有限公司、华中科技大学、北京市环境保护科学研究院。

本标准环境保护部2010年10月12日批准。

本标准自2011年1月1日起实施。

本标准由环境保护部解释。

含油污水处理工程技术规范

1 适用范围

本标准规定了含油污水处理工程的设计、施工、验收、运行及维护管理工作的基本要求。

本标准适用于以油污染为主的污水处理工程，可作为环境影响评价、环境保护设施设计与施工、建设项目竣工环境保护验收及建成后运行与管理的技术依据。

2 规范性引用文件

本标准内容引用了下列文件中的条款。凡是不注日期的引用文件，其有效版本适用于本标准。

GB 50014 室外排水设计规范

CJJ 60 污水处理运行维护及其安全技术规程

《建设项目（工程）竣工验收办法》（国家计委 计建设[1990]215 号）

《建设项目竣工环境保护验收管理办法》（国家环境保护总局令 第 13 号）

3 术语和定义

下列术语和定义符合本标准。

3.1

油脂 oil and grease

指乙醇或甘油（丙三醇）与脂肪酸的化合物，称为脂肪酸甘油酯。在常温下，液态脂肪酸甘油酯，称为油；固态脂肪酸甘油酯，称为脂。

3.2

含油污水 oil wastewater

指主要污染物为油的污水。

3.3

浮油 floating oil

指油珠粒径大于 100 μm，静置后能较快上浮，以连续相的油膜漂浮在水面。

3.4

分散油 dispersed oil

指油珠粒径为 10～100 μm，以微小油珠悬浮于污水中，不稳定，静置后易形成浮油。

3.5

乳化油 emulsified oil

指油珠粒径小于 10 μm，一般为 0.1～2 μm，形成稳定的乳化液。且油滴在污水中分散度愈大愈稳定。

3.6

溶解油 dissolved oil

指以分子状态或化学方式分散于污水中，形成稳定的均相体系，粒径一般小于 0.1 μm。

3.7

调节隔油池 water adjusting and oil separation tank

指用于调节水质、水量并配置有隔油功能的污水处理构筑物。

3.8

隔油池 oil separation tank

指专门用于隔除浮油的污水处理构筑物。

3.9

气浮 air floatation

指空气微气泡与油污颗粒结合，增大油污颗粒的浮力，使含油污水中的油污迅速分离的处理方法。

3.10

粗粒化 coalescence of oil water

指利用油水两相对聚结材料亲和力的不同，使微细油珠在聚结材料表面集聚成为较大颗粒或油膜，从而达到油水分离的过程。

3.11

一级除油处理 primary treatment of oil wastewater

指采用隔油池进行油水分离的处理阶段。

3.12

二级除油处理 secondary treatment of oil wastewater

指采用气浮、粗粒化、板结、过滤等方法或组合工艺进行油水分离的处理阶段。

4 设计水量及设计水质

4.1 设计水量

设计水量应按国家现行工业用水量的规定确定或按式（1）计算。

$$Q=K\times q\times S \tag{1}$$

式中：Q——每日产生的含油污水总水量，m^3/d；

q——单位产品污水产生量，m^3/件；

S——每日生产产品总数量，件；

K——变化系数，根据生产工艺或经验决定。

4.2 设计水质

4.2.1 金属加工工业、油脂化工等行业产生的含油污水，其污染物有油脂、表面活性剂及悬浮杂质。

4.2.2 屠宰及肉食品加工业和餐饮业产生的含油污水，含有可生化性较强的动植物油脂。

4.2.3 设计水质应根据调查资料确定，或参照类似工业水质确定。

5 总体设计

5.1 一般规定

5.1.1 对含油污水应进行单独除油处理，以保证城市污水处理系统或者后续污水处理工艺过程正常运行。

5.1.2 含油污水处理工程应根据不同行业含油污水的水质特点，选择适合的处理工艺，并根据污水排放去向和当地的环境保护要求，经技术经济比较后确定。

5.1.3 含油污水最终处理效果应满足国家或地方污水排放标准的要求。

5.1.4 含油污水处理深度分为一级除油处理和二级除油处理。一级除油处理出水含油量应控制在 30 mg/L 以下。

5.1.5 应根据工厂生产工艺，实现生产用水的循环利用，以减少污水处理水量。

5.1.6 含油污水处理工程检测及控制设备的设置应参照 GB 50014 的规定。同时，仪表的选型应根据污水中油类及悬浮物的含量、腐蚀性物质的特性和管道敷设条件等因素确定。

5.2 厂址选择

5.2.1 含油污水处理设施应设在工业区夏季主导风向下方；尽可能选在工业区下游地区。

5.2.2 应结合工业厂区总体规划，考虑远景发展，并应考虑交通运输、水电供应、水文地质等条件。应参照 GB 50014 中相关规定。

5.3 总体布置

含油污水处理工程总体布置应参照 GB 50014 中相关规定。

5.4 污水处理工艺流程

5.4.1 金属加工工业、油脂化工行业含油污水处理推荐工艺流程如图 1。

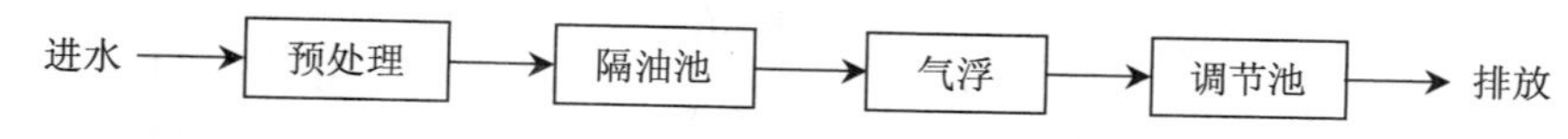

图 1 金属加工、轻工、油脂化工行业含油污水处理基本工艺流程图

5.4.2 屠宰、肉食品加工和餐饮业含油污水处理推荐工艺流程如图 2。

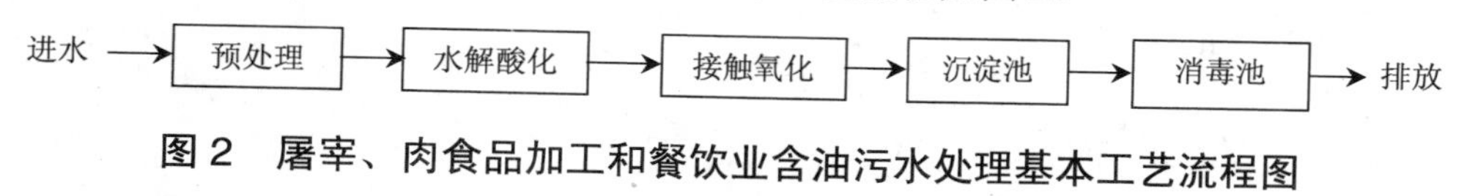

图 2 屠宰、肉食品加工和餐饮业含油污水处理基本工艺流程图

6 含油污水处理单元工艺设计

6.1 平流式隔油池

6.1.1 平流式隔油池宜用于去除粒径大于等于 150 μm 的油珠。

6.1.2 含油污水应该以基本无冲击状态进入隔油池进水配水间，进水配水间的前置构筑物出水水头应小于等于 0.2 m。

6.1.3 进水配水间应为垂直折流式，二室配置，二室隔墙下部 0.5 m 悬空。第一室下向流，第二室上向流。第二室与隔油段用配水墙间隔。

6.1.4 进水配水墙配水孔应设置于水面下 0.5 m，池底上 0.8 m 处。配水孔孔口流速应为 20～50 mm/s。

6.1.5 含油污水在隔油段的计算水平流速应为 2～5 mm/s。

6.1.6 单格池宽应小于等于 6 m，隔油段长宽比应不小于 4。

6.1.7 隔油段的有效水深应小于等于 2 m，池体超高应小于等于 0.4 m。

6.1.8 隔油段后应接出水间，出水间为单室配置。出水间与隔油段以出水配水墙间隔，以隔油段出水堰保持隔油段液面。隔油段之后接集水槽和出水管。

6.1.9 出水配水墙配水孔应设置于水面下 0.8 m，池底上 0.5 m 处。配水孔孔口流速应为 20～50 mm/s。

6.1.10 隔油段池底宜设刮油刮泥机，刮板移动速度应小于 2 m/min。

6.1.11 隔油段排泥管直径应大于 200 mm，管端可接压力水管用以冲洗排泥管。

6.1.12 污泥斗深度一般为 0.5 m，底宽宜大于 0.4 m，侧面倾角 45°～60°，且池底向污泥斗坡度为 0.01～0.02。

6.1.13 集油管宜为ϕ200～300 mm，当池宽在 4.5 m 以上时，集油管串联不应超过 4 根。

6.1.14 在寒冷地区，集油管及隔油池宜设置加热设施。隔油池附近应有蒸汽管道接头，以备需要时清理管道或灭火。

6.1.15 隔油池宜设非燃烧材料制成的盖板，并应设置蒸汽灭火设施。

6.2 斜板隔油池

6.2.1 斜板隔油池宜用于去除粒径大于 80 μm 的油珠。

6.2.2 含油污水应该以基本无冲击状态进入斜板隔油池进水配水区，进水配水区的前置构筑物出水水头应小于等于 0.2 m。

6.2.3 上浮段表面水力负荷宜为 0.6～0.8 $m^3/(m^2 \cdot h)$。

6.2.4 斜板净距离宜采用 40 mm，倾角应小于等于 45°，板间流速宜为 3～7 mm/s，板间水力条件为雷诺数 Re 小于 500；弗劳德数 Fr 大于 10。

雷诺数根据式（2）计算：

$$Re=\frac{V\cdot R}{\gamma} \tag{2}$$

弗劳德数根据式（3）计算：

$$Fr=\frac{V^2}{Rg} \tag{3}$$

式中：V——水平流速，m/s；

R——水力半径，m；

γ——水的运动黏度，m^2/s；

g——重力加速度，9.81 m/s^2。

6.2.5 池内应设浮油收集、斜板清洗和池底排泥等设施。

6.2.6 斜板材料应耐腐蚀、光洁度好、不沾油。

6.2.7 池内刮油泥速度宜小于等于 15 mm/s，板体间和池壁间应严密无缝隙，不渗漏。

6.2.8 排泥管直径应大于等于 200 mm，管端可接压力水管用以冲洗排泥管。

6.3 溶气气浮

6.3.1 溶气气浮除油宜用于含油量和表面活性物质低的含油污水，用来去除污水中比重接近于 1 的微细悬浮物和粒径大于 0.05 μm 油污。进水 pH 值 6.5～8.5，含油量小于 100 mg/L。

6.3.2 溶气气浮装置应由池体和溶气系统两部分组成。设计应符合下列要求：

6.3.2.1 溶气气浮法宜一间气浮池，配一个溶气罐。

6.3.2.2 溶气罐工作压力宜采用 0.3～0.5 MPa。

6.3.2.3 空气量以体积计，可按污水量 5%～10%计算，设计空气量应按照 25%过量考虑。

6.3.2.4 污水在溶气罐内停留时间应根据罐的型式确定，一般宜为 1～4 min，罐内应有促进气、水充分混合的措施。

6.3.2.5 采用部分回流的溶气罐宜选用动态式，并应有水位控制措施。

6.3.2.6 溶气释放器的选用应根据含油污水水质、处理流程和释放器性能确定。

6.3.3 加药反应

6.3.3.1 凝聚剂应在含油污水进入溶气反应段之前投加，并可适量投加助凝剂。

6.3.3.2 溶气反应段反应时间宜为 10～15 min。

6.3.3.3 投加药剂品种及数量应根据进水水质确定，不得造成二次污染。

6.3.3.4 药剂溶解池须防腐，应并联两间，交替使用。

6.3.4 气浮池

6.3.4.1 根据水量大小气浮池可采用矩形或圆形。

6.3.4.2 矩形气浮池每格池宽应小于等于 4.5 m，长宽比宜为 3～4。

6.3.4.3 矩形气浮池有效水深宜为 2.0～2.5 m，超高应大于等于 0.4 m。

6.3.4.4 污水在气浮池分离段停留时间宜小于等于 1 h。

6.3.4.5 污水在矩形气浮池内的水平流速宜小于等于 10 mm/s。

6.3.4.6 气浮池应配备液位自动控制装置，保障浮沫挡板的适宜位置。

6.3.4.7 气浮池端部应设置集沫槽和废油储槽。

6.3.4.8 气浮池顶部应设置刮泡沫机，刮泡沫机的移动速度宜为 1～5 m/min。

6.3.4.9 气浮池底部应设排泥管。

6.3.5 全溶气气浮和部分加压溶气气浮

6.3.5.1 推荐全溶气气浮和部分加压溶气气浮基本工艺流程如图 3。

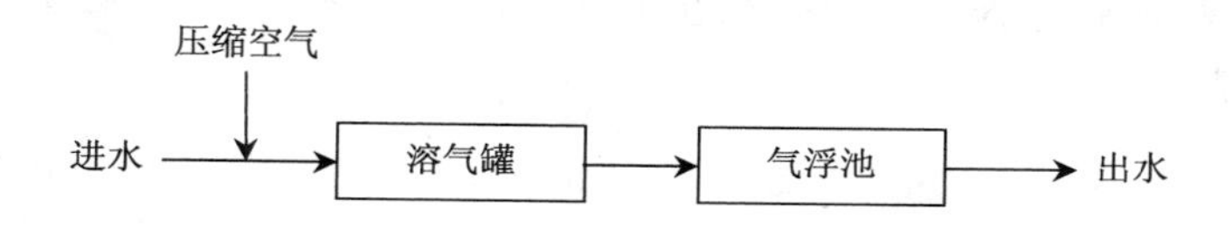

图 3 全溶气气浮和部分加压溶气气浮基本工艺流程图

6.3.5.2 投加药剂：药剂的品种和数量应根据进水水质经试验确定：聚合铝 25～35 mg/L；硫酸铝 60～80 mg/L；聚合铁 15～30 mg/L；有机高分子凝聚剂 1～10 mg/L。

6.3.5.3 混凝反应：宜采用管道混合器，可不设反应室。

6.3.6 部分回流溶气气浮

6.3.6.1 推荐部分回流溶气气浮基本工艺流程如图 4。

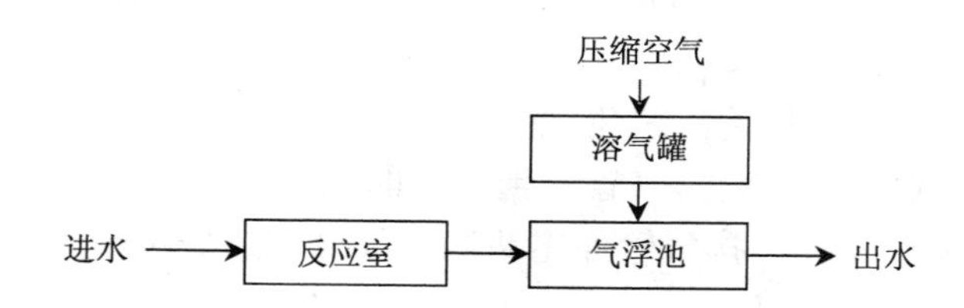

图 4 部分回流溶气气浮基本工艺流程图

6.3.6.2 回流比宜为进水的 25%～50%。但当水质较差，且水量不大时，可适当加大回流比。

6.3.6.3 投加药剂：药剂的品种和数量应根据进水水质经试验确定：聚合铝 15～25 mg/L；硫酸铝 40～60 mg/L；聚合铁 10～20 mg/L；有机高分子凝聚剂 1～8 mg/L。

6.3.6.4 混凝反应：管道混合，阻力损失小于等于 0.3 m；机械混合，搅拌桨叶速度宜为 0.5 m/s 左右，混合时间宜为 30 s。机械反应室（一级机械搅拌）、平流反应室、旋流反应室或涡流反应室水流线速度从 0.5～1.0 m/s 降至 0.3～0.5 m/s，反应时间 3～10 min。

6.4 粗粒化

6.4.1 粗粒化技术适用于预处理分散油和乳化油。粗粒化法可把水中 5～10 μm 的油珠完全分离，对 1～2 μm 的油珠有最佳的分离效果。
6.4.2 粗粒化聚结器通常设在重力除油工艺之前，它利用粗粒化材料的聚结性能，使细小的油粒在其表面聚结成较大油粒或油膜，使其更有利于重力法除油。
6.4.3 聚结材料宜采用相对密度大于 1、粒径 3～5 mm、亲油疏水性强、比表面积大、强度高且容易再生的材料；应根据可聚结性实验确定。
6.4.4 粗粒化除油装置组成：壳体、分离段、聚结床、多孔材料承托层。
6.4.5 聚结除油装置壳体可采用碳钢防腐。承压能力应通过工艺计算，一般可采用 0.6 MPa。
6.4.6 聚结床下应加承托垫层。承托材料一般采用卵石，其级配见表 1。

表 1　承托材料级配表

层次	粒径/mm	厚度/mm
下	16～32	100
中	8～16	100
上	4～8	100
总厚度 H		300

6.4.7 当采用聚结材料相对密度小于 1 时，须在上部设置不锈钢格栅及卵石层以防跑料。卵石粒径选用 16～32 mm，厚度一般为 0.3 m。

6.5 过滤

6.5.1 滤池

6.5.1.1 单池面积不宜超过 50 m^2。进水含油量宜小于 30 mg/L。
6.5.1.2 滤池高度根据滤层厚度、承托层高度、反冲洗滤料膨胀系数（40%～50%）以及超高等因素确定，高度一般在 3.5～4.5 m。
6.5.1.3 滤池底部宜设有排空管，管口处设栅罩；池底坡度约为 0.005，坡向排空管。
6.5.1.4 每间滤池均应安装水头损失计或水位尺、取样设备等。
6.5.1.5 滤池间数较少时，直径小于 400 mm 的阀门可采用手动阀门；但反冲洗阀门，宜采用电动或液动阀门。
6.5.1.6 滤池池壁与砂层接触处应拉毛，避免短流。
6.5.1.7 在配水系统干管末端，应安装排气管，当滤池面积小于 25 m^2 时，管径为 40 mm；当滤池面积为 25～100 m^2 时，管径为 50 mm。排气管伸出滤池，顶处应加截止阀。
6.5.1.8 各密封渠道上应有 1～2 个人孔。
6.5.1.9 滤池管廊内应有良好的防水、排水措施和适当的通风、照明等措施。

6.5.2 滤料

6.5.2.1 滤料宜选择亲水、疏油型材料，同时应具有一定的机械强度和抗蚀性能。
6.5.2.2 砂滤滤速宜取 8～10 m/h，反冲洗强度为 12～17 L/（$m^2 \cdot s$），反冲洗时间宜为 15 min。

6.5.3 轻质滤料

纤维类滤料滤速最高可取 25 m/h，反冲洗强度可小于 5 L/（$m^2 \cdot s$），反冲洗时间宜控制在 15～20 min。

6.6 混凝

6.6.1 混凝工艺在控制 pH 的条件下对乳化液具有良好的破乳效果，可保障良好的油水分离效果。

6.6.2 含油污水处理中常用混凝剂有无机混凝剂、有机混凝剂及复合混凝剂，应针对不同的水质选用合适的絮凝剂及助凝剂。

6.6.3 混合

6.6.3.1 药剂混合时间一般为 10～30 s，不宜强烈搅拌及长时间混合。

6.6.3.2 混合设备与后续处理设备中间管道不宜超过 120 m。

6.6.3.3 混合方式分为水力混合和机械混合。

6.6.4 反应

6.6.4.1 反应池型式的选择和絮凝时间的采用，应根据水质情况和相似条件下的运行经验或通过试验确定。

6.6.4.2 药剂在反应池内应有充分的反应时间，一般为 10～30 min，控制反应时的速度梯度 G，一般为 30～60 s^{-1}，GT 值为 10^4～10^5。

6.6.5 加药系统

6.6.5.1 药剂的投配方式宜采用液体投加方式。

6.6.5.2 加药系统应设置投药计量设备，以控制加药量，应尽可能采用自动投药系统。

6.6.5.3 自动投药方式应采用前馈式或后馈式单因子自控投药技术。自控系统由传感器、智能测控仪和执行机构（变频调速装置、投药泵等） 组成，它们构成单回路反馈控制系统。

6.6.5.4 用泵投加高分子聚合物药剂溶液时，应采用容积泵输送。

6.7 生物处理

6.7.1 当采用生物法处理时，应考虑油在水中的存在形态，含油的种类和性质等各种影响因素，经技术经济比较后选择适合的处理工艺。

6.7.2 含油污水经除油处理后，应根据再生水利用和出水排放对水质的要求进一步处理。

6.7.3 进入生化处理系统含油污水的油含量不得超过 30 mg/L。

6.7.4 用于处理以油污染为主的含油污水的活性污泥法、序批式活性污泥法、接触氧化法、膜生物法的主要工艺设计参数可参考相应的工程技术规范。

6.8 污泥浓缩

6.8.1 气浮浮渣的浓缩应根据含油污泥乳化程度，选择自然浓缩或加药浓缩。自然浓缩时间以 8～12 h 为宜。

6.8.2 生化污泥的浓缩可参照 GB 50014 的规定。

6.9 污泥处置

6.9.1 含油污泥应进行资源化、减量化、稳定化和无害化处理，逐步提高资源化水平。

6.9.2 干化场适用于气候较为干燥的地区，尤适用于沙漠地区含油污泥的处理。

6.9.3 含油量 5%～10%的污泥宜焚烧处理。焚烧温度 800～850℃。

6.9.4 含油量低的污泥可优先考虑采用固化法进行无害化处置。

6.9.5 含油污泥的处置应符合危险废物的有关规定。

7 劳动安全与职业卫生

7.1 消防

含油污水处理构筑物间距及现场消防设施应符合国家现行防火规范的规定。

7.2 安全

7.2.1 压力式装置、容器的安全措施应遵照相关规定及产品使用说明的要求。
7.2.2 加热器温度设定值为45℃；电加热器热态绝缘电阻应不低于0.5 MΩ。

7.3 卫生

7.3.1 含油污水处理构筑物、管渠、设备应有防腐蚀和防渗漏的措施。
7.3.2 处理设备应尽量选择封闭式，以避免影响周围环境。
7.3.3 妥善处置油水分离过程废弃的元件或材料，应避免对环境产生二次污染。

8 施工与验收

8.1 工程施工

8.1.1 工程施工前，应进行施工组织设计或编制施工方案，明确施工质量负责人和施工安全负责人，经批准后方可实施。
8.1.2 含油污水处理工程施工单位应具有国家相应的工程施工资质。
8.1.3 含油污水处理工程的设备安装应符合设计文件的规定。
8.1.4 工程变更应按照经批准的设计变更文件进行。

8.2 工程验收

8.2.1 含油污水处理工程验收应按照设计文件及《建设项目（工程）竣工验收办法》的规定和要求进行。
8.2.2 含油污水处理工程的环境保护验收应按照《建设项目竣工环境保护验收管理办法》执行。

9 运行维护管理

9.1 一般规定

9.1.1 含油污水处理工程的运行过程应制定详细的运行管理、维护保养制度和操作规程，各类设施、设备应按照设计的工艺要求使用。
9.1.2 含油污水处理工程的运行维护管理应符合CJJ 60的规定。
9.1.3 含油污水处理工程的运行、维护及其安全，除应符合本标准外，尚应符合国家现行有关标准的规定。

9.2 运行管理

9.2.1 运行管理人员及操作人员应经过严格培训，了解含油污水处理工艺、设备操作章程及各项设计指标。

9.2.2 各岗位应有工艺系统网络图、安全操作规程等，并应示于明显部位。

9.2.3 各岗位的操作人员应按时做好运行记录。数据应准确无误。当发现运行不正常时，应及时处理或上报主管部门。

9.2.4 应根据不同设备要求，定期进行检查，保证设备的正常运行。

9.3 安全操作

9.3.1 各岗位操作人员和维修人员应经过技术培训并考试合格后方可上岗。

9.3.2 电源电压大于或小于额定电压 5%时，不宜启动电机。

9.3.3 储油罐和集油池附近，应按消防部门的有关规定设置消防器材。

9.4 水质管理

9.4.1 含油污水处理厂污水、污泥处理正常运行检测的项目与周期应符合 CJJ 60 的规定。

9.4.2 已安装在线监测系统的，也应定期进行取样，进行人工监测，比对监测数据。

9.4.3 水质取样应在污水处理排放口和根据处理工艺控制点取样。

9.5 应急预案

9.5.1 应编制事故应急预案（包括环境风险突发事故应急预案）。

9.5.2 污水处理设施发生异常情况或重大事故时，应及时分析解决，并按应急预案中的规定向上级主管部门报告。

附　录　A
（资料性附录）
聚结除油装置主要工艺参数及计算公式

A.1　装置直径

$$D=\sqrt{\frac{4Q_1}{\pi q}} \tag{A.1}$$

式中：D——装置直径，m；
Q_1——单罐设计水量，m^3；
q——负荷，m^3/（$h \cdot m^2$），一般为 15～35 m^3/（$h \cdot m^2$）。

A.2　聚结材料体积

$$W=f\times h\frac{\pi D^2}{4} \tag{A.2}$$

式中：W——聚结材料体积，m^3；
h——聚结材料高度，m；
f——修正系数。

A.3　聚结材料高度

$$h=vt \tag{A.3}$$

式中：h——聚结材料高度，m；
v——聚结材料段流速，m/h；
t——接触时间，h。

A.4　聚结材料重量

$$G=W\cdot\rho \tag{A.4}$$

式中：G——聚结材料重量，kg；
ρ——聚结材料密度，kg/m^3。

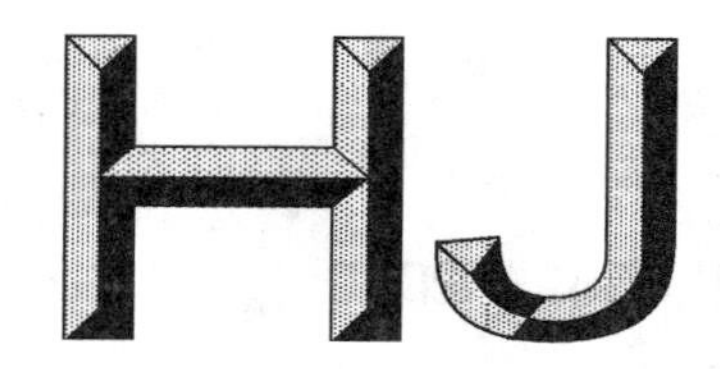

中华人民共和国国家环境保护标准

HJ 582—2010

环境影响评价技术导则　农药建设项目

Technical guideline for environmental impact assessment
—Constructional project of pesticide

2010-09-06 发布　　　　2011-01-01 实施

环　境　保　护　部 发布

中华人民共和国环境保护部
公　告

2010 年　第 63 号

为贯彻《中华人民共和国环境保护法》和《中华人民共和国环境影响评价法》，保护环境，防治污染，规范和指导环境影响评价工作，现批准《环境影响评价技术导则　农药建设项目》为国家环境保护标准，并予发布。

标准名称、编号如下：

环境影响评价技术导则　农药建设项目（HJ 582—2010）

该标准自 2011 年 1 月 1 日起实施，由中国环境科学出版社出版，标准内容可在环境保护部网站（bz.mep.gov.cn）查询。

特此公告。

2010 年 9 月 6 日

前　言

为贯彻《中华人民共和国环境影响评价法》和《建设项目环境保护管理条例》，保护环境，规范和指导农药建设项目环境影响评价工作，制定本标准。

本标准规定了农药建设项目环境影响评价的一般性原则、内容和方法。

本标准的附录A、附录D和附录E为规范性附录，附录B、附录C和附录F为资料性附录。

本标准首次发布。

本标准由环境保护部科技标准司组织制订。

本标准主要起草单位：环境保护部环境工程评估中心、伊尔姆环境资源管理咨询（上海）有限公司、环境保护部环境发展中心、上海化工研究院、沈阳化工研究院。

本标准环境保护部2010年9月6日批准。

本标准自2011年1月1日起实施。

本标准由环境保护部解释。

环境影响评价技术导则　农药建设项目

1　适用范围

本标准规定了农药（原药、制剂和中间体）建设项目环境影响评价的一般性原则、内容和方法。

本标准适用于我国所有农药新建、改建、扩建项目的环境影响评价；农药类区域规划环境影响评价可参照执行。

2　规范性引用文件

本标准内容引用了下列文件或其中的条款。凡是不注日期的引用文件，其有效版本适用于本标准。

GB 5085　危险废物鉴别标准

GB 18484　危险废物焚烧污染控制标准

HJ/T 2.1　环境影响评价技术导则　总纲

HJ 2.2　环境影响评价技术导则　大气环境

HJ/T 2.3　环境影响评价技术导则　地面水环境

HJ 2.4　环境影响评价技术导则　声环境

HJ/T 164　地下水环境监测技术规范

HJ/T 166　土壤环境监测技术规范

HJ/T 169　建设项目环境风险评价技术导则

HJ/T 176　危险废物集中焚烧处置工程建设技术规范

3　术语和定义

下列术语和定义适用于本标准。

3.1

农药中间体

指主要用于农药合成的中间体。

3.2

反应转化率

表示化学反应进行的程度（深度），即关键组分参加反应的百分率。反应转化率等于某一反应物的转化量与该反应物的起始量之比。

3.3

产品收（得）率

指生产产品所消耗的关键组分量与该关键组分起始量之比。

3.4

特征污染物

指除建设项目排放常规污染物外的特有污染物，包括与评价项目相关的本地区特征性污染物、污染已较为严重或有污染加重趋势的污染物、项目实施后可能导致潜在污染或对周边敏感保护目标产生影响的污染物，如农药及其异构体等。

3.5

农药类别

指杀虫剂、杀螨剂、杀菌剂、除草剂、植物生长调节剂、杀鼠剂等。

3.6

环境毒理

指农药对鸟类、鱼类、水蚤、藻类、蜜蜂、家蚕等非靶标生物的毒性影响。

3.7

环境行为

指吸附性、移动性、挥发性、光降解、水解、土壤降解。

4 工作原则和一般规定

4.1 一般规定

农药建设项目环境评价原则上执行现行的国家和地方环境保护标准，本标准对农药建设项目环境影响评价工作提出新要求的，则按本标准要求开展工作。

4.2 环境影响识别

4.2.1 在农药项目建设时序上，影响因素识别包括建设期（施工期）、运行期（投产运行和使用）、服务期满后（生产企业使用寿命期结束后仍继续产生影响的）。

4.2.2 农药建设项目影响对象识别包括自然环境、生态环境、社会环境要素；要素识别应包括环境空气、地表水、地下水、土壤、陆域及水生生物、渔业资源、农业生产、主要保护区等。

4.2.3 在调查区域环境特征和分析农药建设项目特征污染物基础上，应重点对毒性高、环境影响敏感的特征污染物进行环境影响识别，关注农药建设项目可能对环境的长期累积影响。

4.2.4 环境影响识别及其表达可采用列表清单、矩阵等方式。矩阵识别表见附录 A，并可依据农药建设项目特征和区域环境特征，对识别表中的内容进行调整。

4.3 评价因子的确定

4.3.1 依据工程特点，识别农药建设项目的污染因子；结合区域环境特征，按环境要素确定评价因子。

4.3.2 符合下列基本原则之一的，应作为评价因子：

a）国家或地方法规、标准中限制排放的；

b）国家或地方污染物排放总量控制的；

c）具有持久性、难降解性和毒性特征的；

d）具有“三致”毒理特性的；

e）具有明显恶臭影响特征的；

f）项目环境影响特征污染物。

4.3.3 评价因子选择可参考附录 B。

4.4 评价标准的确定

4.4.1 环境质量评价标准应依据农药建设项目所在地区环境功能区划的要求执行相应环境要素的国家或地方环境质量标准。

4.4.2 污染物排放标准应执行国家或地方污染物排放标准。

4.4.3 对于评价因子无国家和地方标准的，可参照国外、国际标准执行。

4.4.4 评价因子未有参照值的，可按照毒理性指标经多介质环境目标值（MEG）估算方法（见附录C）计算，提出环境管理推荐控制限值。

4.4.5 评价标准须由有关环境保护主管部门确认。

5 自然环境与社会环境现状调查

5.1 重点调查内容：

a）区域内河流、湖泊（水库）、海湾等地表水水文特征，并给出区域地表水系图；

b）区域内农药建设项目关联排污口下游（感潮河段包括上游）的集中式生活饮用水水源地，并给出饮用水水源保护区分布图与灌溉区分布图；

c）所涉及水域与国家及地方重点控制水域的关系，并附图说明；

d）区域内集中地下水饮用水源及保护区的概况，并附图说明。

5.2 重点关注区域农作物、经济作物、水生生态及野生动植物等生态现状。

6 评价区污染源现状调查与评价

6.1 调查重点

a）根据农药建设项目所在地的环境特点和工程特征，重点调查与农药建设项目排放相同污染物的污染源；

b）除对现有污染源进行调查外，还应调查在建和拟建项目。

6.2 调查内容

a）列表说明评价区域内污染源分布情况（与农药建设项目的方位和距离），主要污染因子及源强，重点调查评价区域内与农药建设项目排放相同污染物的污染源；

b）调查农药建设项目依托的公用工程和环保设施建设与运行情况。

6.3 污染源分析

按等标污染负荷和等标污染负荷比统计排序，明确区域主要污染物及其主要污染源。

7 环境质量现状调查与评价

7.1 环境空气质量现状调查与评价

a）现状监测点设置原则：应按 HJ 2.2 不同评价等级的要求确定布点数量和位置，原药和中间体建设项目现状监测点应覆盖评价范围内的主要大气敏感区；制剂或分装建设项目可只在厂界外近距离的敏感点布设监测点位；改扩建项目还应设置无组织排放监控点位。

b）对于改、扩建项目，考虑生产设施间歇排放的特点，应按生产周期合理安排监测时段，其中1 h 平均浓度的监测时段须包括生产周期中排放强度最大的时段，并给出对应的生产负荷及排放状况。

c）现状评价宜以 1 h 平均浓度评价为主。

7.2 地表水质量现状调查与评价

a）废水直接或间接排入地表水体的农药建设项目，均应进行地表水环境质量现状监测及评价。

b）给出受纳水体至上一级水域的水系详图，标注排污口位置、排污口下游第一个饮用水及灌溉取水口位置，标明国控、省控及市控监测断面。监测断面应包括对照断面、控制断面和混合断面；调查范围内重点保护水域、饮用水水源保护区、水产养殖区附近水域应设置监测断面。

c）监测因子包括常规污染物和特征污染物。常规污染物应包含全盐量；特征污染物应依据评价因子识别结果确定。

d）监测因子有超标、接近标准限值或特征污染物有检出时，应分析其原因。

7.3 土壤现状调查与评价

7.3.1 新建项目

a）资料收集：收集厂址区域的土壤图、土类、成土母质等土壤基本信息资料，以及工农业生产排污、污灌、化肥农药施用情况资料。

b）依据平面均匀分布、垂向分层的原则，原则上厂界内布设不少于 3 个土壤柱状采样点（主导风向的上、下厂界、主要生产装置区），每个柱状样取样深度均为 100 cm，分取三个土样：表层样（0～20 cm），中层样（20～60 cm），深层样（60～100 cm）；并应根据厂区内不同土壤类型差异、厚度与农药建设项目占地规模适当调整采样点数；具体按照 HJ/T 166 执行。

c）监测因子除常规项目外，还应包括在土壤中具有积累性、对环境危害较大、毒性较强的特征污染物。

d）采用国家土壤环境质量标准和区域土壤背景值对分析结果分别评价；一般以单项污染指数、污染累积指数为主，污染超标倍数、污染样本超标率为辅。评价结果应为厂区分区防渗和平面布置调整提供依据。

7.3.2 改扩建项目

a）资料收集除 7.3.1 a）所列资料外，还应收集以前的场地调查报告、场地历史、场地平面布置、危险废物储存、地下管道系统、污染事故报告等资料；分析确定潜在的污染源和污染区域。

b）现有厂址监测点位应选择在可能存在污染的区域；主要考虑化学品储藏和易泄漏区、地下储罐区、地下管道（污水管网）、主导下风向最大落地地带等区域。

c）宜根据厂区运行过程中所涉及的化学品筛选监测因子，主要包括重金属、无机化合物、农药类、挥发性有机化合物类和半挥发性有机化合物类等，进行全面分析。

d）对于无国家或地方标准的污染物可以参考国际相应标准。评价结果应为是否需要制定和实施相应的补救措施提供依据。

7.3.3 搬迁项目原厂址

a）资料收集与 7.3.2 a）所列资料相同。

b）原厂址区域内采集土壤样品，重点在可能存在污染的区域布点；土壤柱状采样点原则上不少于 5 个点（主导风向下厂界、主要各生产装置区、罐区、危险废物堆存场、物料输送及排污管线等）。

c）宜根据厂址运行过程中所涉及的化学品筛选监测因子，主要包括重金属、无机化合物、农药类、挥发性有机化合物类和半挥发性有机化合物类等，进行全面分析。同时根据厂区历史运行过程中所用的化学品适当筛选监测因子。

d）评价结果应根据场地未来使用性质，为制订和实施相应的修复计划提供依据。

7.4 地下水现状调查与评价

7.4.1 新建项目

a）收集有关水文地质资料或进行现场土孔钻探和监测井安装，确定厂区地质状况（如地质类型和地层厚度等）、水文地质条件（地下水水力梯度、含水层边界、地下水埋深、地下水流向等），着重调查潜水含水层。

b）根据区域潜水地下水的流向，至少布设 3 个监测井，原则上厂址地下水流向上游厂界 1 个、下游厂界 2 个，适当关注侧向厂界外近距离敏感点，并纳入日常监测计划。

c）测定地下水水位、物理化学参数（如 pH、电导率和温度等），监测因子除常规因子外，尽量与土壤监测因子相对应；原则上应进行枯、丰两期监测；并采用相应标准评价与分析。

7.4.2 改扩建项目

a）监测点位布设应包括厂区、生产装置、管道与排污沟渠、危险废物等固体废物的堆存场和厂外附近区域；监测系统需要包括对应的监测井，并且安装在合适位置和深度；同时，应按照地下水流向及其与污染产生位置的相对关系，适当布设点位，以便观察土壤污染对地下水的影响，在可疑污染地块布置 1 个点，并在其上游布置 1 个背景点。

b）按照现有装置所排放的污染物对环境构成的影响程度来筛选监测因子。

c）在运行期内，须制订监测方案，实施周期性的监测。

d）潜水污染现状采用地下水环境质量标准对监测结果进行评价，对于无标准的因子，按照 HJ/T 164 有关规定进行评价。对于地下水已被污染的场地，须制订和实施相应的补救措施。

7.4.3 搬迁项目原厂址

a）监测点位布设应包括厂区和厂外附近区域；另外，根据场地的历史运行状况确定在可能存在污染的区域内布设监测点位。

b）按照原有装置所排放的污染物对环境构成的影响程度来筛选监测因子。

c）潜水污染现状采用地下水环境质量标准对监测结果进行评价，对于无标准的因子，按照 HJ/T 164 有关规定进行评价。对于地下水已被污染的，应视地下水利用性质和敏感性，确定实施相应的修复计划。

7.5 生态现状调查与评价

a）调查评价区内陆生生态和水生生态质量现状。

b）应进行水生生态调查，水生生态调查包括评价区内鱼类、浮游植物、浮游动物和底栖动物的种类和数量，监测底泥沉积物。

8 工程分析

8.1 工程分析要点

8.1.1 贯彻执行产业技术政策、能源政策等的可持续发展战略，体现清洁生产、节能减排、达标排放、“以新带老”、污染物排放总量控制的环保要求。

8.1.2 数据资料要具有真实性、准确性，采用类比或引用资料、数据时，应充分分析其可比性和时效性。

8.1.3 工程分析既要涉及生产全过程和全因素，又要突出分析重点，体现农药建设项目的工程环境影响特征。

8.2 工程分析的基本要求

a）工程分析应包括工程概况、工艺原理及流程、污染源分析、环保措施、排污总量、总图布置方案等内容。

b）对批次间歇式生产，应按批次实投量进行物料平衡和污染源强核定，确定单位时间排污量、排放时间和排放方式，其中废气给出单位时间最大排污量。

c）宜将各中间体与农药合成分别进行物料平衡核算；按照产污节点给出污染源强，对同一产污节点产生的高浓度和低浓度废水分别统计。

d）技改扩建项目应说明技改扩前后工程内容、产品方案、排污总量的变化。设置企业已建、在建工程的回顾评价专题。

e）企业搬迁、关停应设置退役期工程分析，依据原厂生产装置、储存设施、管线等分布，识别污染源和污染因子，明确废弃化学品、受污染的构筑物和废弃设备、受污染的土壤和地下水等的处理处置方法和去向。根据对可能存在污染的土壤和地下水监测结果，提出恢复或修复措施。

8.3 工程分析的内容和方法

8.3.1 产品及产品方案

a）说明主、副产品名称，纯度，生产规模，生产运行方案（生产连续性、季节性；生产批次量、生产周期；年运行时数等）。

b）说明农药产品通用名、商品名和化学结构式，农药登记证号，农药生产批准证书或农药许可证（新建项目除外），农药类别，农药产品规格（有效成分及大于0.1%的杂质名称与含量、剂型），产品质量标准，产品理化性质，使用范围，施用方式，主要毒性，环境毒理，环境行为，包装以及环保要求。

8.3.2 工程内容

a）按主体工程、辅助工程、配套工程、公用工程、环保工程分项说明建设内容和规模。

b）说明工程依托设施的内容，分析依托的可行性，明确其可能存在的制约因素及解决方案。厂外依托重点关注区域集中供热、供气、污水处理、危险废物及一般固体废物处理处置、光气和氯气等危险化学品的储运、管线输送，附相关依托协议。厂内依托关注公用工程、储运、管网系统等。

8.3.3 物料、资源和能源消耗、储运及特性

a）说明原辅材料、燃料、制冷剂、导热介质等成分、含量，使用量和消耗量，来源、包装、储运情况；说明危险物料输送管道的特征参数，路由和长度，材质与防护，架设方式等。

b）说明各类化学品物质特性数据资料，包括理化性质，危害特性，燃爆危险性，毒性和环境毒理数据等。

c）公用工程中说明用水总量，新鲜水量，循环水量，水质和来源；用电负荷、耗电量及其来源；工业气体和蒸汽规格、消耗量及其来源等。

8.3.4 工艺原理及流程描述

a）阐述合成工艺原理、工艺路线和主要生产步骤。列明主、副化学反应方程式，说明反应转化率、产品收（得）率。反应方程式应体现主要反应过程、原料使用、反应产物（主或副产品、主要中间体、“三废”物质）。

b）详述生产工艺过程，应包括原料配制、产品生产、物料储存和转移、产品包装、物料回收、污染物处理等。说明物料投加位置和方式，物料走向，装置（单元）操作条件，产物和污染物排出位置，污染物去向，物料回用去向。

c）给出带污染源节点的生产工艺流程图。工艺流程图应示意工序操作单元，诸如反应合成、相分离、蒸馏或精馏、萃取、洗涤、过滤、干燥等；图中应标明单元名称、物料名称、物料走向、投料位置、产污点位置及编号等。

d）工艺过程描述应与工艺流程图示的单元名称、物料名称、污染源符号和编号相一致。

8.3.5 污染源分析

a）根据生产运行方式（如开停车程序、生产连续性）、设备类型和单元操作条件（如洗涤方式、温度和次数，真空泵类型与真空度等），识别正常工况和非正常工况下污染物产生源，确定污染物产生、排放方式（连续或间歇，有组织或无组织）。

b）应重点对储运、加料、混合、反应、分层、洗涤、过滤、干燥、萃取、蒸馏或精馏、结晶、吸附和脱附、粉碎、筛分、包装、真空系统、污染物处理等工序（单元）进行污染源分析。

c）按生产工序和物料消耗，核算各工序的物料平衡（对批次间歇式生产，应按批次的物料消耗进行平衡），给出平衡图表。对有毒有害物料应进行单一物料和主要元素平衡。总物料平衡核算应考虑原料带入水量、作为原料的用水量和反应生成水量。

d）新建项目按生产单元、建设项目进行给排水平衡，改扩建项目还应进行全厂给排水平衡；给出水平衡图表，说明重复用水水质和环节，列出新鲜水用量、重复用水量和重复用水率、污水回用率等指标。

e）通过物料、水资源利用的合理性分析，提出进一步提高物料利用和节水的途径与措施。

f）根据物料平衡结果和流向分布，核定正常工况下产污源的污染物组分和产生量。说明废气无组织排放量、废气和废水非正常工况下排放量核算依据。

g）污染源强应在物料平衡结果基础上，结合资料类比或数据引用方法加以确定。资料类比应分析类比对象之间的相似性和可比性，数据引用应说明其有效性和代表性。

h）生物类农药要关注产品后处理过程的污染源强分析，其中应给出固体废物中农药有效成分及其他有毒有害物质的含量。

i）污染物产生按污染源名称或编号、污染物因子、产生强度和产生方式汇总，具体内容见附录D。

8.3.6 拟采取的环境保护措施

简要说明项目拟采用各环保措施的工艺方案、技术经济指标、处理效果等内容，分析项目污染物经环保设施（包括依托环保设施）处理后排放达标性。

8.3.7 污染物排放量

对污染物排放量进行核算和统计汇总。

a）结合环保工艺方案和处理效果，核算污染物排放量，说明排放方式。

b）废气按有组织排放源、无组织排放源分类进行污染源和排污总量汇总。

c）废水按不同水质排放源分类进行污染源和排污总量汇总。

d）固体废物或废液按废弃物类别进行污染源和排污总量汇总。其中危险废物按照《国家危险废物名录》和 GB 5085 分别进行分类编号和明确主要组分。

污染物排放量的具体汇总内容见附录 E。

8.3.8 总图布置分析

a）总图上应标明主要功能区、装置、罐区、建筑物、构筑物的名称，污染源、排放口、危险源位置，厂界及环境防护距离范围内情况（或分图表示），图中应附具风向玫瑰图、比例尺等。

b）结合区域环境特征和厂内外敏感区域的位置，应从环保角度分析农药建设项目污染源对敏感区域环境的不利影响和项目总图布置合理性，提出减少不利影响、合理布置的建议。

c）对含有除草剂生产的农药建设项目，须特别关注除草剂厂房（车间）及其污染源布设位置，分析除草剂及含除草剂污染物对其他类农药产品和对敏感植物（植被）的影响，提出减少不利影响、合理布置的建议。

9 现有工程回顾性评价

9.1 专章设置要求

技改扩建项目和搬迁建设项目宜设专章进行企业已建、在建工程回顾性评价。

9.2 回顾性评价内容和方法

9.2.1 企业基本概况

简述企业建厂历史，建设规模，经营范围，主要产品、产量及用途，企业技术优势，经营状况，产业发展和总体规划，企业总人数等情况。

9.2.2 已建、在建工程概况

分别说明已建、在建工程的内容、投资、占地、产品方案及运行时数、装置规模和当前实际产量、生产位置分布、公用工程等情况；按时序列表给出企业建厂至今通过技改扩在产品和工艺路线方面的变化情况。简述目前生产工艺过程，给出带产污节点的工艺流程图和物料消耗表。

9.2.3 环保手续履行和环保设施运行情况

a）说明企业在技改扩等各阶段的环评审批、环保竣工验收手续，对照环保审批和验收结果，说明环保措施、环境管理履行情况，附相关文件和监测、验收数据。对不能履行或未履行的内容，说明原因，提出整改意见和具体方案。

b）简述企业环保管理机构和管理制度（包括环境风险管理与应急预案）、环保资金投入和环保设施配置（包括事故防范设施）总体情况，给出企业环保设施一览表（包括治理对象、设施名称、规模和数量、建设时间、投资费用、运行费用、运行状况等）。

c）说明企业环保设施处理工艺、设计和实际处理能力、处理效率、处置方式，结合污染物排放现行标准及其不同实施阶段的要求，分析污染物的达标排放和稳定性，对环保设施不能正常运行，或不能稳定达标排放的，应说明原因，提出需要改进的工程措施内容、达到的处理效果、实施时间表和实施投资情况。

d）调查企业重大危险源和事故应急计划区域，污染事故发生统计情况。核对企业事故防范和应急措施、人员和组织机构、响应机制和应急预案等情况，提出整改和补充内容。

9.2.4 排污总量及总量控制

a）按全厂、已建、在建项目分别汇总排污总量，给出各类污染物产生量、削减量、排放量数据，说明最终排污去向和处置方式。

b）按照国家和地方污染物总量控制要求说明企业排污总量控制和落实情况。对属于环保统计范围内减排企业，应说明减排要求内容、工程措施落实、减排效果等情况。

9.2.5 环境制约因素

根据区域污染源调查、环境质量调查与评价（包括土壤、地下水）、公众意见调查等结果，结合区域发展规划和环保目标，分析现有工程存在的环境制约因素。

9.2.6 主要环保问题和解决途径

综合上述回顾评价内容和结果，提出存在的主要环保问题和解决途径，须明确技改扩建项目“以新带老”的措施内容和要求。

10 清洁生产和循环经济分析

10.1 清洁生产分析原则

10.1.1 清洁生产应遵循“源头削减，综合利用，降低污染强度，污染最小化”原则，符合清洁生产工艺、清洁能源和原料、清洁产品要求。

10.1.2 清洁生产指标确定应符合政策法规、农药生产行业特点，具有代表性、客观性。

10.1.3 农药建设项目清洁生产水平分析，依据国家发布的农药行业或产品清洁生产标准或技术指南指标内容。国家未发布相应清洁生产标准或技术指南的，应从先进生产工艺和设备选择，资源与能源综合利用、产品、污染物产生、废物回收利用和环境管理等方面进行分析，并与国内外先进的同类产品装置技术指标进行对比。

10.2 清洁生产分析方法和内容

10.2.1 清洁生产分析方法应采用指标对比法。

10.2.2 清洁生产指标可依据附录F选取。

10.2.3 从企业、区域等不同层次，进行循环经济分析，提高资源利用和优化废物处理处置途径。

10.2.4 根据清洁生产水平分析结果，提出存在的问题和进一步改进措施与建议。

11 环境保护措施技术论证

11.1 原则

环境保护措施技术论证应遵循技术先进性、经济合理性、达标可靠性和方案可操作性的原则，体现循环经济、节能减排、资源回收利用的理念。

11.2 废气治理措施

a）简述废气的来源、类型、废气量、主要污染组分及拟采取的回收利用或治理措施。应重点关注含高活性农药粉尘、高/剧毒化学物质、破坏臭氧层物质、持久性有机污染物、“三致”物质及恶臭气体等废气特征污染物的有效治理。

b）给出废气处理工艺流程图。结合国内外同类废气污染物先进治理设施运行实例，阐明有组织废气治理方法原理、处理能力、处理流程、处理效果、主要设备（构筑物）及操作参数、最终去向等，进行多方案技术经济比选论证，提出推荐方案。

c）对原辅料、中间产品的储存、输送、投（卸）料与工艺操作，产品包装与储运等过程进行无组织逸散的防范或减缓措施分析；重点从设备选型、系统密闭、规范操作、无组织废气的收集处理及其监控等方面进行论述，提出污染控制措施。

d）针对废水（废液）处理设施、输送及储存等环节，提出防止恶臭、有毒、有害气体逸散措施。

e）说明溶剂回收工艺、回收率及去向，从设备选型、回收工艺条件等方面论证回收工艺的可行性。

f）注意废气处理过程产生的二次污染及防治措施分析。

g）按有组织、无组织废气源汇总给出废气治理措施一览表，包括处理或回收设施名称、处理工艺、污染物去除效率、资源回收量（回收率）、环保投资及运行成本等。

11.3 废水治理措施

a）按照“清污分流、雨污分流、污污分治、一水多用、重复利用、循环使用”的原则，对全厂排水系统进行合理性分析。

b）分析工艺废水分质预处理的合理性，阐述特征污染物、高浓度有机废水、高含盐废水等预处理措施工艺原理、处理流程、处理效率（回收率），论证预处理措施的技术经济可行性；对于难生物降解的高浓度废水宜采取焚烧等处理措施，低浓度废水应从严控制难生物降解污染因子的排放限值。

c）给出废水处理工艺流程图。依据全厂各股废水水质，对全厂废水处理流程进行多方案技术经济比选论证。阐明废水处理工艺原理、处理能力、处理流程、主要设施（构筑物）及设计参数、各单元污染物去除效率、处理成本等，结合国内外同类产品先进的生产废水处理设施运行实例，论述废水处理流程的合理性和污染物达标排放的可靠性。重点关注持久性和难降解有机污染物、“三致”物质、对水生生物有剧毒、对环境敏感及高活性的农药活性成分等特征污染物的有效处理。

d）外排废水依托园区或市政污水处理厂集中处理，应从废水的可生化性和特征因子去除效率等方面进行可行性论证；提出特征污染物的纳管控制限值建议。

e）给出农药建设项目废水治理措施一览表，并进行经济可行性分析。

11.4 固体废物治理措施

a）根据固体废物的性质，分析采取综合利用、无害化处理处置及预处理等措施的可行性。

b）厂内自建危险废物焚烧炉，应按照 GB 18484 和 HJ/T 176 的相关规定，论证选址的可行性和污染防治措施的有效性。给出焚烧物料的组成及理化性质、焚烧炉炉型结构、材质、技术性能指标、尾气处理工艺等，重点分析控制二噁英产生的措施以及尾气达标排放的可靠性。

c）固体废物进行综合利用，须符合国家有关规定，提出防治二次污染措施以及接收方的证明等。

d）危险废物等固体废物外委焚烧或填埋处置，应分析承接单位的技术和能力可行性，附具资质及相关协议。

e）分析固体废物厂内收集、临时储存、转运过程防止二次污染措施的可行性。

f）生物类农药应依据国家有关规定确定发酵后处理过程产生的废渣属性，提出可行的处理处置措施。

11.5 地下水与土壤防治措施

11.5.1 原则

贯彻“以防为主，治理为辅，防治结合”的理念；坚持源头控制、防止渗漏、污染监测和应急处理的主动防渗措施与被动防渗措施相结合的原则；治理措施（包括补救措施和修复计划）则应按照从简单到复杂，遵循技术实用可靠、经济合理、效果明显和目标相符的原则。

11.5.2 源头识别与分区方式划分

依据厂区设备布置，分析可能存在的污染源头与污染物质，评价工程采取的防渗、防腐措施，并将全厂划分为一般污染防渗区、重点污染防渗区和特殊污染防渗区。

11.5.3 区域分类防渗技术分析

结合区域水文地质情况，评价分区拟采用的防渗技术、防渗材料及其实施手段的可行性与可操作性。

11.5.4 渗漏监测系统与地下水监控系统分析

依据可能存在的污染源和污染物，分析厂内渗漏监测系统与地下水监控系统的有效性与针对性。

11.5.5 补救措施与修复计划的分析

改扩建项目、搬迁项目依据监测结果与土地利用规划，识别现有场地土壤及地下水的污染状况，然后评价场地环境质量状况及环境风险，提出相应治理措施的方法和手段。

11.6 非正常工况下污染防治措施

分析设备检修及开停车时排出的废气、废水和固体废物收集及处理措施的可行性。

11.7 噪声防治措施

11.7.1 设计中尽量选用低噪声设备。

11.7.2 对高噪声源分别提出减振、消声措施，确保厂界噪声达标。

11.8 “以新带老”措施

改、扩建项目除按照上述要求论证外，还应进行“以新带老”措施的可行性论证。

11.9 验收一览表

给出建设项目竣工环保验收一览表。

12 环境影响预测与评价

12.1 大气、地表水、噪声预测分别执行 HJ 2.2、HJ/T 2.3 和 HJ 2.4 中规定要求。

12.2 大气环境预测评价中应注意分析农药间歇性、批次性生产排污的环境影响。

12.3 无组织排放监控点大气预测还应考虑农药生产低矮污染源对其产生环境影响。

12.4 地表水影响预测评价应进行特征因子的预测与评价。根据水文地质条件和环境敏感程度，开展特征因子地下水环境影响预测与评价。

12.5 生态环境影响评价，参考农药新品种登记等资料，从环境毒理角度，分析正常工况和非正常工况下特征污染物对周围生态的影响。应关注农药粉尘对植物的影响，特征水污染物对鱼类的影响。

13 环境风险评价

13.1 评价原则

a）农药生产、储运过程中农药对人群健康、环境质量及生态系统的风险影响评价、事故防范措施和应急预案，应作为农药建设项目环境风险评价重点内容之一。

b）对农药的环境风险评价程序和方法、防范措施和应急预案，按照 HJ/T 169 进行。

13.2 事故源项

a）农药因事故性泄漏对人体健康和生态环境造成影响与损害（对象包括非靶标经济植物、环境水域水生动植物、区域污水处理厂微生物等），应列入环境风险评价的可信事故源项。

b）事故源项分析中，农药生产过程危害识别对象包括生产装置、包装过程、贮运系统、环保设施等。应根据农药剂型、有效含量、最大储量或生产在线量，结合作业与环境条件、容器的材质结构、事故防范措施等因素，确定各单元最大可信事故，重点分析事故类型及其对应的事故源强和事故概率。事故源项分析应包括发生概率小，但影响和损害后果可能严重的极端事故。

13.3 风险预测与分析

a）风险评价预测应给出农药等风险物质的环境扩散浓度分布范围和持续时间，结合该范围内的人口分布、生态敏感目标分布，以及人体和生态物种的毒理学研究资料[如人体伤害阈（半致死浓度和立即威胁生命与健康浓度）、生态物种损害阈（致死或活性抑制）]，综合分析其影响后果。

b）环境风险值可依据行业可接受风险水平，评价项目环境风险影响的可接受性。

c）生态风险值可依据生态资源受损价值，比较分析项目生态风险损害结果。

d）对评价结果超出可接受风险水平或生态资源受损价值明显的事故源，应进一步提出事故防范措施和减缓环境影响措施的修正或补偿方案。

14 厂址合理性分析与论证

14.1 原则：

农药原药项目新布点选址，须设置厂址合理性分析专题；改扩原药项目，宜设置厂址环境合理性回顾分析专题，明确改扩建项目原厂址建设的环境可行性；其他类农药项目可参照执行。

14.2 拟选厂址合理性分析：

a）分析厂址与国家有关法律法规、产业政策与规划的相符性，论证与《危险化学品安全管理条例》有关规定的相符性。

b）分析厂址与城乡规划、土地利用等规划的相符性。

c）分析厂址与区域产业规划的相符性。

d）分析厂址与区域的环境功能区、环境保护规划、区域规划环评的相符性。

e）从区域环境整体性角度，论证与区域的环境、资源承载力的相容性。

f）从环境影响和环境风险角度，综合分析厂址选择的可行性。

14.3 综合给出厂址环境合理性的评价结论与对策建议。

15 污染物总量控制分析

15.1 根据国家和地方环境保护行政主管部门的要求，确定污染物总量控制因子，并进行污染物总量计算与控制分析。

15.2 宜推荐给出农药项目特征因子总量控制建议值。

16 公众参与

按照《环境影响评价公众参与暂行办法》规定，开展公众参与工作。

17 环境管理与环境监测制度

17.1 环境管理

a）根据农药建设项目管理机构设置，明确职能责任，提出农药建设项目在施工期、运营期和退役期的环境管理工作计划。

b）明确提出各生产工序应建立污染源档案管理制度的要求。

17.2 环境监测制度

a）制定环境监测制度与实施计划，包括监测点位布设、监测因子及频次等内容，关注排污口的日常管理。

b）提出与环保部门联网的在线自动监测系统的要求。

c）关注地下水防渗措施检漏系统的建立。

17.3 竣工验收及“三同时”管理

提出项目竣工验收及“三同时”管理的建议，包括对环保设施、管理措施的验收要求，验收内容应关注各生产工序污染源档案、危险废物申报登记制度和转移联单管理制度。

18 环境影响经济损益分析

18.1 参考 HJ/T 2.1 相关内容开展环境影响的经济损益分析。

18.2 环保投资的费用-效益分析

a）核算环保措施投资（含因环境保护要求实施居民搬迁的费用）及运行成本，内容应包括各项环保设施、环境风险防范措施、生态保护措施等。

b）结合环保措施的技术经济可行性，分析评价项目环保投资的合理性。

c）核算环保措施产生的直接和间接经济效益，简述项目的社会效益，并综合评价项目的整体环境经济效益。

19 评价结论

按照 HJ/T 2.1 要求，编写评价文件的结论。

附 录 A
（规范性附录）
环境影响矩阵识别表

环境影响矩阵识别表见表 A.1。环评工作中，可依据农药建设项目特征和区域环境敏感性，对识别表中影响因素和影响受体内容进行增减调整。识别定性时，可用“+”、“-”分别表示有利、不利影响；“L”、“S”分别表示长期、短期影响；“0”至“3”数值分别表示无影响、轻微影响、中等影响、重大影响；用“D”、“I”分别表示直接、间接影响等。

表 A.1 环境影响矩阵识别表

<table>
<tr><th colspan="2" rowspan="2">影响受体
影响因素</th><th colspan="5">自然环境</th><th colspan="4">生态环境</th><th colspan="5">社会环境</th></tr>
<tr><th>环境空气</th><th>地表水环境</th><th>地下水环境</th><th>土壤环境</th><th>声环境</th><th>陆域生物</th><th>水生生物</th><th>渔业资源</th><th>主要生态保护区域</th><th>农业与土地利用</th><th>居民区</th><th>特定保护区</th><th>人群健康</th><th>环境规划</th></tr>
<tr><td rowspan="5">施工期</td><td>施工废（污）水</td><td></td><td></td><td></td><td></td><td></td><td></td><td></td><td></td><td></td><td></td><td></td><td></td><td></td><td></td></tr>
<tr><td>施工扬尘</td><td></td><td></td><td></td><td></td><td></td><td></td><td></td><td></td><td></td><td></td><td></td><td></td><td></td><td></td></tr>
<tr><td>施工噪声</td><td></td><td></td><td></td><td></td><td></td><td></td><td></td><td></td><td></td><td></td><td></td><td></td><td></td><td></td></tr>
<tr><td>渣土垃圾</td><td></td><td></td><td></td><td></td><td></td><td></td><td></td><td></td><td></td><td></td><td></td><td></td><td></td><td></td></tr>
<tr><td>基坑开挖</td><td></td><td></td><td></td><td></td><td></td><td></td><td></td><td></td><td></td><td></td><td></td><td></td><td></td><td></td></tr>
<tr><td rowspan="5">运行期</td><td>废水排放</td><td></td><td></td><td></td><td></td><td></td><td></td><td></td><td></td><td></td><td></td><td></td><td></td><td></td><td></td></tr>
<tr><td>废气排放</td><td></td><td></td><td></td><td></td><td></td><td></td><td></td><td></td><td></td><td></td><td></td><td></td><td></td><td></td></tr>
<tr><td>噪声排放</td><td></td><td></td><td></td><td></td><td></td><td></td><td></td><td></td><td></td><td></td><td></td><td></td><td></td><td></td></tr>
<tr><td>固体废物</td><td></td><td></td><td></td><td></td><td></td><td></td><td></td><td></td><td></td><td></td><td></td><td></td><td></td><td></td></tr>
<tr><td>事故风险</td><td></td><td></td><td></td><td></td><td></td><td></td><td></td><td></td><td></td><td></td><td></td><td></td><td></td><td></td></tr>
<tr><td rowspan="4">服务期满后</td><td>废水排放</td><td></td><td></td><td></td><td></td><td></td><td></td><td></td><td></td><td></td><td></td><td></td><td></td><td></td><td></td></tr>
<tr><td>废气排放</td><td></td><td></td><td></td><td></td><td></td><td></td><td></td><td></td><td></td><td></td><td></td><td></td><td></td><td></td></tr>
<tr><td>固体废物</td><td></td><td></td><td></td><td></td><td></td><td></td><td></td><td></td><td></td><td></td><td></td><td></td><td></td><td></td></tr>
<tr><td>事故风险</td><td></td><td></td><td></td><td></td><td></td><td></td><td></td><td></td><td></td><td></td><td></td><td></td><td></td><td></td></tr>
</table>

附 录 B
（资料性附录）
评价因子参考表

表 B.1 农药项目评价因子参考表

溶剂	苯系物（苯、甲苯、二甲苯等）、醇类（甲醇、乙醇、异丙醇等）、卤代烃（二氯乙烷、四氯化碳、氯仿等）、酸类（乙酸、三氟乙酸等）、含氮类（乙腈、三乙胺、二甲基甲酰胺等）、含硫类（二甲基亚砜等）、醚类（四氢呋喃等）、氯苯类（氯苯）等
原辅材料	甲醛、乙醛、光气、氯气、氰化物、氟化物、氨、氯化氢，丙烯腈、苯系物、苯胺类及其衍生物（氯代苯胺、硝基苯胺等）、苯酚及其衍生物（卤代酚、硝基酚）、含氟卤代烃类（三氟二氯乙烷、三氟溴甲烷等）、三氯乙醛、吡啶类等
恶臭类	氨、硫化氢、甲硫醇、吡啶、二硫化碳、甲基胺类、乙基胺类、乙硫醇、三聚氯氰等
重金属类	锰、锌、锡、铜、铅、砷等
其他	持久性有机污染物、“三致”物质、农药光解产物、水解产物等

表 B.2 农药因子及相关因子参考一览表

（联合国粮农组织（FAO）农药原药有害杂质表）

序号	农药名称	杂质及限制项目名称
1	乙酰甲胺磷（Acephate）	甲胺磷
		乙酰胺
		O,O,S-三甲基硫代磷酸酯
2	磷化铝（Aluminium phosphide）	砷
3	印楝素（Azadirachtin）	黄曲霉毒素 Aflatoxins（B1，B2，G1，G2 总和）
4	高效氟氯氰菊酯（Beta-cyfluthrin）	顺式异构体 I
		顺式异构体 II
		反式异构体III
		反式异构体IV
5	甲萘威（Carbaryl）	2-萘酚
		2-萘基氨基甲酸甲酯
6	丁硫克百威（Carbosulfan）	克百威
		硫酸盐灰
7	杀螨醚（Chlorbenside）	二硫化物（以双对氯苯基二硫化物计）
8	毒死蜱（Chlorpyrifos）	治螟磷（*O,O,O′,O′*-四乙基二硫代焦磷酸酯）
9	氟氯氰菊酯（Cyfluthrin）	顺式异构体 I
		顺式异构体 II
		反式异构体III
		反式异构体IV
10	氯氰菊酯（Cypermethrin）	顺式异构体
11	敌敌畏（Dichlorvos）	三氯乙醛
12	三氯杀螨醇（Dicofol）	滴滴涕及其相关杂质
13	甲氟磷（Dimefox）	八甲磷
		六甲基磷酰胺
		甲 苯
		其他磷酸胺

续表

序号	农药名称	杂质及限制项目名称
14	乐果（Dimethoate）	氧乐果
		异乐果
15	消螨通（Dinobuton）	氯化钾
		游离地乐酚及其盐
		α-异构体
		β-异构体
16	灭线磷（Ethoprophos）	丙硫醇
17	苯丁锡（Fenbutatin oxide）	双[羟基双（2-甲基-2-苯基丙基）锡]氧化物
18	杀螟硫磷（Fenitrothion）	*S*-甲基杀螟硫磷
19	马拉硫磷（Malathion）	*O,O,S*-三甲基二硫代磷酸酯
		O,O,O-三甲基硫代磷酸酯
		异马拉硫磷
		马拉氧磷
20	灭蚜磷（Mecarbam）	*N*-甲基-*N*-氯乙酰基氨基甲酸乙酯
		N-甲基氨基甲酸乙酯
		O,O,S-三乙基硫代磷酸酯
		O,O,O-三乙基硫代磷酸酯
		3-甲基噁唑烷-2,4-二酮
21	速灭磷（Mevinphos）	顺式速灭磷
22	氯菊酯（Permethrin）	顺/反（1SR，3RS/1RS，3SR）
		顺式异构体（1SR，3RS）
		反式异构体（1RS，3SR）
23	稻丰散（Phenthote）	P=O 稻丰散
24	甲拌磷（Phorate）	*O,O,O,O*-四乙基硫代焦磷酸酯
		O,O,S-三乙基二硫代磷酸酯
		O,O-二乙基-*S*-（乙氧基甲基）二硫代磷酸酯
		O,O-二乙基-*S*-（乙硫基甲基）硫代磷酸酯
		O,O-二乙基-*S*-（甲氧基甲基）二硫代磷酸酯
		硫代磷酸（羟甲基）二乙酯
25	丙溴磷（Profenofos）	4-溴-2-氯苯酚
26	硫双威（Thiodicarb）	灭多威
27	杀铃脲（Triflumuron）	*N,N′*-二-{4-（三氟甲氧基）苯基}脲
28	苯菌灵（Benomyl）	2,3-二氨基吩嗪
		2-氨基-3-羟基吩嗪
29	联苯三唑醇（Bitertanol）	RS+SR
		RR+SS
30	克菌丹（Captan）	全氯甲硫醇
31	多菌灵（Carbendazim）	2,3-二氨基吩嗪
		2-氨基-3-羟基吩嗪
32	百菌清（Chlorothalonil）	六氯苯
		十氯联苯
33	氢氧化铜（Copper hydroxide）	砷
		镉
		铅

续表

序号	农药名称	杂质及限制项目名称
34	硫酸铜（Copper sulfate）	砷
		镉
		铅
35	碱式碳酸铜（Carbonate basic）	水溶性铜
		砷
		镉
		铅
36	氧化亚铜（Cuprous oxide）	金属铜
		水溶性铜
		砷
		镉
		铅
37	二苯胺（Diphenylamine）	2-氨基联苯
		4-氨基联苯
		苯胺
38	敌瘟磷（Edifenphos）	*O,O*-二乙基-*S*-苯基硫代磷酸酯
		苯硫酚
39	三苯基乙酸锡（Fentin acetate）	无机锡
40	三苯基氢氧化锡（Fentin hydroxide）	无机锡
41	福美铁（Ferbam）	总铁
		福美双
		亚 铁
42	三乙膦酸铝（Fosetyl aluminium）	无机亚磷酸盐（以亚磷酸铝计）
43	代森锰锌（Mancozeb）	锰
		锌
		ETU
44	代森锰（Maneb）	锰
		锌
		ETU
45	甲霜灵（Metalaxyl）	2,6-二甲基苯胺
46	硫黄（Sulfur）	砷
47	氨氯吡啶（Picloram）	六氯苯
48	甲基硫菌灵（Thiophanate-methyl）	2,3-二氨基吩嗪
		2-氨基-3-羟基吩嗪
49	福美双（Thiram）	油
50	三唑酮（Triadimefon）	4-氯苯酚
51	三唑醇（Triadimenol）	RS+SR
		RR+SS
		4-氯苯酚
52	代森锌（Zineb）	锌
		砷
		锰
		ETU
53	福美锌（Ziram）	锌
		砷

续表

序号	农药名称	杂质及限制项目名称
54	2,4-滴（2,4-D）	硫酸盐灰
		游离苯酚（以2,4-二氯苯酚计）
55	2,4-滴钠（2,4-D sodium）	游离苯酚（以2,4-二氯苯酚计）
56	2,4-滴酯（2,4-D esters）	游离苯酸（以2,4-滴酸计）
		游离苯酸（以2,4-二氯苯酚计）
57	2,4-滴丁酸（2,4-DB）	总可萃取酸（以干基计）
		游离苯酚（以2,4-二氯苯酚计）
		硫酸盐灰
58	2,4-滴丁酸钾盐（2,4-DB potassium salt）	总可萃取酸（以干基计）
		游离苯酚（以2,4-二氯苯酚计）
59	2,4-滴丁酸酯（2,4-DB esters）	总可萃取酸（以干基计）
		游离苯酚（以2,4-二氯苯酚计）
		游离酸（以2,4-二氯丁酸计）
60	甲草胺（Alachlor）	2-氯-*N*-（2,6-二乙基苯基）-乙酰胺
		2-氯-*N*-[2-乙基-6-（1-甲基丙基）苯基]-*N*-（甲氧甲基）乙酰胺
61	莠灭净（Ametryn）	氯化钠
62	莠去津（Atrazine）	氯化钠
63	甲羧除草醚（Bifenox）	2,4-二氯苯酚
		2,4-二氯苯甲醚
64	溴苯腈（Bromoxynil）	硫酸盐灰
65	溴苯腈辛酸酯（Bromoxynil octanoate）	硫酸盐灰
66	丁草胺（Butachlor）	2-氯-*N*-（2,6-二乙基苯基）乙酰胺
		N-丁氧甲基-2′-正丁基-2-氯-6′-乙基乙酰苯胺
		二丁氧基甲烷
		丁基氯乙酰胺
67	氯草敏（Chloridazon）	4-氨基-5-氯异构体
68	矮壮素（Chlormequate）	1,2-二氯乙烷
69	氯苯胺灵（Chlorpropham）	氯苯胺
70	绿麦隆（Chlorotoluron）	3-（3-氯-4-甲苯基）-1-甲基脲
		3-（4-甲苯基）-1,1-二甲基脲
71	氰草津（Cyanazine）	2-（4-氨基-6-氯-1,3,5-三嗪-2-基氨基）-2-甲基丙腈
		2-（4,6-二氯-1,3,5-三嗪-2-基氨基）-2-甲基丙腈
		西玛津
		无机氯
72	麦草畏（Dicamba）	碱不溶物
73	2,4-滴丙酸（Dichloroprop）	总可萃取酸（以干基计）
		硫酸盐灰
		游离苯酚（2,4-二氯苯酚计）
74	2,4-滴丙酸钾盐（Dichloroprop potassium salt）	总可萃取酸（以2,4-滴丙酸计）
		游离苯酚（2,4-二氯苯酚计）
75	2,4-滴丙酸酯（Dichloroprop esters）	总可萃取酸（以2,4-滴丙酸计）
		游离酸（以2,4-二氯丙酸计）
		游离苯酚（2,4-二氯苯酚计）
76	特乐酚（Dinoterb）	游离无机酸（以H_2SO_4计）
		无机亚硝酸盐（以$NaNO_2$计）

续表

序号	农药名称	杂质及限制项目名称
77	敌草快（二溴化物）（Diquat dibromide）	总三吡啶 terpyridines
		游离 4,4′-联吡啶 4,4′-bipyridy
78	敌草隆（Diuron）	游离胺盐（以二甲胺盐酸盐计）
79	乙烯利（Ethephon）	1,2-二氯乙烷
		MEPHA：单 2-氯乙基酯 2-氯乙基硫酸酯
80	2,4,5-涕丙酸（Fenoprop）	总可萃取酸（以干基计）
		2,3,7,8-四氯二苯对二噁英
		硫酸盐灰
		游离苯酚（以 2,4,5-三氯苯酚计）
81	2,4,5-涕丙酸钾盐（Fenoprop potassium salt）	总可萃取酸（以 2,4,5-滴丙酸、干基计）
		2,3,7,8-四氯二苯对二噁英
		游离苯酚（以 2,4,5-三氯苯酚计）
82	草甘膦（Glyphosate）	甲醛
		亚硝基草甘膦
83	抑芽丹（Maleic hydrazide）	Hydrazide 游离肼，联氨
84	环嗪酮（Hexazinone）	氨基甲酸乙酯
85	碘苯腈辛酸酯（Ioxynil octanoate）	硫酸盐灰
		游离酸
86	碘苯腈（Ioxynil）	硫酸盐灰
87	异丙隆（Isoproturon）	对称脲：*N,N′*-双-[3-（1-甲基乙基）苯基]脲
		间位异构体：*N,N*-二甲基-*N′*-[3-（1-甲基乙基）苯基]脲
		邻位异构体：*N,N*-二甲基-*N′*-[2-（1-甲基乙基）苯基]脲
88	利谷隆（Linuron）	游离胺盐（以二甲胺盐酸盐计）
89	抑芽丹（Maleic hydrazide）	肼
90	2 甲 4 氯（MCPA）	硫酸盐灰
		游离苯酚（以 4-氯-2-甲苯酚计）
91	2 甲 4 氯碱金属盐（MCPA alkal metal salts）	游离苯酚（以 4-氯-2-甲苯酚计）
92	2 甲 4 氯酯（MCPA ester）	游离苯酚（以 4-氯-2-甲苯酚计）
		游离酸（以 2 甲 4 氯酸计）
93	2 甲 4 氯丁酸（MCPB）	总可萃取酸（以 2 甲 4 氯丁酸、干基计）
		硫酸盐灰
		游离酚（以 4-氯-2-甲苯酚计）
94	2 甲 4 氯丁酸钾盐（MCPB potassium）	总萃取酸（以 2 甲 4 氯丁酸计）
		游离苯酚（以 4-氯-2-甲苯酚计）
95	2 甲 4 氯丙酸（Mecoprop）	总可萃取酸（以 2 甲 4 氯丙酸、干基计）
		硫酸盐灰
		游离苯酚（以 4-氯-2-甲苯酚计）
96	2 甲 4 氯丙酸金属盐（Mecoprop metal salt）	总可萃取酸（以 2 甲 4 氯丙酸、干基计）
		游离苯酚（以 4-氯-2-甲苯酚计）
97	盖草津（Methoprometryn）	氯化钠
98	异丙甲草胺（Metolachlor）	2-乙基-6-甲基-2-氯乙酰苯胺
		2-乙基-6-甲基-*N*-（2-甲氧基-1-甲乙基）苯胺
		2-乙基-6-甲基苯胺
99	灭草隆（Monuron）	游离胺盐（以二甲胺盐酸盐计）
100	百草枯（Paraquat dichloride）	游离 4,4′-联吡啶
		总三联吡啶

续表

序号	农药名称	杂质及限制项目名称
101	扑草净（Prometryn）	氯化钠
102	（毒秀定酸）4-氨基-3,5,6-三氯吡啶羧酸 [Picloram（acid）]	六氯苯
103	毒草胺（Propachlor）	*N*,*N*-二异丙基苯胺
		2-氯乙酰苯胺
		2,2-二氯-*N*-异丙基乙酰苯胺
104	扑灭津（Propazine）	氯化钠
105	苯胺灵（Propham）	苯胺
		不挥发杂质
106	西玛津（Simazine）	氯化钠
107	特丁净（Terbutryn）	氯化钠
108	氟乐灵（Trifluralin）	亚硝胺

附 录 C

（资料性附录）

多介质环境目标值估算方法

多介质环境目标值（Multimedia Environmental Goals，MEG）是美国 EPA 工业环境实验室推算出的化学物质或其降解产物在环境介质中的含量及排放量的限定值，化学物质的量不超过 MEG 时，不会对周围人群及生态系统产生有害影响。MEG 包括周围环境目标值（Ambient MEG，AMEG）和排放环境目标值（Discharge MEG，DMEG）。AMEG 表示化学物质在环境介质中可以容许的最大浓度（估计生物体与这种浓度的化学物质终生接触都不会受其有害影响）。DMEG 是指生物体与排放流短期接触时，排放流中的化学物质最高可容许浓度，预期不高于此浓度的污染物不会对人体或生态系统产生不可逆转的有害影响，也叫最小急性毒性作用排放值。

表 C.1 MEG 的表示方法和意义

环境介质	AMEG		DMEG	
	以对健康影响为依据	以对生态系统影响为依据	以对健康影响为依据	以对生态系统影响为依据
空气	$AMEG_{AH}$	$AMEG_{AE}$	$DMEG_{AH}$	$DMEG_{AE}$
水	$AMEG_{WH}$	$AMEG_{WE}$	$DMEG_{WH}$	$DMEG_{WE}$

AMEG 的估算模式：

a）$AMEG_{AH}$ 的模式

1）利用阈限值或推荐值进行估算，$AMEG_{AH}$ 单位为μg/m³，模式如下：

$$AMEG_{AH}=\text{阈限值}\times 10^3/420$$

2）在没有阈限值或推荐值情况下，通过 LD_{50} 估算化学物质 $AMEG_{AH}$ 值，基本上以大鼠急性经口毒 LD_{50} 为依据。$AMEG_{AH}$ 单位为μg/m³，模式如下：

$$AMEG_{AH}=0.107\times LD_{50}$$

b）$AMEG_{WH}$ 的模式：$AMEG_{WH}$ 单位为μg/L

$$AMEG=15\times AMEG_{AH}$$

c）$AMEG_{WE}$ 的模式：$AMEG_{WE}$ 单位为μg/L

$$AMEG_{WE}=LC_{50}\times 0.01\text{（生物半衰期小于 4 日，选 0.05）}$$

d）$DMEG_{AH}$ 的模式：$DMEG_{AH}$ 单位为μg/m³

$$DMEG_{AH}=45\times LD_{50}$$

e）$DMEG_{AW}$ 的模式：$DMEG_{AW}$ 单位为μg/L

$$DMEG_{AW}=15\times DMEG_{AH}$$

f）$DMEG_{WE}$ 的模式：$DMEG_{WE}$ 单位为μg/L

$$DMEG_{WE}=0.1\times LC_{50}$$

附 录 D
（规范性附录）
污染物产生情况汇总内容

D.1 废气

废气源名称或编号、污染因子、产生源强（气量、浓度、最大排放速率、年产生总量）、排放方式（间断、连续、有组织、无组织）和排放去向、排放时数（h/批次、h/d、h/a），排放温度和排气筒参数。

D.2 废水

废水源名称或编号、污染因子、产生量（水量、浓度、日/年排放量）、排放方式（间断、连续）和排放去向。

D.3 固体废物或废液

固体废物或废液源名称或编号、危险废物分类号、主要成分、产生量、处理处置方式和去向。

D.4 噪声

声源设备名称或编号、数量、单机源强、产生方式（偶发、间断、连续）、声源位置、与最近厂界直线距离。

D.5 其他污染物

产排污源名称或编号、污染物名称、产生强度、产排污位置和方式。

附　录　E
（规范性附录）
污染物排放量汇总内容

E.1　废气

废气源名称或编号、污染因子、产生量（浓度、速率、年产生总量）、环保措施削减量、排放量（浓度、速率、年排放总量）、排放方式（间断、连续、有组织、无组织）、排放时数（h/批次、h/d、h/a）和排放源参数（排放高度、温度和口径或面积）。

E.2　废水

废水源名称或编号、污染因子、产生量（水量、浓度、日/年排放量）、环保措施削减量、排放量（水量、浓度、日/年排放量）、排放方式（间断、连续）、排放时数（h/d、h/a）、排放口位置和去向。

E.3　固体废物或废液

固体废物或废液源名称或编号、危险废物分类号、主要成分、产生量（t/a）、环保措施削减量、排放量（t/a）和排放去向。

E.4　噪声

声源设备名称或编号、数量、单机源强、隔声消声措施与效果、运行叠加源强、排放方式（偶发、间断、连续）、与厂界直线距离。

E.5　其他污染物

排污源名称或编号、污染物名称、产生强度、环保措施削减量、排放量、位置和方式。

附 录 F
（资料性附录）
清洁生产指标一览表

表 F.1 清洁生产指标一览表

类别	指标名称	指标含义
生产工艺与装备	工艺路线及先进性	采用简单、成熟工艺，体现资源能源利用率高，产污量少的工艺先进性和可靠性
	技术特点和改进	优化工艺条件和控制技术，体现资源能源利用率高，反应物转化率高，产品得率高以及产污量少的特征
	设备先进性及可靠性	采用优质高效、密封性和耐腐性好、低能耗、低噪声先进设备
	危害性物料的限制或替代	采用无毒害或低毒害原料和清洁能源
资源与能源利用	原料单耗或万元产值消耗	体现高转化，低消耗、少产污
	万元工业增加值能耗和吨产品综合能耗	体现能源的梯级利用和综合利用
	吨产品水耗	体现水资源的重复利用和循环使用
产品	产业政策	产品种类及其生产须符合国家产业政策要求和行业市场准入条件，符合产品进出口和国际公约要求
	安全使用与包装符合环保性	产品和包装物设计，应考虑其在生命周期中对人类健康和环境的影响，优先选择无毒害、易降解或者便于回收利用的方案
污染物产生	产污强度	单位产品生产（或加工）过程中，产生污染物的量（末端处理前）
废物回收利用	废弃物回收利用量和回收利用率	体现废物、废水和余热等进行综合利用或者循环使用途径和效果
环境管理	政策法规要求	履行环保政策法规要求，制定生产过程环境管理和风险管理制度
	环保措施	采用达标排放和污染物排放总量控制指标的污染防治技术
	节能措施	工程节能措施和效果
	监控管理	对污染源制订有效监控方案，落实相关监控措施

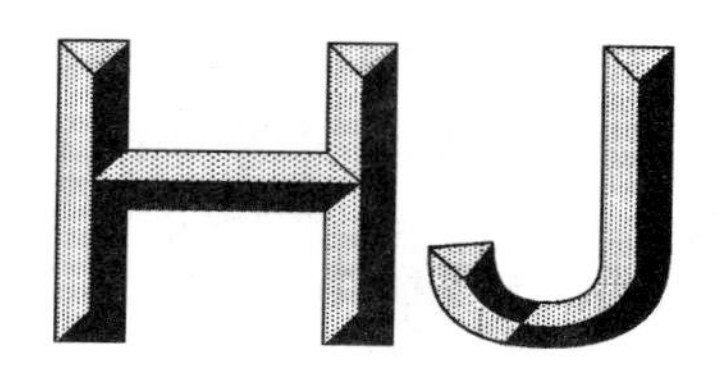

中华人民共和国国家环境保护标准

HJ 606—2011

工业污染源现场检查技术规范

Technical guideline for field inspection on industry environmental pollution source

2011-02-12 发布　　2011-06-01 实施

环 境 保 护 部 发布

中华人民共和国环境保护部
公　告

2011 年　第 13 号

为贯彻《中华人民共和国环境保护法》，保护环境，保障人体健康，现批准《工业污染源现场检查技术规范》为国家环境保护标准，并予发布。

标准名称、编号如下：

工业污染源现场检查技术规范（HJ 606—2011）。

该标准自 2011 年 6 月 1 日起实施，由中国环境科学出版社出版，标准内容可在环境保护部网站（bz.mep.gov.cn）查询。

特此公告。

2011 年 2 月 12 日

前　言

为贯彻《中华人民共和国环境保护法》，保护环境，防治污染，规范工业污染源现场检查活动，制定本标准。

本标准规定了工业污染源现场检查的准备工作、主要内容及技术要点。

本标准为首次发布。

本标准主要起草单位：中国环境科学学会、环境保护部华东环境保护督察中心、环境保护部南京环境科学研究所、东莞市环境保护局。

本标准由环境保护部科技标准司组织制订。

本标准环境保护部 2011 年 2 月 12 日批准。

本标准自 2011 年 6 月 1 日起实施。

本标准由环境保护部解释。

工业污染源现场检查技术规范

1 适用范围

本标准规定了工业污染源现场检查的准备工作、主要内容及技术要点。

本标准适用于各级环境保护主管部门的工业污染源现场检查工作。

2 规范性引用文件

本标准内容引用了下列文件中的条款。凡是不注日期的引用文件，其最新版本适用于本标准。

GB 5085 危险废物鉴别标准

GB 15562.1 环境保护图形标志 排放口（源）

GB 15562.2 环境保护图形标志 固体废物贮存（填埋）场

GB 18597 危险废物贮存污染控制标准

HJ/T 91 地表水和污水监测技术规范

HJ/T 295 环境保护档案管理规范 环境监察

HJ/T 373 固定污染源监测质量保证与质量控制技术规范（试行）

HJ/T 397 固定源废气监测技术规范

《环境行政处罚办法》（环境保护部令 第 8 号）

《污染源自动监控管理办法》（国家环境保护总局令 第 28 号）

《环境行政处罚主要文书制作指南》（环办[2010]51 号）

《〈环境保护图形标志〉实施细则（试行）》（环监[1996]463 号）

3 术语和定义

下列术语和定义适用于本标准。

3.1

污染源 pollution source

指向环境排放有毒有害物质或对环境产生有害影响的场所、材料、产品、设备和装置，分为天然污染源和人为污染源。

3.2

工业污染源现场检查 field inspection on pollution source

是指环保部门根据法律法规或者授权其下属单位对工业污染源实施现场监督检查，并根据法定程序执行或适用有关法律法规实施的具体行政行为。

3.3

排污者 polluter

直接或者间接向环境排放污染物的法人、个体工商户或个人。

3.4

重点污染源　key pollution source

环境保护行政主管部门在环境管理中确定的污染物排放量大、污染物环境毒性大或存在较大环境安全隐患、环境危害严重的污染源。对重点污染源实行重点监控、重点管理。

4　工业污染源现场检查的准备

4.1　现场检查人员

工业污染源现场检查活动应由两名以上环境保护部门或其授权的下属单位工作人员实施。

执行工业污染源现场检查任务人员应出示国家环境保护行政主管部门或地方人民政府配发的有效执法证件。

4.2　信息资料

4.2.1　信息资料的收集

实施现场检查部门可通过以下途径收集污染源信息：

（1）污染源调查。在环境保护主管部门的领导下，环境监察机构可协同其他环境管理部门共同开展环境污染源动态调查和数据采集工作，掌握辖区内污染源的基本情况，确定辖区内重点污染源、一般污染源名录及污染物排放情况。

（2）排污申报登记。排污申报登记资料可作为对污染源进行监督管理的依据之一。

（3）环境保护档案材料积累。环境保护主管部门在环境统计中获得的污染源信息，执行环境影响评价制度、“三同时”制度等监督管理中积累的污染源的档案材料，以及环境监察机构在日常环境监察中对有关污染源进行调查、处理和减排核查中积累的材料，均为工业污染源现场检查的重要信息来源。

（4）其他信息来源。通过污染源自动监控数据、群众举报、信访、12369 环保热线、领导批示、媒体报道、其他部门转办等信息来源，获取污染源信息资料。环境保护主管部门中各机构在行政管理过程中形成的污染源信息资料应及时移交所属环境监察机构。

4.2.2　信息资料加工整理

各级环保部门可按照污染源位置，所属流域，所属行业类别，排放污染物的种类、规模、去向等分类，建立污染源信息数据库。

4.3　现场检查活动计划

污染源现场检查活动计划的内容主要包括：检查目的、时间、路线、对象、重点内容等。

对于重点污染源和一般污染源，应保证规定的检查频率。对排放有毒有害污染物、扰民严重的餐饮、娱乐服务等污染源及群众来信来访举报的污染源及时进行随机检查。

各级环保部门应根据本地区的污染源特点和环境特点，保证必要的现场检查频次。

4.4　现场检查装备配备

根据污染源现场检查的具体任务，可选择配备必要的装备，主要包括：

（1）记录本及检查文书；

（2）交通工具；

（3）通信器材；

（4）全球卫星定位系统；

（5）录音、照相、摄像器材；
（6）必要的防护服及防护器材；
（7）现场采样设备；
（8）快速分析设备；
（9）便携式电脑（含无线上网卡）；
（10）打印设备；
（11）其他必要的设备。

5 现场调查取证

污染源现场检查活动中取得的证据包括：书证、物证、证人证言、视听材料和计算机数据、当事人陈述、环境监测报告和其他鉴定结论、现场检查（勘察）笔录等。

5.1 书证

书证包括文件、报告、计划、记录等书面文字材料或电子文档。书证的制作应当符合下列要求：

（1）提供书证的原件。收集原件确有困难的，可以收集与原件核对无误的复印件、照片或节录本；提交证据的单位或个人应在复印件、照片或节录本上签字或加盖公章。

（2）提供由有关部门保管的书证原件的复制件、影印件或者抄录件的，应当注明出处，经该部门核对无异后加盖其印章。

（3）提供报表、图纸、会计账册、专业技术资料、科技文献等书证的，应当附有文字说明材料。

（4）提供电子文档的，应当注明保存电子文档的计算机所有者名称。

5.2 物证

物证指现场采集的污染物样品或其他物品，如受污染源影响的生物、水、大气、土壤样品等。

5.2.1 物证采集的一般性要求

物证的采集应当符合下列要求：

（1）应当提供原物，提供原物确有困难的，可以提供与原物核对无误的复制件或者证明该物证的照片、录像等其他证据。

（2）原物为数量较多的种类物的，提供其中的一部分。

5.2.2 现场采样

现场采样取证应由县级以上环境保护行政主管部门所属环境监测机构、环境监察机构或其他具有环境监测资质的机构承担。采样人员可通过摄影、摄像等方式对采样地点、采样过程进行记录，与样品一同作为检查证据。

污染源现场采样、保存应符合国家相关环保标准和技术规范的要求。现场采集样品应当交由县级以上环境保护行政主管部门所属环境监测机构或其他具有环境监测资质的机构实施检测。

对排污者排放污染物情况进行监督检查时，可以现场即时采样或监测，其结果可作为判定排污行为是否合法、是否超标以及实施相关环境保护管理措施的依据。在线监测数据，经环境保护主管部门认定有效后，可以作为认定违法事实的证据。

当事人与现场调查取证之间的关系应遵循《环境行政处罚办法》第四十三条的规定。

5.2.3 采样记录与标志

现场采样取证应填写采样记录。采样记录应一式两份，第一份随样品送检，第二份留存环境监察机构备查。排污者代表对样品和采样记录核对无误后在采样记录上签字盖章确认。

采样后，除进行现场快速检测或必要的前处理外，现场采样人员应立即填制样品标签及样品封条。

样品标签应贴在样品盛装容器上，样品封条应贴在样品盛装容器封口，封条的样式应便于检测单位确认接收前样品容器是否曾被开封。采样人员和排污者代表应当在封条上签名并注明封存日期。

5.3 证人证言

收集证人证言作为认定违法行为的证据使用时，应当载明下列内容：

（1）证人的姓名、年龄、性别、职业、住址、身份证号码、联系电话等基本情况；

（2）证人就知道的违法事实所作的客观陈述；

（3）证人的签字；证人不能签字的，应以捺指印或盖章等方式证明；

（4）注明出具证言的日期。

5.4 视听资料和计算机数据

视听资料包括现场的录音、录像、照片等，视听资料的制作应当符合下列要求：

（1）提供有关资料的原始载体。提供原始载体确有困难的，可以提供复制件。

（2）注明制作方法、制作时间、制作人、证明对象或相关问题说明等。

（3）声音资料应当附有该声音内容的文字记录。

5.5 当事人陈述

提供当事人陈述作为认定违法行为的证据使用时，应当载明下列内容：

（1）当事人的姓名、年龄、性别、职业、住址、身份证号码、联系电话等基本情况；

（2）当事人就违法事实所作的客观陈述；

（3）当事人的签字；当事人不能签字的，应以捺指印或盖章等方式证明；

（4）注明陈述的日期；

（5）附有居民身份证复印件等证明当事人身份的文件。

5.6 环境监测报告及其他鉴定结论

5.6.1 环境监测报告

县级以上环境保护主管部门所属环境监测机构或经其他具有环境监测资质的机构按照相关的管理规定出具的环境监测报告，可作为污染源现场检查的证据。环境监测报告应当符合以下要求：

（1）环境监测报告中应有监测机构全称，以及国家计量认证标志（CMA）和监测字号；

（2）监测报告应当载明监测项目的名称、委托单位、监测时间、监测点位、监测方法、检测仪器、检测分析结果等内容；

（3）监测报告的编制、审核、签发等人员应具备相应的资格，有报告编制、审核、签发等人员的签名和监测机构的盖章。

5.6.2 委托鉴定报告

对环境监察机构自身不能认定或者作出结论的事项，可以委托有关机构或者专家进行专门鉴定，作出鉴定报告。鉴定报告包括除环境监测报告以外的各种科学鉴定和司法鉴定。鉴定报告应当符合以下要求：

（1）鉴定报告应当载明委托人和委托鉴定的事项、向鉴定部门提交的相关材料、鉴定的依据和使用的科学技术手段；

（2）鉴定报告应包括对鉴定过程的简要表述；

（3）鉴定报告应当有鉴定部门和鉴定人鉴定资格的说明，并应有鉴定人的签名和鉴定部门的盖章；

（4）通过推理分析获得的鉴定结论，应当说明推理分析过程。

5.7 现场笔录

现场笔录包括现场进行实地检查、查看、探访以及对于当事人或有关证人进行询问而当场制作的文书，包括现场调查（询问）笔录、现场检查（勘察）笔录等。

现场调查（询问）笔录是实施现场检查人员对环境违法案件调查以及就有关情况对当事人或证人进行询问的记录。现场检查（勘察）笔录是实施现场检查人员对污染源进行检查时对现场检查内容进行的记录。

6 污染源检查

6.1 主要内容

6.1.1 环境管理手续检查

检查排污者的环评审批和验收手续是否齐全、有效，检查排污者是否曾有被处罚记录以及处罚决定的执行情况。

6.1.2 了解生产设施

了解排污者的工艺、设备及生产状况，是否有国家规定淘汰的工艺、设备和技术，了解污染物的来源、产生规模、排污去向，具体内容应包括：

（1）了解原辅材料、中间产品、产品的类型、数量及特性等情况；

（2）了解生产工艺、设备及运行情况；

（3）了解原辅材料、中间产品、产品的贮存场所与输移过程；

（4）了解生产变动情况。

6.1.3 污染治理设施检查

了解排污者拥有污染治理设施的类型、数量、性能和污染治理工艺，检查是否符合环境影响评价文件的要求；检查污染治理设施管理维护情况、运行情况、运行记录，是否存在停运或不正常运行情况，是否按规程操作；检查污染物处理量、处理率及处理达标率，有无违法、违章的行为。

6.1.4 污染源自动监控系统检查

按照《污染源自动监控管理办法》等法规的要求，检查污染源自动监控系统。

6.1.5 污染物排放情况检查

检查污染物排放口（源）的类型、数量、位置的设置是否规范，是否有暗管排污等偷排行为。

检查排污口（源）排放污染物的种类、数量、浓度、排放方式等是否满足国家或地方污染物排放标准的要求。

检查排污者是否按照《环境保护图形标志　排放口（源）》（GB 15562.1）、《环境保护图形标志　固体废物贮存（处置）场》（GB 15562.2）以及《〈环境保护图形标志〉实施细则（试行）》（环监[1996]463号）的规定，设置环境保护图形标志。

6.1.6 环境应急管理检查

开展现场环境事故隐患排查及其治理情况监察；检查排污者是否编制和及时修订突发性环境事件应急预案；应急预案是否具有可操作性；是否按预案配置应急处置设施和落实应急处置物资；是否定期开展应急预案演练。

6.2 水污染源现场检查

6.2.1 水污染防治设施

（1）设施的运行状态。检查水污染防治设施的运行状态及运行管理情况，是否不正常使用、擅自拆除或者闲置。排污者有下列行为之一的，可以认定为“不正常使用”污染防治设施：

——将部分或全部废水不经过处理设施，直接排入环境；

——通过埋设暗管或者其他隐蔽排放的方式，将废水不经处理而排入环境；

——非紧急情况下开启污染物处理设施的应急排放阀门，将部分或全部废水直接排入环境；

——将未经处理的废水从污染物处理设施的中间工序引出直接排入环境；

——将部分污染物处理设施短期或者长期停止运行；

——违反操作规程使用污染物处理设施，致使处理设施不能正常发挥处理作用；

——污染物处理设施发生故障后，排污者不及时或者不按规程进行检查和维修，致使处理设施不能正常发挥处理作用；

——违反污染物处理设施正常运行所需的条件，致使处理设施不能正常运行的其他情形。

（2）设施的历史运行情况。检查设施的历史运行记录，结合记录中的运行时间、处理水量、能耗、药耗等数据，综合判断历史运行记录的真实性，确定水污染防治设施的历史运行情况。

（3）处理能力及处理水量。检查计量装置是否完备；处理能力是否能够满足处理水量的需要。

核定处理水量与生产系统产生的水量是否相符。如处理水量低于应处理水量，应检查未处理废水的排放去向。

检查是否按照规定安装了计量装置和污染物自动监控设备，其运行是否正常；检查污水计量装置是否按时计量检定，是否在检定有效期内。

（4）废水的分质管理。检查对于含不同种类和浓度污染物的废水，是否进行必要的分质管理。

对于污染物排放标准规定必须在生产车间或设施废水排放口采样监测的污染物，检查排污者是否在车间或车间污水处理设施排放口设置了采样监测点，是否在车间处理达标，是否将污染物在处理达标之前与其他废水混合稀释。

（5）处理效果。检查主要污染物的去除率是否达到了设计规定的水平，处理后的水质是否达到了相关污染物排放标准的要求。

（6）污泥处理、处置。检查废水处理中排出的污泥产生量和污水处理量是否匹配，污泥的堆放是否规范，是否得到及时、有效的处置，是否产生二次污染。

6.2.2 污水排放口

（1）检查污水排放口的位置是否符合规定。是否位于国务院、国务院有关部门和省、自治区、直辖市人民政府规定的风景名胜区、自然保护区、饮用水水源保护区以及其他需要特别保护的区域内。

（2）检查排污者的污水排放口数量是否符合相关规定。

（3）检查是否按照相关污染物排放标准、HJ/T 91、HJ/T 373 的规定设置了监测采样点。

（4）检查是否设置了规范的便于测量流量、流速的测流段。

6.2.3 排水量复核

（1）有流量计和污染源监控设备的，检查运行记录。

（2）有给水计量装置的或有上水消耗凭证的，根据耗水量计算排水量。

（3）无计量数及有效的用水量凭证的，参照国家有关标准、手册给出的同类企业用水排水系数进行估算。

6.2.4 排放水质

检查排放废水水质是否达到国家或地方污染物排放标准的要求。检查监测仪器、仪表、设备的型号和规格以及检定、校验情况，检查采用的监测分析方法和水质监测记录。如有必要可进行现场监测或采样。

6.2.5 排水分流

检查排污单位是否实行清污分流、雨污分流。

6.2.6　事故废水应急处置设施

检查排污企业的事故废水应急处置设施是否完备，是否可以保障对发生环境污染事故时产生的废水实施截流、贮存及处理。

6.2.7　废水的重复利用

检查处理后废水的回用情况。

6.3　大气污染源现场检查

6.3.1　燃烧废气

（1）检查燃烧设备的审验手续及性能指标。了解锅炉的性能指标是否符合相关标准和产业政策；检查环保设备的配套状况及环保审批、验收手续。

（2）检查燃烧设备的运行状况。检查除尘设备的运行状况，干清除是否漏气或堵塞，湿清除灰水的色泽和流量是否正常；检查灰水及灰渣的去向，防止二次污染。

（3）检查二氧化硫的控制。检查燃烧设备的设置、使用是否符合相关政策要求，用煤的含硫量是否符合国家规定，是否建有脱硫装置以及脱硫装置的运行情况、运行效率。

（4）检查氮氧化物的控制。检查是否采取了控制氮氧化物排放的技术和设施。

6.3.2　工艺废气、粉尘和恶臭污染源

（1）检查废气、粉尘和恶臭排放是否符合相关污染物排放标准的要求。

（2）检查可燃性气体的回收利用情况。

（3）检查可散发有毒、有害气体和粉尘的运输、装卸、贮存的环保防护措施。

6.3.3　大气污染防治设施

（1）除尘系统。除尘器是否得到较好的维护，保持密封性；除尘设施产生的废水、废渣是否得到妥善处理、处置，避免二次污染。

（2）脱硫系统。检查是否对旁路挡板实行铅封，增压风机电流等关键环节是否正常；检查脱硫设施的历史运行记录，结合记录中的运行时间、能耗、材料消耗、副产品产生量等数据，综合判断历史运行记录的真实性，确定脱硫设施的历史运行情况；检查脱硫设施产生的废水、废渣是否得到妥善处理、处置，避免二次污染。

（3）其他气态污染物净化系统。检查废气收集系统效果；检查净化系统运行是否正常；检查气体排放口主要污染物的排放是否符合国家或地方标准；检查处理中产生的废水和废渣的处理、处置情况。

6.3.4　废气排放口

（1）检查排污者是否在禁止设置新建排气筒的区域内新建排气筒。

（2）检查排气筒高度是否符合国家或地方污染物排放标准的规定。

（3）检查废气排气通道上是否设置采样孔和采样监测平台。有污染物处理、净化设施的，应在其进出口分别设置采样孔。采样孔、采样监测平台的设置应当符合 HJ/T 397 的要求。

6.3.5　无组织排放源

（1）对于无组织排放有毒有害气体、粉尘、烟尘的排放点，有条件做到有组织排放的，检查排污单位是否进行了整治，实行有组织排放。

（2）检查煤场、料场、货场的扬尘和建筑生产过程中的扬尘，是否按要求采取了防治扬尘污染的措施或设置防扬尘设备。

（3）在企业边界进行监测，检查无组织排放是否符合相关环保标准的要求。

6.4　固体废物污染源现场检查

6.4.1　固体废物来源

（1）了解固体废物的种类、数量、理化性质、产生方式。

（2）根据《国家危险废物名录》或 GB 5085 确定生产中危险废物的种类及数量。

6.4.2 固体废物贮存与处理处置

（1）检查排污者是否在自然保护区、风景名胜区、饮用水水源保护区、基本农田保护区和其他需要特别保护的区域内，建设工业固体废物集中贮存、处置的设施、场所和生活垃圾填埋场。

（2）检查固体废物贮存设施或贮存场是否设置了符合环境保护要求的设施，如防渗漏措施是否齐全，是否设置人造或天然衬里，配备浸出液收集、处理装置等。

（3）对于临时性固体废物贮存、堆放场所，检查是否采取了适当的环境保护措施。

（4）对于危险废物的处理处置，检查是否取得相应资质；是否设置了专用贮存场所，是否设置明显的标志，边界是否采取了封闭措施，是否有防扬散、防流失、防渗漏等防治措施；是否符合 GB 18597 的要求。

（5）检查排污者是否向江河、湖泊、运河、渠道、水库及其最高水位线以下的滩地和岸坡等法律、法规规定禁止倾倒废弃物的地点倾倒固体废物。

6.4.3 固体废物转移

（1）对于发生固体废物转移的情况，检查固体废物转移手续是否完备。转移固体废物出省、自治区、直辖市行政区域贮存、处置的，是否由移出地的省、自治区、直辖市人民政府环境保护主管部门商经接受地的省、自治区、直辖市人民政府环境保护主管部门同意。

（2）转移危险废物的，是否填写危险废物转移联单，并经移出地设区的市级以上地方人民政府环境保护主管部门商经接受地设区的市级以上地方人民政府环境保护主管部门同意。

6.5 噪声污染源现场检查

6.5.1 产噪设备

了解产噪设备是否为国家禁止生产、销售、进口、使用的淘汰产品；检查产噪设备的布局和管理。

6.5.2 噪声控制与防治设备

检查噪声控制与防治设备是否完好，是否按要求使用，管理是否规范，有无擅自拆除或闲置。

6.5.3 噪声排放

根据国家环境保护标准的要求，进行现场监测，确定噪声排放是否达标。

6.6 现场处理和处罚

6.6.1 现场处理

实施现场检查人员在污染源检查中，对存在环境违法或违规行为的，根据问题性质、情节轻重，可以按照法律法规的规定，当场采取责令减轻、消除污染，责令限制排污、停止排污，责令改正等处理措施。

6.6.2 现场处罚

对环境违法事实确凿、情节轻微并有法定依据，可按照《环境行政处罚办法》（环境保护部令　第8号）规定的简易程序，当场作出行政处罚决定。

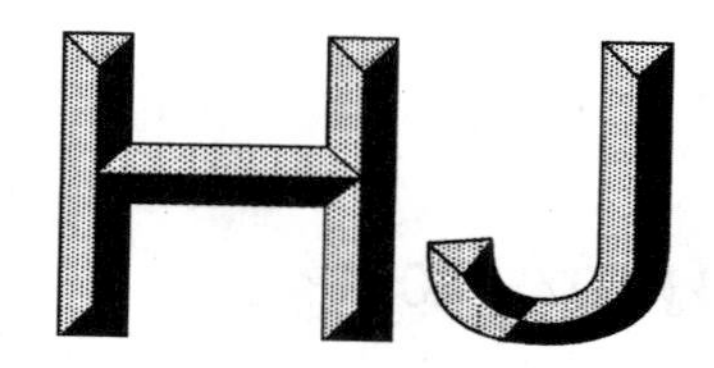

中华人民共和国国家环境保护标准

HJ 607—2011

废矿物油回收利用污染控制技术规范

Technical specifications for pollution control of used mineral oil recovery, recycle and reuse

2011-02-16 发布　　　　2011-07-01 实施

环　境　保　护　部 发布

中华人民共和国环境保护部
公　告

2011 年　第 16 号

为贯彻《中华人民共和国环境保护法》，保护环境，保障人体健康，现批准《废矿物油回收利用污染控制技术规范》为国家环境保护标准，并予发布。

标准名称、编号如下：

废矿物油回收利用污染控制技术规范（HJ 607—2011）。

该标准自 2011 年 7 月 1 日起实施，由中国环境科学出版社出版，标准内容可在环境保护部网站（bz.mep.gov.cn）查询。

特此公告。

2011 年 2 月 16 日

前　言

为贯彻《中华人民共和国环境保护法》、《中华人民共和国固体废物污染环境防治法》，规范废矿物油回收利用、处置行为，防治废矿物油对环境的污染，保护环境，保障人体健康，制定本标准。

本标准规定了废矿物油收集、运输、贮存、利用和处置过程中的污染控制技术及环境管理要求。

本标准为首次发布。

本标准的附录 A 为资料性附录。

本标准由环境保护部科技标准司组织制订。

本标准主要起草单位：济南市环境保护规划设计研究院、济南市鑫源物资开发利用有限公司。

本标准环境保护部 2011 年 2 月 16 日批准。

本标准自 2011 年 7 月 1 日起实施。

本标准由环境保护部解释。

废矿物油回收利用污染控制技术规范

1 适用范围

本标准规定了废矿物油收集、贮存、运输、利用和处置过程中的污染控制技术及环境管理要求。

本标准适用于废矿物油收集、贮存、运输、利用和处置过程的污染控制，可用于指导废矿物油经营单位建厂选址、工程建设以及建成后工程运营的污染控制工作。

2 规范性引用文件

本标准内容引用了下列文件中的条款。凡不注明日期的引用文件，其有效版本适用于本标准。

GB 8978 污水综合排放标准

GB 12348 工业企业厂界环境噪声排放标准

GB 13015 含多氯联苯废物污染控制标准

GB 13271 锅炉大气污染物排放标准

GB 16297 大气污染物综合排放标准

GB/T 17145 废润滑油回收与再生利用技术导则

GB 18484 危险废物焚烧污染控制标准

GB 18597 危险废物贮存污染控制标准

GB 18598 危险废物填埋污染控制标准

HJ/T 55 大气污染物无组织排放监测技术导则

HJ/T 91 地表水和污水监测技术规范

HJ/T 166 土壤环境监测技术规范

HJ/T 176 危险废物集中焚烧处置工程建设技术规范

HJ/T 373 固定污染源监测质量保证与质量控制技术规范（试行）

HJ/T 397 固定源废气监测技术规范

《道路危险货物运输管理规定》（交通部令 2005年第9号）

《水路危险货物运输规则》（交通部令 1996年第10号）

《铁路危险货物运输管理规则》（铁运[1995]104号）

《危险废物经营许可证管理办法》（国务院令 2004年第408号）

《危险废物转移联单管理办法》（国家环境保护总局令 1999年第5号）

《危险废物污染防治技术政策》（国家环境保护总局文件 2001年第199号）

《危险废物经营单位编制应急预案指南》（国家环境保护总局公告 2007年 第48号）

《危险废物经营单位记录和报告经营情况指南》（环境保护部公告 2009年 第55号）

3 术语和定义

下列术语和定义适用于本标准。

3.1

废矿物油 used mineral oil

从石油、煤炭、油页岩中提取和精炼，在开采、加工和使用过程中由于外在因素作用导致改变了原有的物理和化学性能，不能继续被使用的矿物油。

3.2

废矿物油产生单位 used mineral oil generator

在生产、经营、科研及其他活动中有废矿物油产生的单位。

3.3

废矿物油经营单位 used mineral oil operator

获得环境保护主管部门核发的危险废物经营许可证，从事废矿物油收集、利用、贮存、处置经营活动的单位。

3.4

收集 collection

指废矿物油经营单位将分散的废矿物油进行集中的活动。

3.5

贮存 storage

指废矿物油经营单位在废矿物油处置前，将其放置在符合环境保护标准的场所或者设施中，以及为了将分散的废矿物油进行集中，在自备的临时设施或者场所置放。

3.6

利用 recycling

指从废矿物油中提取物质作为原材料或者燃料的活动。

3.7

焚烧 inflammation

指焚化燃烧废矿物油使之分解并无害化的过程。

4 总体要求

4.1 废矿物油焚烧、贮存和填埋厂址选择应符合 GB 18484、GB 18597、GB 18598 中的有关规定，并符合当地的大气污染防治、水资源保护和自然生态保护要求。废矿物油再生利用的厂址选择应参照上述规定和要求执行。

4.2 废矿物油产生单位和废矿物油经营单位应按《危险废物污染防治技术政策》中的有关规定从事相关的生产、经营活动。

4.3 废矿物油产生单位和废矿物油经营单位应采取防扬散、防流失、防渗漏及其他防止污染环境的措施。

4.4 废矿物油应按照来源、特性进行分类收集、贮存、利用和处置。

4.5 含多氯联苯废矿物油属于多氯（溴）联苯类废物，其收集、贮存、运输、利用和处置应按 GB 13015 的相关规定执行。

5 废矿物油的分类及标签要求

5.1 废矿物油分类按照《国家危险废物名录》执行，按行业来源分类如下：

——原油和天然气开采；

——精炼石油产品制造；

——涂料、油墨、颜料及相关产品制造；

——专用化学品制造；

——船舶及浮动装置制造；

——非特定行业。

5.2 应在废矿物油包装容器的适当位置粘贴废矿物油标签，标签应清晰易读，不应人为遮盖或污染。标签参考格式见附录A。

5.3 废柴油、废煤油、废汽油、废分散油、废松香油等闭杯试验闪点等于或低于60℃的废矿物油，应标明“易燃”。

6 收集污染控制技术要求

6.1 一般要求

6.1.1 废矿物油收集容器应完好无损，没有腐蚀、污染、损毁或其他能导致其使用效能减弱的缺陷。

6.1.2 废矿物油收集过程产生的废旧容器应按照危险废物进行处置，仍可转作他用的，应经过消除污染的处理。

6.1.3 废矿物油应在产生源收集，不宜在产生源收集的应设置专用设施集中收集。

6.1.4 废矿物油收集过程产生的含油棉、含油毡等含废矿物油废物应一并收集。

6.2 原油和天然气开采

6.2.1 原油和天然气开采作业现场宜采取铺设塑料膜等措施防止废矿物油污染场地。

6.2.2 原油和天然气开采应将开采现场沾染废矿物油的泥、沙、水全部收集。

6.2.3 原油和天然气开采产生的残油、废油、油基泥浆、含油垃圾、清罐油泥等应全部回收，不应排放或弃置。

6.2.4 原油和天然气开采中产生的数量较大的废矿物油，可收集在符合《危险废物污染防治技术政策》和GB 18597的自备临时设施或场所，不应随意堆积。

6.3 精炼石油产品制造

6.3.1 精炼石油产品制造作业在生产过程中应在可能产生渗漏的位置设置集油容器，进行废矿物油的收集。

6.3.2 精炼石油产品制造产生的油泥、油渣等应进行有效收集。

6.4 专用化学产品制造

专用化学产品制造产生的具有腐蚀特性的废矿物油，例如废松香油等，宜使用镀锌铁桶等进行防腐处理的容器收集。

6.5 拆船、修船和造船作业

拆船、修船和造船作业应配备或设置拦油装置、废矿物油收集装置，作业中产生的含油物品不应随意堆放或抛入水域。

6.6 机动车维修、机械维修

6.6.1 机动车维修、机械维修行业作业现场应做防渗处理，并建设防晒、防淋措施。

6.6.2 机动车维修、机械维修行业作业现场应配备废矿物油专用收集容器或设施，并应建有地面冲洗污水收集处理设施。

7 贮存污染控制技术要求

7.1 废矿物油贮存污染控制应符合 GB 18597 中的有关规定。

7.2 废矿物油贮存设施的设计、建设除符合危险废物贮存设计原则外，还应符合有关消防和危险品贮存设计规范。

7.3 废矿物油贮存设施应远离火源，并避免高温和阳光直射。

7.4 废矿物油应使用专用设施贮存，贮存前应进行检验，不应与不相容的废物混合，实行分类存放。

7.5 废矿物油贮存设施内地面应作防渗处理，并建设废矿物油收集和导流系统，用于收集不慎泄漏的废矿物油。

7.6 废矿物油容器盛装液体废矿物油时，应留有足够的膨胀余量，预留容积应不少于总容积的 5%。

7.7 已盛装废矿物油的容器应密封，贮油油罐应设置呼吸孔，防止气体膨胀，并安装防护罩，防止杂质落入。

8 运输污染控制技术要求

8.1 废矿物油的运输转移应按《道路危险货物运输管理规定》、《铁路危险货物运输管理规则》、《水路危险货物运输规则》等的规定执行。

8.2 废矿物油的运输转移过程控制应按《危险废物转移联单管理办法》的规定执行。

8.3 废矿物油转运前应检查危险废物转移联单，核对品名、数量和标志等。

8.4 废矿物油转运前应制定突发环境事件应急预案。

8.5 废矿物油转运前应检查转运设备和盛装容器的稳定性、严密性，确保运输途中不会破裂、倾倒和溢流。

8.6 废矿物油在转运过程中应设专人看护。

9 利用和处置技术要求

9.1 一般要求

9.1.1 废润滑油的再生利用应符合 GB 17145 中的有关规定。

9.1.2 废矿物油不应用做建筑脱模油。

9.1.3 不应使用硫酸/白土法再生废矿物油。

9.1.4 废矿物油利用和处置的方式主要有再生利用、焚烧处置和填埋处置，应根据含油率、黏度、倾点（凝点）、闪点、色度等指标合理选择利用和处置方式。

9.1.5 废矿物油的再生利用宜采用沉降、过滤、蒸馏、精制和催化裂解工艺，可根据废矿物油的污染程度和再生产品质量要求进行工艺选择。

9.1.6 废矿物油再生利用产品应进行主要指标的检测，确保再生产品质量。

9.1.7 废矿物油进行焚烧处置，鼓励进行热能综合利用。

9.1.8 无法再生利用或焚烧处置的废矿物油及废矿物油焚烧残余物应进行安全处置。

9.2 原油和天然气开采

9.2.1 含油率大于 5%的含油污泥、油泥沙应进行再生利用。

9.2.2　油泥沙经油沙分离后含油率应小于2%。
9.2.3　含油岩屑经油屑分离后含油率应小于5%，分离后的岩屑宜采用焚烧处置。

9.3　精炼石油产品制造

9.3.1　精炼石油产品制造产生的含油浮渣、含油污泥、油渣及其他含油沉积物等应进行资源回收利用。
9.3.2　精炼石油产品制造、废矿物油再生利用产生的含油（油脂）白土宜使用蒸汽提取或焙烧分馏处理。经过焙烧分馏处理后，白土及锅炉灰经鉴别后不再具有危险特性的，可用作建筑材料。

9.4　机械加工

机械切削、珩磨、研磨、打磨等过程中产生的含油金属屑宜进行油屑分离处理，分离后的废矿物油宜进行循环使用。

10　利用和处置污染控制技术要求

10.1　废矿物油经营单位应对废矿物油在利用和处置过程中排放的废气、废水和场地土壤进行定期监测，监测方法、频次等应符合HJ/T 55、HJ/T 397、HJ/T 91、HJ/T 373、HJ/T 166等的相关要求。
10.2　废矿物油利用和处置过程中排放的废水、废气、噪声应符合GB 8978、GB 13271、GB 16297、GB 12348等的相关要求。
10.3　废矿物油的焚烧应符合GB 18484中的有关规定。
10.4　废矿物油焚烧工程的建设应符合HJ/T 176中的有关规定。
10.5　废矿物油的填埋应符合GB 18598中的有关规定。

11　管理要求

11.1　废矿物油经营单位应按照《危险废物经营许可证管理办法》的规定执行。
11.2　废矿物油经营单位应按照《危险废物经营单位记录和报告经营情况指南》建立废矿物油经营情况记录和报告制度。
11.3　废矿物油产生单位的产生记录，废矿物油经营单位的经营情况记录，以及污染物排放监测记录应保存10年以上，并接受环境保护主管部门的检查。
11.4　废矿物油产生单位和废矿物油经营单位应建立环境保护管理责任制度，设置环境保护部门或者专（兼）职人员，负责监督废矿物油收集、贮存、运输、利用和处置过程中的环境保护及相关管理工作。
11.5　废矿物油经营单位应按照《危险废物经营单位编制应急预案指南》建立污染预防机制和环境污染事故应急预案制度。

附 录 A
（资料性附录）
废矿物油包装容器标签参考格式

废矿物油（HW08）			
产生单位：		地　址：	
联 系 人：		联系电话：	
运输单位：		地　址：	
联 系 人：		联系电话：	
利用和处置单位：		地　址：	
联 系 人：		联系电话：	
废物代码：		数　量：	
危险特性：　有毒　易燃		安全措施：	

说明：1．废物代码按《国家危险废物名录》填写；
2．标签底色为醒目的橘黄色，文字为黑色，可手工填写；
3．危险特性用“√”选择，如“有毒√”；
4．材料：防水、防油、防腐蚀。

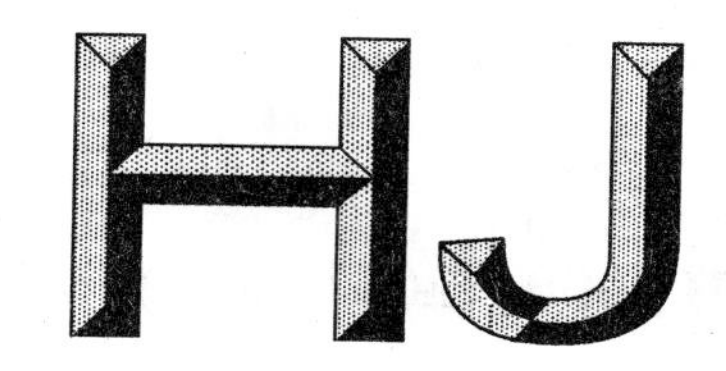

中华人民共和国国家环境保护标准

HJ 608—2011

污染源编码规则（试行）

Coding for the environmental pollution source

2011-03-07 发布

2012-06-01 实施

环 境 保 护 部 发布

中华人民共和国环境保护部
公　告

2011 年　第 22 号

为贯彻《中华人民共和国环境保护法》，保护环境，保障人体健康，规范环境信息与统计工作，现批准《污染源编码规则（试行）》为国家环境保护标准，并予发布。

标准名称、编号如下：

污染源编码规则（试行）（HJ 608—2011）

该标准自 2012 年 6 月 1 日起实施，由中国环境科学出版社出版，标准内容可在环境保护部网站（bz.mep.gov.cn）查询。

特此公告。

2011 年 3 月 7 日

前 言

为贯彻《中华人民共和国环境保护法》，防治环境污染，改善环境质量，实现对污染源标识和表示的规范化，制定本标准。

本标准规定了全国污染源的编码规则。

本标准为首次发布。

本标准的附录 A 为资料性附录。

本标准由环境保护部科技标准司提出。

本标准主要起草单位：环境保护部信息中心、安徽省环境信息中心。

本标准环境保护部 2011 年 3 月 1 日批准。

本标准自 2012 年 6 月 1 日起实施。

本标准由环境保护部解释。

污染源编码规则（试行）

1 适用范围

本标准规定了全国污染源的编码规则。

本标准适用于全国环境污染源管理工作中的信息处理和信息交换。

2 规范性引用文件

本标准内容引用了下列文件中的条款。凡是不注日期的引用文件，其有效版本适用于本标准。

GB/T 11714　全国组织机构代码编制规则

GB/T 2260　中华人民共和国行政区划代码

3 赋码对象

污染源编码的赋码对象为环境保护行政管理机关负责登记管理的所有环境污染源实体，特指对环境污染源负有或承担管理责任的企业、组织或机构。

4 编码规则

4.1 编码结构

污染源编码是组合码。污染源代码用于标识某一环境污染源实体，无任何其他意义。赋码应坚持唯一性原则。若环境污染源实体消失、消亡，其污染源代码应予以废止，且不得重新赋予其他环境污染源。

污染源编码在结构上分为 A 类码和 B 类码。

4.1.1 A 类码

对于具有独立法人资格的法人单位及二级单位，由 12 位码进行标志，结构为：9 位组织机构代码+3 位数字顺序码。

4.1.2 B 类码

对于尚未领取组织机构代码或不属于法定赋码范围的单位，由 12 位码进行标志，结构为：6 位数字地址码+5 位数字顺序码+1 位英文字母顺序码。

B 类编码范围的污染源具备 A 类编码条件后，应按照 A 类编码原则重新赋码。

4.1.3 组织机构代码

表示赋码对象的组织机构代码，执行 GB/T 11714 的规定，代码长度为 9 位。

4.1.4　地址码

表示赋码对象所在地的行政区划代码，执行 GB/T 2260 的规定，代码长度为 6 位。

4.1.5　顺序码

表示对同一组织机构代码或同一地址码，不同污染源赋码对象编定的顺序号。

可采用递增赋码方式和分段赋码方式。

4.1.5.1　递增赋码方式

对于同一组织机构代码或同一地址码，不同污染源实体的编码，其数字顺序码可集中统一赋码，预定递增数字为 1。

4.1.5.2　分段赋码方式

对于同一组织机构代码或同一地址码，不同污染源实体的编码，其数字顺序码也可由编码管理单位根据管理属性分段赋码。

4.2　编码表示形式

4.2.1　A 类编码表示形式

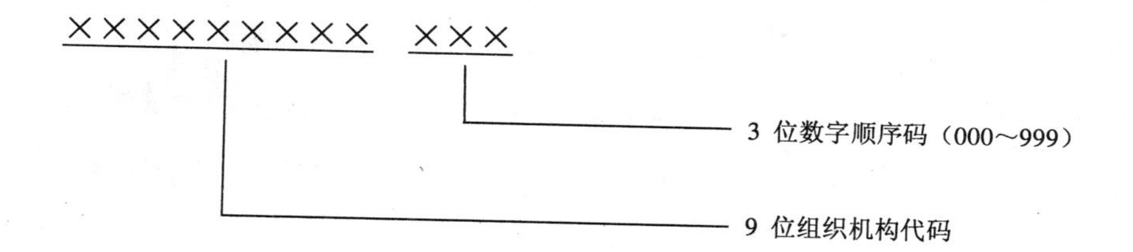

4.2.2　B 类编码表示形式

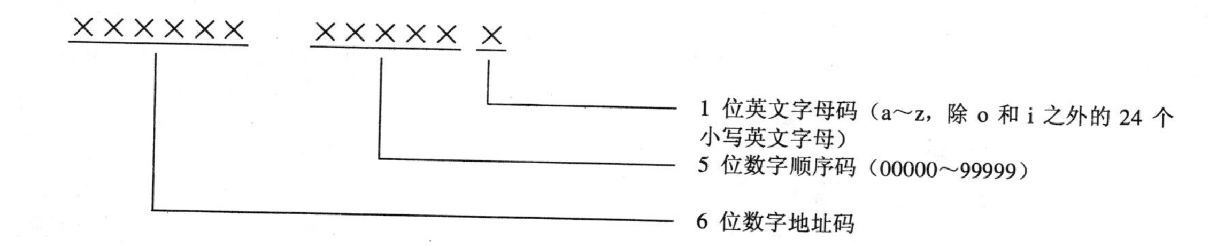

5　实施要求

各有关方面可根据本标准建立相关工作机制后，逐步达到标准的要求。

附 录 A
（资料性附录）
污染源代码示例

A.1 某污染源具有组织机构代码，根据编码规则确定其污染源代码为：705041937000

该代码的具体含义如下：

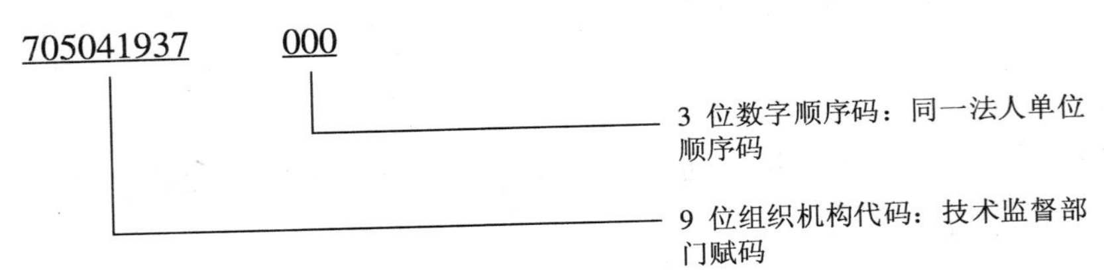

A.2 安徽合肥某生活污染源无组织机构代码，根据编码规则确定其污染源代码为：34010200012a

该代码的具体含义如下：

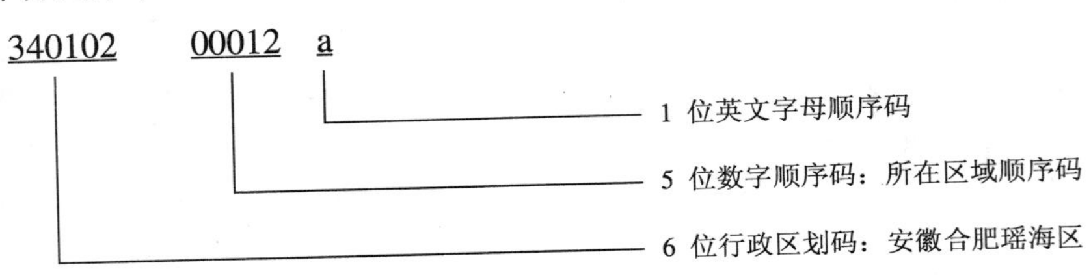

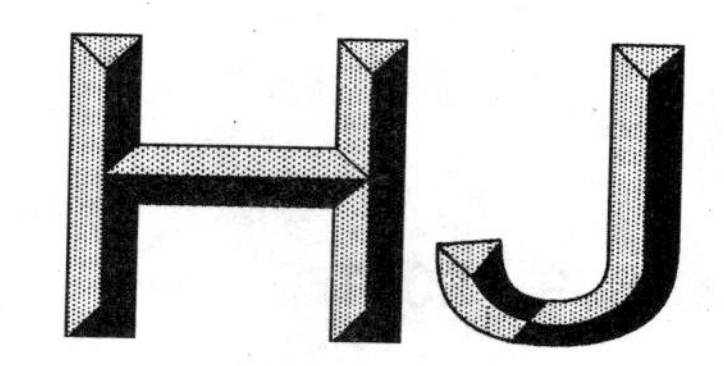

中华人民共和国国家环境保护标准

HJ 609—2011

六价铬水质自动在线监测仪技术要求

The technical requirement for water quality automatic on-line monitor of chromium（VI）

2011-02-11 发布　　　　2011-06-01 实施

环　境　保　护　部　发布

中华人民共和国环境保护部
公 告

2011 年 第 12 号

为贯彻《中华人民共和国环境保护法》，保护环境，保障人体健康，规范环境监测工作，现批准《六价铬水质自动在线监测仪技术要求》为国家环境保护标准，并予发布。

标准名称、编号如下：

六价铬水质自动在线监测仪技术要求（HJ 609—2011）

该标准自 2011 年 6 月 1 日起实施，由中国环境科学出版社出版，标准内容可在环境保护部网站（bz.mep.gov.cn）查询。

特此公告。

2011 年 2 月 11 日

前 言

为贯彻《中华人民共和国环境保护法》和《中华人民共和国水污染防治法》，规范六价铬水质自动在线监测仪的技术性能，提高我国水环境监测工作的能力，制定本标准。

本标准规定了六价铬水质自动在线监测仪的性能指标及试验方法和技术要求。

本标准为首次发布。

本标准由环境保护部科技标准司组织制订。

本标准主要起草单位：中国皮革和制鞋工业研究院、北京工商大学、宇星科技发展（深圳）有限公司、杭州聚光环保科技有限公司、湖南力合科技发展有限公司、广州市怡文环境科技股份有限公司和美国哈希公司。

本标准环境保护部 2011 年 2 月 11 日批准。

本标准自 2011 年 6 月 1 日起实施。

本标准由环境保护部解释。

六价铬水质自动在线监测仪技术要求

1 适用范围

本标准规定了六价铬水质自动在线监测仪的性能指标及试验方法和技术要求。

本标准适用于对地表水、生活污水和工业废水中六价铬化合物离子自动在线监测仪的生产、应用选型和性能检验。

2 规范性引用文件

本标准内容引用了下列文件或其中的条款。凡是不注明日期的引用文件，其有效版本适用于本标准。

GB 7467 水质 六价铬的测定 二苯碳酰二肼分光光度法

GB/T 13306 标牌

HJ 168 环境监测分析方法标准制修订技术导则

HJ/T 212 污染源在线自动监控（监测）系统数据传输标准

HJ 477 污染源在线自动监控（监测）数据采集传输仪技术要求

3 术语和定义

下列术语和定义适用于本标准。

3.1

零点漂移 zero drift

指采用本标准中规定的零点校正液作为试样连续测试，六价铬水质自动在线监测仪的指示值在一定时间内变化的大小相对于量程的百分率。

3.2

量程漂移 measuring range drift

指采用本标准中规定的量程校正液作为试样连续测试，六价铬水质自动在线监测仪的指示值在一定时间内变化的大小相对于量程的百分率。

3.3

平均无故障连续运行时间 mean time between failures

指六价铬水质自动在线监测仪在测试期间的总运行时间（h）与发生故障次数（次）的比值，以“MTBF”表示，单位为：h/次。

4 方法原理和测定范围

4.1 方法原理

六价铬水质自动在线监测仪可采用分光光度法或其他分析方法。

其中分光光度法的原理：在酸性溶液中，六价铬化合物离子与二苯碳酰二肼（DPC）反应生成紫红色化合物，于波长 540 nm 处进行分光光度测定。上述步骤由在线监测仪自动控制完成从水样导入至浓度计算全过程，从而实现六价铬监测的自动化。

4.2 六价铬水质自动在线监测仪的构造

进样/计量单元：包括试样、试剂导入部分和试样、试剂计量部分。

分析单元：具有将测定值转换成电信号输出的功能，通过控制单元，完成对样品的自动在线分析。同时还应包括针对零点和量程的校准功能。

控制单元：包括系统控制硬件和软件，具有数据采集、处理、显示存储和数据输出等功能。

4.3 测定范围

本标准的测定范围为 0.04～5.00 mg/L。

5 性能指标及试验方法

5.1 性能指标

按本标准方法检测时，六价铬水质自动在线监测仪的性能指标应满足表 1 的要求。

表 1　六价铬水质自动在线监测仪的性能指标

项　目	性能指标	试验方法
精密度	≤5%	5.5.1
准确度	±5%以内	5.5.2
直线性	≤5%	5.5.3
零点漂移	量程的±5%以内	5.5.4
量程漂移	量程的±5%以内	5.5.5
检出限	0.01 mg/L	5.5.6
平均无故障运行时间	≥720 h/次	5.5.7
电压稳定性	±5%	5.5.8
实际水样比对试验	≤10%（质量浓度>0.05 mg/L）	5.5.9
	≤15%（质量浓度≤0.05 mg/L）	
分析时间	≤30 min	

5.2 试验条件

5.2.1 环境温度　10～35℃，测试过程中温度变化幅度应在±5℃以内。

5.2.2 相对湿度　（65±20）%。

5.2.3 电源电压　交流电压（220±22）V。

5.2.4 电源频率　（50±0.5）Hz。

5.2.5 水样温度　0～60℃。

5.2.6 水样酸碱度　pH 6～9。

5.3 试剂

5.3.1 实验用水：不含铬的蒸馏水。

5.3.2 零点校正液：见 5.3.1。

5.3.3 六价铬标准贮备液：ρ=100.0 mg/L

称取 0.282 9 g±0.000 1 g 经 110℃干燥 2 h 的重铬酸钾基准试剂（$K_2Cr_2O_7$）溶于适量水中，溶解后移至 1 000 ml 容量瓶中，加水定容至标线，混匀；或直接购买六价铬有证标准物质。

5.3.4 量程校正液：用六价铬标准贮备液（5.3.3）稀释到满量程值的所需浓度。

5.3.5 量程中间溶液：将量程校正液（5.3.4）用水按 1∶1 进行稀释。

5.3.6 其余试剂：按照六价铬水质自动在线监测仪说明书要求配制。

5.4 试验准备及校正

5.4.1 连接电源，按照六价铬水质自动在线监测仪说明书规定的预热时间运行，以使各部分功能及显示记录单元稳定。

5.4.2 按照六价铬水质自动在线监测仪说明书的校正方法，用零点校正液（5.3.2）和量程校正液（5.3.4）交替进行六价铬水质自动在线监测仪零点校正和量程校正的操作。

5.5 试验方法

5.5.1 精密度

按照试验条件（5.2），重复 6 次测定零点校正液（5.3.2），各次指示值作为零值。在相同条件下，测定量程值的 20%和 80%两个不同浓度的量程校正液（5.3.4），重复测定 6 次，以各次测量值（扣除零值后）计算相对标准偏差。

5.5.2 准确度

按照试验条件（5.2），测定量程值的 20%和 80%两个不同浓度的量程校正液（5.3.4），各测定 6 次，分别计算相对误差。以低量程值的六次测定最大值作为准确度。

5.5.3 直线性

六价铬水质自动在线监测仪经零点校正和量程校正后，导入量程中间溶液（5.3.5），读取稳定后的指示值。计算该指示值与量程中间溶液浓度之差相对于量程值的百分率。

5.5.4 零点漂移

采用零点校正液（5.3.2），连续测定 24 h。利用该时间内的初期零值（最初的 3 次测定值的平均值），计算最大变化幅度相对于量程值的百分率。

5.5.5 量程漂移

采用量程校正液（5.3.4），于零点漂移试验前、后分别测定 3 次，分别计算平均值。用零点漂移试验前测量平均值减去零点漂移试验后测量平均值相对于量程值的百分率。

5.5.6 检出限

按照 HJ 168 要求，在确定相同的分析条件下重复 n（n≥7）次空白试验（或空白加标试验），计算 n 次平行测定的标准偏差 S。

检出限的计算方法见式（1）。

$$\mathrm{MDL} = t_{(n-1,0.99)} \times S \tag{1}$$

式中：MDL——检出限；

S——空白样品多次测量值的标准偏差；

t——自由度为 n–1，置信度为 99%时的 t 分布；

n——样品的平行测定次数。

5.5.7 平均无故障运行时间

采用实际水样连续运行 2 个月，记录总运行时间（h）和故障次数（次），计算平均无故障连续运行时间（h/次）。

5.5.8 电压稳定性

采用量程校正液（5.3.4），在指示值稳定后，加上高于或低于规定电压 10%的电源电压时，读取指示值。分别进行 3 次测定，计算各测定值与平均值之差相对于量程值的百分率，取 3 次计算值的最大值为电压稳定性。

5.5.9 实际水样比对试验

选择≥0.05 mg/L（低质量浓度）、1～2 mg/L（中质量浓度）和等于最大量程（高质量浓度）的水样，分别用六价铬水质自动在线监测仪和 GB 7467 进行测定。对每种浓度水平的水样均应进行比对试验，每种水样用六价铬水质自动在线监测仪测定次数应不少于 10 次，用 GB 7467 测定次数应不少于 3 次。计算水样相对误差绝对值的平均值（$\overline{A}$）。比对试验结果符合表 1 的要求。

水样相对误差绝对值的平均值（$\overline{A}$）计算方法见式（2）。

$$\overline{A}=\frac{\sum\left|X_n-\overline{B}\right|}{n\overline{B}}\times 100\% \quad (2)$$

式中：$\overline{A}$——水样相对误差绝对值的平均值；

X_n——六价铬水质自动在线监测仪测定水样第 n 次的测量值；

$\overline{B}$——用 GB 7467 测定水样的平均值；

n——比对试验次数。

6 技术要求

6.1 基本要求

6.1.1 六价铬水质自动在线监测仪在醒目处应标识产品铭牌，铭牌标识应符合 GB/T 13306 的要求。

6.1.2 显示器无污点、损伤。显示部分的字符均匀、清晰，屏幕无暗角、黑斑、彩虹、气泡、闪烁等现象，能用显示屏提示进行全程序操作，说明功能的文字、符号和标志端正。

6.1.3 机箱外壳表面无裂纹、变形、污浊、毛刺等现象，表面涂层均匀，无腐蚀、生锈、脱落及磨损现象。产品组装坚固、零部件无松动。按键、开关、门锁等控制灵活可靠。

6.2 性能要求

6.2.1 进样/计量单元

6.2.1.1 应由防腐蚀的材料构成，不会因试剂或实际废水的腐蚀而影响测定结果。

6.2.1.2 计量部分应保证试剂和实际废水样品进样的准确性，并在操作说明书中明确该仪器管路内部所能通过的悬浮物的最大粒径。

6.2.1.3 具备内部管路自清洗功能，防止不同样品之间的交叉污染。

6.2.2 分析单元

6.2.2.1 应由防腐蚀的材料构造，结构应易于清洗。

6.2.2.2 测定值输出信号应稳定。在本标准规定的测定范围内，性能指标符合表 1 的要求。

6.2.2.3 具有自动进行零点和量程校准功能，能设置自动校准周期，以保证测量数据的准确性。

6.2.3 控制单元

6.2.3.1 应具有故障信息反馈功能（超量程报警、试剂余量不足报警、计量部件故障报警等）。

6.2.3.2 应具有模拟量和数字量输出接口，通过数字量接口可接收远程控制指令。

6.2.3.3 数据处理系统应存储至少 12 个月的原始数据，可以设置条件查询和显示历史数据。

6.3 安全要求

6.3.1 电源引入线与机壳之间的绝缘电阻应不小于 20 MΩ。

6.3.2 应设有漏电保护装置，防止人身触电，还应设有过载保护装置，防止仪器意外烧毁。

7 操作说明书

六价铬水质自动在线监测仪的操作说明书应至少包括以下内容：现场安装条件及方法、自动在线监测仪操作方法、试剂使用方法、常见故障处理、废液处置方法。

中华人民共和国环境保护部
公　告

2011 年　第 10 号

为贯彻《中华人民共和国环境保护法》和《中华人民共和国环境影响评价法》，保护环境，防治污染，规范建设项目环境管理工作，现批准《环境影响评价技术导则　地下水环境》等 3 项标准为国家环境保护标准，并予发布。标准名称、编号如下：

一、环境影响评价技术导则　地下水环境（HJ 610—2011）

二、环境影响评价技术导则　制药建设项目（HJ 611—2011）

三、建设项目竣工环境保护验收技术规范　石油天然气开采（HJ 612—2011）

以上标准自 2011 年 6 月 1 日起实施，由中国环境科学出版社出版，标准内容可在环境保护部网站（bz.mep.gov.cn）查询。

特此公告。

2011 年 2 月 11 日

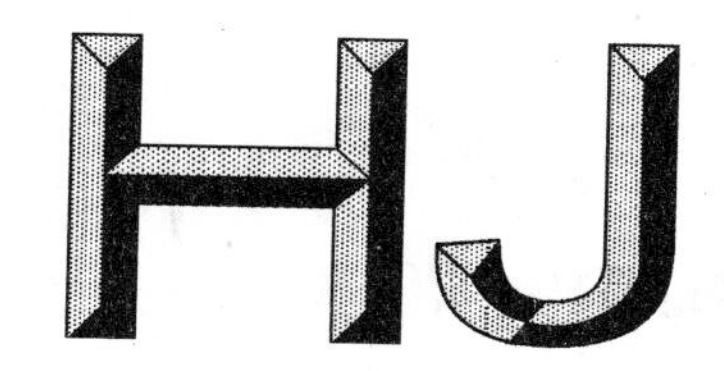

中华人民共和国国家环境保护标准

HJ 610—2011

环境影响评价技术导则　地下水环境

Technical guidelines for environmental impact assessment
—Groundwater environment

2011-02-11 发布　　2011-06-01 实施

环　境　保　护　部　发布

前　言

为贯彻《中华人民共和国环境保护法》、《中华人民共和国水污染防治法》和《中华人民共和国环境影响评价法》，规范和指导地下水环境影响评价工作，保护环境，防治地下水污染，制定本标准。

本标准规定了地下水环境影响评价的一般性原则、内容、工作程序、方法和要求。

本标准为首次发布。

本标准的附录 A、附录 B、附录 C、附录 D、附录 E、附录 F 为资料性附录。

本标准由环境保护部科技标准司组织制订。

本标准主要起草单位：环境保护部环境工程评估中心、中国地质大学（北京）、吉林省地质环境监测总站。

本标准环境保护部 2011 年 2 月 11 日批准。

本标准自 2011 年 6 月 1 日起实施。

本标准由环境保护部解释。

环境影响评价技术导则　地下水环境

1　适用范围

本标准规定了地下水环境影响评价的一般性原则、内容、工作程序、方法和要求。

本标准适用于以地下水作为供水水源及对地下水环境可能产生影响的建设项目的环境影响评价。

规划环境影响评价中的地下水环境影响评价可参照执行。

2　规范性引用文件

本标准内容引用了下列文件中的条款。凡是不注日期的引用文件，其有效版本适用于本标准。

GB 14848　地下水质量标准

GB 50027　供水水文地质勘察规范

HJ/T 2.1　环境影响评价技术导则　总纲

HJ/T 19　环境影响评价技术导则　非污染生态影响

HJ/T 164　地下水环境监测技术规范

HJ/T 338　饮用水水源保护区划分技术规范

3　术语和定义

下列术语和定义适用于本标准。

3.1

地下水　groundwater/subsurface water

以各种形式埋藏在地壳空隙中的水，包括包气带和饱水带中的水。

3.2

包气带/非饱和带　vadose zone/unsaturated zone

地表与潜水面之间的地带。

3.3

饱水带　saturated zone

地下水面以下，土层或岩层的空隙全部被水充满的地带。含水层都位于饱水带中。

3.4

潜水　unconfined water/phreatic water

地表以下，第一个稳定隔水层以上具有自由水面的地下水。

3.5

承压水　confined water/artesian water

充满于上下两个隔水层之间的地下水，其承受压力大于大气压力。

3.6

地下水补给区　groundwater recharge zone

含水层（含水系统）从外界获得水量的区域。对于潜水含水层，补给区与含水层的分布区一致；

对于承压含水层，裂隙水、岩溶水的基岩裸露区，山前冲洪积扇的单层砂卵砾石层的分布区都属于补给区。

3.7

地下水排泄区　groundwater discharge zone

含水层（含水系统）中地下水在自然条件或人为因素影响下失去水量的区域，如天然湿地分布区、地下水集中开采区、接受地下水补给的河流分布区等。

3.8

地下水径流区　groundwater flow zone

地下水从补给区到排泄区的中间区域。对于潜水含水层，径流区与补给区是一致的。

3.9

集中式饮用水水源地　centralized supply drinking water source

指进入输水管网送到用户的和具有一定供水规模（供水人口一般大于 1 000 人）的饮用水水源地。

3.10

地下水背景值　background values of groundwater quality

又称地下水本底值。自然条件下地下水中各个化学组分在未受污染情况下的含量。

3.11

地下水污染　groundwater contamination/groundwater pollution

人为或自然原因导致地下水化学、物理、生物性质改变使地下水水质恶化的现象。

3.12

地下水污染对照值　control values of groundwater contamination

评价区域内历史记录最早的地下水水质指标统计值，或评价区域内受人类活动影响程度较小的地下水水质指标统计值。

3.13

环境水文地质问题　environmental hydrogeology problems

指因自然或人类活动而产生的与地下水有关的环境问题，如地面沉降、次生盐渍化、土地沙化等。

4　总则

4.1　建设项目分类

根据建设项目对地下水环境影响的特征，将建设项目分为以下三类。

Ⅰ类：指在项目建设、生产运行和服务期满后的各个过程中，可能造成地下水水质污染的建设项目；

Ⅱ类：指在项目建设、生产运行和服务期满后的各个过程中，可能引起地下水流场或地下水水位变化，并导致环境水文地质问题的建设项目；

Ⅲ类：指同时具备Ⅰ类和Ⅱ类建设项目环境影响特征的建设项目。

根据不同类型建设项目对地下水环境影响程度与范围的大小，将地下水环境影响评价工作分为一、二、三级。具体分级的原则与判据见第 6 章。

4.2　评价基本任务

地下水环境影响评价的基本任务包括：进行地下水环境现状评价，预测和评价建设项目实施过程中对地下水环境可能造成的直接影响和间接危害（包括地下水污染，地下水流场或地下水位变化），并针对这种影响和危害提出防治对策，预防与控制地下水环境恶化，保护地下水资源，为建设项目选址决策、工程设计和环境管理提供科学依据。

地下水环境影响评价应按本标准划分的评价工作等级，开展相应深度的评价工作。

4.3 工作程序

地下水环境影响评价工作可划分为准备、现状调查与工程分析、预测评价和报告编写四个阶段。地下水环境影响评价工作程序见图 1。

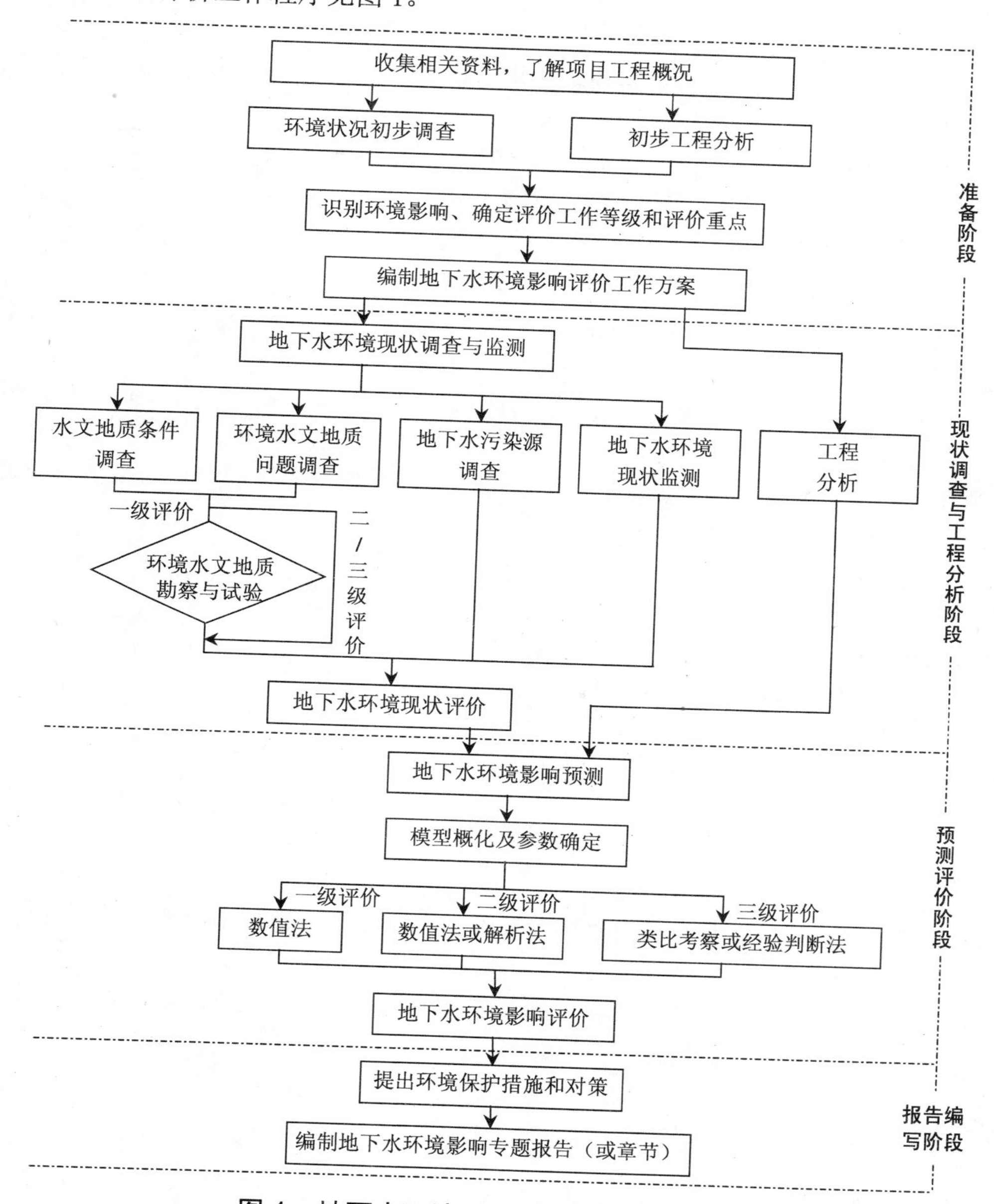

图 1 地下水环境影响评价工作程序框图

4.4 各阶段主要工作内容

4.4.1 准备阶段

搜集和研究有关资料、法规文件；了解建设项目工程概况；进行初步工程分析；踏勘现场，对环境状况进行初步调查；初步分析建设项目对地下水环境的影响，确定评价工作等级和评价重点，并在此基础上编制地下水环境影响评价工作方案。

4.4.2 现状调查与工程分析阶段

开展现场调查、勘探、地下水监测、取样、分析、室内外试验和室内资料分析等，进行现状评价工作，同时进行工程分析。

4.4.3 预测评价阶段

进行地下水环境影响预测；依据国家、地方有关地下水环境管理的法规及标准，进行影响范围和程度的评价。

4.4.4 报告编写阶段

综合分析各阶段成果，提出地下水环境保护措施与防治对策，编写地下水环境影响专题报告。

5 地下水环境影响识别

5.1 基本要求

5.1.1 建设项目对地下水环境影响识别分析应在建设项目初步工程分析的基础上进行，在环境影响评价工作方案编制阶段完成。

5.1.2 应根据建设项目建设、生产运行和服务期满后三个阶段的工程特征，分别识别其正常与事故两种状态下的环境影响。

5.1.3 对于随着生产运行时间推移对地下水环境影响有可能加剧的建设项目，还应按生产运行初期、中期和后期分别进行环境影响识别。

5.2 识别方法

5.2.1 环境影响识别可采用矩阵法，参见附录 A。

5.2.2 典型建设项目的地下水环境影响参见附录 B。

6 地下水环境影响评价工作分级

6.1 划分原则

Ⅰ类和Ⅱ类建设项目，分别根据其对地下水环境的影响类型、建设项目所处区域的环境特征及其环境影响程度划定评价工作等级。

Ⅲ类建设项目应根据建设项目所具有的Ⅰ类和Ⅱ类特征分别进行地下水环境影响评价工作等级划分，并按所划定的最高工作等级开展评价工作。

6.2 Ⅰ类建设项目工作等级划分

6.2.1 划分依据

6.2.1.1 Ⅰ类建设项目地下水环境影响评价工作等级的划分，应根据建设项目场地的包气带防污性能、含水层易污染特征、地下水环境敏感程度、污水排放量与污水水质复杂程度等指标确定。建设项目场地包括主体工程、辅助工程、公用工程、储运工程等涉及的场地。

6.2.1.2 建设项目场地的包气带防污性能

建设项目场地的包气带防污性能按包气带中岩（土）层的分布情况分为强、中、弱三级，分级原则见表 1。

表 1　包气带防污性能分级

分级	包气带岩（土）的渗透性能
强	岩（土）层单层厚度 $M_b \geq 1.0$ m，渗透系数 $K \leq 10^{-7}$ cm/s，且分布连续、稳定
中	岩（土）层单层厚度 0.5 m$\leq M_b <$1.0 m，渗透系数 $K \leq 10^{-7}$ cm/s，且分布连续、稳定 岩（土）层单层厚度 $M_b \geq 1.0$ m，渗透系数 10^{-7} cm/s$< K \leq 10^{-4}$ cm/s，且分布连续、稳定
弱	岩（土）层不满足上述“强”和“中”条件
注：表中“岩（土）层”是指建设项目场地地下基础之下第一岩（土）层；包气带岩（土）的渗透系数是指包气带岩土饱水时的垂向渗透系数。	

6.2.1.3　建设项目场地的含水层易污染特征

建设项目场地的含水层易污染特征分为易、中、不易三级，分级原则见表 2。

表 2　建设项目场地的含水层易污染特征分级

分级	项目场地所处位置与含水层易污染特征
易	潜水含水层且包气带岩性（如粗砂、砾石等）渗透性强的地区；地下水与地表水联系密切地区；不利于地下水中污染物稀释、自净的地区
中	多含水层系统且层间水力联系较密切的地区
不易	以上情形之外的其他地区

6.2.1.4　建设项目场地的地下水环境敏感程度

建设项目场地的地下水环境敏感程度可分为敏感、较敏感、不敏感三级，分级原则见表 3。

表 3　地下水环境敏感程度分级

分级	项目场地的地下水环境敏感特征
敏感	集中式饮用水水源地（包括已建成的在用、备用、应急水源地，在建和规划的水源地）准保护区；除集中式饮用水水源地以外的国家或地方政府设定的与地下水环境相关的其他保护区，如热水、矿泉水、温泉等特殊地下水资源保护区
较敏感	集中式饮用水水源地（包括已建成的在用、备用、应急水源地，在建和规划的水源地）准保护区以外的补给径流区；特殊地下水资源（如矿泉水、温泉等）保护区以外的分布区以及分散式居民饮用水水源等其他未列入上述敏感分级的环境敏感区[a]
不敏感	上述地区之外的其他地区
注：如建设项目场地的含水层（含水系统）处于补给区与径流区或径流区与排泄区的边界时，则敏感程度上调一级。	
a “环境敏感区”是指《建设项目环境影响评价分类管理名录》中所界定的涉及地下水的环境敏感区。	

6.2.1.5　建设项目污水排放强度

建设项目污水排放强度可分为大、中、小三级，分级标准见表 4。

表 4　污水排放量分级

分　级	污水排放总量/（m^3/d）
大	≥10 000
中	1 000～10 000
小	≤1 000

6.2.1.6　建设项目污水水质的复杂程度

根据建设项目所排污水中污染物类型和需预测的污水水质指标数量，将污水水质分为复杂、中等、简单三级，分级原则见表 5。当根据污水中污染物类型所确定的污水水质复杂程度和根据污水水质指标数量所确定的污水水质复杂程度不一致时，取高级别的污水水质复杂程度级别。

表 5　污水水质复杂程度分级

污水水质复杂程度级别	污染物类型	污水水质指标（个）
复杂	污染物类型数≥2	需预测的水质指标≥6
中等	污染物类型数≥2	需预测的水质指标＜6
	污染物类型数=1	需预测的水质指标≥6
简单	污染物类型数=1	需预测的水质指标＜6

6.2.2　Ⅰ类建设项目评价工作等级

6.2.2.1　Ⅰ类建设项目地下水环境影响评价工作等级的划分见表 6。

表 6　Ⅰ类建设项目评价工作等级分级

评价级别	建设项目场地包气带防污性能	建设项目场地的含水层易污染特征	建设项目场地的地下水环境敏感程度	建设项目污水排放量	建设项目水质复杂程度
一级	弱-强	易-不易	敏　感	大-小	复杂-简单
	弱	易	较敏感	大-小	复杂-简单
			不敏感	大	复杂-简单
				中	复杂-中等
				小	复杂
		中	较敏感	大-中	复杂-简单
				小	复杂-中等
			不敏感	大	
				中	复杂
		不易	较敏感	大	复杂-中等
				中	复杂
	中	易	较敏感	大	复杂-简单
				中	复杂-中等
				小	复杂
			不敏感	大	复杂
		中	较敏感	大	复杂-中等
				中	复杂
	强	易	较敏感	大	复杂
二级	除了一级和三级以外的其他组合				
三级	弱	不易	不敏感	中	简单
				小	中等-简单
	中	易	不敏感	小	简单
		中	不敏感	中	简单
				小	中等-简单
		不易	较敏感	中	简单
				小	中等-简单
			不敏感	大	中等-简单
				中-小	复杂-简单
	强	易	较敏感	小	简单
			不敏感	大	简单
				中	中等-简单
				小	复杂-简单
		中	较敏感	中	简单
				小	中等-简单
			不敏感	大	中等-简单
				中-小	复杂-简单
		不易	较敏感	大	中等-简单
				中-小	复杂-简单
			不敏感	大-小	复杂-简单

6.2.2.2 对于利用废弃盐岩矿井洞穴或人工专制盐岩洞穴、废弃矿井巷道加水幕系统、人工硬岩洞库加水幕系统、地质条件较好的含水层储油、枯竭的油气层储油等形式的地下储油库，危险废物填埋场应进行一级评价，不按表6划分评价工作等级。

6.3 Ⅱ类建设项目工作等级划分

6.3.1 划分依据

6.3.1.1 Ⅱ类建设项目地下水环境影响评价工作等级的划分，应根据建设项目地下水供水（或排水、注水）规模、引起的地下水水位变化范围、建设项目场地的地下水环境敏感程度以及可能造成的环境水文地质问题的大小等条件确定。

6.3.1.2 建设项目供水、排水（或注水）规模

建设项目地下水供水、排水（或注水）规模按水量的多少可分为大、中、小三级，分级标准见表7。

表7 地下水供水（或排水、注水）规模分级

分 级	供水、排水（或注水）量/（万 m^3/d）
大	≥1.0
中	0.2～1.0
小	≤0.2

6.3.1.3 建设项目引起的地下水水位变化区域范围

建设项目引起的地下水水位变化区域范围可用影响半径来表示，分为大、中、小三级，分级标准见表8。影响半径的确定方法可参见附录C。

表8 地下水水位变化区域范围分级

分 级	地下水水位变化影响半径/km
大	≥1.5
中	0.5～1.5
小	≤0.5

6.3.1.4 建设项目场地的地下水环境敏感程度

建设项目场地的地下水环境敏感程度可分为敏感、较敏感、不敏感三级，分级原则见表9。

表9 地下水环境敏感程度分级

分级	项目场地的地下水环境敏感程度
敏感	集中式饮用水水源地（包括已建成的在用、备用、应急水源地，在建和规划的水源地）准保护区；除集中式饮用水水源地以外的国家或地方政府设定的与地下水环境相关的其他保护区，如热水、矿泉水、温泉等特殊地下水资源保护区；生态脆弱区重点保护区域；地质灾害易发区[a]；重要湿地、水土流失重点防治区、沙化土地封禁保护区等
较敏感	集中式饮用水水源地（包括已建成的在用、备用、应急水源地，在建和规划的水源地）准保护区以外的补给径流区；特殊地下水资源（如矿泉水、温泉等）保护区以外的分布区以及分散式居民饮用水水源等其他未列入上述敏感分级的环境敏感区[b]
不敏感	上述地区之外的其他地区
注：如建设项目场地的含水层（含水系统）处于补给区与径流区或径流区与排泄区的边界时，则敏感程度上调一级。	
a “地质灾害”是指因水文地质条件变化发生的地面沉降、岩溶塌陷等。	
b “环境敏感区”是指《建设项目环境影响评价分类管理名录》中所界定的涉及地下水的环境敏感区。	

6.3.1.5 建设项目造成的环境水文地质问题

建设项目造成的环境水文地质问题包括：区域地下水水位下降产生的土地次生荒漠化、地面沉降、地裂缝、岩溶塌陷、海水入侵、湿地退化等，以及灌溉导致局部地下水位上升产生的土壤次生盐渍化、次生沼泽化等，按其影响程度大小可分为强、中等、弱三级，分级原则见表 10。

表 10 环境水文地质问题分级

级 别	可能造成的环境水文地质问题
强	产生地面沉降、地裂缝、岩溶塌陷、海水入侵、湿地退化、土地荒漠化等环境水文地质问题，含水层疏干现象明显，产生土壤盐渍化、沼泽化
中等	出现土壤盐渍化、沼泽化迹象
弱	无上述环境水文地质问题

6.3.2 Ⅱ类建设项目评价工作等级

Ⅱ类建设项目地下水环境影响评价工作等级的划分见表 11。

表 11 Ⅱ类建设项目评价工作等级分级

评价等级	建设项目供水（或排水、注水）规模	建设项目引起的地下水水位变化区域范围	建设项目场地的地下水环境敏感程度	建设项目造成的环境水文地质问题大小
一级	小-大	小-大	敏感	弱-强
	中等	中等	较敏感	强
		大	较敏感	中等-强
	大	大	较敏感	弱-强
			不敏感	强
		中	较敏感	中等-强
		小	较敏感	强
二级	除了一级和三级以外的其他组合			
三级	小-中	小-中	较敏感-不敏感	弱-中

7 地下水环境影响评价技术要求

7.1 一级评价要求

通过搜集资料和环境现状调查，了解区域内多年的地下水动态变化规律，详细掌握建设项目场地的环境水文地质条件（给出的环境水文地质资料的调查精度应大于或等于 1/10 000）及评价区域的环境水文地质条件（给出的环境水文地质资料的调查精度应大于或等于 1/50 000）、污染源状况、地下水开采利用现状与规划，查明各含水层之间以及与地表水之间的水力联系，同时掌握评价区评价期内至少一个连续水文年的枯、平、丰水期的地下水动态变化特征；根据建设项目污染源特点及具体的环境水文地质条件有针对性地开展勘察试验，进行地下水环境现状评价；对地下水水质、水量采用数值法进行影响预测和评价，对环境水文地质问题进行定量或半定量的预测和评价，提出切实可行的环境保护措施。

7.2 二级评价要求

通过搜集资料和环境现状调查，了解区域内多年的地下水动态变化规律，基本掌握建设项目场地的环境水文地质条件（给出的环境水文地质资料的调查精度应大于或等于 1/50 000）及评价区域的环境水文地质条件、污染源状况、项目所在区域的地下水开采利用现状与规划，查明各含水层之间以及与地表水之间的水力联系，同时掌握评价区至少一个连续水文年的枯、丰水期的地下水动态变化特征；结合建设项目污染源特点及具体的环境水文地质条件有针对性地补充必要的勘察试验，进行地下水环境现状评价；对地下水水质、水量采用数值法或解析法进行影响预测和评价，对环境水文地质问题进行半定量或定性的分析和评价，提出切实可行的环境保护措施。

7.3 三级评价要求

通过搜集现有资料，说明地下水分布情况，了解当地的主要环境水文地质条件、污染源状况、项目所在区域的地下水开采利用现状与规划；了解建设项目环境影响评价区的环境水文地质条件，进行地下水环境现状评价；结合建设项目污染源特点及具体的环境水文地质条件有针对性地进行现状监测，通过回归分析、趋势外推、时序分析或类比预测分析等方法进行地下水影响分析与评价；提出切实可行的环境保护措施。

8 地下水环境现状调查与评价

8.1 调查与评价原则

8.1.1 地下水环境现状调查与评价工作应遵循资料搜集与现场调查相结合、项目所在场地调查与类比考察相结合、现状监测与长期动态资料分析相结合的原则。

8.1.2 地下水环境现状调查与评价工作的深度应满足相应的工作级别要求。当现有资料不能满足要求时，应组织现场监测及环境水文地质勘察与试验。对一级评价，还可选用不同历史时期地形图以及航空、卫星图片进行遥感图像解译配合地面现状调查与评价。

8.1.3 对于地面工程建设项目应监测潜水含水层以及与其有水力联系的含水层，兼顾地表水体，对于地下工程建设项目应监测受其影响的相关含水层。对于改、扩建Ⅰ类建设项目，必要时监测范围还应扩展到包气带。

8.2 调查与评价范围

8.2.1 基本要求

地下水环境现状调查与评价的范围以能说明地下水环境的基本状况为原则，并应满足环境影响预测和评价的要求。

8.2.2 Ⅰ类建设项目

8.2.2.1 Ⅰ类建设项目地下水环境现状调查与评价的范围可参考表 12 确定。此调查评价范围应包括与建设项目相关的环境保护目标和敏感区域，必要时还应扩展至完整的水文地质单元。

表 12 Ⅰ类建设项目地下水环境现状调查评价范围参考表

评价等级	调查评价范围/km^2	备注
一级	≥50	环境水文地质条件复杂、含水层渗透性能较强的地区（如砂卵砾石含水层、岩溶含水系统等），调查评价范围可取较大值，否则可取较小值
二级	20～50	
三级	≤20	

8.2.2.2 当Ⅰ类建设项目位于基岩地区时，一级评价以同一地下水文地质单元为调查评价范围，二级评价原则上以同一地下水水文地质单元或地下水块段为调查评价范围，三级评价以能说明地下水环境的基本情况，并满足环境影响预测和分析的要求为原则确定调查评价范围。

8.2.3 Ⅱ类建设项目

Ⅱ类建设项目地下水环境现状调查与评价的范围应包括建设项目建设、生产运行和服务期满后三个阶段的地下水水位变化的影响区域，其中应特别关注相关的环境保护目标和敏感区域，必要时应扩展至完整的水文地质单元，以及可能与建设项目所在的水文地质单元存在直接补排关系的区域。

8.2.4 Ⅲ类建设项目

Ⅲ类建设项目地下水环境现状调查与评价的范围应同时包括 8.2.2 和 8.2.3 所确定的范围。

8.3 调查内容与要求

8.3.1 水文地质条件调查

水文地质条件调查的主要内容包括：

a）气象、水文、土壤和植被状况。

b）地层岩性、地质构造、地貌特征与矿产资源。

c）包气带岩性、结构、厚度。

d）含水层的岩性组成、厚度、渗透系数和富水程度；隔水层的岩性组成、厚度、渗透系数。

e）地下水类型、地下水补给、径流和排泄条件。

f）地下水水位、水质、水量、水温。

g）泉的成因类型，出露位置、形成条件及泉水流量、水质、水温，开发利用情况。

h）集中供水水源地和水源井的分布情况（包括开采层的成井的密度、水井结构、深度以及开采历史）。

i）地下水现状监测井的深度、结构以及成井历史、使用功能。

j）地下水背景值（或地下水污染对照值）。

8.3.2 环境水文地质问题调查

环境水文地质问题调查的主要内容包括：

a）原生环境水文地质问题：包括天然劣质水分布状况，以及由此引发的地方性疾病等环境问题。

b）地下水开采过程中水质、水量、水位的变化情况，以及引起的环境水文地质问题。

c）与地下水有关的其他人类活动情况调查，如保护区划分情况等。

8.3.3 地下水污染源调查

8.3.3.1 调查原则

a）对已有污染源调查资料的地区，一般可通过搜集现有资料解决。

b）对于没有污染源调查资料，或已有部分调查资料，尚需补充调查的地区，可与环境水文地质问题调查同步进行。

c）对调查区内的工业污染源，应按原国家环保总局《工业污染源调查技术要求及其建档技术规定》的要求进行调查。对分散在评价区的非工业污染源，可根据污染源的特点，参照上述规定进行调查。

8.3.3.2 调查对象

地下水污染源主要包括工业污染源、生活污染源、农业污染源。

调查重点主要包括废水排放口、渗坑、渗井、污水池、排污渠、污灌区、已被污染的河流、湖泊、水库和固体废物堆放（填埋）场等。

8.3.3.3 不同类型污染源调查要点

a）对工业或生活废（污）水污染源中的排放口，应测定其位置，了解和调查其排放量及渗漏量、排放方式（如连续或瞬时排放）、排放途径和去向、主要污染物及其浓度、废水的处理和综合利用状况等。

b）对排污渠和已被污染的小型河流、水库等，除按地表水监测的有关规定进行流量、水质等调查外，还应选择有代表性的渠（河）段进行渗漏量和影响范围调查。

c）对污水池和污水库应调查其结构和功能，测定其蓄水面积与容积，了解池（库）底的物质组成或地层岩性以及与地下水的补排关系，进水来源、出水去向和用途、进出水量和水质及其动态变化情况，池（库）内水位标高与其周围地下水的水位差，坝堤、坝基和池（库）底的防渗设施和渗漏情况，以及渗漏水对周边地下水质的污染影响。

d）对于农业污染源，重点应调查和了解施用农药、化肥情况。对于污灌区，重点应调查和了解污灌区的土壤类型、污灌面积、污灌水源、水质、污灌量、灌溉制度与方式及施用农药、化肥情况。必要时可补做渗水试验，以便了解单位面积渗水量。

e）对工业固体废物堆放（填埋）场，应测定其位置、堆积面积、堆积高度、堆积量等，并了解其底部、侧部渗透性能及防渗情况，同时采取有代表性的样品进行浸溶试验、土柱淋滤试验，了解废物的有害成分、可浸出量、雨后淋滤水中污染物种类、浓度和入渗情况。

f）对生活污染源中的生活垃圾、粪便等，应调查了解其物质组成及排放、储存、处理利用状况。

g）对于改、扩建Ⅰ类建设项目，还应对建设项目场地所在区域可能污染的部位（如物料装卸区、储存区、事故池等）开展包气带污染调查，包气带污染调查取样深度一般在地面以下 25～80 cm 之间即可。但是，当调查点所在位置一定深度之下有埋藏的排污系统或储藏污染物的容器时，取样深度应至少达到排污系统或储藏污染物的容器底部以下。

8.3.3.4 调查因子

地下水污染源调查因子应根据拟建项目的污染特征选定。

8.3.4 地下水环境现状监测

8.3.4.1 地下水环境现状监测主要通过对地下水水位、水质的动态监测，了解和查明地下水水流与地下水化学组分的空间分布现状和发展趋势，为地下水环境现状评价和环境影响预测提供基础资料。

8.3.4.2 对于Ⅰ类建设项目应同时监测地下水水位、水质。对于Ⅱ类建设项目应监测地下水水位，涉及可能造成土壤盐渍化的Ⅱ类建设项目，也应监测相应的地下水水质指标。

8.3.4.3 现状监测井点的布设原则

a）地下水环境现状监测井点采用控制性布点与功能性布点相结合的布设原则。监测井点应主要布设在建设项目场地、周围环境敏感点、地下水污染源、主要现状环境水文地质问题以及对于确定边界条件有控制意义的地点。对于Ⅰ类和Ⅲ类改、扩建项目，当现有监测井不能满足监测位置和监测深度要求时，应布设新的地下水现状监测井。

b）监测井点的层位应以潜水和可能受建设项目影响的有开发利用价值的含水层为主。潜水监测井不得穿透潜水隔水底板，承压水监测井中的目的层与其他含水层之间应止水良好。

c）一般情况下，地下水水位监测点数应大于相应评价级别地下水水质监测点数的 2 倍以上。

d）地下水水质监测点布设的具体要求：

1）一级评价项目目的含水层的水质监测点应不少于 7 个点/层。评价区面积大于 100 km^2 时，每增加 15 km^2 水质监测点应至少增加 1 个点/层。

一般要求建设项目场地上游和两侧的地下水水质监测点各不得少于 1 个点/层，建设项目场地及其下游影响区的地下水水质监测点不得少于 3 个点/层。

2）二级评价项目目的含水层的水质监测点应不少于 5 个点/层。评价区面积大于 100 km^2 时，每增加 20 km^2 水质监测点应至少增加 1 个点/层。

一般要求建设项目场地上游和两侧的地下水水质监测点各不得少于 1 个点/层，建设项目场地及其下游影响区的地下水水质监测点不得少于 2 个点/层。

3）三级评价项目目的含水层的水质监测点应不少于 3 个点/层。

一般要求建设项目场地上游水质监测点不得少于 1 个点/层，建设项目场地及其下游影响区的地下水水质监测点不得少于 2 个点/层。

8.3.4.4 地下水水质现状监测点取样深度的确定

a）评价级别为一级的 I 类和III类建设项目，对地下水监测井（孔）点应进行定深水质取样，具体要求：

1）地下水监测井中水深小于 20 m 时，取两个水质样品，取样点深度应分别在井水位以下 1.0 m 之内和井水位以下井水深度约 3/4 处。

2）地下水监测井中水深大于 20 m 时，取三个水质样品，取样点深度应分别在井水位以下 1.0 m 之内、井水位以下井水深度约 1/2 处和井水位以下井水深度约 3/4 处。

b）评价级别为二级、三级的 I 类和III类建设项目和所有评价级别的 II 类建设项目，只取一个水质样品，取样点深度应在井水位以下 1.0 m 之内。

8.3.4.5 地下水水质现状监测项目的选择，应根据建设项目行业污水特点、评价等级、存在或可能引发的环境水文地质问题而确定。即评价等级较高，环境水文地质条件复杂的地区可适当多取，反之可适当减少。

8.3.4.6 现状监测频率要求

a）评价等级为一级的建设项目，应在评价期内至少分别对一个连续水文年的枯、平、丰水期的地下水水位、水质各监测一次。

b）评价等级为二级的建设项目，对于新建项目，若有近 3 年内至少一个连续水文年的枯、丰水期监测资料，应在评价期内至少进行一次地下水水位、水质监测。对于改、扩建项目，若掌握现有工程建成后近 3 年内至少一个连续水文年的枯、丰水期观测资料，也应在评价期内至少进行一次地下水水位、水质监测。

若已有的监测资料不能满足本条要求，应在评价期内分别对一个连续水文年的枯、丰水期的地下水水位、水质各监测一次。

c）评价等级为三级的建设项目，应至少在评价期内监测一次地下水水位、水质，并尽可能在枯水期进行。

8.3.4.7 地下水水质样品采集与现场测定

a）地下水水质样品应采用自动式采样泵或人工活塞闭合式与敞口式定深采样器进行采集。

b）样品采集前，应先测量井孔地下水水位（或地下水水位埋藏深度）并做好记录，然后采用潜水泵或离心泵对采样井（孔）进行全井孔清洗，抽汲的水量不得小于 3 倍的井筒水（量）体积。

c）地下水水质样品的管理、分析化验和质量控制按 HJ/T 164 执行。pH、溶解氧（DO）、水温等不稳定项目应在现场测定。

8.3.5 环境水文地质勘察与试验

8.3.5.1 环境水文地质勘察与试验是在充分收集已有相关资料和地下水环境现状调查的基础上，针对某些需要进一步查明的环境水文地质问题和为获取预测评价中必要的水文地质参数而进行的工作。

8.3.5.2　除一级评价应进行环境水文地质勘察与试验外，对环境水文地质条件复杂而又缺少资料的地区，二级、三级评价也应在区域水文地质调查的基础上对评价区进行必要的水文地质勘察。

8.3.5.3　环境水文地质勘察可采用钻探、物探和水土化学分析以及室内外测试、试验等手段，具体参见相关标准与规范。

8.3.5.4　环境水文地质试验项目通常有抽水试验、注水试验、渗水试验、浸溶试验、土柱淋滤试验、弥散试验、流速试验（连通试验）、地下水含水层储能试验等，有关试验原则与方法参见附录 E。在地下水环境影响评价工作中可根据评价等级及资料占有程度等实际情况选用。

8.3.5.5　进行环境水文地质勘察时，除采用常规方法外，可配合地球物理方法进行勘察。

8.4　环境现状评价

8.4.1　污染源整理与分析

8.4.1.1　按评价中所确定的地下水质量标准对污染源进行等标污染负荷比计算；将累计等标污染负荷比大于 70%的污染源（或污染物）定为评价区的主要污染源（或主要污染物）；通过等标污染负荷比分析，列表给出主要污染源和主要污染因子，并附污染源分布图。

8.4.1.2　等标污染负荷（P_{ij}）计算公式：

$$P_{ij}=\frac{C_{ij}}{C_{0ij}}Q_j \tag{1}$$

式中：P_{ij}——第 j 个污染源废水中第 i 种污染物等标污染负荷，m^3/a；

C_{ij}——第 j 个污染源废水中第 i 种污染物排放的平均质量浓度，mg/L；

C_{0ij}——第 j 个污染源废水中第 i 种污染物排放标准质量浓度，mg/L；

Q_j——第 j 个污染源废水的单位时间排放量，m^3/a。

若第 j 个污染源共有 n 种污染物参与评价，则该污染源的总等标污染负荷计算公式：

$$P_j=\sum_{i=1}^{n}P_{ij} \tag{2}$$

式中：P_j——第 j 个污染源的总等标污染负荷，m^3/a。

若评价区共有 m 个污染源中含有第 i 种污染物，则该污染物的总等标污染负荷计算公式：

$$P_i=\sum_{j=1}^{m}P_{ij} \tag{3}$$

式中：P_i——第 i 种污染源的总等标污染负荷，m^3/a。

若评价区共有 m 个污染源，n 种污染物，则评价区污染物的总等标污染负荷计算公式：

$$P=\sum_{j=1}^{m}\sum_{i=1}^{n}P_{ij} \tag{4}$$

式中：P——评价区污染物的总等标污染负荷，m^3/a。

8.4.1.3　等标污染负荷比（K_{ij}）计算公式：

$$K_{ij}=\frac{P_{ij}}{P} \tag{5}$$

式中：K_{ij}——第 j 个污染源中第 i 种污染物的等标污染负荷比，量纲为 1；

P_{ij}——第 j 个污染源废水中第 i 种污染物等标污染负荷，m³/a；

P——评价区污染物的总等标污染负荷，m³/a。

$$K_j = \sum_{i=1}^{n} K_{ij} = \frac{\sum_{i=1}^{n} P_{ij}}{P} \tag{6}$$

式中：K_j——评价区第 j 个污染源的等标污染负荷比，量纲为 1；

P_{ij}——第 j 个污染源废水中第 i 种污染物等标污染负荷，m³/a；

P——评价区污染物的总等标污染负荷，m³/a。

$$K_i = \sum_{j=1}^{m} K_{ij} = \frac{\sum_{j=1}^{m} P_{ij}}{P} \tag{7}$$

式中：K_i——评价区第 i 个污染源的等标污染负荷比，量纲为 1；

P_{ij}——第 j 个污染源废水中第 i 种污染物等标污染负荷，m³/a；

P——评价区污染物的总等标污染负荷，m³/a。

8.4.1.4 包气带污染分析

对于改、扩建 I 类和III类建设项目，应根据建设项目场地包气带污染调查结果开展包气带水、土壤污染分析，并作为地下水环境影响预测的基础。

8.4.2 地下水水质现状评价

8.4.2.1 根据现状监测结果进行最大值、最小值、均值、标准差、检出率和超标率的分析。

8.4.2.2 地下水水质现状评价应采用标准指数法进行评价。标准指数＞1，表明该水质因子已超过了规定的水质标准，指数值越大，超标越严重。标准指数计算公式分为以下两种情况：

a）对于评价标准为定值的水质因子，其标准指数计算公式：

$$P_i = \frac{C_i}{C_{si}} \tag{8}$$

式中：P_i——第 i 个水质因子的标准指数，量纲为 1；

C_i——第 i 个水质因子的监测质量浓度值，mg/L；

C_{si}——第 i 个水质因子的标准质量浓度值，mg/L。

b）对于评价标准为区间值的水质因子（如 pH 值），其标准指数计算公式：

$$P_{pH} = \frac{7.0 - pH}{7.0 - pH_{sd}} \qquad pH \leq 7 \text{ 时} \tag{9}$$

$$P_{pH} = \frac{pH - 7.0}{pH_{su} - 7.0} \qquad pH > 7 \text{ 时} \tag{10}$$

式中：P_{pH}——pH 的标准指数，量纲为 1；

pH——pH 监测值；

pH_{su}——标准中 pH 的上限值；

pH_{sd}——标准中 pH 的下限值。

8.4.3 环境水文地质问题的分析

8.4.3.1 环境水文地质问题的分析应根据水文地质条件及环境水文地质调查结果进行。

8.4.3.2 区域地下水水位降落漏斗状况分析，应叙述地下水水位降落漏斗的面积、漏斗中心水位的下降幅度、下降速度及其与地下水开采量时空分布的关系，单井出水量的变化情况，含水层疏干面积等，阐明地下水降落漏斗的形成、发展过程，为发展趋势预测提供依据。

8.4.3.3 地面沉降、地裂缝状况分析，应叙述沉降面积、沉降漏斗的沉降量（累计沉降量、年沉降量）等及其与地下水降落漏斗、开采（包括回灌）量时空分布变化的关系，阐明地面沉降的形成、发展过程及危害程度，为发展趋势预测提供依据。

8.4.3.4 岩溶塌陷状况分析，应叙述与地下水相关的塌陷发生的历史过程、密度、规模、分布及其与人类活动（如采矿、地下水开采等）时空变化的关系，并结合地质构造、岩溶发育等因素，阐明岩溶塌陷发生、发展规律及危害程度。

8.4.3.5 土壤盐渍化、沼泽化、湿地退化、土地荒漠化分析，应叙述与土壤盐渍化、沼泽化、湿地退化、土地荒漠化发生相关的地下水位、土壤蒸发量、土壤盐分的动态分布及其与人类活动（如地下水回灌过量、地下水过量开采）时空变化的关系，并结合包气带岩性、结构特征等因素，阐明土壤盐渍化、沼泽化、湿地退化、土地荒漠化发生、发展规律及危害程度。

9 地下水环境影响预测

9.1 预测原则

9.1.1 建设项目地下水环境影响预测应遵循 HJ/T 2.1 中确定的原则进行。考虑到地下水环境污染的隐蔽性和难恢复性，还应遵循环境安全性原则，预测应为评价各方案的环境安全和环境保护措施的合理性提供依据。

9.1.2 预测的范围、时段、内容和方法均应根据评价工作等级、工程特征与环境特征，结合当地环境功能和环保要求确定，应以拟建项目对地下水水质、水位、水量动态变化的影响及由此而产生的主要环境水文地质问题为重点。

9.1.3 Ⅰ类建设项目，对工程可行性研究和评价中提出的不同选址（选线）方案或多个排污方案等所引起的地下水环境质量变化应分别进行预测，同时给出污染物正常排放和事故排放两种工况的预测结果。

9.1.4 Ⅱ类建设项目，应遵循保护地下水资源与环境的原则，对工程可行性研究中提出的不同选址方案或不同开采方案等所引起的水位变化及其影响范围应分别进行预测。

9.1.5 Ⅲ类建设项目，应同时满足 9.1.3 和 9.1.4 的要求。

9.2 预测范围

9.2.1 地下水环境影响预测的范围可与现状调查范围相同，但应包括保护目标和环境影响的敏感区域，必要时扩展至完整的水文地质单元，以及可能与建设项目所在的水文地质单元存在直接补排关系的区域。

9.2.2 预测重点应包括：

a）已有、拟建和规划的地下水供水水源区。

b）主要污水排放口和固体废物堆放处的地下水下游区域。

c）地下水环境影响的敏感区域（如重要湿地、与地下水相关的自然保护区和地质遗迹等）。

d）可能出现环境水文地质问题的主要区域。

e）其他需要重点保护的区域。

9.3 预测时段

地下水环境影响预测时段应包括建设项目建设、生产运行和服务期满后三个阶段。

9.4 预测因子

9.4.1 Ⅰ类建设项目

Ⅰ类建设项目预测因子应选取与拟建项目排放的污染物有关的特征因子，选取重点应包括：

a）改、扩建项目已经排放的及将要排放的主要污染物。

b）难降解、易生物蓄积、长期接触对人体和生物产生危害作用的污染物，持久性有机污染物。

c）国家或地方要求控制的污染物。

d）反映地下水循环特征和水质成因类型的常规项目或超标项目。

9.4.2 Ⅱ类建设项目

Ⅱ类建设项目预测因子应选取水位及与水位变化所引发的环境水文地质问题相关的因子。

9.4.3 Ⅲ类建设项目

Ⅲ类建设项目，应同时满足9.4.1和9.4.2的要求。

9.5 预测方法

9.5.1 建设项目地下水环境影响预测方法包括数学模型法和类比预测法。其中，数学模型法包括数值法、解析法、均衡法、回归分析、趋势外推、时序分析等方法。常用的地下水预测模型参见附录F。

9.5.2 一级评价应采用数值法；二级评价中水文地质条件复杂时应采用数值法，水文地质条件简单时可采用解析法；三级评价可采用回归分析、趋势外推、时序分析或类比预测法。

9.5.3 采用数值法或解析法预测时，应先进行参数识别和模型验证。

9.5.4 采用解析模型预测污染物在含水层中的扩散时，一般应满足以下条件：

a）污染物的排放对地下水流场没有明显的影响。

b）预测区内含水层的基本参数（如渗透系数、有效孔隙度等）不变或变化很小。

9.5.5 采用类比预测分析法时，应给出具体的类比条件。类比分析对象与拟预测对象之间应满足以下要求：

a）二者的环境水文地质条件、水动力场条件相似。

b）二者的工程特征及对地下水环境的影响具有相似性。

9.6 预测模型概化

9.6.1 水文地质条件概化

应根据评价等级选用的预测方法，结合含水介质结构特征，地下水补、径、排条件，边界条件及参数类型来进行水文地质条件概化。

9.6.2 污染源概化

污染源概化包括排放形式与排放规律的概化。根据污染源的具体情况，排放形式可以概化为点源或面源；排放规律可以简化为连续恒定排放或非连续恒定排放。

9.6.3 水文地质参数值的确定

对于一级评价建设项目，地下水水量（水位）、水质预测所需用的含水层渗透系数、释水系数、给水度和弥散度等参数值应通过现场试验获取；对于二、三级评价建设项目，水文地质参数可从评价区以往环境水文地质勘察成果资料中选定，或依据相邻地区和类比区最新的勘察成果资料确定。

10 地下水环境影响评价

10.1 评价原则

10.1.1 评价应以地下水环境现状调查和地下水环境影响预测结果为依据，对建设项目不同选址（选线）方案、各实施阶段（建设、生产运行和服务期满后）不同排污方案及不同防渗措施下的地下水环境影响进行评价，并通过评价结果的对比，推荐地下水环境影响最小的方案。

10.1.2 地下水环境影响评价采用的预测值未包括环境质量现状值时，应叠加环境质量现状值后再进行评价。

10.1.3 Ⅰ类建设项目应重点评价建设项目污染源对地下水环境保护目标（包括已建成的在用、备用、应急水源地，在建和规划的水源地、生态环境脆弱区域和其他地下水环境敏感区域）的影响。评价因子同影响预测因子。

10.1.4 Ⅱ类建设项目应重点依据地下水流场变化，评价地下水水位（水头）降低或升高诱发的环境水文地质问题的影响程度和范围。

10.2 评价范围

地下水环境影响评价范围与环境影响预测范围相同。

10.3 评价方法

10.3.1 Ⅰ类建设项目的地下水水质影响评价，可采用标准指数法进行评价，具体方法见 8.4.2。

10.3.2 Ⅱ类建设项目评价其导致的环境水文地质问题时，可采用预测水位与现状调查水位相比较的方法进行评价，具体方法如下：

a）地下水位降落漏斗：对水位不能恢复、持续下降的疏干漏斗，采用中心水位降和水位下降速率进行评价。

b）土壤盐渍化、沼泽化、湿地退化、土地荒漠化、地面沉降、地裂缝、岩溶塌陷：根据地下水水位变化速率、变化幅度、水质及岩性等分析其发展的趋势。

10.4 评价要求

10.4.1 Ⅰ类建设项目

评价Ⅰ类建设项目对地下水水质影响时，可采用以下判据评价水质能否满足地下水环境质量标准要求。

a）以下情况应得出可以满足地下水环境质量标准要求的结论：

1）建设项目在各个不同生产阶段、除污染源附近小范围以外地区，均能达到地下水环境质量标准要求。

2）在建设项目实施的某个阶段，有个别水质因子在较大范围内出现超标，但采取环保措施后，可满足地下水环境质量标准要求。

b）以下情况应做出不能满足地下水环境质量标准要求的结论：

1）新建项目将要排放的主要污染物，改、扩建项目已经排放的及将要排放的主要污染物，在采取防治措施后，仍造成评价范围内的地下水环境质量超标。

2）污染防治措施在技术上不可行，或在经济上明显不合理。

10.4.2 Ⅱ类建设项目

评价Ⅱ类建设项目对地下水流场或地下水水位（水头）影响时，应依据地下水资源补采平衡的原则，评价地下水开发利用的合理性及可能出现的环境水文地质问题的类型、性质及其影响的范围、特征和程度等。

10.4.3 Ⅲ类建设项目

Ⅲ类建设项目的环境影响分析应按照 10.4.1 和 10.4.2 进行。

11 地下水环境保护措施与对策

11.1 基本要求

11.1.1 地下水保护措施与对策应符合《中华人民共和国水污染防治法》的相关规定，按照“源头控制，分区防治，污染监控，应急响应”、突出饮用水安全的原则确定。

11.1.2 环保对策措施建议应根据Ⅰ类、Ⅱ类和Ⅲ类建设项目各自的特点以及建设项目所在区域环境现状、环境影响预测与评价结果，在评价工程可行性研究中提出的污染防治对策有效性的基础上，提出需要增加或完善的地下水环境保护措施和对策。

11.1.3 改、扩建项目还应针对现有的环境水文地质问题、地下水水质污染问题，提出“以新带老”的对策和措施。

11.1.4 给出各项地下水环境保护措施与对策的实施效果，列表明确各项具体措施的投资估算，并分析其技术、经济可行性。

11.2 建设项目污染防治对策

11.2.1 Ⅰ类建设项目污染防治对策

Ⅰ类建设项目场地污染防治对策应从以下方面考虑：

a）源头控制措施。主要包括提出实施清洁生产及各类废物循环利用的具体方案，减少污染物的排放量；提出工艺、管道、设备、污水储存及处理构筑物应采取的控制措施，防止污染物的跑、冒、滴、漏，将污染物泄漏的环境风险事故降到最低限度。

b）分区防治措施。结合建设项目各生产设备、管廊或管线、贮存与运输装置、污染物贮存与处理装置、事故应急装置等的布局，根据可能进入地下水环境的各种有毒有害原辅材料、中间物料和产品的泄漏（含跑、冒、滴、漏）量及其他各类污染物的性质、产生量和排放量，划分污染防治区，提出不同区域的地面防渗方案，给出具体的防渗材料及防渗标准要求，建立防渗设施的检漏系统。

c）地下水污染监控。建立场地区地下水环境监控体系，包括建立地下水污染监控制度和环境管理体系、制订监测计划、配备先进的检测仪器和设备，以便及时发现问题，及时采取措施。

地下水监测计划应包括监测孔位置、孔深、监测井结构、监测层位、监测项目、监测频率等。

d）风险事故应急响应。制定地下水风险事故应急响应预案，明确风险事故状态下应采取的封闭、截流等措施，提出防止受污染的地下水扩散和对受污染的地下水进行治理的具体方案。

11.2.2 Ⅱ类建设项目地下水保护与环境水文地质问题减缓措施

a）以均衡开采为原则，提出防止地下水资源超量开采的具体措施，以及控制资源开采过程中由于地下水水位变化诱发的湿地退化、地面沉降、岩溶塌陷、地面裂缝等环境水文地质问题产生的具体措施。

b）建立地下水动态监测系统，并根据项目建设所诱发的环境水文地质问题制订相应的监测方案。

c）针对建设项目可能引发的其他环境水文地质问题提出应对预案。

11.3 环境管理对策

11.3.1 提出合理、可行、操作性强的防治地下水污染的环境管理体系，包括环境监测方案和向环境保护行政主管部门报告等制度。

11.3.2 环境监测方案应包括：

a）对建设项目的主要污染源、影响区域、主要保护目标和与环保措施运行效果有关的内容提出具体的监测计划。一般应包括：监测井点布置和取样深度、监测的水质项目和监测频率等。

b）根据环境管理对监测工作的需要，提出有关环境监测机构和人员装备的建议。

11.3.3 向环境保护行政主管部门报告的制度应包括：

a）报告的方式、程序及频次等，特别应提出污染事故的报告要求。

b）报告的内容一般应包括：所在场地及其影响区地下水环境监测数据，排放污染物的种类、数量、浓度，以及排放设施、治理措施运行状况和运行效果等。

12 地下水环境影响评价专题文件的编写

12.1 地下水环境影响评价专题工作方案

12.1.1 评价工作方案是具体指导建设项目环境影响评价工作的技术文件，应重点明确开展地下水评价工作的具体内容及实施方案，应尽可能具体、详细。

12.1.2 评价工作方案一般应在充分研读有关文件、进行初步的工程分析和环境现状调查后编制。

12.1.3 地下水环境影响评价专题工作方案一般应包括下列内容：

a）拟建项目概况，初步工程分析。重点给出与地下水环境影响相关的内容，如建设项目建设、生产运行和服务期满后污染源基本情况、排放状况和地下水污染途径等。

b）拟建项目所在区域的地下水环境概况。重点说明已了解的评价区水文地质条件，环境水文地质问题，地下水环境敏感目标情况，地下水环境功能及执行标准等内容。

c）识别拟建项目地下水环境影响，确定评价因子和评价重点。

d）确定拟建项目地下水环境影响评价工作等级和评价范围。

e）给出地下水环境现状调查与监测方法，包括调查与监测内容、范围，监测井点分布和取样深度、监测时段及监测频次。需要进行环境水文地质勘察与试验的，还应说明勘察与试验的具体方法及技术要求。

f）明确地下水环境影响预测方法、预测模型、预测内容、预测范围、预测时段及有关参数的估值方法等。

g）给出地下水环境影响评价方法，拟提出的结论和建议的基本内容。

h）评价工作的组织、计划安排和经费概算。

i）附必要的图表和照片。

12.2 地下水环境影响专题报告（或章节）

12.2.1 专题报告应全面、概括地反映地下水环境影响评价的全部工作，文字应简洁、准确，同时辅以图表和照片，以使提出的资料和评价内容清楚，论点明确，利于阅读和审查。

12.2.2 专题报告应根据建设项目对地下水环境影响评价的最终结果，说明建设项目对地下水环境影响的性质、特征、范围、程度，得出建设项目在建设、生产运行和服务期满后不同实施阶段能否满足地下水环境保护要求的结论；提出完善环保措施的对策与建议。

12.2.3 地下水环境影响专题报告应包括下列内容：

a）总论。包括编制依据、地下水环境功能、评价执行标准及保护目标、地下水评价工作等级、评价范围等。

b）拟建项目概况与工程分析。详细论述与地下水环境影响相关的内容，重点分析给出污染源情况、排放状况和地下水污染途径等，以及项目可行性研究报告中提出的地下水环境保护措施。

c）地下水环境现状调查与评价。论述拟建项目所在区域的环境状况，重点说明区域水文地质条件，环境水文地质问题及区域污染源状况。说明地下水环境监测的范围，监测井点分布和取样深度、监测时段及监测频次，评价地下水超达标情况，分析超标原因。

d）地下水环境影响预测与评价。明确地下水环境影响预测方法、预测模型、预测内容、预测范围、预测时段，模型概化及水文地质参数的确定方法及具体取值等，重点给出具体预测结果。依据相关标准评价建设项目在不同实施阶段、不同工况下对地下水水质的影响程度、影响范围，或评价地下水开发利用的合理性及可能出现的环境水文地质问题的类型、性质及其影响的范围、特征和程度等。

e）在评价项目可行性研究报告中提出的地下水环境保护措施有效性及可行性的基础上，提出需要增加的、适用于拟建项目地下水污染防治和地下水资源保护的对策和具体措施，给出各项措施的实施效果及投资估算，并分析其经济、技术的可行性。提出针对该拟建项目的地下水污染和地下水资源保护管理及监测方面的建议。

f）评价结论及建议。

g）附必要的图表和照片。如拟建项目所在区域地理位置图、敏感点分布图、环境水文地质图、地下水等水位线图和拟建项目特征污染因子预测浓度等值线图等。

附 录 A
（资料性附录）
不同类型建设项目地下水环境影响识别

不同类型建设项目地下水环境影响识别矩阵见表 A.1。

表 A.1 不同类型建设项目地下水环境影响识别矩阵

水环境指标及环境水文地质问题 / 建设行为			地下水水质与水温						地下水水位								
			常规指标污染	重金属污染	有机污染	放射性污染	热污染	冷污染	区域水位下降	水资源衰竭	泉流量衰减	地面沉降塌陷	土壤次生荒漠化	土壤次生盐渍化	土壤次生沼泽化	咸水入侵	海水倒灌
Ⅰ类建设项目	建设阶段																
	生产运行阶段																
	服务期满后																
Ⅱ类建设项目	建设阶段																
	生产运行阶段																
	服务期满后																

附　录　B
（资料性附录）
典型建设项目地下水环境影响

B.1　工业类项目

B.1.1　废水的渗漏对地下水水质的影响；
B.1.2　固体废物对土壤、地下水水质的影响；
B.1.3　废水渗漏引起地下水水位、水量变化而产生的环境水文地质问题；
B.1.4　地下水供水水源地产生的区域水位下降而产生的环境水文地质问题。

B.2　固体废物填埋场工程

B.2.1　固体废物对土壤的影响；
B.2.2　固体废物渗滤液对地下水水质的影响。

B.3　污水土地处理工程

B.3.1　污水土地处理对地下水水质的影响；
B.3.2　污水土地处理对地下水水位的影响；
B.3.3　污水土地处理对土壤的影响。

B.4　地下水集中供水水源地开发建设及调水工程

B.4.1　水源地开发（或调水）对区域（或调水工程沿线）地下水水位、水质、水资源量的影响；
B.4.2　水源地开发（或调水）引起地下水水位变化而产生的环境水文地质问题；
B.4.3　水源地开发（或调水）对地下水水质的影响。

B.5　水利水电工程

B.5.1　水库和坝基渗漏对上、下游地区地下水水位、水质的影响；
B.5.2　渠道工程和大型跨流域调水工程，在施工和运行期间对地下水水位、水质、水资源量的影响；
B.5.3　水利水电工程可能引起的土地沙漠化、盐渍化、沼泽化等环境水文地质问题。

B.6　地下水库建设工程

B.6.1　地下水库的补给水源对地下水水位、水质、水资源量的影响；
B.6.2　地下水库的水位和水质变化对其他相邻含水层水位、水质的影响；
B.6.3　地下水库的水位变化对建筑物地基的影响；
B.6.4　地下水库的水位变化可能引起的土壤盐渍化、沼泽化和岩溶塌陷等环境水文地质问题。

B.7 矿山开发工程

B.7.1 露天采矿人工降低地下水水位工程对地下水水位、水质、水资源量的影响；
B.7.2 地下采矿排水工程对地下水水位、水质、水资源量的影响；
B.7.3 矿石、矿渣、废石堆放场对土壤、渗滤液对地下水水质的影响；
B.7.4 尾矿库坝下淋渗、渗漏对地下水水质的影响；
B.7.5 矿坑水对地下水水位、水质的影响；
B.7.6 矿山开发工程可能引起的水资源衰竭、岩溶塌陷、地面沉降等环境水文地质问题。

B.8 石油（天然气）开发与储运工程

B.8.1 油田基地采油、炼油排放的生产、生活废水对地下水水质的影响；
B.8.2 石油（天然气）勘探、采油和运输储存（管线输送）过程中的跑、冒、滴、漏油对土壤、地下水水质的影响；
B.8.3 采油井、注水井以及废弃油井、气井套管腐蚀损坏和固井质量问题对地下水水质的影响；
B.8.4 石油（天然气）田开发大量开采地下水引起的区域地下水水位下降而产生的环境水文地质问题；
B.8.5 地下储油库工程对地下水水位、水质的影响。

B.9 农业类项目

B.9.1 农田灌溉、农业开发对地下水水位、水质的影响；
B.9.2 污水灌溉和施用农药、化肥对地下水水质的影响；
B.9.3 农业灌溉可能引起的次生沼泽化、盐渍化等环境水文地质问题。

B.10 线性工程类项目

B.10.1 线性工程对其穿越的地下水环境敏感区水位或水质的影响；
B.10.2 隧道、洞室等施工及后续排水引起的地下水位下降而产生的环境问题；
B.10.3 站场、服务区等排放的污水对地下水水质的影响。

附　录　C
（资料性附录）
地下水水位变化区域半径的确定

C.1　影响半径的计算公式

常用的地下水水位变化区域半径的计算公式见表 C.1。

排水渠和狭长坑道线性类建设项目的地下水水位变化区域半径是以该工程中心线为中心的影响宽度，其计算公式见表 C.1 中的公式 C.12～C.14。

表 C.1　影响半径（*R*）计算公式一览表

计算公式		适用条件	备　注
潜水	承压水		
$\lg R = \frac{S_1(2H-S_1)\lg r_2 - S_2(2H-S_2)\lg r_1}{(S_1-S_2)(2H-S_1-S_2)}$　（C.1）	$\lg R = \frac{S_1\lg r_2 - S_2\lg r_1}{S_1-S_2}$　（C.2）	有两个观察完整井抽水时	确定 R 值较可靠的方法之一
$\lg R = \frac{S_w(2H-S_w)\lg r_1 - S_1(2H-S_1)\lg r_w}{(S_w-S_1)(2H-S_w-S_1)}$　（C.3）	$\lg R = \frac{S_w\lg r_1 - S_1\lg r_w}{S_w-S_1}$　（C.4）	有一个观察孔完整井抽水时	精度较式（C.1）和式（C.2）差，一般偏大
$\lg R = \frac{1.366(2H-S_w)S_w}{Q} + \lg r_w$　（C.5）	$\lg R = \frac{2.73K_m S_w}{Q} + \lg r_w$　（C.6）	无观测孔完整井抽水时	精度较式（C.1）和式（C.2）差，一般偏大
$R=2d$　（C.7）		近地表水体单孔抽水时	可得出足够精确的 R 值
$R = 2S\sqrt{HK}$　（C.8）		计算松散含水层井群或基坑矿山巷道抽水初期的 R 值	对直径很大的井群和单井算出的 R 值过大；计算矿坑基坑 R 值偏小
	$R = 10S\sqrt{K}$　（C.9）	计算承压水抽水初期的 R 值	得出的 R 值为概略值
$R = \sqrt{\frac{aK}{\mu}(H-0.5S_w)t}$　$a = 2.25～4.0$　（C.10）	$R = \sqrt{a\alpha t}$　$a = 2.25～\pi$　（C.11）	含水层缺乏补给时，根据单孔非稳定抽水试验确定 R 值	a 为系数，固定流量抽水时取小值；固定水位抽水时为大值
$R = 1.73\sqrt{\frac{KHt}{\mu}}$　（C.12）		含水层没有补给时，确定排水渠的影响宽度	得出近似的影响宽度值
$R = H\sqrt{\frac{K}{2W}\left[1-\exp\left(\frac{-6Wt}{\mu H}\right)\right]}$　（C.13）		含水层有大气降水补供时，确定排水渠的影响宽度	

续表

计算公式		适用条件	备　注
潜水	承压水		
	$R=a\sqrt{at}$　　$a=1.1-1.7$　（C.14）	确定承压含水层中狭长坑道的影响宽度	a 为系数，取决于抽水状态

表中：S——水位降深，m；
H——潜水含水层厚度，m；
R——观测井井径，m；
S_w——抽水井中水位降深，m；
r_w——抽水井半径，m；
K——含水层渗透系数，m/d；
m——承压含水层厚度，m；
d——地表水距抽水井距离，m；
μ——重力给水度，量纲为 1；
W——降水补给强度，m/d。

C.2　影响半径的经验数值

建设项目引起的地下水水位变化区域半径可根据包气带的岩性或涌水量进行判定，影响半径的经验数值见表 C.2 或表 C.3。当根据含水层岩性和涌水量所判定的影响半径不一致时，取二者中的较大值。

表 C.2　孔隙含水层的影响半径经验值表

岩性名称	主要颗粒粒径/mm	影响半径/m
粉　砂	0.05～0.1	50
细　砂	0.1～0.25	100
中　砂	0.25～0.5	200
粗　砂	0.5～1.0	400
极粗砂	1.0～2.0	500
小　砾	2.0～3.0	600
中　砾	3.0～5.0	1 500
大　砾	5.0～10.0	3 000

表 C.3　单位涌水量的影响半径经验值表

单位涌水量/[L/（s·m）]	影响半径/m	单位涌水量/[L/（s·m）]	影响半径/m
＞2.0	＞300	0.5～0.33	50
2.0～1.0	300	0.33～0.2	25
1.0～0.5	100	＜0.2	10

C.3　图解法确定影响半径

在直角坐标上，将抽水孔与分布在同一条直线上的各观察孔的同一时刻所测得的水位连接起来，沿曲线趋势延长，与抽水前的静止水位线相交，该交点至抽水孔的距离即为影响半径（见图 C.1）。在观测孔较多时，用图解法确定影响半径值最为精确。

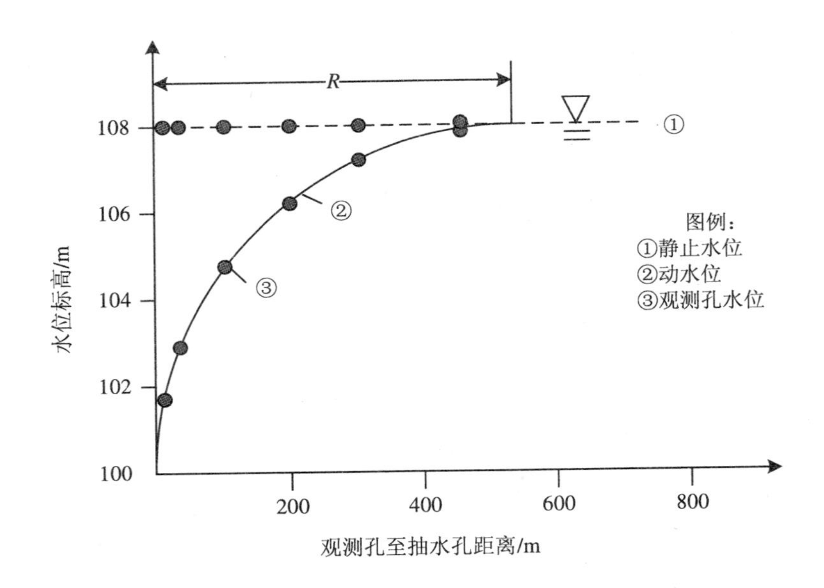

图 C.1　图解法确定影响半径示意图

C.4　引用半径（r_0）与引用影响半径（R_0）

利用“大井法”预测矿坑涌水量及引水建筑工程涌水量时，对于不同几何图形的矿坑和不同排列的供水井群，可采用表 C.4 中的公式计算引用半径（r_0）。

表 C.4　确定引用半径（r_0）的公式表

矿坑或井群平面图形		r_0 表达式	说明
a, b	矩形	$r_0=\eta\frac{a+b}{4}$　（C.15）	η 值查表 C.5 确定。当 $a/b\gg10$ 时，r_0=0.25a
a, a	正方形	$r_0=0.59a$　（C.16）	
θ, c, c	菱形	$r_0=\eta\frac{c}{2}$　（C.17）	η 值查表 C.6 确定

续表

矿坑或井群平面图形		r_0表达式	说明
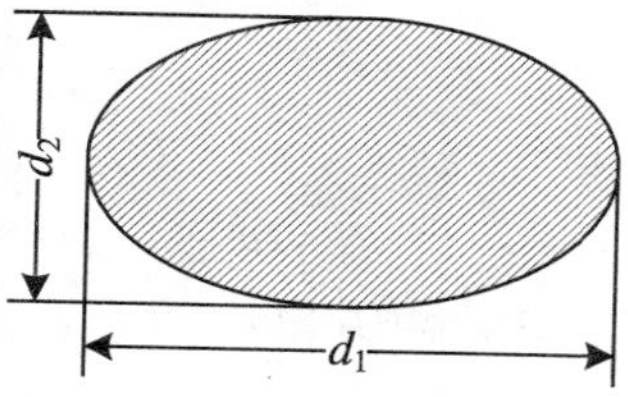	椭圆形	$r_0=\frac{d_1+d_2}{4}$ (C.18)	
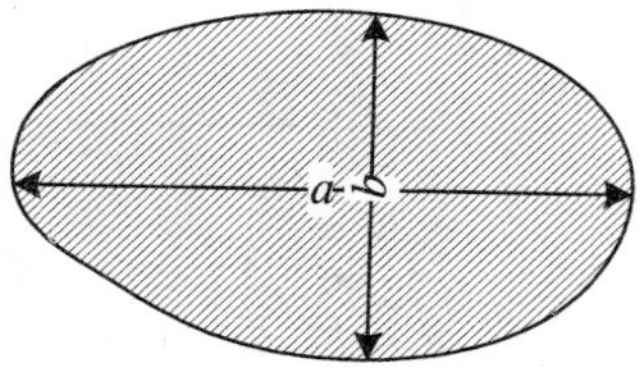	不规则的圆形	$r_0=\sqrt{\frac{F}{\pi}}=0.565\sqrt{F}$ (C.19)	F：基坑面积，m²； （a/b）＜2～3 时适用
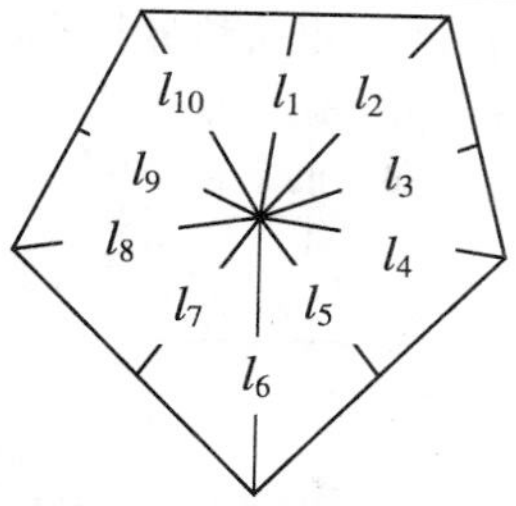	不规则的多边形	$r_0=\frac{P}{2\pi}$ 或 $r_0=\sqrt[2n]{l_1 l_2 \ldots l_{2n}}$ (C.20)	P：多边形周长，m； l_1，l_2，…，l_n：多边形顶及其多边中点至重心的距离，m； n：多边形顶角数

表 C.5　矩形矿坑或井群η值表

b/a	0	0.05	0.1	0.2	0.3	0.4	0.5	≥0.6
η	1.00	1.05	1.08	1.12	1.144	1.16	1.174	1.18

表 C.6　菱形矿坑或井群η值表

θ	0°	18°	36°	54°	72°	90°
η	1.00	1.06	1.11	1.15	1.17	1.18

不同水文地质条件及不同排水（或集水）工程形状的引用影响半径（R_0），其确定方法见表 C.7。

表 C.7　确定引用影响半径（R_0）的方法

示　意　图	适　用　条　件	R_0　表　达　式
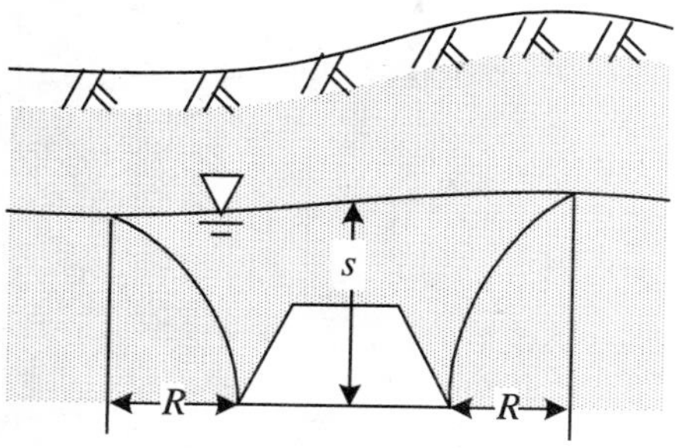	矿坑所在含水层呈均质无限分布，自然水位近于水平时	$R_0=R+r_0$ (C.21)

续表

示意图	适用条件	R_0 表达式
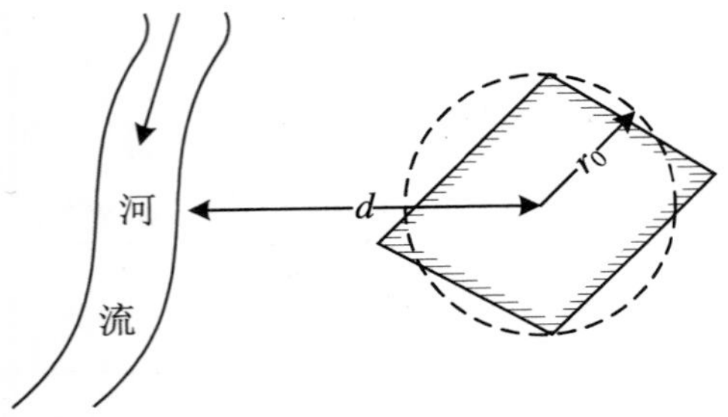 河流 d r_0	含水层各项均质，位于河旁的近似圆形矿坑	$$R_0 = 2d \quad (C.22)$$ d：矿坑中心至河岸距离，m
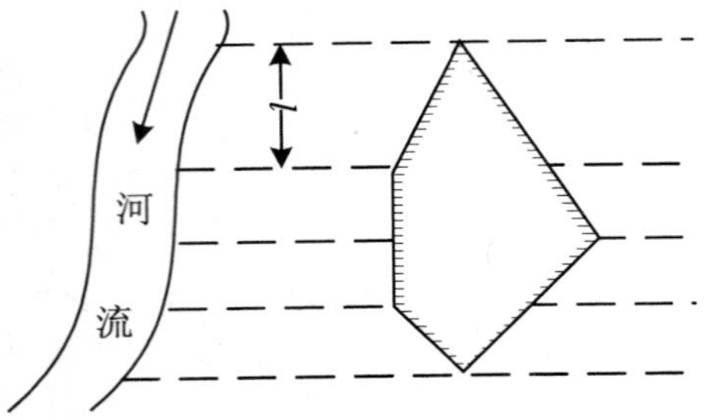 河流 l	含水层各项均质，位于河旁的近似圆形矿坑	$$R_0 = \frac{\sum d_{cp} l}{\sum l} + r_0 \quad (C.23)$$ d_{cp}：各剖面线间矿坑边界与地表水体间的平均距离，m； l：相邻二剖面间的垂直距离，m
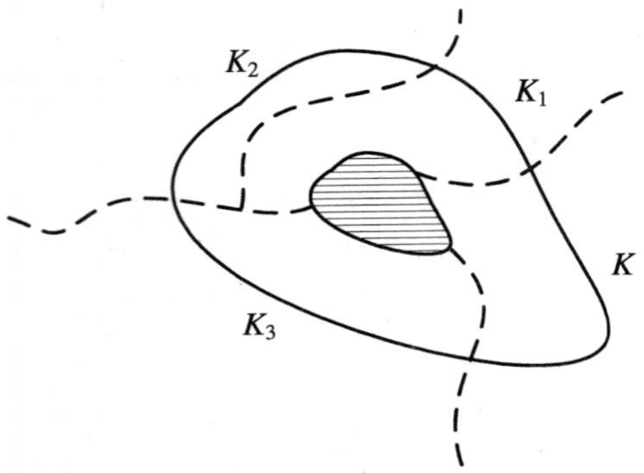 K_2 K_1 K K_3	矿坑各方向岩层呈非均质时，降落漏斗形状复杂，应首先计算出各不同渗透段内的影响半径，然后求出平均值	$$R_{cp} = \frac{\sum_1^n R_l}{n} \text{ 或 } R_0 = \frac{P}{2\pi} + r_0 \quad (C.24)$$ R_l：各渗透段内的影响半径，m； P：降落漏斗周长，m

附　录　D
（资料性附录）
废水入渗量计算公式

常用的污染场地废水入渗量计算公式见表 D.1。

表 D.1　废水入渗量计算公式

<table>
<tr><th>序号</th><th>污染源类型</th><th>入渗量计算式</th><th>备注</th><th>符号</th></tr>
<tr><td>1</td><td>渗坑或渗井</td><td>$Q_0 = q \cdot \beta$</td><td></td><td rowspan="4">Q_0：入渗量，m^3/d 或 m^3/a；
Q：渗坑或渗井污水排放量，m^3/d 或 m^3/a；
β：渗坑或渗井底部包气带的垂向入渗系数；
$Q_{上游}$：上游断面流量，m^3/d 或 m^3/a；
$Q_{下游}$：下游断面流量，m^3/d 或 m^3/a；
α：降水入渗补给系数；
F：固体废物渣场渗水面积，m^2；
X：降水量，mm；
Q_g：实际处理水量，m^3/a</td></tr>
<tr><td>2</td><td>排污渠或河流</td><td>$Q_0 = Q_{上游} - Q_{下游}$</td><td></td></tr>
<tr><td>3</td><td>固体废物填埋场</td><td>$Q_0 = \alpha FX \cdot 10^{-3}$</td><td>如无地下水动态观测资料，入渗系数可取经验值</td></tr>
<tr><td>4</td><td>污水土地处理</td><td>$Q_0 = \beta \cdot Q_g$</td><td>β：经验值 0.10～0.92</td></tr>
</table>

附 录 E
（资料性附录）
环境水文地质试验方法简介

E.1 抽水试验

抽水试验：目的是确定含水层的导水系数、渗透系数、给水度、影响半径等水文地质参数，也可以通过抽水试验查明某些水文地质条件，如地表水与地下水之间及含水层之间的水力联系，以及边界性质和强径流带位置等。

根据要解决的问题，可以进行不同规模和方式的抽水试验。单孔抽水试验只用一个井抽水，不另设置观测孔，取得的资料精度较差；多孔抽水试验是用一个主孔抽水，同时配置若干个监测水位变化的观测孔，以取得比较准确的水文地质参数；群井抽水试验是在某一范围内用大量生产井同时长期抽水，以查明群井采水量与区域水位下降的关系，求得可靠的水文地质参数。

为确定水文地质参数而进行的抽水试验，有稳定流抽水和非稳定流抽水两类。前者要求试验终了以前抽水流量及抽水影响范围内的地下水位达到稳定不变。后者则只要求抽水流量保持定值而水位不一定到达稳定，或保持一定的水位降深而允许流量变化。具体的试验方法可参见《供水水文地质勘察规范》（GB 50027）。

E.2 注水试验

注水试验：目的与抽水试验相同。当钻孔中地下水位埋藏很深或试验层透水不含水时，可用注水试验代替抽水试验，近似地测定该岩层的渗透系数。在研究地下水人工补给或废水地下处置时，常需进行钻孔注水试验。注水试验时可向井内定流量注水，抬高井中水位，待水位稳定并延续到一定时间后，可停止注水，观测恢复水位。

由于注水试验常常是在不具备抽水试验条件下进行的，故注水井在钻进结束后，一般都难以进行洗井（孔内无水或未准备洗井设备）。因此，用注水试验方法求得的岩层渗透系数往往比抽水试验求得的值小得多。

E.3 渗水试验

渗水试验：目的是测定包气带渗透性能及防污性能。渗水试验是一种在野外现场测定包气带土层垂向渗透系数的简易方法，在研究大气降水、灌溉水、渠水等对地下水的补给时，常需要进行此种试验。

试验时在试验层中开挖一个截面积 0.3～0.5 m^2 的方形或圆形试坑，不断将水注入坑中，并使坑底的水层厚度保持一定（一般为 10 cm 厚），当单位时间注入水量（即包气带岩层的渗透流量）保持稳定时，可根据达西渗透定律计算出包气带土层的渗透系数。

E.4 浸溶试验

浸溶试验：目的是为了查明固体废弃物受雨水淋滤或在水中浸泡时，其中的有害成分转移到水中，对水体环境直接形成的污染或通过地层渗漏对地下水造成的间接影响。有关固体废弃物的采样、处理和分析方法，可参照《工业固体废弃物有害物特性试验与监测分析方法》中的有关规定执行。

E.5 土柱淋滤试验

土柱淋滤试验：目的是模拟污水的渗入过程，研究污染物在包气带中的吸附、转化、自净机制，确定包气带的防护能力，为评价污水渗漏对地下水水质的影响提供依据。

试验土柱应在评价场地有代表性的包气带地层中采取。通过滤出水水质的测试，分析淋滤试验过程中污染物的迁移、累积等引起地下水水质变化的环境化学效应的机理。

试剂的选取或配制，宜采取评价工程排放的污水做试剂。对于取不到污水的拟建项目，可取生产工艺相同的同类工程污水替代，也可按设计提供的污水成分和浓度配制试剂。如果试验目的是为了制定污水排放控制标准时，需要配制几种浓度的试剂分别进行试验。

E.6 弥散试验

弥散试验：目的是研究污染物在地下水中运移时其浓度的时空变化规律，并通过试验获得进行地下水环境质量定量评价的弥散参数。

试验可采用示踪剂（如食盐、氯化铵、电解液、荧光染料、放射性同位素 ^{131}I 等）进行。试验方法可依据当地水文地质条件、污染源的分布以及污染源同地下水的相互关系确定。一般可采用污染物的天然状态法、附加水头法、连续注水法、脉冲注入法。试验场地应选择在对地质、水文地质条件有足够了解、基本水文地质参数齐全的代表性地区。观测孔布设一般可采用以试验孔为中心“+”字形剖面，孔距可根据水文地质条件、含水层岩性等考虑，一般可采用 5 m 或 10 m；也可采用试验孔为中心的同心圆布设方法，同心圆半径可采用 3 m、5 m 或 8 m，在卵砾石含水层中半径一般以 7 m、15 m、30 m 为宜。试验过程中定时、定深在试验孔和观测孔中取水样，进行水化学分析，确定弥散参数。

E.7 流速试验（连通试验）

流速试验（连通试验）：目的是查明地下水的运动途径、流速、地下河系的连通、延展与分布情况，地表水与地下水的转化关系，以及矿坑涌水的水源与通道等问题。

试验一般是在地下水的水平运动为主的裂隙、岩溶含水层中进行。可选择有代表性的或已经污染需要进行预测的地段，按照地下水流向布设试验孔与观测孔。试验孔与观测孔数量及孔距，可根据当地的地下水径流条件确定。一般孔距可考虑 10～30 m，试剂可用染色剂、示踪剂或食盐等。投放试剂前应取得天然状态下水位、水温、水质对照值；在试验孔内投入试剂，在观测孔内定时取样观测，直至观测到最大值为止，计算出地下水流速和其他有关参数。

E.8 地下水含水层储能试验

地下水含水层储能试验：目的是获取地下水含水层温度场参数（如温度增温率、常温层深度、含水层及隔水层比热、热容量、导热系数等）和地下水质场参数（如水温、地下水物理特性、化学成分、电导率等）。

储能试验场的选择应根据评价区地质、水文地质条件、评价等级和实际需要确定。场地应有代表性。试验场的观测设施和采灌工程，一般包括储能井、观测井、专门测温井、土层分层观测标和孔隙水压力观测井、地表水准点等组成。工程布置可采用“十”字形或“米”字形剖面。中心点为储能井，周围按不同距离布置观测井。

附　录　F
（资料性附录）
常用地下水评价预测模型

F.1　地下水量均衡法

对于选定的均衡域，在均衡计算期内水量均衡方程见式（F.1）。

$$\sum Q_{补} - \sum Q_{排} - Q_{开} = \Delta Q \quad (F.1)$$

式中：$Q_{开}$——地下水开采总量，m^3/d；

$\sum Q_{补}$——地下水各种补给量之和，m^3/d；

$\sum Q_{排}$——地下水各种排泄量之和，m^3/d；

ΔQ——均衡域内地下水储存量的变化量。对于承压含水层，$\Delta Q = \mu^* F \cdot \Delta H$，对于潜水含水层 $\Delta Q = \mu F \cdot \Delta H$。

其中：F——均衡域面积，m^2；

μ^*——承压含水层释水系数，量纲为1；

μ——潜水含水层给水度，量纲为1；

ΔH——均衡期内，均衡域地下水水位变幅，m。

均衡期的选择一般选用5年、10年或20年。各均衡要素的选取应根据评价区域内水文地质条件确定。各均衡要素的计算，参见《供水水文地质手册》中的计算方法。

水量均衡法属于集中参数方法，适宜进行区域或流域地下水补给资源量评价。

F.2　地下水流解析法

F.2.1　应用条件

应用地下水流解析法可以给出在各种参数值的情况下渗流区中任何一点上的水位（水头）值。但是，这种方法有很大的局限性，只适用于含水层几何形状规则、方程式简单、边界条件单一的情况。

F.2.2　预测模型

F.2.2.1　稳定运动

F.2.2.1.1　潜水含水层无限边界群井开采情况

$$H_0^2 - h^2 = \frac{1}{\pi k}\sum_{i=1}^{n}\left(Q_i \ln\frac{R_i}{r_i}\right) \quad (F.2)$$

式中：H_0——潜水含水层初始厚度，m；

h——预测点稳定含水层厚度，m；

k——含水层渗透系数，m/d；

i——开采井编号，从1到n；

Q_i——第i开采井开采量，m^3/d；

r_i——预测点到抽水井 i 的距离，m；

R_i——第 i 开采井的影响半径，m。

F.2.2.1.2 承压含水层无限边界群井开采情况

$$s=\sum_{i=1}^{n}\left(\frac{Q_i}{2\pi T}\cdot\ln\frac{R_i}{r_i}\right) \tag{F.3}$$

式中：s——预测点水位降深，m；

Q_i——第 i 开采井开采量，m^3/d；

T——承压含水层的导水系数，m^2/d；

R_i——第 i 开采井的影响半径，m；

r_i——预测点到抽水井 i 的距离，m；

i——开采井编号，从 1 到 n。

F.2.2.2 非稳定运动

F.2.2.2.1 潜水情况

$$H_0^2-h^2=\frac{1}{2\pi K}\sum_{i=1}^{n}Q_iW(u_i) \tag{F.4}$$

$$u_i=r_i^2\mu/4K\overline{M}t \tag{F.5}$$

式中：H_0——潜水含水层初始厚度，m；

h——预测点稳定含水层厚度，m；

K——含水层渗透系数，m/d；

Q_i——第 i 开采井开采量，m^3/d；

$W(u_i)$——井函数，可通过查表的方式获取井函数的值（《地下水动力学》）；

μ——给水度，量纲为 1；

r_i——预测点到抽水井 i 的距离，m；

$\overline{M}$——含水层平均厚度，m；

t——自抽水开始到计算时刻的时间；

i——开采井编号，从 1 到 n。

F.2.2.2.2 承压水情况

$$s=\frac{1}{4\pi T}\sum_{i=1}^{n}Q_iW(u_i) \tag{F.6}$$

$$W(u_i)=\int_{u_i}^{\infty}\frac{e^{-y}}{y}dy \tag{F.7}$$

$$u_i=\frac{\mu^* r_i^2}{4Tt} \tag{F.8}$$

式中：s——预测点水位降深，m；

T——承压含水层的导水系数，m^2/d；

Q_i——第 i 开采井开采量，m^3/d；

$W(u_i)$——井函数，可通过查表的方式获取井函数的值（《地下水动力学》）；

r_i——预测点到抽水井 i 的距离，m；

i——开采井编号，从 1 到 n；

μ^*——含水层的贮水系数，量纲为 1。

F.2.2.3 直线边界附近的井群

F.2.2.3.1 直线补给边界

a）承压含水层中的井群

$$s=\frac{1}{2\pi T}\sum_{i=1}^{n}Q_i\cdot\ln\frac{r_{2,i}}{r_{1,i}} \tag{F.9}$$

式中：s——n 个开采井在计算点处产生的总降深，m；

T——导水系数，m^2/d；

Q_i——第 i 个开采井的抽水量，m^3/d；

$r_{1,i}$——计算点至第 i 个实井的距离，m；

$r_{2,i}$——计算点至第 i 个虚井的距离，m；

n——开采井的总数。

b）潜水含水层中的井群

$$h=\sqrt{H_0^2-\frac{1}{\pi k}\sum_{i=1}^{n}Q_i\ln\frac{r_{2,i}}{r_{1,i}}} \tag{F.10}$$

式中：h——计算点处饱水带的厚度，m；

H_0——饱水带的初始厚度，m；

k——渗透系数，m/d；

Q_i——第 i 个开采井的抽水量，m^3/d；

$r_{1,i}$——计算点至第 i 个实井的距离，m；

$r_{2,i}$——计算点至第 i 个虚井的距离，m；

n——开采井的总数。

计算出 h 后，再由 $s=H_0-h$ 得到降深值。

F.2.2.3.2 直线隔水边界

a）承压含水层中的井群

$$s=0.366\frac{1}{T}\sum_{i=1}^{n}Q_i\lg\frac{2.25Tt}{r_{1,i}\cdot r_{2,i}\cdot\mu^*} \tag{F.11}$$

式中：s——n 个开采井在计算点处产生的总降深，m；

T——导水系数，m^2/d；

Q_i——第 i 个开采井的抽水量，m^3/d；

$r_{1,i}$——计算点至第 i 个实井的距离，m；

$r_{2,i}$——计算点至第 i 个虚井的距离，m；

μ^*——含水层的贮水系数，量纲为 1；

n——开采井的总数。

b）潜水含水层中的井群

$$s=\sqrt{H_0^2-0.732\frac{1}{k}\sum_{i=1}^{n}Q_i\lg\frac{2.25Tt}{r_{1,i}\cdot r_{2,i}\cdot\mu}} \tag{F.12}$$

式中：s——预测点水位降深，m；

H_0——饱水带的初始厚度，m；

T——KH_m，K 为渗透系数，H_m 为饱水带的平均厚度；

μ——给水度，无量纲；

Q_i——第 i 个开采井的抽水量，m^3/d；

$r_{1,i}$——计算点至第 i 个实井的距离，m；

$r_{2,i}$——计算点至第 i 个虚井的距离，m；

n——开采井的总数。

F.3 地下水溶质运移解析法

F.3.1 应用条件

求解复杂的水动力弥散方程定解问题非常困难，实际问题中多靠数值方法求解。但可以用解析解对数值解法进行检验和比较，并用解析解去拟合观测资料以求得水动力弥散系数。

F.3.2 预测模型

F.3.2.1 一维稳定流动一维水动力弥散问题

F.3.2.1.1 一维无限长多孔介质柱体，示踪剂瞬时注入

$$C(x,t)=\frac{m/w}{2n\sqrt{\pi D_L t}}e^{-\frac{(x-ut)^2}{4D_L t}} \qquad (F.13)$$

式中：x——距注入点的距离，m；

t——时间，d；

$C(x,t)$——t 时刻 x 处的示踪剂质量浓度，mg/L；

m——注入的示踪剂质量，kg；

w——横截面面积，m^2；

u——水流速度，m/d；

n——有效孔隙度，量纲为 1；

D_L——纵向弥散系数，m^2/d；

π——圆周率。

F.3.2.1.2 一维半无限长多孔介质柱体，一端为定浓度边界

$$\frac{C}{C_0}=\frac{1}{2}\mathrm{erfc}\left(\frac{x-ut}{2\sqrt{D_L t}}\right)+\frac{1}{2}e^{\frac{ux}{D_L}}\mathrm{erfc}\left(\frac{x+ut}{2\sqrt{D_L t}}\right) \qquad (F.14)$$

式中：x——距注入点的距离；m；

t——时间，d；

C——t 时刻 x 处的示踪剂质量浓度，mg/L；

C_0——注入的示踪剂质量浓度，mg/L；

u——水流速度，m/d；

D_L——纵向弥散系数，m^2/d；

erfc（）——余误差函数（可查《水文地质手册》获得）。

F.3.2.2　一维稳定流动二维水动力弥散问题

F.3.2.2.1　瞬时注入示踪剂—平面瞬时点源

$$C(x,y,t)=\frac{m_M/M}{4\pi n\sqrt{D_L D_T t}}e^{-\left[\frac{(x-ut)^2}{4D_L t}+\frac{y^2}{4D_T t}\right]} \tag{F.15}$$

式中：x，y——计算点处的位置坐标；

t——时间，d；

$C(x,y,t)$——t 时刻点 x，y 处的示踪剂质量浓度，mg/L；

M——承压含水层的厚度，m；

m_M——长度为 M 的线源瞬时注入的示踪剂质量，kg；

u——水流速度，m/d；

n——有效孔隙度，量纲为 1；

D_L——纵向弥散系数，m^2/d；

D_T——横向 y 方向的弥散系数，m^2/d；

π——圆周率。

F.3.2.2.2　连续注入示踪剂—平面连续点源

$$C(x,y,t)=\frac{m_t}{4\pi Mn\sqrt{D_L D_T}}e^{\frac{xu}{2D_L}}\left[2K_0(\beta)-W\left(\frac{u^2t}{4D_L},\beta\right)\right] \tag{F.16}$$

$$\beta=\sqrt{\frac{u^2x^2}{4D_L^2}+\frac{u^2y^2}{4D_L D_T}} \tag{F.17}$$

式中：x，y——计算点处的位置坐标；

t——时间，d；

$C(x,y,t)$——t 时刻点 x，y 处的示踪剂质量浓度，mg/L；

M——承压含水层的厚度，m；

m_t——单位时间注入示踪剂的质量，kg/d；

u——水流速度，m/d；

n——有效孔隙度，量纲为 1；

D_L——纵向弥散系数，m^2/d；

D_T——横向 y 方向的弥散系数，m^2/d；

π——圆周率；

$K_0(\beta)$——第二类零阶修正贝塞尔函数（可查《地下水动力学》获得）；

$W\left(\frac{u^2t}{4D_L},\beta\right)$——第一类越流系统井函数（可查《地下水动力学》获得）。

F.4　地下水数值模型

F.4.1　应用条件

数值法可以解决许多复杂水文地质条件和地下水开发利用条件下的地下水资源评价问题，并可以预测各种开采方案条件下地下水位的变化，即预测各种条件下的地下水状态。但不适用于管道流（如岩溶暗河系统等）的模拟评价。

F.4.2 预测模型

F.4.2.1 地下水水流模型

对于非均质、各向异性、空间三维结构、非稳定地下水流系统：

a）控制方程

$$\mu_s \frac{\partial h}{\partial t}=\frac{\partial}{\partial x}\left(K_x \frac{\partial h}{\partial x}\right)+\frac{\partial}{\partial y}\left(K_y \frac{\partial h}{\partial y}\right)+\frac{\partial}{\partial z}\left(K_z \frac{\partial h}{\partial z}\right)+W \tag{F.18}$$

式中：μ_s——贮水率，1/m；

h——水位，m；

K_x，K_y，K_z——分别为 x，y，z 方向上的渗透系数，m/d；

t——时间，d；

W——源汇项，1/d。

b）初始条件

$$h(x,y,z,t)=h_0(x,y,z) \qquad (x,y,z)\in\Omega, t=0 \tag{F.19}$$

式中：$h_0(x,y,z)$——已知水位分布；

Ω——模型模拟区。

c）边界条件

1）第一类边界

$$h(x,y,z,t)\big|_{\Gamma_1}=h(x,y,z,t) \qquad (x,y,z)\in\Gamma_1, t\geqslant 0 \tag{F.20}$$

式中：Γ_1——一类边界；

$h(x,y,z,t)$——一类边界上的已知水位函数。

2）第二类边界

$$k\frac{\partial h}{\partial \vec{n}}\bigg|_{\Gamma_2}=q(x,y,z,t) \qquad (x,y,z)\in\Gamma_2, t>0 \tag{F.21}$$

式中：Γ_2——二类边界；

k——三维空间上的渗透系数张量；

n——边界 Γ_2 的外法线方向；

$q(x,y,z,t)$——二类边界上已知流量函数。

3）第三类边界

$$\left(k(h-z)\frac{\partial h}{\partial \vec{n}}+\alpha h\right)\bigg|_{\Gamma_3}=q\,(x,y,z) \tag{F.22}$$

式中：α——已知函数；

Γ_3——三类边界；

k——三维空间上的渗透系数张量；

n——边界 Γ_3 的外法线方向；

$q(x,y,z)$——三类边界上已知流量函数。

F.4.2.2 地下水水质模型

水是溶质运移的载体，地下水溶质运移数值模拟应在地下水流场模拟基础上进行。因此，地下水溶质运移数值模型包括水流模型（见 F.4.2.1）和溶质运移模型两部分。

a）控制方程

$$R\theta\frac{\partial C}{\partial t}=\frac{\partial}{\partial x_i}\left(\theta D_{ij}\frac{\partial C}{\partial x_j}\right)-\frac{\partial}{\partial x_i}(\theta v_i C)-WC_s-WC-\lambda_1\theta C-\lambda_2\rho_b\overline{C} \tag{F.23}$$

式中：R——迟滞系数，量纲为 1，$R=1+\frac{\rho_b}{\theta}\frac{\partial\overline{C}}{\partial C}$

ρ_b——介质密度，mg/dm^3；

θ——介质孔隙度，量纲为 1；

C——地下水中组分的质量浓度，mg/L；

$\overline{C}$——介质骨架吸附的溶质质量浓度，mg/L；

t——时间，d；

x，y，z——空间位置坐标，m；

D_{ij}——水动力弥散系数张量，m^2/d；

V_i——地下水渗流速度张量，m/d；

W——水流的源和汇，1/d；

C_s——源中组分的质量浓度，mg/L；

λ_1——溶解相一级反应速率，1/d；

λ_2——吸附相反应速率，L/(mg·d)。

b）初始条件

$$C(x,y,z,\ t)=c_0(x,y,z)\qquad (x,y,z)\in\Omega,t=0 \tag{F.24}$$

式中：$c_0(x,y,z)$——已知浓度分布；

Ω——模型模拟区域。

c）定解条件

1）第一类边界——给定浓度边界

$$C(x,y,z,t)\big|_{\Gamma_1}=c(x,y,z,t)\qquad (x,y,z)\in\Gamma_1,t\geqslant 0 \tag{F.25}$$

式中：Γ_1——给定浓度边界；

$c(x,y,z,t)$——一定浓度边界上的浓度分布。

2）第二类边界——给定弥散通量边界

$$\theta D_{ij}\frac{\partial C}{\partial x_j}\bigg|_{\Gamma_2}=f_i(x,y,z,t)\qquad (x,y,z)\in\Gamma_2,t\geqslant 0 \tag{F.26}$$

式中：Γ_2——通量边界；

$f_i(x,y,z,t)$——边界 Γ_2 上已知的弥散通量函数。

3）第三类边界——给定溶质通量边界

$$\left(\theta D_{ij}\frac{\partial C}{\partial x_j}-q_i C\right)\bigg|_{\Gamma_3}=g_i(x,y,z,t)\qquad (x,y,z)\in\Gamma_3,t\geqslant 0 \tag{F.27}$$

式中：Γ_3——混合边界；

$g_i(x, y, z, t)$——Γ_3上已知的对流-弥散总的通量函数。

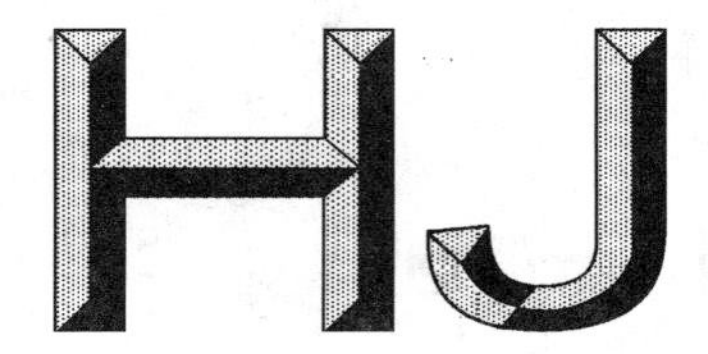

中华人民共和国国家环境保护标准

HJ 611—2011

环境影响评价技术导则　制药建设项目

Technical guidelines for environmental impact assessment
—Pharmaceutical constructional project

2011-02-11 发布　　2011-06-01 实施

环　境　保　护　部　发布

前　言

为贯彻《中华人民共和国环境保护法》、《中华人民共和国环境影响评价法》和《建设项目环境保护管理条例》，规范和指导制药建设项目环境影响评价工作，制定本标准。

本标准规定了制药建设项目环境影响评价工作的一般性原则、内容、方法和技术要求。

本标准为首次发布。

本标准的附录 A 为规范性附录，附录 B、附录 C 为资料性附录。

本标准由环境保护部科技标准司组织制订。

本标准主要起草单位：吉林省环境工程评估中心、中石油东北炼化工程有限责任公司。

本标准环境保护部 2011 年 2 月 11 日批准。

本标准自 2011 年 6 月 1 日实施。

本标准由环境保护部解释。

环境影响评价技术导则　制药建设项目

1　适用范围

本标准规定了制药建设项目环境影响评价工作的一般性原则、内容、方法和技术要求。
本标准适用于新建、改建、扩建和企业搬迁的制药建设项目环境影响评价。
生产兽药和医药中间体的建设项目环境影响评价可参照本标准执行。

2　规范性引用文件

下列文件中的条款通过本标准的引用而成为本标准的条款。凡是不注日期的引用文件，其有效版本适用于本标准。

GB 5085　危险废物鉴别标准
GB 18218　危险化学品重大危险源辨识
GB 18484　危险废物焚烧污染控制标准
GB 18597　危险废物贮存污染控制标准
GB/T 14848　地下水质量标准
GB/T 15190　城市区域环境噪声适用区划分技术规范
HJ/T 2.1　环境影响评价技术导则　总纲
HJ 2.2　环境影响评价技术导则　大气环境
HJ/T 2.3　环境影响评价技术导则　地面水环境
HJ 2.4　环境影响评价技术导则　声环境
HJ/T 14　环境空气质量功能区划分原则与技术方法
HJ/T 25　工业企业土壤环境质量风险评价基准
HJ/T 164　地下水监测技术规范
HJ/T 166　土壤环境监测技术规范
HJ/T 169　建设项目环境风险评价技术导则
HJ/T 176　危险废物集中焚烧处置工程建设技术规范
HJ/T 338　饮用水水源保护区划分技术规范
《国家危险废物名录》（环境保护部令　第 1 号）
《建设项目环境影响评价分类管理名录》（环境保护部令　第 2 号）
《环境影响评价公众参与暂行办法》（环发[2006]28 号）

3　术语和定义

下列术语和定义适用于本标准。

3.1

药品　pharmaceuticals

指由国务院药品监督管理部门批准生产，用于预防、诊断、治疗人的疾病，有目的地调节人体生理机能并规定有适应性或功能主治、用法和用量的物质。

3.2

医药中间体　pharmaceutical intermediate

指用于药品合成工艺过程中的化工原料或化工产品。

3.3

兽药　veterinary drug

指用于预防、治疗、诊断动物疾病或者有目的地调节动物生理机能的物质。

3.4

原料药　active pharmaceutical ingredient，API

指由国务院药品监督管理部门批准生产，构成药品的有效成分和活性成分，是药品原料的一部分。

3.5

化学药品制造　chemical synthesis pharmacy

采用化学方法将有机物质或无机物质通过化学反应生成化学药品或化学原料药的生产过程。

3.6

生物生化制品制造　biological pharmacy

利用生物体及生物生命活动来制造药品的生产过程，包括发酵制药、提取制药、生物技术制药。

发酵制药是指通过微生物的生命活动，将有机原料经过发酵、过滤、提纯等工序制成药品的生产过程。

提取制药是指运用物理、化学、生物化学的方法，将生物体中起重要生理作用的活性物质经过提取、分离、纯化等手段制造成药品的生产过程。

生物技术制药是指利用微生物、寄生虫、动物毒素、生物组织等，采用现代生物技术（主要是基因工程技术等）制取多肽和蛋白质类药物、疫苗等的生产过程。

3.7

单纯药品分装和复配　pharmaceuticals subpackage and compounding

通过混合、加工和配制，将药物活性成分和辅料制成剂型药物的生产过程。

3.8

中药饮片加工和中成药制造　pharmacy of traditional Chinese medicine decoction pieces and traditional Chinese patent medicine

以药用植物和药用动物为主要原料，根据我国药典生产中药饮片和中成药的制药过程。

3.9

制药建设项目　pharmaceutical constructional project

指化学药品制造、生物生化制品制造、单纯药品分装和复配、中药饮片加工和中成药制造及与之配套的建设项目。

3.10

制药生产企业　pharmaceutical enterprises

药品、原料药的生产企业。

3.11

生产车间　production workshop

制药生产企业下属的、由生产装置组成的生产药品和原料药的单位。

3.12

生产装置　process plant

一个或一个以上相互关联的生产工艺单元的组合。

3.13

工艺单元　process unit

生产装置内，按工艺流程可完成一个相对独立的生产或操作过程的设备、管道及仪表的组合体。

3.14

辅助设施　auxiliary facility

制药企业内提供水、电、蒸汽等的设施，储运设施，独立于生产车间的环境保护设施和办公设施等。

3.15

炮制　heating processing with supplementary materials

指将药材通过净制、切制、炮炙处理，制成一定规格的饮片，以适应医疗要求及调配、制剂的需要，保证用药安全和有效。常用的炮炙方法有：炒、烫、煅、制碳、蒸、煮、炖、单、酒制、醋制、盐制、姜汁炙、蜜炙、油炙、制霜（去油成霜）、水飞、煨。

3.16

环境因素　environmental factor

各种天然的和经过人工改造的自然因素，主要包括：大气、水、土地、矿藏、森林、草原、野生动物、自然古迹、人文遗迹、自然保护区、风景名胜区、城市和乡村等。

3.17

环境敏感区域　environmental sensitive area

指由《建设项目环境影响评价分类管理名录》中所规定的，依法设立的各级、各类自然、文化保护地，以及对制药建设项目的某类污染因子或者生态影响因子特别敏感的区域。

4　总则

4.1　环境影响评价工作分类

4.1.1　依照《建设项目环境影响评价分类管理名录》中的规定和要求：

化学药品制造和生物生化制品制造建设项目、含提炼工艺的中成药制造建设项目编制环境影响报告书；

中药饮片加工、不含提炼工艺的中成药制造、单纯药品分装和复配建设项目编制环境影响报告表。

4.1.2　制药建设项目所在区域已开展过区域环境影响评价或相关规划环境影响评价工作，其中包含的具体制药建设项目，在区域环境质量现状未发生明显变化、区域污染源没有显著增加的前提下，其环境影响评价工作中的环境质量调查与评价和环境影响预测等专题可适当从简。评价重点为制药建设项目的工程分析、环境保护措施、清洁生产分析及特征污染物环境影响评价等，同时应说明与区域环境影响评价或规划环境影响评价要求的符合性、区域环境资源承载能力的相容性。

4.2　环境影响评价工作程序

制药建设项目环境影响评价工作程序应按 HJ/T 2.1、HJ 2.2、HJ/T 2.3、HJ 2.4 的规定执行。

4.3　环境影响因素及评价因子

4.3.1　环境影响因素。制药建设项目建设、运行过程中影响环境的因素主要包括：占地，排放的废水、废气、噪声、固体废物等。

4.3.2　评价因子。制药建设项目评价因子除废水、废气污染物常规指标[如化学需氧量（COD）、氨氮、总磷、非甲烷总烃（NMHC）、恶臭气体等]外，还应根据制药建设项目生产工艺特点识别其特征污染因子，从而确定评价因子。符合下列基本原则之一的，应作为评价因子：

a）国家或地方法规、标准中限制排放的；

b）国家或地方污染物排放总量控制的；

c）列入持久性有机污染物（POPs）公约的；

d）具有“三致”毒理特性的；

e）具有明显恶臭影响特征的；

f）项目环境影响特征污染物。

4.4 环境功能区划和评价标准

4.4.1 环境功能区划。附图列表说明制药建设项目所在城镇的环境功能区划、保护区规划要求。

4.4.2 评价标准。主要包括国家或地方环境质量标准、国家或地方污染物排放标准等相关标准；选取评价标准的原则是：地方标准优先采用，其次采用国家标准，再次是参照标准。

a）根据制药建设项目所在城镇环境功能区划的要求，执行相应的环境质量标准和污染物排放标准。

b）环境功能区划尚未划定的，其环境功能区标准按 HJ/T 14、GB/T 15190、HJ/T 338 的要求确定。

c）制药建设项目排放特征污染物尚无国家或地方环境保护标准时，可参照制药建设项目引入国或引入地区的相关标准；未有参照值的，可按照毒理性指标经多介质环境目标值（MEG）估算方法（见附录 C）计算，提出环境管理推荐控制限值。

d）评价标准须由有关环境保护行政主管部门书面确认。

4.5 评价工作等级

4.5.1 大气、地表水、声环境评价等级。分别按照 HJ 2.2、HJ/T 2.3 和 HJ 2.4 中的规定执行。

4.5.2 地下水、土壤环境评价等级。仅对制药建设项目可能影响的地下水和土壤进行现状调查或监测，并制定环境保护措施和跟踪监测计划。

4.5.3 环境风险评价等级。按照 HJ/T 169 中的规定执行。

4.6 评价范围及环境敏感目标

4.6.1 评价范围

4.6.1.1 大气、地表水、声环境评价范围。分别按照 HJ 2.2、HJ/T 2.3 和 HJ 2.4 中的规定执行。

4.6.1.2 地下水、土壤环境调查范围。应综合考虑拟建厂址水文地质条件、土壤的渗透系数、厂址附近地下水环境敏感目标分布等情况，合理确定地下水现状调查范围。调查范围原则确定为厂区周边范围内，可根据制药建设项目可能影响的地下水范围做适当调整。

土壤现状调查范围确定在厂区范围及厂区外可能受影响的范围。

4.6.1.3 环境风险评价范围。按照 HJ/T 169 中的规定执行。

4.6.2 环境敏感目标

附表说明评价范围内各环境因素的环境功能类别或级别、各环境因素敏感保护目标和功能及其与制药建设项目的相对位置及距离。

4.6.3 附图要求

附有风向玫瑰图、环境敏感目标的评价范围彩图，并标明比例尺。

a）大气环境影响评价范围图应标出环境空气监测点；

b）地表水环境影响评价范围图应标出监测断面、水流方向、地表径流汇入口和污水排放口；

c）地下水环境影响评价范围图应标出监测点位、地下水流向；

d）土壤环境影响评价范围图应标出土壤监测点；

e）环境风险评价范围图应标出环境敏感区；

f）厂区总平面布置图应标出噪声监测点位。

4.7 专题设置

4.7.1 须编制环境影响报告书的制药建设项目，其环境影响评价工作一般应设置表1中所列评价专题。

a）如果新建项目的建设单位是在评价范围内新设立的，则可不设企业现状调查专题；

b）地下水环境质量现状调查与土壤环境现状调查专题可根据项目污染与排放特征、选址的环境敏感程度确定是否设置；

c）制药建设项目产生的污水排入在用污水处理厂且其处理工艺、处理能力可以满足制药建设项目需要时，地表水环境影响预测与评价专题可予简化；

d）生物技术制药类项目可视项目污染与排放特征、选址的环境敏感度不设大气环境和声环境影响预测与评价、环境风险评价专题。

表1 制药建设项目环境影响评价专题设置一览表

序号	专题名称	专题设置要求
1	区域自然与社会环境现状	**
2	企业现状调查	*
3	工程分析	**
4	清洁生产与循环经济分析	**
5	环境质量现状调查与评价	**
5.1	环境空气质量现状调查与评价	**
5.2	地表水环境质量现状调查与评价	**
5.3	地下水环境质量现状调查	*
5.4	声环境质量现状调查与评价	**
5.5	土壤环境现状调查	*
6	环境影响预测与评价	**
6.1	大气环境影响预测与评价	*
6.2	地表水环境影响预测与评价	*
6.3	声环境影响预测与评价	*
7	环境风险评价	*
8	环境保护措施及技术经济可行性分析	**
9	污染物总量控制分析	**
10	环境管理与环境监测	**
11	环境影响经济损益分析	**
12	公众参与	**
13	政策、规划符合性和厂址选择合理性分析与论证	**
注：** 必须设置； * 根据制药建设项目内容和开发区域环境特征按本节a）～d）的规定选择设置。		

4.7.2 编制环境影响报告表的制药建设项目，可根据具体情况设置工程分析、环境保护措施等专题进行重点评价。

5 区域自然与社会环境现状调查

5.1 调查内容

应重点调查了解以下内容：

a）自然环境概况。包括地质、地貌、气象、气候、水文、水文地质、周围自然遗迹和自然保护区的分布情况等。

b）社会环境概况。包括地区经济发展状况、居住区及人口数量、企事业单位及人员规模、相对于制药建设项目的方位和距离、相关的文物保护遗址分布等。

c）区域污染源。调查内容按 HJ 2.2 和 HJ/T 2.3 执行。

d）环境功能区划及生态功能区划等。

5.2 调查方法

现场踏查、相关部门走访、收集已有资料及图件（如水系图、土地利用图、环境功能区划图等）。

5.3 附图要求

附制药建设项目地理位置图，制药建设项目区域位置图、环境敏感区域分布图等，可利用 4.6.3 规定的附图。

6 企业现状调查

6.1 调查范围

调查范围包括建设单位所属的、与制药建设项目位于同一区域的生产装置、辅助设施相关内容，还应包括环境保护行政主管部门下达总量指标所涵盖的建设单位排污总量。

6.2 调查内容

6.2.1 企业基本概况

包括企业生产车间（或装置）、辅助设施组成；各生产车间（或装置）的产品种类及其生产方法、生产规模；评价时段的产品种类及产量，使用的原料和辅料种类及其消耗；评价时段的各生产车间（或装置）和辅助设施的水、电、蒸汽等公用工程消耗。

6.2.2 水资源利用情况

包括评价时段内以生产车间（或装置）和辅助设施为单位的给水、排水情况，给排水平衡图或表，计算出企业的水资源重复利用率，说明其水资源利用水平。

6.2.3 污染源分析

6.2.3.1 废气排放情况。调查每个排气筒或烟囱的废气排放量（m^3/h），主要污染物的排放质量浓度（mg/m^3）和速率（kg/h），排气筒或烟囱高度（m）、内径（m）、排气温度（℃），废气排放规律（连续或间断；间断排放的，要给出单位时间内排放次数，每次持续时间）；无组织排放废气排放特征及污染物全年排放总量（t/a）、特征污染物在厂界监控点质量浓度（mg/m^3）；对照执行的排放标准分析达标排放情况。

6.2.3.2 废水排放情况。调查企业排水系统的划分情况，企业排水系统是否做到雨污分流、清污分流。了解并说明生产车间（或装置）和辅助设施废水排放去向，企业废水外排口数量、外排口排水最终去向。

每个车间（或装置）及辅助设施的废水排放量（m³/d），主要污染物的排放质量浓度（mg/L）、废水排放规律（连续或间断；间断排放的，要视装置或车间的实际生产情况，给出单位时间内排放次数，每次持续时间）和排放去向。

企业废水外排口的废水排放量（m³/d），主要污染物的排放质量浓度（mg/L），对照执行的排放标准分析达标排放情况。

6.2.3.3 固体废物排放情况。调查固体废物名称、排放源、产生量、主要成分及含量，按《国家危险废物名录》要求分类和编号，对于名录中未列的，按 GB 5085 进行鉴别，明确其是否为危险废物。属危险废物的明确其危险特性和最终去向。

6.2.3.4 噪声排放情况。以实际测量企业厂界环境噪声值为主。

6.2.4 环境保护措施

废气、废水处理设施主要调查设施的规模、实际处理量及工艺方法、实际运行效果（进出口指标、去除效率），是否可保证稳定运行、达标排放。

企业废水若委托其他单位处理，应调查受委托单位的废水处理设施的规模、实际处理量及工艺方法、实际运行效果（进出口指标、去除效率）、达标排放情况，分析受委托单位是否有能力接收并处理。

固体废物处理、处置措施调查包括以下内容：贮存设施的建设指标、分类贮存以及规范包装的情况，综合利用、焚烧及填埋设施的工艺设计要求及运行情况，分析是否符合相关法规、标准、技术要求；受委托处理企业固体废物的单位是否有资质和能力接收并处理，且是否执行危险废物台账管理、转移联单等制度。

6.2.5 环境管理与环境监测

企业的环境管理组织机构设置和人员配备、环境管理体系建立及运行情况。

企业环境监测机构设置和人员配备，配备的主要采样、分析仪器设备型号和数量。

监测计划，包括污染源（含厂界）监测点位、监测项目、监测频次，说明监测计划是否符合相关标准要求。

6.2.6 在建项目调查

主要调查在建项目名称、产品方案及规模、生产方法、原辅材料消耗和公用工程、“三废”排放及达标情况、污染物排放总量、环境保护措施及环评报告批复的落实情况。

6.2.7 企业污染物排放总量核算

根据上述调查，核算出达产期企业，包括在建项目的水污染物、大气污染物和固体废物的年产生总量、削减总量和排放总量。

6.2.8 企业现存环境问题分析

通过上述调查分析企业现存的环境问题或污染隐患。

6.3 调查方法

收集企业现有生产、设计资料及相关操作规程，对企业概况和水资源利用情况进行调查。

收集企业现有污染源监测数据、污染源普查统计数据，或利用设计资料采取物料衡算，对企业“三废”排放情况进行调查。必要时对重点污染源进行监测。

收集企业监测数据、设计资料和受委托处理单位相关资料，对环境保护措施进行调查。

7 工程分析

7.1 分析内容

制药建设项目的工程分析应主要包括以下九个方面的内容。改建、扩建项目应对照 7.1.4～7.1.6、

7.1.9 的要求说明其变化情况，搬迁项目应对照 7.1.1～7.1.6、7.1.9 的要求说明其变化情况。

7.1.1 项目概况

包括项目名称、建设性质、建设地点、总投资、项目组成、生产规模、产品方案、年运行时数、定员、占地面积、平面布置（附总平面布置图）、主要技术经济指标等。

对于按批次生产的制药建设项目，除年运行时数外，还要给出年生产批次、每批次生产周期、同时运转批次数等。

7.1.2 主要原辅材料及燃料

介绍主要原辅材料的规格、来源、用途、消耗量、生产场所最大使用量、储运方式、贮存场所最大贮存量，燃料的种类、成分及含量、消耗量等。

7.1.3 公用工程

除介绍给水、排水、蒸汽、供暖、供电、通风等工程外，还应介绍纯水制取系统、空气净化系统（要说明排出的空气是否循环使用）、制冷系统等制药行业特有的公用工程。

7.1.4 工艺原理

分析并说明主要工艺原理、技术路线及其来源，明确主、副产品的化学分子结构式。化学药品制造列出主、副化学反应方程式，说明反应转化率、产品收率等。生物生化制品制造中的发酵类给出产品收率等指标。

7.1.5 平衡分析

根据工艺原理和生产特点，对制药建设项目的各生产装置进行物料平衡分析并汇总，给出投入产出比、物料损失率。

使用溶剂的制药建设项目应进行溶剂平衡分析。说明溶剂回收工艺，并从设备选型、回收工艺条件等方面论证工艺的可行性，明确溶剂的回收率及去向。

有毒有害物质或其中的主要化学元素应进行流向平衡分析，分析其最终流向和存在形式。

对制药建设项目及企业进行水平衡分析，给出新鲜水用量、重复水用量，以及废水产生量、处理量、回用量和最终外排量，明确具体的回用部位，计算水重复利用率、污水回用率等，对水资源利用水平进行分析。

上述平衡分析应给出平衡图、平衡表。

7.1.6 工艺流程、产污环节及污染源排放分析

7.1.6.1 工艺流程及产污环节。按生产装置（或工艺单元）分析并描述工艺流程，包括原料配置、生产、产品包装、污染物处理等，以及中间过程的物料流转、物料回收。说明物料投加位置和方式、物料走向、主要操作条件、产物和污染物排出位置，污染物去向、物料回用和套用去向。注意对原辅材料及中间反应过程产生的特征污染因子的分析。

给出带产污节点的工艺流程图，工艺流程图由工艺单元中主要生产或操作步骤组成，工艺流程图应重点反映主要物料流向、产污节点（即污染源），并对产污节点分类编号，与工艺流程叙述保持一致。带产污节点的工艺流程图示例见附录 B。

同时对储运过程、公用工程设施等进行产污环节分析。

7.1.6.2 污染源排放分析。根据工艺原理和流程，分析污染源排放的主要污染物，给出污染源排放特征表，表中污染源编号与工艺流程图对应。

a）废气污染源排放特征表应包括：污染源名称、所在装置、编号、废气排放量（m^3/h 或 m^3/d）、污染物名称、污染物质量浓度（mg/m^3）、污染物排放速率（kg/h）、排放规律（连续或间断，间断排放的给出单位时间内的排放次数，每次持续的时间）、处理措施、排气筒高度（m）、内径（m）、排气温度（℃）、排放去向、无组织废气排放特征及污染物全年排放总量。

b）废水污染源排放特征表应包括：废水污染源名称、所在装置、废水排放量（m^3/h 或 m^3/d）、污染物名称、污染物质量浓度（mg/L）、排放规律（连续或间断，间断排放的给出单位时间内的

排放次数，每次持续的时间）、处理措施、排放去向。

c）固体废物排放特征表应包括：固体废物名称、产生的装置（或工艺单元）、编号、主要成分和含量、分类、去向。分类按《国家危险废物名录》进行，名录中未明确列出的，可依据企业对现有同类固体废物按 GB 5085 已鉴别的结果进行分类。

d）噪声源排放特征表应包括：噪声源名称（设备或工艺单元名称）、所在装置、规律（稳态或非稳态）、噪声级[dB（A）]、降噪措施。

7.1.7 非正常工况排放分析

根据生产特点，识别非正常工况（开车、停车、常见事故、检修等），给出非正常工况排放的污染物种类、成分、数量与强度，产生环节、原因、发生频率及控制措施等。

7.1.8 环境保护措施及达标排放分析

简要说明制药建设项目拟采取的各项环境保护措施，包括废水、废气治理措施，资源回收利用措施，工业固体废物处置措施，噪声控制措施等。列表给出污染物经环境保护措施处理后的排放情况及执行的标准，分析制药建设项目的达标排放情况。对于尚未达标排放的污染物，应对环境保护措施及与污染物有关的工艺流程提出改进方案，保证污染物达标排放。

7.1.9 污染物排放量核算

核定出制药建设项目每年的“三废”及其中污染物的产生量、削减量和排放量。

核定出制药建设项目运行后，企业（包括现有、在建项目）“三废”及其中污染物的年排放总量。

7.2 分析方法

a）根据设计资料、类比同类装置消耗指标进行各类平衡计算和分析。

b）根据物料平衡分析、同类装置类比、查阅资料确定各污染物的排放强度，根据生产规律、操作方法分析污染物排放规律，根据设计资料及相关标准要求确定污染物的其他排放参数。

c）对于制药建设项目可行性研究和其他文件中提供的资料、数据、图件等，应进行分析后引用；在采用类比分析方法时，类比对象应具有相似性和可比性。

7.3 各生产类别工程分析的重点及技术要求

7.3.1 化学药品制造

化学药品制造建设项目的工程分析应进行全面、准确的污染源分析。重点关注制药建设项目涉及的持久性有机污染物、“三致”物质、恶臭物质等特征污染物产生与排放的分析与评价。突出对有毒有害物料和主要元素的平衡分析。对废水着重分析其特征污染物和可生化性等；对有组织和无组织排放的废气着重查找其特征污染物、排放节点和排放特点。

7.3.2 生物生化制品制造

生物生化制品制造建设项目的工程分析应注意其生产规律和操作方式，可按一个生产周期或批次作为单位进行物料平衡的分析，再进行全年汇总。生物生化制品制造包括发酵制药、提取制药、生物技术制药三个类别，各类别的工程分析重点如下：

发酵制药类生产建设项目的工程分析重点关注发酵过程的污染源分析和溶剂平衡，对 CO_2 的产生量与排放量进行核算，论证分析 CO_2 综合利用措施。对废水着重分析其特征污染物和可生化性等；对发酵废渣等固体废物着重分析其成分和毒性；同时应分析发酵及提取过程产生的异味。

含粗提的提取制药类建设项目的工程分析重点关注溶剂平衡。对废水着重分析其特征污染物和可生化性等；对固体废物着重分析其成分和毒性；同时分析生产过程可能产生的异味。不含粗提的提取制药类建设项目的工程分析重点参照生物技术制药建设项目。

生物技术制药类建设项目的工程分析重点在于进行全面的污染源分析，突出主要污染源，对于其他污染物排放量小且危害较轻的污染源可不进行定量分析，着重分析其特征污染物、排放规律、排放去向。使用少量溶剂的，视情况可不进行溶剂平衡。同时应对有毒有害物质（如作为防腐剂的含汞化合物）的非正常排放进行分析，以便提出可靠的处理方式。

7.3.3 单纯药品分装和复配

单纯药品分装和复配建设项目的工程分析应适当简化，可不做物料平衡分析，但要给出该工艺物料的生产损失率等与污染源分析相关的指标。工艺流程叙述中重点说明设备的自动化情况、封闭情况、物料倒转方式、设备清洗方式等，明确人工操作区域和操作条件（是否为负压操作区），明确防尘措施的布设位置。固体废物分析还应包括对废弃产品包装、不合格药品、返回的过期药品、不能重复利用的防护用具等的分析，以便提出合理的处理、处置方式。

7.3.4 中药饮片加工和中成药制造

中药饮片加工建设项目的工程分析重点在于对炮制工序的污染源分析。工艺流程叙述应给出炮制的工艺操作条件、一些炮炙辅助用料的处理和回用措施，在污染源分析中应关注炮炙工序（如炒、煅、制碳）的无组织排放废气。

中成药制造建设项目的工程分析重点和技术要求参照生物生化制品制药中含粗提的提取制药类建设项目。

8 清洁生产与循环经济分析

8.1 清洁生产分析原则

8.1.1 清洁生产应遵循“源头削减、综合利用、降低产污强度、污染最小化”的原则，符合清洁生产工艺、清洁能源和原料、清洁产品要求。

8.1.2 清洁生产指标的确定应符合政策法规、制药行业特点，具有代表性、客观性。

8.1.3 依据国家发布的制药行业或产品清洁生产标准或技术指南指标内容，进行制药建设项目清洁生产水平分析。国家未发布相应清洁生产标准或技术指南的，应从先进工艺和设备选择、资源与能源综合利用、产品、污染物产生、废物回收利用和环境管理等方面进行分析，并与国内外先进的同类生产装置技术指标进行对比。对于改建、扩建、企业搬迁项目可与改建、扩建、企业搬迁前进行对比分析。

8.2 清洁生产分析方法和内容

8.2.1 清洁生产分析方法应采用指标对比法。

8.2.2 清洁生产指标可根据制药建设项目具体情况按表 2 指标选取。

表 2 清洁生产指标一览表

类别	指标名称	指标含义
生产工艺与装备	工艺路线及先进性	采用简单、成熟工艺，体现资源利用率高、产污量少的工艺先进性和可靠性
	技术特点和改进	优化工艺条件和控制技术，体现资源能源利用率高，反应物转化率高，产品得率高以及产污量少的特征
	设备先进性和可靠性	采用优质高效、密封性和耐腐蚀性好、低能耗、低噪声先进设备
	危害性物料的限制或替代	采用无毒害或低毒害原料和清洁能源
资源与能源利用	原料单耗或万元产值消耗	体现高转化、低消耗、少产污
	综合能源单耗或万元产值消耗（动力及燃料消耗）	体现能源的梯级利用和综合利用
	水资源单耗或万元产值消耗	体现水资源的重复利用和循环使用

续表

类别	指标名称	指标含义
产品	产业政策	产品种类及其生产符合国家产业政策要求和行业市场准入条件，符合产品进出口和国际公约要求
	安全使用与包装符合环保性	产品和包装物设计，应考虑其在生命周期中对于人类健康和环境的影响，优先选择无毒害、易降解或者便于回收利用的方案
污染物产生	产污强度	单位产品生产（或加工）过程中，产生污染物的量（末端处理前）
废物回收利用	废弃物回收利用量和回收利用率	体现废物、废水和余热等进行综合利用或者循环使用途径和效果
环境管理	政策法规要求	履行环保政策法规要求，制定生产过程环境管理和风险管理制度
	环境保护措施	采用达标排放和污染物排放总量控制指标的污染防治技术
	节能措施	工程节能措施和效果
	监控管理	对污染源制订有效监控方案，落实相关监控措施

8.2.3　根据清洁生产水平分析结果，提出存在的问题和进一步改进措施与建议。

8.3　循环经济分析

按照循环经济“减量化、再利用、资源化”的原则，分析制药建设项目是否符合资源、废物减量化，能源、废物再利用，废物资源化要求，提出进一步促进循环经济的建议。

9　环境质量现状调查与评价

9.1　环境空气、地表水、声环境质量现状调查与评价

分别按照 HJ 2.2、HJ/T 2.3 和 HJ 2.4 中的规定执行。同时调查、分析区域内的环境承载力。

环境承载力即环境容量，可通过计算环境中污染物浓度的占标率或收集区域评价中已计算的环境容量和污染物排放总量对区域环境承载力进行分析。

9.2　地下水环境质量现状调查与评价

9.2.1　监测布点

布点原则：根据水文地质条件的复杂程度安排工作量，并应能反映制药建设项目可能影响的地下水环境质量状况，一般以监测潜水为主，特殊情况可做调整。

监测布点：依托现有企业的制药建设项目，在现有厂区内及其周围宜布置 3～7 个监测点。按地下水流向，上游布设 1～2 个监测点，下游布设 2～5 个监测点，同时可根据厂区装置、排水管网布局在厂区内做适当调整；新选厂址宜布设 1～6 个监测点。

9.2.2　其他要求

监测方法按照 GB/T 14848、HJ/T 164 等规定执行。

监测频次：一次。

监测因子：4.3 中规定的评价因子。

9.3　土壤环境质量现状调查与评价

监测布点：依据企业占地多少和制药建设项目规模大小确定监测布点，具体以 HJ/T 166 中 6.3 的

规定为原则，同时结合企业厂区和制药建设项目生产布局，对企业厂区和项目场址进行土壤监测布点。

采样、制样与测试方法按照 HJ/T 25、HJ/T 166 中的规定执行。

监测频次：一次。

监测因子：4.3 中规定的评价因子。

10 环境影响预测与评价

大气、地表水、声环境预测分别按照 HJ 2.2、HJ/T 2.3 和 HJ 2.4 中的规定执行。

制药建设项目有无组织废气排放源时，要根据 HJ 2.2 的要求和方法，计算并确定大气环境防护距离。

生产或污染治理过程中使用或产生持久性有机污染物、“三致”物质、恶臭等特征污染物时，可通过实际监测或类比调查等方法分析其对周围环境敏感点的影响；同时分析周围污染源对制药建设项目的不利影响，为厂址选择的环境敏感性分析提供依据。

11 环境风险评价

11.1 化学药品制造风险评价

在参照执行 HT/J 169 的基础上，重点实施以下工作内容：

a）危险物质和重大危险源识别。调查并列出制药建设项目原辅材料、产品及中间产品的易燃、易爆、有毒物理化学性质，主要包括：闪点（℃）、沸点（℃）、自燃点（℃）、爆炸极限[%（体积分数）]、半数致死量（LD_{50}）（mg/kg）、半数致死质量浓度（LC_{50}）（mg/m^3）、立即威胁生命与健康质量浓度（IDLH）（mg/m^3）、车间空气中有害物质的最高允许质量浓度（MAC）（mg/m^3）；按照 GB 18218 对制药建设项目进行工艺单元划分，判断各工艺单元是否属重大危险源。

b）调查同类装置发生的环境风险事故、影响结果、发生原因。

c）风险源项确定。根据重大危险源识别和同类装置环境风险事故调查结果，确定制药建设项目的最大可信事故。重点确定大气环境风险最大可信事故源项，对于泄漏事故应包括：事故设备、设备正常工况的操作参数、事故工况描述、污染物泄漏速率、泄漏时间、蒸发速率、源项高度。

d）风险预测与分析。一级评价进行环境风险影响预测，重点预测环境风险事故对大气环境的影响。模式预测采用 HT/J 169 中规定的模式。

预测内容：最不利气象条件下，环境空气中污染物质量浓度超过 LC_{50}、IDLH、MAC 范围，对受影响人口数量进行分析。

e）环境风险防控措施。参照相关规范，制定适合制药建设项目的环境风险事故控制措施，主要包括预防、控制泄漏、火灾、爆炸的安全措施和预防、控制火灾、爆炸引起的水污染事故次生灾害的措施。

f）应急预案。提出制药建设项目制订应急预案的原则、建议和要求。应急预案的要求必须包括：

1）可能发生的环境风险事故，尤其是风险最大可信事故的应急措施；

2）污染物浓度超过 IDLH 范围内的受影响人员应急救助、疏散和撤离措施；

3）应急监测方案；

4）与相关应急预案的接口联动要求。

11.2 其他类别制药风险评价

其他类别制药若存在重大危险源，参照 11.1 规定执行；若不存在重大危险源，则以环境风险防控措施和应急预案为评价重点。

对于生物技术类制药可视情况不设风险评价专题，但在环境保护措施专题中应对存在生物安全风险的生物实验室和生产车间等场所，针对可能的生物安全影响，提出的具体防治措施，并遵守国家有关生物安全的相关规定和要求。

12 环境保护措施及技术经济分析

12.1 原则

制药建设项目污染防治重点为运行期，同时兼顾施工期。企业搬迁项目，必须对退役厂址提出污染防治要求。

按制药建设项目可行性研究报告中内容和制药建设项目环境影响报告书中要求，分两个层次对制药建设项目拟采取的环境保护措施的经济合理性、技术可行性进行分析。

12.2 施工期环境保护措施及技术经济分析

有针对性地提出制药建设项目施工期扬尘、废水、建筑垃圾、噪声的治理和控制措施，并给出上述措施的一次性投资，重点防止施工扰民。

12.3 运行期环境保护措施及技术经济分析

12.3.1 废气治理措施及技术经济分析

a）针对制药建设项目生产工艺废气产生情况，结合国内外同类废气污染物先进治理设施运行实例，对废气治理进行多方案技术经济比选论证，提出推荐方案。应重点关注含高活性药品粉尘、高/剧毒化学物质、持久性有机污染物、“三致”物质及恶臭气体等特征污染物的有效治理。

给出废气处理工艺流程图，说明有组织废气治理方法原理，明确其处理能力、处理流程、处理效果、主要设备（构筑物）及操作参数、最终去向等。

b）对原辅材料、中间产品的储存、输送、投（卸）料与工艺操作，产品包装与储运等过程进行无组织逸散的防范或减缓措施分析；重点从设备选型、系统密闭、规范操作、无组织废气的收集处理及其监控等方面进行论述，提出污染治理措施。

c）针对废水（废液）处理设施、输送及储存等环节，提出防止恶臭、有毒、有害气体逸散措施；注意废气处理过程产生的二次污染及防治措施分析。对吸附设施，应按 7.1.6.2 要求给出废吸附剂的产生量，按 12.3.3 的要求提出处置措施。

d）对依托原有设施，从原设施运行效果及负荷的可承受性进行技术可行性分析。

e）按有组织、无组织废气源汇总给出废气治理措施一览表，包括处理或回收设施名称、处理工艺、污染物去除效率、资源回收量（回收率）、投资及运行成本等。

12.3.2 废水治理措施及技术经济分析

a）分析工艺废水分质预处理的合理性，阐述特征污染物、高浓度有机废水、高含盐废水等预处理措施工艺原理、处理流程、处理效率（回收率），论证预处理措施的技术经济可行性；对于难生物降解的高浓度废水宜采取焚烧等处理措施，低浓度废水应从严控制难生物降解污染因子的排放限值。

b）给出废水处理工艺流程图。依据全厂各股废水水质，对全厂废水处理流程进行多方案技术经济比选论证。阐明废水处理工艺原理、处理能力、处理流程、主要设施（构筑物）及设计参数、各工艺单元污染物去除效率、处理成本等，结合国内外同类产品先进的生产废水处理设施运行实例，论述废水处理流程的合理性和污染物达标排放的可靠性。重点关注持久性和难降解有机污染物、“三致”物质、对水生生物有剧毒、对环境敏感及高活性的药品活性成分等特征污染物的有效处理。

对于化学药品制造和生物生化制品制造建设项目，其环境影响报告书中采用的生产废水治理技术必须有针对性的成功应用案例。废水治理技术若为首次应用，必须附相关的技术试验可行性论证报告和中试规模的运行数据，并进行经济可行性分析。

c）对依托原有废水治理设施或委托其他单位处理措施，应根据废水的可生化性和特征因子去除效率、原设施及接收单位治理设施的运行效果及负荷的可承受性等方面进行技术分析。提出特征污染物的纳管控制限值建议。报告书后应附与接收单位签订的意向接收协议。

d）给出制药建设项目废水治理措施一览表，包括处理设施名称、处理工艺、污染物去除效率、资源回收量（回收率）、投资及运行成本等。

12.3.3　固体废物处置措施及技术经济分析

a）根据固体废物的性质，分析对其采取预处理、综合利用、无害化处置等措施的可行性。

b）分析固体废物厂内收集、临时储存、转运过程防止二次污染措施的可行性，产生的危险废物必须按照 GB 18597 进行贮存。

c）固体废物进行综合利用，须符合国家有关规定，提出防治二次污染措施以及接收方的证明等。

d）厂内自建危险废物焚烧炉，应按照 GB 18484 和 HJ/T 176 的相关规定，论证选址的可行性和治理措施的有效性。应给出焚烧物料的组成及理化性质、焚烧炉炉型结构、材质、技术性能指标、尾气处理工艺等，重点分析控制二噁英产生的措施以及尾气达标排放的可靠性。

e）危险废物等固体废物委托其他单位焚烧或填埋处置，应分析受委托单位的技术和能力可行性。报告书后应附与接收单位签订的意向接收协议和接收单位的运营资质。

f）生物生化制品制造中的发酵类制药应依据国家有关规定确定发酵后处理过程产生的废渣属性，提出可行的处理处置措施。

g）给出固体废物处置措施的一次性投资，处置费用。

12.3.4　地下水与土壤环境保护措施

制药建设项目污染地下水与土壤的主要途径为：

a）生产装置跑、冒、滴、漏至厂区地面，并渗漏至地下水和土壤环境；

b）地下污水管线和废水检查/检修井发生渗漏、废水处理设施的废水储存和处理构筑物发生渗漏；

c）危险化学品储罐发生渗漏；

d）危险废物临时储存设施底部发生渗漏。

根据制药建设项目地下水和土壤保护目标，依据厂区设备布置，分析可能存在的污染源头与污染物质，分析其渗漏途径，提出切断渗漏途径并监控地下水与土壤质量的环境保护措施。给出地下水与土壤环境保护措施的一次性投资。

12.3.5　非正常工况下环境保护措施

分析设备检修及开停车时排出的废气、废水和固体废物收集及处理措施的可行性。

12.3.6　噪声防治措施

制药建设项目噪声源主要为：室内的机械设备噪声，室外制冷设备噪声、冷却塔噪声、管道噪声和放空噪声等。

根据制药建设项目噪声源的特点，有针对性地提出降低室内设备噪声级、控制室外噪声源噪声级的措施，分析降噪效果。给出噪声防治措施的一次性投资。

12.4　退役厂址

按 9.2 和 9.3 对企业搬迁项目退役厂址处的地下水和土壤进行监测。依据监测结果与土地利用规划，分析现有场地土壤及地下水的污染状况，评价场地环境质量状况及环境风险，对建设单位提出退役厂址造成的地下水和土壤污染治理方案、计划要求，给出环境保护措施的一次性投资。

对现有场地土壤及地下水的污染状况及治理情况的档案提出报有关部门存档备案的建议。

12.5 “以新带老”措施

a）按照“以新带老”原则，对查找出的企业现存的环境问题或污染隐患提出技术合理、经济可行的解决措施。

b）给出“以新带老”措施的名称、工艺或方法、投资、运行费用、预期效果。

c）“以新带老”措施技术要求同12.2。

d）核定“以新带老”措施对污染物的削减量。

12.6 “三同时”验收项目一览表

根据以上环境保护措施分析结果，列表给出环境保护措施“三同时”验收项目一览表，表中包括“三同时”项目名称、投资、设计处理能力或工程量、预期效果。

13 污染物总量控制分析

根据国家和地方环境保护行政主管部门的要求，确定污染物总量控制因子，并调查地方环境保护行政主管部门下达给企业的污染物总量控制指标。核定制药建设项目实施后企业污染物总量控制因子的排放总量。

分析环境是否有能力承载制药建设项目引起的污染物排放增加量。

分析企业污染物排放总量是否符合环境保护行政主管部门下达的总量控制指标要求。若不符合要求时，在环境具有承载力的前提下，提出污染物总量控制申请指标，并经地方环境保护行政主管部门批准。若区域内环境无法承载，则建议实施区域削减，并由环境保护行政主管部门协调区域削减方案，确保区域内环境可承载制药建设项目。

14 环境管理与环境监测

对新建的制药建设项目提出环境管理和监测机构的设置、包括人员配备要求、环境管理制度、监测计划要求。根据监测计划，提出监测仪器配备要求。

监测计划应包括：废水污染源、废气污染源、厂界环境空气和噪声监控点，地下水监控点，土壤监控点，监控因子，监测频次。制订监测计划时应充分考虑对特征污染物的监控。

对改建、扩建和企业搬迁项目，分析其依托现有环境管理、监测机构及环境管理制度、监测计划的可行性。依据分析结果，提出完善现有环境管理和监测机构的设置，包括人员配备要求、环境管理制度、监测计划、监测仪器配备要求。

15 环境影响经济损益分析

15.1 项目的社会效益和经济效益

参照制药建设项目可行性研究报告，分析其社会效益和经济效益。

15.2 项目内部环境保护措施效费分析

按照制药建设项目可行性研究报告中规定的技术经济评价参数，计算出制药建设项目环境保护年费用（万元/a）、年收益（万元/a）、环境保护投资比例（%）、万元产值废水排放量（m^3/万元）及主要污染物排放量（kg/万元）。

环境保护年费用包括环境保护设施的运行费、设备折旧费、维修费及排污费等。

环境保护年收益为环境保护设施回收物料、清洁生产措施节约资源产生的收益。

15.3 项目外部环境损失

按市场价值法或防护费用法等方法，计算出可定量化的制药建设项目造成的外部环境损失。

15.4 项目环境系统效费分析

根据制药建设项目可行性研究报告的技术经济评价的有关参数及全部现金流量表，编制制药建设项目环境系统效费流量表，同时将未计入制药建设项目效益、费用中可定量计算的外部环境损失计入表3中的项目间接收益、项目间接费用栏，计算出项目环境系统净效益现值。

表3 制药建设项目环境系统效费流量表

序号	项目	年份								
1	现金流入									
1.1	销售收入									
1.2	固定资产回收									
1.3	流动资金回收									
1.4	项目间接收益									
2	现金流出									
2.1	建设投资									
2.2	经营成本									
2.3	项目间接费用									
3	现金流量净增量									
4	现金流量净增量现值									
5	现金流量净增量累计现值									

16 公众参与

公众参与评价除执行《环境影响评价公众参与暂行办法》的规定和要求外，还应满足以下要求：

a）在公众参与调查过程中，保留被调查者如下信息：姓名、年龄、受教育程度、现住址、居住时限、联系电话。

b）征求公众意见的内容应主要包括：对制药建设项目实施的态度、对项目选址的态度、对项目主要环境影响的认识及态度、对制药建设项目采取环境保护措施的建议、对制药建设项目扰民问题的态度与要求等，同时说明持有所表达态度的原因。

c）若采取问卷调查的方式，直接受影响的被调查人数不应低于被调查总人数的70%，并应满足当地环境保护行政主管部门的相关要求。

d）发放公众意见调查表的份数应以制药建设项目所在区域居民点的数量而定，一般以50～100份为适宜。

e）汇总说明公众意见采纳与不采纳情况，并明确理由。

f）对公众意见采纳情况及环境保护的改进措施向公众进行反馈，征求公众意见不限次数，以达到满足大多数公众合理要求为止。

g）对被调查公众的最终意见进行统计分析，得出公众意见结论。

h）标明公示起止时间、相关照片等，利用网站公示的，还要给出网站名、点击率等。

17 政策、规划符合性和厂址选择合理性分析与论证

17.1 产业政策、相关规划符合性分析

调查并分析与制药建设项目相关的产业政策、行业规划、地区经济发展规划、环境保护规划等，对制药建设项目与之符合性进行分析论述，并给出结论。

制药建设项目不得违背产业政策要求，应与相关规划相协调、一致。

17.2 厂址选择合理性分析

从地区总体规划、产业布局、环境敏感程度、环境承载力及影响、公众参与等方面进行选址合理性论述并给出结论。主要包括以下内容：

a）总体规划的相容性分析；

b）产业布局的合理性分析；

c）选址的环境敏感性分析；

d）环境承载力及影响的可接受性分析；

e）环境风险的防范和应急措施有效性分析；

f）公众参与的认同性分析；

g）总量指标合理性及可达性分析。

18 结论

包括下述九方面的简要、结论性内容：

a）环境质量达标情况（包括现状和预测结果）；

b）清洁生产和循环经济符合要求；

c）环境保护措施有效、污染源达标排放；

d）环境风险可控；

e）污染物总量控制符合要求；

f）公众参与认同；

g）符合产业政策，并与相关规划相协调；

h）厂址选择合理；

i）明确的综合评价结论。

19 其他

环境影响报告书应提供如下照片和资料：

a）厂址照片、环境敏感目标照片、企业现有废水外排口照片；

b）环境现状监测的原始数据。

附 录 A
（规范性附录）
环境影响报告书的格式与内容

A.1 报告简述

简要介绍建设项目确立过程、建设意义、建设项目特点、开展环境影响评价的过程、环境影响报告书的概要结论。

A.2 总论

A.2.1 编制依据
A.2.2 评价目的及原则
A.2.3 环境影响因素与评价因子
A.2.4 环境功能区划及评价标准
A.2.5 污染控制和环境保护目标
A.2.6 评价时段
A.2.7 评价工作等级
A.2.8 评价因子和评价范围
A.2.9 评价工作内容及重点

A.3 建设项目概况

按照 7.1.1 要求，介绍建设项目概况。

A.4 区域自然环境和社会环境现状

按照 5.1 要求，介绍建设项目所处区域环境现状。
A.4.1 自然环境概况
A.4.2 社会环境概况
A.4.3 区域污染源

A.5 企业概况

按照 6.1 要求，介绍、评价企业现状，主要包括以下内容：
A.5.1 企业基本概况
A.5.2 水资源利用情况
A.5.3 污染源分析
A.5.4 环境保护措施
A.5.5 在建项目调查

A.5.6 污染物排放总量

A.5.7 现存环境保护问题

A.5.8 小结

A.6 工程分析

按照 7.1 的要求对建设项目进行工程分析，主要包括以下内容：

A.6.1 主要原辅材料及燃料

A.6.2 公用工程

A.6.3 工艺原理

A.6.4 物料平衡及水平衡分析

A.6.5 工艺流程、产污环节及污染源分析

A.6.6 非正常工况排放分析

A.6.7 环境保护措施及达标排放分析

A.6.8 污染物排放总量核算

A.6.9 小结

A.7 清洁生产与循环经济分析

按照 8 中的要求，对建设项目清洁生产水平和循环经济情况进行评述，并给出结论，主要包括以下内容：

A.7.1 清洁生产分析

A.7.2 循环经济分析

A.7.3 小结

A.8 环境质量现状调查与评价

按照 9 中的要求，对以下内容进行调查与评价，并给出结论：

A.8.1 环境空气质量现状调查与评价

A.8.2 地表水环境质量现状调查与评价

A.8.3 地下水环境质量现状调查与评价

A.8.4 声环境环境质量现状调查与评价

A.8.5 土壤环境质量现状调查与评价

A.8.6 小结

A.9 环境影响预测与评价

按照 10 中的要求，对以下内容进行预测与评价，并给出结论：

A.9.1 大气环境影响预测与评价

A.9.2 地表水环境影响预测与评价

A.9.3 声环境环境影响预测与评价

A.9.4 小结

A.10 环境风险评价

按照 10 中的要求，对建设项目进行环境风险评价，并给出结论，主要包括以下内容：

A.10.1 危险物质及重大危险源辨识

A.10.2 同类装置风险事故调查分析

A.10.3 最大可信事故确定

A.10.4 风险影响预测与分析

A.10.5 环境风险防控措施

A.10.6 应急预案

A.10.7 小结

A.11 环境保护措施及技术经济分析

执行 12 中的要求。

A.12 污染物总量控制分析

执行 13 中的要求。

A.13 环境管理与环境监测

按照 14 中的要求，对建设项目环境管理和环境监测提出要求：

A.13.1 环境管理

A.13.2 环境监测

A.14 环境影响经济损益分析

执行 15 中的要求。

A.15 公众参与

执行 16 中的要求。

A.16 政策、规划符合性与厂址选择合理性分析与论证

执行 17 中的要求。

A.17 结论

执行 18 中的要求。

附　录　B
（资料性附录）
带产污节点的工艺流程图示例

盐酸托烷司琼带产污节点的工艺流程图见图 B.1。

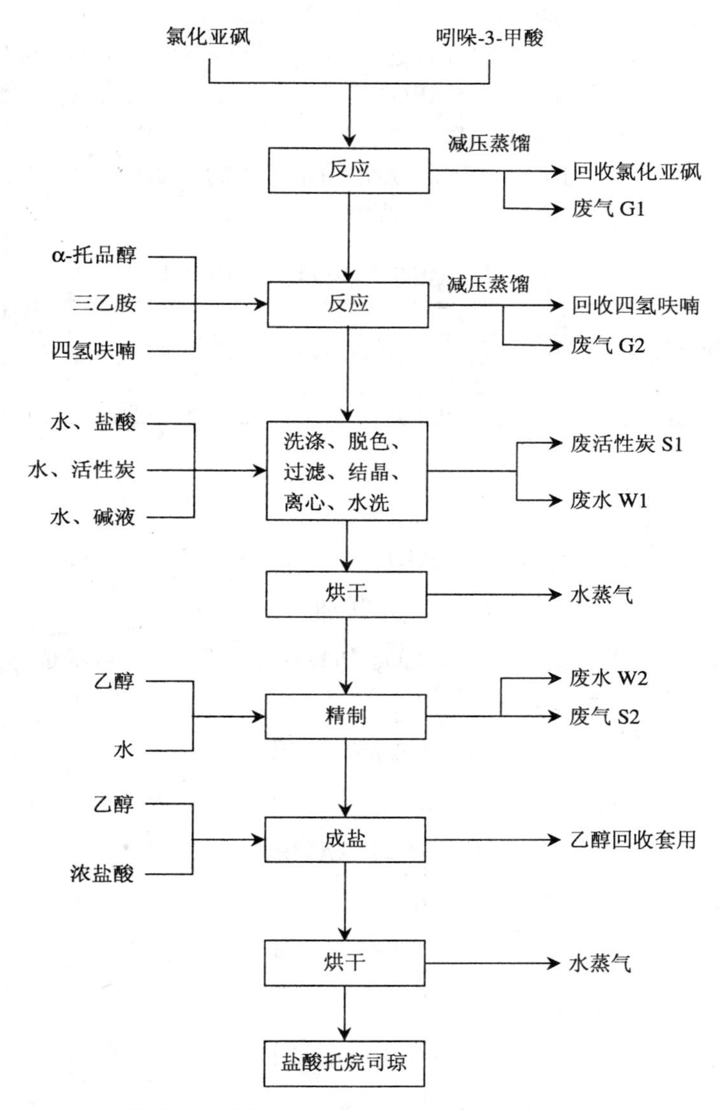

图 B.1　盐酸托烷司琼带产污节点的工艺流程图

附 录 C
（资料性附录）
多介质环境目标值估算方法

多介质环境目标值（Multimedia Environmental Goals，MEG）是美国 EPA 工业环境实验室推算出的化学物质或其降解产物在环境介质中的含量及排放量的限定值，化学物质的量不超过 MEG 时，不会对周围人群及生态系统产生有害影响。MEG 包括周围环境目标值（Ambient MEG，AMEG）和排放环境目标值（Discharge MEG，DMEG）。AMEG 表示化学物质在环境介质中可以容许的最大浓度（估计生物体与这种浓度的化学物质终生接触都不会受其有害影响）。DMEG 是指生物体与排放流短期接触时，排放流中的化学物质最高可允许浓度，预期不高于此浓度的污染物不会对人体或生态系统产生不可逆转的有害影响，也叫最小急性毒性作用排放值。

表 C.1 MEG 的表示方法和意义

环境介质	AMEG		DMEG	
	以对健康影响为依据	以对生态系统影响为依据	以对健康影响为依据	以对生态系统影响为依据
空气	$AMEG_{AH}$	$AMEG_{AE}$	$DMEG_{AH}$	$DMEG_{AE}$
水	$AMEG_{WH}$	$AMEG_{WE}$	$DMEG_{WH}$	$DMEG_{WE}$

AMEG 的估算模式：

a）$AMEG_{AH}$ 的模式

1）利用阈限值或推荐值进行估算，$AMEG_{AH}$ 单位为μg/m³，模式如下：

$$AMEG_{AH}=阈限值\times10^3/420$$

2）在没有阈限值或推荐值情况下，通过 LD_{50} 估算化学物质 $AMEG_{AH}$ 值，基本上以大鼠急性经口毒 LD_{50} 为依据。$AMEG_{AH}$ 单位为μg/m³，模式如下：

$$AMEG_{AH}=0.107\times LD_{50}$$

b）$AMEG_{WH}$ 的模式：$AMEG_{WH}$ 单位为μg/L

$$AMEG=15\times AMEG_{AH}$$

c）$AMEG_{WE}$ 的模式：$AMEG_{WE}$ 单位为μg/L

$$AMEG_{WE}=LC_{50}\times0.01\text{（生物半衰期小于 4 d，选 0.05）}$$

d）$DMEG_{AH}$ 的模式：$DMEG_{AH}$ 单位为μg/m³

$$DMEG_{AH}=45\times LD_{50}$$

e）$DMEG_{AW}$ 的模式：$DMEG_{AW}$ 单位为μg/L

$$DMEG_{AW}=15\times DMEG_{AH}$$

f）$DMEG_{WE}$ 的模式：$DMEG_{WE}$ 单位为μg/L

$$DMEG_{WE}=0.1\times LC_{50}$$

中华人民共和国国家环境保护标准

HJ 612—2011

建设项目竣工环境保护验收技术规范 石油天然气开采

Technical guidelines for environmental protection in oil & natural gas exploitation development for check and accept completed project

2011-02-11 发布

2011-06-01 实施

环 境 保 护 部 发布

前　言

为贯彻《中华人民共和国环境保护法》、《中华人民共和国环境影响评价法》和《建设项目环境保护管理条例》，规范和指导石油天然气开采建设项目竣工环境保护验收工作，制定本标准。

本标准规定了石油天然气开采建设项目竣工环境保护验收工作的范围、内容、工作程序、方法和要求。

本标准为首次发布。

本标准的附录A为规范性附录。

本标准由环境保护部科技标准司组织制订。

本标准起草单位：环境保护部环境工程评估中心。

本标准环境保护部2011年2月11日批准。

本标准自2011年6月1日起实施。

本标准由环境保护部解释。

建设项目竣工环境保护验收技术规范 石油天然气开采

1 适用范围

本标准规定了陆地、滩海石油天然气开采建设项目竣工环境保护验收的工作范围、工作内容、技术方法及要求等。

本标准适用于陆地、滩海石油天然气开采的新建、改建、扩建建设项目竣工环境保护验收。

2 规范性引用文件

本标准内容引用了下列文件中的条款。凡是不注日期的引用文件，其有效版本适用于本标准。

GB 3096 声环境质量标准

GB 3838 地表水环境质量标准

GB 5468 锅炉烟尘测试方法

GB 8978 污水综合排放标准

GB 9078 工业炉窑大气污染物排放标准

GB 12348 工业企业厂界环境噪声排放标准

GB 13271 锅炉大气污染物排放标准

GB 14554 恶臭污染物排放标准

GB 15618 土壤环境质量标准

GB 16297 大气污染物综合排放标准

GB 17378 海洋监测规范

GB/T 12763.1 海洋调查规范 第1部分：总则

GB/T 16157 固定污染源排气中颗粒物测定和气态污染物采样方法

HJ/T 2.1 环境影响评价技术导则 总纲

HJ 2.2 环境影响评价技术导则 大气环境

HJ/T 2.3 环境影响评价技术导则 地面水环境

HJ 2.4 环境影响评价技术导则 声环境

HJ/T 19 环境影响评价技术导则 非污染生态影响

HJ/T 55 大气污染物无组织排放监测技术导则

HJ/T 91 地表水和污水监测技术规范

HJ/T 164 地下水环境监测技术规范

HJ/T 394 建设项目竣工环境保护验收技术规范 生态影响类

3 术语和定义

下列术语和定义适用于本标准。

3.1

石油天然气开采 oil & natural gas exploitation and development

指石油和天然气勘探、生产及油气田服务业，包括油气田的勘探、钻井、井下作业、采油（气）、油气处理、油气集输等作业过程。不含外输管线和独立的储油库、储气库等建设项目。

3.2

石油勘探 oil & natural gas exploitation

指为了寻找和查明油气资源，而利用各种勘探手段了解地下的地质状况，认识生油、储油、油气运移、聚集、保存等条件，综合评价含油气远景，确定油气聚集的有利地区，找到储油气的圈闭，并探明油气田面积，搞清油气层情况和产出能力的过程。

3.3

油田开发 oil & natural gas development

指在认识和掌握油田地质及其变化规律的基础上，在油藏上合理的分布油井和投产顺序，以及通过调整采油井的工作制度和其他技术措施，把地下石油资源采到地面的全过程。

3.4

井下作业 borehole operation

在油田开发过程中，根据油田调整、改造、完善、挖潜的需要，按照工艺设计要求，利用一套地面和井下设备、工具，对油、水井采取各种井下技术措施，达到提高注采量，改善油层渗流条件及油、水井技术状况，提高采油速度和最终采收率的目的的井下施工工艺技术过程。

4 总则

4.1 工作程序

4.1.1 验收调查工作分准备、初步调查、制订工作方案、详细调查、编制调查报告 5 个阶段进行。具体工作程序见图 1。

4.1.2 验收调查工作结束后，由环境保护行政主管部门组织实施竣工环境保护验收现场检查。

4.2 验收调查时段和范围

4.2.1 根据工程建设过程，验收调查时段一般分为勘探开发期、施工期、试运行期三个时段。

4.2.2 验收调查范围原则上与环境影响评价文件的评价范围一致；当工程实际建设内容发生变更或环境影响评价文件未能全面反映建设项目的实际生态影响和其他环境影响时，应根据工程实际建设情况及环境影响实际情况，结合现场勘察情况对其进行适当调整。

4.3 验收调查标准

4.3.1 原则上采用环境影响评价文件中经环境保护行政主管部门确认的环境保护标准与污染防治设施的相关指标作为验收调查标准，如有已修订新颁布的环境保护标准则用其作为验收调查的标准。

4.3.2 现阶段环境质量标准中暂时还没有的因子，可用环境影响评价文件中的现状值、环境影响评价审批文件确定的因子和限值或区域背景值和本底值作为参照。

4.3.3 环境保护标准中没有该因子但设计文件已对其做出规定的，按设计文件指标进行验收。

4.4 工程运行情况要求

4.4.1 根据行业特征，在建设项目主体工程正常运行、配套环境保护设施建成使用后即可开展验收调查工作。

4.4.2 注明实际调查工况，按环境影响评价文件近期的设计能力对主要环境要素进行影响分析。

4.4.3 对分期建设、分期投入生产的建设项目应分阶段开展验收调查、分阶段进行环境保护验收。

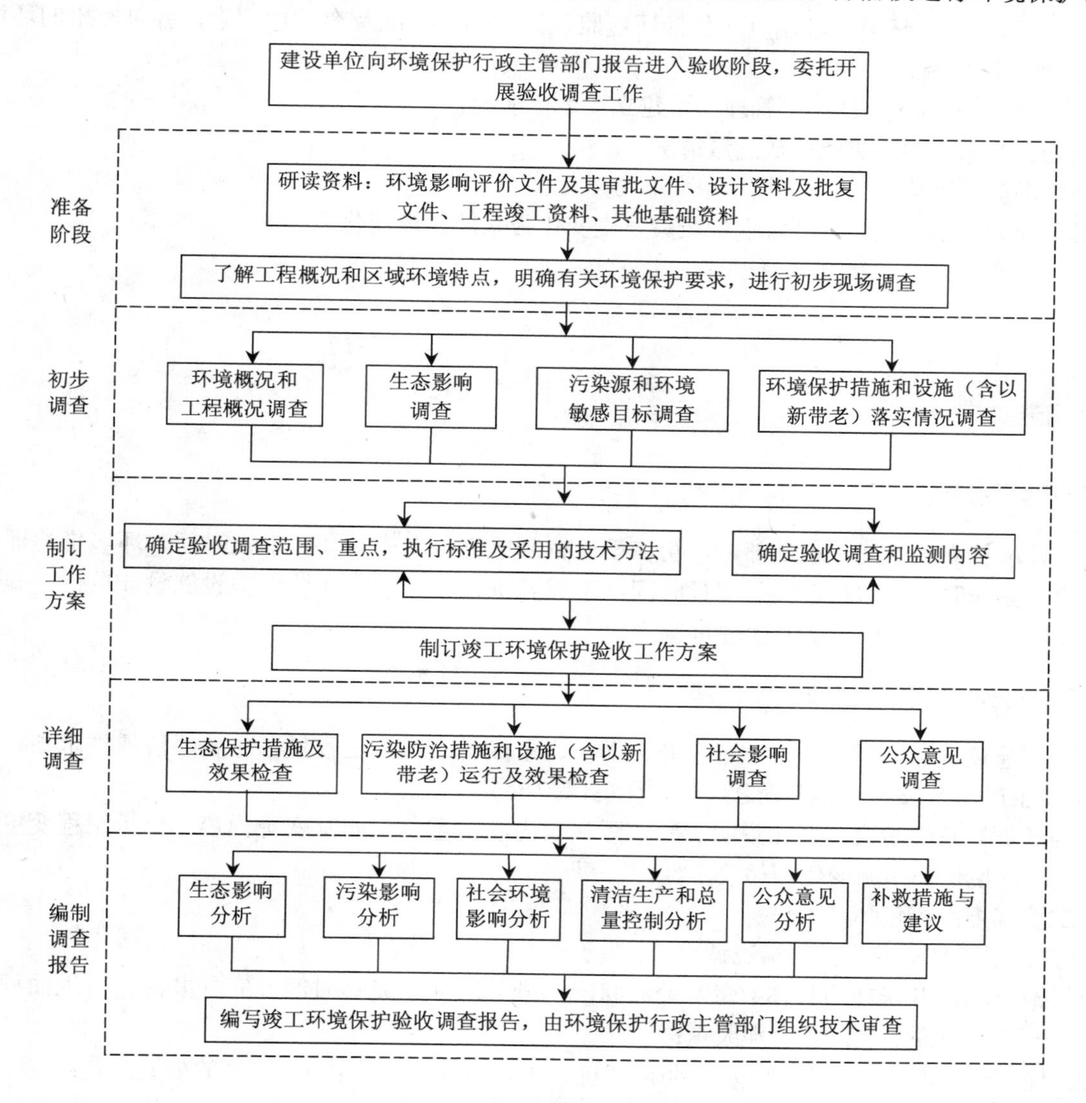

图 1 验收调查工作程序图

4.5 验收调查方法

宜采用近期资料调研、现场调查、现状监测和公众意见调查相结合的办法，并充分利用先进的科技手段和方法，如全球卫星定位系统、遥感系统、航拍等。

4.6 验收调查内容

4.6.1 环境影响评价制度、“三同时”制度及其他环境保护规章制度执行情况。

4.6.2 实际工程建设内容、工程变更及环境影响情况。

4.6.3 环境敏感保护目标基本情况及变化情况。

4.6.4 环境影响评价文件及其审批文件中提出的主要环境影响、环境保护设施和措施要求（含以新带老），以及环境保护设施和措施的落实情况及其效果。

4.6.5 工程勘探开发期、施工期和试运行期实际存在的环境问题及公众反映强烈的环境问题。

4.6.6 环境影响评价文件对污染因子达标情况预测结果与验收调查结果的符合度。
4.6.7 环境风险防范和应急措施的落实及有效性调查。
4.6.8 建设项目施工期环境管理制度（包括环境监理）的实施情况及有效性调查，并对提出的环境保护措施落实情况进行调查。
4.6.9 健康、安全和环境（HSE）管理体系建立及运行情况。
4.6.10 清洁生产水平和污染物排放总量情况。
4.6.11 环境保护投资情况。
4.6.12 其他新发现的问题，如环境保护政策发生变化带来的要求变化等。

5 技术规定

5.1 工程调查

5.1.1 工程建设过程

说明建设项目立项时间、审批部门，初步设计编制单位、完成时间、审批时间，环境影响评价文件编制单位、完成时间、审批部门及审批时间，工程开工建设时间，环境保护设施设计单位、施工单位和工程环境监理单位，投入试运行时间等。

5.1.2 工程概况及变更情况调查

5.1.2.1 说明建设项目所处的地理位置、开发面积、组成、规模、工程量、主要经济或技术指标（可列表）、主要生产工艺及流程、工程总投资与环境保护投资等情况。
5.1.2.2 与环境影响评价文件对比说明工程实际建设内容，重点说明其变更内容，分析工程变更带来的环境影响、环境保护措施变化等相关内容。
5.1.2.3 主要调查内容包括：

a）钻井、井下作业及采油气情况调查
   1）油气勘探开采井的具体数量、分布状况、开钻时间、完钻时间、完井井深、占地面积、土石方工程量、岩屑量、泥浆量；
   2）泥浆池及废水池的占地面积、防渗措施、处理方法（如固化），泥浆的处置方式；
   3）钻井废水产生量及其主要污染物、废水的处置方式及去向；
   4）油气井的主要经济技术指标；
   5）井下作业污染物产生、处理处置情况调查；
   6）采油气及采油注水作业情况调查。

b）地面工程及集输管线情况调查
   1）采油地面工程重点调查联合站、接转站、计量站、注水站、办公楼及道路网络等配套设施的建设规模、占地面积、土石方工程量、设施建设前的土地类型等内容；采气地面工程重点调查集气站、增压站、清管站、天然气处理厂（净化厂）、办公楼等配套设施的建设规模、占地面积和类型、土石方工程量等；
   2）地面工程的主要经济技术指标；
   3）集油气管网及伴行道路的长度、宽度、土石方工程量、沿线经过的土地类型、采取的施工方式；
   4）输油气管网事故污染情况调查。

c）环境保护措施、设施和管理制度调查
   包括生态、水、气、声、固体废物等方面的措施、设施及管理制度。调查具体的措施内容，采取的污染防治设施的位置、规模、工艺、排放去向及效果等。

d）环境保护投资调查

列表分类详细列出，包括勘探开发期、施工期和试运行期的污染（废水、废气、噪声、固体废物、振动等）治理、场站绿化、临时占地恢复、水土保持（包括防止作业区域以及影响区域水土流失的工程费用、防风固沙费用、永久占地绿化费用等）、生态补偿、勘探开发期和施工期的环境监测及环境监理（监督）、HSE 培训和管理等费用。

5.1.3 图件要求

提供适当比例的工程地理位置图和平面布置图（集输管线给出线路走向示意图），明确比例尺，工程平面布置图中应标注主要工程设施、环境保护设施和环境敏感目标。

5.2 环境影响评价文件及其审批文件回顾

5.2.1 环境影响评价文件回顾应明确说明环境影响评价阶段确定的主要环境影响要素、环境敏感目标、环境影响预测结果、采取的环境保护措施和建议、评价结论。

5.2.2 审批文件回顾应简述环境影响审批文件中所提出的要求。

5.3 环境保护措施落实情况调查

5.3.1 调查环境影响评价文件及其审批文件所提各项环境保护措施的落实情况。

5.3.2 对比说明实际采取的生态保护和污染防治措施与环境影响评价、初步设计的变化情况，对未全面落实的措施说明变化原因，并提出后续实施、改进的建议。

5.4 建设过程环境影响调查

5.4.1 调查方法

5.4.1.1 收集分析建设项目勘探开发过程的有关文件，走访相关人员，估算污染物的实际发生量，分析其对环境的主要影响。

5.4.1.2 结合工程调查、环境监理（监督），通过走访当地环境保护和相关部门及公众意见调查，了解建设项目勘探开发过程中产生的生态影响和水、气、声、固体废物的污染情况，以及是否发生过环境污染和居民环境保护投诉事件。

5.4.1.3 收集、利用建设项目勘探开发期和施工期所在地的环境监测资料，结合建设项目勘探开发过程调查和公众意见调查情况，分析建设项目勘探开发期和施工期对所在地区环境质量的影响。

5.4.2 调查内容

5.4.2.1 调查采油地面工程永久占地（包括联合站、接转站、计量站、注水站、办公楼、道路等）、采气地面工程永久占地（包括集气站、增压站、清管站、天然气处理厂或净化厂、办公楼、道路等）和钻井、油气集输管网、材料堆放、施工营地等临时占地的数量、类型和恢复情况等，需特别注意对调查区域内特殊生境，如自然保护区、湿地、水源地等生态敏感目标的影响调查。

5.4.2.2 调查建设项目勘探开发期和施工期用水量、施工人数等相关参数，分析生产废水、生活废水的产生量，调查其处理及排放情况；结合水环境质量的监测资料和公众意见调查结果，分析建设项目勘探开发期和施工期对地表水及地下水环境的影响，重点分析对水环境敏感目标的影响，评价勘探开发期和施工期采取的地表水和地下水环境保护措施的有效性。

5.4.2.3 调查建设项目勘探开发期和施工期燃料种类、用量等相关参数，分析废气的产生量，调查采取的大气污染防治和控制措施；结合建设项目环境空气质量监测资料及公众意见调查结果，分析建设项目勘探开发期和施工期对环境空气质量的影响，评价建设项目勘探开发期和施工期采取的大气环境保护措施的有效性。

5.4.2.4 调查建设项目勘探开发期和施工期主要噪声污染源及采取的降噪措施的情况；结合声环境质量的监测资料及公众意见调查结果（注意建设项目是否有夜间施工等问题），分析建设项目勘探开发期和施工期声环境质量的影响及声环境保护措施的有效性。

5.4.2.5 调查勘探开发期和施工期产生的固体废物（主要是钻井岩屑、废弃钻井泥浆和落地油）、生活垃圾的处置方式和排放去向；结合地下水和土壤环境质量的监测资料及公众意见调查结果，分析建设项目勘探开发期和施工期固体废物的影响及其环境保护措施的有效性。

5.4.2.6 调查了解工程勘探开发期和施工期有无环境污染事件和环境保护投诉事件发生，如有，应调查事件发生时间、地点、原因、损失情况及处理结果，并对其应急处理措施有效性和环境影响后果进行分析。

5.5 生态保护措施及影响调查

5.5.1 调查内容

5.5.1.1 自然环境概况

概括描述调查范围内自然环境基本特征，包括气象气候因素、地形、地貌特征、水资源、土壤资源、动植物资源、珍稀濒危动植物的分布和生理生态特性、历史演化情况及发展趋势等；调查范围内勘探、开发活动对生态系统的干扰方式和强度、对生境的干扰破坏情况、生态系统演变的基本特征等；调查范围内生态敏感目标现状情况等。

5.5.1.2 工程占地影响调查

列表说明工程永久占地和临时占地的情况，包括占地位置、面积、土地类型与性质、用途等。

5.5.1.3 生态敏感目标调查

重点调查环境影响评价文件中确定的生态敏感目标，若调查过程中发现新增的生态敏感目标，应进行补充说明与详细调查。提供工程与生态敏感目标的相对位置关系图，必要时提供图片辅助说明工程建设前后生态敏感目标的变化情况。

对工程建设前后因有关环境保护规划、功能区划调整而导致生态敏感目标的数量、位置、范围、敏感程度发生改变的须特别做出说明。工程实际建设内容与初步设计和环境影响评价文件不符，并有可能造成较大生态影响的区域，应重新判定和识别生态敏感目标。

5.5.1.4 土壤环境影响调查

重点调查农田土壤的扰动情况，特别是配套集输管线施工中是否执行了分层开挖、分层回填的有关要求；穿跨越产生的固体废物处理是否满足要求，钻井废物处理是否满足要求，产生的（包括采油、井下作业、集输等）泥浆、落地油等对土壤的污染影响。

5.5.1.5 植被或水生生物影响调查

对比分析工程建设前后区域内植被或水生生物的变化，主要包括植被或水生生物的类型、优势物种等。结合工程采取的环境保护措施，分析工程建设对植被或水生生物的影响。

5.5.1.6 生态功能调查

调查建设项目建设前后生态敏感目标功能完整性的变化情况，结合工程采取的生态减免、补偿措施的落实情况，分析工程建设对生态敏感目标的影响。

5.5.1.7 水土流失影响调查

调查造成水土流失的类型和程度、危害以及对水土保持设施的破坏情况；同时调查建设项目采取工程、植物和管理措施后水土流失的控制情况，必要时辅以图表进行说明。

若建设项目已通过水土保持验收，可适当参考其验收结果。

5.5.1.8 主要生态问题及采取的保护措施调查

对比工程建设前后区域内生态系统的变化情况，核查区域生态现状是否符合环境影响评价文件的预测结论，是否在其可接受的变动范围之内，调查存在的问题、生态保护措施的落实情况及是否符合有关环境保护规划和功能区划的要求。

5.5.2 调查方法

5.5.2.1 文件资料调查

收集和分析建设项目环境影响评价文件、施工期监理记录和报告及工程有关协议、合同等文件，了解建设项目勘探开发期和施工期产生的生态影响，调查因工程建设占用土地（耕地、林地、草地、湿地等）和水域（滩涂等）产生的生态影响及采取的保护措施与补偿措施。

5.5.2.2 现场勘察

a）调查区域与调查对象应基本覆盖调查区域和主要调查对象的50%以上。

b）核查建设项目永久占地或临时占地的位置、面积、土地类型。

c）勘察建设项目勘探开发对生态敏感目标、水土保持设施的影响情况及采取的生态保护措施情况。

d）勘察建设项目勘探开发对植被的影响情况及目前的恢复情况，如植被覆盖率、主要植被类型、植物种类等。

5.5.2.3 样方调查及土壤监测

a）对于产生重大生态影响和涉及生态敏感目标影响的建设项目须进行植物样方或水生生态调查。

1）选择有代表性植物的区域，在施工迹地布设 1 个调查样带（具体样方数和大小根据实际情况确定）和 1 个对照调查样带（距施工迹地 30 m 以外，具体样方数和大小根据实际情况确定）。

2）水生生态调查重点为核实环境影响评价文件及其审批文件要求的落实情况。如果开展水生生态监测可选择与环境影响评价文件相同的监测点位和因子开展工作，但如环境影响评价时未进行监测或工程变更导致影响位置发生变化，除在影响范围内布设监测点外，还应在非影响区设置对照测点。监测因子和采样分析方法按 GB/T 12763.1 和 GB 17378.1～7 有关规定执行。

b）判断建设项目配套集输管线是否执行了分层开挖、分层回填措施和钻井废物处理是否满足环境保护要求，必要时需进行土壤环境质量监测。

1）原则上在植物调查样带选择有代表性的施工迹地布设 1 个监测点（施工迹地的上方）和 1 个对照点（距施工迹地外 30 m），并可根据土壤变化情况，加密调查点位。

2）调查建设项目试运行中落地油对土壤的影响，可选择有代表性的井场，在井场及井场周围 10 m、20 m、30 m、50 m 分别布设 1 个监测点。

3）监测因子。配套集输管线监测主要为 pH、有机质、速效磷、总氮等 4 项因子，钻井废物处理场监测主要为 pH、石油类、铅、六价铬等 4 项因子，井场监测主要为 pH、石油类、挥发酚等 3 项因子。

4）采样及分析方法。每个监测点梅花法分别取 2 个样，采样深度根据可能造成的污染情况确定，原则上最深不超过 50 cm，集输管线处测点土壤剖面的开挖深度在建设项目安全允许的范围内。分析方法按 GB 15618 有关规定执行。

5.5.2.4 其他技术方法

建设项目环境影响评价文件采用全球卫星定位系统、地理信息系统、遥感系统技术方法进行生态评价的，竣工验收环境影响调查阶段也应采用该技术进行生态制图，并尽量选择相同的季节时段，以反映工程建设前后油气田用地类型的变化、生态分布的情况等内容，该技术方法必须配合必要的现场勘察验证工作进行。

5.5.3 调查结果分析

5.5.3.1 从植被类型、盖度、人类活动引起景观变化等角度分析工程占地、土地使用类型改变对原有生态系统的影响；根据土壤和植被调查结果分析临时占地生态影响及恢复的效果；分析建设项目占地对农业生产的影响。

5.5.3.2 分析生产井、配套集输管网等在事故状态下对周围生态系统，尤其是土壤和植被的影响。

5.5.3.3 分析由于油气田开发导致的人类活动的增加，对区域生态系统长期、潜在的影响。

5.5.4 生态保护措施及对策建议

根据生态调查及分析的结果，对已采取的生态恢复措施有效性进行分析，提出进一步采取恢复及保护措施建议。

5.6 水污染防治措施及环境影响调查

5.6.1 水污染源及环境保护措施调查

5.6.1.1 调查对象

油田重点调查联合站、办公区、公寓等处产生的工艺废水和生活污水；气田重点调查天然气处理厂、办公区、公寓等处产生的工艺废水和生活污水。

5.6.1.2 调查内容

废（污）水产生量、排放量，污染物种类、浓度和数量；废（污）水处理方法、排放去向，处理设施的设计单位、设计参数、工艺流程、施工单位及完工时间、运行效果等。

5.6.1.3 调查方法

可采用现场监测与已有资料收集分析相结合的方法获取数据，其中环境保护设施排放口须进行现场监测，其余定量分析数据可视情况依据现场监测获取或收集利用已有资料。

5.6.1.4 监测要求

a）环境影响评价文件或环境影响评价审批文件对污水处理设施效率有明确要求的，应在污水处理或回用设施的进、出口及污水总排口设置监测点，否则可只在污水处理或回用设施的出口及污水总排口设置监测点位，并提供监测点位图。

b）生产废水监测因子主要包括 pH、COD、BOD_5、氨氮、SS、石油类、挥发酚、硫化物等，生活污水监测因子主要包括 pH、COD、BOD_5、氨氮、SS、动植物油类、阴离子表面活性剂（LAS）等。

c）监测频次、采样和分析方法按照 GB 8978、HJ/T 91 的要求进行。

5.6.2 环境影响调查

5.6.2.1 调查建设项目影响范围内的主要地表水体名称、与工程关系（包括废水受纳水体）、环境功能区划，必要时须调查地下水分布、流向、用途、影响因素等内容。

5.6.2.2 原则上选择与环境影响评价文件中相一致的地表水监测断面及监测因子进行监测，可根据建设项目的实际建设内容和影响酌情增减。

5.6.2.3 地下水监测一般视情况选择地下水井（如固体废物处理场周围）进行监测，监测因子主要有pH、石油类、挥发酚、总硬度、溶解性总固体、氟化物、铜、砷、六价铬等；根据油藏特征，可适当补充铁、锰、氯、硫等离子。

5.6.2.4 监测频次、采样和分析方法按照 GB 3838、HJ/T 91 和 HJ/T 164 的要求进行。

5.6.3 监测结果达标分析

5.6.3.1 统计监测结果，分析达标情况。

5.6.3.2 明确污水处理设施效果。

5.6.3.3 分析污水排放对环境敏感目标的影响，包括影响程度、范围及环境功能区管理目标的可达性。

5.6.4 环境保护措施有效性分析及建议

5.6.4.1 根据监测结果及达标情况，分析现有环境保护措施的有效性、存在的问题及原因。
5.6.4.2 分析污水处理设施事故排放的可能性，评估事故排放应急措施的有效性和可靠性。
5.6.4.3 针对存在的问题，提出具有可操作性的整改、补救措施与建议。

5.7 大气污染防治措施及环境影响调查

5.7.1 大气污染源及环境保护措施调查

5.7.1.1 调查对象

联合站、天然气处理厂和基地锅炉排放的烟气，联合站加热炉排放的烟气，天然气处理厂硫黄回收及尾气处理装置排放的废气，集气站产生的废气，燃烧伴生气的火炬所排放的污染物，油气集输过程中挥发损失的烃类气体等。

5.7.1.2 调查内容

废气排放量，污染物种类、浓度和数量，排气筒高度、出口内径、温度；废气处理设施设计参数、工艺流程、建成和投入运行时间、运行效果；排放口及无组织排放达标情况等。

5.7.1.3 调查方法

采用现场监测和资料收集分析相结合的方法获取废气污染源调查数据，对同类废气污染源选择有代表性的排放源进行监测。

5.7.1.4 监测要求

a）油田重点在联合站、接转站的加热炉和基地锅炉的排气筒等位置设置监测点，并在联合站厂界设置无组织排放监控点；气田重点在天然气处理厂、集气站加热炉排气筒和基地锅炉的排气筒、天然气处理厂硫黄回收及尾气处理装置排气筒等位置设置监测点，并在天然气处理厂厂界设置无组织排放监控点；根据环境影响评价文件及其审批文件要求确定环境敏感目标是否需要设置监测点；提供监测点位图。

b）排气筒监测 SO_2、NO_x、烟尘等因子，同步记录排气筒高度、内径、烟气温度、烟气量、燃气量等工况参数；厂界无组织排放监控点监测非甲烷总烃浓度和特征因子（如 H_2S、压气站的 NO_x），同步记录风速、风向、气温、气压等气象要素。

c）监测频次、采集、保存、分析的原则和方法按照 GB 5468、GB 9078、GB 13271、GB 14554、GB 16297、GB/T 16157、HJ/T 55 的相关要求进行。

5.7.2 监测结果达标分析

5.7.2.1 统计监测结果，分析达标情况。
5.7.2.2 如进行了废气处理设施去除效率的监测，需明确处理设施效果。
5.7.2.3 分析废气排放对环境敏感目标的影响程度，包括影响程度、范围及环境功能区管理目标的可达性。

5.7.3 环境保护措施有效性分析及建议

5.7.3.1 根据监测结果及达标情况，分析现有环境保护措施的有效性、先进性、存在的问题及原因。
5.7.3.2 分析废气处理设施事故排放的可能性，评估事故排放应急措施的有效性和可靠性。
5.7.3.3 针对存在的问题，提出具有可操作性的整改、补救措施与建议。

5.8 噪声防治措施及环境影响调查

5.8.1 调查内容

5.8.1.1 调查工程影响范围内声环境敏感目标的分布情况，列表说明其名称、与工程的相对位置关系（包括方位、距离、高差）、规模等。

5.8.1.2 调查建设项目主体工程所在地区的声环境功能区划，如联合站、天然气处理厂、增压站等，明确声环境敏感目标和建设项目厂界应执行的环境噪声标准。

5.8.1.3 调查建设项目试运行期的噪声源情况，包括源强种类、声场特征、声级范围、分布等。

5.8.1.4 调查建设项目降噪措施的实施和落实情况，并结合环境监测分析其实际降噪效果。

5.8.2 监测要求

5.8.2.1 布点原则

一般选择与环境影响评价文件中相一致的点位进行监测，当其不能满足调查要求时，可根据实际情况选择合适的监测点位。

5.8.2.2 监测点位

一般选择联合站、天然气处理厂或增压站的厂界和声环境敏感目标设置监测点，注意靠近噪声源和邻近声环境保护目标的厂界应适当加密监测点位。

5.8.2.3 监测频率、采样与分析方法按照 GB 12348、GB 3096 的要求进行。

5.8.2.4 提供监测点位图，注明监测点位与建设项目的相对位置关系。

5.8.3 监测结果达标分析

5.8.3.1 统计监测结果，分析建设项目厂界和声环境敏感目标达标情况，对环境影响评价文件中预测超标的点位进行重点分析。

5.8.3.2 当建设项目所在地区环境背景值较高时，应结合现状监测情况进行背景值的修正。

5.8.3.3 分析对环境敏感目标的影响程度，包括影响程度、范围及环境功能区管理目标的可达性。

5.8.4 环境保护措施有效性分析与建议

5.8.4.1 分析声环境保护措施是否满足环境影响评价文件、环境影响评价审批文件或初步设计要求，厂界和声环境敏感目标是否满足相应标准要求。

5.8.4.2 针对存在的问题，提出具有可操作性的整改、补救措施与建议。

5.9 固体废物污染控制措施及环境影响调查

5.9.1 调查对象

主要调查钻井废弃泥浆、钻井岩屑，落地油，油气生产和集输过程中的油泥、油沙，基地的生活垃圾等。

5.9.2 调查内容

5.9.2.1 分类核查固体废物的主要来源、发生量，区分危险废物和一般固体废物，并将危险废物作为调查重点。

5.9.2.2 调查各类固体废物的处置方式和处置量、综合利用方式和利用量，检查处置方式和综合利用情况是否符合相关技术规范和标准要求，废弃钻井泥浆的处置方式应作为调查重点。

5.9.2.3　一般固体废物委托处理，应核查委托合同和执行情况；危险废物委托处理，应核查被委托方的资质和委托合同，并检查合同中处理的固体废物的种类、产生量和处理处置方式是否与其资质相符合，必要时对固体废物的去向做相应的跟踪调查。

5.9.3　影响分析

5.9.3.1　分析固体废物的收集、贮运及处置是否满足环境影响评价文件及其审批文件或初步设计文件的环境保护要求。

5.9.3.2　分析现有固体废物处置措施的有效性、存在的问题及原因。

5.9.4　环境保护措施有效性分析与建议

5.9.4.1　分析建设项目在勘探、开发和最大产能条件下，所采取的固体废物收集、贮运及处置措施是否满足环境保护要求。

5.9.4.2　针对存在的问题，提出具有可操作性的整改、补救措施与建议。

5.10　清洁生产调查

5.10.1　根据石油天然气开采业清洁生产的一般要求，可从生产工艺与装备要求、资源能源利用指标、污染物产生指标（末端处理前）、废物回收利用指标和环境管理要求等五方面开展清洁生产调查。

5.10.2　从生产工艺与装备、资源能源利用、污染物产生、废物回收利用等方面调查建设项目投入试运行后的能耗、物耗和污染物排放情况，核算清洁生产指标，参考环境影响评价文件或初步设计要求，分析建设项目的清洁生产水平。

5.10.3　主要清洁生产指标包括环境保护设施运转率、固体废物和危险废物处置率、钻井井场占地、落地原油回收率和废水回用率等。

一些清洁生产指标说明或计算方法如下：

a）环境保护设施运转率：环境保护设施包括水、气、声、固体废物等污染防治设施。运转率是指企业环境保护设施正常运转天数与环境保护设施应正常运转天数的百分比。

b）固体废物和危险废物处置率：指企业固体废物和危险废物处置量与产生量的百分比。处置量是指企业将不能综合利用的固体废物焚烧或者最终置于符合环境保护规定的场所的工业固体废物量（包括当年处置往年的工业固体废物累计贮存量），以及危险废物安全填埋量。

c）落地原油回收率

$$E_{回收}=\frac{T_{回收}}{T_{产生}}\times 100 \tag{1}$$

式中：$E_{回收}$——落地原油回收率，%；

$T_{回收}$——落地原油回收量，t；

$T_{产生}$——落地原油产生量，t。

d）废水回用率

$$E_{回用}=\frac{Q_{回用}}{Q_{产生}}\times 100 \tag{2}$$

式中：$E_{回用}$——废水回用率，%；

$Q_{回用}$——回用废水量，m^3；

$Q_{产生}$——废水产生量，m^3。

5.11 社会环境影响调查

5.11.1 拆迁安置影响调查

调查拆迁区的再利用和恢复情况、安置区的分布及环境概况，重点调查集中安置区的设置对周边环境的影响、所采取的环境保护措施及其效果。

5.11.2 文物保护措施调查

调查环境影响评价文件及其审批文件中要求的环境保护措施的落实情况；明确文物保护级别，提供文物与工程相对位置关系图。

5.12 公众意见调查

5.12.1 为了了解公众对工程勘探开发期、施工期和试运行期环境保护工作的意见及对工程影响范围内的居民工作和生活的影响情况，须开展公众意见调查工作。

5.12.2 在公众知情的原则下开展，可采用问询、问卷调查、座谈会、媒体公示等方法，较为敏感或知名度较高的建设项目也可采取听证会的方式。

5.12.3 调查对象应选择与工程环境影响有关的人群、单位和社会团体，以及政府有关部门。民族地区必须有少数民族的代表。

5.12.4 根据建设项目的影响范围、实际受影响人群数量、人群分布特征在满足代表性的前提下确定合理的调查样本数量。

5.12.5 调查内容可根据建设项目的工程特点、环境影响和所在区域环境特征设置，一般包括：

a）建设项目勘探开发期、施工期、试运行期是否发生过环境污染或扰民事件，事件的后果及处理情况。

b）公众对建设项目勘探开发期、施工期、试运行期存在主要环境问题和可能存在的环境影响方式的看法与认识，主要是可能对居民生活质量产生影响的水、气、声、固体废物等方面。

c）公众对建设项目勘探开发期、施工期、试运行期采取的环境保护措施效果的满意度及其他意见。

d）对涉及环境敏感目标或公众环境利益的建设项目，应针对环境敏感目标或公众环境利益设计调查问题，了解其是否受到影响。

e）公众最关注的环境问题及希望采取的环境保护措施。

f）公众对建设项目环境保护工作的总体评价。

5.12.6 结果分析应包括以下内容：

a）给出公众意见调查逐项分类统计结果及各类意向或意见数量和比例。

b）定量说明公众对建设项目环境保护工作的认同度，分析公众反对建设项目的主要意见和原因。

c）重点分析建设项目各时期对社会和环境的影响、公众对建设项目的主要意见和合理性。

d）结合调查结果，提出热点、难点环境问题的解决方案。

5.13 污染物排放总量控制调查

5.13.1 调查内容

5.13.1.1 根据环境影响评价文件及其审批文件有关总量控制指标要求，确定建设项目污染物排放总量调查对象。

5.13.1.2 调查建设项目试运行期主要污染物的实际产生量、削减量和排放量，并折算成年度产生量、削减量和排放量。

5.13.1.3 调查建设项目达到设计生产能力后的污染物排放总量，并与环境影响评价文件的预测结果进行对比；对于尚不能达到设计生产能力的建设项目，应分析最大产能时的污染物排放量。

5.13.1.4 环境影响评价文件及其审批文件中对污染物有“区域削减”要求的，应对“区域削减”措施落实情况进行调查，并分析其效果。

5.13.2 总量控制指标符合性分析

分析评判建设项目试运行期及达到设计生产能力后能否满足环境影响评价文件及其审批文件中提出的污染物总量控制指标要求。

5.14 环境风险事故防范及应急措施调查

5.14.1 根据建设项目可能存在的风险事故的特点及环境影响评价文件有关要求确定调查内容，一般包括：

a）工程勘探开发期、施工期和试运行期存在的环境风险因素。

b）工程勘探开发期、施工期和试运行期环境风险事故发生情况、原因及造成的环境影响。

c）工程环境风险防范措施与应急预案的制定和设置情况，国家、地方及行业有关环境风险事故防范与应急方面相关规定的落实情况。

d）工程环境风险事故防范与应急管理机构的设置情况。

e）工程环境风险应急物资的配备和应急队伍培训情况。

5.14.2 评述建设项目现有环境风险防范措施与应急预案的有效性，针对存在的问题提出具有可操作性的改进措施与建议。

5.15 环境管理及环境监测计划落实情况调查

5.15.1 调查建设项目 HSE 管理体系的建立及执行情况。

5.15.2 调查建设项目环境管理机构和制度制定、实施情况，环境保护人员设置情况，环境保护档案资料齐备情况。

5.15.3 调查建设项目勘探开发期、施工期和试运行期监测计划实施情况。

5.15.4 调查建设项目施工期环境监理实施情况，包括环境监理单位、环境监理计划、执行情况及效果。

5.15.5 总结环境影响评价文件及其审批文件要求的环境管理、环境监理和环境监测计划的落实情况，根据调查结果，提出健全运行期环境管理与环境监测计划的建议。

5.16 调查结论与建议

5.16.1 竣工环境保护验收调查报告结论中应包括工程概况、建设项目环境保护工作执行情况、生态影响调查结论、污染类要素环境影响调查结论、社会类要素环境影响调查结论，同时应提出明确的验收意见。

5.16.2 总结建设项目对环境影响评价文件及其审批文件要求的落实情况。

5.16.3 概括说明工程建设成后产生的主要环境问题（包括生态、水、气、声、固体废物、拆迁安置、文物保护等）及现有环境保护措施的有效性，在此基础上，对环境保护措施提出改进措施和建议。

5.16.4 明确建设项目清洁生产、总量控制指标、环境风险事故防范及应急措施、环境管理与监测计划落实情况等方面的调查结论。

5.16.5 明确建设项目目前遗留的主要问题，提出补救措施与建议。

5.16.6 根据调查和分析的结果，客观、明确地从技术角度论证建设项目是否符合竣工环境保护验收条件，主要包括：

a）建议通过竣工环境保护验收。

b）限期整改后，建议通过竣工环境保护验收。

6 竣工环境保护验收现场检查

6.1 环境保护设施检查

a）检查生态保护设施的建设与运行情况。

b）检查环境风险应急设施的配备情况。

c）检查其他环境保护设施的建设与运行情况，包括污水处理设施、废气无组织排放、烟气脱硫措施、隔声降噪、固体废物处理等设施的建设与运行情况。

6.2 环境保护措施检查

a）检查生态保护措施的落实情况，包括生态敏感目标保护措施、临时占地的恢复措施、基本农田保护措施、生态补偿措施、绿化措施等。

b）检查排污口的规范化建设、污染源在线监测仪的安装、监测仪器配置情况等。

c）检查环境风险应急措施的落实情况。

d）检查其他环境保护措施的落实情况。

附　录 A
（规范性附录）
调查报告编排结构及内容

A.1　格式要求

参见 HJ/T 394 中附录 A1。

A.2　内容要求

石油天然气开采建设项目竣工环境保护验收调查报告一般应包括前言、综述、工程概况及变更情况调查、环境影响报告书及审批文件回顾、环境保护措施落实情况调查、生态影响调查、污染防治措施及环境影响调查、社会环境影响调查、清洁生产调查、污染物排放总量控制调查、环境风险事故防范及应急措施调查、环境管理及环境监测计划落实情况调查、公众意见调查、调查结论与建议等调查内容。但在实际调查中，可根据工程特点、环境特征、环境影响、国家和地方的环境保护要求，选择上述但不限于上述全部或部分内容。

A.3　主要内容

A.3.1　前言

简要阐述建设项目主要工程内容、建设项目各建设阶段至试运行期的时间、建设项目验收条件或工况、建设项目环境影响评价制度执行过程，以及建设项目验收调查的工作过程。

A.3.2　综述

明确编制依据、调查目的及原则、调查方法、调查范围、验收标准、环境敏感目标和调查重点等内容。编制依据应包括建设项目须执行的国家、地方性法规及相关规划；建设项目设计及批复文件、工程建设中环境保护设施变更报批及批复文件；环境影响评价文件及其审批文件；委托调查文件及其他有关文件等。

A.3.3　工程概况及变更影响调查

说明工程的建设过程和工程实际建设内容，重点明确工程实际建设内容与环境影响评价阶段相比的变化情况，分析相应的环境影响变化及采取的环境保护措施情况。

A.3.4　环境影响报告书及审批文件回顾

A.3.5　环境保护措施落实情况调查

按设计、施工、试运行三个阶段，列表说明工程对环境影响报告书及其审批文件所提各项环境保护措施的落实情况，分析未落实措施原因，并提出进一步的改进措施与建议。

A.3.6 建设过程环境影响调查

调查建设项目勘探开发期、施工期的环境影响及采取措施的有效性。

A.3.7 生态影响调查

A.3.7.1 逐一明确建设项目勘探开发期、施工期和试运行期对环境影响报告书及审批文件要求的生态保护措施落实情况。
A.3.7.2 从生态敏感目标影响、工程占地影响、植被影响、土壤影响、生态功能影响、水土流失等方面分析工程影响情况，并对存在的问题提出补救措施与建议。

A.3.8 污染防治措施及环境影响调查

A.3.8.1 逐一明确建设项目、施工期和试运行期对环境影响报告书及审批文件要求的防止水、气、声、固体废物污染采取的保护措施的落实情况。
A.3.8.2 结合监测结果，分析环境敏感目标、环境质量的达标情况及措施的有效性，并对存在的问题提出补救措施与建议。

A.3.9 社会环境影响调查

A.3.10 清洁生产调查

A.3.11 污染物排放总量控制调查

A.3.12 环境风险事故防范及应急措施调查

A.3.13 环境管理及环境监测计划落实情况调查

A.3.14 公众意见调查

A.3.15 调查结论与建议

A.4 图件要求

提供建设项目的地理位置图、开发区块和集输管网走向示意图、主要地面工程平面布置图、调查范围和环境敏感目标位置图、环境保护设施及污染源位置图、监测点位图等必要图件。

A.5 附件要求

提供竣工环境保护验收调查委托书、建设项目初步设计审批文件、建设项目环境影响报告书审批文件、竣工验收环境监测报告、“三同时”验收登记表及其他相关文件（如环境影响评价执行标准的批复、试生产批准文件、相关管理部门对工程通过环境敏感目标的准许文件、“三废”委托处理证明等）。

中华人民共和国国家环境保护标准

HJ 616—2011

建设项目环境影响技术评估导则

Guideline for technical review of environment impact assessment on construction projects

2011-04-08 发布 2011-09-01 实施

环 境 保 护 部 发布

中华人民共和国环境保护部
公　告

2011 年　第 28 号

为贯彻《中华人民共和国环境保护法》和《中华人民共和国环境影响评价法》，保护环境，防治污染和生态破坏，规范建设项目环境管理工作，现批准《环境影响评价技术导则　生态影响》等两项标准为国家环境保护标准，并予发布。标准名称、编号如下：

一、环境影响评价技术导则　生态影响（HJ 19—2011）

二、建设项目环境影响技术评估导则（HJ 616—2011）

以上标准自 2011 年 9 月 1 日起实施，由中国环境科学出版社出版，标准内容可在环境保护部网站（bz.mep.gov.cn）查询。

自上述标准实施之日起，原国家环境保护局批准、发布的下列标准废止，标准名称、编号如下：

环境影响评价技术导则　非污染生态影响（HJ/T 19—1997）。

特此公告。

2011 年 4 月 8 日

前 言

为贯彻《中华人民共和国环境保护法》和《中华人民共和国环境影响评价法》，规范和指导环境影响技术评估工作，制定本标准。

本标准规定了对建设项目（不包括核设施及其他产生放射性污染、输变电工程及其他产生电磁环境影响的建设项目）环境影响评价文件进行技术评估的一般原则、程序、方法、基本内容、要点和要求。

本标准为首次发布。

本标准的附录A为资料性附录。

本标准由环境保护部科技标准司组织制订。

本标准主要起草单位：环境保护部环境工程评估中心。

本标准环境保护部2011年4月8日批准。

本标准自2011年9月1日起实施。

本标准由环境保护部解释。

建设项目环境影响技术评估导则

1 适用范围

本标准规定了对建设项目环境影响评价文件进行技术评估的一般原则、程序、方法、基本内容、要点和要求。

本标准适用于各级环境影响评估机构对建设项目环境影响评价文件进行技术评估。

本标准不适用于核设施及其他可能产生放射性污染、输变电工程及其他产生电磁环境影响的建设项目环境影响评价文件的技术评估。

2 规范性引用文件

本标准内容引用了下列文件中的条款。凡是不注日期的引用文件，其有效版本适用于本标准。

GB 3095 环境空气质量标准
GB 3097 海水水质标准
GB 3838 地表水环境质量标准
GB 16297 大气污染物综合排放标准
GB 18484 危险废物焚烧污染控制标准
GB 18597 危险废物贮存污染控制标准
GB 18598 危险废物填埋污染控制标准
GB 18599 一般工业固体废物贮存、处置场污染控制标准
HJ/T 2.1 环境影响评价技术导则 总纲
HJ 2.2 环境影响评价技术导则 大气环境
HJ/T 2.3 环境影响评价技术导则 地面水环境
HJ 2.4 环境影响评价技术导则 声环境
HJ 19 环境影响评价技术导则 生态影响
HJ/T 6 山岳型风景资源开发环境影响评价指标体系
HJ/T 176 危险废物集中焚烧处置工程建设技术规范
《环境影响评价公众参与暂行办法》（环发[2006]28 号）

3 术语和定义

下列术语和定义适用于本标准。

3.1

环境影响技术评估 technical review of environment impact assessment

根据国家及地方环境保护法律、法规、部门规章以及标准、技术规范的规定及要求，环境影响技术评估机构综合分析建设项目实施后可能造成的环境影响，对建设项目实施的环境可行性及环境影响评价文件进行客观、公开、公正的技术评估，为环境保护行政主管部门决策提供科学依据而进行的活动。

3.2

污染影响型建设项目 pollutional impacted construction project

以污染影响为主的建设项目，如石化、化工、火力发电（包括热电）、医药、轻工等。

3.3

生态影响型建设项目 ecological impacted construction project

以生态影响为主的建设项目，如公路、铁路、管线、民航机场、水运、农林、水利、水电、矿产资源开采等。

4 环境影响技术评估的工作程序

环境影响技术评估工作程序见图1。

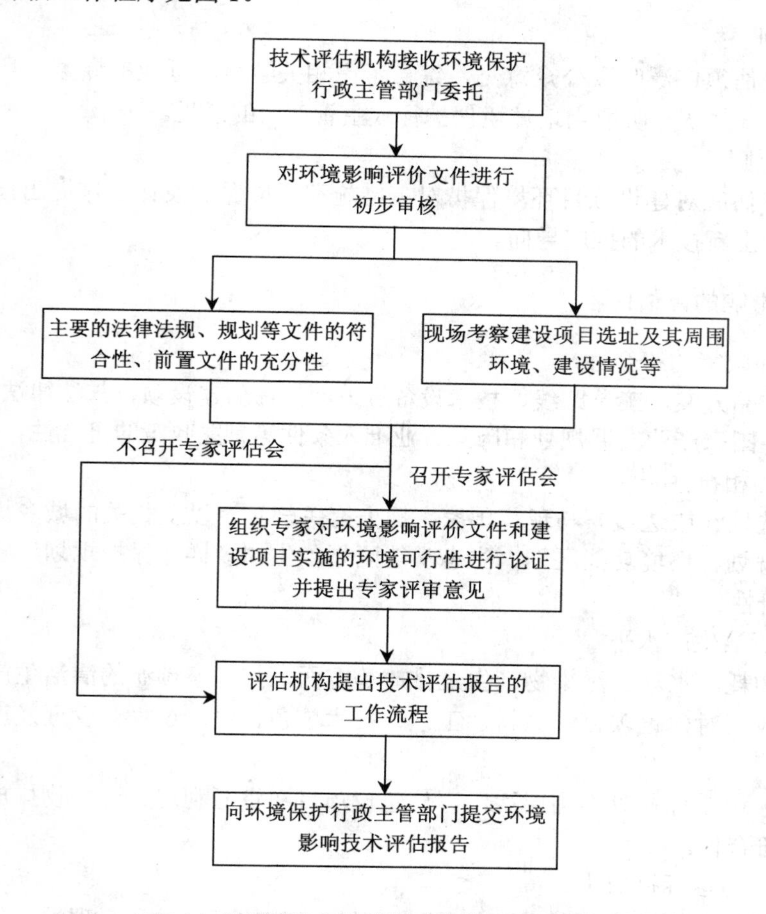

图1 环境影响技术评估工作程序框图

5 环境影响技术评估的原则、基本内容与方法

5.1 环境影响技术评估的原则

5.1.1 为科学决策服务的原则

环境影响技术评估在环境保护行政主管部门审批环境影响评价文件之前进行，属技术支撑行为。在评估依据、内容、方法、时限等方面必须体现为环境管理科学决策服务的原则。

5.1.2 客观公正原则

环境影响技术评估在综合考虑建设项目建设过程中和项目实施后对环境可能造成影响的基础上，对建设项目实施的环境可行性与建设项目环境影响评价文件进行技术评估，其评估结论必须实事求是、客观、公正。

5.1.3 与环境影响评价采用相同依据的原则

环境影响技术评估与环境影响评价文件采用相同的依据，应依据国家或地方现行的法律、法规、部门规章、技术规范和标准。

5.1.4 突出重点原则

环境影响技术评估应根据建设项目特点和所在区域环境特征，针对工程可能存在的环境影响，从影响因子、影响方式、影响范围、影响程度、环境保护措施等方面进行重点评估，明确重大环境问题的评估结论。

5.1.5 广泛参与原则

环境影响技术评估须广泛听取公众意见，综合考虑相关学科和行业的专家、环境影响评价单位及其他有关单位的意见，并认真听取当地环境保护行政主管部门的意见。

5.1.6 技术指导性原则

环境影响技术评估应对建设项目环境保护对策措施和环境保护设计工作提出技术指导。涉及新技术的建设项目，应指出新技术的推广导向。

5.2 建设项目环境影响的评估内容

5.2.1 与法律法规和政策的符合性

从项目规模、产品方案、工艺路线、技术设备等方面，评估建设项目与法律法规、环境保护规划、资源能源利用规划、国家产业发展规划和国家行业准入条件等有关政策的符合性。

5.2.2 与相关规划的相符性

评估建设项目选址（或选线）与现行国家、地方有关规划，以及相关的城乡规划、区域规划、流域规划、环境保护规划、环境功能区划、生态功能区划、生物多样性保护规划、各类保护区规划及土地利用规划等的相符性。

5.2.3 循环经济与清洁生产水平

——从能耗、物耗、水耗、污染物产生及排放等方面，与国家颁布的清洁生产标准或国内外同类产品先进水平相比较，对建设项目的原料、工艺、技术装备、生产过程、管理及产品的清洁生产水平进行综合评估；

——从企业、区域或行业等不同层次，评估建设项目在资源利用、污染物排放和废物处置等方面与循环经济要求的符合性。

5.2.4 环境保护措施与达标排放

——评估建设项目实施各阶段所采取各项环境保护措施的可靠性和合理性，包括污染防治措施、生态恢复措施、生态补偿与保护措施、环境管理措施、环境监测监控计划（或方案）、施工期环境监理计划以及“以新带老”、区域污染物削减等。

——要求所采取的环境保护措施技术经济可行，设备先进、可靠，符合行业的污染防治技术政策，符合行业清洁生产要求，确保污染物稳定达标排放，二次污染防治措施与主体工程同步实施。

5.2.5 环境风险

——评估项目建设存在的环境风险制约因素，从环境敏感性角度评估建设环境风险可接受性。

——评估环境风险防范措施和污染事故处理应急方案的可靠性和合理性。

5.2.6 环境影响预测

评估建设项目实施后的环境影响程度与范围的可接受性。

5.2.7 污染物排放总量控制

评估建设项目污染物排放总量与国家总体发展目标的一致性，与地方政府的污染物排放总量控制要求的符合性，采取的相应污染物排放总量控制措施的可行性。

5.2.8 公众参与

——评估公众尤其是直接受到工程环境影响的公众对项目建设的意见；

——分析建设单位对有关单位、专家和公众意见采纳或者未采纳的说明的合理性。

5.3 环境影响评价文件的评估内容

5.3.1 评价文件内容的评估

5.3.1.1 环境现状调查的客观性、准确性

根据环境质量标准、环境影响评价技术导则等相关要求，评估评价文件环境现状调查的客观性、准确性。

5.3.1.2 环境影响预测的科学性、可信性

根据建设项目特点和所在地区环境的特点，根据环境质量标准、环境影响评价技术导则等相关要求，评估评价文件采用预测方法（模式）及所选用的参数、边界条件的科学性、有效性。

5.3.1.3 环境保护措施的可行性、可靠性

按照污染物总量控制、环境质量达标、污染物排放达标、清洁生产、循环经济、节能减排、资源综合利用、生态保护的要求和先进、稳定可靠、可达、经济合理的原则，对评价文件提出的环境保护措施进行可行性评估。

5.3.2 基础数据的评估

根据环境质量标准、环境影响评价技术导则等相关要求，对环境影响评价文件所使用的工程数据与环境数据的来源、时效性和可靠性进行评估。

5.3.3 评价文件规范性的评估

5.3.3.1 与环境影响评价技术导则的相符性

评估环境影响评价文件编制的规范性，主要判断该评价文件与环境影响评价技术导则所规定的原则、方法、内容及要求的相符性。

5.3.3.2 术语、格式、图件、表格的规范性

核查评价文件中的术语、格式（包括计量单位）、图件、表格等的规范性，图件比例尺应与工程图件匹配，信息应满足环境质量现状评价和环境影响预测的要求。

5.4 环境影响技术评估的方法

主要采用现场调查、专家咨询、资料对比分析、专题调查与研究、模拟验算等方法。

5.5 评估报告的编制原则和要求

5.5.1 编制原则

技术评估报告应实事求是，突出工程特点和区域环境特点，体现科学、客观、公正、准确的原则。

5.5.2 编制要求

技术评估报告编制格式参考附录 A，可根据项目和环境的特点、环境保护行政主管部门的要求进行适当删减。要求文字通畅简洁，项目概况和关键问题交代清楚，评估所提要求依据充分、客观可行，评估结论明确、可信。

6 环境影响技术评估的要点和要求

6.1 政策相符性技术评估

6.1.1 法律、法规和政策相符性评估

6.1.1.1 法律法规相符性评估

评估项目建设与环境保护法律、法规以及其他与环境保护相关的法律、法规和规范性文件的相符性。

6.1.1.2 环境保护政策相符性评估

评估项目建设与国家和地方环境保护政策的相符性。

6.1.1.3 产业政策相符性评估

评估项目建设与产业结构政策、产业区域布局政策和产业准入条件等的相符性。

6.1.1.4 资源能源利用政策相符性评估

评估项目建设与节约和保护资源、能源的相关政策、规定和指标的相符性。

6.1.2 规划相符性评估

6.1.2.1 环境保护规划相符性评估

评估建设项目与国家和地方污染防治规划和生态保护规划的符合性，如建设项目与所在区域或流域的污染防治和生态保护规划的符合性，包括建设项目的环境影响与污染防治规划和生态保护规划所确定的目标、措施的符合性。

6.1.2.2 建设项目与所在地区环境功能区划的符合性评估

评估建设项目是否满足所在地区环境功能区划的要求，若不满足，即为项目的环境制约性因素。评估需从环境容量和环境承载力角度考虑项目的环境可行性。

6.1.2.3 评估建设项目与城镇体系规划、城镇总体规划的相符性。

6.1.2.4 建设项目与区域、流域发展规划和开发区类发展规划的相符性评估

评估建设项目与国家确定的区域、流域发展规划及国家认定的开发区类发展规划的符合性。

6.1.2.5 建设项目与土地利用规划的相符性评估

重点评估建设项目土地利用性质改变的环境合理性。

6.1.2.6 评估建设项目与经批准的国家相关行业发展规划及规划环评的相符性。

6.1.2.7 评估建设项目与各类保护区规划的相符性。

6.2 工程分析技术评估

6.2.1 基本要求

a）组成完整，应包括主体工程、辅助工程、公用工程、环保工程、储运工程以及依托工程；

b）重点明确，应明确重点工程组成、规模和位置；

c）过程全面，应包括勘探、选线、设计、施工期、营运期和退役期；

d）布局合理，选址、选线与所处区域环境相容；

e）污染物达标排放，污染物种类、源强确定准确；

f）工艺、装置先进，储运系统环境安全，资源能源节约；

g）数据资料真实、准确。

6.2.2 污染影响型项目工程分析评估要点

6.2.2.1 新建项目

a）基本情况：项目的规模、产品（包括主产品和副产品）方案、投资、建设地点等。

b）项目组成：工程内容（主体工程、辅助工程、公用工程、环保工程、储运工程以及依托工程等）完整，不存在漏项，应注意储运工程的分析；与项目建设直接相关联的工程内容需作说明。

c）建设过程：施工期、营运期、服务期满后的环境影响应分析清楚，并给出量化指标。

d）物耗、能耗：项目消耗的原料、辅料、燃料、水资源等种类和数量清楚，单耗、总耗指标明确；给出主要的原料、辅料和燃料中有毒有害物质含量。

e）工艺流程和产污分析：主要生产工艺流程的描述和物料、水的走向清楚，产污位置与种类正确，图件清晰。化工项目给出主、副化学反应式。

f）物料平衡、水平衡、燃料平衡、蒸汽平衡：数据符合项目特点、准确可信，主要有害物质的平衡分析清楚，相关统计表格和图件清楚规范。

g）污染物产生和排放：核查污染物产生和排放的种类、方式、浓度和排放量估算方法的合理性和数据的准确性。根据各类污染物产生、处置、排放的特点，重点评估以下内容的合理性：

——大气污染源：有组织排放源的分布和排放参数、无组织排放源强的确定、非正常排放的发生条件和持续时间；

——水污染源：污水种类与收集处理方案、废水的重复利用率、正常工况下的排污源强及排放参数，非正常排放的发生条件、位置、强度和持续时间，水中优先控制污染物的产生和排放源强；

——噪声污染源：主要声源的空间位置、种类、方式和强度，源强估算和确定方法；

——固体废物：一般工业固体废物和危险废物的种类、性质、组分、容积和含水率等；

——振动源（振动有较大影响的项目）：振动源的空间位置、强度（采取措施前后的变化）、源强确定方法。

6.2.2.2 改扩建项目

a）改扩建前工艺、装置、污染物排放：分析生产工艺、规模、装置与现行的清洁生产标准和国家相关产业政策的符合性；评估主要污染物的种类、排放位置、排放量、稳定达标及其数据可靠性等情况。

b）改扩建前后污染物排放变化：评估改扩建前后污染物排放种类、方式、排放量变化等的准确性。

c）评估改扩建项目与现有工程的依托关系及依托可行性，明确现有工程是否存在环保问题，以及“以新带老”措施解决问题的可行性。

6.2.2.3 搬迁项目

除了上述评估要求外，还应重点评估项目搬迁后遗留的环境问题（如土壤、地下水污染等）的性质、影响程度，以及解决方案的可行性。

6.2.3 生态影响型项目工程分析评估要点

除参照污染影响型项目工程分析技术评估外，还须评估项目选址、选线合理性，项目不同时段、地段的影响方式、影响特征和影响显著性，以及施工方式和运行方式的环境合理性。

6.2.3.1 选址、选线合理性评估

通过环境条件和工程条件的比选，评估厂址、线路选取的合理性。

6.2.3.2 施工方式评估要点

从环境保护角度评估施工期施工工艺和施工时序的合理性。

评估不同工程组成施工工艺描述的准确性；根据国内外同类工程的情况，结合主要敏感目标的保

护需求，评估施工工艺的先进性和环境可行性，评估不同施工内容的施工时序安排的合理性。在前述基础上，判断施工组织优化的可能性。

6.2.3.3 运行方式评估要点

评估运行方式的合理性和优化调度运行的可行性。

6.2.3.4 评估中应重视可能引起次生生态影响的因素。

6.3 清洁生产与循环经济技术评估

6.3.1 基本要求

a）从产品生命周期（选址、布局、产品方案选择、原材料和能源方案选择，工艺设备选择、生产各工序、施工建设及产品使用）全过程考虑；

b）与国家和行业颁布的产业政策、清洁生产标准和环保政策一致；

c）以有关行业先进技术、工艺、设备、原材料和污染防治措施为基础；

d）符合国家循环经济和节能减排的要求；

e）国家已颁布清洁生产指标的行业，按已颁布的清洁生产指标进行评估；未颁布清洁生产指标的行业，参照行业同类产品、相同规模、相同工艺和先进工艺的清洁生产指标进行评估。

6.3.2 主要评估指标

6.3.2.1 布局与产品结构

按照清洁生产要求，评估布局和产品结构的合理性，关注产业布局和产品结构对污染物的种类、规模以及形成原因的影响。

6.3.2.2 生产工艺与装备

从控制系统、循环利用、回收率、减污降耗和工艺过程处理等方面，评估装置规模、生产工艺和技术装备等的清洁生产水平。

6.3.2.3 资源能源利用指标

按照毒性小、可再生、可回收利用的要求，评估原辅材料选取的合理性。按照国家有关要求，从单位产品或万元产值的原材料消耗、水耗、能耗或综合能耗量，以及原材料利用率、水重复利用率等方面，评估项目资源利用和消耗的清洁生产水平。

6.3.2.4 产品指标

按照产品无毒和少害、使用时和报废后不造成环境影响或少造成环境影响的要求，评估产品的清洁生产水平。

6.3.2.5 污染物产生指标

从吨产品污染物产生量（废水量和废水中污染物、废气量和废气中污染物、固体废物产生量和固体废物中污染物）、综合利用等方面，评估污染物产生指标的清洁生产水平。

6.3.2.6 污染物排放指标

从吨产品污染物排放量（COD、SO_2 等）方面，评估项目污染物排放水平与国家和地方对污染物控制指标的制约性要求的符合性。

6.3.2.7 废物回收利用指标

从企业、区域或行业等不同层次进行循环经济分析，提高资源利用率和优化废物处置途径。

6.3.2.8 节能减排

评估项目与国家节能减排约束性指标的符合性，同时还须关注项目特征污染物、温室气体的控制和减排措施的可行性、有效性。

6.3.3 清洁生产水平分级评估

清洁生产水平分为三级，一级为国际先进水平，二级为国内先进水平，三级为国内基本水平或平均水平。

新建和改扩建项目清洁生产水平至少达到国内先进水平；引进项目清洁生产水平力争达到国际先进水平，至少不低于引进国或地区水平。

对于目前尚未发布清洁生产标准的行业，将项目清洁生产水平的主要评估指标与国内外同行业的代表企业进行对比分析，应达到或高于现有代表企业的水平。

6.4 大气环境影响技术评估

6.4.1 一般原则性问题评估

6.4.1.1 评价标准的评估

评估需根据评价区的环境空气质量功能区分类或项目建设时限判断相应的环境空气质量标准和大气污染物排放标准使用的正确性。

6.4.1.2 评价等级的评估

评估项目的评价工作等级时，应关注项目排放主要污染物的最大环境影响和最远影响距离，以及评价区域的环境敏感程度、当地大气污染程度等，并注意 HJ 2.2 中对多源项目等特殊情况的补充规定。

6.4.1.3 评价范围的评估

——评估应关注项目对环境的最远影响距离、周围的环境敏感程度等。如评价范围的边界邻近居民区、医院、学校、办公区、自然保护区和风景名胜区等环境空气质量敏感区域，评价范围应适当扩大。

——根据环境影响评价文件提供的参数和估算模式选项，复核验算评价等级和评价范围。

6.4.1.4 环境影响识别与评价因子筛选评估

大气环境影响评价因子应包括建设项目排放的常规污染物和特征污染物。

评估时应关注与项目相关的本地区特征性污染物、污染已较为严重或有加重趋势的污染物、建设项目实施后可能导致的潜在污染或对周边环境空气敏感保护目标产生重要影响的污染物。

6.4.1.5 环境空气敏感区的确定评估

调查环境保护目标应包含评价范围内所有环境空气敏感区，并在图中标注，抽样核实环境影响评价文件中所列的环境空气敏感区的大气环境功能区划级别、与项目的相对距离、方位，以及受保护对象的范围和数量。

6.4.2 环境现状调查与评价的评估要点

6.4.2.1 大气污染源调查评估

污染源调查对象和内容应符合相应评价等级的规定。重点关注现状监测值能否反映评价范围有变化的污染源，如包括所有被替代污染源的调查，以及评价区内与项目排放主要污染物有关的其他在建项目、已批复环境影响评价文件的拟建项目等污染源。

6.4.2.2 环境空气质量现状调查与评价评估

（1）现有监测资料

现有监测资料的来源包括收集评价范围内及邻近评价范围的各例行空气质量监测点的近三年与项目有关的监测资料。现有监测资料应注意该数据的时效性和有效性。

（2）现状监测

监测布点、点位数量、监测时间和频次应符合不同评价等级对监测布点原则、数据统计的有效性等有关规定。

GB 3095 所包含污染物的监测资料的统计内容应满足 GB 3095 中数据统计有效性的规定；特征污染物监测资料的统计内容应符合相关引用标准中数据统计有效性的规定；无组织排放污染物的监测应符合 GB 16297 中附录 C 的要求。

（3）现状评价

——评估监测数据的统计和分析方法的正确性，以及环境空气质量现状评价结果的准确性。

——评估区域环境空气质量现状应关注数据的有效性问题。对于日平均浓度值和小时平均浓度值既可采用现状监测值，也可采用评价区域内近 3 年的例行监测资料或其他有效监测资料，年均值一般来自例行监测资料。监测资料应反映环境质量现状，对近年来区域污染源变化大的地区，应以现状监测资料和当年的例行监测资料为准。

——评估评价区域环境空气质量现状时，应检查环境影响评价文件中现状评价方法和评价标准的正确性，关注年平均浓度最大值、日平均浓度最大值和小时平均浓度最大值与相应的标准限值的比较分析，给出占标率或超标率，如有超标，应核实环境影响评价文件对超标原因的说明。

——环境现状出现超标时，应结合区域环境空气治理计划和近 3 年例行监测数据的变化趋势分析区域环境容量。

6.4.3 气象资料评估

6.4.3.1 气象资料调查评估

对于气象资料调查，首先应从气象观测数据来源及气象观测站类别评估环境影响评价文件附件中气象资料的翔实性，以及调查内容和数据量能否满足相应评价等级的要求。应特别关注气象资料的连续性，即常规地面气象观测资料应调查全年逐日、逐次的连续气象观测资料，以及预测分析所需的常规高空气象探测资料。

评估时还应关注需要补充地面气象观测资料的情况，即对于地面气象观测站与项目的距离超过 50 km，且地面站与评价范围的地理特征不一致时，应进行现场补充地面气象观测。补充地面气象观测应注意不同评价等级对观测时限的要求。

6.4.3.2 气象资料分析评估

气象资料统计结果重点分析区域风向玫瑰图和主导风向。

风向玫瑰图应包括评价范围多年（20 年以上）的气候统计结果以及所收集当地全年逐日逐次的地面气象观测资料的统计结果。在考虑项目选址和厂区平面布置时，应以 20 年以上的风向玫瑰图为主，在布设监测点位时，应考虑以调查的全年逐日逐次的地面气象观测资料统计的各季风向玫瑰图为主。

评估时应关注当地是否有主导风向，主导风向指风频最大的风向角的范围，强调是一个范围，一般为 22.5 度到 45 度之间。某区域的主导风向应有明显的优势，其主导风向角风频之和应大于等于 30%，否则可称该区域没有主导风向或主导风向不明显。在没有主导风向的地区，特别是对于排放恶臭等具有挥发性污染物的项目，应关注对全方位的环境敏感点的影响。

6.4.4 环境影响预测与评价评估

6.4.4.1 预测模式的选取

HJ 2.2 中推荐了三类模式，其中进一步预测模式可以用于环境影响预测，模式的选取应注意模式的适用性和对参数的要求，一般建设项目环评选择 AERMOD 或 ADMS 即可。如果使用的模式版本为导则附录推荐版本的后续升级版，应说明不同版本间的差异，如果使用不在导则附录推荐清单中的模式，需提供模式技术说明和验算结果。

6.4.4.2 计算点的选取评估

计算点可分为预测范围内的环境空气敏感区（点）、评价范围的网格点和区域最大落地浓度点三类。

评估时需关注计算范围应包含所有环境空气敏感区（点），预测网格点的设置应具有足够的分辨率以尽可能精确预测污染源对评价区的最大影响，并应覆盖整个评价区域，在高浓度分布区网格点可加密设置，以寻找区域最大落地浓度点。

6.4.4.3　预测内容设定的评估

预测内容的设定应符合评价等级的要求。预测内容一般根据污染源排放工况和预测浓度要求而定。污染源排放工况包括正常排放和非正常排放；预测浓度结果包括小时平均浓度、日平均浓度和年平均浓度。根据预测内容设定预测情景，预测情景应反映评价项目的污染特性和污染控制的最优方案以及环境影响程度。

评估时应注意，计算小时平均浓度应采用长期气象条件，进行逐时或逐次计算，选择污染最严重的（针对所有计算点）小时气象条件和对各环境空气保护目标影响最大的若干个小时气象条件（可视对各环境空气敏感区的影响程度而定）作为典型小时气象条件；计算日平均浓度需采用长期气象条件，进行逐日平均计算，选择污染最严重的（针对所有计算点）日气象条件和对各环境空气保护目标影响最大的若干个日气象条件（可视对各环境空气敏感区的影响程度而定）作为典型日气象条件。

6.4.4.4　环境影响预测的基础数据评估

评估时应检查环境影响评价文件附件中资料内容，即气象输入文件、地形输入文件、程序主控文件、预测浓度输出文件等。根据环境影响评价文件附件中对各文件的说明和原始数据来源情况，抽查数据的真实性，并评估环境影响评价所采用基础数据和模式参数的合理性与有效性。

6.4.4.5　环境空气质量预测分析与评价评估

环境空气质量预测分析与评价应重点从项目的选址、污染源的排放强度与排放方式、污染控制措施等方面评价排放方案的优劣，以及对存在的问题（如果有）提出解决方案等方面进行评估。

评估时注意，对环境空气敏感区的环境影响分析，应考虑其预测值和同点位处的现状背景值的最大值的叠加影响；对最大地面浓度点的环境影响分析可考虑预测值和所有现状背景值的平均值的叠加影响。年均浓度叠加值一般选择例行监测点的年均浓度和相应年的气象条件；如果没有例行监测点位，则可不进行叠加。若评价区内还有其他在建、拟建项目，应考虑其建成后对评价区的叠加影响。

对于评价区域内出现叠加背景浓度后超标的，应结合环境影响评价报告中对超标程度、超标范围、超标位置以及最大超标持续发生时间等预测分析结果及环境影响评价结论，最终评估项目对环境影响的可接受程度。

6.4.5　大气环境防护距离评估

对于排放污染物浓度达到场界无组织排放监控浓度限值要求，但对可能影响区域环境质量超标的无组织源，可单独划定大气环境防护距离。

根据 HJ 2.2 确定大气环境防护距离，结合厂区平面布置图，确定项目大气环境防护区域。对于大气环境防护区域内存在的长期居住的人群，如集中式居住区、学校、医院、办公区等环境敏感保护目标，应给出相应的搬迁建议或优化调整项目布局的建议。

6.4.6　大气环境保护措施的评估

——施工期产生扬尘等大气污染物防治措施的有效达标。

——运行期生产废气处理工艺符合行业污染防治技术政策，技术经济合理可行，稳定达标排放，主要污染物排放量、可利用废气利用水平符合该行业清洁生产水平要求和相关政策要求，产生的二次污染防治措施可行。

——大气环境防护距离确定合理，防护距离内的环境保护目标处置方案可行。

——大气污染防治投资估算合理。

6.5 地表水环境影响技术评估

6.5.1 一般原则性问题评估

6.5.1.1 地表水环境影响评估应与相关专题（如地下水、生态）评估有效衔接和彼此互应。

除 HJ/T 2.3 规定内容外，评估还应特别注意相关依据文件、水环境敏感问题、水环境影响途径、水污染源强、水污染特征与类型、评价标准等。

加强技术方法和参数选择合理性评估。

强化排污口附近受纳水体污染带分布预测与超标水域计算结果的可靠性评估。

6.5.1.2 环境影响因素与评价因子识别的评估

a）按 HJ 2.1 的要求识别地表水环境影响因素，包括施工期、运行期和服务期满等不同阶段，以及直接影响、间接影响、潜在影响、累积影响等。

b）筛选出的地表水环境影响评价因子应包括建设项目排放的特征污染物、受纳水体（或流域、区域）的水环境特征因子、水质已经超标或有加重污染趋势的污染物、建设项目实施后可能导致潜在污染危害或对水环境敏感保护目标产生明显影响的污染物。

c）应分别明确现状调查评价因子和影响预测评价因子。

6.5.1.3 评价等级的评估

核查评价等级以及确定评价等级所采用的数据及判据的合理性。

6.5.1.4 评价范围的评估

评估中应特别关注对评价范围内水环境敏感问题和环境保护目标（如水源地、自然保护区等）的影响。应评估评价范围确定的合理性：

a）评价范围边界邻近敏感水域时，应将评价范围扩大至敏感水域边界处；

b）非正常工况和事故排放条件下可能受到影响的水域均应纳入评价范围；

c）因地表水环境影响可能带来生态退化、地下水污染等，应合理扩大评价范围，涵盖可能涉及的生态退化区域或地下水污染影响区域。

6.5.1.5 水环境保护目标的评估

a）评估水环境保护目标识别的全面性和准确性，必须考虑 GB 3838 中优于Ⅲ类水域功能的水域、饮用水水源保护区和相关取水口，GB 3097 中第一、二类海域功能的水域，以及重要的养殖、景观、娱乐以及其他具有特殊用途的水域。

b）评估评价范围内受到社会关注的水环境敏感问题识别的全面性和准确性，如水资源短缺、有机污染、富营养化、重金属污染、优先控制污染物污染等。

c）水环境保护目标的基本情况介绍必须清楚，包括名称、相对位置、水域功能及水环境区划、保护规划与相关要求、实际使用功能、规模与服务范围（对象）、利用现状与开发规划、水质现状及存在的环境问题等。

6.5.2 现状调查与评价的评估

6.5.2.1 水污染源调查的评估

——污染源调查对象和内容应符合相应评价等级的规定。

——建设项目所在流域（区域）如有区域水污染源替代方案，还应包括所有被替代污染源的调查，以及调查评价范围内的既有污染源、与项目排污有关的其他在建项目污染源、已批复环境影响评价文件的拟建项目污染源等。

6.5.2.2 水文资料与水文测量的评估

——水文资料的收集利用和水文测量应符合相应评价等级的规定。

——根据建设项目环境影响评价文件（包括专题报告、收集到的水文资料等），重点评估水文资料及选用相关水文参数的代表性与合理性。

——需开展现场水文测量工作的项目，建设项目环境影响评价文件应反映相应的水文测量工作情况并提供水文测量成果。评估中应注意分析实测水文参数的代表性和合理性，必要时应采用历史资料、经验估算、类比资料等进行验证或论证。

6.5.2.3 环境质量现状调查的评估

——需对调查范围、调查方法、调查内容、调查因子、采样点位（包括断面、垂线、采样点）设置、采样时间和采样频次、采样分析方法、调查结果等进行认真核查。

——评估现状调查资料的代表性、合理性，必要时对建设项目环境影响评价文件提供的基础数据和相关资料进行核实。需开展非点源调查评估时，可采用类比分析、经验法估算等方式进行，调查因子应根据实测数据、统计报表以及污染源性质等相关情况来确定。

——评估水环境质量现状调查结果的代表性与合理性。评价结果应明确主要的水污染源情况与相关排污口的位置、水质现状是否满足水域功能及相应水质标准要求、主要的水环境问题与特征水质污染因子、水环境质量的时空分布规律等。对于重要水体及有特殊用途的水域，应分析其水环境的变化趋势。

——对于水质现状出现超标的情况，须明确超标因子、超标水域与超标时段等相关情况，分析水质超标的原因，明确对建设项目是否有制约性。

6.5.2.4 评估关注的主要问题

——评估时需要重视水环境敏感问题涉及的主要水质因子、总量控制因子是否达标、是否满足水质控制目标和排污总量控制的要求。底质调查应包括与建设项目排污水质有关的易累积的污染物，如农药类、重金属、氮、磷等。

——评估时应要求提供完整的地表水环境调查布点图，包括收集利用历史资料和现场调查布设的所有采样点。采样分析方法须符合相关监测规范及技术标准。

——评估应要求介绍建设项目评价水域附近的国家、省和市三级水环境质量控制断面的设置情况，对与评价水域水环境质量相关及可以反映评价水域水质变化趋势的控制断面，应提供至少近三年的不同水期的水质监测数据，以及相应的区域排污负荷量统计资料。

6.5.3 环境影响预测与评价的评估

6.5.3.1 预测方案的评估

预测方案主要包括预测范围、预测因子、预测时段、预测点位、预测工况、预测方法、预测内容等。评估要点包括：

a）预测工况要全面，应包括正常工况、非正常工况、事故状况。

b）预测时段要有代表性，水环境影响评估一般均要考虑枯水期，个别水域由于面源污染严重也应考虑丰水期；对于敏感水域，应评估水体自净能力不同的多个阶段及不同水期的水环境影响；对于北方河流，应考虑冰封期；对于季节性断流河流，须评估断流情况下的水环境影响，包括对地下水和生态环境的影响；对于感潮河段，应评估不同潮期的水环境影响。

c）对于水资源消耗量大、缺水地区、涉及水源保护区的项目，应评估水资源开发利用的环境可行性与相应的水环境影响。

d）预测方法的适用性与合理性。

e）预测模型的适用性。主要是评估预测模型的适用条件、模型参数对于建设项目水环境影响的适用性，如水质模型的适用条件、水质模型的空间维数、模型预测的水质类型，预测模型适用的环境水文条件及环境水力学特征等。

6.5.3.2 预测条件及模型参数选择的评估

a）评估水质模型参数获取方法与参数值选取的合理性和代表性；

b）对于稳态模型，主要评估环境水文条件、水质边界条件概化的合理性；

c）对于动态模型或模拟事故排放，评估预测的边界条件、初始条件的代表性和合理性；

d）对于二维、三维模型，需评估模型验证的结果；

e）评估水质预测结果与水动力预测结果的相容性和一致性。

6.5.3.3 排污口和超标水域设定的评估

a）敏感水域及需要特殊保护的水域不能设置排污口和超标水域；

b）经有关部门批准设置的排污口和混合区，建设项目排污造成的超标水域不得影响鱼类洄游通道和邻近水域的功能及水质；

c）超标水域与允许纳污量的核定，必须满足区域排污总量控制要求。

6.5.3.4 预测结果的评估

a）水质预测结果包括水质现状值与建设项目排污贡献值，贡献值应包括评价范围内及同一纳污水域在建项目、拟建项目（已批复环境影响评价文件的）的水质影响问题；水质预测评价应包括评价水域水质达标和建设项目排污满足总量控制要求两个方面。

b）预测断面应包括评价水域的水质变化控制断面，敏感水域及水环境保护目标控制断面，邻近及相关的国家、省、市三级控制断面等。

c）评估排污口位置选择、排放方式、影响途径、影响范围、影响及危害程度、超标水域范围以及环境可接受性等预测结果的可信性。

d）评估预测结果与流域、区域水质目标的符合性。

6.5.4 环境保护措施的评估

（1）施工期。

生活污水和生产废水的收集与处理方案、排放去向或回用途径的可行性与可靠性，确保达标排放或满足评价水域的排污控制要求。

（2）运行期。

——生产废水处理工艺符合行业污染防治技术政策，技术经济合理可行；废水排放量、水的重复利用率和循环利用水平符合相关行业的清洁生产水平和节约用水的管理政策要求。生活污水的收集、处理工艺有效可行；按照排污控制要求稳定达标排放，特征污染物满足区域总量控制要求并明确总量指标的落实情况；对可能导致二次污染的情况，应分析防治二次污染对策措施的技术经济可行性与处理效果的有效性、可靠性。

——对废水排入已建污水处理厂或园区、城市污水处理厂的项目，应评估相关污水处理厂的截污管网、处理规模、处理工艺对于接纳建设项目废水水质和水量的可行性与有效性。

——对存在下泄低温水的项目，应有分层取水或水温恢复措施；对下游河道存在减（脱）水的项目，应根据下泄流量值与下泄流量过程的要求，明确相应的工程保障设施和管理措施；水利灌溉项目关注退水、回水的污染防治措施；防洪项目应关注对区域水力联系（包括地表水与地下水的水力联系）、土地浸没的影响，以及对区域排污、排涝的影响。

（3）污染防治投资估算合理。

6.5.5 其他评估要求

——关注向有灌溉或养殖功能的水系排放易累积或生物富集的污染物的项目，如农药类、重金属等，要求少排或不排。

——对于废水零排放项目，应分别从技术和经济角度评估零排放的可行性与可靠性。

——评估水环境监测方案的合理性与规范性，核实评价范围内的水环境保护目标。应按要求进行规范监测，留取背景值，以便于对项目运行后进行监管和后评估。

——评估风险防范措施的有效性。在事故情况下，对可能造成地表水污染危害的途径，应采取严格的风险防范措施。尤其是饮用水水源保护区，应确保饮用水源的水质安全。

6.6 地下水环境影响技术评估

6.6.1 一般原则性问题的评估

6.6.1.1 评价等级的评估

——根据建设项目对地下水环境影响的特征，评估建设项目的分类合理性；

——根据评价工作等级划分依据，评估不同建设项目评价工作等级划分的正确性。

6.6.1.2 地下水环境影响识别的评估

——根据项目工程特征和所处地下水环境特征，评估影响识别的正确性；

——结合项目的污染特征，评估评价因子筛选、评价内容确定的合理性；

——应关注采矿、隧道工程对地下水资源的影响及次生的生态和社会影响。

6.6.2 环境现状调查与评价的评估

6.6.2.1 污染源调查的评估

评估污染源调查的全面性。

6.6.2.2 水文地质条件和环境水文地质问题调查的评估

评估水文地质条件调查资料的适用性和合理性，分析地下水开发利用及有关人类活动可能引起的主要的地下水环境问题。

6.6.2.3 环境现状基础数据的评估

——评估环境质量现状数据是否满足相应评价等级的要求，包括调查范围、监测因子、监测布点和监测频率。

——必要时，应根据污染源特点及环境水文地质条件，有针对性地进行了水文地质试验。

6.6.2.4 评价结论的评估

评估环境质量现状评价结论的正确性，其中重点评估地下水污染途径和超标原因分析的合理性。

6.6.3 环境影响预测与评价的评估

评估预测方法与模型、边界条件、参数的正确性，水位水质监测数据的有效性，模型验证的合理性，预测时段、预测地段选择的可行性，预测结论的科学性。

根据影响程度，选择以下部分或全部内容进行评估：

a）一级评价预测须采用数值法；二级评价预测，当水文地质条件复杂时应采用数值法，水文地质条件简单时可采用解析法；三级评价可采用回归分析、趋势外推、时序分析和类比预测分析法。

b）评价时段需包括建设项目的建设期、运行期和服务期满后三个时段；需按污染物正常排放和事故排放两种情况进行预测；预测地段要包括重点保护目标；预测因子包括特征污染因子、超标因子。

c）预测结论的科学性、可信性，对周围环境影响的可接受性。

6.6.4 环境保护措施的评估

分项目的建设期、运行期和服务期满三个阶段，在综合考虑产污地点、排污渠道、影响途径、影响特征等内容的基础上，对环境保护措施的可行性和可操作性进行评估。

6.7 声环境影响技术评估

6.7.1 一般原则性问题评估

6.7.1.1 评价等级的评估

评估评价等级确定的合理性。

6.7.1.2 评价标准的评估

评估所采用评价标准的适用性和准确性。

6.7.1.3 评价范围的评估

根据 HJ 2.4 确定评价范围，大型工程评价范围附近有敏感点的，应扩展至达标范围。

6.7.1.4 选址选线的评估

——选址选线应与城市（镇）总体规划和声环境功能区划相容，在声环境保护方面无明显制约因素；

——关注选址选线替代方案、噪声控制距离的可行性。

6.7.1.5 环境保护目标的评估

评估环境保护目标识别的全面性和准确性，环境保护目标包括学校、医院、机关、科研单位、居民住宅等，应关注农村区域执行的环境功能区类别。

声环境敏感目标调查清楚。与工程的方位距离、高差关系、所处声环境功能区及相应执行标准和人口分布情况表达明确，相关图件清晰。

6.7.2 噪声源评估

污染影响型项目和生态影响型项目噪声源的评估可分别按以下要求进行。

6.7.2.1 污染影响型项目的噪声源评估

——噪声源源强确定方法（工程法、准工程法、简易法）选择正确；

——噪声源种类、分布位置（按照工艺或车间分布，或按照总图布置）、数量、噪声级准确；

——噪声源源强测量条件和声学修正（必要的条件参数和声学修正量）清楚；

——对于特殊工况（如排汽放空噪声、开车和试车噪声等），需给出噪声源源强和持续时间。

6.7.2.2 生态影响型项目的噪声源评估

——公路（含城市道路）项目的分段（按互通立交）车流量、车型比例（按吨位）、车速、昼夜车流比例等数据完整清楚；

——铁路项目的每日货/客车对数、平均小时列车对数、不同车速和状态噪声源的边界条件等参数明确；

——城市轨道项目的平均小时列车对数、高峰小时列车对数、不同车速和状态噪声源的边界条件等参数明确；

——机场项目的年飞行量、日均飞行量、不同机型分布和比例、高峰小时飞行量、白天和傍晚及夜间的飞行比例、进场和离场飞行程序及气象条件引起的变化等内容完整清楚；

——其他生态影响型项目依照噪声源性质、类型可参照上述各类别进行噪声源的评估。

6.7.3 环境现状调查与评价的评估

评估采用的标准、方法和调查方案的合理性和可靠性，要点包括：

——监测点位布设符合 HJ 2.4 和 GB 3095 的要求，监测项目和监测时段符合评价目的；

——监测方法规范，测量条件清楚（包括环境条件）；

——环境质量现状超标的原因和状况分析清楚，有超标情况和影响人口情况统计；

——现状调查和监测内容及结果表达符合规范要求，须附规范的点位布设图；

——对于高层的敏感目标，须特别注意是否有垂向声场布点。

6.7.4 环境影响预测与评价的评估

a）评估预测点选取与评价工作等级、相关规范要求的相符性。预测点应具有代表性，可覆盖现状监测点和全部环境保护目标，并包括需要预测的特殊点。

b）评估预测模式选择的正确性、预测条件和参数选取的合理性。选取预测模式，应有必要的模式验证结果和参数调整的说明（特别是采用非导则推荐的模式时）。

c）评估预测结果的准确性。预测结果应包括声环境影响范围内全部环境保护目标、不同功能区达标情况和不同超标区域人口情况（须统计完全），一级、二级评价还应包括相关等声级曲线图。

6.7.5 环境保护措施的评估

a）评估项目拟采取的声环境保护措施的针对性和可操作性，分析采取措施后的降噪效果。应以厂（场）界噪声控制和环境保护目标声环境达标为主，要求防治措施技术可行、经济合理，噪声控制距离合理可行。

b）根据各环境敏感目标的声环境影响预测结果，须在方案比选的基础上，提出有针对性的具体的声环境保护措施。不同工程时期、不同区段或不同措施的实施方案清楚，投资估算合理。

6.8 固体废物环境影响技术评估

6.8.1 基本要求

a）固体废物环境影响评估须根据国家有关规定、标准对固体废物的属性进行鉴别，根据固体废物所属的类型不同和贮存、运输、利用、处置方式不同分别进行评估。

b）固体废物环境影响技术评估的重点是项目选址的环境可行性。

6.8.2 场址选择评估

6.8.2.1 一般工业固体废物场址选择评估

评估一般工业固体废物选址与 GB 18599 中关于场址选择的环境保护要求的相符性，重点关注Ⅱ类场的以下问题：

a）所选场址需满足地基承载力要求，以避免地基下沉的影响，特别是不均匀或局部下沉的影响，以“场地工程地质勘察报告”为依据。

b）所选场址中断层、断层破碎带、溶洞区，以及天然滑坡或泥石流影响区的发育程度应以“地质灾害危险性评估报告”作为评估依据。

c）场地是否避开地下水主要补给区和饮用水源含水层，要以场地大于 1∶10 000 比例尺的水文地质图为依据，并提供场地渗透系数和评估其防渗性能的优劣。

d）天然基础层地表距地下水位的距离不得小于 1.5 m，应以当地丰水期地下水水位埋深值作为依据，评估防渗措施的可行性。

6.8.2.2 危险废物和医疗废物场址选择评估

评估选址与 GB 18484、GB 18597、GB 18598、HJ/T 176 和《危险废物安全填埋处置工程建设技术要求》等要求的相符性。

重点关注以下内容：

a）填埋场基础层的要求应以有效的“场地工程地质勘察报告”为依据。

b）所选场址地质构造的稳定性及地质灾害的发育程度应以批复的“地质灾害危险性评估报告”或

国土资源行政主管部门的意见作为评估依据。

c）场址是否避开地下水主要补给区和饮用水源含水层，应以场址区比例尺大于 1∶10 000 的水文地质图为依据。

d）依据场地渗透系数和当地丰水期地下水水位评估防渗措施的可行性和合理性。

6.8.3 基础数据的评估

根据评价导则、评价标准等规范性文件的要求，核实基础数据的科学性、可信性，所提供的资料应符合国家规范要求并满足评价需要。

（1）对于一般工业固体废物项目，需核实的基础数据包括：

——所选场址的基本工程数据；

——场址周围各环境要素的敏感目标与质量现状调查和监测数据，生态系统类型、多样性、生物量、保护物种、敏感目标调查数据；

——项目生产与贮运全过程各污染物的有组织与无组织、正常工况与非正常工况的一般工业固体废物产生、削减、排放数据；

——风险事故源强数据；

——场址实施不同阶段有关土地占用，资源开发利用强度，移民搬迁等涉及生态影响的数据资料；

——一般工业固体废物性质鉴别、产生量、主要污染物含量、贮存、处置方式的资料；

——场址附近工程地质与水文地质资料等。

（2）对于危险废物和医疗废物项目，需核实的基础数据包括：

——项目厂区平面布置（附图），危险废物及医疗废物收集、运输、贮存、预处理、处置或综合利用等情况，危险废物及医疗废物特性分析数据等；

——周围各环境要素的敏感目标与质量现状调查及监测数据，生物系统类型、多样性、生物量、保护物种、敏感目标等调查数据；

——生产与贮运全过程各污染源的有组织与无组织、正常工况与非正常工况的污染物产生、削减、排放数据；

——风险事故源强数据；项目实施不同阶段有关土地占用，资源开发利用强度，移民搬迁等涉及生态影响的数据资料。

6.8.4 环境影响预测评估

a）环境影响预测方法需符合环境影响评价技术导则的要求，所选用模式或方法应符合建设项目所在环境的特点，确定的参数和条件明确合理。

b）不同阶段、不同季节环境影响预测结果具有代表性，不利条件下预测结果可信，尤其注意防护距离和场界污染物浓度计算结果的科学性、各种预测结果的环境可接纳（承载）性等。

c）危险废物和医疗废物贮存、处置场建设项目的影响预测应重点关注有毒有害物质。

6.8.5 环境保护措施的评估

（1）一般工业固体废物。

——项目产生的固体废物加工利用符合国家行业污染防治技术政策，应符合作为加工原材料的质量要求，加工利用过程的污染防治措施（包括厂外加工利用）可行并符合实际。

——固体废物临时（中转）堆场选址合理，需要采取的防渗、防冲刷、防扬尘措施可行；固体废物贮存场的选址、关闭与封场应符合 GB 18599 的相关要求，采取的污染防治措施可行，符合所在地区的环境实际，技术经济合理。

（2）危险废物。

——项目产生的危险废物贮存、加工利用、转移应符合国家相关政策要求，再利用过程的污染防治措施（包括厂外加工利用）可行，技术经济合理；

——危险废物焚烧炉的技术指标、焚烧炉排气筒的高度、危险废物的贮存、焚烧炉大气污染物排放限值应符合 GB 18484 的相关要求；

——危险废物的堆放、贮存设施的关闭应符合 GB 18597 的相关要求；

——危险废物填埋场污染控制、封场应符合 GB 18598 的相关要求。

（3）固体废物污染防治措施投资估算合理。

6.9 陆生生态环境影响技术评估

6.9.1 一般原则性问题评估

6.9.1.1 评价范围的评估

——评价范围应包括项目全部活动空间和影响空间；

——考虑生态系统结构和功能的完整性特征；

——能够说明受项目影响的生态系统与周围其他生态系统的关系；

——包括项目可能影响的所有敏感生态区或敏感的生态保护目标。

6.9.1.2 评价标准的评估

a）评价标准应表征规划的生态功能区的主要功能、规划目标与指标；表征自然资源的保护政策与规定；表征环境保护管理的目标、指标。

b）以评价区域同类型基本未受影响的自然生态系统的相对理想状态为评价标准；或进行气候生产力理论计算作为自然生态系统评价标准；根据生态功能区或功能分区目标选择指标并进行指标分级而确定评价标准。

c）污染的生态累积性影响，在污染生态影响评价基础上进行，其评价标准可依据科学研究已判明的生态效应、阈值、最高允许量等确定，须评估这些科研成果的应用是否合理。

d）评价生态环境问题及相应的生态系统结构—过程—功能的标准，根据采用的评价方法选择指标和进行指标分级，按保障区域可持续发展要求作标准选择。

6.9.1.3 生态影响判别的评估

a）列入识别的影响因素（作用主体）应反映项目的主要影响作用；按项目全过程列出影响因素并将主要影响阶段作为重点；须突出重点工程和重大影响的内容。

b）列入识别的生态环境因素（影响受体）应是主要受影响的生态因子，包括生态敏感区，区域主要生态环境问题和生态风险问题，重要的自然资源。

c）应区分影响性质（可逆与不可逆）、范围、时间、程度、影响受体的数量和敏感程度。

6.9.1.4 评价因子筛选的评估

——选择的评价因子应表征受影响最严重的生态系统和因子、生态环境敏感区、重要自然资源、主要生态问题等；

——评价因子（指标）可分解和可用参数表征；

——评价因子和参数应可以测量或计量。

6.9.1.5 评价等级的评估

对影响不同生态系统或不同保护目标的项目，一个项目只定一个评价等级，按最重要和最大影响确定评价等级。

6.9.2 陆生生态现状调查与评价的评估

6.9.2.1 自然环境调查的评估

自然环境调查的重点是与项目环境影响关系密切的、具有区域环境特点的内容，一般包括地形、地貌、地质、水文、气候、土壤、动植物等。

6.9.2.2 生态现状调查的评估

调查内容包括生态景观、生态系统、植被、物种多样性、重要生境与重要生物群落、区域生态问题等，评估调查方法选取的合理性、引用资料的准确性、生态监测结果的代表性以及主要生态问题识别的正确性。

6.9.2.3 生态现状评价的评估

（1）生态系统完整性。

——用景观生态学方法评价生态系统完整性时，应说明系统的基本结构和状态，依据一定的指标和标准分析系统的稳定性和可恢复性；

——用生态机理分析等方法评价生态系统完整性时，须阐明系统结构，采用表征系统状态的评价指标体系进行评价；

——对植被的完整性和状态进行评价；

——说明评价的生态系统与周围生态系统的相互关系，线型项目须说明附近支持型生态系统；

——说明对系统完整性有重要影响的因素。

（2）生态敏感区。

明确特殊生态敏感区和重要生态敏感区；确定能表征生态敏感区特征和功能的评价指标，分析其现状与问题；法定保护的生态敏感区应给出规划图，必要时还应给出生态环境质量评价图件。

（3）区域生态功能。

明确评价区生态功能区划与生态规划或规划环评的生态功能分区；生态功能未明确的，可参照《全国生态功能区划》推荐的方法进行区域环境敏感性评价，评定评价区生态环境功能或生态敏感性；分析项目是否符合区域生态功能的要求。

（4）区域主要生态问题。

鉴别区域主要生态问题，调查区域生态问题的类型、成因、分布、历史发展过程和发展趋势等，分析区域生态的主要限制性因素。

6.9.3 陆生生态影响预测和评价的评估

6.9.3.1 生态系统影响预测和评价的评估

评估时关注评价方法选择的合理性和影响程度的正确判别。评估中应关注：

——土地占用对生态系统完整性的影响；

——线型工程的地域分割、阻隔对动植物及其栖息地的影响；

——自然资源利用或生物多样性减少导致的系统组分失调或简化；

——景观破碎和生产力降低导致的系统稳定性降低和恢复能力下降等。

6.9.3.2 生态敏感区的影响预测和评价的评估

重点关注特殊生态敏感区和重要生态敏感区。评估项目选址的合理性，项目选址应尽量避开特殊生态敏感区和重要生态敏感区；对于不能避开的项目，须评估项目规模是否影响生态敏感区的主导生态功能；根据项目的影响途径、影响方式和程度，评估影响预测方法和评价指标选取的合理性。

以下几类生态敏感区的评估要点包括：

——珍稀动植物栖息地影响评估要点：须明确建设项目影响栖息地的主要因素或方式（如侵占、破坏、分割、阻隔、干扰、削弱、减少面积、收获资源等）、影响的性质（是否可恢复或可补偿）与程度（范围、时间和强度）。

——自然保护区影响评估要点：明确自然保护区的名称、保护级别、边界范围和功能分区并附批准规划图；说明自然保护区的主要保护对象或目标；以动物为保护目标的应说明其主要分布地区（主要活动区）、食性和习性，巢区要求、繁殖条件、有无迁徙特性等；评估影响的性质、范围和程度。

——风景名胜区影响评估要点：应从风景区内外的观景点和人群集中地的角度观察和评估景观美学影响。

——自然遗产地影响评估要点：须说明自然遗产地的类型、保护级别、科学价值、保护区范围，并附保护区规划图；应说明项目与自然遗产地的关系，是否符合法规要求，有无替代方案；评估影响性质、范围和程度。

——生态脆弱区影响评估要点：应进行脆弱性评价，并说明导致生态脆弱的主要原因；阐明生态脆弱性特点，脆弱区分布；项目与脆弱区的关系和影响；生态脆弱对项目的制约作用；提出针对生态脆弱特点和问题的特殊环保措施等。

6.9.3.3　物种多样性影响的评估

评估项目影响下的物种减少可能性，并对影响程度进行判别，评估时应考虑直接影响、次生影响及累积影响。

评估项目建设对重要生物的影响：重要生物是指列入法定保护名录的生物、珍稀濒危生物、地方特有生物和公众特别关注的生物。评估时应注意：

——须将生物与其栖息地环境作为一个整体看待；

——逐一阐明重要生物的名称和种类、保护级别、种群状态、集中分布区和活动范围、食物来源、繁殖条件、巢区要求、有无迁徙习性和动物通道要求等；

——建设项目影响的途径和方式、影响的程度等是否可以接受；

——有多种生物为影响评价对象时，可进行保护优先性排序或影响危险性排序，确定最需保护的对象，也可对代表性生物作影响评估；

——须对影响程度做出判别。

6.9.3.4　生态风险的评估

评估中考虑的生态风险主要有造成物种濒危或灭绝的风险、造成自然灾害风险、造成人群健康危害或造成重大资源和经济损失的风险等。

评估建设项目引起生态风险的可能性，明确风险影响途径、形式、发生机理和发生频率；主要影响对象以及影响程度、范围和后果；是否有预防措施和应急方案。

6.9.3.5　区域生态问题的评估

分析项目与区域主要生态问题的关系，评估项目选址和建设方案的可行性。

6.9.3.6　自然资源影响的评估

评估资源利用规模和方式对资源可持续利用的影响，是否符合规划确定的资源利用原则与指标，是否符合国家和地方政府的资源利用政策与法规，是否符合各行业的资源利用的标准与规范。

6.9.4　农业生态环境影响评估

6.9.4.1　农田土壤影响的评估

a）土壤侵蚀评估：项目在三类地区应有水土保持方案，明确土壤侵蚀模数、侵蚀面积和土壤流失量；水土保持方案或措施应符合环境保护要求，护坡工程考虑景观美学影响问题，植被重建要求应与当地气候土壤条件相符合；

b）土壤退化评估：土壤影响评价应选择表征土壤退化的指标，进行定量化测算，计算退化面积，评估农田土壤退化程度，进而评价对生态（如植被）的影响和对生态系统的整体性影响；

c）土壤污染评估：明确受污染土地面积、主要污染源与污染物；依据 GB 15618 评价土壤污染程度，并评价对生态的影响；必要时进行农作物或其他指示生物的污染物测量以评价生态污染或累积性影响。应根据土地的规划功能评估土壤污染的可接受性，如农田污染程度应按是否影响农产品的食用质量评估，而不是按是否可生长植物或生物量大小评估。

d）土壤盐渍化评估：通过分析土壤盐渍化与当地农作物的关系，评估盐渍化发展趋势，及其对农业生态环境的影响程度。

6.9.4.2 农业资源影响的评估

a）农用土地：说明项目占地面积与类型，占耕地面积，相应农业损失；评价耕地占用的合理性和合法性；论述替代方案和减少耕地占用的措施，土地复垦的可行性。对城市菜篮子工程用地、特产农田、鱼塘、园田占用应有针对性的保护或恢复、补偿措施。

b）基本农田：明确项目占用基本农田的面积、分布，并附图，计算农业损失。评估其合法性，可补偿性，论证减少占地的措施及可行性。

6.9.5 城市生态环境影响评估

6.9.5.1 城市性质与功能影响的评估

——根据城市总体规划、土地利用规划、生态功能区划、环境功能规划等评估项目性质、规模和布局的规划符合性；

——根据城市发展的制约性资源环境因素评估项目对城市可持续发展的影响（环境合理性）。

6.9.5.2 城市功能分区及生态环境功能区划的评估

调查和阐明城市的功能分区和生态功能区规划，分析建设项目选址和建设方案与生态规划的协调性。评价项目对城市重要生态功能区及敏感生态环境区的影响（选址合理性）。

6.9.5.3 城市自然体系及空间结构的评估

——调查评价城市自然环境体系（河流湖泊/山峦丘岗等）对城市生态的重要调节功能；

——评估项目对城市自然体系的影响；

——评估是否影响城市风道，水道通畅，人口密度适中宜居等。

6.9.5.4 城市绿化体系的评估

阐明城市绿化体系规划，明确绿化指标和绿化体系布局，评估项目对绿化体系的影响；项目绿化方案是否满足城市绿化规划的目标、指标和布局要求。

6.9.5.5 城市景观影响的评估

阐明城市规划中有关景观的要求；评估城市风貌和景观特色；明确主要景观资源和景观区（段、点）及敏感景观点段；评价项目与城市景观保护目标的关系，对城市景观的影响性质、影响形式、影响区段和影响程度，减轻影响的途径和措施等。

6.9.5.6 城市可持续发展支持性资源影响的评估

评估支持城市可持续发展的关键因素，包括水资源、土地资源、生态承载力与环境容量等。评估项目竞争性利用城市资源环境造成的长远影响。

6.9.5.7 城市生态安全评估

根据生态功能区划评估城市的生态安全性，明确重要生态功能区、自然灾害易发区、地质不稳定区和建筑控制区等。评估项目选址的环境合理性，对生态安全性影响等。

6.9.6 陆生生态保护措施评估

6.9.6.1 生态保护措施的基本要求

a）遵循生态科学基本原理。保护生态系统完整性、保持再生产能力、保护生物多样性及重点保护的生态敏感区、关注生态发展限制性因素、保持主导生态功能和重建退化的生态系统等。

b）实行全过程保护。针对建设项目实施过程各阶段不同的生态环境影响问题，采取相应的保护措施，并且在影响最严重的时期采取最严格的保护措施和管理。

c）具有针对性。须针对具体的项目特点和具体的生态环境特点进行评价和实施保护措施。

d）具有可行性。保护措施应是经济可行、管理可及、技术可达。

6.9.6.2　生态环境保护措施评估重点

（1）预防为主措施评估。

——对生物多样性保护、敏感生态区保护、自然景观保护等应特别防止发生不可逆影响。项目选址选线必须考虑避免干扰或破坏此类保护目标；

——对重大影响和有敏感生态保护目标影响者应论证替代方案；

——避免在生物繁殖季节等关键时期进行有影响的活动。

（2）工程措施评估。

——污染防治措施应做到排放浓度达标和环境质量达标，有生物影响或累积影响的污染物应长期监测控制；

——生态工程措施应环境适宜和有效；

——绿化方案应达到有关规划要求；

——对项目进行景观美化设计，对项目与周围环境景观的协调性进行优化设计；

——生态补偿措施应充分、可行、有效，生态功能损失应得到有效补偿；

——生态重建措施应科学可行，对其关键技术应有科学论证；

——土地复垦的目标、指标、措施及技术应明确，经济可行等。

（3）施工期措施评估。

——施工环保措施应全面和具体，涵盖所有重要施工点；

——编制施工期环境保护监理计划；

——应有包括生态监测在内的施工期监测计划。

（4）环境保护管理措施。

——按项目实施全过程提出环境保护管理计划；

——应建立环境保护管理机构和管理制度；

——对于涉及生态敏感区的项目、涉及重要生物多样性保护的项目、存在重大生态风险影响的项目，应编制生态监测方案以进行长时期的监测；

——延续期较长的项目应进行后评价；

——进行环保投资估算和列出环保投资分项一览表；

——进行环保投资技术经济论证。

（5）在出现下述环境问题时，其环保措施须强化。

——生态系统完整性受到不可逆影响，或主要生态因子发生不可逆影响；

——对生态敏感区或敏感保护目标产生不可逆影响；

——可能造成区域内某生态系统（如湿地）消亡或某个生物群落消亡；

——可能造成一种物种濒危或灭绝的影响；

——造成再生周期长恢复速度较慢的某种重要自然资源严重损失；

——环境影响可能导致自然灾害发生。

6.10　水生生态环境影响技术评估

6.10.1　一般原则性问题评估

6.10.1.1　评价范围的评估

a）评价范围应包括项目全部时空活动范围及其涉及和影响的水生生态系统；

b）体现水生生态系统完整性；

c）包括生态敏感区和环境保护目标。

6.10.1.2　水生生态环境评价标准的评估

a）水质应满足水环境规划和生态功能的要求；

b）影响评价指标和标准应科学合理，能表征生态系统特点与功能。

6.10.1.3　水生生态评价等级的评估

评价等级主要考虑水生生态功能、生态敏感程度和项目生态影响程度。

6.10.1.4　水生生态影响识别的评估

a）列入项目的主要影响因素（作用主体）：包含项目全过程的影响，包括污染影响和非污染影响；注意对敏感保护目标的影响；注意累积影响和生态风险等。

b）列入识别的生态因子（影响受体）：

——表征水生生态系统完整性受影响的生态因子；

——生态敏感区；

——重要资源，如渔业资源等。

c）影响效应：影响的性质、范围、频率、时间、程度等，及对生态敏感区的影响。

6.10.1.5　水生生态评价因子筛选的评估

——评价因子应能表征主导生态功能、主要生态问题、最敏感或受影响最为严重的环境和生态因子；

——评价因子应可测量或可计量；

——底栖生物和鱼类为最具代表性的评价因子。

6.10.2　水生生态调查与评价的评估

6.10.2.1　水生生态调查的评估

——河湖应查明水系分布、水文状态、已有水工建筑或水系自然性等；

——调查生物多样性和鱼类资源；

——应有河流水系图或流域水网分布图；

——应阐明流量、水温变化规律等与水生态密切相关的因素；

——调查有无闸坝等挡水构筑物；

——河岸、湖岸状态及滩涂湿地开发利用状况，自然岸线所占比例及规划保护的自然岸线分布等；

——海洋的潮流、岸线特征，海域及岸线开发利用现状，海域生物多样性，河口湿地、海湾及自然岸线分布与保护规划，海域功能区划和海域环境功能区划等。

6.10.2.2　水生生物现状监测与调查的评估

a）评估监测点位布设是否合理，监测与调查项目是否全面。

b）调查水生生态和渔业资源的历史动态状况。

6.10.2.3　水生生态现状评价的评估

对下列各项评价内容进行评估，要求资料充实，来源可靠，结论合理可信。

——对水生生态系统完整性进行评价；

——评价水体营养状态，分析水环境容量；

——对水生生物食物链或相互联系进行分析；

——对底栖生物的分布、密度、生物量状况作评价，对既有影响因素作分析；

——明确鱼类产卵场、索饵场、越冬场、洄游通道等生态敏感保护目标，绘制分布图；

——有珍稀特有水生生物分布时，对其稀有性、特异性、重要性做出评价；

——海域生态评价应注意不同生物在不同季节对生境的利用特点，防止以一次监测做出不全面的结论，例如需要注意热带海域生物多样性高和全年都有生物繁殖的特点。

6.10.3 水生生态影响预测与评价的评估

6.10.3.1 水生生态系统完整性影响

a）水生生物多样性影响：与历史自然状态相比较，水生生物多样性减少情况，减少幅度最大的生物及原因，水生生物优势度和均匀度变化及变化的原因。

b）水生生态系统生产力：评估采样布点和采样方法的规范性，分析系统生产力的历史变迁；重点评估底栖生物和鱼类资源。

c）水生生物种群影响：可选择底栖生物（海域）和鱼类作种群监测和评价水生生态动态，可通过底栖生物和鱼类的优势种群变化分析系统整体状态及其存在的问题。

d）水生生物生境影响：须评估影响水生生物生境的主要因素和导致的主要影响，如河流水文规律、流态影响、水温变化等，或者侵占和破坏产卵场、索饵场、越冬场。

e）洄游通道影响：河流闸坝阻隔鱼蟹类洄游通道为严重影响。应调查明确是否存在洄游性生物，有无替代性生境等。

f）气体过饱和影响：评估泄洪造成的溶解气体过饱和度以及对鱼类的影响。

6.10.3.2 水质变化的生态影响的评估

a）有机物影响：评估水质是否满足规划的水体功能，对鱼虾产卵场等有生物幼体（敏感性高）的水域或海域应提高水质要求（如降低一个数量级）。

b）根据浮游生物监测和水体氮磷监测评估水体富营养化程度及生态影响（水体的氮磷应作为水质控制主要指标）。

c）悬浮物和沉积物影响：主要评估施工期对底栖生物的影响。

d）其他污染物影响：评估重金属、农药和有毒有害化学品污染水体对水生生态的影响，应区分急性毒害作用和累积性影响。评估影响分析所使用的资料来源，可引用的科研成果，或做专门的生物影响试验，或进行类比调查等。

对于不同的工况，评估时应注意：

——事故性排放按风险影响评估；

——非正常排放应主要评估直接的生物急性毒性影响；

——生物累积性的污染物应分析长期累积性影响，如底泥一次性污染后会在较长时期成为持续性污染源而对水生生物造成长期累积性影响。

6.10.3.3 鱼类资源影响的评估

a）鱼类资源影响：重点评估鱼类物种多样性和生产力影响，重点是经济鱼类，主要从生境条件变化作分析，并提出针对性的保护措施；评估鱼类种群变化及其生态学意义；评估鱼类产卵场、索饵场、越冬场破坏或其他水生境变化的影响，洄游通道阻隔影响，捕捞影响，据此造成的鱼类多样性减少及其生产力下降和经济损失。

b）外来物种入侵影响：由水产养殖、观赏娱乐、科学试验、水生生态补偿性放流与增殖等活动引入外来物种可能造成对本地物种的影响。评价外来物种影响的可能途径，研究外来物种的生存条件，评估生态风险，提出有效防止措施。

6.10.3.4 水生生态敏感区影响的评估

a）重要生境：根据此类生境的分布、范围、特点，生物利用情况，评估项目的影响程度。对于被破坏的栖息地须评估栖息地的可替代性。

b）珍稀濒危和法定保护生物的栖息地：根据保护对象的种类、分布区、食性、生态习性、繁殖特点等信息，评估项目影响方式与程度，评估栖息地和保护生物的变化趋势。

6.10.4 湿地生态系统影响评估

6.10.4.1 评估的一般原则

以保护湿地的可持续存在和主要功能为基本原则。

6.10.4.2 湿地生态调查与评价的评估

a）湿地生态调查：从湿地生态系统完整性出发进行流域生态调查，明确湿地水系及其与湿地的关系；湿地进出水规律和进出水量；调查和识别湿地生态功能，规划功能分区；监测湿地水质；确定湿地生态敏感区或敏感保护目标；调查湿地存在的主要环境问题等。

b）湿地生态评价：鉴别湿地类型；从湿地组成和生物多样性、水系完整性、水文自然性、湿地生产力等指标综合评价湿地生态系统完整性状态；明确湿地生态功能；明确敏感保护目标的现状；评估湿地存在的主要环境问题。

6.10.4.3 湿地生态系统影响的评估

a）湿地生态系统完整性影响：评估湿地流域的水系完整性，影响因素，影响程度；湿地来水河流水文自然特点，洪枯变化幅度；评估涉水生物的栖息地影响，影响程度，是否导致某些物种不能在该地区生存；湿地生态结构的影响或变化。

b）湿地可持续性：评估项目影响是否造成湿地面积减少、湿地萎缩或最终导致湿地消亡；进行湿地进出水平衡计算，明确补给水源、水量和补给方式；综合分析湿地压力。

c）湿地生态功能影响：评估主要湿地生态功能的影响性质和程度；采取的环保措施的有效性。

d）湿地生物影响评估：评估湿地生物物种及其栖息地的直接影响和间接影响；主要评估栖息地条件和食物影响，评估结论是否可信。

e）湿地生态敏感区或敏感目标影响：主要从生物对生境和食物的要求评估影响因素和有效方式，评估结论是否可信。

6.10.5 水生生态保护措施评估

6.10.5.1 保护措施原则的评估

a）贯彻国家发展战略、政策；执行法律法规规定；符合水域规划和功能区要求。

b）遵循生态科学基本原理，按河流、湖泊、海洋和湿地等不同生态系统类型及各自的特点和影响的特殊性，提出针对性保护措施。

c）实施项目全过程保护措施。对于长期累积性影响，还应进行影响的跟踪监测与评价。

d）突出生境保护优先原则，保护主要生态功能，无论这种功能是规划确定的还是实际具有的。

6.10.5.2 评估要点

a）水生生态系统完整性保护：重点保护水系完整性、水域状态的自然性和水生生物多样性。评估水工程所保持的生态基本流量是否足以达到保护河流鱼类的目的。

b）水生生态敏感区保护措施：鱼类产卵场、索饵地、越冬场、洄游通道以及海洋和河湖水域的自然保护区，有珍稀水生生物生存和活动的水域，珊瑚礁、红树林、海湾和河口湿地等区域，都须采取预防为主的保护措施。必须保持较大面积比例的自然湿地、自然滩涂、自然岸带等水生生物生存必需的环境；评估措施的科学性和有效性。

c）施工期环保措施：针对施工期影响特点采取相应环保措施；实行施工期环境保护监理；施工期环保措施须针对减少悬浮物、振动与噪声和污染影响，提出；合理的施工方案，有效减少对生物繁殖的影响。

d）污染防治措施评估：采取措施保障水环境质量达到其规划功能的水质要求；海洋污染影响控制措施还须达到有关国际海洋公约的要求。

e）水生生态保护管理措施：建立水环境和水生生物保护管理机构，建立管理制度；编制水环境监测（包括底泥）和水生生态监测方案，确定监测的水生物对象、监测点、监测频率、监测方法等具体实施内容；应有针对环保措施的跟踪监测；估算水生生态保护措施投资并列出分项投资一览表；对环保措施进行技术经济论证；对生态风险影响应有跟踪监测和后评价计划。

f）补偿措施评估：水生生态补偿措施应进行可行性评估，如增殖放流等；应在科学试验的基础上进行，并需跟踪监测和评价。

6.11 景观美学影响技术评估

6.11.1 一般原则性问题的评估

景观美学影响评估以保护自然景观资源为主要目的，主要针对公路、铁路、矿山、采石、风景旅游区、库坝型水利水电工程、城市区大型建设项目等可能影响重要景观或可能造成不良景观的项目进行。

6.11.1.1 评价范围的评估

对于处于景观敏感点位的景物或景观保护要求很高的项目，以可视见距离为评价范围。

6.11.1.2 评价标准

a）景观敏感度评价可以敏感度分级并结合景观性质和规划功能目标确定可接受标准。

b）景观美感度一般以自然景观现状或规划景观目标为评价标准。

c）景观美学评价标准应与采用的评价方法和指标相适应。

6.11.1.3 评价等级的评估

主要从景观保护等级和景观影响程度来划分评价等级；有特殊景观保护要求的，可适当调升评价等级。

6.11.1.4 景观影响识别

a）景观影响因素（项目作用）应包括项目所有主要可影响景观的因子，如烟囱耸立和烟雾排放、山体开挖和植被破坏等；还应考虑项目不同发展阶段的影响因子；

b）景观环境因素（影响受体）应涵盖所有重要的自然景观、人文景观和规划保护目标。

6.11.1.5 评价因子筛选的评估

a）应表征景观保护目标的现状特征和影响问题。

b）应表征景观敏感度和景观美感度特征。

c）可定量或半定量。

6.11.2 景观现状调查与评价的评估

6.11.2.1 景观敏感度评估

评估要点为：

——是否进行全面的景观敏感度调查；

——选取的景观敏感度评价指标和方法应合理、可行；

——是否有实地调查影像资料，或敏感景观分布图。

6.11.2.2 敏感景观的美学评价的评估

美学评价可参照 HJ/T 6，选取特定的指标体系进行评价。评估重点：

——针对敏感景观做景观美学评价；

——选取的景观美学评价指标体系和采取的评价方法合理；

——评价结论是否符合实际或获得公众认可。

6.11.3 景观美学影响评估

6.11.3.1 景观美学影响因素的评估

建设项目的景观美学影响包括改变景观美性质、影响或破坏具有较高景观美学价值的景观目标、遮蔽景观目标、项目造成不良景观且处于敏感景观点（段、区）等。评估重点为：

——明确造成景观影响的项目因子；

——明确景观美学影响的性质与程度，影响形式和空间位置等；

——明确项目形成的不良景观的类型、点位、影响目标；

——评价消除不良景观影响的难易程度等。

6.11.3.2 重要景观保护目标影响的评估

重要景观目标是指景观敏感度高且美学价值较高的景观与景物。法规和规划确定的景观保护目标和城市的重要景观目标须重点保护。针对重要景观保护目标须进行具体的和有针对性的影响评价，阐明影响的性质、方式、影响程度。

6.11.4 重要景观美学资源的影响评估

重要景观美学资源是指可能成为旅游或其他可作为观赏资源并具有潜在经济价值的景物、景点。

重点评估项目对景观美学资源的区位优势、可达性、资源规模、美学价值（美感度、珍稀度、多样性、吸引力）等方面的影响。

6.11.5 景观美学保护措施评估

a）首先考虑采取预防性保护措施，包括选址选线避让、改变项目设计方案等，对严重影响者尤甚；其次是对受影响的景观采取恢复或其他保护措施；评估保护措施的有效性；

b）对项目应进行景观美化设计，对项目与周围环境景观的协调性进行优化设计，对项目造成的不良景观采取有效的处理措施；

c）将景观保护措施落实到项目设计和项目建设的管理中，估算有关投资；

d）应有公众参与景观影响评价，采纳公众关于景观保护的合理意见或建议。

6.12 环境风险技术评估

6.12.1 重大危险源辨识的评估

——物质风险识别范围涵盖主要原材料及辅助材料、燃料、中间产品、最终产品以及“三废”污染物，涵盖主要生产装置、贮运系统、公用工程系统、辅助生产设施及工程环保设施等。

——重大危险源辨识应以危险物质的在线量为依据，重点评估在线量估算的科学性和合理性。

——要求识别资料完整，并给出重大危险源分布图。

6.12.2 环境敏感性的评估

——调查建设项目周边 5 km 范围内的环境敏感目标，包括居民点（区）、重要社会关注区（学校、医院、文教、党政机关等）、重要水体保护目标（饮用水源等）、生态敏感区及其他可能受事故影响的特殊保护地区等。

——调查资料包括人口分布、气象资料、地表地下水资料、生态资料、社会关注区、重要保护目标等，调查资料完整，调查范围不低于 5 km 半径范围。

6.12.3 环境风险分析的评估

a）评估火灾、爆炸和泄漏三种事故类型及污染物转移途径分析的正确性，重点关注泄漏、火灾爆炸事故伴生或次生的危险识别和二次污染风险分析。重点评估环境风险源项识别的科学性和合理性、最大可信事故源强和概率确定的合理性，以及预测模式、参数选择的科学性和合理性。

b）有毒有害物质在大气中的扩散，采用多烟团模式；对于重质气体、复杂地形条件下的扩散，对模式进行相应修正。所用污染气象资料应符合项目所在地的实际情况。

重点关注有毒有害物质的工业场所有害因素职业接触限值、伤害阈和半致死浓度，各自的地面浓度分布范围及在该范围内的环境保护目标情况（社会关注区、人口分布等）。

c）对进入水体的有毒有害物质进行迁移转化特征分析，根据 HJ/T 2.3 要求选择合适的模式进行预测。

重点关注有毒有害物质在水体中的浓度分布，损害阈值范围内的环境保护目标情况、相应的影响时段，密度大于水的有毒有害物质在底泥、鱼类、水生生物中的含量。

d）根据预测结果，从环境风险角度，评估项目的环境可行性。

6.12.4 环境风险防范措施的评估

评估环境风险防范措施的可行性，包括：风险防范体系完整、可行、可操作；防止事故污染物向环境转移的措施、事故环境风险技术支持系统、环境风险监测技术支持系统落实；环境风险防范区域（或环境安全距离）相应要求明确；环境风险防范“三同时”内容齐全，要求明确。

6.12.5 环境风险应急预案的评估

评估事故环境风险应急体系、响应级别、响应联动、应急监测的可操作性和有效性。

6.13 总量控制技术评估

污染物排放总量核算准确，总量控制指标来源清楚、合理，区域削减方案可行，总量控制方案落实。

污染物排放总量符合项目实际，与国家的总体发展目标一致，满足流域和区域的容量要求，满足国家和地方污染物总量控制管理要求、总量控制计划和环境质量的要求。

6.14 公众参与技术评估

6.14.1 基本要求

6.14.1.1 公众具有代表性和广泛性。

6.14.1.2 公众意见具有针对性。

6.14.1.3 采纳公众意见后拟采取的措施具有可行性。

6.14.2 评估内容和方法

对公众参与中的工作程序、信息公开、信息交流和公众意见处理四个部分进行把关，判断环境影响评价文件中公众参与部分形式与内容合法性。针对公众尤其是直接受影响公众对项目建设的态度与意见，分析建设单位对有关单位、专家和公众意见采纳或者不采纳的说明的合理性。

按照《环境影响评价公众参与暂行办法》分析环境影响评价文件中该部分形式与内容的相符性；根据项目特点、所处位置和评估现场踏勘情况，分析公众参与对象的代表性；针对项目存在的问题，分析公众所提意见的针对性和相应拟采取措施的可行性。

6.14.3 评估应关注的问题

6.14.3.1 环境影响评价文件有单独的公众参与章节，采取的公众参与形式满足相关要求。
6.14.3.2 按照《建设项目环境影响评价分类管理名录》和评估现场踏勘，考察项目所处环境的敏感性。
6.14.3.3 公众应包括直接受影响的人群、受影响团体的公共代表、其他感兴趣的团体或个人等。受访人员应便于环境保护行政主管部门核实。
6.14.3.4 项目信息公开采用的方式便于公众知悉，内容中项目对环境可能造成影响的叙述客观准确、拟采取的措施属实，并明确直接受影响的公众范围和影响程度。
6.14.3.5 公众参与问卷调查的内容应包含与本建设项目有关的主要环境保护问题，调查结果应反映公众对本工程建设的基本态度（支持、反对、不表态），持反对态度的公众应说明理由。
6.14.3.6 公众意见的处理方式

采纳公众意见而补充的措施须论证可行性，对不采纳的公众意见应说明合理性。对与公众环境权益相关的合理意见，建设单位或评价单位须提出切实可行的解决办法。
6.14.3.7 对于公众意见较大且建设单位未予采纳的，或者环境特别敏感的，技术评估会应邀请有关公众代表参加并出具书面意见。

6.15 环境监管计划技术评估

6.15.1 基本要求

结合敏感目标分布和项目不同时段（施工期、运行期和服务期满后）的环境影响特点，评估监控计划设计的合理性，重点关注监测项目、监测布点。

评估时关注监控计划中监测布点、监测时间、监测频次、采样和分析技术方法与相关监测规范的符合性。

6.15.2 施工期环境监管计划的评估

a）根据施工进度安排、敏感目标分布、污染源特征和分布、项目特点、项目区域特点，评估污染源、环境质量、水土保持的监测方案合理性。
b）评估污染控制管理制度的全面性与可行性。生态影响型项目须包括工程施工期生态监理方面的内容。

6.15.3 运行期环境监管计划的评估

6.15.3.1 污染源监测方案的评估

——对污染源情况（包括废气、废水、噪声、固体废物）以及各类污染治理设施的运转状况进行定期或不定期的监测。

——根据国家有关监测技术规范，结合敏感目标分布、污染源特征和分布、项目特点，评估监测点位、采样分析方法、监测因子的合理性，重点关注废气和废水的在线监测设备布设与监测项目的合理性。
6.15.3.2 环境质量监测计划的评估

根据影响范围和影响程度，结合敏感目标分布、项目污染特点，对环境质量进行定点监测或定期跟踪监测。评估监测方案的合理性、与相关监测技术规范的符合性。评估中应关注以下问题：

——对多年调节的水利水电项目，须关注下泄水温观测，观测断面设置要考虑下游河道支流汇入情况、社会（生产生活）及生态用水情况，观测时间与频率应根据灌溉用水、水生生物适宜性（保护目标需求）等因素确定。

——对煤炭、矿区等资源开采项目，须关注地表移动变形情况（包括下沉、水平移动、水平变形、曲率变形和倾斜变形）的观测。

——对于产生温排水的项目，须关注诱发富营养化和赤潮等环境问题的污染因子的监测方案。

——水生生物监测对象须关注鱼类种群及产卵场、越冬场、索饵场分布，珍稀濒危、特有、重点保护鱼类等。

——陆生生物监测内容须关注陆生动、植物的区系组成、种类及分布，监测对象须关注珍稀濒危、重点保护野生物种等。

——对产生地下水污染的项目，须评估监测井布设和监测频率的合理性，如不设置地下水水质监测井的项目，需评估其不设置的可行性。

6.15.3.3　应急监测方案的评估

根据环境风险评价结果，评估应急监测方案的合理性。

6.15.3.4　排污口规范化的评估

根据国家有关标准和规范的要求，评估排污口设置的规范化。

6.15.3.5　环境管理的评估

从环境管理组织机构、职责、制度等方面评估建设项目管理措施的针对性、可操作性和有效性。

附　录　A
（资料性附录）
环境影响技术评估报告的编制格式

A.1　专题设置原则

根据项目特点、环境特征、国家和地方环境保护行政主管部门的要求，选择下列但不限于下列全部或部分专题进行评估。

A.2　编制格式

A.2.1　项目概况

A.2.1.1　项目背景

项目已有的与环保有关的手续。拟建项目所属规划情况，主要是指国家十大振兴规划或其他国家规划。流域或矿区概况（主要是水利水电、采掘行业），含相关规划环评情况等。拟建项目所处位置以及作用。

A.2.1.2　现有项目情况及“以新带老”环保措施

针对改扩建项目，应首先介绍现有工程的基本情况及存在的主要环保问题，其中包括现有工程的规模、主要环保设施、排污去向、投产时间和验收情况、拟建项目依托的环保设施及“以新带老”环保措施等。

A.2.1.3　拟建项目概况

介绍建设单位、建设地点、项目与主要关心点（如城市、自然保护区）的位置关系及距离等。项目建设内容包括：建设规模、主体工程、辅助工程、公用工程、贮运设施、用水来源、土地性质等；改扩建项目应说明与现有工程的相对位置关系和工程依托关系。工程的主要比选方案简介（主要是线性工程），评估比选的结论。最后给出工程总投资、环保投资及环保投资占总投资的百分比。

A.2.2　环境质量现状

从环境影响受体的角度，明确项目选址所在区域环境质量现状（环境空气质量、地表水或海域环境质量、声环境质量及生态环境质量、地下水环境、土壤环境等），说明执行的标准及级别。针对项目所在区域的水文地质、气候特点等，提出所在区域存在的与工程相关的环境问题。按环境要素给出环境保护目标。

A.2.3　环境保护措施及主要环境影响

污染影响型项目主要是污染防治措施，按环境要素概括项目拟采取的污染防治措施（包括工艺、去除效率以及达标情况），逐项明确所采取的措施是否能做到长期稳定运行并满足相应标准要求。改扩建项目还包括“以新带老”措施。

生态影响型项目主要是生态影响减缓措施。

预测工程采取措施后对环境的影响，明确项目对环境保护目标的影响结论。

A.2.4 评估结论

A.2.4.1 产业政策和规划符合性

项目与产业政策和地方总体规划、环境功能区划的相符性。依据国家有效文件判定项目建设是否符合产业政策。依据地方有效规划文件判定项目建设是否符合当地的总体发展规划、环境保护规划和环境功能区划。

A.2.4.2 清洁生产

能耗、物耗、水耗、单位产品的污染物产生及排放量等方面与国内外同类型先进生产工艺比较，给出项目的清洁生产水平。

A.2.4.3 总量控制

给出拟建项目主要污染物排放总量，总量指标的来源，是否已得到地方有关部门的批准。

A.2.4.4 环境风险

给出项目主要的环境风险，拟采取的防范措施，风险后果及可接受程度。

A.2.4.5 公众参与

明确公众参与采取的方式以及结果。若有反对意见应介绍反对的原因和解决的情况。

A.2.4.6 结论

对环境影响评价文件的编制质量和项目的环境可行性给出明确结论。若不可行，指出环境影响评价文件存在的主要问题或项目存在的制约因素。

A.2.5 审批建议

对于环境可行的项目有此段落。主要按环境要素提出项目审批建议，从技术角度给出该项目在初步设计、工程建设、竣工验收以及运行管理中应注意的问题。

A.3 其他说明

A.3.1 评估过程中工程建设内容和环保措施发生变化时，评估报告应予以体现。

A.3.2 每个专题后应有评估意见，如符合标准与否、措施可行与否、预测结果可信与否等。

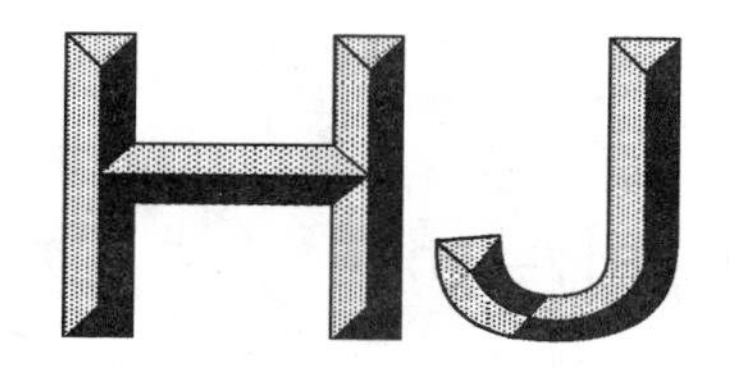

中华人民共和国国家环境保护标准

HJ 617—2011

企业环境报告书编制导则

Guidelines for drafting on corporate environmental report

2011-06-24 发布　　　　　　　　　　　　　　　　2011-10-01 实施

环　境　保　护　部　发布

中华人民共和国环境保护部
公　告

2011 年　第 51 号

为贯彻《中华人民共和国环境保护法》，保护环境，防治污染，规范企业环境信息公开行为，现批准《企业环境报告书编制导则》为国家环境保护标准，并予发布。标准名称、编号如下：

企业环境报告书编制导则（HJ 617—2011）。

以上标准自 2011 年 10 月 1 日起实施，由中国环境科学出版社出版，标准内容可在环境保护部网站（bz.mep.gov.cn）查询。

特此公告。

2011 年 6 月 24 日

前　言

为贯彻《中华人民共和国环境保护法》、《中华人民共和国清洁生产促进法》和《环境信息公开办法（试行）》，保护环境，提高企业环境管理水平，规范企业环境信息公开行为，制定本标准。

本标准规定了企业环境报告书的框架结构、编制原则、工作程序、编制内容和方法。

本标准为首次发布。

本标准的附录 A 为资料性附录，附录 B 为规范性附录。

本标准由环境保护部科技标准司组织制订。

本标准主要起草单位：青岛理工大学、山东省环境保护厅、青岛市环境保护局。

本标准环境保护部 2011 年 6 月 24 日批准。

本标准自 2011 年 10 月 1 日起实施。

本标准由环境保护部解释。

企业环境报告书编制导则

1 适用范围

本标准规定了企业环境报告书的框架结构、编制原则、工作程序、编制内容和方法。

本标准适用于中华人民共和国境内企业环境报告书的编制。

2 术语和定义

下列术语和定义适用于本标准。

2.1

企业环境报告书 corporate environmental report

主要反映企业的管理理念、企业文化、企业环境管理的基本方针以及企业为改善环境、履行社会责任所做的工作。它以宣传品的形式在媒体上公开向社会发布，是企业环境信息公开的一种有效形式。

2.2

环境绩效 environmental performance

指企业在生产经营过程中进行资源开发与利用、环境保护与污染治理所取得的可计量的有形收益和无形收益。

2.3

环境方针 environmental policy

企业最高管理者正式发布的企业环境保护宗旨和目标。

2.4

环境指标 environmental target

指评价企业完成环境保护目标所使用的指标或标准，以下简称“指标”。

2.5

利益相关者 interested party

指企业的生产经营活动能直接或间接影响利益的个人或团体。

2.6

环境会计 environmental accounting

指对企业的环境资产、生产活动中环保成本和环境绩效等进行核算与监督的会计方法。

2.7

生命周期评价 life cycle assessment

指用于评估产品在其整个生命周期中，即从原材料的获取、产品的生产直至产品使用后的处置为止所产生环境负荷的综合评价方法。

2.8

绿色采购 green purchasing

指优先采购环境负荷低、符合环保标准的环境友好型产品的行为。

2.9

物质流分析 material flow analysis

指企业在生产经营过程中通过对物质流进行量化分析，建立物质流账户，实现对物质的投入、消耗和产出进行跟踪分析的方法。

2.10

第三方验证 third-party opinions

指除企业及其利益相关者之外的独立专家学者或有影响力的个人及组织按照“公平、公开、公正”的原则，对企业环境报告书编制过程和报告内容进行审核和监督的行为，第三方验证结果一般刊载在企业环境报告书中，旨在提高企业环境报告书的可信性。

2.11

环境信访 environmental petition

指公民、法人和其他组织通过书信、电子邮件、传真、电话、走访等形式，向各级环境保护行政主管部门反映环境保护情况，提出建议、意见或者投诉请求，依法由环境保护行政主管部门处理的活动。

2.12

环境经营 environmental management

环境经营指企业生产经营适于环境保护或有利于降低环境负荷的商品以及提供环境保护方面服务的经营活动。

3 编制工作流程

企业环境报告书编制的工作流程分为四个阶段（见附录A）。

第一阶段（筹备与策划阶段）：企业成立环境报告书编制领导小组，讨论企业环境报告书编制的相关事宜，确定企业环境报告书的编制工作组（企业自行组织或委托第三方）、编制内容和完成时间。

第二阶段（资料收集与分析阶段）：编制工作组收集国内外典型企业的环境报告书、国际普遍采用的环境保护指令、国内关于环境保护以及环境信息公开的法律法规及政策等相关资料；分析国内外企业环境报告书的推广应用状况和发展趋势；根据企业环境报告书编制单位的基本信息和环境信息，编制工作方案，提出企业环境报告书编制大纲。

第三阶段（编制阶段）：根据企业环境报告书编制大纲，依据本标准选择相应指标，起草企业环境报告书文本，并对相关内容进行必要的说明。

第四阶段（审阅与发布阶段）：企业环境报告书编制单位组织相关人员对环境报告书文本进行评阅；根据评阅意见，编制工作组对企业环境报告书内容和格式进行进一步修改与完善后，向社会公开发布。

4 编制目的与原则

4.1 编制目的

通过编制和发布企业环境报告书，既可以不断完善企业环境管理体系，提高环境管理水平，加大环保工作力度，树立企业绿色形象；也可以实现企业与社会及利益相关者之间的环境信息交流，进一步促进企业履行社会责任，为建设资源节约型、环境友好型社会作出贡献。

4.2 编制原则

4.2.1 相关性、综合性原则

相关性是指企业环境报告书的编制必须最大限度地满足各种不同利益相关者的要求；综合性是指

在既定的范围内，最大限度地反映企业环境报告书编制单位在经济、环境和社会方面取得的成就、存在的问题及发展趋势。

4.2.2 准确性、可比性原则

准确性是指在收集、计算、统计数据及描述、披露信息时能客观反映事实，采用数据正确，计算数据准确；可比性是指企业环境报告书应保持报告范围的连贯性，允许利益相关者对企业不同时期的经济、社会效益和环境绩效进行纵向比较，采用规范要求的术语、单位和计算方法，便于不同企业之间的比较。

4.2.3 通俗性、及时性原则

通俗性是指企业环境报告书在编写时使用通俗、易懂的方式表达企业环境报告书的信息；及时性是指企业环境报告书编制单位利用网络、电视等媒介对与利益相关者有密切关系的事项进行及时的动态报道。

5 编制基本要点

5.1 报告界限

对于由多个分支机构组成的企业，在披露企业环境状况尤其是企业生产经营活动所伴随的环境负荷时，应明确说明报告界限。

5.2 报告时限

报告周期原则为一个财政年度。所采集信息主要来自上一个财政年度企业的相关活动。如果某项环保措施的完成周期超过一年，企业应对项目完成后可能取得的效果或达到的目标予以披露，并注明数据的不确定性及原因。

5.3 计算方法

企业环境报告书中所涉及的资源与能源消耗、污染排放和资源循环利用率等指标值应按本标准第7章中所列方法进行计算。

5.4 指标确定

企业环境报告书的每项共性内容均由多个指标组成，为扩展本标准的适用范围，提高其实用性，标准将指标分为基本指标和选择指标（见附录 B）。基本指标是必须披露的指标，选择指标是可选择性披露的指标。企业应尽可能多地加入选择指标，不断丰富企业环境报告书内容，对于一些较为特殊的企业，也可以根据自身行业特点选择对环境影响较大的项目作为环境报告书应披露的指标内容。

6 企业环境报告书内容

高层致辞；
企业概况及编制说明；
环境管理状况；
环保目标；
降低环境负荷的措施及绩效；
与社会及利益相关者的关系。

在编制企业环境报告书时，除应阐述共性内容之外，还应结合企业的行业特点和利益相关者关注的焦点，适时增加企业环境报告书的内容。

6.1 高层致辞

6.1.1 对全球或地区环境问题、企业开展环境经营的必要性和企业可持续发展重要性的认识；
6.1.2 企业环境方针及发展战略；
6.1.3 结合行业特点阐述企业开展环境经营的主要途径及目标；
6.1.4 向社会做出关于实施环保行动及实现期限的承诺；
6.1.5 企业在经济、环境和社会责任方面所面临的主要挑战及对企业未来发展的影响；
6.1.6 致辞人签名。

6.2 企业概况及编制说明

6.2.1 企业概况

6.2.1.1 企业名称、总部所在地、创建时间；
6.2.1.2 企业总资产、销售额或产值、员工人数；
6.2.1.3 企业所属的行业及规模、主要产品或服务；
6.2.1.4 企业经营理念和企业文化；
6.2.1.5 企业管理框架及相关政策；
6.2.1.6 员工对企业的评价；
6.2.1.7 在报告时限内企业在规模、结构、管理、产权、产品或服务等方面发生重大变化的情况。

本节内容适用于首次发布环境报告书的企业，在后续发布的报告书中根据企业的实际情况，进行适当的调整。

6.2.2 编制说明

6.2.2.1 对由多个分支机构组成的企业，应明确企业环境报告书内容是否涵盖各分支机构的信息；
6.2.2.2 明确企业环境报告书所提供信息的时间范围、企业环境报告书发行日期及下次发行的预定日期；
6.2.2.3 用于保证和提高企业环境报告书准确性、真实性的措施及承诺；
6.2.2.4 第三方验证情况；
6.2.2.5 编制人员及联系方式（电话、传真、电子邮箱及网址），意见咨询及信息反馈方式。

6.3 环境管理状况

6.3.1 环境管理体制及措施

6.3.1.1 企业管理结构：企业管理结构图、分支机构数量、管理机构职能及管理人员数量；
6.3.1.2 企业环境管理体制和管理制度：企业内部环境管理机构、各部门权限及责任分工、管理机构的运转流程，企业规定的环境管理制度及其实施状况；
6.3.1.3 企业环境经营项目：企业开展环境经营的领域及实施项目；
6.3.1.4 企业开展 ISO 14001 环境管理体系认证及实施状况。如果企业是以分支机构为单位进行认证，应说明已获得 ISO 14001 环境管理体系认证的分支机构数量、所占机构总数比例和人员数量比例及通过认证时间等；企业开展清洁生产工作的情况和绩效；
6.3.1.5 企业环境标志及意义说明；环境标志产品认证情况；

6.3.1.6 与环保相关的教育及培训情况；获得各级政府部门和行业协会颁发的环保荣誉和奖励情况。

6.3.2 环境信息公开及交流情况

6.3.2.1 企业以环境报告书、网站或环境信息发布会等方式进行环境信息公开的情况；
6.3.2.2 企业与利益相关者进行环境信息交流的方式、次数、规模和内容等情况；
6.3.2.3 企业与社会合作开展环保活动的情况；
6.3.2.4 企业对内对外提供的环保教育项目；
6.3.2.5 公众对企业环境信息公开的评价。

6.3.3 相关法律法规执行情况

6.3.3.1 报告时限内如果发生过重大环境污染事故及环境违法事件，企业应介绍发生的原因、受到的行政处罚及采取的相应措施；披露主要产品或服务等曾出现的重大环境问题；
6.3.3.2 企业应对环境信访案件的处理措施与方式；
6.3.3.3 具有环境检测资质的机构对企业排放污染物的检测结果及评价；
6.3.3.4 企业应对环境突发事件的应急措施及应急预案（必要时包括事故应急池建设情况）；
6.3.3.5 企业新建、改建和扩建项目环境影响评价审批和“三同时”制度执行情况；
6.3.3.6 企业生产工艺、设备、产品与国家产业政策的符合情况。

6.4 环保目标

6.4.1 环保目标及完成情况

6.4.1.1 对企业制定的上一年度环保目标及完成情况进行量化说明；
6.4.1.2 完成年度环保目标所采取的主要方法与措施；
6.4.1.3 制定企业下一年度环保目标；
6.4.1.4 将企业报告时限内环境绩效与之前财政年度进行比较（首次编写企业应至少比较前 3 年的环境绩效）。

6.4.2 企业的物质流分析

6.4.2.1 生产经营中原材料、燃料、水、化学物质、纸张及包装材料等资源和能源的消耗量；
6.4.2.2 产品或服务产出情况及废弃产品的回收利用量；
6.4.2.3 生产经营中废气、废水、固体废物的产生量及处理量；二氧化硫、氮氧化物、化学需氧量、氨氮和重金属等主要污染物的处理量及排放量；
6.4.2.4 能源消耗产生的温室气体排放量；
6.4.2.5 说明企业环境保护设施的稳定运行情况和运行数据。

6.4.3 环境会计

6.4.3.1 生产经营过程中实施清洁生产的费用、污染防治费用、环境管理费用、环境友好产品研发费用、环保教育及培训等相关环保活动费用；
6.4.3.2 在降低环境负荷、消除环境负面影响等各项环保活动中获得的环境效益；
6.4.3.3 上述环保活动所产生的直接或间接经济效益。

6.5 降低环境负荷的措施及绩效

6.5.1 与产品或服务相关的降低环境负荷的措施

6.5.1.1 环境友好型生产技术、作业方法、服务模式的研发状况；
6.5.1.2 产品研发过程中生命周期评价；
6.5.1.3 企业的环境友好型产品定义及标准；
6.5.1.4 产品节能降耗、有毒有害物质替代等方面的研发情况；
6.5.1.5 举例说明环境友好型的产品或服务；
6.5.1.6 产品或服务获得环境管理或环境标志的认证情况；
6.5.1.7 环境标志产品的生产量及销售量。

6.5.2 废弃产品的回收和再生利用

6.5.2.1 产品生产总量或销售总量；
6.5.2.2 包装容器使用量；
6.5.2.3 废弃产品及包装容器的回收量；
6.5.2.4 产品再生利用情况。

6.5.3 生产经营过程的能源消耗及节能情况

6.5.3.1 能源消耗总量；
6.5.3.2 能源的构成及来源；
6.5.3.3 能源的利用效率及节能措施；
6.5.3.4 可再生能源的开发及利用情况。

6.5.4 温室气体排放量及削减措施

6.5.4.1 温室气体排放种类及排放量；
6.5.4.2 削减温室气体排放量的措施。

6.5.5 废气排放量及削减措施

6.5.5.1 废气排放种类、排放量及削减措施；
6.5.5.2 废气处理工艺和达标情况；
6.5.5.3 二氧化硫、氮氧化物排放量及减排效果；
6.5.5.4 烟尘等污染物的排放及治理情况；
6.5.5.5 特征污染物排放及治理情况（包括重金属）。

6.5.6 物流过程的环境负荷及削减措施

6.5.6.1 降低物流过程环境负荷的方针及目标；
6.5.6.2 总运输量及运输形式；
6.5.6.3 物流过程中主要污染物产生情况及削减措施。

6.5.7 资源（除水资源）消耗量及削减措施

6.5.7.1 消耗总量及削减措施；
6.5.7.2 各种资源的消耗量及所占比例；

6.5.7.3 主要原材料消耗量及削减措施；
6.5.7.4 资源产出率及提高措施；
6.5.7.5 资源循环利用率及提高措施。

6.5.8 水资源消耗量及节水措施

6.5.8.1 来源、构成比例及消耗量；
6.5.8.2 重复利用率及提高措施。

6.5.9 废水产生量及削减措施

6.5.9.1 废水产生总量及排水所占比例；
6.5.9.2 废水处理工艺、水质达标情况及排放去向；
6.5.9.3 化学需氧量、氨氮排放量及削减措施；
6.5.9.4 特征污染物排放情况及控制措施（包括重金属）。

6.5.10 固体废物产生及处理处置情况

6.5.10.1 产生总量及减量化措施；
6.5.10.2 综合利用情况及最终处置情况（包括重金属）；
6.5.10.3 相关管理制度情况；
6.5.10.4 危险废物管理情况。

6.5.11 危险化学品管理

6.5.11.1 产生、使用和储存情况；
6.5.11.2 排放和暴露情况；
6.5.11.3 减少危险化学品向环境排放的控制措施及持续减少有毒有害化学物质产生的措施；
6.5.11.4 运输、储存、使用及废弃等环节的环境管理措施。

6.5.12 噪声污染状况及控制措施

6.5.12.1 厂界噪声污染状况；
6.5.12.2 采取的主要控制措施。

6.5.13 绿色采购状况及相关对策

6.5.13.1 方针、目标和计划；
6.5.13.2 相关管理措施；
6.5.13.3 现状及实际效果；
6.5.13.4 环境标志产品或服务的采购情况。

6.6 与社会及利益相关者关系

6.6.1 与消费者的关系

与产品信息和环境标志相关的提示和安全说明。

6.6.2 与员工的关系

完善员工劳动环境安全和卫生的方针、计划及相关行动。

6.6.3 与公众的关系

6.6.3.1 企业参与所在地区环境保护的方针及计划；

6.6.3.2 企业与社区及公众开展环境交流活动情况。

6.6.4 与社会的关系

企业参与环保等社会公益活动情况。

7 数据来源和计算方法

7.1 单位工业增加值水耗

指标解释：企业用水量与企业工业增加值之比。

用水量：指新鲜水量。

工业增加值：指工业企业在报告期内以货币形式表现的工业生产活动的最终成果，是企业全部生产活动的总成果扣除在生产过程中消耗或转移的物质产品和劳务价值后的余额，是企业生产过程中新增加的价值。

计算公式：

$$\text{工业增加值}=\text{工业总产值}-\text{工业中间投入}+\text{本期应交增值税}$$

$$\text{单位工业增加值水耗（m}^3\text{/万元）}=\frac{\text{用水量（m}^3\text{）}}{\text{工业增加值（万元）}}$$

数据来源：企业管理部门。

7.2 单位工业增加值原材料消耗量

指标解释：企业原材料消耗总量与企业工业增加值之比。

原材料消耗总量：指企业用于生产过程中原材料、辅助材料、外购半成品、维修用备件及包装材料等的消耗量之和。

计算公式：

$$\text{单位工业增加值原材料消耗量（t/万元）}=\frac{\text{原材料消耗总量（t）}}{\text{工业增加值（万元）}}$$

数据来源：企业管理部门。

7.3 单位工业增加值能耗

指标解释：企业能源消耗总量与企业工业增加值之比。

能源消耗总量：指企业用于生产和生活的煤炭、燃油、天然气及电力等能源消耗量之和。包括一次能源、二次能源和耗能工质消耗的能源。

各种能源消耗总量均按国家统计局规定的折算系数折算成标准煤。

计算公式：

$$\text{单位工业增加值能耗（标煤）（t/万元）}=\frac{\text{能源消耗总量（标煤）(t)}}{\text{工业增加值（万元）}}$$

数据来源：企业管理部门。

7.4 单位工业增加值废水产生量

指标解释：企业万元工业增加值产生的废水量。包括企业处理后回用的废水量，不包括企业串级利用的废水量。

计算公式：

$$单位工业增加值废水产生量（t/万元）=\frac{废水产生量（t）}{工业增加值（万元）}$$

数据来源：企业管理部门、市政管理部门。

7.5 单位工业增加值化学需氧量排放量

指标解释：企业万元工业增加值排放废水中化学需氧量的量。包括直排废水和经处理后排放的废水。

计算公式：

$$单位工业增加值化学需氧量排放量（kg/万元）=\frac{化学需氧量排放量（kg）}{工业增加值（万元）}$$

数据来源：企业管理部门、环保部门。

7.6 单位工业增加值氨氮排放量

指标解释：企业万元工业增加值排放废水中氨氮的量。包括直排废水和经企业处理后排放的废水。

计算公式：

$$单位工业增加值氨氮排放量（kg/万元）=\frac{氨氮排放量（kg）}{工业增加值（万元）}$$

数据来源：企业管理部门、环保部门。

7.7 单位工业增加值二氧化硫排放量

指标解释：企业万元工业增加值向环境空气中排放二氧化硫的量。

计算公式：

$$单位工业增加值二氧化硫排放量（kg/万元）=\frac{二氧化硫排放量（kg）}{工业增加值（万元）}$$

数据来源：企业管理部门、环保部门。

7.8 单位工业增加值二氧化碳排放量

指标解释：企业万元工业增加值向大气中排放二氧化碳的量。

计算公式：

$$单位工业增加值二氧化碳排放量（t/万元）=\frac{二氧化碳排放量（t）}{工业增加值（万元）}$$

二氧化碳排放量=2.6×标准煤使用量（t）。

数据来源：企业管理部门、环保部门。

7.9 单位工业增加值氮氧化物排放量

指标解释：企业万元工业增加值向大气中排放氮氧化物的量。

计算公式：

$$\text{单位工业增加值氮氧化物排放量（kg/万元）}=\frac{\text{氮氧化物排放量（kg）}}{\text{工业增加值（万元）}}$$

数据来源：企业管理部门、环保部门。

7.10 单位工业增加值固体废物产生量

指标解释：企业万元工业增加值产生的固体废物总量。

固体废物产生总量：指企业在生产过程中产生的固体废物总量。

计算公式：

$$\text{单位工业增加值固体废物产生量（t/万元）}=\frac{\text{固体废物产生总量（t）}}{\text{工业增加值（万元）}}$$

数据来源：企业管理部门、环保部门。

7.11 行业特征污染物排放达标率

指标解释：是指除化学需氧量、二氧化硫等常规监测指标外，行业重点控制的污染物排放达到国家和地方排放标准的排放量占排放总量之比。

计算公式：

$$\text{行业特征污染物排放达标率（\%）}=\frac{\text{行业特征污染物达标排放量}}{\text{行业特征污染物排放总量}}\times 100\%$$

数据来源：企业管理部门、环保部门。

7.12 水重复利用率

指标解释：指企业重复利用水量占用水量之比。

企业重复利用水量：指企业循环利用水量和串级使用的水量之和。

计算公式：

$$\text{水重复利用率（\%）}=\frac{\text{重复利用水量（t）}}{\text{用水量（t）}}\times 100\%$$

数据来源：企业管理部门、经济管理部门。

7.13 固体废物综合利用率

指标解释：指企业固体废物综合利用量占固体废物产生总量之比。

固体废物综合利用量：指企业通过回收、加工、循环、交换等方式从固体废物中提取或使其转化为可以利用的资源、能源和其他原材料的固体废物量。

计算公式：

$$\text{固体废物综合利用率（\%）}=\frac{\text{固体废物综合利用量（t）}}{\text{固体废物产生总量（t）}}\times 100\%$$

数据来源：企业管理部门、环保部门。

7.14 二氧化碳当量的计算

指标解释：二氧化碳当量：是指一种用做比较不同温室气体排放的量度单位。由于各种温室气体对地球产生的温室效应的程度不同，规定以二氧化碳当量为度量温室效应的基本单位，以实现所有温室气体排放量之间的可加性。

计算公式：

一种气体的二氧化碳当量= 该气体的质量（t）×其温室效应值（GWP）

注：非二氧化碳温室气体 GWP 值（以 100 年衡量）：

甲烷：27，氢氟碳化物：11 700，全氟化碳：5 700，六氟化硫：22 200，一氧化二氮：310。

数据来源：企业管理部门、环保部门。

附　录　A
（资料性附录）
企业环境报告书编制流程

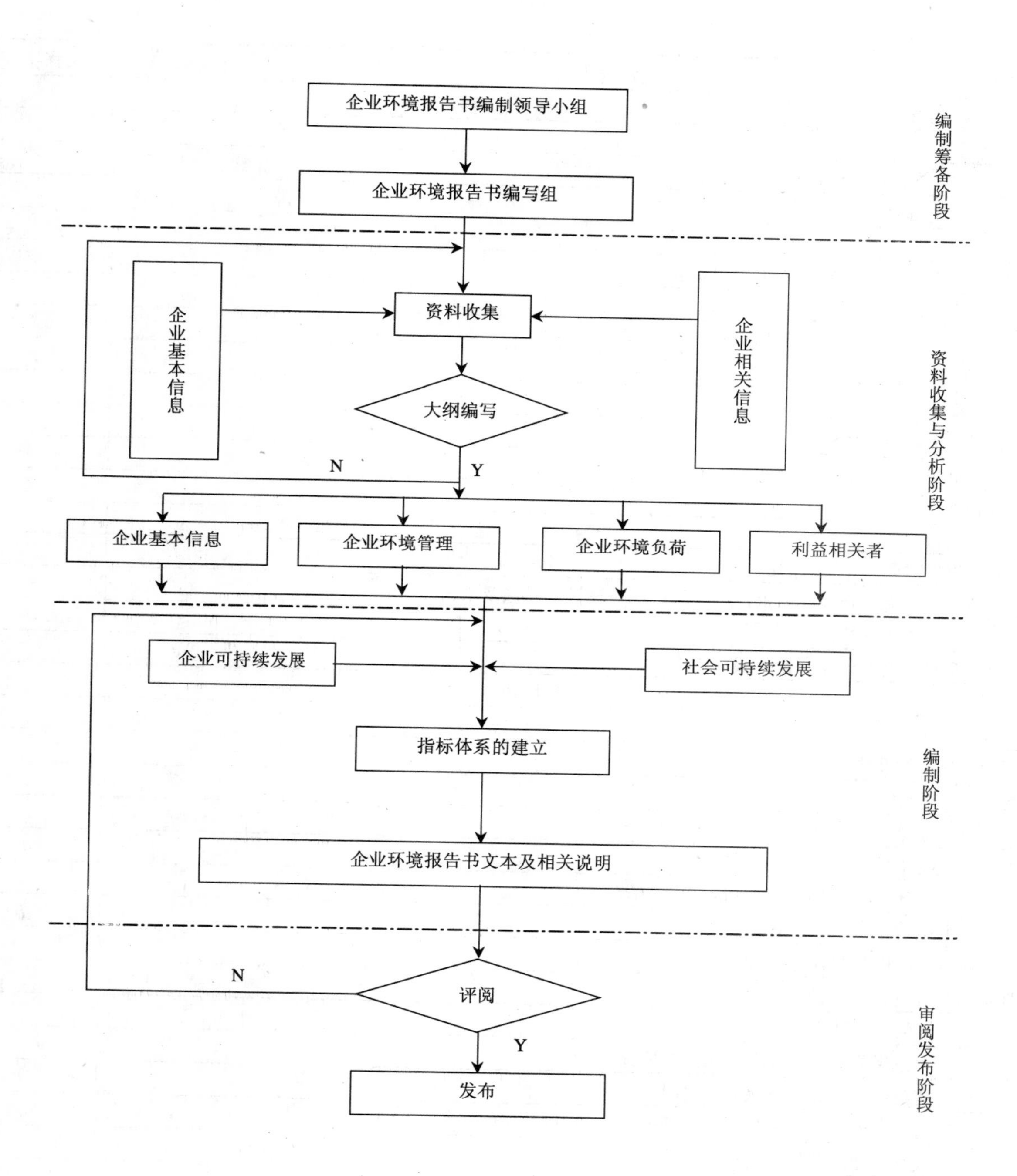

附 录 B
（规范性附录）
企业环境报告书指标内容及分类

项目	指标内容	基本指标	选择指标
基础信息指标			
1 高层致辞			
1.1	首席执行官或职位相当的高层管理人员致辞	√	
2 企业概况及编制说明			
企业概况			
2.1	企业名称、总部所在地、创建时间	√	
2.2	总资产额、销售额及员工人数	√	
2.3	所属行业、主要产品或服务		√
2.4	经营理念及文化		√
2.5	管理框架及相关政策		√
2.6	员工对企业的评价		√
2.7	企业规模、结构等的重大变化	√	
编制说明			
2.8	报告界限	√	
2.9	报告时限	√	
2.10	保证和提高企业环境报告书准确性、可靠性的措施及承诺	√	
2.11	第三方验证情况		√
2.12	意见咨询及信息反馈方式	√	
环境绩效指标			
3 环境管理状况			
环境管理结构及措施			
3.1	管理结构		√
3.2	环境管理体制和制度	√	
3.3	环境经营项目		√
3.4	获 ISO 14001 认证及开展清洁生产情况	√	
3.5	企业的环境标志认证及意义说明		√
3.6	与环保相关的教育及培训情况	√	
环境信息公开及交流情况			
3.7	环境信息公开方式	√	
3.8	与利益相关者进行环境信息交流情况	√	
3.9	与社会合作开展的环保活动情况		√
3.10	对内、对外提供环保教育项目情况		√
3.11	公众对企业环境信息公开的评价	√	
相关法律法规执行情况			
3.12	最近 3 年生产经营发生重大污染事故及存在的环境违法行为情况（包括受到环境行政处罚或者处理情况）	√	
3.13	企业应对环境信访案件的处理措施与方式	√	

续表

项目	指标内容	基本指标	选择指标
3.14	环境检测及评价	√	
3.15	环境突发事件的应急处理措施及应急预案（必要时包括事故应急池建设情况）	√	
3.16	企业新建、改建和扩建项目环评审批和“三同时”制度执行情况	√	
4 环保目标			
环保目标、指标及绩效			
4.1	上一年度各项环保目标完成情况	√	
4.2	采取的主要方法和措施	√	
4.3	下一年度环保目标	√	
4.4	环境绩效的比较	√	
物质流分析			
4.5	生产经营过程中资源与能源消耗量	√	
4.6	产品或服务产出情况及废弃产品回收情况		√
4.7	生产经营过程中的环境负荷	√	
4.8	温室气体排放情况	√	
环境会计			
4.9	企业的环保活动费用	√	
4.10	各项环保活动取得的环境效益	√	
4.11	采取环保措施取得的经济效益		√
5 降低环境负荷的措施及绩效			
与产品或服务相关的降低环境负荷的措施			
环境友好型技术及产品的开发			
5.1	环境友好型生产技术与服务模式的研发		√
5.2	生命周期评价的应用及实施		√
5.3	企业环境友好型产品的定义及标准		√
5.4	产品节能降耗、有毒有害物质替代	√	
5.5	举例说明环境友好型产品或服务		√
5.6	产品获得环境标志认证情况		√
5.7	环境标志产品的生产量或销售量		√
废弃产品的回收和再生利用情况			
5.8	产品生产总量或商品销售总量	√	
5.9	包装容器使用量		√
5.10	废弃产品及包装容器的回收量	√	
5.11	产品再生利用情况		√
与生产经营过程相关的环境影响			
能源消耗及节能情况			
5.12	消耗总量	√	
5.13	构成及来源	√	
5.14	利用效率及节能措施	√	
5.15	可再生能源的开发及利用		√
温室气体排放量及削减措施			
5.16	排放种类及排放量	√	
5.17	削减排放量的措施	√	

续表

项目	指标内容	基本指标	选择指标
废气排放量及削减措施			
5.18	排放种类及排放量	√	
5.19	处理工艺、达标情况	√	
5.20	二氧化硫的排放量及减排效果	√	
5.21	氮氧化物的排放量及减排效果	√	
5.22	烟尘等污染物的排放量及削减措施	√	
5.23	特征污染物的排放量及削减措施（包括重金属）	√	
物流过程的环境负荷及削减措施			
5.24	降低物流过程环境负荷的方针及目标	√	
5.25	总运输量及运输形式	√	
5.26	物流过程中污染物产生情况及削减措施		√
资源（除水资源）消耗量及削减措施			
5.27	消耗总量及削减措施	√	
5.28	各种资源的消耗量及所占比例	√	
5.29	主要原材料消耗量及削减措施	√	
5.30	资源产出率及提高措施	√	
5.31	资源循环利用率及提高措施	√	
水资源消耗量及节水措施			
5.32	来源、构成比及消耗量	√	
5.33	重复利用率及提高措施	√	
废水产生总量及削减措施			
5.34	废水产生总量及排水所占比例	√	
5.35	处理工艺、水质达标情况及排放去向	√	
5.36	化学需氧量、氨氮排放量及削减措施	√	
5.37	特征污染物排放量及削减措施（包括重金属）	√	
固体废物产生及处理处置情况			
5.38	产生总量及减量化措施	√	
5.39	综合利用情况及最终处置情况（包括重金属）	√	
5.40	相关管理制度情况	√	
5.41	危险废物管理情况	√	
危险化学品管理			
5.42	产生、使用和储存情况	√	
5.43	排放和暴露情况	√	
5.44	减少向环境排放的控制措施及减少有毒有害化学物质产生的措施	√	
5.45	运输、储存、使用及废弃各阶段的环境管理措施	√	
噪声污染状况及控制措施			
5.46	厂界噪声污染状况	√	
5.47	采取的主要控制措施	√	
绿色采购状况及相关对策			
5.48	方针、目标和计划	√	
5.49	相关管理措施		√

续表

项目	指标内容	基本指标	选择指标
5.50	现状及实际效果	√	
5.51	环境标志产品或服务的采购情况		√
6 与社会及利益相关者关系			
与消费者的关系			
6.1	与产品或服务信息和环境标志相关的提示和安全说明		√
与员工的关系			
6.2	完善员工劳动环境安全和卫生的对策		√
与公众的关系			
6.3	参与所在地区环境保护的方针及计划		√
6.4	与地区、社团、周边居民共同开展环保活动情况	√	
与社会的关系			
6.5	参与的环保社会公益活动		√

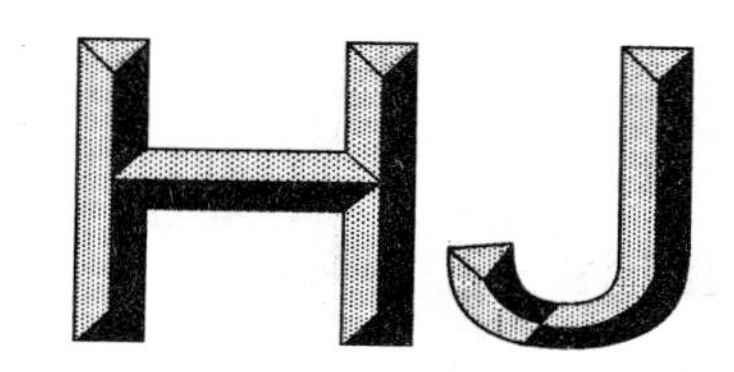

中华人民共和国国家环境保护标准

HJ 19—2011
代替 HJ/T 19—1997

环境影响评价技术导则　生态影响

Technical guideline for environmental impact assessment —Ecological impact

2011-04-08 发布　　2011-09-01 实施

环　境　保　护　部　发布

中华人民共和国环境保护部
公　告

2011年　第28号

为贯彻《中华人民共和国环境保护法》和《中华人民共和国环境影响评价法》，保护环境，防治污染和生态破坏，规范建设项目环境管理工作，现批准《环境影响评价技术导则　生态影响》等两项标准为国家环境保护标准，并予发布。标准名称、编号如下：

一、环境影响评价技术导则　生态影响（HJ 19—2011）

二、建设项目环境影响技术评估导则（HJ 616—2011）

以上标准自2011年9月1日起实施，由中国环境科学出版社出版，标准内容可在环境保护部网站（bz.mep.gov.cn）查询。

自上述标准实施之日起，原国家环境保护局批准、发布的下列标准废止，标准名称、编号如下：

环境影响评价技术导则　非污染生态影响（HJ/T 19—1997）。

特此公告。

2011年4月8日

前 言

为贯彻《中华人民共和国环境保护法》和《中华人民共和国环境影响评价法》，指导和规范生态影响评价工作，制定本标准。

本标准规定了生态影响评价的评价内容、程序、方法和技术要求。

本标准适用于建设项目的生态影响评价。区域和规划的生态影响评价可参照使用。

本标准的附录A和附录C为资料性附录，附录B为规范性附录。

本标准是对《环境影响评价技术导则　非污染生态影响》（HJ/T 19—1997）的第一次修订，主要修订内容如下：

——充实调整和规范了术语和定义，增加了生态影响，直接、间接、累积生态影响，生态监测，特殊、重要生态敏感区和一般区域等术语和定义；

——调整了评价工作等级的划分标准；

——明确了确定评价工作范围的原则；

——规范了生态系统的调查内容、方法；

——增加了生态影响预测内容、基本方法；

——规范和系统化了工程生态影响分析内容；

——增补了生态影响的防护与恢复内容；

——修订和增补了附录。

本标准自实施之日起，《环境影响评价技术导则　非污染生态影响》（HJ/T 19—1997）废止。

本标准由环境保护部科技标准司组织制订。

本标准主要起草单位：环境保护部环境工程评估中心、中国环境科学研究院。

本标准环境保护部2011年4月8日批准。

本标准自2011年9月1日起实施。

本标准由环境保护部解释。

环境影响评价技术导则　生态影响

1　适用范围

本标准规定了生态影响评价的一般性原则、方法、内容及技术要求。

本标准适用于建设项目对生态系统及其组成因子所造成的影响的评价。区域和规划的生态影响评价可参照使用。

2　规范性引用文件

本标准内容引用了下列文件中的条款。凡是不注日期的引用文件，其有效版本适用于本标准。

GB 40433—2008　开发建设项目水土保持技术规范

GB/T 12763.9—2007　海洋调查规范　第 9 部分：海洋生态调查指南

SC/T 9110—2007　建设项目对海洋生物资源影响评价技术规程

SL 167—1996　水库渔业资源调查方法

3　术语和定义

下列术语和定义适用于本标准。

3.1

生态影响 ecological impact

经济社会活动对生态系统及其生物因子、非生物因子所产生的任何有害的或有益的作用，影响可划分为不利影响和有利影响，直接影响、间接影响和累积影响，可逆影响和不可逆影响。

3.2

直接生态影响 direct ecological impact

经济社会活动所导致的不可避免的、与该活动同时同地发生的生态影响。

3.3

间接生态影响 indirect ecological impact

经济社会活动及其直接生态影响所诱发的、与该活动不在同一地点或不在同一时间发生的生态影响。

3.4

累积生态影响 cumulative ecological impact

经济社会活动各个组成部分之间或者该活动与其他相关活动（包括过去、现在、未来）之间造成生态影响的相互叠加。

3.5

生态监测 ecological monitoring

运用物理、化学或生物等方法对生态系统或生态系统中的生物因子、非生物因子状况及其变化趋势进行的测定、观察。

3.6

特殊生态敏感区 special ecological sensitive region

指具有极重要的生态服务功能，生态系统极为脆弱或已有较为严重的生态问题，如遭到占用、损失或破坏后所造成的生态影响后果严重且难以预防、生态功能难以恢复和替代的区域，包括自然保护区、世界文化和自然遗产地等。

3.7

重要生态敏感区 important ecological sensitive region

指具有相对重要的生态服务功能或生态系统较为脆弱，如遭到占用、损失或破坏后所造成的生态影响后果较严重，但可以通过一定措施加以预防、恢复和替代的区域，包括风景名胜区、森林公园、地质公园、重要湿地、原始天然林、珍稀濒危野生动植物天然集中分布区、重要水生生物的自然产卵场及索饵场、越冬场和洄游通道、天然渔场等。

3.8

一般区域 ordinary region

除特殊生态敏感区和重要生态敏感区以外的其他区域。

4 总则

4.1 评价原则

4.1.1 坚持重点与全面相结合的原则。既要突出评价项目所涉及的重点区域、关键时段和主导生态因子，又要从整体上兼顾评价项目所涉及的生态系统和生态因子在不同时空等级尺度上结构与功能的完整性。

4.1.2 坚持预防与恢复相结合的原则。预防优先，恢复补偿为辅。恢复、补偿等措施必须与项目所在地的生态功能区划的要求相适应。

4.1.3 坚持定量与定性相结合的原则。生态影响评价应尽量采用定量方法进行描述和分析，当现有科学方法不能满足定量需要或因其他原因无法实现定量测定时，生态影响评价可通过定性或类比的方法进行描述和分析。

4.2 评价工作分级

4.2.1 依据影响区域的生态敏感性和评价项目的工程占地（含水域）范围，包括永久占地和临时占地，将生态影响评价工作等级划分为一级、二级和三级，如表 1 所示。位于原厂界（或永久用地）范围内的工业类改扩建项目，可做生态影响分析。

表1 生态影响评价工作等级划分表

影响区域生态敏感性	工程占地（含水域）范围		
	面积≥20 km^2 或长度≥100 km	面积 2～20 km^2 或长度 50～100 km	面积≤2 km^2 或长度≤50 km
特殊生态敏感区	一级	一级	一级
重要生态敏感区	一级	二级	三级
一般区域	二级	三级	三级

4.2.2 当工程占地（含水域）范围的面积或长度分别属于两个不同评价工作等级时，原则上应按其中较高的评价工作等级进行评价。改扩建工程的工程占地范围以新增占地（含水域）面积或长度计算。

4.2.3 在矿山开采可能导致矿区土地利用类型明显改变，或拦河闸坝建设可能明显改变水文情势等情况下，评价工作等级应上调一级。

4.3 评价工作范围

生态影响评价应能够充分体现生态完整性，涵盖评价项目全部活动的直接影响区域和间接影响区域。评价工作范围应依据评价项目对生态因子的影响方式、影响程度和生态因子之间的相互影响和相互依存关系确定。可综合考虑评价项目与项目区的气候过程、水文过程、生物过程等生物地球化学循环过程的相互作用关系，以评价项目影响区域所涉及的完整气候单元、水文单元、生态单元、地理单元界限为参照边界。

4.4 生态影响判定依据

4.4.1 国家、行业和地方已颁布的资源环境保护等相关法规、政策、标准、规划和区划等确定的目标、措施与要求。

4.4.2 科学研究判定的生态效应或评价项目实际的生态监测、模拟结果。

4.4.3 评价项目所在地区及相似区域生态背景值或本底值。

4.4.4 已有性质、规模以及区域生态敏感性相似项目的实际生态影响类比。

4.4.5 相关领域专家、管理部门及公众的咨询意见。

5 工程分析

5.1 工程分析内容

工程分析内容应包括：项目所处的地理位置、工程的规划依据和规划环评依据、工程类型、项目组成、占地规模、总平面及现场布置、施工方式、施工时序、运行方式、替代方案、工程总投资与环保投资、设计方案中的生态保护措施等。

工程分析时段应涵盖勘察期、施工期、运营期和退役期，以施工期和运营期为调查分析的重点。

5.2 工程分析重点

根据评价项目自身特点、区域的生态特点以及评价项目与影响区域生态系统的相互关系，确定工程分析的重点，分析生态影响的源及其强度。主要内容应包括：

a）可能产生重大生态影响的工程行为；

b）与特殊生态敏感区和重要生态敏感区有关的工程行为；

c）可能产生间接、累积生态影响的工程行为；

d）可能造成重大资源占用和配置的工程行为。

6 生态现状调查与评价

6.1 生态现状调查

6.1.1 生态现状调查要求

生态现状调查是生态现状评价、影响预测的基础和依据，调查的内容和指标应能反映评价工作范围内的生态背景特征和现存的主要生态问题。在有敏感生态保护目标（包括特殊生态敏感区和重要生态敏感区）或其他特别保护要求对象时，应做专题调查。

生态现状调查应在收集资料基础上开展现场工作，生态现状调查的范围应不小于评价工作的范围。

一级评价应给出采样地样方实测、遥感等方法测定的生物量、物种多样性等数据，给出主要生物物种名录、受保护的野生动植物物种等调查资料；

二级评价的生物量和物种多样性调查可依据已有资料推断，或实测一定数量的、具有代表性的样方予以验证；

三级评价可充分借鉴已有资料进行说明。

生态现状调查方法可参见附录 A；图件收集和编制要求应遵照附录 B。

6.1.2 调查内容

6.1.2.1 生态背景调查

根据生态影响的空间和时间尺度特点，调查影响区域内涉及的生态系统类型、结构、功能和过程，以及相关的非生物因子特征（如气候、土壤、地形地貌、水文及水文地质等），重点调查受保护的珍稀濒危物种、关键种、土著种、建群种和特有种，天然的重要经济物种等。如涉及国家级和省级保护物种、珍稀濒危物种和地方特有物种时，应逐个或逐类说明其类型、分布、保护级别、保护状况等；如涉及特殊生态敏感区和重要生态敏感区时，应逐个说明其类型、等级、分布、保护对象、功能区划、保护要求等。

6.1.2.2 主要生态问题调查

调查影响区域内已经存在的制约本区域可持续发展的主要生态问题，如水土流失、沙漠化、石漠化、盐渍化、自然灾害、生物入侵和污染危害等，指出其类型、成因、空间分布、发生特点等。

6.2 生态现状评价

6.2.1 评价要求

在区域生态基本特征现状调查的基础上，对评价区的生态现状进行定量或定性的分析评价，评价应采用文字和图件相结合的表现形式，图件制作应遵照附录 B 的规定，评价方法可参见附录 C。

6.2.2 评价内容

a）在阐明生态系统现状的基础上，分析影响区域内生态系统状况的主要原因。评价生态系统的结构与功能状况（如水源涵养、防风固沙、生物多样性保护等主导生态功能）、生态系统面临的压力和存在的问题、生态系统的总体变化趋势等。

b）分析和评价受影响区域内动、植物等生态因子的现状组成、分布；当评价区域涉及受保护的敏感物种时，应重点分析该敏感物种的生态学特征；当评价区域涉及特殊生态敏感区或重要生态敏感区时，应分析其生态现状、保护现状和存在的问题等。

7 生态影响预测与评价

7.1 生态影响预测与评价内容

生态影响预测与评价内容应与现状评价内容相对应，依据区域生态保护的需要和受影响生态系统的主导生态功能选择评价预测指标。

a）评价工作范围内涉及的生态系统及其主要生态因子的影响评价。通过分析影响作用的方式、范围、强度和持续时间来判别生态系统受影响的范围、强度和持续时间；预测生态系统组成和服务功能的变化趋势，重点关注其中的不利影响、不可逆影响和累积生态影响。

b）敏感生态保护目标的影响评价应在明确保护目标的性质、特点、法律地位和保护要求的情况下，分析评价项目的影响途径、影响方式和影响程度，预测潜在的后果。

c）预测评价项目对区域现存主要生态问题的影响趋势。

7.2 生态影响预测与评价方法

生态影响预测与评价方法应根据评价对象的生态学特性，在调查、判定该区主要的、辅助的生态功能以及完成功能必需的生态过程的基础上，分别采用定量分析与定性分析相结合的方法进行预测与评价。常用的方法包括列表清单法、图形叠置法、生态机理分析法、景观生态学法、指数法与综合指数法、类比分析法、系统分析法和生物多样性评价等，可参见附录C。

8 生态影响的防护、恢复、补偿及替代方案

8.1 生态影响的防护、恢复与补偿原则

8.1.1 应按照避让、减缓、补偿和重建的次序提出生态影响防护与恢复的措施；所采取措施的效果应有利修复和增强区域生态功能。

8.1.2 凡涉及不可替代、极具价值、极敏感、被破坏后很难恢复的敏感生态保护目标（如特殊生态敏感区、珍稀濒危物种）时，必须提出可靠的避让措施或生境替代方案。

8.1.3 涉及采取措施后可恢复或修复的生态目标时，也应尽可能提出避让措施；否则，应制定恢复、修复和补偿措施。各项生态保护措施应按项目实施阶段分别提出，并提出实施时限和估算经费。

8.2 替代方案

8.2.1 替代方案主要指项目中的选线、选址替代方案，项目的组成和内容替代方案，工艺和生产技术的替代方案，施工和运营方案的替代方案、生态保护措施的替代方案。

8.2.2 评价应对替代方案进行生态可行性论证，优先选择生态影响最小的替代方案，最终选定的方案至少应该是生态保护可行的方案。

8.3 生态保护措施

8.3.1 生态保护措施应包括保护对象和目标，内容、规模及工艺，实施空间和时序，保障措施和预期效果分析，绘制生态保护措施平面布置示意图和典型措施设施工艺图。估算或概算环境保护投资。

8.3.2 对可能具有重大、敏感生态影响的建设项目，区域、流域开发项目，应提出长期的生态监测计划、科技支撑方案，明确监测因子、方法、频次等。

8.3.3 明确施工期和运营期管理原则与技术要求。可提出环境保护工程分标与招投标原则，施工期工程环境监理，环境保护阶段验收和总体验收、环境影响后评价等环保管理技术方案。

9 结论与建议

从生态影响及生态恢复、补偿等方面，对项目建设的可行性提出结论与建议。

附　录 A
（资料性附录）
生态现状调查方法

A.1　资料收集法

即收集现有的能反映生态现状或生态背景的资料，从表现形式上分为文字资料和图形资料，从时间上可分为历史资料和现状资料，从收集行业类别上可分为农、林、牧、渔和环境保护部门，从资料性质上可分为环境影响报告书、有关污染源调查、生态保护规划、规定、生态功能区划、生态敏感目标的基本情况以及其他生态调查材料等。使用资料收集法时，应保证资料的现时性，引用资料必须建立在现场校验的基础上。

A.2　现场勘察法

现场勘察应遵循整体与重点相结合的原则，在综合考虑主导生态因子结构与功能的完整性的同时，突出重点区域和关键时段的调查，并通过对影响区域的实际踏勘，核实收集资料的准确性，以获取实际资料和数据。

A.3　专家和公众咨询法

专家和公众咨询法是对现场勘察的有益补充。通过咨询有关专家，收集评价工作范围内的公众、社会团体和相关管理部门对项目影响的意见，发现现场踏勘中遗漏的生态问题。专家和公众咨询应与资料收集和现场勘察同步开展。

A.4　生态监测法

当资料收集、现场勘察、专家和公众咨询提供的数据无法满足评价的定量需要，或项目可能产生潜在的或长期累积效应时，可考虑选用生态监测法。生态监测应根据监测因子的生态学特点和干扰活动的特点确定监测位置和频次，有代表性地布点。生态监测方法与技术要求须符合国家现行的有关生态监测规范和监测标准分析方法；对于生态系统生产力的调查，必要时需现场采样、实验室测定。

A.5　遥感调查法

当涉及区域范围较大或主导生态因子的空间等级尺度较大，通过人力踏勘较为困难或难以完成评价时，可采用遥感调查法。遥感调查过程中必须辅助必要的现场勘察工作。

A.6　海洋生态调查方法

海洋生态调查方法见 GB/T 12763.9—2007。

A.7 水库渔业资源调查方法

水库渔业资源调查方法见 SL 167—1996。

附 录 B
（规范性附录）
生态影响评价图件规范与要求

B.1 一般原则

B.1.1 生态影响评价图件是指以图形、图像的形式，对生态影响评价有关空间内容的描述、表达或定量分析。生态影响评价图件是生态影响评价报告的必要组成内容，是评价的主要依据和成果的重要表示形式，是指导生态保护措施设计的重要依据。

B.1.2 本附录主要适用于生态影响评价工作中表达地理空间信息的地图，应遵循有效、实用、规范的原则，根据评价工作等级和成图范围以及所表达的主题内容选择适当的成图精度和图件构成，充分反映出评价项目、生态因子构成、空间分布以及评价项目与影响区域生态系统的空间作用关系、途径或规模。

B.2 图件构成

B.2.1 根据评价项目自身特点、评价工作等级以及区域生态敏感性不同，生态影响评价图件由基本图件和推荐图件构成，如表B.1 所示。

表 B.1 生态影响评价图件构成要求

评价工作等级	基本图件	推荐图件
一级	（1）项目区域地理位置图 （2）工程平面图 （3）土地利用现状图 （4）地表水系图 （5）植被类型图 （6）特殊生态敏感区和重要生态敏感区空间分布图 （7）主要评价因子的评价成果和预测图 （8）生态监测布点图 （9）典型生态保护措施平面布置示意图	（1）当评价工作范围内涉及山岭重丘区时，可提供地形地貌图、土壤类型图和土壤侵蚀分布图； （2）当评价工作范围内涉及河流、湖泊等地表水时，可提供水环境功能区划图；当涉及地下水时，可提供水文地质图件等； （3）当评价工作范围涉及海洋和海岸带时，可提供海域岸线图、海洋功能区划图，根据评价需要选做海洋渔业资源分布图、主要经济鱼类产卵场分布图、滩涂分布现状图； （4）当评价工作范围内已有土地利用规划时，可提供已有土地利用规划图和生态功能分区图； （5）当评价工作范围内涉及地表塌陷时，可提供塌陷等值线图； （6）此外，可根据评价工作范围内涉及的不同生态系统类型，选作动植物资源分布图、珍稀濒危物种分布图、基本农田分布图、绿化布置图、荒漠化土地分布图等
二级	（1）项目区域地理位置图 （2）工程平面图 （3）土地利用现状图 （4）地表水系图 （5）特殊生态敏感区和重要生态敏感区空间分布图 （6）主要评价因子的评价成果和预测图 （7）典型生态保护措施平面布置示意图	（1）当评价工作范围内涉及山岭重丘区时，可提供地形地貌图和土壤侵蚀分布图； （2）当评价工作范围内涉及河流、湖泊等地表水时，可提供水环境功能区划图；当涉及地下水时，可提供水文地质图件； （3）当评价工作范围内涉及海域时，可提供海域岸线图和海洋功能区划图； （4）当评价工作范围内已有土地利用规划时，可提供已有土地利用规划图和生态功能分区图； （5）评价工作范围内，陆域可根据评价需要选做植被类型图或绿化布置图

续表

评价工作等级	基本图件	推荐图件
三级	（1）项目区域地理位置图 （2）工程平面图 （3）土地利用或水体利用现状图 （4）典型生态保护措施平面布置示意图	（1）评价工作范围内，陆域可根据评价需要选做植被类型图或绿化布置图； （2）当评价工作范围内涉及山岭重丘区时，可提供地形地貌图； （3）当评价工作范围内涉及河流、湖泊等地表水时，可提供地表水系图； （4）当评价工作范围内涉及海域时，可提供海洋功能区划图； （5）当涉及重要生态敏感区时，可提供关键评价因子的评价成果图

B.2.2　基本图件是指根据生态影响评价工作等级不同，各级生态影响评价工作需提供的必要图件。当评价项目涉及特殊生态敏感区域和重要生态敏感区时必须提供能反映生态敏感特征的专题图，如保护物种空间分布图；当开展生态监测工作时必须提供相应的生态监测点位图。

B.2.3　推荐图件是在现有技术条件下可以图形图像形式表达的、有助于阐明生态影响评价结果的选做图件。

B.3　图件制作规范与要求

B.3.1　数据来源与要求

a）生态影响评价图件制作基础数据来源包括：已有图件资料、采样、实验、地面勘测和遥感信息等。

b）图件基础数据来源应满足生态影响评价的时效要求，选择与评价基准时段相匹配的数据源。当图件主题内容无显著变化时，制图数据源的时效要求可在无显著变化期内适当放宽，但必须经过现场勘验校核。

B.3.2　制图与成图精度要求

生态影响评价制图的工作精度一般不低于工程可行性研究制图精度，成图精度应满足生态影响的判别和生态保护措施的实施。

生态影响评价成图应能准确、清晰地反映评价主题内容，成图比例不应低于表 B.2 中的规范要求（项目区域地理位置图除外）。当成图范围过大时，可采用点线面相结合的方式，分幅成图；当涉及敏感生态保护目标时，应分幅单独成图，以提高成图精度。

表 B.2　生态影响评价图件成图比例规范要求

成图范围		成图比例尺		
		一级评价	二级评价	三级评价
面积	≥100 km²	≥1∶10 万	≥1∶10 万	≥1∶25 万
	20～100 km²	≥1∶5 万	≥1∶5 万	≥1∶10 万
	2～≤20 km²	≥1∶1 万	≥1∶1 万	≥1∶2.5 万
	≤2 km²	≥1∶5 000	≥1∶5 000	≥1∶1 万
长度	≥100 km	≥1∶25 万	≥1∶25 万	≥1∶25 万
	50～100 km	≥1∶10 万	≥1∶10 万	≥1∶25 万
	10～≤50 km	≥1∶5 万	≥1∶10 万	≥1∶10 万
	≤10 km	≥1∶1 万	≥1∶1 万	≥1∶5 万

B.3.3　图形整饰规范

生态影响评价图件应符合专题地图制图的整饰规范要求，成图应包括图名、比例尺、方向标/经纬度、图例、注记、制图数据源（调查数据、实验数据、遥感信息源或其他）、成图时间等要素。

附 录 C
（资料性附录）
推荐的生态影响评价和预测方法

C.1 列表清单法

列表清单法是 Little 等人于 1971 年提出的一种定性分析方法。该方法的特点是简单明了，针对性强。

a）方法

列表清单法的基本做法是，将拟实施的开发建设活动的影响因素与可能受影响的环境因子分别列在同一张表格的行与列内，逐点进行分析，并逐条阐明影响的性质、强度等。由此分析开发建设活动的生态影响。

b）应用

1）进行开发建设活动对生态因子的影响分析；

2）进行生态保护措施的筛选；

3）进行物种或栖息地重要性或优先度比选。

C.2 图形叠置法

图形叠置法，是把两个以上的生态信息叠合到一张图上，构成复合图，用以表示生态变化的方向和程度。本方法的特点是直观、形象，简单明了。

图形叠置法有两种基本制作手段：指标法和 3S 叠图法。

a）指标法

1）确定评价区域范围；

2）进行生态调查，收集评价工作范围与周边地区自然环境、动植物等的信息，同时收集社会经济和环境污染及环境质量信息；

3）进行影响识别并筛选拟评价因子，其中包括识别和分析主要生态问题；

4）研究拟评价生态系统或生态因子的地域分异特点与规律，对拟评价的生态系统、生态因子或生态问题建立表征其特性的指标体系，并通过定性分析或定量方法对指标赋值或分级，再依据指标值进行区域划分；

5）将上述区划信息绘制在生态图上。

b）3S 叠图法

1）选用地形图，或正式出版的地理地图，或经过精校正的遥感影像作为工作底图，底图范围应略大于评价工作范围；

2）在底图上描绘主要生态因子信息，如植被覆盖、动物分布、河流水系、土地利用和特别保护目标等；

3）进行影响识别与筛选评价因子；

4）运用 3S 技术，分析评价因子的不同影响性质、类型和程度；

5）将影响因子图和底图叠加，得到生态影响评价图。

c）图形叠置法应用

1）主要用于区域生态质量评价和影响评价；

2）用于具有区域性影响的特大型建设项目评价中，如大型水利枢纽工程、新能源基地建设、矿业开发项目等；

3）用于土地利用开发和农业开发中。

C.3 生态机理分析法

生态机理分析法是根据建设项目的特点和受其影响的动、植物的生物学特征，依照生态学原理分析、预测工程生态影响的方法。生态机理分析法的工作步骤如下：

a）调查环境背景现状和搜集工程组成和建设等有关资料；

b）调查植物和动物分布，动物栖息地和迁徙路线；

c）根据调查结果分别对植物或动物种群、群落和生态系统进行分析，描述其分布特点、结构特征和演化等级；

d）识别有无珍稀濒危物种及重要经济、历史、景观和科研价值的物种；

e）预测项目建成后该地区动物、植物生长环境的变化；

f）根据项目建成后的环境（水、气、土和生命组分）变化，对照无开发项目条件下动物、植物或生态系统演替趋势，预测项目对动物和植物个体、种群和群落的影响，并预测生态系统演替方向。

评价过程中有时要根据实际情况进行相应的生物模拟试验，如环境条件、生物习性模拟试验、生物毒理学试验、实地种植或放养试验等；或进行数学模拟，如种群增长模型的应用。

该方法需与生物学、地理学、水文学、数学及其他多学科合作评价，才能得出较为客观的结果。

C.4 景观生态学法

景观生态学法是通过研究某一区域、一定时段内的生态系统类群的格局、特点、综合资源状况等自然规律，以及人为干预下的演替趋势，揭示人类活动在改变生物与环境方面的作用的方法。景观生态学对生态质量状况的评判是通过两个方面进行的，一是空间结构分析，二是功能与稳定性分析。景观生态学认为，景观的结构与功能是相当匹配的，且增加景观异质性和共生性也是生态学和社会学整体论的基本原则。

空间结构分析基于景观是高于生态系统的自然系统，是一个清晰的和可度量的单位。景观由斑块、基质和廊道组成，其中基质是景观的背景地块，是景观中一种可以控制环境质量的组分。因此，基质的判定是空间结构分析的重要内容。判定基质有三个标准，即相对面积大、连通程度高、有动态控制功能。基质的判定多借用传统生态学中计算植被重要值的方法。决定某一斑块类型在景观中的优势，也称优势度值（*Do*）。优势度值由密度（*Rd*）、频率（*Rf*）和景观比例（*Lp*）三个参数计算得出。其数学表达式如下：

Rd=（斑块 i 的数目/斑块总数）×100%

Rf=（斑块 i 出现的样方数/总样方数）×100%

Lp=（斑块 i 的面积/样地总面积）×100%

$Do=0.5\times[0.5\times(Rd+Rf)+Lp]\times100\%$

上述分析同时反映自然组分在区域生态系统中的数量和分布，因此能较准确地表示生态系统的整体性。

景观的功能和稳定性分析包括如下四个方面内容：

a）生物恢复力分析：分析景观基本元素的再生能力或高亚稳定性元素能否占主导地位。

b）异质性分析：基质为绿地时，由于异质化程度高的基质很容易维护它的基质地位，从而达到增强景观稳定性的作用。

c）种群源的持久性和可达性分析：分析动、植物物种能否持久保持能量流、养分流，分析物种流可否顺利地从一种景观元素迁移到另一种元素，从而增强共生性。

d）景观组织的开放性分析：分析景观组织与周边生境的交流渠道是否畅通。开放性强的景观组织可以增强抵抗力和恢复力。景观生态学方法既可以用于生态现状评价，也可以用于生境变化预测，目前是国内外生态影响评价学术领域中较先进的方法。

C.5 指数法与综合指数法

指数法是利用同度量因素的相对值来表明因素变化状况的方法，是建设项目环境影响评价中规定的评价方法，指数法同样可将其拓展而用于生态影响评价中。指数法简明扼要，且符合人们所熟悉的环境污染影响评价思路，但困难之点在于需明确建立表征生态质量的标准体系，且难以赋权和准确定量。综合指数法是从确定同度量因素出发，把不能直接对比的事物变成能够同度量的方法。

a）单因子指数法

选定合适的评价标准，采集拟评价项目区的现状资料。可进行生态因子现状评价：例如以同类型立地条件的森林植被覆盖率为标准，可评价项目建设区的植被覆盖现状情况；也可进行生态因子的预测评价：如以评价区现状植被盖度为评价标准，可评价建设项目建成后植被盖度的变化率。

b）综合指数法

1）分析研究评价的生态因子的性质及变化规律；

2）建立表征各生态因子特性的指标体系；

3）确定评价标准；

4）建立评价函数曲线，将评价的环境因子的现状值（开发建设活动前）与预测值（开发建设活动后）转换为统一的无量纲的环境质量指标。用 1～0 表示优劣（“1”表示最佳的、顶极的、原始或人类干预甚少的生态状况，“0”表示最差的、极度破坏的、几乎无生物性的生态状况）由此计算出开发建设活动前后环境因子质量的变化值；

5）根据各评价因子的相对重要性赋予权重；

6）将各因子的变化值综合，提出综合影响评价值。

即 $$\Delta E=\sum(Eh_i-E_{qi})\times W_i \tag{C.1}$$

式中：ΔE——开发建设活动日前后生态质量变化值；

Eh_i——开发建设活动后 i 因子的质量指标；

E_{qi}——开发建设活动前 i 因子的质量指标；

W_i——i 因子的权值。

c）指数法应用

1）可用于生态单因子质量评价；

2）可用于生态多因子综合质量评价；

3）可用于生态系统功能评价。

d）说明

建立评价函数曲线须根据标准规定的指标值确定曲线的上、下限。对于空气和水这些已有明确质量标准的因子，可直接用不同级别的标准值作上、下限；对于无明确标准的生态因子，须根据评价目的、评价要求和环境特点选择相应的环境质量标准值，再确定上、下限。

C.6 类比分析法

类比分析法是一种比较常用的定性和半定量评价方法，一般有生态整体类比、生态因子类比和生态问题类比等。

a）方法

根据已有的开发建设活动（项目、工程）对生态系统产生的影响来分析或预测拟进行的开发建设活动（项目、工程）可能产生的影响。选择好类比对象（类比项目）是进行类比分析或预测评价的基础，也是该法成败的关键。

类比对象的选择条件是：工程性质、工艺和规模与拟建项目基本相当，生态因子（地理、地质、气候、生物因素等）相似，项目建成已有一定时间，所产生的影响已基本全部显现。

类比对象确定后，则需选择和确定类比因子及指标，并对类比对象开展调查与评价，再分析拟建项目与类比对象的差异。根据类比对象与拟建项目的比较，做出类比分析结论。

b）应用

1）进行生态影响识别和评价因子筛选；

2）以原始生态系统作为参照，可评价目标生态系统的质量；

3）进行生态影响的定性分析与评价；

4）进行某一个或几个生态因子的影响评价；

5）预测生态问题的发生与发展趋势及其危害；

6）确定环保目标和寻求最有效、可行的生态保护措施。

C.7 系统分析法

系统分析法是指把要解决的问题作为一个系统，对系统要素进行综合分析，找出解决问题的可行方案的咨询方法。具体步骤包括：限定问题、确定目标、调查研究、收集数据、提出备选方案和评价标准、备选方案评估和提出最可行方案。

系统分析法因其能妥善地解决一些多目标动态性问题，目前已广泛应用于各行各业，尤其在进行区域开发或解决优化方案选择问题时，系统分析法显示出其他方法所不能达到的效果。

在生态系统质量评价中使用系统分析的具体方法有专家咨询法、层次分析法、模糊综合评判法、综合排序法、系统动力学、灰色关联等方法，这些方法原则上都适用于生态影响评价。这些方法的具体操作过程可查阅有关书刊。

C.8 生物多样性评价方法

生物多样性评价是指通过实地调查，分析生态系统和生物种的历史变迁、现状和存在主要问题的方法，评价目的是有效保护生物多样性。

生物多样性通常用香农-威纳指数（Shannon-Wiener Index）表征：

$$H=-\sum_{i=1}^{S}P_i\ln(P_i) \tag{C.2}$$

式中：H——样品的信息含量（彼得/个体）=群落的多样性指数；

S——种数；

P_i——样品中属于第 i 种的个体比例，如样品总个体数为 N，第 i 种个体数为 n_i，则 $P_i=n_i/N$。

C.9 海洋及水生生物资源影响评价方法

海洋生物资源影响评价技术方法参见 SC/T 9110—2007，以及其他推荐的生态影响评价和预测适用方法；水生生物资源影响评价技术方法，可适当参照该技术规程及其他推荐的适用方法进行。

C.10 土壤侵蚀预测方法

土壤侵蚀预测方法参见 GB 40433—2008。